中国环境与发展国际合作委员会研究成果

# 中国海洋可持续发展的生态环境问题与政策研究

中国海洋可持续发展的生态环境问题与政策研究课题组　编著

中国环境出版社・北京

**图书在版编目（CIP）数据**

中国海洋可持续发展的生态环境问题与政策研究/中国海洋可持续发展的生态环境问题与政策研究课题组编著. —北京：中国环境出版社，2013.10
ISBN 978-7-5111-0883-8

Ⅰ. ①中… Ⅱ. ①中… Ⅲ. ①海洋环境：生态环境—可持续性发展—研究—中国 Ⅳ. ①X321.2

中国版本图书馆 CIP 数据核字（2012）第 016099 号

国家测绘地理信息局地图审核批准书审图号：GS（2013）641 号

**出 版 人** 王新程
**责任编辑** 黄 颖
**责任校对** 尹 芳
**封面设计** 彭 杉

---

**出版发行** 中国环境出版社
（100062 北京市东城区广渠门内大街 16 号）
网 址：http://www.cesp.com.cn
电子邮箱：bjgl@cesp.com.cn
联系电话：010-67112765（编辑管理部）
010-67175507（科技标准图书出版中心）
发行热线：010-67125803，010-67113405（传真）
印装质量热线：010-67113404
**印 刷** 北京中科印刷有限公司
**经 销** 各地新华书店
**版 次** 2013 年 10 月第 1 版
**印 次** 2013 年 10 月第 1 次印刷
**开 本** 787×1092 1/16
**印 张** 32.25
**字 数** 600 千字
**定 价** 120.00 元

---

# Ecosystem Issues and Policy Options Addressing the Sustainable Development of China's Ocean and Coasts

Task Force on Ecosystem Issues and Policy Options addressing the Sustainable Development of China's Ocean and Coasts, CCICED

June, 2011

# 课题组成员及参加人员

**课题组长：**

中方组长：苏纪兰，国家海洋局第二海洋研究所研究员，中国科学院院士

外方组长：Peter Harrison，加拿大女王大学政策研究学院院长、斯道夫达宁学者，教授

**课题组中外成员：**

**中方成员：**

唐启升，中国水产科学研究院黄海水产研究所研究员，中国工程院院士

张　经，华东师范大学教授，中国科学院院士

洪华生，厦门大学教授

周名江，中国科学院海洋研究所研究员

于志刚，中国海洋大学教授

孟　伟，中国环境科学研究院院长，中国工程院院士

**外方成员：**

Meryl Williams，澳大利亚国际农业研究中心政策咨询委员会主任

Chua Thia Eng，东亚海合作理事会主任

Carl Gustaf Lundin，世界自然保护联盟（IUCN）海洋部主任

Ellik Adler，东亚海协调组织（COBSEA）项目协调员

Per Wilhelm Schive，挪威环境部自然管理司副司长

**专题组中方主要成员：**

专题 1：我国近海的富营养化及其生态环境问题

周名江（组长）、于仁成（副组长）、雷坤、胡莹莹、石晓勇、张传松

专题 2：大型水利工程对河口和近海的影响

丁平兴（组长）、杨作升（副组长）、于志刚、朱建荣、李道季、杨世伦

专题 3：围、填海对海岸带生态环境的影响

李永祺（组长）、周秋麟（副组长）、汝少国、王蔚、吴桑云、郭院

专题 4：全球变化（含海平面上升、海洋酸化）对海洋生态环境的影响

张经（组长）、王菊英（副组长）、陈满春、黄晖、左军成、徐雪梅

专题 5：过度捕捞与养殖开发对海洋生态环境的影响

金显仕（组长）、方建光（副组长）、唐启升、单秀娟、蒋增杰

专题 6：陆源污染及其他来源污染物对海洋生态环境的影响

洪华生（组长）、彭本荣（副组长）、方秦华

专题 7：课题综合报告与政策建议

苏纪兰（组长）、刘岩（副组长）、唐启升、彭本荣、刘慧

**课题组协调员：**

中方协调员：刘慧，中国水产科学研究院黄海水产研究所，研究员

外方协调员：Sam Baird，加拿大海洋政策咨询专家

# Task Force Membership

**SU Jilan** (Chinese Co-chair)-Honorary Director of the Second Institute of Oceanography, State Oceanic Administration, Academician of the Chinese Academy of Sciences.

**HONG Huasheng-**Honorary Director of the State Key Laboratory of Marine Environmental Science, Xiamen University.

**MENG Wei-**President of Chinese Research Academy of Environmental Sciences, Academician of the Chinese Academy of Engineering.

**TANG Qisheng-**Honorary President and Director of the Chinese Academy of Fishery Sciences/Yellow Sea Fisheries Research Institute, Academician of the Chinese Academy of Engineering.

**YU Zhigang-**Vice-President of the Ocean University of China.

**ZHANG Jing-**Professor, State Key Laboratory of Estuarine and Coastal Research, East China Normal University, Academician of the Chinese Academy of Sciences.

**ZHOU Mingjiang-** Professor, Institute of Oceanology, Chinese Academy of Sciences.

**Peter Harrison** (International Co-Chair)-Professor, Stauffer-Dunning Chair and Director, School of Policy Studies, Queens University, Canada.

**Ellik Adler-**Coordinator of COBSEA (Coordinating Body for the Seas of East Asia), UNEP, Thailand.

**Chua Thia Eng-**Council Chair, East Asian Seas Partnership Council, Malaysia.

**Carl Gustaf Lundin**-Head, Global Marine Programme, IUCN, Switzerland.

**Per Wilhelm Schive**-Deputy Director General, Norwegian Ministry of the Environment.

**Meryl Williams**-President, Policy Advisory Council, Australian Center for International Agricultural Research, Australia.

Task Group Leaders:

**Task 1:** **ZHOU Mingjiang**-Institute of Oceanology, Chinese Academy of Sciences.

**YU Rencheng**-Institute of Oceanology, Chinese Academy of Sciences.

**Meryl Williams**-Policy Advisory Council, Australian Center for International Agricultural Research, Australia.

**Task 2:** **DING Pingxing**-State Key Laboratory of Estuarine and Coastal Research, East China Normal University.

**Yang Zuosheng**-Ocean University of China.

**Ellik Adler**-COBSEA (Coordinating Bady for the Seas of East Asia), UNEP, Thailand.

**Task 3:** **LI Yongqi**-Ocean University of China.

**ZHOU Qiulin**-The Third Institute of Oceanography, State Oceanic Administration.

**Per Schive**-Norwegian Ministry of the Environment.

**Task 4:** **ZHANG Jing**-State Key Laboratory of Estuarine and Coastal Research, East China Normal University.

**Wang Juying**-National Marine Environmental Monitoring Centre.

**Carl Lundin**-Global Marine Programme, IUCN, Switzerland.

**Task 5:** **TANG Qisheng-**Yellow Sea Fisheries Research Institute, Chinese Academy of Fishery Sciences.

**FANG Jianguang-**Yellow Sea Fisheries Research Institute, Chinese Academy of Fishery Sciences.

**Meryl Williams**-Policy Advisory Council, Australian Center for International Agricultural Resarch, Australia.

**Task 6:** **HONG Huasheng-**State Key Laboratory of Marine Environmental Science, Xiamen University.

**PENG Benrong-**College of Oceanography and Environmental Science, Xiamen University.

**Chua Thia-Eng**-East Asian Seas Partnership Council, Malaysia.

**Task 7:** **SU Jilan**-Second Institute of Oceanography, State Oceanic Administration.

**LIU Yan-**China Institute for Marine Affairs, State Oceanic Administration.

**Peter Harrison**-School of Policy Studies. Queens University, Canada.

**Task Force Coordinators:**

China Team: **LIU Hui-**Yellow Sea Fisheries Research Institute, Chinese Academy of Fisheries Sciences.

International Team: **Sam Baird**-Consulting Oceans, Canada.

# 前　言

中国是海洋大国，海洋在国家经济社会发展与民众福利改善中占有重要地位。过去的30年，依托海洋区位优势和资源优势，沿海地区成为中国对外开放先行区和经济最发达地区。随着海洋资源开发的不断深入，海洋经济已经成为国民经济新的增长点。2010年，全国海洋产业增加值达到22 370亿元，占全国GDP的5.65%。党和国家高度重视海洋事业和海洋经济发展，国民经济和社会发展“十五”、“十一五”和“十二五”规划纲要都对海洋资源开发、海洋经济发展和海洋环境保护做出了部署。其中，“十二五”规划纲要第十四章专章确定了“推进海洋经济发展”任务，并提出坚持陆海统筹，提升海洋开发、控制和综合管理能力的具体要求。作为一个经济领域，海洋经济首次进入了国家国民经济和社会规划体系，凸显出海洋在未来国家社会经济发展中的重要战略地位。可以说，海洋事业和海洋经济进入了一个全新的、重大转型发展时期。

21世纪是人类全面开发、保护海洋的新世纪。胡锦涛总书记在2007年中央经济工作会议上指出，开发海洋是推动我国经济社会发展的一项战略任务。开发海洋资源，走海洋强国与可持续发展之路是解决我国人口众多、资源匮乏的根本出路，也是实现21世纪宏伟蓝图的必由之路。但是，近年来沿海区域经济和海洋经济的快速发展给近海环境带来了巨大的压力和影响，生态环境持续恶化，成为中国海洋可持续发展的制约性因素，亟须采取综合政策措施，以解决海洋可持续发展进程中累积的和正在形成的生态环境问题。在此背景下，中国环境与发展国际合作委员会（下称“国合会”）成立了“中国海洋可持续发展的生态环境问题与政策研究”课题组，组织国内外专家开展中国海洋可持续发展的重大生态环境问题研究，分析其产生的根源，提出相应的政策建议供决策部门参考。

课题研究目标和任务包括以下四个方面：（1）分析中国近海海域生态环境状况、特征，分析海洋生态环境自1978年以来，随着经济发展、人口增加、城市化程度加深及全球气候变化而产生的问题；（2）研究当前中国海洋生态破坏和环境污染的现状、未来发展趋势和形成的内在原因，即海洋生态环境问题的分析和诊断；（3）研究中国海洋环境管理现状，分析我国海洋生态环境管理存在的主要问题，包括政策、法律、管理体制等方面的问题，以及产生这些问题的政治、社会、经济根源；（4）在以上研究的基础上，结合我国 2020 年全面建设小康社会的目标及 2030 年人口达到高峰期的需求，借鉴国际海洋管理的先进理念和经验，提出促进中国近海海洋可持续发展的综合管理的对策、建议和措施。

课题组由苏纪兰院士和 Peter Harrison 教授（加拿大）分别担任中方和外方组长，由唐启升院士、张经院士、洪华生教授、周名江研究员、于志刚教授和孟伟院士 6 位国内专家，以及 Meryl Williams 女士、Chua Thia Eng 博士、Carl Gustaf Lundin 先生、Ellik Adler 先生和 Per Wilhelm Schive 先生等 6 位外方专家组成课题专家组。为实现课题研究目标，课题组下设我国近海的富营养化及其生态环境问题、大型水利工程对河口和近海生态环境的影响、围填海对海岸带生态环境的影响、全球变化（含海平面上升、海洋酸化）对海洋生态环境的影响、过度捕捞与养殖开发对海洋生态环境的影响和陆源污染及其他来源污染物对海洋生态环境的影响及课题综合报告与政策建议 7 个研究专题。

本课题研究以生态系统服务理论为基础，以基于生态系统的海洋管理理念为指导原则，以影响中国海洋可持续发展的重大海洋生态环境问题为重点研究内容，以渤海为重点研究区域，并充分学习和借鉴国际先进经验。研究过程中，课题组先后组织了赴荷兰和加拿大的考察交流以及渤海问题实地调研；召开了课题研究预备会、课题启动会、4 次课题组全体工作会议、3 次中外双方专家参加的综合报告写作会和 10 余次中方专家内部研讨会，完成了 6 个专题研究报告和 1 个综合研究报告。本书共分 7 章，基本内容来源于 6 个专题研究报告和综合研究报告。

“中国海洋可持续发展的生态环境问题与政策研究”课题由国合会资助。本课题得到了国合会中外方首席顾问沈国舫院士和 Arthur Hanson 博士的全力支持，以及国合会秘书处李永红、李海英、李勇等同志的悉心指导与热情帮助，在此表示诚挚谢意！

本课题实施过程中，中方课题组全体成员及外方专家组付出了大量的劳动，搜集整理了大量数据资料，也撰写了大量文字材料，为报告的按时完成创造了条件。

同时还要感谢天津市环保局、国家海洋信息中心，以及荷兰住房、空间规划和环境部及鹿特丹港管理处、加拿大渔业与海洋部等单位在课题调研期间给予课题组的大力协助。没有他们的支持和帮助，现场调研是难以及时、高效地完成的。

编著者

2011 年 9 月

# Foreword

China's ocean and coasts play a vital role in socio-economic development and in the improvement of public health and welfare. In the past 30 years, relying on their location and marine resources, coastal cities have led the way in opening the country to foreign investment; they have consequently become the most economically developed areas of China. As marine resources have become more fully utilized, the marine economy has in turn become one of the fastest growing sectors of the Chinese economy. The State and the Party attach great importance to coastal development including the intensified growth of the marine economy and marine-related industries. Both the 10th and 11th Five-Year Plan of the National Economy and Social Development included mandates on the development of marine resources and environmental protection. Moreover, the 11th Five-Year Plan includes a chapter dedicated to the development of marine industries; it proposes "the implementation of marine integrated management and the further development of the marine economy". The 16th National Congress of the Communist Party of China proposed "the implementation of ocean development"[1] and the 17th National Congress proposed "the development of marine industries".[2] Furthermore, General Secretary Hu Jintao in particular highlighted the intention to develop marine industries during his visit to Shandong in 2009 [3], placing emphasis on the utilization of marine resources based on sound science and the further nurturing of marine industries. Under the State Council, the 12th Five-Year Plan, which is now being prepared, is expected to place ocean activities and marine resources at the same level of importance as energy strategies, emphasizing the growing importance of the ocean and

---

1 Former President Jiang Zheming's speeches at the 16th National representative conference of the CCP (Nov. 16, 2002). Available at: http://www.cass.net.cn/yaowen/16da/1.htm.

2 President Hu Jingtao's speech at the 17th National representative conference of the CCP (Oct. 15,2007). Available at: http://news.xinhuanet.com/newscenter/2007-10/24/content_6938568.htm.

3 http://www.most.gov.cn/yw/200910/t20091021_73760.htm.

coasts in current national planning strategies.

The 21$^{st}$ century marks a new era in the conservation and protection of the world's oceans. At the same time, General Secretary Hu Jintao has made clear, at the Central Economic Work Conference in 2007, "that the development of oceans is a strategic task to stimulate our country's economic and social advancement." Therefore, given China's large population and lack of natural resources, the fundamental solution, one that meets all needs, must be based on sustainable development of China's ocean and coasts. It appears that decision-makers together with government administrators agree that this is the road to accomplish the renaissance of the Chinese nation in the 21$^{st}$ century.

However, the rapid social and economic development of China has created immense pressures and has led to the continued degradation of ocean and coastal ecosystems. As a result there has been a significant weakening of the provision of coastal and marine ecosystem functions and services-a major factor restricting the sustainable development of China's ocean and coasts. Consequently, there is an urgent need to modernize China's management of marine-related activities by implementing integrated policies that address cumulative and emerging marine environmental problems. Faced with these challenges, the China Council for International Cooperation on Environment and Development (CCICED) has set up the Task Force on the Ecosystem Issues and Policy Options Addressing the Sustainable Development of China's Ocean and Coasts. The Task Force's job is to bring together Chinese and International experts to investigate the ecological problems that threaten the sustainable development of China's ocean and coasts, to analyze the sources of the problems, and to propose forward-looking policy recommendations to both decision-makers and relevant government administrations.

The research conducted by the Task Force consisted of the following four elements:

To analyze the status and characteristics of China's ocean and coastal ecosystems and the marine environmental problems brought about by economic development and global climate change since 1978.

To investigate the current degree of marine ecosystems degradation, marine environmental pollution problems, and the projected future trends, causes, and corrective measures.

To examine the current status and major problems of marine management in China, including policy, law, management systems and the political, social and economic causes of these problems.

Based on the results of this research, and taking into account the goals and needs of building a moderately well off society by 2020 (and recognizing the population peak period expected to occur in 2030), integrated marine management strategies and measures to promote the sustainable development of China's ocean and coastal marine environment are recommended by drawing on advanced international marine management theories, practices, and experience.

To address the goals of this project, the subject has been divided into seven research topics:

Topic 1: Coastal eutrophication and its associated ecological and environmental problems.

Topic 2: The impacts of hydro-projects on estuaries and adjacent seas.

Topic 3: The impacts of sea enclosing and land reclamation projects on the coastal environment.

Topic 4: The impacts of sea level rise and ocean acidification on the marine environment.

Topic 5: The impacts of overfishing and mariculture development on marine ecosystems.

Topic 6: The impacts of land-based and other sources of pollution on coastal and marine environments.

Topic 7: The trends and analysis of domestic and international policy, governance, and laws, as well as new and emerging marine management directions.

This research is based on the conviction that ecosystem services must be maintained and enhanced for future generations of Chinese. It uses the principles of ecosystem-based marine management as a guide for the analysis of important marine environmental issues within China in order to facilitate the desired sustainable development of China's ocean and coasts. This work includes a focus on the Bohai Sea as an important area of interest and uses lessons learned from international examples to carry out the individual research projects.

During the research project, the Task Force organized study trips to Netherlands and Canada as well as an investigative field trip to the Bohai Sea region. It held preparatory and initiation meetings, four working meetings and three report preparation meetings, each with the participation of both international and Chinese experts. Chinese experts attended an additional ten domestic meetings, which yielded a total of six research reports. The international team also completed two international trend reports.

And a number of people contributed to the preparation of twenty-six vignettes of issues, some of which are used in their shorter form as text boxes throughout this Executive Report.

This Executive Report is primarily based on evidence provided by the six research reports created by the seven Task Groups, and it includes the combined efforts of both international and Chinese experts. All together, the report documents the environmental status, characteristics and trends of China's coastal marine environment; analyzes the causes and influencing factors of marine environmental problems within Chinese waters; predicts future pressures on these coastal environments brought about by the socio-economic development of coastal areas and, finally, integrates the results into a series of policy recommendations for the sustainable development of China's marine estate.

All of the data and information used in support of this project were obtained from formal documents or peer-reviewed sources.

# 目 录

# 第1章 总论：中国海洋可持续发展的生态环境问题与政策建议

## 1.1 中国海洋可持续发展的重要性

未来的10～20年是中国发展的战略机遇期，也是实现快速工业化、城市化和转变发展方式的关键时期。与过去相比，中国面临的国际和国内形势都产生了深刻的变化。中国不仅要应对金融危机与气候变化的全球性挑战，还必须解决日益严峻的国内资源紧缺与环境问题，重塑可持续发展格局。

海洋是全球生命支持系统的一个重要组成部分，也是一种有助于实现可持续发展的宝贵财富和空间资源。作为海洋大国，在经济迅速增长、人口快速增加及城市化程度加快而陆地资源日益枯竭的背景下，立足陆海统筹，科学开发海洋资源和保护海洋生态环境，是支撑中国经济社会可持续发展的必然选择，也是实现21世纪宏伟蓝图的必由之路。

### 1.1.1 海洋是中国可持续发展的重要基础

中国是海洋大国，其中领海面积38万$km^2$，主张管辖海域面积约300万$km^2$。大陆岸线18000 km；面积大于500 $m^2$的岛屿6900多个，岛屿总面积3.87万$km^2$[1]。丰富的海洋自然资源和巨大的海洋生态系统服务价值是国家经济社会发展的重要基础和保障。

中国近海及海岸带的海洋生态系统为国民的生产和生活提供了多种重要资源，包括生物资源、矿产资源、航道港口资源、海水资源、旅游资源等。据目前的估计，海洋提供了全国超过1/5的动物蛋白质食物、23%的石油和29%的天然气[2]，以及多种休闲娱乐及文化旅游资源（专栏1.1）。但这些资源的开发利用有相互影响的一面，因此海洋的可持续发展必须重视对海洋生态系统的保护。

1 全国人大常委会法制工作组．《中华人民共和国海岛保护法》释义[M]．北京：法律出版社，2010：165，182.
2 国家海洋发展战略研究所．中国海洋发展报告2010[M]．北京：海洋出版社，2010.

**专栏 1.1　中国丰富的海洋资源**

中国海洋资源丰富，海洋石油资源量约 240 亿 t，天然气资源量 14 万亿 $m^3$；滨海砂矿资源储量 31 亿 t；海洋可再生能源理论蕴藏量 6.3 亿 kW；中国大陆岸线中有 400 多 km 深水岸线，160 多处港湾资源，适合建设港口，发展海洋航运业。目前世界 10 个最大的集装箱港口中有 5 个在中国；中国的领海和管辖海域是开发食物、能源、水等资源的战略性基地；中国管辖海域有广阔的海洋渔场，2 万多种海洋生物，380 万 $hm^2$ 可养殖浅海和滩涂面积；随着养殖技术的发展，可用于养殖的海域超过 1 000 万 $hm^2$，适合建设海洋牧场和发展海水增养殖业；中国有 1 500 多处滨海旅游资源地址，适合发展滨海旅游业和海洋娱乐业。滨海旅游业已经成为中国成长最快的产业之一[1]。

除了直接的经济价值外，中国近海与海岸带还有着多种海洋生境类型，集中了丰富的物种和基因多样性（专栏 1.2），具有营养储存和循环，净化陆源污染物、保护岸线等功能。此外，大洋对调节全球水动力和气候起着关键的作用，并且是主要的碳汇和氧源，对人类的生存和发展都有着不可替代的作用（专栏 1.3）。

**专栏 1.2　中国海洋生物多样性**

中国管辖海域纵跨温带、亚热带、热带三个气候带，南北跨越 38 个纬度带，形成了丰富多样的生态系统。中国近岸海域分布滨海湿地、红树林、珊瑚礁、河口、海湾、泻湖、岛屿、上升流、海草床等典型海洋生态系统。中国海洋生态系统复杂多样，海洋生物物种、生态类群和群落结构均表现为丰富多彩的多样性特征。

在中国主张管辖海域海洋生物的种类有 2 万多种，占世界海洋生物总种数的 10%以上。在世界总数中，中国海洋鱼类占 14%、甲壳类占 20%、红树林植物占 43%、海鸟占 23%、头足类占 14%、造礁珊瑚物种约占印度—西太平洋区系造礁珊瑚总数的 1/3。大型海洋物种数量从北向南递增，黄海、渤海 1 140 种、东海 4 167 种、南海 5 613 种[2]。

1 http://www.wefweb.com/news/2009731/0819563355.shtml.

2 http://www.coi.gov.cn/hyzy/.

**专栏 1.3　海洋生态系统的服务[1, 2]**

人类从生态系统中获取从饮用水到木材和海产品等各种益处（或生态系统服务功能）。这些服务功能是由植物、动物、微生物和人类彼此以及与物理环境相互作用而产生的。学者们一般认为生态系统服务功能分为四类：一是供应功能，指生态系统提供的食物、木材、纤维和水等产品；二是调节功能，指调节人类生态环境的功能，包括调节气候、洪涝、海岸侵蚀、干旱和病疫等；三是文化功能，指人们通过精神感受、知识获取、主观映象、休闲娱乐和美学体验等从生态系统中获得的非物质利益；四是支撑功能，即提供保证其他所有生态系统服务功能所必需的基础功能，包括营养循环和光合作用等。有着正常功能的海洋生态系统能向人类提供关键的生存所需，包括健康的海产品、清洁的海滩、稳定的渔业产量、丰富的野生动植物以及充满活力的沿岸生物群落。

海洋能提供大量至关重要而又不被重视的服务功能，不但支撑了沿海居民，而且也支撑着地球上的全部生命。例如滨海湿地的功能就包括支撑渔业和生物多样性、调节物质循环、保持水动力平衡、涵养水源、防止土壤侵蚀、缓冲风暴潮对陆地的影响等。目前，全球 40% 的人口居住在只占陆地面积 5%的狭窄海岸带上，而人类对这些生态系统的依赖还在增加，特别是包括红树林及珊瑚礁等的滨海湿地和河口地带等。

沿海和海洋生态系统天然具有动态特征，但近期的变化却是史无前例的。航道被疏浚，滨海湿地被围填，海岸带被开发。过度捕捞、毁灭性渔业活动以及鱼类栖息地被破坏导致主要渔业种群崩溃及食物网受损。然而，上述活动已经损害到远超出沿海以外的海洋生态系统和环境的健康。此外，流域的土地和淡水过度利用已经极大地改变了沿海的沉积物输运和水动力学；多种类营养盐的过量输入已导致沿岸海水成为全球化学成分改变最大的区域。所有这些因素，再加上全球气候变化所引起的海平面上升和更为频发的严重风暴潮等的协同作用，使得海洋生态系统更加脆弱。

### 1.1.2　海洋经济是国民经济社会发展的重要推动力

20 世纪 90 年代以来，中国把海洋资源开发作为国家发展战略的重要内容，把发展海洋经济作为振兴经济的重大措施，对海洋资源与环境保护、海洋管理和海洋事业的投入逐步加大。不断向深度和广度扩展的海洋开发利用创造了中国新的经济增长点。

进入 21 世纪，海洋经济对区域经济发展的贡献日益凸显（专栏 1.4）。2012 年，海洋生产总值达到 50 087 亿元，对全国 GDP 和沿海省市地区生产总值的贡献率分别达到 9.6%和 15.9%；海洋产业增加值达到 29 397 亿元，对全国 GDP 和沿海地

1 http://www.forest-trends.org.

2 http://www.compassonline.org.

区生产总值的贡献率分别达到 5.63%和 9.33% [1]。

## 专栏 1.4 迅速发展的中国海洋经济

为全面反映海洋经济总体运行情况，实现与国民经济核算的一致性和可比性，国家海洋局 2006 年颁布实施了国家标准《海洋及相关产业分类》（GB/T 20794—2006）、行业标准《沿海行政区域分类与代码》（HY/T 094—2006），对主要海洋产业的统计口径进行了修正。在主要海洋产业统计的基础上，国家海洋局和国家统计局联合开展了全国海洋经济核算工作，制定并实施了《海洋生产总值核算制度》。按照《海洋生产总值核算制度》，海洋生产总值包括海洋产业增加值和海洋相关产业增加值。其中，海洋产业增加值由主要海洋产业增加值及其修正值、海洋科研教育管理服务业增加值构成。

根据新的统计标准统计的数据显示，进入 21 世纪，中国海洋经济迅速发展，特别是从 2001 年开始，海洋总产值、海洋产业增加值每年以高于同期国民经济增长速度增长。平均每年海洋总产值对全国 GDP 的贡献率超过 9%，对沿海 GDP 的贡献超过 15%。海洋经济对国民经济的贡献不断增加（见图 1.1 [2]）。2012 年，海洋生产总值达到 50 087 亿元，占全国 GDP 比重达到 9.6%，占沿海地区生产总值的 15.9%；海洋产业增加值达到 29 397 亿元，占全国 GDP 的 5.63%。

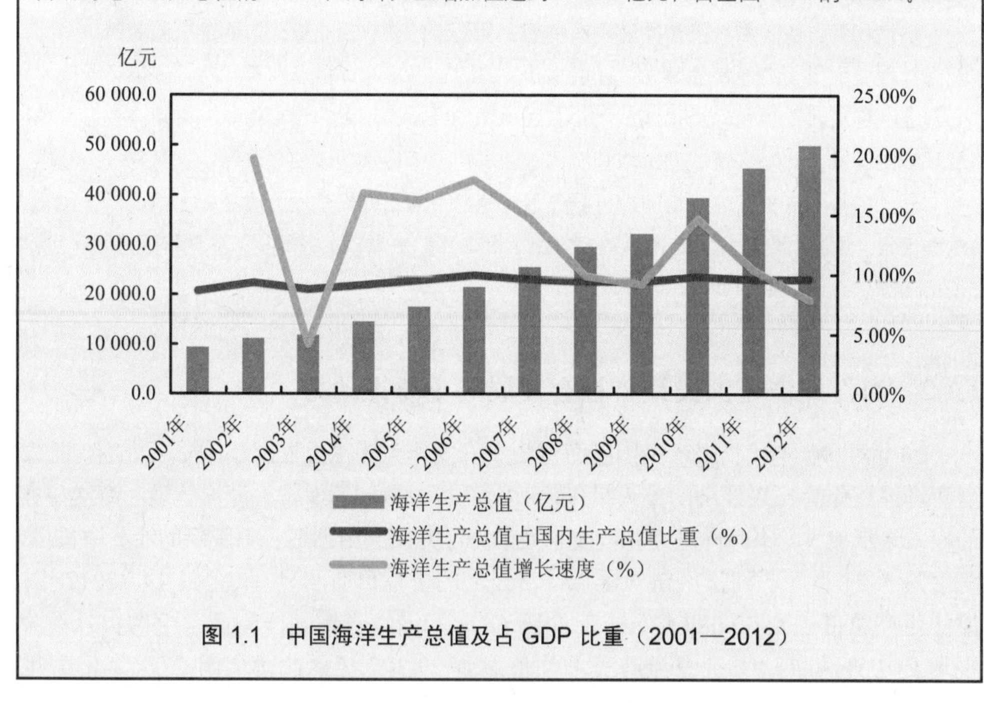


图 1.1 中国海洋生产总值及占 GDP 比重（2001—2012）

1 国家海洋局. 中国海洋经济统计公报（2001—2012）[R].
2 国家海洋局. 中国海洋经济统计公报（2001—2012）[R].

海洋经济快速发展促进了沿海地区的劳动就业。涉海就业人员规模不断扩大，从 2001 年的 2 108 万人增加到 2010 年的 3 351 万人，占地区就业人员的比重达到 10.1% [1]。

更为重要的是，目前中国经济的基本形态是高度依赖海洋的开放型经济，世界 10 个最大的集装箱港口中有 5 个在中国，世界航运市场 19%的大宗货物运往中国，22%的出口集装箱来自中国，中国商船队的航迹遍布世界 1 200 多个港口，已经形成“两头在海、大出大进”的基本经济格局。

改革开放 30 年来，海洋产业结构发生了巨大变化，产业从构成单一的海洋渔业、海洋盐业发展到以海洋渔业交通运输、滨海旅游、海洋油气、海洋船舶为主导，以海洋电力、海水利用、海洋工程建筑、生物医药、海洋科教服务等为重要支撑的，优势突出、相对完整的产业体系。2012 年中国海洋经济的主导产业是海洋交通运输业、滨海旅游业、海洋渔业、海洋油气业和海洋船舶工业。这五大产业的增加值在主要海洋产业增加值的比重接近 90% [1]（图 1.2）。

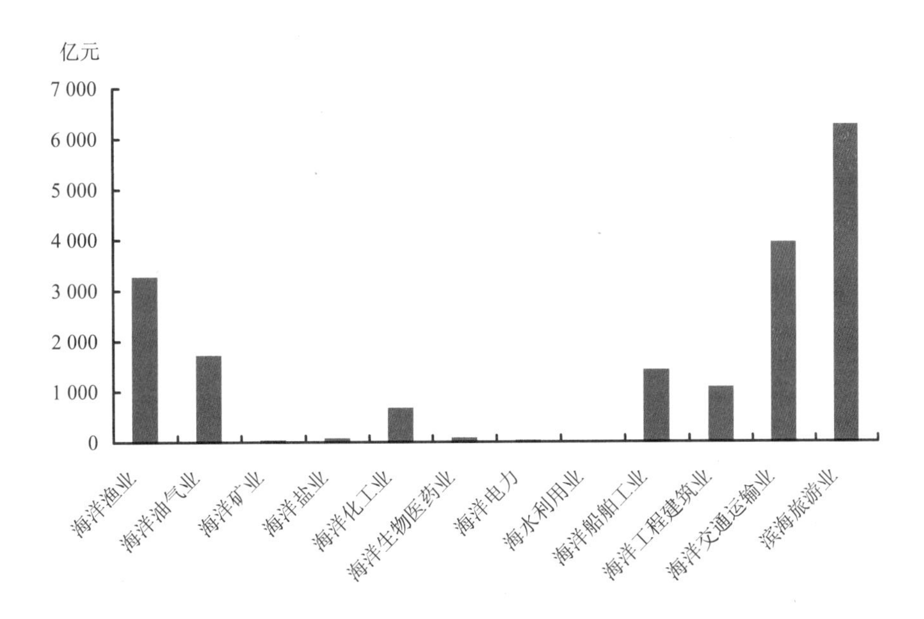


图 1.2　中国主要海洋产业产值（2012 年）

1 国家海洋局．中国海洋经济统计公报（2001—2012）[R].

预测研究显示，到2020年，全国海洋产业增加值将达到53 353亿元，约占同期全国GDP的7%，主要海洋产业包括海洋渔业、海洋石油天然气业、海洋交通运输业、滨海旅游业、海洋船舶制造业、海洋生物制药业等（表1.1）。

表1.1 全国海洋产业增加值及其占国内生产总值比重预测[1]

| | 增长速度 | 2008年 | 2011年 | 2012年 | 2013年 | 2014年 | 2015年 | 2016年 | 2018年 | 2020年 |
|---|---|---|---|---|---|---|---|---|---|---|
| 全国海洋业增加值 | 10% | 17351 | 26 508 | 29 297 | 27379 | 30117 | 33128 | 36441 | 44094 | 53353 |
| GDP/亿元 | 8% | 300670 | 481 468 | 519 322 | 441783 | 477126 | 515296 | 556519 | 649124 | 757138 |
| 占GDP比重/% | — | 5.7 | 5.55 | 5.67 | 6.19 | 6.31 | 6.42 | 6.55 | 6.79 | 7.05 |

### 1.1.3 海洋是中国沿海发展战略实施的重要支撑和保障

改革开放30年间，中国的对外开放从最初的经济特区和东南沿海开放城市走向全方位、多领域、深层次开放。得益于有利的区位条件、丰富的海洋资源和政策优势，中国经济和生产要素不断向沿海地区聚集。目前中国基本形成了经济高速发展的沿海经济带，成为中国城市化程度高、人口密集、经济发达的区域。

2001—2011年，沿海11个省、市、自治区的国内生产总值平均每年以大于10%的速度增长，2011年达到253 154亿元。沿海地区总人口5.54亿，其中城镇人口约2.98亿，平均城市化水平52.82%，高出全国平均城市化水平近10个百分点。目前，中国沿海地区以13%的国土面积、承载了41.72%的人口，创造了57%以上的国民生产总值，实现90%以上的进出口贸易[2]。进入21世纪，沿海区域经济进入新型工业化全面发展的新阶段。沿海地区各级政府也纷纷出台了全方位的配套政策措施，掀起了新一轮海洋开发热潮。与此同时，为应对国际金融危机，中央出台了一系列扩内需、保增长、调结构的重大决策。2009年国家又先后出台了汽车、钢铁、船舶、装备制造等重点产业振兴规划，产业结构调整逐步深化。从长远发展看，石化、钢铁、造船、火电、核电等重工业将

1 国家海洋发展战略研究所．中国海洋发展报告2013[M]．北京：海洋出版社，2013：226.

2 中华人民共和国国家统计局．中国统计年鉴2011[M]．北京：中国统计出版社，2012.

大规模向沿海地区转移，沿海地区工业化和城市化进程势不可挡[1]。在沿海地区新型工业化发展过程中，临海重化工业、港口和物流业、船舶制造、海洋工程业、现代渔业和滨海旅游业五大类产业将得到大发展。

据预测，到 2020 年，中国沿海地区生产总值比 2010 年增加 1.5 倍，达到 469 360 亿元，沿海地区将率先实现小康的目标。根据中国人口学预测研究，2020 年和 2030 年中国人口总数将分别达到约 14.5 亿、15 亿。届时，中国将有约 7 亿人和 8.4 亿人居住在沿海地区[2]。

沿海地区新一轮的经济快速发展、人口迅速增加和城市化程度加深将对海洋环境和资源提出更多的要求，对资源的分配也将进行重新调整。但海洋资源和环境均来自海洋生态系统的服务功能，海洋的可持续发展必须重视对海洋生态系统的保护。而作为海洋生态系统载体的海洋空间，也是未来支撑沿海地区经济社会可持续发展的关键要素，因此必须从生态系统功能的角度分析海洋空间资源的供给能力。

## 1.2　中国海洋可持续发展的政策背景

20 世纪 70 年代开始的改革开放，极大地促进了中国的经济发展和人民生活水平的提高，但是也付出了巨大的环境代价。中国决策者已经意识到了环境问题的严重性以及由此造成的经济和健康成本。从 20 世纪 70 年代开始就把“减少环境污染和保护自然资源”作为国家政策的优先领域。特别是 90 年代，环境保护被列为国家的一项基本国策。

1994 年，可持续发展被正式确定为中国的基本发展战略之一，可持续发展从科学共识转变为政府工作的重要内容和具体行动。《中国海洋 21 世纪议程》提出了海洋领域可持续发展的背景、目标与优先行动领域。1996 年《中国海洋 21 世纪议程》实施至今，中国海洋可持续发展走过了 15 年的历程。这 15 年正是国家经济社会发展转型的时期。小康社会、和谐社会、环境友好型和资源节约型社会、生态文明等体现可持续发展思想的哲学观、发展观、战略观相继提出。同时，中国缔结和加入包括“保护海洋环境免受陆源污染全球行动计划（GPA-Marine）”（专栏 1.5）在内的各种国际环境保护条约和协议，加快了中国可持续发展进程。海洋可持续发展政策也不断完善，海洋可持续发展能力稳步提升。

---

1 在国家产业规划层面，《钢铁行业调整与振兴规划》明确要求建设沿海钢铁基地。《石化产业调整和振兴规划（2009—2011 年）》要求，长三角、珠三角、环渤海地区产业集聚度进一步提高，建成 3～4 个 2 000 万吨级炼油、200 万 t 级乙烯生产基地。在现有基础上，通过实施上述项目，形成 20 个千万 t 级炼油基地、11 个百万吨级乙烯基地。炼油和乙烯企业平均规模分别提高到 600 万 t/a 和 60 万 t/a。从地域角度来分析，从北部辽宁到南边的北部湾，重化工业的扩张同样显而易见。

2 国家人口发展研究战略课题组．国家人口发展战略研究报告[R]．2006.

**专栏 1.5　保护海洋环境免受陆源污染全球行动计划**

保护海洋环境免受陆源污染全球行动计划（GPA-Marine）是一项长期的多边行动。该计划协助各国履行《联合国海洋法公约》或区域性公约或协议所要求的保护海洋环境的义务。GPA 关注污水、重金属、持久性有机污染物、烃、放射性废物、垃圾等污染物，同时也关注沉积物、富营养化、重要栖息地受改变和破坏等问题。GPA 是全球政府间唯一的机制来直接应对淡水、海岸、海洋等环境的交界区，它的总体目标是鼓励和支持各级政府致力于海陆交界区治理方式和政策改革、基于生态系统的管理、减少贫困和可持续发展。

中国的珠江就是这种改革的一个很好的例子。珠江是中国水量第二大的河流，同时其流域也是主要的经济和工业区。珠江流域水流量占中国总流量的 1/5，GDP 占全国的 40%，人口占全国的 1/3。大量的污水、固废和工业排放物导致的水质下降成为影响珠江的主要问题。这个问题因珠江是香港的主要水源显得更为严重。

珠江流域 11 个省市的环境保护部门已联合起来共同应对珠江污染问题。该项合作在经验和信息交流、开展联合教育和环境意识项目、增强各环境保护部门的联系等方面取得了很大的成功。该行动得到广东珠江三角洲环境项目的支持（GEF 向该项目提供 1 000 万美元的补贴，国际复兴开发银行向该项目提供 16 500 万美元的贷款），用来改善水质、管理废弃物和减少水体污染。

### 1.2.1　海洋可持续发展的战略与规划

1996 年中国政府发布的《中国海洋 21 世纪议程》和 1998 年发布的《中国海洋事业的发展》白皮书是中国海洋可持续发展的战略性文件。进入 21 世纪，党和国家更加重视海洋事业发展。

2001 年通过的《国民经济和社会发展第十个五年计划纲要》，首次在最高级别的国家规划中出现了关于海洋的内容："加大海洋资源调查、开发、保护和管理力度，加强海洋利用技术研究开发，发展海洋产业。加强海域利用和管理，维护国家海洋权益"；2002 年，中国共产党第十六次全国代表大会通过的报告提出"实施海洋开发"，这是第一次在党的代表大会的报告中提到海洋。2003 年国务院发布的《全国海洋经济发展规划纲要》，提出了发展海洋经济、保护海洋生态环境的重点任务；2006 年十届全国人大四次会议审议并通过的《国民经济和社会发展第十一个五年规划纲要》，首次将海洋以专章形式列入，明确提出要强化海洋意识，维护海洋权益，保护海洋生态，开发海洋资源，实施海洋综合管理，促进海洋经济发展，并对如何合理利用、保护和开发海洋资源等进行了具体规划。2007 年党的第十七次代表大会再次明确指出要大力"发展海洋产业"。2008 年 1 月国务院通过的《国家海洋事业发展规划纲要》，对海洋生态环境保护的目标与任务提出了具体要求。胡锦涛总书记 2009 年在山东视察时特别强调，要大力发展海洋经济，科学开发海洋资源，培育海洋优势产业。2011 年 3 月十一届全国人大四次会议批准的《国民经济和社会发展第十二个五年规划纲要》第十四章提出“推进海洋经济发展”，并分“优化海洋产业结构”和“加强海洋综合管理”两节阐述。具体内容为坚持陆海统筹，制定和实施海洋发展战略，提高海洋开发、控制、综合管理能力。科学规划海洋经济发展，合理开发利用海洋资源，积极发展海洋油气、海洋运输、海洋渔业、滨海旅游等产业，培育壮大海洋生物医药、海水综合利用、海洋工程装备制造等新兴产业。加强海洋基础性、前瞻性、关键性技术研发，提高海洋科技水平，增强海洋开发利用能力。深化港口岸线资源整合和优化港口布局。制定实施海洋主体功能区规划，优化海洋经济空间布局。推进山东、浙江、广东等海洋经济发展试点。加强统筹协调，完善海洋管理体制。强化海域和海岛管理，健全海域使用权市场机制，推进海岛保护利用，扶持边远海岛发展。统筹海洋环境保护与陆源污染防治，加强海洋生态系统保护和修复。控制近海资源过度开发，加强围填海管理，严格规范无居民海岛利用活动。完善海洋防灾减灾体系，增强海上突发事件应急处置能力。加强海洋综合调查与测绘工作，积极开展极地、大洋科学考察。完善涉海法律法规和政策，加大海洋执法力度，维护海洋资源开发秩序。加强双边多边海洋事务磋商，积极参与国际海洋事务，保障海上运输通道安全，维护中国海洋权益。党的十八大报告明确提出：提高海洋资源开发能力，发展海洋经济，保护海洋生态环境，建设海洋强国。党中央国务院的一系列重大战略决策的制定和实施，这对促进中国海洋事业的可持续发展具有重要意义。

总之，在国家经济社会发展的宏观背景下，随着科学发展观贯彻落实地不断深入，中国海洋可持续发展政策不断趋向综合和完善。一方面，通过阶段性规划和行动计划将可持续发展原则整合到海洋事业各个领域和相关部门政策中，海洋资源开发与生态环境保护并重，海洋环境整治与陆源污染控制相结合。近岸海域资源环境以保护为主，逐步向远海拓展，创新资源节约和环境友好发展模式；另一方面，海洋管理从过去的部门管理逐步走向综合管理，管理手段从过去以行政手段为主，逐步转变为综合运用法律、经济、技术和必要的行政手段，特别是以生态系统为基础的海洋与海岸带管理在中国越来越得到重视，并在一些区域逐步得到实施。

### 1.2.2　中国海洋管理行动

自 1982 年全国人大常委会通过了《中华人民共和国海洋环境保护法》以来，中国政府出台实施了一系列促进海洋可持续发展、海洋生态环境保护的法律法规。到 21 世纪初，已经颁布实施了包括海洋环境、海域、海岛、渔业、港口航运、生物多样性、海洋权益等在内相对完整的海洋法律体系及其相关配套法规、条例和标准；同时，中国政府采取了一系列海洋管理的行动，这些行动对遏制海洋生态环境的恶化起到了积极的作用。

（1）海洋环境保护

海洋环境保护制度是建立比较早，也比较完备成熟的制度。《中华人民共和国海洋环境保护法》（1982 年制定，1999 年修订）是中国海洋环境保护的根本大法，其确立了保护和改善海洋环境、保护海洋资源、防治污染损害、维护生态平衡、保障人类健康、促进经济和社会的可持续发展的基本方针。

中国海洋环境保护的具体法律制度中，一是共性的、适用于所有海洋环境保护活动的制度，包括监督管理、排污总量控制、海洋功能区划、重大海上污染事故应急、海洋自然保护区和法律责任制度；二是对具体事项的管理制度，即为实施《海洋环境保护法》制定的配套制度，包括防治船舶污染、海洋石油勘探开发、海洋倾废、防止拆船污染、防治陆源污染、防治海岸工程建设项目污染和防治海洋工程建设项目污染。

（2）海域使用管理

20 世纪 80 年代以前，中国某些海洋开发活动虽然也使用一定的海域，但基本上没有相应的海域使用权制度。1993 年 5 月，经国务院同意，财政部、国家海洋局联合印发了《国家海域使用管理暂行规定》，明确提出建立“海域使用权”制度和海域有偿使用制度，中国的海域使用管理制度初步形成。2001 年 10 月 27 日，《中华人民共和国海域使用管理法》（以下简称《海域法》）通过，并于 2002 年 1 月 1 日起施行，中国的海域使用管理制度正式确立。2007 年通过的《物权法》规定了海域物权制度，中国的海域使用管理制度在理论和制度上得到进一步丰富。《海域法》通过后，国家相关部门出台了一系列配套制度，海域管理制度不断发展和完善，对规范用海秩序、保护用海人的合法权益和保护海洋环境起到了极其重要的作用。《海域法》、《物权法》及相关法规建立的海域使用管理制度是中国海洋管理制度重要组成部分，体现了中国海洋管理的制度创新和特色，也标志着中国海洋综合管理开始进入新的阶段。

中国海域使用管理制度包括三项基本制度：海洋功能区划制度、海域使用权制度和海域有偿使用制度。该法的通过和实施为 21 世纪中国的海洋开发和管理奠定了坚实的法律基础。到 2004 年，中国已经完成了国家、省、地市、县级的海洋功能区划方案的编制，国家还制定了海域使用金的征收标准。海洋功能区划方案和海域使用金征收标准是中国海域使用和管理的基础。不足的是以前的海洋功能区划考虑人类的需求较多而考虑自然的需求较少，需要以生态系统为基础进行重新修编。

（3）海岛保护

2009 年以前中国没有关于海岛开发和保护的法律规定。在全国人大常委会的高度重视和大力推动下，经过又一个 7 年多的不懈努力和工作，《中华人民共和国海岛保护法》在 2009 年 12 月 26 日十一届全国人大常委会第十二次会议上获得通过。《海岛保护法》共设 6 章 52 条，规定了海岛保护规划、海岛生态保护、无居民海岛权属、特殊用途海岛保护、监督检查五项重要制度，明确赋予了各级海洋管理部门在保护和开发利用海岛工作中的职责。它的出台标志着中国海岛的管理、保护和开发从此步入了法制化轨道。

（4）海洋渔业资源管理

《中华人民共和国渔业法》（简称《渔业法》）是中国管理包括海洋渔业在内的所有渔业活动的法律。该法 1986 年通过，并于 2000 年、2004 年两次修改。1987 年农牧渔业部发布《中华人民共和国渔业法实施细则》（简称《实施细则》）。《渔业法》及其《实施细则》规定了对渔业资源的开发、利用的管理机关及其权限，并主要对“养殖业”、“捕捞业”、“渔业资源的增殖和保护”等问题做了较为详细的规定。

在渔业养殖方面，中国确定了养殖业许可证制度、种苗审批制度；在海洋捕捞业方面，中国实行了捕捞总量控制制度、捕捞许可证制度，并对捕捞场所、时间、方法和工具作出了具体规定；在渔业资源的增殖和保护方面，中国实施了渔业资源增殖保护费制度、禁渔区和禁渔期制度等。国家有关部门和地方也相继出台了一些配套的法规和实施办法。如 1995 年开始，先后在渤海、黄海、东海和南海实施 2～3 个月的伏季休渔。2006 年国务院颁布了《中国水生生物资源养护行动纲要》。

（5）海岸带综合管理

海岸带综合管理是统筹海陆使用规划、解决资源利用冲突、保护海洋与海岸带生态系统的有效途径（专栏 1.6）。《中国海洋 21 世纪议程》提出要实施海岸带综合管理。目前中国尽管还没有建立国家层面的海岸带综合管理制度，但是在地方层面的海岸带综合管理的理论研究和实践方面取得了很大的成效。中央政府也积极推动和支持各地方政府与国际组织合作或者自己实施海岸带综合管理项目。例如在 GEF/UNDP/IMO 东亚海域海洋污染预防与管理项目的资助下，厦门 1997 年开始实施海岸带综合管理。经过多年的海洋综合管理的实践，探索出一条“立法先行、集中协调、科学支撑、综合执法、财力保障、公众参与”的海洋综合管理的“厦门模式”，被东亚各国作为海岸带综合管理的典范。目前中国地方层面的海岸带综合管理项目已经达到 20 多个，并且一些海岸带综合管理向正向与其相连的流域拓展管理范围，尝试实施从流域到海洋的基于生态系统的管理（专栏 1.6）。

**专栏 1.6　海岸带综合管理**

海岸带综合管理是一项旨在规范人类活动以提供可持续的海洋与海岸带生态系统服务功能的海陆统筹战略规划。海岸带综合管理的概念是从过去 50 年全世界 2 000 多个海岸管理行动而发展来的。它事实上是一个包括方法、机制、过程和框架等驱动因素的动态系统。海岸带综合管理的有效利用可以让对海洋与海岸带多重开发利用的矛盾冲突最小化、保护生命和财产免受自然和人为灾害的影响、保护栖息地和生物多样性、确保淡水资源的可持续利用、预防和减少海岸污染和资源的过度开采、提高海岸居民的生活水平和确保食品安全。海岸带综合管理通过建立和执行地方政策、法律、协调监控机制、绩效指标和基于问题的管理措施，在各种层面上都得到成功的应用，如中国的厦门市、菲律宾的八打雁湾（Batangas）、泰国的春武里（Chonburi）、越南的岘港（Danang）、朝鲜的南浦（Nampu）、柬埔寨的西哈努克港口（Sihanoikville）。

在厦门和八打雁湾（Batangas）的海岸带综合管理的实施中都采取了拓宽地理和功能两者的尺度。这样能使其管理范围覆盖跨行政区域的生态系统以及攸关的管理对象，如将流域与海洋的重点联接区、更大范围的海岸和海洋生态系统等的管理包括进来，如此才能够将基于生态系统管理的理念付诸实践。一些东亚海洋国家（如印度尼西亚、日本、菲律宾、韩国、越南）已建立了国家层面的海洋与海岸带政策、战略、行政命令和法律来支持海岸带综合管理的执行。许多发达国家也有海岸带综合管理的立法，如美国、英国、南非。

从科学层面来看，海岸带综合管理的基础在于对所管理的区域中的海洋与海岸带生态系统有充足的认识。

（6）陆源污染管理

陆源污染是影响海洋环境的主要因素。从 20 世纪 90 年代开始，中国开始在重点水域制定并实施污染防治计划。三河（淮河、海河、辽河）、三湖（太湖、巢湖、滇池）、渤海污染防治工程是国家“十五”期间确定的重点流域、海域污染防治工程，其污染防治计划得到了国务院的批准，计划的实施为减少陆源污染、遏制海洋环境进一步恶化、恢复和改善海洋生态系统起到了重要作用。实施的主要陆源污染计划包括淮河、海河、辽河、巢湖、滇池等流域和太湖水等的水污染防治“十五”计划、“十一五”规划以及“渤海碧海行动计划”。

目前，各重点流域、海域的“十二五”规划制定工作正在进行；长江口、珠江口海域、黄河、松花江亦已开始编制和实施碧海行动计划。各类规划积极吸取“十五”、“十一五”管理经验，为更好地实现“十二五”期间污染防治工作提供基础。

除了以上全国性流域的环境保护计划与规划之外，其他各省、市在自己的辖区内开始采用流域管理与行政区域管理相结合的模式应对跨区域的环境污染与生态保护问题。制定了很多中小流域水污染防治与生态保护规划。如福建九龙江、闽江流域水污染防治与生态保护规划，浙江省钱塘江流域水污染防治与生态保护规划，黑龙江的嫩江流域水污染防治规划等，几乎涵盖了中国主要的中小流域。

### 1.2.3　海洋管理现状与主要问题

（1）海洋管理现状

自 20 世纪 50 年代以来，中国的海洋管理工作经历了重大的发展与变革。中国的海洋管理体制经历了从行业性管理到行业管理加海洋环境复合管理，再向海洋综合管理过渡的发展历程。目前，经过几十年的演变，逐步形成了以海洋综合管理与分部门、分行业管理相结合为主要特点的管理体制。2008 年国务院赋予了国家海洋局加强海洋战略研究和综合协调海洋事务的新职能，国家海洋局专门从事海洋行政管理，另外涉及海洋工作的职能部门还有环境保护部、农业部、国土资源部、交通运输部、国家林业局等 10 多个部门以及省、市、县地方政府。

目前，中国各涉海管理部门在法律授权和各自的职能（“三定”方案）范围内对海洋的方方面面实施管理。在海洋生态环境保护方面，依据《中华人民共和国环境保护法》、《中华人民共和国海洋环境保护法》及其相关配套法规，环保部、国家海洋局及其他相关机构实施海洋环境管理，制定了一系列有关中国海洋生物多样性保护和生态环境保护的国家和地方专项规划，将海洋生态环境保护纳入国家和沿海地区社会经济发展规划中，提升了海洋生态环境管理效力；在海域使用管理上，国家海洋局和各级地方政府依据《中华人民共和国海域管理法》，实施海洋功能区划制度、海域权属制度和海域有偿使用制度；在海岛管理方面，国家海洋局和各级地方政府依据《中华人民共和国海岛保护法》，实施海岛保护规划、海岛生态保护、无居民海岛权属、特殊用途海岛保护和监督检查；海洋渔业资源管理方面，农业部和各级地方政府依据《中华人民共和国渔业法》和海洋生物资源开发利用的系列法律制度实施管理。

针对海洋生态环境问题跨行政区域、跨海域陆域的特点，相关涉海部门正在探索陆海联动管理新机制。2010 年 3 月 2 日，环保部与国家海洋局在北京签署《关于建立完善海洋环境保护沟通合作工作机制的框架协议》，这标志着中国海陆统筹保护海洋环境的新局面将进一步形成。根据协议，双方将在 9 个方面加强沟通与合作，其中包括共同开展重点海域氮、磷、石油类及重金属污染的控制工作。国家环境保护主管部门已经选择在环渤海沿海地区、海峡西岸经济区、北部湾经济区沿海地区开展了重点产业发展战略环境影响评价。国家“十二五”重点流域规划开始考虑海洋生态环境保护的合理需求。

（2）海洋管理问题

尽管目前中国海洋资源环境管理法律体系已基本形成，规划体系不断完善，建立了国家、省、地、市四级海上执法力量，基本形成了对管辖海域环境管理能力，目前的海洋管理政策体系还存在一定的问题。

1）海洋管理体制机制还需进一步协调

中国的海洋管理是陆地各种资源开发与管理部门职能向海洋的延伸，而行政管理部门基本上是按自然资源种类和行业部门来设置，这种条块分割的管理体制将统一的海洋生态系统人为分解为不同领域、由不同部门来监管，使得不同海洋自然资源或生态要素及其功能被分而治之，不能根据海洋生态系统的整体性进行综合管理。与此相对应，海洋资源利用与环境管理实行单项和部门管理，各部门（如海洋、交通、农业、石油、旅游等）职责平行，缺乏综合协调和联合执法的机制和手段，各部门之间的协调成为海洋管理的顽疾，致使跨行政区域、跨行政部门的海洋生态环境保护问题难以解决（专栏 1.7）。

**专栏 1.7　海洋管理部门职能的重叠与冲突**

由于部门立法导致的部门之间权力和职责不清晰，中国环境管理、海洋与海岸带管理的权力分散在中央各个部门（如海洋、环保、农业、林业、国土资源、建设、财政、海军等部门）和临海的地方政府，没有更高一级的权力部门来协调这些中央职能部门和地方政府的活动。各职能部门之间的职权分配由不同的法律来规定，其间存在很多的职权交叉、重叠和矛盾。这导致各职能部门在环境管理方面存在很多冲突，如前述的水利部门与环保部门、海洋部门与环保部门、海洋部门与交通部门、海洋部门与渔业部门等。这极大地增加了行政部门之间的协调成本，影响环境管理的效果。

如《中华人民共和国环境保护法》规定国家环保总局（现为环保部）为国家环境保护行政主管部门，而《中华人民共和国海洋环境保护法》又规定国家海洋局是国家海洋环境主管部门，两部法律之间规定的不清晰导致环保部和海洋局之间的协调一直存在困难；《中华人民共和国水法》规定水利部是国家水资源的主管部门，而《水污染防治法》规定环保部是水环境治理的主管部门。水利部门认为水资源应该包括水质和水量，因而对水环境的治理也实施管理，环保部门则认为水质管理是自己的权利和职责；水法也没有能够清楚地界定各级地方政府和流域管理部门的权利和职责，导致水资源和水环境的管理中存在权利的真空等。类似的法律模糊、交叉和重叠还有很多。

2）海洋法律法规体系有待进一步完善

海洋环境管理是一项系统工程，这项工程涉及海洋、环保、水利、建设、林业、渔业、交通等部门，又涉及沿海区域间的协调问题。现行的有关法律法规都是针对单项海洋资源的开发利用、保护和管理而制定的。一方面，这些单项法规过分强调所管理的某种海洋资源及其开发利用的重要性和特殊性，而对其他产业部门及其他海洋资源开发利用的利益和需要考虑不足，造成中国海洋管理的法律法规虽然多，但行业性突出，缺乏统筹，法出多门、政出多门，缺少统一的国家海洋政策；另一方面，许多法律制度在内容结构上，均注重了普遍的、共性的、一般的环境保护问题，缺乏针对不同区域的具体环境问题解决方案，不能适应基于生态系统的海洋综合管理需要，特别是缺乏区域环境管理立法体系。

此外，尽管中国加入了《国际油污损害民事责任公约》（1992），但是由于缺少相应的关于溢油污染生态损害的评估准则、赔偿标准、求偿主体和客体等方面的规则，很多的溢油污染造成的环境与生态损害不能得到补偿。特别是中国运油量 2000t 以下的油轮没有加入公约，国内也没有相关的法律和法规。而这些小规模的油轮的溢油事件经常发生，对海洋生态系统造成了严重损害（专栏 1.11）。农业非点源污染控制政策的缺失也是中国海洋环境不断恶化的原因之一（专栏 1.8）。

### 专栏 1.8　农业非点源污染控制政策的缺失

无论是全国污染源普查[1]的数据还是各个地方的具体研究成果都显示农业/农村面源污染已经成为中国的主要环境问题之一。尽管 2008 年 6 月 1 日起施行的《中华人民共和国水污染防治法》首次将农业面源污染列为水污染防治对象[2]，但是还没有农业面源污染控制的具体法规、标准以及农业面源污染的监测技术。从中国目前已经和正在实施的流域综合管理项目看，也主要关注点源污染而忽视了面源污染。如截至 2005 年，历时 15 年，总投资约 100 亿元人民币的太湖一期综合治理结束。这些资金主要用于引排防洪工程的修建，而非农业污染的治理。而 2007—2020 年的太湖二期综合治理方案计划投资达 1 114.98 亿元，只有 8.86%用于农业面源污染的治理[3]；即将实施的渤海环境保护总体规划近期（2008—2012）拟投资 456.2 亿元，只有 41.7 亿元用于农业面源污染治理，远期（2013—2020）投资 810.5 亿元，也只有不到 25%的资金用于农业面源污染治理[4]。

1 全国污染源普查的时间是 2006 年 10 月到 2009 年 6 月（环保部网站）。
2《中华人民共和国水污染防治法》第一章总则第三条指出要防治农业面源污染，第四章水污染防治措施第四节农业和农村水污染防治第四十八条指出“县级以上地方人民政府农业主管部门和其他有关部门，应当采取措施，指导农业生产者科学、合理地施用化肥和农药，控制化肥和农药的过量使用，防止造成水污染。”
3 太湖流域水环境综合治理总体方案. http://www.jssj.gov.cn/UploadFile/File/20090608103654570.doc.
4 渤海环境保护总体规划[R]. 2010. http://www.pc.dl.gov.cn/qiye/ShuiWuFile%5C.

同时，中国很多海洋环境保护的法律常常关注一般的原则而缺少必要的法律实施机制和程序，如监督、监测、报告、评估以及相应的惩罚措施等，使得环境法律和法规实施的效果不好。

3）陆、海相关的环境保护规划需要有效衔接

中国目前在国家、地方和流域的尺度已经制定了很多的污染预防与控制规划，如前文所述的淮河流域水污染控制规划、渤海碧海行动计划等。这些规划和计划主要以水环境管理 5 年规划的形式出现。但是由于技术、经济及政策的原因，如水环境管理项目没有与资源管理规划和土地利用规划相衔接，没有融入国家和地方的国民经济和社会发展规划，导致这些规划基本上没有达到预期的水环境目标。如淮河流域、渤海、太湖流域、滇池流域等都经过 10 年以上的综合整治，投入了大量的资金而水质仍然未得到改善。

在制定和实施许多流域综合管理项目的同时，在国家和省级层面也实施了许多海洋与海岸带综合管理项目。其中一个很重要的问题是没有将流域以及与流域相连的海域进行综合考虑。海洋管理与流域管理、海域管理与土地管理和地方行政管理不能很好地衔接，海洋与流域环境分而治之，资源与环境管理不能有效地统一综合，即缺少综合的流域-海洋管理战略规划。

同时，中国的海洋环境管理与经济之间还缺少必要的协调机制。例如沿海区域都制定了各自的经济发展规划，发展重化工布局趋势明显。从单个项目环境影响评价结果看，每个项目都是可行合理，但是没有考虑所有布局项目对海洋的累积和综合影响。海洋环境保护与沿海区域发展综合决策缺乏实质性融合。

4）信息共享机制和平台建设需进一步加强

一方面，中国目前的环境监督管理工作并不能完全满足环境保护的需求，监管水平仍有待提高，监管力度也有待加强；另一方面，在流域和近海地区有多个监管部门在监测海域环境质量，包括环保、海洋、水利、渔业、建设等部门。各个部门监测标准不一，得出的数据也不一样，甚至互相矛盾，各个部门的数据不能共享，矛盾的数据对正确管理决策的制定提出了挑战。监控机构的重叠和部门的分割导致了资源浪费和决策的正确制定。

## 1.3 中国海洋可持续发展的重大生态环境问题

近海和海岸带海洋生态系统一般具有明显的地区性特征，海洋生物特有种和地方种种类较多，高度依赖于沿岸原始生境条件，生态系统和生物多样性脆弱性明显。过去 30 年，中国沿海区域经济和海洋经济基本上沿袭了以扩张为主的外延式增长模式，并且近期的扩张明显规模大，速率快，使得近海和海岸带海洋生态系统难以

适应，受到严重威胁。尽管中国政府开始高度重视海洋环境与生态的保护工作，采取多种措施积极防治，也取得了一定的成效。但与陆地生态环境保护相比，海洋环境与生态保护工作还比较薄弱。从 20 世纪 70 年代末开始，中国近海和海岸带海洋环境质量开始恶化，生态系统受损，生态承载力持续下降，严重威胁到中国海洋的可持续发展。与此同时，随着国家新一轮沿海地区发展战略的实施，海洋可持续发展面临新的形势和挑战。

### 1.3.1　中国近海生态环境现状

与 20 世纪 80 年代初相比，中国海洋生态与环境问题在类型、规模、结构、性质等方面都发生了深刻的变化，环境、生态、灾害和资源四大生态环境问题共存，并且相互叠加、相互影响，呈现出异于发达国家传统的海洋生态环境问题特征，表现出明显的系统性、区域性和复合性。

（1）近海环境污染严重

近年来，中国近岸海域总体污染程度依然较高，近海海域污染面积居高不下，2009 年未达到清洁海域水质标准的面积为 146 980 km$^2$，比上年增加 7.3%（专栏 1.9）。污染严重的海域集中在大型入海河口和海湾，包括辽东湾、渤海湾、莱州湾、胶州湾、象山港、长江口、杭州湾、珠江口等海域。这些区域大多为中国沿海经济发达地区，先污染后治理的发展之路使得这些地区背上了沉重的环境债务。

根据国家海洋局《海洋环境质量公报》，目前海水中的主要污染物是无机氮、活性磷酸盐和石油类，局部海域受到重金属污染；全海域沉积物质量状况总体良好，近岸局部海域沉积物受到镉、铜、滴滴涕和石油类污染；海洋生物质量堪忧，2009 年，部分监测站位贝类体内的铅、砷、镉、石油烃和滴滴涕残留水平超第一类海洋生物质量标准，部分贝类体内污染物残留水平依然较高（专栏 1.9）。

**专栏 1.9　中国海洋环境质量**

海洋环境质量可以从海水水质、沉积物质量和海洋生物体内污染物质含量来进行评价。

**海水质量**

根据国家海洋局公布的 2000—2009 年《海洋环境质量公报》，近年来严重污染海域面积达 2.9 万 km$^2$ 左右，海洋环境质量状况不容乐观。图 1.3 为不同污染程度海域占未达到清洁海域水质标准的评价海域面积比重。

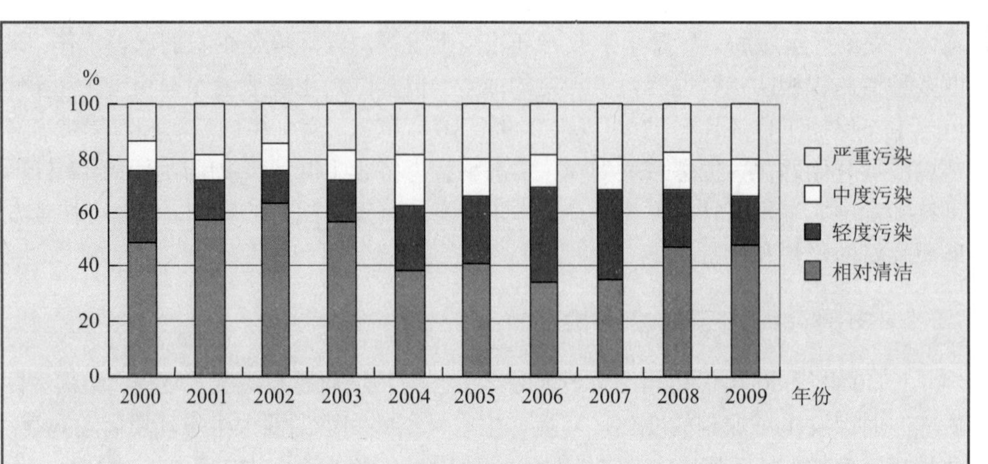


图 1.3 不同污染程度海域面积比重

**沉积物环境质量**

根据国家海洋局《海洋环境质量公报》，2009 年全海域沉积物质量状况总体良好。近岸局部海域沉积物受到镉、铜、滴滴涕和石油类污染，上述污染物含量超第一类海洋沉积物质量标准的站位比例分别为 10.6%、7.9%、7.6%和 7.5%。多年监测与评价结果表明，辽东湾、莱州湾、青岛近岸、苏北近岸和广西近岸海域沉积物中石油类含量呈显著上升趋势；渤海湾和长江口沉积物中镉含量呈显著下降趋势。

**海洋生物质量**

根据国家海洋局《海洋环境质量公报》，2009 年，部分监测站位贝类体内的铅、砷、镉、石油烃和滴滴涕残留水平超第一类海洋生物质量标准，超标率分别为 48.3%、40.3%、39.8%、32.8%、28.7%，其中个别站位贝类体内石油烃和滴滴涕残留水平超第三类海洋生物质量标准。

多年监测与评价结果表明，中国近岸海域贝类体内六六六残留水平无明显变化趋势；部分近岸海域贝类体内铅、滴滴涕、多氯联苯和镉残留水平呈下降趋势，粤东近岸海域贝类体内滴滴涕和多氯联苯残留水平连续三年呈下降趋势；黄海北部近岸海域贝类体内砷和滴滴涕、渤海湾海域贝类体内砷、烟台至威海近岸海域贝类体内总汞残留水平均呈上升趋势。

（资料来源：专题 6）

（2）海洋生态系统健康受损

污染、大规模围海造地、外来物种入侵，导致滨海湿地大量丧失和生物多样性降低，中国近岸海洋生态系统严重退化。2009 年监测结果表明：中国受监控近岸海洋生态系统处于健康、亚健康和不健康的分别占 24%、52%和 24%。据初步估算，与 20 世纪 50 年代相比，中国累计丧失 57%滨海湿地、73%红树林面积，珊瑚礁面积减少了 80%，2/3 以上海岸遭受侵蚀，沙质海岸侵蚀岸线已逾 2 500 km。外来物种入侵已产生危害，中国海洋生物多样性和珍稀濒危物种日趋减少[1，2]。

（3）海洋生态环境灾害频发

中国管辖海域的生态环境灾害主要包括赤潮、海岸侵蚀、海水入侵和溢油等。

与 20 世纪 90 年代相比，21 世纪以来，赤潮发生频测和影响海域面积都呈现上升态势。2001—2009 年，每年平均发生赤潮 79 次，赤潮面积达到 16 300 $km^2$（图 1.4）。赤潮发生次数和累计面积均为 20 世纪 90 年代的 3.4 倍[3]。从多年的趋势上看，赤潮发生有从局部海域向全部近岸海域扩展的趋势。2007 年至今每年在黄海海域发生大规模的浒苔绿潮，2008 和 2009 两年由浒苔绿潮导致的直接经济损失累计近 20 亿元。2008 年黄海的绿潮曾对奥运会帆船比赛产生严重干扰，引起全球关注（专栏 1.10）。

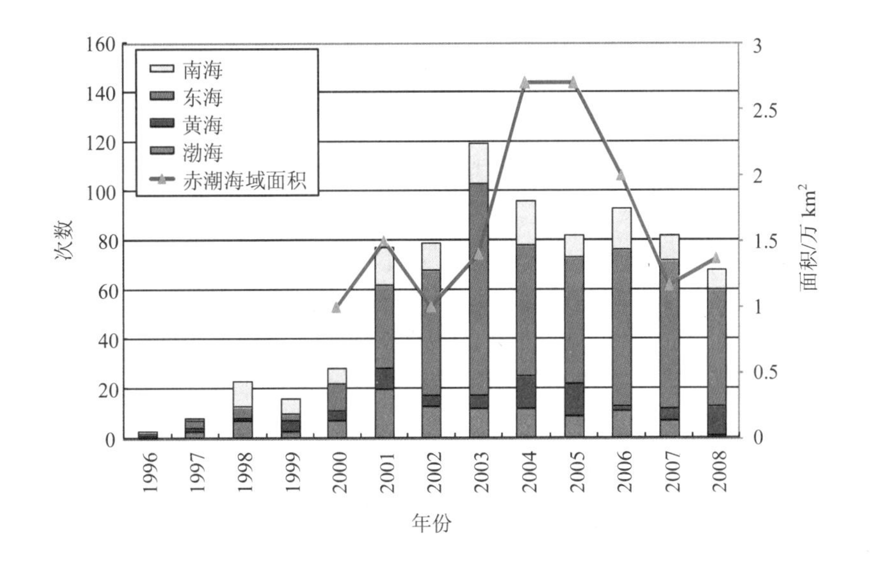


**图 1.4　各海域赤潮发生频次及面积**

注：根据国家海洋局海洋环境质量公报资料绘制。

1 国家海洋局．中国海洋环境质量公报（2001—2009）[R]．

2 近岸海域指水深小于 10 m 的海域。

3 国家海洋发展战略研究所．中国海洋发展报告 2010[M]．北京：海洋出版社，2010.

**专栏 1.10　海洋生态灾害**

自 20 世纪 90 年代末以来，中国近海的赤潮、绿潮、水母旺发等灾害性生态异常现象和缺氧区现象频频出现（缺氧区见专栏 1.17），为中国近海的生态安全敲响了警钟。

20 世纪 90 年代后期，赤潮发生频率明显上升，规模也在不断扩大，一次赤潮的影响面积可达数千甚至上万 $km^2$。特别是在东海长江口及其邻近海域，大规模甲藻赤潮频繁暴发。米氏凯伦藻、链状亚历山大藻、棕囊藻等有毒有害赤潮屡见不鲜，赤潮优势种呈现出从硅藻向有毒有害甲藻演变的趋势。赤潮的频繁发生给沿海地区造成了严重的经济损失。

从 2007 年开始，黄海海域连续每年皆出现浒苔形成的大规模绿潮，影响海域面积可达数万 $km^2$，大量浒苔在山东、江苏沿岸堆积，直接威胁到海水养殖业和滨海旅游业。2008 年，因浒苔绿潮造成的直接经济损失达 13 亿元。在海南、广西沿海海域也出现了由浒苔、刚毛藻、孔石莼或水云等形成的有害藻华。

2000 年以来，中国近海无经济价值的大型水母数量开始呈现明显的上升趋势。这些水母能捕食大量浮游动物，将直接导致鱼类饵料缺失，因此，水母旺发有可能对渔业资源产生不利影响。

随着中国从石油出口国转为石油进口国，石油进口数量不断上升。目前，中国海上石油运量仅次于美国和日本，居世界第 3 位，中国港口石油吞吐量正以每年 1 000 余万 t 的速度增长。随着运输量和船舶密度的增加，中国发生灾难性船舶事故的风险逐渐增大，中国海域可能是未来船舶溢油事故的多发区和重灾区（专栏 1.11）。同时，海上油气开采规模的扩大也增加了溢油生态灾害的风险，2010 年发生的大连输油管道爆炸导致大量石油输入海洋，造成了巨大的生态灾害[1]。

**专栏 1.11　中国海洋溢油污染风险加重**

中国自 1993 年从石油出口国转为石油进口国以来，石油进口数量不断上升。据海关总署的统计数据，2008 年中国石油（包括原油、成品油、液化石油气和其他石油产品）净进口量达 20 067 万 t，比 2007 年同比增长 9.5%。这些石油 90%以上通过船舶运输。目前，中国海上石油运量仅次于美国和日本，居世界第 3 位，中国港口石油吞吐量正以每年 1 000 余万 t 的速度增长，船舶运输密度增加。中国海事局最新公布的一组数据显示，目前中国拥有远洋运输船舶逾百万艘，列世界第 9 位。2006 年沿海石油运输量达 4.31 亿 t，航行于沿海水域的船舶达到 464 万艘次，其中各类油轮为 162 949 艘次，平均每天 446 艘次[2]。

1 http://www.cnr.cn/china/newszh/yaowen/201007/t20100719_506752529.html.

2 http://news.sohu.com/20071113/n253213761.shtml.

随着运输量和船舶密度的增加，中国发生灾难性船舶事故的风险逐渐增大，中国海域可能是未来船舶溢油事故的多发区和重灾区。据交通部海事局统计，1973—2006 年中国沿海共发生大小船舶溢油事故 2 635 起，其中 50 t 以上的重大船舶溢油事故共 69 起（平均每年发生 2 起），总溢油量 37 077 t。其中，渤海湾、长江口、台湾海峡和珠江口水域被公认为是中国沿海四个船舶重大溢油污染事故高风险水域[1]。随着中国石油进口量的不断增加，船舶特大溢油事故的风险增大。2010 年在墨西哥湾和大连发生的溢油事故给我们敲响了警钟。

另外，随着海上油气开发和船舶数量的迅速增加，海上油气平台及输油管线的跑冒滴漏、船舶的各种泄漏、压舱水排放等造成的小范围石油污染事故更是频繁发生，并且呈逐年递增的趋势。这种小型甚至是微型事故对海洋环境的负面影响虽然不明显，但事故数量众多，其潜在的累积性生态损害也是不容忽视的。例如，2008 年，渤海共发现至少 12 起小型油污染事件，事故发生次数较 2007 年有所上升。油污样品经鉴定已确定其中 6 起为船舶用重质燃料油。

（资料来源：专题 6）

（4）近海海洋渔业资源严重衰退

中国近海渔业资源在 20 世纪 60 年代末进入全面开发利用期，之后海洋捕捞机动渔船的数量持续大量增加，由 60 年代末的 1 万余艘迅速增加至 90 年代中期的 20 余万艘[2, 3]。随着捕捞船只数和马力数不断增大，加之渔具现代化，对近海渔业资源进行过度捕捞，导致资源衰退。捕捞对象也由 60 年代大型底层和近底层种类转变为目前以鳀鱼、黄鲫、鲐鲹类等小型中上层鱼类为主。传统渔业对象如大黄鱼绝迹，带鱼、小黄鱼等渔获量主要以幼鱼和 1 龄鱼为主，占渔获总量的 60%以上，经济价值大幅度降低[4, 5]，渔业资源已进入严重衰退期。

### 1.3.2　重大海洋生态环境问题

（1）陆源入海污染严重，海洋生态环境持续恶化

陆地上的人类活动产生的污染物质通过直接排放、河流携带和大气沉降等方式输送到海洋，已严重影响着海洋生态环境质量，成为中国海洋环境恶化的关键因素[6]（专栏 1.12）。

---

1 马书平，李建敏，林红梅．中国在渤海进行海陆空立体海上溢油应急演习[N/OL]. http://finance.qq.com/a/20070706/000458.htm.

2 全国水产统计资料（1949—1985）.

3 农业部渔业局．中国渔业年鉴 1998[M]．北京：中国农业出版社，1998.

4 Tang Q S，Effects of long-term physical and biological perturbations on the contemporary biomass yields of the Yellow Sea ecosystem//Sherman K，Alexznder L M，Gold B O. Large Marine Ecosystem：Stress Mitigation，and sustainability[J]. AAAS Press，Washington D.C.，USA 1993，79-93.

5 金显仕，赵宪勇，孟田湘，等．黄渤海生物资源与栖息环境[M]．北京：科学出版社，2005.

6 国家海洋发展战略研究所课题组．中国海洋发展报告 2010[M]．北京：海洋出版社，2010.

## 专栏 1.12　中国陆源污染

河流排污。根据2002—2009年国家海洋局发布的《中国海洋环境质量公报》全国主要河流入海污染物数据，监测的主要河流（长江、珠江、黄河、闽江、钱塘江等河流）入海污染物总量总体呈波动式上升趋势，2007年比2002年增加121.3%，2009年全国主要河流的入海污染物总量为1 367万t，其中化学需氧量（$COD_{Cr}$）1 311万t（约占总量的95.9%）、营养盐47万t（约占3.4%）、油类5.46万t、重金属3.39万t、砷0.39万t。

入海排污口污染物排放。根据国家海洋局《海洋环境质量公报》，从2005—2008年，监测的全国入海排污口排放的污染物（化学需氧量、悬浮物、氨氮、磷酸盐、$BOD_5$、油类、重金属等）年排放总量从1 463万t降至836万t，呈显著下降趋势（表1.2）。其中化学需氧量和悬浮物两者之和占入海排污口排放总量的90%以上，是全国入海排污口排放的主要污染物，其次为营养盐类（氨氮、磷酸盐）。除悬浮物外，其他污染物总体上呈现下降趋势。

表1.2　全国入海排污口污染物排放总量　　单位：万t

| 年份 | $COD_{Cr}$ | 悬浮物 | 氨氮 | 磷酸盐 | $BOD_5$ | 油类 | 重金属 | 其他 | 总量 |
|---|---|---|---|---|---|---|---|---|---|
| 2005 | 954.0 | 427.0 | 50.0 | 3.0 | 8.0 | 12.0 | 2.0 | 7.1 | 1 463.0 |
| 2006 | 638.0 | 598.0 | 18.0 | 4.0 | 17.0 | 10.0 | 4.6 | 8.4 | 1 298.0 |
| 2007 | 39.0 | 652.0 | 16.0 | 1.7 | 9.0 | 0.3 | 0.6 | 0.6 | 1 219.0 |
| 2008 | 410.0 | 400.0 | 17.0 | 1.7 | 5.0 | 0.9 | 0.2 | 1.2 | 836.0 |

注：中国国家海洋局．海洋环境质量公报，2005—2008.

大气沉降。大气沉降是营养物质和重金属向海洋输送的重要途径之一。2009年，国家海洋局在大连海域、青岛海域、长江口海域和珠江口海域四个重点海域开展大气污染物沉降入海量监测。评价结果表明，2002—2009年，长江口海域大气中铜、铅和总悬浮颗粒物的沉降通量、珠江口海域大气中铜的沉降通量均呈上升趋势，其他海域大气中重金属沉降通量无明显变化或呈下降趋势（国家海洋局，2010）。

近10年来，中国科研人员也逐渐开始对海洋大气中污染物质的沉降进行了一些研究。在黄海的研究发现，大气沉降是大陆溶解无机氮输入到黄海西部地区的主要途径，每年通过大气沉降入海的溶解无机氮的量为$1.4\times10^{10}$mol；如果只考虑大气湿沉降和河流输入，其中58%的溶解无机氮是通过大气湿沉降输入的。[1]并且在整个黄海海域，$NH_4^+$ 的大气输入量超过了河流的输入量，而$NO_3^-$的大气输入则明显小于河流的输入量[2]。

（资料来源：专题6）

1 Zhang J，Chen S Z，Yu Z G，et al. Wu QM. Factors influencing changes in rain water composition from urban versus remote regions of Yellow Sea[J]. Journal of Geophysical Research，1999，104：1631-1644.

2 Chung C S，Hong G H，Kim S H. Shore based observation on wet deposition of inorganic nutrients in the Korean Yellow Sea Coast[J]. The Yellow Sea，1998，4：30-39.

近年来，随着点源污染治理取得成效，通过河流输入到海洋的陆源污染中，农业非点源污染所占的比重越来越大。全国第一次污染源普查结果表明，全国农业污染源 2007 年排放的化学需氧量达 1 324 万 t，是工业源排放量的 2.3 倍（在重点流域，农业源更高达工业源的 5 倍）。来源于农业、农村的污染物通过径流输送，更影响到下游沿海地区水质和海洋环境。因此，农业污染源已经成为中国陆地和海洋水污染控制的突出问题，流域农村环境问题的治理已经刻不容缓（专栏 1.13）。

### 专栏 1.13　农业面源污染

中国 2010 年发布的《第一次全国污染源普查公报》，是近年来涉及农业污染源的最权威统计数据。在该公报中，农业源统计了种植业、畜牧业和水产养殖业的主要水污染物排放（流失）量，不包括典型地区农村生活源，以及由于水土流失排放的污染物。在所统计对象中，种植业、水产养殖业基本为非点源排放，畜牧业除一部分规模化养殖外，其他大部分为农户散养型，也是非点源。因此，该公报中的农业污染源情况基本可以反映中国农业非点源污染的情况。

工业源、农业源和生活源的化学需氧量、氨氮、总氮、总磷、石油类、挥发酚和重金属排放量汇总见表 1.3。从表 1.3 可见，全国总氮排放量主要来自农业源和生活源。农业源和生活源污染已经成为中国水污染控制的突出问题，应引起各方高度重视。

表 1.3　2007 年全国主要水污染物排放量　　单位：万 t

| | | 化学需氧量 | 氨氮 | 总氮 | 总磷 | 石油类 | 挥发酚 | 重金属 |
|---|---|---|---|---|---|---|---|---|
| 工业源 | 全国情况 | 564.36 | 20.76 | — | — | 5.54 | 0.70 | 0.09 |
| | 重点流域 | 145.28 | 2.96 | — | — | 1.85 | 1 938.63① | 0.01 |
| 农业源 | 全国情况 | 1 324.09 | — | 270.46 | 28.47 | — | — | 7 314.67② |
| | 重点流域 | 718.65 | — | 118.94 | 1.26 | — | — | 3 378.75② |
| 生活源 | 全国情况 | 1 108.05 | 148.93 | 202.43 | 13.80 | 72.62③ | — | — |
| | 重点流域 | 328.07 | 47.00 | 65.92 | 3.77 | 22.35③ | — | — |

注：①单位为 t;

②为畜牧业和水产养殖业铜、锌的总和，单位为 t;

③含动植物油。

资料来源：第一次全国污染源普查公报，2010。重点流域包括海河、淮河、辽河、太湖、巢湖、滇池；工业源为排放后经处理设施削减后实际排入环境水体的排放量；农业源不包括典型地区农村生活源。

（资料来源：专题 6）

全国入海排污口排放的污染物总量从 2005 年的 1 463 万 t 降至 2008 年的 836 万 t，呈显著下降趋势，但超过污水综合排放标准的问题仍然严重[1]，渤海、黄海、

1 国家海洋局发展战略研究所课题组．中国海洋发展报告[M]．北京：海洋出版社，2010.

东海、南海四大海区入海排污口的超标率多年居高不下，历年均在 75%以上，最高者达 92%（2008 年，东海）；从不同海区分布看，渤海入海排污口排放的污染物总量呈现明显上升趋势，海洋环境保护的压力增大。

大气沉降是营养物质和重金属向海洋输送的重要途径之一。在人类活动影响较大的近岸海区，大量的营养盐（特别是氮）随大气输入海洋会对浮游植物生长和组成产生重要影响，甚至会引发赤潮。有研究表明，大气沉降是陆地溶解无机氮输入到黄海西部地区的主要途径[1]，黄海海域由大气沉降输入海洋的铵氮（$NH_4^+$-N）甚至超过了河流的输入量[2]。目前中国的气溶胶和降水的常规性监测主要集中于部分城市和地区，对海洋大气沉降还处于研究阶段，缺乏长时间大范围的常规性监测。因此，中国对大气污染物沉降入海的相关研究和监测工作仍需要深入和持续地开展（专栏 1.13）。

陆源及其他来源污染物进入海洋环境，直接导致海洋水体、沉积物和生物质量下降。海域水质状况与入海污染物总量呈现同步变化趋势。陆源营养盐对中国近岸海域的贡献占 70%以上[3]，是导致中国近岸赤潮、绿潮灾害频发的主要原因之一；海洋污染对海洋渔业、滨海旅游和人群健康等造成巨大经济损失，以海洋渔业为例，历年因污染造成的损失平均达其总产值的 2.3%，2007 年损失达到 35 亿元[4]；海洋污染还造成重要生境退化、生物多样性减少和生态系统提供服务的功能丧失等更多难以量化的经济损失。

到 2020 年，中国国内生产总值将比 2000 年翻两番，相对于 2003 年，预计工业和生活的废水和水污染物的产生量是 2 倍以上，畜禽养殖业的污染物产生量接近 3 倍。沿海地区废水及水污染物源增长将大大高于全国平均增幅水平（2～3 倍），将给近岸海域环境带来巨大的压力[5]。

（2）近海富营养化加剧，引发严重海洋生态灾害

我们所关注的近海富营养化主要是指“在人类活动影响下，过量营养盐输入近海，改变海水中的营养盐浓度和组成，影响近海生态系统正常的结构和功能，并损害近海生态系统服务功能和价值的系列变化过程”。随着海岸带人口的聚集和人类生产生活方式的转变，营养盐入海通量正在逐渐增加。过量营养盐输入近海导致的

1 Zhang J，Chen S Z，Yu Z G，et al.. Wu QM. Factors influencing changes in rain water composition from urban versus remote regions of Yellow Sea[J]. Journal of Geophysical Research，1999，104：1631-1644.

2 Chung C S，Hong G H，Kim S H. Shore based observation on wet deposition of inorganic nutrients in the Korean Yellow Sea Coast[J]. The Yellow Sea，1998，4：30-39.

3 Chen N W，Hong H S，Zhang L P，et al.. Nitrogen sources and exports in an agricultural watershed in southeast China[J]. Biogeochemistry，2008，(87)：169-179.

4 农业部，国家环境保护总局．中国渔业生态环境状况公报，2000—2008.

5 曹东，於方，高树婷，等．经济与环境：中国 2020[M]．北京：中国环境科学出版社，2005.

营养盐污染已经成为一个全球性的海洋环境问题。根据美国和欧盟进行的近海富营养化评价结果，欧洲和美国分别有 78%和 65%的评价海域存在不同程度的富营养化问题[1, 2]，欧洲的波罗的海（Baltic Sea，专栏 1.14）、北海（North Sea）、亚得里亚海（Adriatic Sea）和黑海（Black Sea）、美国的墨西哥湾（Gulf of Mexico）、日本的濑户内海（Seto Inland Sea）都是富营养化问题突出的海域。

### 专栏 1.14 波罗的海的富营养化问题

波罗的海是一个半封闭海域，具有独特的生态系统。波罗的海流域包括 14 个欧洲国家。从 17 世纪 80 年代开始，由于过量营养盐输入，波罗的海从一个贫营养的海域逐渐变成富营养化海域。波罗的海的初级生产者产生的大量有机质沉积到海底，有机质的分解消耗了水体中的溶解氧，导致水体中溶解氧耗竭，这一现象在受盐跃层或温跃层影响而使得水体上下层交换受限的底层水体尤为突出。2009 年出版的《富营养化综合评估报告》显示，从 20 世纪 90 年代开始，虽然注入波罗的海的营养盐总量开始下降，但是在评估的 189 个区域中，除 13 个区域外，其他区域富营养化状况依然非常严重，属于不可接受状态。

签署于 2007 年的《赫尔辛基公约》"波罗的海行动计划"（HELCOM BSAP）致力于减少波罗的海污染负荷，争取在 2021 年前实现遏制波罗的海退化状况。"波罗的海行动计划"的目标是使波罗的海免受富营养化影响。基于富营养化控制目标，利用模型综合考虑污染负荷、水动力、化学和生物学参数的影响，"波罗的海行动计划"明确了每一个子流域最大允许的营养盐负荷量，并以此确定每个国家的氮、磷削减目标；此外，"波罗的海行动计划"还给出了一系列污染削减措施，如建立污水处理厂、禁止含磷洗涤剂使用、控制农业面源污染等。"波罗的海行动计划"研究得到的削减目标，连同波罗的海营养盐削减优先行动和措施框架已经被波罗的海周边国家和欧盟所采纳。

中国近海面临着日趋严峻的富营养化问题，突出表现在如下几个方面：①营养盐污染海域面积广。自 2000 年以来，中国近海未达到清洁海域水质标准的面积均超过 13 万 $km^2$，约占中国近岸海域（水深 10m 以下）面积的一半。无机氮和活性磷酸盐是导致中国近海水质超标的主要原因。②河口和海湾区域营养盐污染问题严重。渤海的辽东湾、渤海湾和莱州湾、长江口、杭州湾、珠江口都是营养盐污染问题突出的海域。③近岸海域氮污染问题突出。大多数沿海省份近岸海域海水中的溶

1 OSPAR Commission. OSPAR integrated report 2003 on the eutrophication status[M]. London，U.K.：OSPAR，2003.

2 Bricker S, Longstaff B, Dennison W, et al.. Effects of nutrient enrichment in the nation's estuaries: A decade of change[M]. NOAA Coastal Ocean Program Decision Analysis Series No. 26. Silver Spring, MD:National Centers for Coastal Ocean Science, 2007. Online at:http://ccma.nos.noaa.gov/publications/eutroupdate/.

解无机氮（DIN）平均浓度超过国家一类海水水质标准，上海和浙江近岸海域 DIN 平均浓度连年超过四类海水水质标准[1]。

中国近海的营养盐污染问题呈现出不断加剧的演变趋势，具体表现在：（1）营养盐污染海域范围不断扩展。DIN 超第三类海水水质标准的区域除长江口和珠江口邻近海域外，还包括渤海湾、辽东湾、莱州湾、江苏沿岸和厦门近岸海域。（2）海水中营养盐浓度和组成发生显著变化。海水中 DIN 年平均浓度明显上升，氮磷比（N/P）和氮硅比（N/Si）不断升高[2, 3, 4]。其中，长江口及其邻近海域的营养盐变化趋势最为显著[5, 6]（专栏 1.15）。

**专栏 1.15　长江口及其邻近海域的营养盐污染**

长江是中国最大河流，长 6 300km，流域面积 180 万 $km^2$。每年约有 9 000 亿 $m^3$ 淡水进入大海，巨量的长江径流也将大量泥沙和营养盐携带入海，使得长江口邻近海域营养盐浓度和比例发生了巨大变化，导致长江口及其邻近海域成为中国近岸面积最大的严重富营养化海域。

对长江口海域的长期调查和研究结果显示，在过去 40 年里，长江口海域硝酸盐和活性磷酸盐的浓度都有明显上升，硝酸盐浓度由 11 μM 上升到 97 μM，而活性磷酸盐浓度也由 0.4 μM 上升到 0.95 μM。长江口海水中的氮磷比也相应从 30～40 增加到近 150。

在长江口邻近海域表层冲淡水中，海水中硝酸盐的浓度有明显增加，而磷酸盐浓度变化不大，硅酸盐浓度有明显降低，海水氮磷比升高的趋势更为明显。与 20 世纪 50 年代末相比，海水中 DIN 浓度增加了近 1 倍，氮磷比也相应提高了近 1 倍。同时，营养盐污染海域的面积也在不断扩大。20 世纪 80 年代，在长江口及其邻近海域，海水硝酸盐浓度超过国家一类海水水质标准的海域面积为 0.59 万 $km^2$。到 21 世纪初，硝酸盐浓度超过国家一类海水水质标准的海域面积达到了 1.3 万 $km^2$。

有害藻华和水体缺氧是近海富营养化所导致的最重要的生态环境问题。研究表明，富营养化是全球范围内有害藻华发生频率日益增加的重要原因之一。同时，伴

1 国家海洋局发展战略研究所课题组．中国海洋发展报告[M]．北京：海洋出版社，2009.

2 单志欣，郑振虎，邢红艳，等．渤海莱州湾的富营养化及其研究[J]．海洋湖沼通报，2000，2：41-46.

3 Lin C，Ning X R，Su J L. Environmental changes and the responses of the ecosystems of the Yellow Sea during 1976-2000[J]. Journal of Marine Systems，2005，55（3-4）：223-234.

4 Zhang J，Su J L. Nutrient dynamics of the Chinese seas：the Bohai Sea，Yellow Sea，East China Sea and South China Sea//In Robinson A R，Brink K H. The Sea，14. Cambridge：Harvard University Press[M]，2004：637-671.

5 Wang B D. Cultural eutrophication in the Changjiang（Yangtze River）plume：history and perspective. Estuarine Coastal and Shelf Science[J]. 2006，69（3-4）：471-477.

6 Zhou M J，Shen Z L，Yu R C. Responses of a coastal phytoplankton community to increased nutrient input from the Changjiang（Yangtze）River. Continental Shelf Research，2008，28（12）：1483-1489.

随着近海富营养化问题的不断加剧，也会有更多有毒有害藻类形成藻华。与近海富营养化密切相关的另一生态环境问题是水体缺氧。在全球 415 处经受不同程度富营养化影响的海域，有 163 处存在水体缺氧问题[1]。严重的缺氧会造成海洋生态系统和渔业资源的崩溃，导致“死亡区”（Dead zone）的出现（专栏 1.16）。除有害藻华和水体缺氧问题之外，水母旺发、渔业资源衰退等生态环境问题也在一定程度上受到近海富营养化的影响。

### 专栏 1.16 海岸带水体缺氧

海岸带水体缺氧是指海岸带和河口水体溶解氧浓度低于正常水平的一种状态。来自农业面源、污水处理和大气沉降的氮、磷营养盐过量排放到水体中，刺激水中微型藻类快速增殖，藻类的呼吸和死亡分解会大量消耗水体中的溶解氧，有可能导致海岸带水体出现缺氧现象。在水体混合能力较差的海域，缺氧状况的出现更为迅速。由于风和潮流状况导致水体出现盐度和温度跃层时，底层水体常常会出现缺氧现象。一个典型的例子是靠近上海的长江口，每年 8 月，长江口邻近海域会形成季节性缺氧区，长江径流携带输入的大量营养盐，以及由入侵的外海水参与上升流而输入的营养盐，对于长江口缺氧区的形成非常重要。而高频率、高强度的风暴则会对海洋溶解氧浓度的增高有重要影响。

许多海洋和河口生物物种，包括重要的渔业和养殖生物，容易受到缺氧的影响。即使是 2 mg/L 的溶解氧浓度（缺氧现象的阈值浓度），也会对许多物种的健康和繁殖造成影响，降低其繁殖水平，甚至导致生物的死亡。赤潮爆发与缺氧也有关联，这些藻类受到营养盐输入的刺激时，会爆发性增殖并耗竭水体中的溶解氧。水体缺氧既有急性的危害效应，如导致鱼类死亡等，也有长期的慢性危害效应，如降低生物的生长率、减少生物产卵量等。

通过建设污水处理厂、减少工业污染、减少畜禽养殖污染、降低农业作物面源污染等措施，可以降低营养盐污染程度，控制水体缺氧。英国的泰晤士河、默西河以及输入黑海西北部海域的多瑙河，在控制营养盐污染、减轻海岸带缺氧方面具有可供借鉴的成功经验。通过削减污染、控制海岸带缺氧，使得生态系统更加健康、生物多样性增加、渔业恢复、水体清洁，也改善了人类的生活环境。

营养盐污染使中国近海的生态系统呈现出退化迹象，有害藻华和水体缺氧等灾害性生态现象不断出现。从 20 世纪 70 年代至今，中国近海的有害藻华发生频率不断提高，有害藻华发生次数以每 10 年约增加 3 倍的速率上升[2]。同时，由亚历山大

1 Selman M，Sugg Z，Diaz R，et al.. Eutrophication and hypoxia in coastal areas：a global assessment of the state of knowledge[J]//WRI Police Note，Water quality：eutrophication and hypoxia，No. 1，2008：1-6.
2 周名江，朱明远，张经．中国赤潮的发生趋势和研究进展[J]．生命科学，2001，13（2）：54-59.

藻、凯伦藻、裸甲藻、东海原甲藻等有毒、有害甲藻所形成的藻华频繁发生。有害藻华的分布区域、规模和危害效应也在不断扩大。1999 年，渤海海域发生了面积达 6 000 km$^2$ 的大规模赤潮；自 2000 年至今，东海连年发生面积在 10 000 km$^2$ 的大规模赤潮（专栏 1.17）；2005 年，浙江沿海的米氏凯伦藻赤潮导致大量网箱养殖鱼类死亡，造成了数千万元的损失；2007 年至今每年在黄海海域发生大规模的浒苔绿潮，2008 年的浒苔绿潮影响海域面积近 30 000 km$^2$，总生物量约数百万吨，直接经济损失达 13 亿元。同时，日渐增多的有毒赤潮所产生的藻毒素加剧了贝类等水产品的污染问题，对人类健康和养殖业的持续发展构成了潜在威胁。近年来，长江口邻近海域底层水体缺氧问题也出现了加剧的迹象。20 世纪 90 年代后，夏季缺氧区出现的可能性提高到 90%，多次观测到大范围的缺氧区[1, 2, 3]。

在近海富营养化驱动下，中国近海生态系统正处于演变的关键时期。可以预见，在中国当前经济高速发展、城市化水平不断提高和能源消耗不断增长的模式下，近海富营养化问题在未来一段时间内仍会不断加剧，成为更加突出的海洋环境问题。有害藻华和水体缺氧等灾害性生态问题也会更加严峻，这将对中国近海生态系统的健康和资源可持续利用构成更为严重的威胁。

### 专栏 1.17　长江口邻近海域大规模甲藻赤潮与富营养化的关系

自 21 世纪初开始，长江口邻近海域每年春季都暴发大规模甲藻赤潮，赤潮优势种包括东海原甲藻、米氏凯伦藻和亚历山大藻等有毒有害种类，直接威胁近海生态安全。在国家重大基础研究发展计划（973 计划）项目“中国近海有害赤潮发生的生态学、海洋学机制及预测防治”的支持下，针对东海大规模甲藻赤潮的形成机制、危害机理和预测防治开展了深入的研究，初步揭示了大规模甲藻赤潮暴发与富营养化的关系。

研究发现，长江口及其邻近海域的富营养化是东海大规模甲藻赤潮形成的重要原因。长江口附近海域终年处于富营养化状态，丰富的营养盐输入为大规模赤潮的暴发提供了重要的物质基础。特别是长江径流携带入海的大量溶解无机氮（DIN），使得该海域海水中氮磷比、氮硅比逐渐升高，氮的“过剩”问题非常突出。大量“过剩”的氮能够被甲藻利用，从而导致大规模甲藻赤潮的出现。

1 李道季，张经，黄大吉，等. 长江口外氧的亏损[J]. 中国科学（D 辑），2002，32（8）：686-694.

2 Wei H，He Y，Li Q，et al. Summer hypoxia adjacent to the Changjiang Estuary[J]. Journal of Marine Systems，2007，69：292-303.

3 Wang B D. Hydromorphological mechanisms leading to hypoxia off the Changjiang estuary[J]. Marine Environmental Research，2009，67：53-58.

（3）大规模围填海失控，海洋生态服务功能受损

作为向海洋拓展生存和发展空间的重要手段，自新中国成立至今，中国沿海已经历了 4 次围填海浪潮。特别是最近 10 年来以满足城建、港口、工业建设需要的新一轮填海造地高潮，1990—2008 年，中国围填海总面积从 8 241 $km^2$ 增至 13 380 $km^2$，平均每年新增围填海面积 285 $km^2$ [1]。据不完全统计，随着新一轮沿海开放战略的实施，到 2020 年中国沿海地区发展还有超过 5 780 $km^2$ 的围填海需求，必将给沿海生态环境带来更为严峻的影响。

目前中国的围填海呈现出如下特点：①围填海的利用方式从过去的围海晒盐、农业围垦、围海养殖转向了目前的港口、临港工业和城镇建设，围填海所发挥的经济效益在逐渐提高；②围填海规模持续扩大、速率持续加快。1990—2008 年，平均每年新增围填海面积 285 $km^2$，2009—2020 年的围填海需求甚至平均在每年 500 $km^2$ 以上，明显呈现出规模持续扩大、速度不断加快的特点；③围填海集中于沿海大中城市临近的海湾和河口，对生态环境影响大；④项目规划与论证大多不够充分，审批周期短，项目实施快；⑤管理制度不完善，监管困难。2002 年《海域法》实施以前，围填海基本处于“无序、无度、无偿”的局面；2002 年 1 月《海域法》正式实施之后，围填海管理有所加强，但是由于地方政府巨大的填海需求以及管理制度的不完善，监管起来困难重重。

大规模填海造地对中国海洋生态环境造成了巨大损害（专栏 1.18），主要表现在：

1）滨海湿地减少和湿地生态服务功能下降。滨海湿地具有涵养水源、净化环境、物质生产、提供包括仔幼鱼在内的多种生物栖息地、维持空气质量、稳定岸线等多种功能，以围填海为主的海岸带开发活动使中国滨海湿地面积锐减，近海和海岸带的海岸生态系统无法调整适应大规模快速的围填海，导致生态服务价值大幅降低；此外，海岸带系统尤其是滨海湿地系统在防潮削波、蓄洪排涝等方面起着至关重要的作用，是内陆地区良好的屏障，大规模的围填海工程可以改变原始岸滩地形地貌，破坏滨海湿地系统，湿地面积减少使湿地调节径流的能力大大下降，削弱了海岸带的防灾减灾能力，使海洋灾害破坏程度加剧。

2）造成底栖生物多样性降低。围填海工程海洋取土、吹填、掩埋等造成海域生存条件剧变，底栖生物数量减少，群落结构改变，生物多样性降低。如 1998 年开建的长江口深水航道治理造成 2002 年 5—6 月底栖生物种类比 1982—1983 年减少 87.6%，平均密度下降 65.9%，生物量下降了 76.5%。2002—2004 年在长江口新建的南北导堤投放了共 15 t 底栖生物进行修复实验，底栖生物的种类、总生物量和

---

1 付元宾，曹可，王飞，等. 围填海强度与潜力定量评价方法初探[J]. 海洋开发与管理，2010，27（1）：27-30.

总栖息密度虽然得到提高，群落结构却已经发生改变，从以甲壳类为主演变为以软体类为主，不复从前[1]。胶州湾由于围海造地工程的影响，河口附近潮间带生物种类从20世纪60年代的154种减少至80年代的17种，原有的14种优势种仅剩下1种，而胶州湾东岸的贝类已几近灭绝[2]。

3）鱼类生境遭到破坏，渔业资源难以延续。鱼类的产卵场、育幼场和索饵场一般在近岸的浅水区或河口附近，而中国的围填海也大多聚集于这类区域。大型围填海工程施工时造成的高浓度悬浮颗粒扩散场会对相当大范围内的鱼卵、仔稚鱼造成伤害。鱼类产卵场的破坏使鱼类资源难以补充，对渔业资源的可持续发展极为不利。同时，大规模的围填海工程改变了水文特征，影响了鱼类的洄游，破坏了鱼群的栖息环境，造成渔业资源锐减。例如，闽东的三都澳、官井洋，闽南的浯屿、青屿、将军澳等都是大黄鱼的产卵场和育幼场；闽江、九龙江是香鱼幼鱼和成鱼溯河和降河的通海江河；兴化湾、湄洲湾、官井洋和厦门港是蓝点马鲛的主要产卵场。滩涂筑堤围垦后，这些港湾、滩涂变为陆地，港湾水文和滩涂底质状况改变，导致这些产卵场、育幼场和索饵场被破坏，渔业资源严重受损[3]。

4）鸟类栖息地和觅食地消失，湿地鸟类受到严重影响。滨海湿地丰富的高生产力为迁徙鸟类提供了良好的栖息地，而围填海削弱了这些生产力，导致迁徙鸟类的减少。如自1988年以来，深圳围填海占用了大批红树林，甚至包括1.47 $km^2$ 福田鸟类保护区红线范围内土地，使得鸟类由87种（1992年）减至47种（1998年），减少了46%[4]。又如1956—1998年，上海崇明东滩经过了多次围垦，使滩涂面积不断缩小，湿地鸟类的生活空间大部分被围占，食源大量丧失。与1990年相比，2001年东杓鹬、赤足鹬和蒙古沙鸻的数量明显减少。在1986—1989年冬季，小天鹅每年迁来越冬的数量在3 000～3 500只，而2000—2001年冬季只在东滩发现51只小天鹅[5]。

1 沈新强，陈亚瞿，罗民波，等．长江口底栖生物修复的初步研究[J]．农业环境科学学报，2006，(2)：373-376.
2 刘洪滨，孙丽．胶州湾围垦行为的博弈分析及保护对策研究[J]．海洋开发与管理，2008，25（6）：80-87.
3 周沿海．基于RS和GIS的福建滩涂围垦研究[D]．福建师范大学，2004.
4 徐友根，李崧．城市建设对深圳福田红树林生态资源的破坏及保护对策[J]．资源产业，2002，(3)：32-35.
5 Ma Z J，Jing K，Tang S M，et al. Shorebirds in the eastern intertidal areas of Chongming Island during the 2001 northward migration[J]. The Stilt，2002，(41)：6-10.

### 专栏 1.18　填海造地导致生态系统服务价值损失

联合国 2005 年的《千年生态系统评估报告》将生态系统服务功能定义为人类从生态系统中获得的效益，包括供给功能、调节功能、文化功能以及支持功能。美国生态学家 Constanza 等（1997）[1]最先开展了对全球生物圈生态系统服务价值的估算，全球每年的生态系统服务价值为 33.2 万亿美元，其中海洋生态系统为 20.9 万亿美元，占总价值的 63%。

中国对海洋及海岸带生态系统服务功能价值的评估刚刚起步。据估算，中国海洋生态系统效益价值为 2.17 万亿元/a（以 1994 年为基准），其中近海海岸带 1.22 万亿元/a，开阔洋面 0.95 万亿元/a[2]。围填海使中国滨海湿地面积锐减，侵占了大面积鱼类产卵场、育幼场和索饵场，造成海洋和海岸带生态服务价值大幅降低。例如，福建兴化湾规划于 2000—2020 年进行 170 $km^2$ 的滩涂围垦，将会使生态服务的年总价值由 2000 年的 44.5 亿元降至 2020 年的 34.8 亿元，损失幅度达到 21.77%[3]。根据《青岛港总体规划》，2006—2010 年，前湾规划填海面积为 6.41 $km^2$，约占前湾总面积的 1/4。经初步计算，将造成的海洋生态服务功能价值损失达到 2 814.71 万元/a，单位生态系统服务功能价值损失为每平方千米每年 439 万元。其中食品生产价值损失最大，占总价值损失的 54.5%，其次为废弃物处理价值损失，占 33.01%[4]。最近对厦门填海造地的初步估算表明，被填海域生态服务功能的损失约为每平方千米每年 1 371 万元，导致泥沙淤积的损失约为每平方千米每年 35 万元，引起环境容量的损失约为每平方千米每年 5 万元[5]。以此估算，中国围填海所造成的海洋和海岸带生态服务功能损失达到每年 1 888 亿元，约相当于 2009 年国家海洋生产总值的 6%。

5）海岸带景观多样性受到破坏。围填海后，人工景观取代自然景观，很多有价值的海岸景观资源和海岛资源在围填海过程中被破坏。目前，对辽宁省、山东莱州湾等地区的研究均观察到滨海湿地总面积萎缩、湿地斑块数量减少、湿地景观多样性和均匀度指数下降、景观破碎化指数增高、人类活动干扰特征强烈。海岸带景观多样性的破坏导致生态环境脆弱性加强[6]。围填海工程对沙源的巨大需求也造成青岛、秦皇岛等多地出现偷沙现象，对宝贵的沙滩资源造成了难以恢复的破坏。

6）水体净化功能降低，导致附近海域环境污染加剧。大规模的围填海工程不仅直接造成大量的工程垃圾加剧海洋污染，而且使海岸线发生变化，海岸水动力系

---

1 Costanza R，D'Arge R，Groot R D，et al.. The value of the world's ecosystem services and natural capital[J]. Nature，1997，（387）：253-260.

2 陈仲新，张新时．中国生态系统效益的价值[J]．科学通报，2000，45（1）：17-42.

3 俞炜炜，陈彬，张珞平．海湾围填海对滩涂湿地生态服务累积影响研究——以福建兴化湾为例[J]．海洋通报，2008，27（1）：88-94.

4 张慧，孙英兰．青岛前湾填海造地海洋生态系统服务功能价值损失的估算[J]. 海洋湖沼通报，2009，（3）：34-38.

5 彭本荣，厦门市西海域和同安湾填海造地总量控制研究．厦门大学环境科学研究中心．厦门（待发表）.

6 韩振华，李建东，殷红，等．基于景观格局的辽河三角洲湿地生态安全分析．生态环境学报，2010，19（3）：701-705.

统变化剧烈，大大减弱了海洋的环境承载力，减少了海洋环境容量。如近年来厦门西港海域赤潮的剧增和厦门岛周边大规模围海筑堤有密切的关系。香港维多利亚港海域填海活动造成污染物积累，加重了海洋环境污染。

7）围填海速度过快，加剧沿海生态灾害风险。填海造地加大了新增土地的地面沉降风险，加重海岸侵蚀，削弱海岸防灾减灾能力，海洋灾害损失加剧。

8）海洋和滨海湿地碳储存功能减弱，影响全球气候变化。海洋和滨海湿地在全球碳循环中起着重大作用。填海造地侵占大面积近海海域，湿地经围垦转化为农田、城市或工业用地等其他用途，都会导致碳储存的损失，使湿地失去碳汇功能，转而变为碳源。

（4）渔业开发利用过度，资源种群再生能力下降

渔业的发展在保障中国食物安全和促进生态文明建设等方面发挥了重要作用。但是在开发利用过程中，选择性低的底拖网占主导地位，并且捕捞强度超过资源再生能力，这不仅急剧地降低了渔业生物资源量，还极大地破坏了其栖息地，导致部分渔业种类资源枯竭，给渔业生物资源带来毁灭性的灾难。过度捕捞还造成渔业高价值种类量下降，个体变小（如小黄鱼体长由 20 世纪 70 年代的 20 cm 下降至目前的 10 cm 左右），性成熟提前，营养级下降，并且渔获物中幼鱼和 1 龄鱼比例显著增加，渔获质量下降[1, 2, 3]。一些传统渔业种类消失，优势种更替加快，生物多样性降低，导致生态系统结构和功能改变，影响到渔业资源的可持续开发利用[4, 5]。另外，海洋捕捞活动中的垃圾、污水对海洋环境也造成一定的损害。

海水养殖的发展也对近海的生态环境产生一定影响。鱼虾类等投饵性种类的养殖虽在海水养殖产量中仅占 10%左右的比例[6]，但却是海水养殖污染的主要来源。在以小杂鱼或鱼粉为主要饵料的养殖过程中，大量的排泄物和残饵致使水体中氮、磷等营养素和有机物含量明显增加[7]。规模化养殖对沿岸潮间带生态系统构成很大的压力，引起滩涂湿地、海草床或珊瑚礁等生境的改变，直接破坏了渔业生物的产卵场和栖息地，进一步影响渔业资源的再生能力。

（5）流域大型水利工程过热，河口生态环境负面效应凸显

中国大型水利工程数量高居世界第一，世界坝高 15 m 以上的大型水库的 50%

---

1 Tang，1993. The effect of long-term physical and biological perturbations of the Yellow Sea ecosystem. In《Large Marine Ecosystem：Stress Mitigation，and sustainability》，79-93. Ed. by K. Sherman，L. M. Alexander and B. O. Gold AAAS Press，Washington，DC.USA.

2 张波，唐启升．渤、黄、东海高营养层次重要生物资源种类的营养级研究[J]．海洋科学进展，2004，22（4）：393-404.

3 金显仕，赵宪勇，孟田湘，等．黄渤海生物资源与栖息环境．北京：科学出版社，2005.

4 金显仕，邓景耀．莱州湾渔业资源群落结构和生物多样性的变化[J]．生物多样性，2000，8（1）：65-72.

5 唐启升，等．中国专属经济区海洋生物资源与栖息环境[M]．北京：科学出版社，2006.

6 农业部渔业局．中国渔业年鉴[M]．北京：中国农业出版社，1998—2009.

7 崔毅，陈碧鹃，陈聚法，等．黄渤海海水养殖自身污染的评估[J]．应用生态学报，2005，16（1）：180-185.

以上在中国，绝大部分分布在长江和黄河流域[1]。大型水利工程导致河流入海径流和泥沙锐减，其中8条主要大河年均入海泥沙从1950—1970年的约20亿t减至近10年的3亿～4亿t，对河口及近海生态环境产生显著的负面效应，如曾是世界第一泥沙大河的黄河入海泥沙减少了87%，辽河、海河和滦河入海泥沙量实际上为零，而径流量下降90%以上[2, 3, 4]；淮河以南的南方主要河流入海径流总量虽然变化不大，但入海泥沙发生锐减，其中长江减少了67%。

流域入海物质通量变化导致河口三角洲侵蚀后退，土地与滨海湿地资源减少，作为世界最快造陆地区的河口，20世纪末以来却年均蚀退1.5 $km^2$；长江河口水下三角洲与部分潮滩湿地也已出现明显蚀退[5, 6]。发生在河口与近海的一系列生态环境恶化问题，如浮游生物组成及种群结构改变、生物多样性降低及初级生产力下降、有毒赤潮种类增加、鱼虾产卵场和育幼场的衰退或消失等，均不同程度上与大型水利工程的建设与运行密切相关。随着今后流域大型水利工程的持续增加，其对河口生态环境的负面效应将进一步凸显。

但是，如何将大型水利工程对河口及近海生态环境的影响与其他影响因素（如气候变化及其他人类活动）的影响分离并作出评价，是尚未解决的关键问题。

（6）海平面和近海水温持续升高，近海生态环境面临新的威胁

全球变化对海洋环境的影响包括诸多方面，其中，海平面上升、水温升高以及海洋酸化为已知的气候变化带来海洋环境变化的重要驱动因素[7]。预期上述影响将对海洋生态系统的健康和人文社会的可持续发展产生深远的作用。在海岸带与近海地区，由于其特殊的地理环境和与人类活动的重要关联，气候变化产生的后果可能会被放大。过去的数10年以来，气候变化引发的海平面上升、海洋酸化等因素对人类的可持续发展构成威胁；而未来全球的气候很可能继续变暖，由此导致的影响会更加严重。

近30年来，中国沿海地区的海平面总体上呈波动上升的特点，平均上升速率为2.6 mm/a，高于全球海平面的平均上升速率[8]。根据预测，在未来的30年中，中

1 贾金生，袁玉兰，李铁洁．2003年中国及世界大坝情况[J]．中国水利，2004，14（13）：25-33.

2 戴仕宝，杨世论，郜昂，等．近50年来中国主要河流入海泥沙变化[J]．泥沙研究，2007（2）：49-58.

3 刘成，王兆印，隋觉义．中国主要入海河流水沙变化分析[J]．水利学报，2007（12）：1444-1452.

4 杨作升，李国刚，王厚杰，等．55年来黄河下游逐日水沙过程变化及其对干流建库的响应。海洋地质与第四纪地质，2008，28（6）：9-17.

5 Yang，S L，Li M，Dai S B，et al.. Drastic decrease in sediment supply from the Yangtze River and its challenge to coastal wetland management. Geophysical Research Letters，2006，33，L06408，doi：10.1029/2005GL02550.

6 李鹏，杨世伦，戴仕宝，等．近10年长江口水下三角洲的冲淤变化——兼论三峡工程蓄水影响．地理学报，2007，62（7）：707-716.

7 IPCC．气候变化2007，[M]．2007.

8 Trenberth K E，Jones P D，Ambenje P，et al.. Observations：surface and atmospheric climate change[M]//Climate change 2007：the physical science basis. Cambridge，United Kingdom and New York，NY，USA：Cambridge University Press，2007：235-336.

国沿海地区海平面的平均升高幅度为 80～130 mm[1]，其中长江三角洲、珠江三角洲、黄河三角洲、京津地区的沿岸等将是受海平面上升影响的主要脆弱区。海平面上升作为一种缓发性海洋灾害，其长期的累积效应将加剧风暴潮、海岸侵蚀、海水倒灌与土壤盐渍化、咸潮入侵等海洋灾害的致灾程度，进而对沿海地区人类的生存环境构成直接威胁。海平面上升对近岸生态系统最直接的影响是滨海盐沼湿地和热带珊瑚礁、红树林等生境的大面积丧失。此外，海平面上升的长期变化趋势将使中国东部的重要经济发达地区逐渐成为沿海的低地，发展空间变小，受来自于海洋和陆地的自然灾害的影响程度增加。

近几十年来的观测结果表明，中国近海的海表温度总体呈上升趋势，表层海水盐度也呈现明显的变化。海表温度的上升对中国近海生态系统产生的重要影响包括重要生物资源（如鱼类的栖息地）的分布范围改变、红树林人工栽培范围北扩和热带海域珊瑚白化等。中国近海鱼类的分布有明显的地理分带性特征，海水的温度升高将导致海洋生物的地理分布和物种组成格局发生改变，也会引起海洋生态系统的功能和提供的服务发生改变，同时又会通过社会与经济关系以及食物链等途径影响到人类社会本身。

随着大气中 $CO_2$ 浓度的不断升高，其对海洋酸化的影响也越来越明显。海洋酸化会影响到以碳酸盐为骨骼的生物的代谢过程与生活史，导致它们在种间竞争乃至群落演替中失去优势，并通过食物网影响到整个生态系统的结构、功能和服务。随着人口增加和经济发展，中国珊瑚礁生态系统已经受到人类活动的强烈影响，因此，海洋酸化对中国热带珊瑚礁的影响可能更为严重。譬如，海洋酸化将致使中国珊瑚的生态景观及经济价值降低，进而严重影响珊瑚礁的资源分布、食物产出和旅游产业。此外，贝类及虾、蟹类这些生物的代谢过程与生活史也易受海洋酸化的影响。

东部沿海是中国人口最稠密、经济活动最为活跃的地区。其中，长江三角洲、珠江三角洲、环渤海地区已成为三大都市经济区；沿海地区是中国的基础产业聚集区，沿海重点经济发展区域是中国经济发展的重要引擎。必须指出的是，沿海地区也是受气候变化影响的脆弱区。可以预测，未来由海平面上升、水温升高和海洋酸化等引发的各种海洋灾害的频率及强度将会有不同程度的加剧。

应对气候变化所带来的影响，事关中国经济发展和人民群众的切身利益。目前，中国沿海地区抵御和适应气候变化的能力比较薄弱，尚不足以应对未来气候变化带来的影响和挑战。应该充分认识海洋在应对气候变化中的重要地位和作用，建立综合管理的决策和协调机制；加强海岸带和沿海地区适应气候变化的能力建设，进一步强化相关领域的基础研究；建立和完善海洋环境的立体化观测网络，提高针对海

1 国家海洋局．2009 年中国海平面公报，[R]．2010.

洋灾害的预测和防御能力。

### 1.3.3　渤海—中国海洋生态环境问题的热点区域

渤海是中国的唯一内海，渤海流域包括黄河、海河、滦河、大凌河、辽河、山东半岛水系和辽东半岛水系七大水系。半封闭内海特征使得渤海水体交换能力很差。环渤海的辽宁省、河北省、山东省和天津市是经济社会快速发展的地区，是中国新的区域经济增长点。2009 年，以山东半岛蓝色经济区规划建设正式启动为标志，渤海海洋资源开发进入了一个新的历史阶段，海岸带和海洋开发规模及其产生的环境压力空前强大，这使得环境问题本来已经很严重的渤海面临着更大的挑战，渤海成为中国近年来海洋生态环境问题的热点区域之一[1]。如果不采取有效的措施，渤海成为“死海”不再是危言耸听。

渤海环境问题产生于 20 世纪 70 年代末，形成于 20 世纪 90 年代中期，持续至今，愈演愈烈。跨多个流域、多个经济发展水平不同的行政区域，区域内经济高速发展，环境问题严重而且复杂，这些因素使得剖析和提出渤海环境问题的解决方案具有很好的代表性。渤海环境问题的解决可以为全国甚至国际环境问题的解决提供良好的借鉴。因此本项目选取渤海进行深入分析。渤海生态环境问题突出表现在以下几方面：

（1）环境污染仍然是渤海环境问题的重点，而且正呈复合污染态势

渤海环境污染依然严重，近岸海域污染面积不断扩大，目前海水中主要污染物是无机氮、活性磷酸盐、石油类。而且渤海环境污染已经从最初的以石油、重金属为主的单一工业污染，逐步向工业污染、生活污染、农业面源污染等复合污染转变。

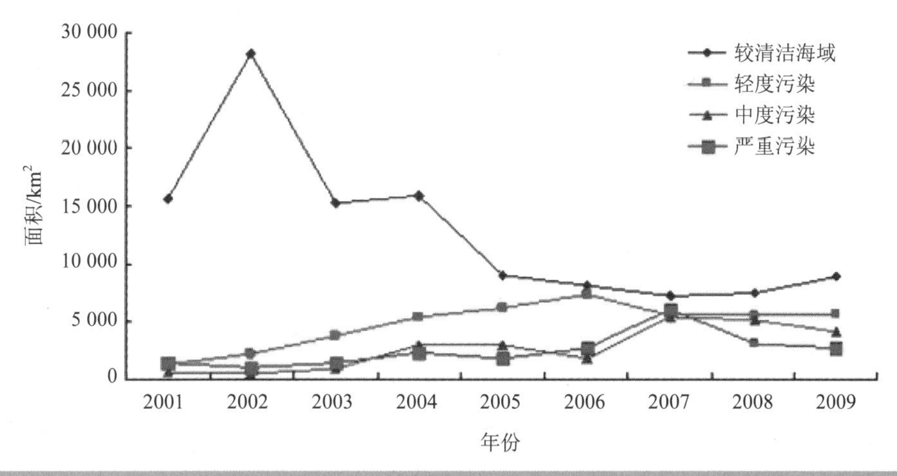


图 1.5　渤海历年水质变化图（夏季）

1 中国海洋生态环境问题的热点区域还有长江三角洲及其邻近海域和珠江三角洲及其邻近海域。

渤海沿岸有黄河、海河、辽河、辽东半岛诸河和山东半岛诸河等水系，入海流域面积达 140 多 $km^2$。河流径流带来大量无机氮和活性磷酸盐，导致渤海海水富营养化日趋严重。海水富营养化会引起浮游植物优势种更替，增加赤潮发生风险，破坏海洋生态系统平衡。

渤海湾近岸局部海域贝类体内有机污染物、石油类和重金属残留量较高；沉积物中滴滴涕、石油类、铅、镉和砷超一类海洋生物质量标准，六六六和多氯联苯超三类海洋生物质量标准；渤海湾南部部分站位镉和砷超一类海洋生物质量标准，铅超二类海洋生物质量标准，渤海湾北部石油类、镉和砷超一类海洋生物质量标准。

（2）渤海生态胁迫压力日趋增大，生态系统服务功能受损严重

海洋生态系统健康受到严重威胁，渔业资源趋于枯竭，支撑海洋经济发展的生态力持续下降。生态监控结果显示，渤海生态监控区的生态系统都处于亚健康或不健康状态。渤海地区经济的快速发展以及人类生产生活对湿地资源依赖程度的提高，直接导致了湿地及其生物多样性的普遍破坏。一些重要的自然湿地因围填海、污染、泥沙淤积及过度开发利用造成的破坏仍在加剧。滨海天然湿地面积缩减，生态功能丧失或减弱，反过来又加剧了近岸海域的污染。围填海和河口大量建闸，破坏了多种海洋生物的洄游通道、产卵场、育幼场和索饵场，危及多种生物的生存；开放性养殖加大了养殖种类成为生物入侵种的风险。海洋污染、生境破坏、过度捕捞导致近岸海域生态系统结构变化，造成了传统经济渔业种类资源衰退、生物多样性降低、生物群落低级化等问题。目前，渤海的一些传统经济鱼类（如带鱼、真鲷、鳓鱼）已基本绝迹。

随着渤海沿岸经济开发步伐加快，围填海规模迅速增大。2009 年渤海围填海确权面积达 60 多 $km^2$，实际面积远远超过这个数字，如自 2003 年曹妃甸工业区启动开发建设以来，其累计填海面积已超过 230 平方公里。由于围海造地项目、环海公路工程及盐田和养殖池塘修建等开发利用活动，侵占了大量滨海湿地，导致湿地生态功能、经济和社会效益得不到正常发挥，造成渤海近岸污染加剧、渔业资源衰退和生物多样性降低等问题。

渤海生态需水量补给逐年减少、水质变差，是造成渤海生态系统功能受损、水环境质量变差的一个全局性影响因素。渤海有 40 余条常年有径流的河流注入，河流为海洋提供了极为重要的生态用水。近 50 年来，由于陆域开发建设力度不断加大，各类用水量急剧增加，再加上降水普遍减少等原因，致使不少河流断流，入海河流水量下降（图 1.6），而且入海水质变差。由于入海径流量减少等原因，整个渤海盐度明显升高（图 1.7），河口区域更为突出。河口区盐度升高已经严重地改变了河口生境，致使多数产卵场和育幼场退化或消失。由于入海河流水量的逐年减

少，海水倒灌现象非常严重。海水入侵面积合计占全国海水入侵面积的 90%以上，居全国之首。

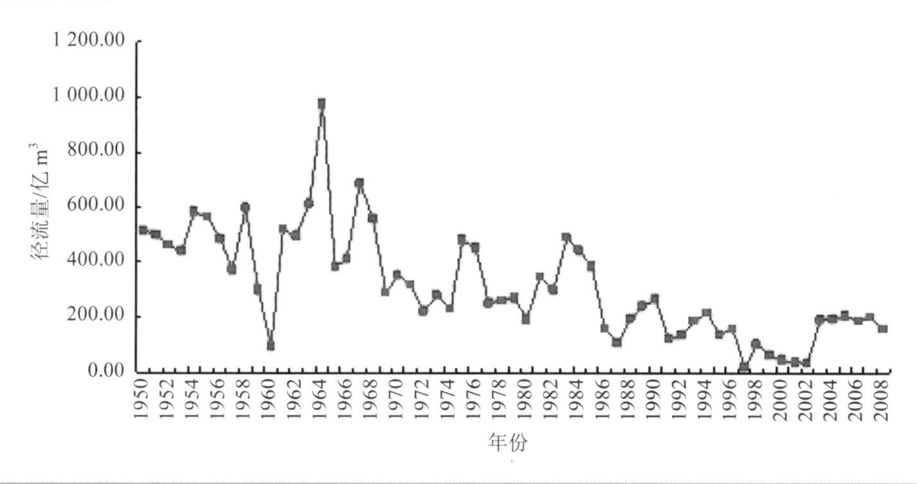


**图 1.6　黄河历年径流量变化**

资料来源：国家海洋局北海分局，渤海海洋环境质量公报. 2009.

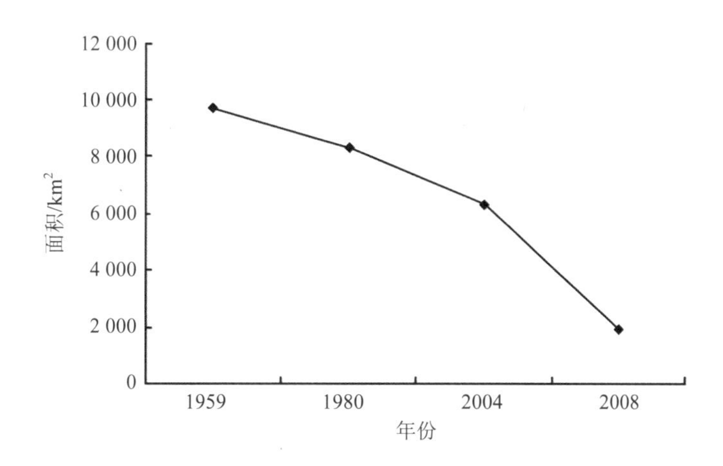


**图 1.7　渤海低盐区（S＜27）面积变化**

资料来源：国家海洋局北海分局，渤海海洋环境质量公报. 2009.

（3）海洋环境灾害发生潜在风险高，溢油成为必须高度重视的问题

渤海是中国港口密集程度最高区域，也是国家战略石油储备基地。渤海是中国海域迄今为止最大的海洋油田。2009 年，渤海已建成海上油气田 21 个，共有采油井 1 419 口，海上采油平台 178 个。环渤海各港口将继续加大油类和化学品吞吐能

力的建设，2020 年各港口油类吞吐量将达到 2.1 亿 t [1]。海洋石油开采以及繁忙的海上交通运输，使渤海溢油潜在风险增加，将成为渤海环境保护必须高度关注的问题。

渤海环境问题系长期累积形成，渤海问题的解决涉及广泛的利益冲突与利益调整，需要高效、综合方法和手段。首先，影响渤海生态环境问题的区域广阔，从黄河上游到河口沿岸地区，众多主体分享海洋的环境效益与经济效益，外部效应极其明显，使海洋成为典型的“公地”。例如，有研究表明，渤海污染 60%以上来自沿岸 13 县市以外的地区，40%以上来自环渤海三省一市以外，海洋污染防控需要跨越行政边界。其次，渤海地区三省一市都制定了各自的经济发展规划，沿岸地区重化工布局趋势明显，从单个项目看都是可行合理的，但没有考虑对渤海的累积和综合影响。再次，海洋资源与环境管理实行单项和部门管理，渤海用海部门（如海洋、交通、农业、石油、旅游等）职责平行，用海活动存在冲突，不能根据海洋生态系统的整体性进行综合管理，各部门之间的协调成为海洋管理的顽疾。最后，渤海海洋管理与流域管理、地方行政管理不能很好地衔接，相关规划、标准、数据等不能对接，甚至存在冲突，相关基础设施重复建设。

## 1.4 国际海洋生态环境管理的经验与趋势

### 1.4.1 实施基于生态系统的海洋管理和海洋空间规划

基于生态系统的理念与方法是当前国际海洋综合管理战略思维的新发展。目前，实施以生态系统为基础的海洋综合管理已得到国内外政府管理部门、专家学者的共识。2010 年 7 月，美国海洋政策特别工作组[2]向美国总统提交了《关于加强美国海洋政策的最终建议》，提出其优先领域和目标之一是实施基于生态系统的海洋综合管理。随后，奥巴马总统签署了法令执行这一建议[3]。加拿大、澳大利亚、英国及其他国家都采取类似的措施来实行基于生态系统的管理（Ecosystem-Based Management，EBM）。国际学术界和国际组织还提出了将全球海域划分为若干“大海洋生态系统”的概念，综合海洋、海岸带、河口、流域和渔业资源管理，以生态系统为基础调动跨部门力量，鼓励相关国家间的海洋环境保护区域合作，共同保护海洋生物资源（专栏 1.19）。

1 渤海环境保护总体规划[R]. http://www.pc.dl.gov.cn/qiye/ShuiWuFile%5C. 2010.

2 http://www.whitehouse.gov/administration/eop/ceq/initiatives/oceans.

3 http://www.whitehouse.gov/the-press-office/executive-order-stewardship-ocean-our-coasts-and-great-lakes.

## 专栏 1.19　基于生态系统的区域海洋管理

人类社会关于海洋与海岸带管理的理念和模式是随着人类对海洋与海岸带利用程度以及对海洋与海岸带科学认识程度而逐渐变迁的。在 20 世纪 60 年代以前，由于人类对海洋与海岸带利用的集约性程度不高，海洋与海岸带资源利用冲突和海洋环境问题还不是很明显，此时海岸带管理的概念和实践都只涉及一个狭窄的地带，这个地带包括浅滩、近岸和近海，主要强调自然资源管理。70 年代发生的两件事对海洋与海岸带管理的范围和理论产生了深远的影响：一是 1972 年美国海岸带管理法案的出台，二是世界各国对专属经济区主权要求的提出。尽管这一阶段的海岸带管理还是以资源利用管理为主，即实施海岸带管理的目标是以资源利用效益最大化为出发点，但是与 20 世纪 60 年代相比，更多的学科，包括生物、法律和生态学等学科，开始对海岸管理产生兴趣。

20 世纪 80 年代，随着人类对海岸带利用方式的多样化和集约化，以及海岸带环境问题越来越严重，学术界提出了"多用途管理"（multi-use management）和"综合管理"（integrated management）的概念。海岸带管理目标从原来的单一资源管理走向了资源利用和环境保护并重的管理。管理的范围也倾向于将整个国家的海岸带纳入管理的范畴。到 20 世纪 90 年代，随着海岸带资源利用冲突、环境退化等问题越来越严重，以部门管理为主的传统海岸带管理模式已经完全不能解决海岸带地区面临的问题。同时，人类关于海岸带系统以及管理的知识也越来越完备。在这种背景下，综合管理成为海岸带管理的主流模式。海岸带综合管理模式提出了部门间的综合、不同层次机构上的综合（如国家的、省一级的及地方的）、空间上的综合（海陆综合）、科学与管理的综合以及国际间的综合。

尽管海岸带综合管理考虑到了很多方面的综合，但是从实践看，海岸带综合管理大都在一个具体的行政区域范围内实施，这一管理模式无法解决跨行政区域的资源环境问题。影响海洋和海岸带的人类活动可以发生在离海洋很远的内陆地区，例如基于陆地活动的污染源（如来自农村和城市街道的径流）就是困扰海洋生态系统的一个主要的污染源。大气、陆地、海洋的相互作用使得它们成为一个紧密联系的系统。海岸带管理政策不能只管理一种活动，或者只考虑整个相互联系的系统的一个部分，而不考虑这个部分与其他部分的联系。因此，21 世纪初，海洋学术界和管理界高度重视海洋管理，特别是美国的海洋政策委员会和皮尤（Pew）海洋委员会提出了一个新的海洋管理途径——基于生态系统的区域海洋治理（Ecosystem-Based Regional Ocean Governance）[1, 2]。在基于生态系统的区域海洋管理的框架中，"基于生态系统的管理"（EBM）是指在一个更广泛的生物物理环境的范畴内考虑人类的活动、收益以及

1 Pew Ocean Commission. American's living ocean：charting a course for sea change [R]. 2003. http://www.pewtrusts.org/pdf/env_pew_oceans_final_report.pdf.

2 U.S. Commission on Ocean Policy. An ocean blueprint for the 21 century：final report of the U.S. Commission on Ocean Policy[R]. 2004.

对整个生态系统的潜在影响。这种途径注重以生态系统定义管理的边界，而不是在行政边界内考虑多重的人类活动。如"区域"(region)是指具有共同利益和问题的地方(places)的组合，强调区域合作;"海洋"不是指传统的海洋，而是指包括海洋及其比邻的流域在内的流域—河口—海洋生态系统;"治理"(governance)的含义不同于"管理"(management)，是指决定人们利用资源与环境行为的正式和非正式的制度安排。"管理"是在既定的制度框架下如何利用人力和物力达到既定的目标，而"治理"则强调探究要达到的目标和制度安排的过程，并以此作为规划和决策制定的基础。治理的机制包括政府、市场和市民社会(civil society)[1]。

区域海洋管理的基石是基于生态系统的管理，即必须以自然决定的生态系统，而不是以政治和战争决定的行政单位作为管理的单元。所以基于生态系统的海洋与海岸带管理为解决跨行政区域、跨部门的资源与环境问题提供了一种机制。学术界和管理界大都认为这一新的海洋管理模式是将来海洋政策的最佳选择[2]。基于生态系统的区域海洋管理要求对目前的价值观、管理体制和管理实践进行巨大的变革，是一种模式的转变(paradigm shift)[3]。

基于生态系统的区域海洋管理的概念提出以后，国际社会、美国、加拿大等发达国家实施了一些基于生态系统的区域海洋管理项目，如GEF资助的跨国大海洋生态系统项目、美国的切萨皮克湾(Chesapeake Bay)区域海洋管理项目和缅因州海洋环境管理项目(这两个项目的管理范围都包括了美国的多个州)、美国与加拿大合作的大湖地区区域管理项目等。中国的渤海碧海行动计划也可以算是区域海洋管理方面的一个实践。目前实施的区域海洋管理项目一般是在一个很大的地理范围之内进行。在这样大尺度的地理范围内，由于自然系统内部以及自然系统与人类系统之间相互作用的复杂性，国家与地方政府之间、地方政府之间以及部门之间协调的困难性，使得基于生态系统的区域海洋管理实施起来困难重重[4]。目前所需要的是选择适宜的地区进行研究和实践，探讨不同制度和文化背景下基于生态系统途径的区域海洋管理的体制、运行机制、技术以及政策等，以积累经验，增强信心，培养能力，然后逐步进行推广。同时，必须强调，生态系统管理的科学基础在于对所管理的区域中的海洋与海岸带生态系统有充足的认识。

近年来，海洋空间规划成为国际海洋综合管理的热点问题。海洋空间规划是以生态系统为基础，是调节、管理和保护与海域多重的、积累的和潜在冲突利用相关

1 Marc J H，Craig W R. Regional ocean governance in the United States：concept and reality. Duke Environmental Law and Policy Forum[C]. 2006，16：227-265. http://www.law.duke.edu/journals/delpf.

2 Scientific consensus statement on marine ecosystem-based management[R]. 2005. http://compassonline.org/files/inline/EBM%20Consensus%20Statement_FINAL_July%2012_v12.pdf.

3 Cortner H，Moote M. Politics of ecosystem management[M]. Washington，D.C.：Island Press，1999.

4 Lawrence J. Obstacles to ecosystem-based management[C]//Proceedings of Global Conference on Oceans，Coasts and Island. UNESCO，2003：67-72. http://www.globaloceans.org/globalconferences/2003/pdf/Pre-ConferenceProceedingsVolume.pdf.

的海洋环境的战略规划（专栏 1.20）。目前英国、德国和澳大利亚各国在其国内、欧洲在北海推进海洋空间规划。2009 年政府间海洋学委员会出版的海岸带综合管理第 53 号手册认为，海洋空间规划是推进以生态系统为基础的海洋综合政策的有效工具之一[1]。

**专栏 1.20　海洋空间规划**

海洋空间规划是一个相对较新的概念，类似于土地利用规划。它是一个对海岸带和近海海域的利用做出科学决策的过程，是实施基于生态系统的海洋管理的一种有效手段。海洋空间规划通过识别各海域最合适的人类活动类型，协调各种海域使用方式，减少各种海域使用方式间的冲突，减少海洋开发利用对环境的影响，保护关键生态系统服务，从而达到政府提出的经济、环境、安全和社会目标。

国际上海洋空间规划的例子可以追溯到 20 世纪 70 年代，但这些例子大多数是关于海洋保护区管理。2006 年联合国教科文组织下属的政府间海洋学委员会与人与生物圈计划联合召开了海洋空间规划研讨会，之后国际上对海洋空间规划的兴趣剧增，充分认识到它是一个能协调人类对海洋开发利用活动和海洋生态系统保护之间矛盾关系的有效手段。目前，一方面学术界在协调人类活动和生态系统服务之间关系的科学认识取得了很大进展，另一方面，作为基于生态系统的管理的决策基础要素，各国先后进入了实施海洋空间规划新方法阶段。这些新势头在美国、英国、欧盟尤为明显。

中国在2002年独立地推出了一种具有海洋空间规划形式的海洋功能区划以及一些配套政策与法规，以协调越来越活跃的沿海开发利用活动。

### 1.4.2　实施区域环境管理特别法

为保护和恢复波罗的海的生态环境，早在 1974 年 2 月 16 日，波罗的海沿岸国就在赫尔辛基签署了《保护波罗的海区域海洋环境的公约》（亦称《赫尔辛基公约》，HELCOM）。《赫尔辛基公约》是一部典型的特别法，它不是照搬有关国际公约的规定并自动适用有关国家，而是在国际一般法的基础上通过制定并重订完全适用波罗的海公约的方式来达到保护波罗的海环境的目的。其他类似的经验还有日本《濑户内海环境保护特别措施法》、地中海的《巴塞罗那公约》、黑海的《保护黑海免受污染公约》、美国的《海洋与海岸带法》和《1983—2000 年切萨皮克湾协议》等，

1 Ehler，Charles，and Fanny Douvere. Marine Spatial Planning：a step-by-step approach toward ecosystem-based management. Intergovernmental Oceanographic Commission and Man and the Biosphere Programme. IOC Manual and Guides No. 53，ICAM Dossier No. 6. Paris：UNESCO. 2009.

都是区域环境管理特别法。

实践证明上述法规和协议在海洋生态保护和环境污染防治方面成效显著；而建立一个区域委员会能保证区域环境管理法的有效实施。波罗的海的经验证明，强有力的政治意愿和国家最高层的支持是区域环境保护与管理的根本保证。

### 1.4.3 建立生态补偿和可持续环境保护财政机制

足够的财力、有效的财政机制是海洋与海岸带管理项目实施的关键。由于污染问题管理是跨行政边界的管理，各行政区经济发展水平、财政能力不同，参与环境治理的积极性不一样，并且流域下游是上游环境治理的受益者，因此很多国家和国际社会都在尝试在全流域的尺度上建立环境治理的财政机制（专栏 1.21）。

**专栏 1.21 可持续海洋环境保护财政机制**

海洋环境保护需要大量的、持续的投入，建立可持续的环境保护财政机制成为很多国家和国际社会努力的方向。国际社会在这方面的尝试提供了很多可以借鉴的经验。如莱茵河治理、切萨皮克湾管理项目、波罗的海营养盐控制项目等。

**切萨皮克湾（Chesapeake Bay）经验：区域合作，共同行动**

切萨皮克湾是美国最大的河口，海湾面积 11 400km$^2$，流域面积 165 800km$^2$。流域包括纽约州、宾夕法尼亚州、马里兰州、特拉华州、弗吉尼亚州、西弗吉尼亚州和哥伦比亚特区。具有丰富的资源（如青蟹、牡蛎、野鸭等），是一个独特的生态系统。由于过度捕捞、环境污染等原因，切萨皮克湾面临着资源衰退、环境恶化、生态系统退化等问题。

1924 年开始，沿湾各州和联邦政府的代表多次共同讨论海湾环境问题，提出采取联合行动，管理海湾的污染、过度捕捞问题；建立各州代表组成的切萨皮克湾委员会来协调和促进项目管理。但是由于种种原因，这些设想没有付诸实践。1965 年美国工程部对切萨皮克湾进行了环境资源状况和趋势分析的项目研究，以及 1976 年美国 EPA 牵头，联邦、州、地方政府参与在切萨皮克湾实施的第二轮科学研究和生态修复项目，为后来实施切萨皮克湾管理提供了科技支撑。

1980 年，弗吉尼亚州、马里兰州的决策者联合建立了切萨皮克湾委员会，宾夕法尼亚州于 1985 年加入。1983 年，马里兰州、弗吉尼亚州、宾夕法尼亚州、哥伦比亚特区、EPA、切萨皮克湾委员会签署了第一份《切萨皮克湾协议》(Chesapeake Bay Agreement)，建立了跨州的伙伴关系。随后在 1987 年、2000 年分别签署的两个《切萨皮克湾协议》对具体目标和问题进行了细化。为保证切萨皮克湾管理项目的设施，项目建立了永久性的切萨皮克湾委员会和项目的执行理事会以及项目的协调机制。

充足的、可持续的资金是项目实施的关键。切萨皮克湾项目资金来源包括 4 个部分：联邦政府资助（如到 2002 年 EPA 已经资助了 2.82 亿美元）、州和地方政府投入（如截至 2002 年，马里兰州已经投入 6.3 亿美元）、非政府捐赠、企业投入。与项目所需要的资金（85 亿美元）相比，资金的缺口很大。切萨皮克湾项目必须寻求更多的资金来源[1]。

**波罗的海污染控制经验：科学研究细化最优削减方案，在流域尺度建立公平污染削减成本分摊方案**

由于沿岸国家向波罗的海排放的污染物快速增加，不仅降低水系的质量，而且对人类的健康也构成威胁。1974 年波罗的海国家签署了一项关于控制波罗的海海洋污染的协议。1988 年波罗的海国家的环境部决定加强和修订上述政策。在 1988 年部长级会议上，环境部长们发表了宣言，决心大幅度减少重金属、有毒的或持久的有机物和营养物质的排放量，到 1995 年达到减排 50%的目标。但是目标实现的并不理想，特别是向波罗的海排放的氮的总量减少非常缓慢。这一情况使得管理界和学术界思考很多问题：为什么波罗的海国家至今仍未达到这一目标？为了达到这一目标总的资金投入是多少？就波罗的海每一部分的水质及各国付出的代价和收益而言，能否找到一个更好的减排分配战略？

由于波罗的海沿岸国家经济发展水平相差较大，减排成本是各个国家考虑的重要因素。而收益和费用方面的差异与减排技术和向海洋中转移污染物的差异紧密相关，同时也与每一个国家所处位置有关。为了回答以上问题，协议的缔约方，特别是它们的共同组织赫尔辛基委员会开展了如下研究：

首先是要建立必要的基本信息库，包括由河流、大气进入波罗的海的营养物质量的数据；营养物质从一个区域流向另一个区域的数量，每一个国家营养盐削减的成本函数，不同国家营养盐削减的水体污染负荷响应模型等；其次是利用以上建立的函数和模型，建立最优的、符合成本—效益原则（cost-efficient）的营养物质削减方案，即在削减成本最小的目标下，沿岸每一个国家的减排份额以及减排措施应进行最佳配合，以达到预定环境目标；最后是对每一个国家执行协议的动力的分析，检查一下各国之间费用和收益的分配情况，设计出公平的在各国之间进行削减成本分摊的方案，同时设立一些履行协定的组织，确保每一个国家对协定义务的承诺。

通过这一程序，环境的经济分析就可以将生态和经济信息综合成一个单一的框架，在这一框架内，经济刺激和成本将影响每一个国家向波罗的海排放营养物质的总量，反过来排放量又可以确定波罗的海各国不同海区的水质[2,3,4]。

**中国流域生态补偿**

目前中国的很多小流域都开始实施生态补偿，这对增强经济欠发达地区环境管理能力、促进他们参与流域综合管理起到了积极的作用。但是也存在一些问题，主要是生态补偿数量没有与地方的环境绩效挂钩，而且补偿数量的确定也存在很大随意性。将来应该在考虑效率和公平的基础上，确定各区域的环境责任，建立基于环境责任的流域生态补偿标准和机制。

---

1 Howard R E. Chesapeake bay blues：science，politics and the struggle to save the bay[M]. New York：Rowman & Littlefield Publishers，INC.，2003.

2 Markku O，Juha H. Towards efficient pollution control in the Baltic Sea：an anatomy of current failure with suggestions for change[J]. Ambio，2001，30（4）：245-253.

3 National Environmental Research Institute. Modelling cost-efficient reductions of nutrient loads to the Baltic sea[R]. Copenhagen：NERI，2006.

4 Gren I，Elofsson K，Jannke P. Cost-Effective Nutrient Reductions to the Baltic Sea[J]. Environmental and Resource Economics，1997，10（4）：341-362.

除了政府协调的环境保护财政机制外，运用经济杠杆调节环境利益相关者的利益格局，建立生态损害补偿和生态建设补偿制度，是世界主要海洋国家特别是美国、欧盟国家的主要政策手段（专栏 1.22）。生态补偿政策是环境经济政策的一个重要方面，其核心内容是将生态损害和生态保护的外部成本内部化。国际上生态损害补偿的模式有两种：一是货币补偿，即评估损害的生态系统服务价值作为求偿的基础；二是生态修复，即生态重建和修复受损的生态系统。生态补偿的一个重要目标是人类活动不造成自然产生净损失（net loss）（专栏 1.23）。《欧洲生境指令》规定，必须对围填海造成的自然和环境损失进行补偿，并在项目开始前即须提出自然生态补偿计划。加拿大在 20 世纪 80 年代也建立了海洋/渔业生态补偿制度，并一直执行至今。

**专栏 1.22　国际生态损害补偿经验**

**美国溢油生态损害补偿**

随着港口业和航运业的蓬勃发展，美国于 1978 年和 1980 年先后通过了《港口和油轮安全法》和《环境综合反应、赔偿及义务法》，以减少油污对环境的影响，但没有得到充分重视。直至 1989 年，在阿拉斯加威廉王子港，发生了美国历史上最严重的溢油事故，该事件中高额的清污费和各种污染损失费促使美国政府于当年的 7 月颁布了《1990 年油污染法案》（简称“OPA'90”），建立了美国船舶油污损害赔偿机制。美国是至今未加入《国际油污损害民事责任公约》（“CLC1969”）和《国际油污损害基金公约》（1971）（“FUND1971”）的少数国家之一，但是“OPA'90”使美国成为世界上船东责任限制最高、基金补充最多、对环境补偿最充分的国家。

补偿基金来源：根据“OPA'90”，美国建立了国家油污基金中心（NPFC）和溢油责任信托联合基金（OSLTF）。该基金来源包括政府拨款、向接受水上运输石油的货主征收摊款、向造成污染的肇事船舶收取的罚款、基金运作的正当收益等。“强制保险加共同基金”是美国防止溢油污染和完善溢油污染损害赔偿的重要机制。

污染损害补偿范围：“CLC1969”和“FUND1971”不同，美国溢油污染损害补偿除了支付清污活动费用和财产损失外（“CLC1969”认可的补偿），还对间接损失、纯经济损失和自然损害进行赔偿[1]。

1 “CLC”只对损害评估成本、资源/环境修复成本、直接财产等直接损失给予补偿。而对间接损害和临时损害都不予补偿。其主要原因是，间接损害和临时损害的评估，一般都是依靠一定的理论模型来确定，而这种评估方法在有的国家很难被接受。而在美国，其“OPA”和《CERCLA》以及《清洁水法》等法律都明确规定，不仅必须补偿直接损失和间接损失，而且对从损害发生到达到修复效果这个时期内的临时损失也必须补偿。

补偿方式："OPA'90" 溢油污染损害补偿的方式有两种：货币补偿和资源修复。但是 "OPA90" 把自然资源修复作为补偿溢油对自然资源损害的第一选择方法，即要求损害者将受损资源修复到原来的状态。这样，即使间接的资源损害不能直接货币化，也可以通过让损害责任方承担修复受损自然资源的成本。修复使得对纯环境损害的补偿成为可能。在资源修复不可能，或者修复成本过高时，进行货币补偿。为使基于资源/生态修复的溢油污染损害补偿成为可能，NOAA 制定了比较完善的损害评估和修复评估指南[1]。

**荷兰鹿特丹港口扩建生态补偿**

2009 年开始的荷兰鹿特丹港口扩建涉及 2 000 $hm^2$ 自然海域的丧失，包括小面积的海洋自然保护区。《欧洲生境指令》要求港口建设单位对当地海洋生态损害进行补偿。港口建设单位采取了生态修复和货币补偿两种方式进行补偿：一是在邻近海域建立了海床保护区；二是以货币方式补偿周边居民的财产和财务损失。

## 专栏 1.23　零损失

大多数国家都通过一些政策来保护渔业生态环境，部分原因是这些渔业种群的栖息地是国家的财富。

"零损失政策" 的模型已经成为环境影响总体评价程序中一个最重要的决策点，因而大型海洋工程都需要通过这一评价，才能最终通过审批。以下实例概括了加拿大政府是依据什么来进行分级抉择，以实现栖息地生产力的零损失[2]：

（1）保持而非扰动有关栖息地的自然生产力，避免在计划开展活动的区域造成任何损失。

（2）如果上述选择不能实现，就需要采取强制性措施。首先，需要评估相似补偿（like-for-like compensation）的可能性，即在当地或临近区域重建自然栖息地。如果这样做不可行，就退而求其次，在另外一个区域建立补偿栖息地。

（3）补偿措施不能用来处理化学污染问题。

（4）在极少数情况下，对栖息地的潜在损害可能在技术上无法避免，或者为了补偿栖息地本身，政府可以考虑非自然的补救措施——通过人工生产以弥补自然资源。

（5）采取措施减少和补偿对栖息地或自然资源的潜在损害，包括在将来运行和保养有关设施，其一切费用应由开发商（或建议行动方）承担。

1 http://www.darrp.noaa.gov/library/1_d.html.

2 http://www.dfo-mpo.gc.ca/habitat.

### 1.4.4 海洋环境保护与流域管理的综合协调

从20世纪90年代末起，国际社会为防止陆地活动对海洋环境带来日益严重的影响，提出“从山顶到海洋”的海洋污染防治策略，强调实现海洋综合管理与流域管理的衔接和统筹，推行海岸带及海洋空间规划，对跨区域、跨国界海洋污染问题建立区域间协调机制。与此同时，国际社会更加重视一些新型海洋污染问题，例如海漂垃圾治理、近岸水体贫氧区整治、海洋噪声对海洋哺乳动物习性的影响、近岸海域病原体防治、预防海水养殖带来的各种环境问题等（专栏1.24）。

**专栏1.24　从山顶到海洋：流域管理与海洋管理的结合**

陆地上的人类活动是威胁海洋生态系统健康、生产力、沿海生物多样性、海洋环境的主要因素。溪水、河水、水库水、地下水作为运输载体将病原体、营养盐、沉积物、重金属、持久性有机污染物和垃圾从山顶输送到海洋。尽管工业污染、农业污染和逐年增多的沉积物威胁健康和海岸与海洋资源的生产力，然而从全球角度看，生活污水仍然是污染物的最大来源。这些反过来威胁到依靠海岸带与海洋资源生存的居民生活和收入。

为了应对这个挑战，政府应采取综合地、持续地、适应性地反映流域和海洋环境之间关联性的行动规划，如“从山顶到海洋”的途径。耗资2 200万美元的“加勒比海小岛发展中国家（SIDS）的综合流域和海岸带管理项目（IWCAM）”采用了这种途径。例如，牙买加Driver河流域的示范项目表明社区参与并得益于改善的流域管理实践。在全球环境基金（GEF）的小额资助下开展了12个社区设计，并实施了一系列项目，包括新的学校卫生系统、更好的固废处理、增强公众意识、农民培训日、社区循环项目、红树林重建和加强流域环境监测。该项目有效地降低了Driver河流域水体污染水平。

## 1.5 结论与建议

### 1.5.1 结论

海洋是中国经济社会可持续发展的宝贵财富和重要基础。中国海洋可持续发展面临多种生态环境问题的挑战，一是近海环境呈复合污染态势，危害加重，防控难度加大；二是近海生态系统大面积退化，且正处在剧烈演变阶段，是保护和建设的关键时期；三是海洋生态环境灾害频发，海洋开发潜在环境风险高；四是沿海一级经济区环境债务沉重，次级沿海新兴经济区发展可能面临新的危机和挑战。

海洋生态环境问题实质上是经济社会发展的问题。中国过去 60 年对草原、森林资源的过度开发给我们带来了许多的教训和警示。实现中国海洋可持续发展，必须采取综合政策和措施。其基本思路是，围绕国家经济社会发展战略需求，统筹海洋开发与生态环境保护之间的关系，实现海洋经济社会和环境资源的协调发展；借鉴国际先进理念和经验，坚持以生态系统为基础，陆海统筹、河海一体的基本原则；统筹沿海区域经济社会发展和流域经济社会发展，支持有助于改善海洋/河口生态系统健康的保护和可持续土地利用方式；鼓励和支持可持续的、安全的、健康的海洋开发活动，推动海洋经济发展方式的根本转变；创新管理体制机制，建立跨越各部门的利益高层决策机构，形成中央与地方、地方与地方、部门之间的网络状对接与合力，激励各利益相关方的共同参与。

### 1.5.2　建议

基于上述结论，课题组提出以下政策建议：

建议 1：制定国家海洋和海岸带可持续发展战略

未来 10～20 年是中国全面建设小康社会、人口达到高峰、工业化和城市化的加速时期，沿海地区发展战略布局将遍地开花。由于缺乏国家层面的统筹规划和总体战略，海洋生态环境保护和可持续发展将面临更大压力与挑战。建议由国家发改委会同有关涉海部门，在对《中国海洋 21 世纪议程》综合评估的基础上，研究制定新的“中国海洋和海岸带可持续发展战略”，提出未来 20 年中国海洋和海岸带可持续发展的基本原则、指导方针和战略目标，提出沿海区域经济发展、海洋经济发展、海洋生态环境保护和资源养护的重点任务，为中国海洋生态环境保护和可持续发展提供宏观指导。可以参考英国政府及其地区政府目前正在执行的《海洋政策宣言》的办法，以及美国政府近期颁布的有关执行美国《国家海洋政策》的法令。

“中国海洋和海岸带可持续发展战略”应优先考虑围填海、富营养化和渔业等紧迫问题。

建议 2：设立“国家海洋委员会”

海洋可持续发展需要实施海洋综合管理，但没有一个单一的部门可以解决海洋可持续发展中出现的综合性和复合性问题。因此，应该通过建立陆海统筹和国家部门间的协调机制，巩固和稳定这种齐抓共管的体制，形成政策合力，以保障目前涉海的政策和法律有效执行。

建议成立国家海洋委员会，由国务院副总理担任“国家海洋委员会”主任一职，委员会主要成员由国务院相关涉海部门的主要领导担任。

鉴于中国海洋生态环境问题的紧迫性，国家海洋委员会的首要任务是：①制订国家海洋发展战略；②强化各涉海管理部门之间的沟通；③协调和指导海洋发展中跨部门、跨行业、跨区域的重大事项。

“国家海洋委员会”在成立伊始，应高度关注最具特殊性和紧迫性的渤海生态环境问题。主要工作内容是：①协调渤海重大沿岸开发活动；②管理和监督渤海各项规划的实施；③制订和实施“渤海区域法”；④统筹协调影响渤海生态系统的开发活动。

### 建议3：建立健全海洋管理法律法规体系

解决中国海洋可持续发展的生态环境问题，需要充分发挥法律、行政、经济政策和手段的综合作用。过去采用了较多的行政手段，未来应该以法律为基础，强化执法能力建设，逐步加强经济手段的应用。

建议全国人大和国务院着手研究和起草“海洋基本法”，作为实施海洋开发与管理、大力发展海洋经济、保护海洋生态环境、提升可持续发展能力的根本大法。在《海洋基本法》中，要体现以生态系统为基础管理的基本原则。为了进一步完善涉海法律法规体系，切实推进海洋生态环境保护工作，建议有关部门抓紧起草和制定“海岸带管理法”和“渤海区域环境管理法”。

### 建议4：实施基于生态系统的海洋综合管理

基于生态系统的海洋与海岸带综合管理强调以自然生态系统为管理单元，被国内外学术界和管理界认为是解决跨行政区域、跨部门的环境与生态问题的有效途径。建议政府近期采取以下基于生态系统的海洋管理行动：

行动1：修编海洋功能区划应以生态系统为基础

中国在海洋功能区划的制定与实施方面走在世界的前列，但过去的海洋功能区划方案考虑经济发展的需要较多，而考虑生态系统的需求较少。同时，随着国家沿海发展战略的实施，可能引发新的海洋空间资源利用冲突和生态环境破坏。因此必须从生态系统的角度客观地评价海洋空间资源的供给能力，对已有的海洋功能区划进行修编和调整。建议在新一轮海洋功能区划修编中，充分借鉴国际海洋空间规划的理论与方法，以生态系统管理为基本原则，制定国家和省级两级海洋功能区划修编指导意见和技术规程。基于海洋生态系统服务及其价值，对海洋空间内的经济活动进行优化布局，合理规划和管理围填海活动，实现海洋资源可持续利用。

行动2：建立围填海红线制度

在以基于生态系统为原则修编的全国海洋功能区划框架下，充分考虑海洋空间资源的多重用途和生态价值，以及围填海对海洋生态系统的影响，建立围填海红线制度。建议在对近岸海域环境容量、生态安全、生态系统服务及其价值等科学评估的基础上，划定近岸海域围填海潜力等级，确定海岸带/海洋生态敏感区、脆弱区和生态安全节点，提出优先保护区域，作为围填海红线，禁止围垦。近期着重对海湾、河口、海岛和浅滩等进行红线制度控制。

行动 3：建立海洋生态补偿制度

运用综合性的环境经济手段规范人类利用海洋的各种活动，在各种海洋开发活动中须考虑环境成本。课题组建议国家建立海洋生态补偿/赔偿机制。特别是针对重大海洋工程（包括围填海工程）、海上溢油、海洋保护区、流域活动对河口和海域影响等重点问题，开展生态损害补偿/赔偿、生态建设补偿的示范。近期重点开展大型围填海工程生态损害评估与补偿示范，在论证用海的同时，提交生态补偿方案，做到“先补偿、后填海”，以生态修复、经济补偿等多种形式对生态系统服务的损失做出补偿。

行动 4：建立海洋保护区网络

中国目前已建立了 30 个国家级海洋自然保护区和 60 个地方级海洋自然保护区，它们涵盖了中国海洋主要的典型生态类型，挽救了许多珍稀濒危海洋生物物种，为保护海洋生物多样性和生态环境发挥了重要作用。但是近年来由于海洋开发强度加大，各地海洋自然保护区不断受到侵占，其存在受到严重威胁。同时，中国海洋保护区没有形成网络，影响了海洋保护区的功能。课题组建议进一步加强海洋保护区建设工作；到 2020 年，各类海洋保护区建成面积达到管辖海域的 5%。在现有保护区基础上，对典型、有代表性的生态系统、珍稀和濒危物种建立海洋自然保护区、海洋特别保护区及海洋公园，形成海洋保护区网络，以便最大限度地发挥海洋保护区的功效。

行动 5：加强受损海洋生态系统的修复与恢复工作

鉴于过去几十年间中国许多海洋生境、生态系统和海洋自然资源受到严重破坏，课题组建议在典型海洋生态系统集中分布区、外来物种入侵区、海岛、气候变化影响的敏感区等海区实施典型生态修复工程，建立海洋生态建设示范区，恢复海洋生物多样性维护能力，提高抵御海洋灾害和应对气候变化能力。

行动 6：加强海洋生物资源养护与增殖

过去几十年的过度开发导致中国海洋生物资源，特别是渔业资源严重衰退。而中国目前单一物种的管理模式已经不能满足海洋生物资源保育的需要。课题组建议在基于生态系统的海洋管理框架下，建立海洋生物资源养护与增殖体系。发展资源养护型的海洋捕捞业，促进有效的资源养护和渔业可持续发展；进一步加大力度降低近海捕捞强度，建立种质资源保护区；保护、恢复和养护关键渔业栖息地与生物多样性，优化人工鱼礁和海洋牧场，合理规划增殖放流，提高资源增殖质量。

行动 7：发展碳汇渔业新模式

中国是世界第一海水养殖大国，海水养殖业发展对改善国民生活、增加就业、促进海洋经济的发展都起到了积极的作用。但是传统的养殖模式已经对海洋环境产生很多负面影响。课题组建议国家大力发展环境友好型海水养殖业；推动多营养层次综合养殖生产模式的发展，倡导以贝藻养殖为主体的碳汇渔业。

建议 5：制定防控流域对海洋负面影响的最优方案

陆源污染和大型水利工程对河口和近海环境与生态系统造成了严重的负面影响。为减少这些影响，课题组建议采取如下行动：

行动 1：制定最优方案控制流域—河口污染

污染削减涉及庞大的成本。不同的子流域对河口—海洋水体污染负荷的影响不一样，其污染削减的成本也不相同。有鉴于此，课题组建议国家海洋委员会协调各流域制定其污染削减的最优方案，制定各子流域污染削减措施和规模的最优组合。在此基础上，考虑流域各行政区的财政能力和污染削减的收益，制定其污染削减成本分摊的最优方案。

针对中国近岸海域日益突出的富营养化问题，近期应重点关注主要河流水系的氮、磷营养盐污染控制。建议将总氮纳入中国污染物总量控制体系，采取“以海定陆”的原则，实施以海洋环境容量为基础的氮排放总量控制措施，合理分配流域内总氮排放配额，加强对总氮排放的监控和水体、大气质量的监测，以降低近岸海域营养盐污染水平。

行动 2：加强流域水利工程对河口水沙调控的综合管理

建议在国家海洋委员会协调下，国家水利部门、流域管理委员会和海域管理部门，在充分考虑维持河口三角洲冲淤平衡所需入河口临界泥沙量、河口三角洲大城市供水安全最低需水量及河口/近海生态最低需水量等的基础上，拟订流域水利工程调控水沙的方案。

建议 6：加强长期、科学、陆海一体化的生态环境监测和预测

长期、连续的海洋环境监测数据和深入的海洋科学研究是科学决策、有效解决海洋生态环境问题的基础。鉴于中国目前环境监测网络分割、监测参数和指标不尽相同的矛盾，课题组建议：

行动 1：在国家海洋委员会的协调和指导下，相关涉海部门协力做好流域—河口—海域一体化的监测和对接，统一监测指标和技术标准，构建大气、流域、海

洋/海岸带一体化环境监测体系，促进数据共享，建立信息共享平台。

行动 2：为防控近海环境富营养化，建议近期国家环保部门和海洋行政主管部门协商协作，加强利用 $NO_x$ 作为大气监测和控制指标；增加营养盐（总氮和总磷）作为流域水环境监测和控制指标；为调控入海河流的水量、水质，保障河口生态用水，建议近期国家环保部门、水利部门和国家海洋行政主管部门等多部门协作，做好流域—河口—海域一体化的监测和对接。

行动 3：近期重点开展流域—海域生态系统相关科学问题综合研究，深化对海洋生态系统机理和服务的认知，为实施以生态系统的管理奠定科学基础；开展重大围填海活动对海洋生态系统影响的研究，开展气候变化对海洋生态影响等研究。重点关注沿海人口与经济活动密集区，建立以环境监测网络、野外台站观察和区域生态修复示范为一体的海洋生态环境研究和监测体系。

建议 7：健全海洋重大污染事件风险预警及应急响应制度

鉴于中国重化工产业向滨海集聚、海洋石油运输和海上油气开采规模不断扩大，海洋开发潜在风险越来越高；墨西哥湾溢油、大连输油管道爆炸等事故为我们敲响了警钟。必须按照国际海洋生态保护的预防预警原则，建立健全海洋重大污染事件风险预警及应急响应制度。在国家海洋委员会下设海洋重大污染事件应急响应与处置领导小组，领导和协调部门的应急行动，健全海洋污染事件应急响应制度。建立海洋重大污染事件通报和区域潜在环境风险评估、预警及信息共享机制，完善区域突发海洋环境事件应急处置体系，加强对潜在环境风险责任主体的监督管理，推动各项应急措施的落实。

建议 8：加强海洋意识宣传与建立公众参与制度

利用各种媒介，大力宣传和教育，营造全社会在沿海大开发背景下重视海洋生态环境保护的氛围，充分认识海洋的价值，积极参与海洋环境保护。在重大海洋开发活动决策过程中，建立畅通公众参与平台，让更多的利益相关者参与决策。

# 第 2 章　中国近海的富营养化及生态环境问题

人类生产和生活活动产生的无机营养盐过量输入近海后，会驱动近海生态环境发生变化，影响近海生态系统正常的结构和功能，导致近海富营养化（coastal eutrophication）问题。

在中国，对近海富营养化问题的关注从 20 世纪 70 年代就已开始。但是，近海富营养化问题并未得到应有的重视。进入 21 世纪后，近海富营养化问题开始逐渐显现，具体表现在近海营养盐浓度增加和组成改变、有害藻华频繁暴发、部分海域底层缺氧问题加剧等，已经成为近海生态系统演变的一个重要方面，直接危及近海环境及沿海地区的社会和经济发展。

本章针对中国近海的富营养化问题，在概述了近海富营养化的定义、成因、生态效应及管理对策后，重点从中国近海营养盐污染的特征、根源与演变趋势、富营养化对中国近海生态环境的影响、中国近海富营养化问题的管理现状与存在的问题、国际上对近海富营养化的管理政策等方面进行了分析，并针对中国近海富营养化问题的防控提出了对策和建议。

## 2.1　近海富营养化问题概述

### 2.1.1　近海富营养化的定义

在过去 40 年里，近海富营养化问题受到的关注程度不断提高[1, 2, 3]。人们已经逐渐认识到富营养化是威胁近海生态系统健康和价值的重要因素之一，对于近海富营养化的关键过程及其生态环境效应也有了较为系统和全面的认识。

---

1 Jickells T. External inputs as a contributor to eutrophication problems[J]. Journal of Sea Research，2005，54：58-69.

2 Smith V H，Joye S B，Howarth R W. Eutrophication of freshwater and marine ecosystems[J]. Limnology and Oceanography，2006，51（1，part 2）：351-355.

3 Nixon S W. Eutrophication and the macroscope[J]. Hydrobiologia，2009，629：5-19.

尽管学术界对近海富营养化的成因、过程和效应已有基本共识，但是，到目前为止，还没有一个关于近海富营养化的统一定义[1]。传统的富营养化定义比较注重生态系统自身的变化，而在许多管理政策中，对富营养化的定义更加强调富营养化的成因及其导致的危害效应（专栏 2.1）。从富营养化问题的管理角度来说，目前人们所关注的主要是氮、磷等无机营养盐过量输入产生的营养盐污染及其生态环境效应问题。因此，在近海富营养化的管理政策中提出恰当的富营养化定义，对于指导近海富营养化的监测、评价和管理活动非常重要。

### 专栏 2.1　富营养化的定义

Nixon 对富营养化的定义是"生态系统中有机质供给速率的增加"[2]。这一定义抓住了富营养化问题的本质，具有高度概括性，也适用于近海富营养化。它充分考虑了科学家早期对富营养化现象的认识，同时也强调了富营养化是一个过程，而不是一种状态。在 Nixon 的定义中，有机质的"供给"过程不仅包括初级生产，也包括细菌生产、底栖大型植物生产以及陆源输入等。尽管 Nixon 也强调水体中无机营养盐的加富是导致生态系统中有机质供给速率增加的主要原因，但是，这一定义涉及面过广，不利于指导针对富营养化的监测和管理。

Jørgensen 和 Richardson 将富营养化定义为通过增加无机营养盐供应而改变特定水体营养状态的过程[3]。他们重点分析了自然因素和人为因素在营养盐供应中的作用，强调了人类活动所导致的富营养化过程（culture eutrophication）。

在欧盟的《市政污水处理指令》（Urban Waster-Water Treatment Directive）中[4]，富营养化被定义为"由于水体中氮、磷等营养盐的加富，导致藻类或其他高等植物加速增殖，从而对水体中生物的平衡及水质等造成不必要的干扰"。欧盟的《硝酸盐指令》（Nitrate Directive）中[5]，对富营养化的定义为"富营养化是由于水体中含氮化合物的加富，导致藻类或其他高等植物加速增殖，从而对水体中生物的平衡及水质等造成不必要的干扰"，这一定义特别强调了农业生产过程中流失的硝酸盐对富营养化的影响。针对近海富营养化问题，在《巴黎—奥斯陆公

1 Anderson J H，Schlüter L，Ærtebjerg G. Coastal eutrophication：recent developments in definitions and implications for monitoring strategies[J]. Journal of Plankton Research，2006，28（7）：621-628.

2 Nixon S W. Coastal marine eutrophication：a definition，social causes，and future concerns[J]. Ophelia，1995，41：199-219.

3 Jørgensen B B，Richardson K. Eutrophication in coastal marine ecosystems[M]. Coastal and estuarine studies 52. Washington，D.C.：American geophysical union，1996.

4 Anonymous. Council Directive of 21 May 1991 concerning urban waste water treatment（91/271/EEC）[J]. Official Journal，1991a，L 135.

5 Anonymous. Council Directive 91/676/EEC of 12 December 1991 concerning the protection of waters against pollution caused by nitrates from agricultural sources[J]. Official Journal，1991，L 375.

约》（OSPAR Convention）的有关文件中指出，富营养化是"由于水体中营养盐的加富，导致藻类或其他高等植物加速增殖，从而对水体中生物的平衡及水质等造成不必要的干扰，主要是指人类活动导致的营养盐加富所造成的不良影响"。这一概念与欧盟市政污水处理指令中富营养化的概念基本一致，只是更加强调了人类活动导致的营养盐过量输入在近海富营养化中的作用。

在此，我们建议在制定近海富营养化相关政策的过程中，将近海富营养化定义为"在人类活动影响下，过量营养盐输入近海，改变海水中的营养盐浓度和组成，影响近海生态系统正常的结构和功能，并损害近海生态系统服务功能和价值的系列变化过程"。

### 2.1.2 近海富营养化的成因

近海富营养化现象出现的主要原因是氮、磷营养盐过量输入导致的营养盐污染。在过去 100 年里，人类的生产生活活动显著加速了氮、磷等营养元素的生物地球化学循环过程。从 1860 年至今，进入地球生态系统中的活性氮增加了约 20 倍。20 世纪 90 年代，通过化肥施用和化石燃料燃烧等过程进入环境中的氮达到 1.6 亿 t，远远超过陆地生物固氮量（1.1 亿 t）和海洋生物固氮量（1.4 亿 t）[1]。同样，磷的生物地球化学过程也受到化肥施用、污水排放等人类生产生活活动的影响。每年经由河流从陆地输入海洋中的溶解态磷约有 400 万～600 万 t，是自然状态下的 2 倍[2]。大量氮、磷元素输入海洋，导致了近海富营养化问题。

向环境中排放的氮、磷等营养元素主要来自市政污水与工业废水排放、农业和养殖业生产及化石燃料燃烧等人类活动。近海富营养化与能源消耗、化肥施用、土地利用状况的改变直接相关，同时，也受到人口增长、经济发展和农业生产等因素的间接影响[3]。氮可以通过地表水、地下水或大气等途径进入海洋，而磷主要通过河流输送进入海洋。

淡水中的固氮蓝藻能够利用空气中的氮进行生长。因此，磷常常成为淡水中初级生产的限制因子。磷的大量输入有利于淡水中蓝藻的生长，容易引起富营养化问题。在北美和欧洲，磷的削减显著改善了湖泊水质，但是，并没有解决河口和近海的富营养化问题。研究表明，氮的过量输入是导致近海富营养化的重要原因，这一

1 Gruber N，Galloway J N. An earth-system perspective of the global nitrogen cycle[J]. Nature，2009，451（17）：293-296.

2 Filippelli G M. The global phosphorus cycle：past，present，and future[J]. Elements，2008，4：89-95.

3 Selman M，Greenhalgh S．Eutrophcation：sources and drives of nutrient pollution[J]//WRI Policy Note，Water quality：eutrophication and hypoxia．No. 2，2009.

看法已逐渐成为共识[1]。因此，防控近海富营养化问题，不仅需要对磷采取控制措施，对氮的控制可能更为重要[2]。

### 2.1.3 近海生态系统对营养盐污染的响应

早期对近海富营养化的认识主要来自湖沼学研究。20 世纪初期，在湖沼学研究中，有关水体富营养化的思想开始出现，主要用于解释从湖泊到沼泽的自然演变过程。到 20 世纪 60 年代，人们对富营养化的认识发生了一些变化，开始逐渐认识到营养盐和初级生产过程在水体富营养化中的作用，以及水体富营养化所带来的影响。因此，在近海富营养化的早期研究中，人们主要关注营养盐的输入及其对浮游植物生物量和初级生产过程的影响，以及有机质腐烂导致的水体缺氧现象等（图 2.1A）。

随着对近海富营养化问题认识的逐渐深化，人们开始认识到近海生态系统对营养盐污染的响应非常复杂，营养盐向近海的输送并不是一个简单的过程，它受到许多物理、化学因素的影响。而且，近海生态系统对营养盐污染的响应不仅包括初级生产过程的改变，还包括由其引发的一系列复杂的生态环境变化（图 2.1B）。

最近，人们也开始认识到，富营养化海域生态系统的变化还受到了气候变化、过度捕捞、有毒污染、物种入侵、生境丧失等其他因素的影响，正是这些因素的综合作用导致了近海生态系统结构、功能、服务和价值的改变（图 2.1C）[3]。这些认识充分反映了近海生态系统对营养盐污染响应的复杂性，因此，对近海富营养化问题的管理应采用生态系统的途径和方法。

---

1 Howarth R W，Marino R. Nitrogen as the limiting nutrient for eutrophication in coastal marine ecosystems：evolving views over three decades[J]. Limnology and Oceanography，2006，51（1，part 2）：364-376.

2 Conley D J，Paerl H W，Howarth R W，Boesch D F，Seitzinger S P，Havens K E，Lancelot C，Likens G E. Controlling eutrophication：nitrogen and phosphorus[J]. Science，2009，323：1014-1015.

3 Cloern J E. Our evolving conceptual model of the coastal eutrophication problem[J]. Marine Ecology Progress Series，2001，210：223-253.

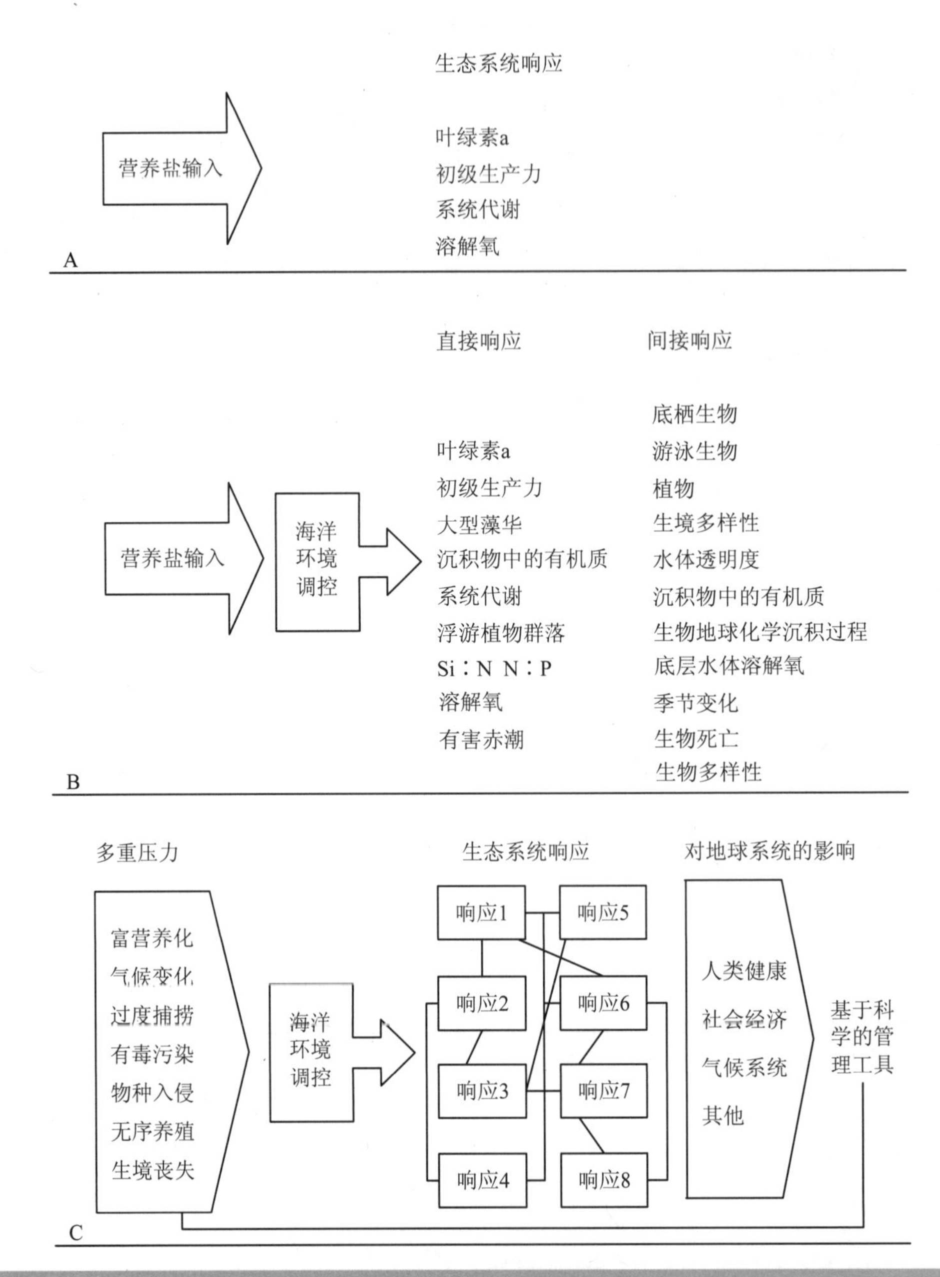


图 2.1 对近海富营养化问题的认识过程（改绘自文献[1]）

1 Cloern J E. Our evolving conceptual model of the coastal eutrophication problem[J]. Marine Ecology Progress Series，2001，210：223-253.

### 2.1.4　近海富营养化的效应及其管理对策

研究表明，近海富营养化会导致一系列复杂的生态和社会经济效应。营养盐的输入会直接影响近海藻类和大型植物等初级生产者，改变初级生产者的种类组成、生物量和生产力；同时，通过复杂的生态系统过程，也会对浮游动物、底栖生物、游泳生物的多样性造成影响，并影响到水体溶解氧含量（DO）、透明度、沉积物有机质含量等水体和沉积物质量状况。近海富营养化最为显著的生态效应是有害藻华和水体缺氧等生态灾害的出现和加剧。这些生态灾害会进一步影响到生物资源、水产养殖和海产品的食品安全，引发一系列社会经济问题。

近海富营养化问题的管理首先需要建立起科学的富营养化状况评价方法。随着对近海富营养化问题认识的逐渐深化，对富营养化状况的评价也从早期基于营养盐浓度的方法，逐渐发展到基于生态系统状况的评价方法体系（专栏 2.2）。围绕近海富营养化状况的评价，欧盟和美国分别提出了多种评价方法体系，如《巴黎—奥斯陆公约》提出的富营养化综合评价方法、美国的“河口营养状况综合评价体系”（ASSETS）方法等，后者是在美国“国家河口环境评价计划”（NEEA）工作的基础上发展起来的。

**专栏 2.2　近海富营养化的评价方法**

现有的文献中有许多近海富营养化的评价方法，这些方法采用不同的水质和生态学参数，通过统计学和数值模拟等方法，对近海富营养化状况进行评估，其目标是对海域富营养化状况进行区分，从而为海域生态环境质量评价和富营养化问题的管理提供科学依据。

早期的评价方法（Phase Ⅰ）多是针对营养盐和有机物的输入及生态系统的直接响应，采用营养盐浓度、化学需氧量（COD）、氮磷比（N/P）、叶绿素 a 含量、细胞密度、初级生产力、溶解氧、浊度等作为指标，通过单因子或多因子方法评价富营养化状况。20 世纪 70 年代以来，生物多样性指数等有关生态系统结构的指标也开始被用于评价富营养化状况。

近期的评价方法（Phase Ⅱ）更加注重营养盐污染驱动下近海生态系统的各种变化。《巴黎—奥斯陆公约》有关近海富营养化的文件中，采用了综合评价方法，在评价中考虑了营养盐污染程度（如河流输入与直接排海的营养盐通量、冬季海水中营养盐浓度和氮磷比等）、营养盐污染的直接效应（如叶绿素 a 含量、浮游植物指示种、大型藻类等）、营养盐污染的间接效应（如缺氧、底栖生物和鱼类、沉积物中有机质含量等），以及其他可能与营养盐污染有关的效应（如藻毒素污染问题等）。根据不同海域各种参数的状况，对富营养化情况进行评价。“河口营养状况综合评价体系”（ASSETS）方法是在美国“国家河口环境评价计划”（NEEA）工作的基础上发展起来的评价方法体系，它通过定量和半定量的评价参数，综合现场观测数据、模拟结果和专家的认识，从压力、状态、响应等不同角度，综合评价河口或近海生态系统富营养化状况。

许多有关淡水和近海富营养化的研究表明，只要采取积极的营养盐控制政策，受到富营养化影响的水生生态系统是能够逐渐恢复的。但是，在生态系统恢复过程中，会出现“滞后效应”（hysteresis），也就是说，生态系统的恢复进程与水体中营养盐浓度的降低并不是同步的，而是有所滞后。因此，富营养化导致的近海生态系统退化现象一旦出现，很难在短期内恢复。针对近海富营养化问题，应及早制定对策，采取行动。

## 2.2 中国近海营养盐污染的特征、根源与演变趋势

### 2.2.1 近海营养盐污染与富营养化的总体状况

随着海岸带人口聚居和人类生产生活方式的转变，营养盐入海通量正在逐渐增加。1890—1990 年，全球活性氮入海通量增幅接近 80%。根据联合国千年生态系统评估的预测，到 2030 年，全球近海生态系统的氮通量将会再增加 10%～20%。全球磷肥用量增加速度虽有所下降，但当前输入到海洋中的磷通量仍是其背景速率的 2 倍[1]。大量营养盐输入近海导致的营养盐污染和富营养化已经成为一个全球性的海洋环境问题。最近，在美国和欧盟进行的近海富营养化评价工作中，分别有 78%和 65%的评价海域存在不同程度的富营养化问题[2, 3]。

在全球范围内，富营养化问题突出的海域集中分布在欧、美、日等发达国家和地区的沿海海域，这一现象在 20 世纪 60—80 年代尤为突出[4]。中国近海的富营养化问题近期也开始显现，并呈现出逐渐加剧的趋势。

富营养化现象多见于河口和海湾区域。受到河流携带的大量营养盐影响，河口区域特别容易出现富营养化问题；而在封闭或半封闭的海湾区域，由于水体交换受到限制，也容易出现富营养化问题。欧洲的波罗的海（Baltic Sea）（专栏 2.3）、北海（North Sea）、亚得里亚海（Adriatic Sea）和黑海（Black Sea）、美国的墨西哥湾（Gulf of Mexico）（专栏 2.4）、日本的濑户内海（Seto Inland Sea）及中国的黄海、

---

1 Millennium Ecosystem Assessment Board. Ecosystem and human well-being：synthesis[M]. Washington D.C.：Island Press，2005.

2 OSPAR Commission. Ecological quality objectives for the Greater North Sea with regard to nutrients and eutrophication effects[M]. London：OSPAR Commission，2005.

3 Bricker S，Longstaff B，Dennison W，et al. Effects of nutrient enrichment in the nation's estuaries：a decade of change[M]. NOAA Coastal Ocean Program Decision Analysis Series No. 26. Silver Spring：National Centers for Coastal Ocean Science，2007. http://ccma.nos.noaa.gov/publications/eutroupdate/.

4 Boesch D F. Challenges and opportunities for science in reducing nutrient over-enrichment of coastal ecosystems[J]. Estuaries，2002，25（4b）：886-900.

东海等都是富营养化问题突出的海域。富营养化海域会出现初级生产力上升、水体透明度下降、缺氧区（hypoxic zone）扩张、海草床衰退和有害藻华暴发等诸多问题，但因海域环境差异，出现的问题也各不相同。在波罗的海、墨西哥湾和黑海，底层缺氧区的形成和加剧问题最为突出；而在濑户内海和北海，有害藻华问题最为显著。在专栏 2.3 和专栏 2.4 中所介绍的波罗的海和墨西哥湾北部海域是比较典型的海湾型和河口型富营养化海域。

近海富营养化问题受到了相关国际组织的密切关注。联合国《千年生态系统评估报告》指出，氮、磷营养盐污染是导致近海生态系统发生显著改变的重要驱动因子，它使得近海生态系统退化，出现缺氧、赤潮等问题的风险增加。联合国环境署 2007 年公布的报告《全球环境展望：环境与发展》对全球环境进行了综合评估，指出营养盐污染是最突出的水环境问题之一。

### 专栏 2.3　波罗的海的富营养化问题

波罗的海位于北欧，平均水深 52 m，面积 41.5 万 $km^2$，是世界上最大的半咸水海湾。湾内不同区域盐度差异巨大，在靠近丹麦的卡特加特（Kattegat）海峡，海水盐度为 15‰～25‰，而波的尼亚海湾（Bothnian Bay）的海水盐度仅有 0～2‰。受地形限制，波罗的海与邻近的北海水交换很差，河流输入的营养盐容易积累，富营养化问题非常突出。研究表明，在 20 世纪，输入波罗的海的氮增加了 4 倍，磷增加了 8 倍[1]。2005 年约有 78.7 万 t 氮和 2.86 万 t 磷输入波罗的海。其中，氮主要经由水体（包括河流和排污等）和大气沉降进入波罗的海，经由水体输入的氮约占 75%，由大气输入的氮约占 25%；磷主要由水体输入。夏季蓝藻藻华是波罗的海最为突出的生态现象，几乎遍及波罗的海海域。近几十年来，水体富营养化导致浮游植物生物量增加，水体透光率明显下降，底层水体缺氧事件出现的频率不断上升。从 20 世纪 80 年代开始，波罗的海南部丹麦近岸海域几乎每年都会出现缺氧现象。2002 年，丹麦近海约 20% 的底层海域出现了缺氧现象。为缓解波罗的海的富营养化问题，通过《赫尔辛基公约》（Helsinki Convention，HELCOM），对输入波罗的海的营养盐进行了控制。目前波罗的海流域氮、磷排放量均已削减约 40%，HELCOM 缔约国大气氮排放也降低了近 40%[2]。根据波罗的海行动计划的安排，要使波罗的海免受富营养化影响，输入波罗的海的磷和氮还要再削减 42%和 18%，以达到预定的生态目标。

---

1 Lundberg C. Eutrophication in the Baltic Sea：from area-specific biological effects to interdisciplinary consequences[R]. 2005. http:/www.mare.su.se/document/Cecilia_Lundberg_abstract. pdf.

2 HELCOM Ministerial Meeting. Towards a Baltic Sea unaffected by eutrophication. HELCOM Overview 2007[R]. Krakow，Poland，2007. http://www.helcom.fi/stc/files/Krakow2007/Eutrophication_ MM2007.pdf.

**专栏 2.4　墨西哥湾北部海域的富营养化与底层水缺氧问题**

受到密西西比河输入的大量营养盐影响，墨西哥湾北部海域出现严重的富营养化和底层缺氧问题。从 20 世纪 80 年代中期至今，每年 7 月，墨西哥湾北部海域都会出现底层缺氧区，面积在 40～22 000 $km^2$ 变动。研究表明，墨西哥湾北部缺氧区范围与密西西比河输入的氮有直接联系，也和磷的输入有关。每年经由密西西比河输入的氮约有 160 万 t，磷约 10 万 t[1]。大量输入的氮导致表层浮游植物生产力提升，藻类生物量显著增加，大量有机物向下沉降进入沉积物。对沉积物中生物硅含量的分析表明，从 20 世纪 70 年代到 21 世纪初，生物硅的含量增加了近 5 倍。沉积物中的有机质降解消耗了大量溶解氧，加剧了底层水体的缺氧程度。对长期资料的分析表明，缺氧区范围与氮输入量之间有密切联系，氮输入量大的年份，缺氧区的范围也相应扩展[2]。针对缺氧问题，美国政府采取了缺氧区削减和防控行动，力求在 2015 年前将夏季缺氧区的范围控制在 5 000 $km^2$ 以内。

近海富营养化及其生态效应问题也是世界沿海各国非常重视的问题。美国国家研究委员会、美国海洋政策委员会和皮尤海洋委员会的报告都明确指出，营养盐是影响美国近海水体的主要污染物。在欧盟的海洋战略框架指令中，也将营养盐污染导致的富营养化作为影响海洋生态系统健康的重要因素。针对近海营养盐污染问题，许多沿海国家都在积极采取对策，防范营养盐污染对近海生态系统健康的危害。

### 2.2.2　中国近海营养盐污染特征与长期变化

（1）中国近海营养盐污染特征

1）营养盐污染海域面积广

中国近海海域多是封闭和半封闭的陆架浅海，容易受到人类活动影响而出现富营养化问题。自 2000 年以来，中国近海未达到清洁海域水质标准的面积均超过 13 万 $km^2$，最大面积达 20 万 $km^2$，约占中国近岸海域（领海基线或水深 10 m 等深线向陆一侧海域）面积的一半。无机氮和活性磷酸盐浓度过高是导致中国近海水质超标的主要原因。2009 年，未达到清洁水质标准的海域面积约为 14.70 万 $km^2$，其中，较清洁海域面积约 7.09 万 $km^2$，轻度污染海域面积约 2.55 万 $km^2$，中度污染海域面积约 2.08 万 $km^2$，严重污染海域面积约 2.97 万 $km^2$[3]。在渤海、黄海、东海

---

1 Rabalais N N，Turner R E，Sen Gupta B K，et al.. Sediment tell the history of eutrophication and hypoxia in the northern Gulf of Mexico[J]. Ecological Applications，2007，17（5）Supplement：129-143.

2 Turner R E，Rabalais N N，Justice D. Gulf of Mexico hypoxia：alternate states and a legacy[J]. Environmental Science & Technology，2008，42：2323-2327.

3 国家海洋局. 中国海洋环境质量公报[EB/OL]. 2009. http://www.soa.gov.cn/hyjww/hygb/A0207index_1.htm.

和南海四个海区中，未达到清洁海域水质标准的面积分别为 2.16 万 $km^2$、2.65 万 $km^2$、6.82 万 $km^2$ 和 3.08 万 $km^2$，东海的污染状况最为突出。

2）河口和海湾营养盐污染问题严重

中国近海营养盐污染严重的海域集中在河口和海湾区域。根据 2009 年国家海洋局发布的《中国海洋环境质量公报》，中国严重污染海域主要分布在辽东湾、渤海湾、莱州湾、长江口、杭州湾、珠江口和部分大中城市近岸局部水域。在渤海，海水中溶解无机氮（DIN）和活性磷酸盐（$PO_4$-P）的平面分布整体上呈现出由辽东湾、渤海湾和莱州湾等沿岸水域向中央海盆水域递减的分布特征，近岸营养盐污染问题突出的海域集中分布在辽东湾近岸、渤海湾和莱州湾。黄海、东海和南海海域营养盐的平面分布特征受大型河口的影响较大，总体上呈现出离岸方向上营养盐浓度逐渐降低的特点。在黄海，营养盐污染海域主要分布在苏北浅滩一带，东海的长江口、杭州湾，南海的珠江口都是营养盐污染问题突出的海域。

3）近岸海域氮污染问题突出

中国近海海水中溶解无机氮和活性磷酸盐浓度超标是海域环境质量下降的主要原因。其中，含氮营养盐的污染问题尤为突出。大多数沿海省份近岸海域海水中的溶解无机氮（DIN）平均浓度超过国家一类海水水质标准，上海和浙江近岸海域 DIN 平均浓度连年超过四类海水水质标准[1]。2008 年，中国沿海辽东湾、渤海湾—黄海口—莱州湾、胶州湾、江苏沿岸、长江口及杭州湾、厦门近岸、澄海—漳浦近岸和珠江口 8 个重点海域中，有 7 个海域存在 DIN 浓度超标引起的污染，只有辽东湾海域存在活性磷酸盐超标问题。根据《中国海洋环境质量公报》数据[2]，2008 年全国近岸海域海水无机氮浓度平均值为 0.31 mg/L，样品超标率为 27.5%。在监测的 56 个城市中，有 31 个城市存在样品超标现象。

（2）近海营养盐污染状况的长期变化情况

1）营养盐污染海域范围不断扩展

过去 40 年里，中国近海环境质量呈现持续恶化态势。进入 21 世纪以来，中国近岸海域富营养化进程明显加快，DIN 超第三类海水水质标准的区域由长江口和珠江口邻近海域逐渐扩展至渤海湾、辽东湾、莱州湾、厦门近岸和江苏沿岸海域。因氮、磷营养盐导致的污染海域面积（海水水质为三类、四类和劣四类）也有增长趋势。以渤海为例，污染海域面积显著增加。2001 年污染海域面积为 3 380 $km^2$，2007 年增加到 17 500 $km^2$，约占渤海海域面积的 1/5。黄海污染海域面积自 2000 年来也显著增加，2001 年和 2002 年黄海污染海域面积约 3 000 $km^2$，2003 年以后增加至

1 国家海洋局发展战略研究所课题组．中国海洋发展报告[J]．北京：海洋出版社，2009.

2 国家海洋局．中国海洋环境质量公报[EB/OL]. 2008. http://www.soa.gov.cn/hyjww/hygb/A0207index_1.htm.

12400 $km^2$，此后多年来都在 1 万～3 万 $km^2$ 波动。南海污染海域的面积也明显增加，2001 年南海污染海域面积 3550 $km^2$，至 2004 年增加至 1.4 万 $km^2$，此后一直在高值波动。东海污染海域面积一直较大，但增长不是非常显著，多年来一直在 3 万～6 万 $km^2$ 波动[1]。

2）海水中营养盐浓度和组成发生显著变化

随着工农业发展和化肥的大量使用，营养盐不断输入近海，中国近岸海域海水中营养盐的浓度和组成出现显著变化。最为突出的变化是海水中 DIN 浓度的上升和海水中氮磷比（N/P）与氮硅比（N/Si）的不断增加。

在渤海，从 20 世纪 60 年代至 20 世纪末，磷酸盐和硅酸盐的浓度降低至 1/4～1/2，而硝酸盐增加了 5～10 倍。这导致了氮磷比的显著改变，海水氮磷比从 80 年代初的 1.5～2 增加到 15～20[2]。根据国家海洋局《渤海海洋环境公报》，2008 年渤海海水氮磷比值增大至 40[3]。针对黄海标准断面的长期监测结果表明，海水中溶解无机氮浓度有明显上升，而活性磷酸盐和硅酸盐浓度均有下降，氮磷比则相应提高，由 80 年代中期的 4～8 上升到 20 左右[4]。

在污染问题突出的河口和海湾区域，营养盐浓度和组成的变化更为突出。在莱州湾海域，丰水期海水中 DIN 浓度从 10 μmol/L（1986 年）增加到 24.9 μmol/L（2007 年），氮磷比也增加到 30 以上，部分海域甚至达到 100 以上，远远偏离 Redfield 比值[5, 6]（专栏 2.5）。黄河输入营养盐对海水氮磷比的改变具有显著影响，1998 年的调查发现，渤海中部海水氮磷比为 5～10，而莱州湾海域海水氮磷比高达 120～140，表明海水氮磷比受到黄河径流输入的显著影响[7]。在邻近珠江口的香港南部海域，从 20 世纪 70 年代到 21 世纪初的 30 年里，海水中硝酸盐浓度至少增加了 3 倍，但磷酸盐浓度变化不大，这使得夏季海水中氮磷比高达 100[8]。与其他海域相比，长江口及其邻近海域的营养盐变化趋势最为显著。

1 国家海洋局发展战略研究所课题组．中国海洋发展报告[J]．北京：海洋出版社，2009.

2 Zhang J，Su J L. Nutrient dynamics of the Chinese seas：The Bohai Sea，Yellow Sea，East China Sea and South China Sea[J]//Robinson A R and Brink K H，The Sea，2004，14：637-671.

3 国家海洋局．渤海海洋环境公报[EB/OL]．2008．http://www.soa.gov.cn/soa/hygbml/hq/eight/bh/webinfo/2009/08/1281687829584714.htm.

4 Lin C，Ning X R，Su J L. Environmental changes and the responses of the ecosystems of the Yellow Sea during 1976—2000[J]. Journal of Marine Systems，2005，55（3-4）：223-234.

5 单志欣，郑振虎，邢红艳，等．渤海莱州湾的富营养化及其研究[J]．海洋湖沼通报，2000，2：41-46.

6 夏斌，张晓理，崔毅，等．夏季莱州湾及附近水域理化环境及营养现状评价[J]．渔业科学进展，2009，30（3）：103-111.

7 Zhang J，Yu Z G，Raabe T，et al.. Dynamics of inorganic nutrient species in the Bohai seawaters[J]. Journal of Marine Systems，2004，44：189-212.

8 Yin K D. Monsoonal influence on seasonal variations in nutrients and phytoplankton biomass in coastal waters of Hong Kong in the vicinity of the Pearl River estuary[J]. Marine Ecology Progress Series，2002，245：111-122.

**专栏 2.5　Redfield 比（Redfield ratio）**

Redfield 比是表征浮游植物中碳、氮、磷的元素比。Redfield 研究发现，海洋中浮游植物的碳、氮、磷元素比通常为 106：16：1。因此，许多研究者认为海水中的氮磷比在 16：1 时最有利于浮游植物的生长，偏离这一比值时，氮或磷会对浮游植物的生长构成限制。近来的研究表明，在有些海域，当氮磷比偏离正常的氮磷比值（16：1）时，更易出现有害藻华现象。

长江是中国最大河流，长 6 300 km，流域面积 180 万 $km^2$。每年约有 9 000 亿 $m^3$ 淡水进入大海，巨量的长江径流也将大量泥沙和营养盐携带入海，使得长江口邻近海域营养盐浓度和比例发生了巨大的变化，导致长江口及其邻近海域成为中国近岸面积最大的富营养化海域。对长江口海域的长期调查和研究结果显示，在过去 40 年里，长江口海域硝酸盐和活性磷酸盐的浓度都有明显上升，硝酸盐浓度由 11 μmol/L 上升到 97 μmol/L，而活性磷酸盐浓度也由 0.4 μmol/L 上升到 0.95 μmol/L [1]。长江口海水中的氮磷比也相应从 30～40 增加到近 150。在长江口邻近海域表层冲淡水中，海水中硝酸盐浓度也有明显增加，但磷酸盐浓度变化不大，海水氮磷比升高的趋势非常明显。与 20 世纪 50 年代末相比，海水中 DIN 浓度增加了近 1 倍，氮磷比也相应提高了近 1 倍[2]。伴随着海水中硝酸盐浓度的提高，污染海域面积也在不断扩大。20 世纪 80 年代，海水硝酸盐浓度超过国家一类海水水质标准的海域面积为 0.59 万 $km^2$。到 21 世纪初，硝酸盐浓度超过国家一类海水水质标准的海域面积达到了 1.3 万 $km^2$。

（3）中国近海营养盐污染的来源

1）入海河流

经由河流携带入海的营养盐是中国近海营养盐最重要的来源。分布在江河两岸的城镇和工厂将大量生活污水和工业废水排入河流，同时，部分施用的农田化肥也被雨水冲刷进入江河，最终输入海洋。

中国的河流污染状况比较严重，根据《中国环境质量报告》[3]，七大水系总体为中度污染。2006—2008 年，每年由河流输入中国近海的氨氮总量为 80 万～100 万 t，总磷为 25 万～30 万 t。在中国的入海河流中，长江是营养盐输送量最大的一条河流（专栏 2.6），其次为珠江、钱塘江和黄河。2006—2008 年，经由长江携带入海的营养盐（氨氮和总磷）通量平均为 91.43 万 t，约占主要入海河流通量的 74%。

1 Zhou M J，Shen Z L，Yu R C. Responses of a coastal phytoplankton community to increased nutrient input from the Changjiang（Yangtze）River[J]. Continental Shelf Research，2008，28（12）：1483-1489.

2 Wang B D. Cultural eutrophication in the Changjiang（Yangtze River）plume：history and perspective[J]. Estuarine Coastal and Shelf Science，2006，69（3-4）：471-477.

3 中华人民共和国环保部. 中国环境质量报告[M]. 北京：中国环境科学出版社，2009.

其次珠江为 15.71 万 t，约占 12.8%。

4 个海区中，东海的氨氮和总磷的输入通量最大，其中氨氮输入通量在 50 万～80 万 t，总磷输入通量为 15 万～20 万 t。东海共有 14 条长度超过 100km 的河流入海，随着流域社会经济的快速发展，排海污染物总量大幅增加，致使输入东海的营养盐通量居高不下，富营养化问题十分严重。

**专栏 2.6　长江入海氮、磷通量的长期变化**

长江流域面积广阔，降水丰沛。长江将巨量的陆源氮、磷等营养盐输送到河口和近海。在过去的 50 年里，由于长江流域气候和水文条件的变迁，以及人类活动对流域环境的剧烈改造，经由长江携带入海的氮、磷通量发生了显著变化。

长江水利委员会长期监测长江径流量和水中的营养盐浓度。根据大通站营养盐浓度与径流量资料计算，长江入海 DIN 通量在 20 世纪 60 年代到 70 年代中期一直保持在 20 万～30 万 t；从 80 年代初期开始，DIN 通量开始上升，90 年代末达到 150 万 t。进入 21 世纪后，DIN 通量仍保持持续上升的态势。磷的通量在 80 年代中期以前保持相对稳定，但从 80 年代中期以后到 20 世纪末，磷通量呈现出明显的上升趋势[1]。

2）污水排放

陆源排污口是近海营养盐的另一重要来源。73.7%的入海排污口超标排放污染物，部分排污口邻近海域环境污染呈加重趋势。但是，与经由河流输入的营养盐通量相比，直排源对入海营养盐的贡献较小。2006—2008 年，沿海 11 个省、市和自治区的污水直排口数量在 500～600 个波动，污水排放量呈上升趋势，2006 年为 35.8 亿 t，2008 年增长到 45.6 亿 t。但是，通过直排口进入海洋的氨氮和总磷呈现下降趋势。2006 年，氨氮和总磷的输入通量分别为 4.66 万 t 和 1.20 万 t，2008 年，氨氮和总磷的输入通量下降为 4.15 万 t 和 0.32 万 t。

3）大气沉降

与河流相似，大气沉降也是营养盐从大陆向海洋输送的重要途径。大气中的氮、磷化合物能够以气体或气溶胶等形态，通过干、湿沉降过程进入海洋。20 世纪 80 年代中期以来，对中国近海海域大气沉降通量做了许多研究工作，也在近岸海域开展了一系列大气污染监测研究工作，但目前的监测工作仍不够完善，对大气通量已有的认识多是依靠特定海域的研究工作，尚不能全面反映近岸海域大气污染物沉降

1 Li M T，Xu K Q，Watanabe M，et al. Long-term variations in dissolved silicate，nitrogen，and phosphorus flux from the Yangtze River into the East China Sea and impacts on estuarine ecosystem[J]. Estuarine Coastal and Shelf Science，2007，71（1-2）：3-12.

通量的规律及其长期变化情况。

根据在黄海千里岩和东海嵊泗的研究结果，气溶胶和雨水中的营养盐浓度及通量均在旱季较高，而雨季偏低。与干沉降相比，来自降雨的湿沉降对营养盐输入的贡献更大，约占 71.5%～99%。黄海海域大气沉降的 DIN 和磷酸盐通量几乎与河流输入相当；东海海域大气沉降的 DIN 通量与河流输入通量基本相当，而磷酸盐仅有河流输入的 13% [1]。这种估算是基于单点观测结果进行的，因此，整个海域的沉降通量估算结果可能存在偏差。同时，通量的估算是针对整个黄东海海域进行的，而在近岸富营养化问题比较突出的海域，大气沉降的贡献应远低于河流输入。

4）海水养殖

中国是世界最大的海水养殖国家，养殖产量占世界水产养殖总产量的 70%以上。在过去 30 年里，中国海水养殖业发展迅猛，养殖面积和养殖产量都在不断上升。1950 年，中国海水养殖产量还几乎为零，2006 年，海水养殖产量已达 1 445 万 t，海水养殖面积达到 177 万 $hm^2$。

海水养殖业对近海富营养化的影响一直受到密切关注。海水养殖对海域生态系统的影响主要来自大量投喂的外源性饵料及养殖生物的排泄物等。随着中国海水养殖产业的迅速发展，养殖面积和产量逐年增加，养殖业自身污染问题逐渐显露。大量残饵和粪便进入水体，沉积到底层，致使水中氮、磷等营养要素和有机物浓度上升，水体透明度下降，水质和底质恶化，水体富营养化加重。因此，养殖业对水体营养盐的影响不容忽视。但是，对于海水养殖业在营养盐输入的贡献方面，中国还缺少系统的监测和研究工作，很难做出科学评价。根据中国海水养殖面积和海水养殖产量，对海水养殖业产生氮、磷污染物通量（专栏 2.7）的估算表明，养殖业能够产生大量氮、磷化合物，对养殖海域的富营养化会有一定影响。

### 专栏 2.7　对中国近海养殖业营养盐污染物通量的估算

利用《中国环境统计年鉴》以及《中国渔业统计年鉴》中的海水养殖面积和海水养殖产量，通过不同类型养殖生物的相关参数，对中国海水养殖污染物通量进行了估算。

中国海水养殖大致可以分为虾塘养殖、网箱养殖、贝类养殖、藻类养殖和蟹类养殖 5 种方式。根据以往研究文献，虾塘养殖和网箱养殖是海水养殖污染的主要来源，其次为蟹类养殖；贝类养殖和大型海藻养殖不涉及投饵，而是从水体中吸收营养盐。

根据 2002—2007 年中国的养殖生物种类、面积和产量，综合各类养殖生物产生和吸收营养盐的量，计算得到 2002—2007 年养殖业产生的氮、磷污染物通量，如表 2.1 所示。

---

1 Zhang G S，Zhang J，Liu S M. Characterization of nutrients in the atmospheric wet and dry deposition observed at the two monitoring sites over Yellow Sea and East China Sea[J]. Journal of Atmosphere Chemistry，2007，57：41-57.

表 2.1 2002—2007 年海水养殖营养盐污染物通量估算 单位：t

| 年份 | 氮 | 磷 |
|---|---|---|
| 2002 | 54734 | 14313 |
| 2003 | 45760 | 12732 |
| 2004 | 53991 | 14549 |
| 2005 | 64737 | 16830 |
| 2006 | 73819 | 18660 |
| 2007 | 73519 | 18204 |

5）对营养盐污染来源的综合分析

2010 年，中国首次发布了《第一次全国污染源普查公报》[1]。在《公报》中，将主要污染源划分为工业污染源、农业污染源和生物污染源三大类，并对各类污染源产生的污染物情况进行了分析。尽管各类污染源排放的氮、磷污染物并非全部进入海洋，但是，从中仍可反映出不同类型污染源对近海营养盐污染的影响。

根据《公报》资料，全国各类污染源经由水体排放总磷 42.32 万 t，总氮 472.89 万 t。在三类主要污染源中，工业污染源氨氮排放量为 20.76 万 t，但没有总氮和总磷的排放数据。农业污染源总氮流失（排放）量 270.46 万 t，总磷 28.47 万 t。生活污染源排放总氮 202.43 万 t，总磷 13.80 万 t，氨氮 148.93 万 t。比较三大类污染源，农业污染源氮、磷排放总量最高，生活污染源次之，工业污染源缺少数据。

在农业污染源中，种植业总氮流失量 159.78 万 t，其中经由地表径流流失量 32.01 万 t，地下淋溶流失量 20.74 万 t，基础流失量 107.03 万 t；总磷流失量 10.87 万 t。畜禽养殖业排放总氮 102.48 万 t，总磷 16.04 万 t。水产养殖业排放总氮 8.21 万 t，总磷 1.56 万 t。可以看出，尽管种植业氮、磷流失量最高，但畜禽养殖业排放的氮、磷和种植业已大致相当。值得关注的是，畜禽养殖业产生粪便量 2.43 亿 t，尿液 1.63 亿 t，粪便和尿液中含有丰富的有机氮、磷化合物，进入海洋后可以直接或间接被浮游植物利用，促进浮游植物生长，加剧富营养化进程。畜禽养殖业排放的有机氮、磷化合物对水体富营养化的影响值得密切关注。

综合看来，经由水体进入环境中的氮、磷污染物以农业源最为突出，其中，种植业和畜禽养殖业是氮、磷的主要来源。因此，对于近海富营养化的防范，控制种植业和畜禽养殖业的氮、磷排放（流失）非常重要。生活污水中氮、磷排放量仍然维持在较高的水平，相对于种植业氮、磷流失等面源污染，生物污水中的氮、磷污染易于处理，应是富营养化控制优先管理的对象。根据《公报》数据，目前城镇生活污水排放量 343.30 亿 t，污水处理厂年实际处理量 210.31 亿 t，还应进一步提高

1 第一次全国污染源普查公报[EB/OL]. http://www.zhb.gov.cn/gkml/hbb/bgg/201002/W020100210571553247154.pdf.

对城镇生活污水的处理比例和处理深度。

废气中的氮氧化物会经由干湿沉降进入海洋，对近海富营养化也会产生一定的影响。从三类污染源排放的氮氧化物来看，工业废气中氮氧化物排放量为 1 223.97 万 t，生活源废气中氮氧化物排放量 58.20 万 t，汽车尾气氮氧化物排放量 549.65 万 t。工业源和汽车尾气中的氮氧化物成为大气中氮氧化物的主要来源。

## 2.2.3 中国社会经济发展对近海营养盐污染的影响及其趋势分析

输入近海的大部分氮、磷营养盐来自陆地上人类的生产生活活动。中国的人口增长、工农业发展、城市化水平提高和土地利用方式转变的趋势表明，中国近海的营养盐污染和富营养化问题在一段时间内仍会保持不断加剧的趋势。

（1）农业粮食生产不断增长，化肥用量上升

粮食生产是保障中国粮食安全的基础，中国粮食生产的稳定与增长在很大程度上依赖化肥的大量使用。近 30 年来，中国化肥施用量呈逐年上升趋势（图 2.2）[1]。20 世纪 70 年代末，化肥施用量尚不足 1 000 万 t；2008 年，全国化肥施用量已达 5 239 万 t。目前，中国已成为世界上最大的化肥生产国和施用国。

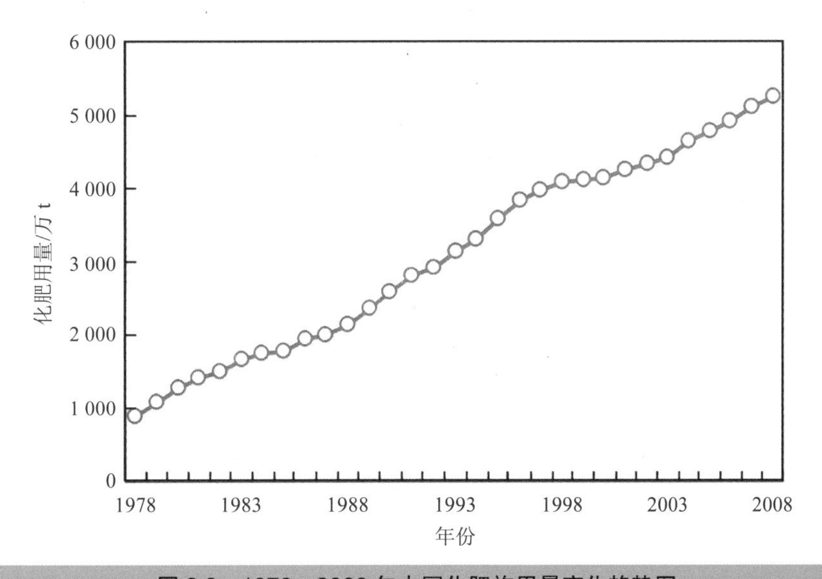


图 2.2 1978—2008 年中国化肥施用量变化趋势图

早期化肥用量的增加对于促进中国的粮食生产起到了积极作用。但是，随着化肥用量快速上升，施用化肥的肥效不断降低，粮食总产量增长缓慢（图 2.3），大量

1 数据来自国家统计局网页，http://www.stats.gov.cn/tjfx/ztfx/qzxzgcl60zn/.

化肥流失。根据朱兆良等研究结果[1]，中国农田化肥氮盈余量不断增加，对环境有影响的化肥氮损失可达其施用量的 19.1%。以此比例计算，中国每年的化肥流失近 1 000 万 t。在每年进入长江和黄河的氮素中，分别有 92%和 88%来自农业，其中化肥氮约占 50%。大量流失的化肥进入近海，加剧了近海富营养化问题。在可预见的将来，为保障粮食产量的持续增加，高水平的农业投入不可避免，化肥用量仍将持续增长，对近海富营养化构成巨大压力。如何在保障粮食生产稳定增长的前提下控制近海富营养化问题，是亟待解决的关键问题。

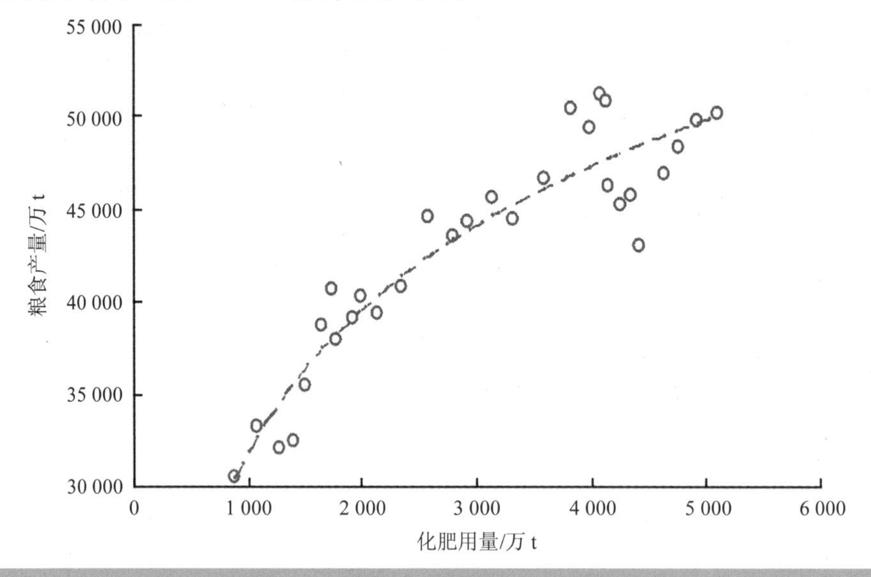


图 2.3 中国化肥用量与粮食总产量的关系

（2）沿海地区人口聚居，城市化进程加快

中国沿海省份是经济比较发达的区域，人口密集，沿海地区总人口增长很快（图 2.4）[2]，目前居住人口约有 5.5 亿。从 20 世纪 80 年代初至今，沿海地区居住的人口在全国总人口中的比重也有轻微增加，1985 年沿海居民所占比重为 39.7%，2008 年这一比例已上升到 41.7%。而且，目前中国人口流动性较大，由于沿海地区经济比较发达，大量务工人口流向沿海地区，进一步加重了沿海地区的环境负荷。

1 朱兆良，诺斯，孙波．中国农业面源污染控制对策[M]．北京：中国环境科学出版社，2006：299.

2 数据来自国家统计局网页，http://www.stats.gov.cn/tjfx/ztfx/qzxzgcl60zn/.

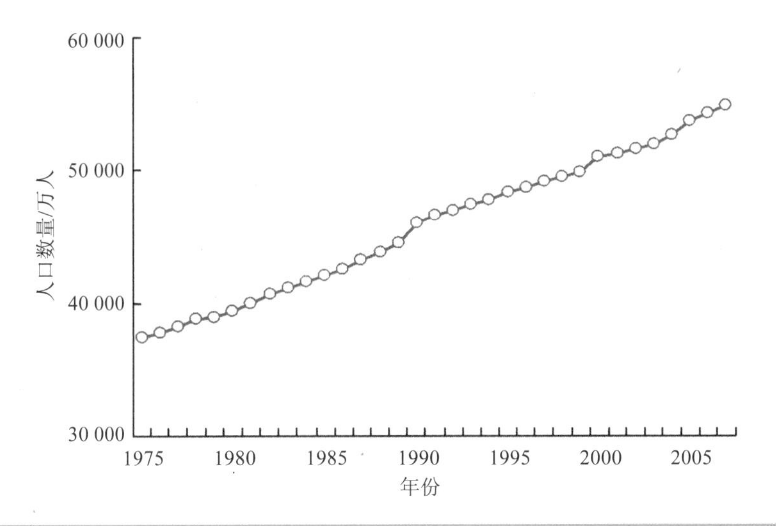


图 2.4　1975—2008 年中国沿海地区人口变化

沿海地区的城市化进程也在不断加速。城乡之间巨大的经济差异，是导致农民大量从农村流入城市的基本动因。中国沿海地区城市化呈现逐年增长趋势，2000 年，沿海地区城市化人口占总人口的比例为 43.73%；2008 年，城市化人口比例已提升到 53.8%，城市人口超过沿海地区总人口的一半。

随着沿海地区人口数量增长和城市化进程加快，城市生活废水排放量也呈逐年上升趋势。1998—2008 年，生活污水排放量以平均每年 6%的速率递增（图 2.5）。2008 年，城市生活污水排放量为 178 亿 t，比 1998 年增长了 72%。

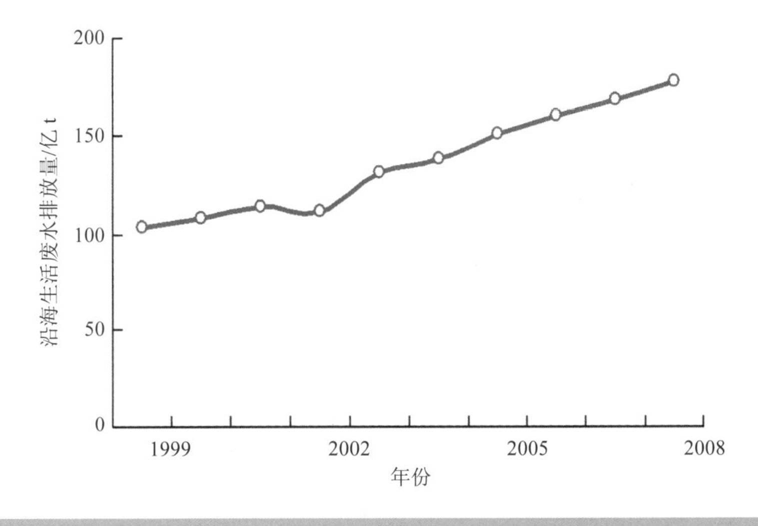


图 2.5　1998—2008 年中国沿海城市生活废水排放量变化

伴随着沿海地区经济的快速发展，可以预期沿海地区人口数量仍会保持较高的增长速率，城市化进程也会进一步提高，沿海地区生产生活活动所产生的废水对近海营养盐的输入将会带来更大的压力。

（3）汽车数量持续增加

汽车消耗的化石燃料会带来碳氧化合物、氮氧化物、颗粒物等污染物，其中，氮氧化物可以通过大气沉降进入海洋，影响近海氮的生物地球化学过程，加剧近海富营养化问题。中国目前已经进入汽车时代，汽车拥有数量快速增长（图 2.6）[1]。从 1985—2008 年，中国机动车保有量以年均 15.6%的速率增长，1985 年中国共有机动车 377 万辆，2008 年已增长到 10272 万辆。其中，私人汽车拥有量由 28.5 万辆增加到 3501 万辆。随着中国机动车保有量的持续增长，机动车尾气排放量也随之增加，氮氧化物排放量的快速上升对近海富营养化的压力值得密切关注。

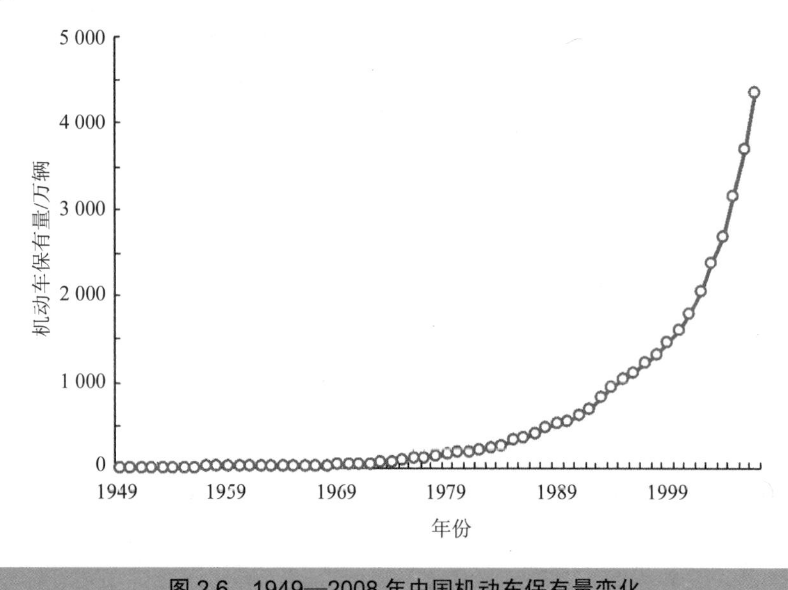


图 2.6　1949—2008 年中国机动车保有量变化

（4）滨海湿地退化严重

滨海湿地是位于陆地和海洋交界处的生态交错带，处于淡咸水交汇处，是自然保护和全球变化研究的重要对象。中国滨海湿地面积约为 594 万 $hm^2$，以杭州湾为界，可分为南、北两部分：北方的滨海湿地主要由环渤海浅海滩涂湿地和苏北浅海滩涂湿地组成。其中，环渤海湿地主要由辽河三角洲湿地、黄河三角洲湿地及莱州

1 数据来自国家统计局网页，http://www.stats.gov.cn/tjfx/ztfx/qzxzgcl60zn/.

湾湿地组成，苏北浅海滩涂湿地主要由长江三角洲湿地和废黄河三角洲湿地组成。杭州湾以南的滨海湿地以基岩性海滩为主，在河口及海湾的淤泥质海滩上分布有红树林湿地[1]。

滨海湿地具有多样化的功能，保留营养物质是湿地固有功能之一。许多研究表明，人工和自然的湿地都具有一定程度的营养物质保留功能，甚至可以用于废水的三级处理，用于去除废水中的氮、磷营养物质。在湿地环境中，氮、磷等营养元素通过沉降和过滤等物理过程、絮凝和吸附等化学过程及生物吸收过程，被埋藏于沉积物或储存于植被中，氮还可通过反硝化作用被去除。在美国密西西比河的现场试验中发现，因植被吸收和微生物反硝化过程，流经沼泽湿地的污水中硝酸盐浓度显著降低，出水中几乎检测不到硝酸盐，去除效率可达 99%[2]。因此，滨海湿地能够通过截流地表水中的营养盐，减少营养盐向近海的输入量，改善近海富营养化问题。据估算，如果恢复密西西比河流域 500 万英亩（1 英亩≈4 046.86 $m^2$）的湿地，向墨西哥湾输入的氮通量将会减少 20%[3]。辽河三角洲 8 万 $hm^2$ 的芦苇湿地春季灌溉期间可以去除总氮 4 000 t，去除活性磷 80 t，大约 89%的氮和 90%的磷可以从灌溉水中去除[4]。

与此相对的是，随着沿海地区社会经济的快速发展，中国滨海湿地退化问题日趋严峻。滨海湿地的退化一方面表现为自然湿地面积减小、人工湿地面积增大；另一方面，自然湿地也出现了净初级生产力降低、植被退化、生物多样性降低等一系列功能退化问题。湿地退化对其营养物质保留功能有很大影响。以黄河三角洲湿地为例，研究发现净化水质是黄河三角洲滨海湿地的核心服务价值[5]。但是，由于黄河河道断流导致下游缺水，湿地接收水量变小、水质变差，黄河三角洲湿地呈现萎缩的趋向。从 1981—1998 年，黄河三角洲滨海湿地芦苇田面积从近 7 万 $hm^2$ 下降到 2.4 万 $hm^2$，总初级生产量下降了 64%。同时，自然湿地类型发生演替，潮上带茅草湿地退化为河漫滩光滩湿地，河漫滩芦苇沼泽湿地退化为河漫滩盐地碱蓬湿地，淡水芦苇沼泽和香蒲沼泽湿地退化为茅草湿地或开垦为农田[6]，这使得黄河

---

1 张晓龙，李培英，李萍，等. 中国滨海湿地研究现状与展望[J]. 海洋科学进展，2005，23（1）：87-95.

2 Day Jr. J W，Ko J Y，Rybczyk J，et al. The use of wetlands in the Mississippi Delta for wastewater assimilation：a review[J]. Ocean & Coastal Management，2004，47：671-691.

3 Mitsch W J，Day Jr. J W，Gilliam J W，et al.. Reducing nitrogen loading to the Gulf of Mexico from the Mississippi River Basin：strategies to counter a persisitant ecological problem[J]. BioScience，2001，52：129-142.

4 肖笃宁，胡远满，李秀珍，等. 环渤海三角洲湿地的景观生态学研究[M]. 北京：科学出版社，2001：368-389.

5 张绪良，陈东景，徐宗军，等. 黄河三角洲滨海湿地的生态系统服务价值[J]. 科技导报，2009，27（10）：37-42.

6 张绪良，陈东景，谷东. 近 20 年莱州湾南岸滨海湿地退化及其原因分析[J]. 科技导报，2009，27（4）：65-70.

三角洲湿地水质净化功能显著下降。考虑到自然湿地的污染净化价值高于其转变为人工湿地后的直接产出价值，应尽量保护现存自然湿地，维护其生态系统服务价值。

20 世纪 90 年代以来，中国滨海湿地以每年 2 万多 $hm^2$ 的速度减少，潮间带湿地已累计丧失 57%。黄海南部和东海沿岸湿地生态服务功能下降了 30%～90%[1]。湿地持续退化使得其对近海营养盐输入的调节能力持续下降，也会在一定程度上加剧中国近海的富营养化问题。

## 2.3 富营养化对中国近海生态环境的影响

### 2.3.1 富营养化对全球近海生态环境的影响

输入近海的大量营养盐加剧了近海富营养化进程，使得近海富营养化成为国际上关注的海洋环境热点问题之一。有害藻华（专栏 2.8）和水体缺氧是与近海富营养化密切相关的两大生态环境问题。

**专栏 2.8　有害藻华及其危害效应**

海水中部分藻类的增殖或聚集能够引起鱼类死亡、水产品染毒或生态系统结构和功能的改变，这一现象被称为“有害藻华”（harmful algal bloom）。能够形成有害藻华的藻种可以大致分成两类：一类是能够产生毒素的藻类，另一类是能够达到很高生物量、引起水体缺氧，或通过其他途径导致海洋生物死亡的藻类[2]。在国内，微藻形成的有害藻华常被称做“有害赤潮”。此外，大型绿藻过度增殖引起的绿潮（或称“大型藻华”）也是有害藻华的一类。本报告中提到的有害藻华既包括微藻形成的有害赤潮，也包括大型藻类形成的绿潮。

有害藻华种类多样，发生过程和机制千差万别，导致的危害效应也非常广泛，主要体现在以下几个方面：

**对人类健康的危害**

部分微藻能够产生种类多样的藻毒素，并表现出不同的毒性效应。这些藻毒素能够通过滤食性贝类或植食性鱼类等生物的传递而危及人类，导致中毒事件。常见的藻毒素主要由甲藻产生，部分蓝绿藻和硅藻也能够产生高毒性的毒素。人类误食藻毒素后会出现一系列急性和慢性中毒症状，严重的甚至会死亡。早期的中毒事件中，人们不清楚毒素的来源，常将这些藻毒素称为贝毒或鱼毒。

1 国家海洋局发展战略研究所课题组．中国海洋发展报告[M]．北京：海洋出版社，2011.

2 GEOHAB．Global Ecology and Oceanography of Harmful Algal Blooms，Science Plan．Glibert P. and Pitcher G.（eds）．Baltimore and Paris：SCOR and IOC，2001：87.

**对海洋生物资源的影响**

有一部分微藻能够影响海洋中野生或养殖的鱼、虾、贝等经济生物，从而危及海洋生物资源的利用。这些藻种中有一部分属于典型的有毒藻，如能够产生麻痹性贝毒的亚历山大藻（*Alexandrium* spp.），也有一部分藻种对人并没有显著毒性作用，但是对养殖生物具有很高的毒性，如赤潮异弯藻（*Heterosigma akashiwo*）、海洋褐胞藻（*Chattonella marina*）等。这些藻种形成的有害藻华导致了大量养殖鱼类死亡事件。这些有害藻种对海洋生物的危害机理非常复杂，藻毒素、藻体特殊结构、藻类产生的高不饱和脂肪酸等生物活性物质、藻类产生的活性氧、以及大量藻类死亡后出现的水体缺氧和硫化氢产生等，都有可能对海洋生物构成威胁。目前，频繁发生的有害藻华已经成为制约水产养殖业可持续发展的一项重要因素。

**对海洋生态系统的影响**

有害藻华不仅影响具有重要经济价值的海洋生物，也会影响那些没有重要经济价值，但是对海洋生态系统具有重要功能的生物类群，其作用机制同样非常复杂。高生物量的有害藻华消退后，藻类的降解会导致水体缺氧，对水生生物造成非特异性的毒害效应，这是有害藻华最为常见的危害途径。此外，也曾有报道赤潮藻毒素导致鲸、海豹等海洋哺乳动物以及鸟类的死亡，说明藻毒素能够经由海洋生物食物链传递；水体表面发生高密度有害藻华后的遮光效应对海藻床也有不良影响，会间接影响生活于海藻床的生物；有害赤潮还能够降低浮游动物的摄食率，影响其种群的发展和恢复。

**对旅游和娱乐的影响**

有害藻类在大量繁殖后能够改变水体颜色，或产生泡沫、黏液等，令人不适。在近海半咸水区域，部分有毒蓝绿藻能够产生毒性物质，导致人体出现过敏等症状，从而影响海滩的旅游和娱乐功能。

作为海洋生态系统中重要的初级生产者，海洋藻类的生长受到营养盐浓度和组成的直接影响。过量输入的氮、磷营养盐会促进藻类生长，导致有害藻华问题。研究表明，富营养化是全球有害藻华发生频率日益提高的重要原因之一。对全球微小原甲藻赤潮发生情况的分析表明，微小原甲藻赤潮多发生在营养盐向近海输入通量较高的海域[1]，而亚历山大藻赤潮的全球分布特征则与海水中尿素污染状况有一定的关联[2]。近海大型藻华（如绿潮等）的发生也与富营养化有密切关系。通过对欧洲近海底栖大型藻类的长期研究发现，伴随着近海富营养化过程，海水中的优势藻类也在逐渐发生变化：在寡营养海域，以多年生底栖大型藻类为主；随着富营养化

1 Glibert P M，Mayorga E，Seitzinger S. *Prorocentrum minimum* tracks anthropogenic nitrogen and phosphorus inputs on a global basis：application of spatially explicit nutrient export models[J]. Harmful Algae，2008，8（1）：33-38.

2 Glibert P M，Harrison J，Heil C，et al. Escalating worldwide use of urea-a global change contributing to coastal eutrophication[J]. Biogeochemistry，2006，77（3）：441-463.

程度的提高，开始逐渐出现快速生长的附生型大型藻类；富营养化程度进一步加剧后，大型藻类形成的绿潮和微藻形成的赤潮交替出现；严重富营养化海域则频繁发生赤潮[1]。当然，近海富营养化与有害藻华之间并不是简单的线性关系，有害藻华的发生还受到海域环境变化及人类活动等因素的影响，许多有害藻华的出现具有突发性，因此，阐明富营养化与有害藻华的关系非常困难。

与近海富营养化密切相关的另一生态环境问题是水体缺氧[2]。在全球 415 处经受不同程度富营养化影响的近海海域，有 163 处存在水体缺氧问题。在富营养化水域，藻类大量增殖产生的有机物质沉降到水体底层，在分解过程中消耗了大量氧气，导致水体缺氧问题的出现。水体层化等自然过程会减缓表层溶解氧向底层水体的补充，进一步加剧水体缺氧问题，严重的缺氧会造成海洋生态系统和渔业资源的崩溃，导致“死亡区”（Dead zone）的出现。墨西哥湾和黑海是水体缺氧问题最为突出的海域。在墨西哥湾北部，受到密西西比河输入的大量营养盐影响，每年夏季都会出现水体缺氧现象。黑海曾是全球水体缺氧问题最为突出的海域，对当地的水生植物和渔业资源构成了巨大的威胁，但是，随着周边化肥用量的减少，黑海的富营养化问题有明显改善，生态系统也开始恢复。

除有害藻华和水体缺氧问题之外，水母旺发及渔业资源衰退等生态环境问题也在一定程度上受到近海富营养化的影响。

国际社会高度关注近海富营养化引起的生态环境问题。针对有害藻华问题，联合国政府间海洋学委员会（Intergovernmental Oceanographic Commission，IOC）和国际海洋研究科学委员会（Scientific Committee on Oceanic Research，SCOR）于 1998 年共同发起组织了“全球有害藻华的生态学和海洋学”（Global Ecology and Oceanography of Harmful Algal Blooms，GEOHAB）研究计划。其中，“近海富营养化海域中的有害藻华”（Harmful Algal Blooms in Eutrophic Systems）是其核心研究计划之一。在 GEOHAB 框架下，美国的 ECOHAB、欧洲的 EUROHAB、中国的 CEOHAB 及欧盟针对绿潮等大型藻藻华的研究计划“富营养化与大型海藻”（EUMAC，Eutrophicaiton and Macrophytes）等相继实施，提高了对近海富营养化与有害藻华关系的认识。

### 2.3.2 富营养化对中国近海生态环境的影响及其发展趋势

伴随着氮、磷营养盐的大量输入，中国近海富营养化问题越来越严重。在中国

1 Schramm W. Factors influencing seaweed responses to eutrophication：some results from EU-project EUMAC[J]. Journal of Applied Phycology，1999，11（1）：69-78.

2 Diaz R J，Rosenberg R. Spreading dead zones and consequences for marine ecosystems[J]. Science，2008，321（5891）：926-929.

近海，有害藻华、水体缺氧等与富营养化密切相关的生态环境问题日益突出。自 2000 年以来，中国近海频繁出现大规模甲藻赤潮，同时，河口低氧区及水母旺发现象等也在不断加剧。

（1）中国近海的有害藻华问题及其与富营养化的关系

从 20 世纪 70 年代后期开始，中国科学家对有害藻华问题开展了长期研究；国家海洋局也针对中国近海的赤潮问题，建立起了比较完善的监控体系。大量研究和监测结果显示，近 40 年来，中国近海的有害藻华问题渐趋严峻，有害藻华发生频率不断提高（图 2.7），藻华类型明显增多。20 世纪中后期，形成藻华的生物一般是骨条藻等无毒硅藻；2000 年以后，由亚历山大藻、米氏凯伦藻、裸甲藻、东海原甲藻等有毒、有害甲藻所形成的藻华不断出现。近几年，中国以往较少出现的大型藻藻华也多次发生。2007 年，黄海海域首次出现由浒苔形成的大规模绿潮，此后，浒苔绿潮连年发生。在海南、广西等地也出现了浒苔、刚毛藻、孔石莼或水云等形成的有害藻华。另外，中国近海有害藻华的规模也在不断扩大，影响区域不断扩展。80 年代以前，藻华灾害影响范围一般不超过几百 $km^2$；从 20 世纪 90 年代末开始，藻华灾害影响范围动辄达几千甚至上万 $km^2$，持续时间长达一个月以上。1999 年，渤海海域发生影响面积达 6 000 $km^2$ 的大规模赤潮；自 2000 年至今，东海连年发生面积在 1 万 $km^2$ 的大规模赤潮；2008 年，特大规模浒苔绿潮在黄海海域出现，影响海域面积近 3 万 $km^2$，总生物量可达数百万吨。现在，渤海、黄海、东海和南海几乎每年都有有害藻华发生的记录。以往较少发生藻华的黄海海域，近来也多次出现裸甲藻和浒苔引起的有害藻华。

中国近海的有害藻华问题与富营养化密切相关。在中国近海，富营养化问题最为严峻的东海长江口邻近海域，有害藻华的发生次数也最高（图 2.8）。同时，伴随着中国社会经济的快速发展，近海海域富营养化程度加重的趋势与有害藻华频率增加、分布区域扩展和规模扩大的变化趋势同步。自 20 世纪 80 年代起，海水中 DIN 年平均浓度明显上升，导致海水中氮磷比（N/P）和氮硅比（N/Si）不断升高。近海营养盐组成和比例的变化很可能改变浮游植物的优势类群，导致有害藻华问题不断加剧。在渤海海域，DIN 浓度的上升引起氮磷比和氮硅比提高，同时伴随着浮游植物类群中硅藻优势度的下降和甲藻优势度的改变。在东海长江口邻近海域，也出现了浮游植物优势类群由硅藻向甲藻演变的趋势，夏季硅藻种类占全部浮游植物的比例已从 80 年代的 85%减少到了 2000 年的 65%左右，而每年春季，长江口邻近海域都会暴发大规模甲藻赤潮。从 2002 年开始，在长江口及其邻近海域开展的大规模甲藻赤潮研究比较系统地揭示了大规模甲藻赤潮的形成与该海域富营养化的关系。

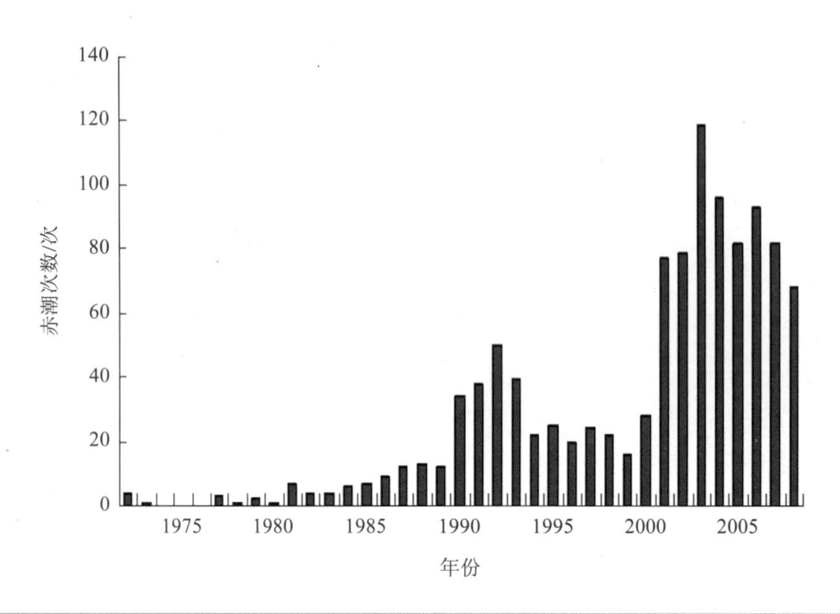


图 2.7　中国近海有害藻华发生频率的变化情况
（根据国家海洋局公报资料及有关文章整理）

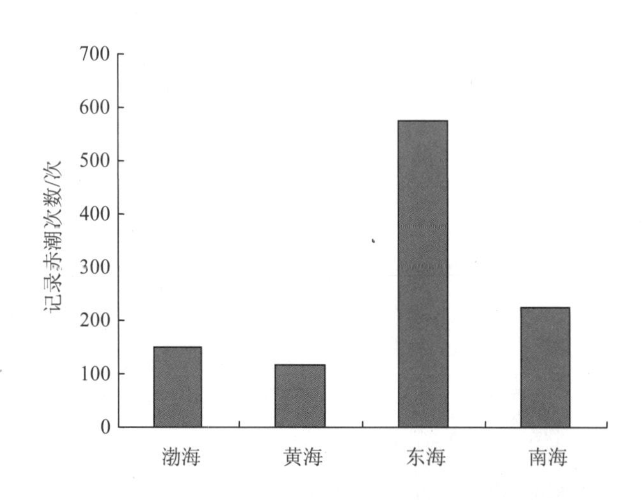


图 2.8　中国沿海四个海域有害藻华发生情况对比

东海长江口及其邻近海域是中国近海有害藻华问题最为突出的海域。根据历史记录，早在 1933 年，浙江镇海、台州、石浦一带就有夜光藻赤潮发生。20 世纪 90 年代后，赤潮发生频率明显上升，规模不断扩大，一次赤潮的影响面积可达近

千 $km^2$。2000 年来，大规模有害藻华频繁暴发。常见的赤潮原因种包括东海原甲藻、米氏凯伦藻、链状亚历山大藻、夜光藻、骨条藻等。在长江口及其邻近海域形成赤潮的藻类中，赤潮优势种的演变是一个非常突出的特征。除异养性的夜光藻之外，在 20 世纪 90 年代以前，长江口邻近海域的赤潮主要以中肋骨条藻等硅藻形成的赤潮为主，在长江口和象山港等海域均有骨条藻形成赤潮的记录。但是，自 20 世纪 90 年代中后期以来，以东海原甲藻、米氏凯伦藻和链状亚历山大藻为优势种的大规模甲藻赤潮开始出现。中肋骨条藻等硅藻赤潮尽管也有发生，但其规模明显不如甲藻赤潮。可以看出，在长江口及其邻近海域，赤潮优势种已经呈现出从硅藻向甲藻的演变趋势。

赤潮的频繁发生给东海沿海地区带来了严重的经济损失。20 世纪 90 年代，浙江海域由于赤潮造成直接经济损失数十亿元。1997 年发生在台州海域的一次赤潮，造成的直接经济损失达 4000 多万元。2005 年发生在长江口邻近海域的米氏凯伦藻赤潮，给南麂岛附近网箱养殖的鱼类造成了毁灭性的打击，直接经济损失达 3000 万元。

围绕东海长江口及其邻近海域连年暴发的大规模甲藻赤潮，“973”项目“中国近海有害赤潮发生的生态学、海洋学机制及预测防治”针对东海大规模甲藻赤潮的形成机制、危害机理和预测防治开展了深入研究[1]。从 2002 年春季起，经过连续 5 年、15 个航次的多学科综合调查和科学研究，基本阐明了长江口邻近海域大规模甲藻赤潮形成的生态学、海洋学机制，初步揭示了大规模甲藻赤潮暴发与富营养化的关系。

研究表明，长江口及其邻近海域的富营养化是东海大规模甲藻赤潮形成的重要原因。在东海大规模赤潮区，丰富的营养盐输入为赤潮的大规模暴发提供了重要的物质基础。应当特别指出的是，在长江口及其邻近海域，由于长江径流携带入海的大量 DIN 营养盐，使得该海域海水中氮磷比、氮硅比逐渐升高，氮的“过剩”问题非常突出。每年春季，在长江口邻近海域可以看到由硅藻赤潮向甲藻赤潮演替的现象，其原因在于快速生长的硅藻会消耗一定量的营养盐，当水体中磷酸盐或硅酸盐浓度降低到一定水平后，硅藻的生长会受到限制，但水体中仍有较高浓度的氮“过剩”。甲藻具有兼性营养（特别是吞噬营养）能力，能够利用水体中的颗粒态（如细菌和个体较小的微藻）或溶解态有机磷营养物质；同时，甲藻还具有游动能力和垂直迁移特征，能够提高对水体中无机磷酸盐的利用效率，因此，可以利用“过剩”的氮大量增殖，形成赤潮。现场调查和模拟实验结果表明，氮营养盐高值区的范围及其浓度的高低决定了甲藻赤潮的规模大小和赤潮的消散时间。可以看出，长江口

1 周名江，朱明远．“中国近海有害赤潮发生的生态学、海洋学机制及预测防治”研究进展[J]．地球科学进展，2006，21（7）：673-679.

大量输入的 DIN 是长江口邻近海域大规模甲藻赤潮形成的重要原因。

（2）中国近海的水体缺氧问题及其与富营养化的关系

在中国近海的长江口、珠江口及其他一些河口附近水域，存在着不同程度的水体缺氧问题。通常情况下，当水体中溶解氧（DO）低于 30%饱和度时（研究中经常采用 DO 浓度值 2 mg/L），底层海洋动物就会出现行为异常，甚至死亡现象，导致缺氧问题（Hypoxia）的出现[1]。目前，对中国近海水体缺氧问题的认识主要来自长江口附近海域等特定海域的研究工作，如国家重点基础研究发展规划项目“东、黄海生态系统动力学与生物资源可持续利用”和“中国近海生态系统食物产出的关键过程及其可持续机理”等项目，都对长江口外的缺氧区进行了研究。国家海洋局在国家科技支撑计划项目“中国近海典型缺氧区业务化监测关键技术与示范研究”支持下，也在尝试对缺氧区开展业务化监测。

对长江口邻近海域缺氧现象的研究表明，长江口邻近海域的缺氧区由来已久，从 20 世纪 50 年代末就有底层水体缺氧区的记录。据报道，1959 年中国海洋普查中，夏季海水底层存在溶解氧浓度的低值区，DO 浓度仅有 2.57 mg/L[2]。根据历史调查资料和沉积物中有孔虫类化石的分析结果[3]，长江口邻近海域底层水体缺氧现象呈现出不断加剧的迹象。过去 50 年里，夏季缺氧区出现的可能性为 60%，20 世纪 90 年代后，夏季缺氧区出现的可能性提高到 90%[4]，而且多次观测到大范围的缺氧区（＞5 000 $km^2$）。1999 年 8 月的调查中发现了影响范围达 13 700 $km^2$、厚度达 20 m 的缺氧区（DO＜2 mg/L）分布[5]。2003 年夏季调查发现长江口东南部海域存在缺氧区，影响范围达 12 000 $km^2$，DO 浓度最低至 1.8 mg/L[6]。2006 年夏季，东海西部海域发现影响范围达 20 000 $km^2$ 的缺氧区（DO＜2 mg/L）[7]。针对长江口北侧 32°N 断面（自 122°E～127°E）的长期调查（1974—1995）发现，从 1974—1995 年，调查断面不同水层 DO 浓度都有明显降低，其中以底层 DO 降低最为显著。结合历史文献的对比发现，从 20 世纪 50 年代末直到 20 世纪末，

---

1 Zhang J，Gilbert D，Gooday A J，et al. Natural and human-induced hypoxia and consequences for coastal areas：synthesis and future development[J]. Biogeosciences，2010，7：1443-1467.

2 顾宏堪．黄海溶解氧垂直分布的最大值[J]．海洋学报，1980，2（2）：70-79.

3 Li X X，Bianchi T S，Yang Z S，et al. Historical trends of hypoxia in Changjiang River estuary：applications of chemical biomarkers and microfossils[J]. Journal of Marine Systems，2011（86）：57-68.

4 Wang B D. Hydromorphological mechanisms leading to hypoxia off the Changjiang estuary[J]. Marine Environmental Research，2009，67：53-58.

5 李道季，张经，黄大吉，等．长江口外氧的亏损[J]．中国科学（D 辑），2002，32（8）：686-694.

6 Chen C C，Gong G C，Shiah F K. Hypoxia in the East China Sea：one of the largest coastal low-oxygen areas in the world[J]. Marine Environmental Research，2007，64：399-408.

7 Ning X，Lin C，Su J，et al. Long-term changes of dissolved oxygen，hypoxia，and the responses of the ecosystems in the East China Sea from 1975 to 1995[J]. Journal of Oceanography，2011，67：59-75.

该断面 122.5°E～124.5°E 夏季经常出现厚度 10～25 m 的缺氧层。在这一断面上，1959 年缺氧区宽度（以 DO 浓度 2 mg/L 溶解氧等值线涵盖范围表示）为 40 km 左右，到 1995 年缺氧区宽度可达 200 km。另外，在此海域所观察到 DO 最低值也从 20 世纪 50 年代末的 2.57 mg/L 逐渐降低，近年来的观测结果多在 1 mg/L 左右。

长江口附近缺氧区的形成对该海域生态系统和生物资源带来了一定的压力。许多研究表明，缺氧区低 DO 环境及厌氧环境下产生的硫化氢不仅会对缺氧区中生存的大型底栖动物造成直接危害，也会危及水体中生物的生存环境，影响不同种类生物的生存和繁殖，从而对水体中生物群落的组成造成影响。此外，缺氧区的存在还会改变沉积物/水界面上氮、磷营养盐的交换通量，间接影响水体中初级生产者的组成和丰度。通过对长江口附近海域调查结果及相关文献资料的分析可以看出，缺氧区附近海域浮游生物种类明显下降，生物量显著上升。而底栖动物种类数和生物量都有下降趋势，其中可能存在缺氧区的影响。

长江口缺氧区的出现是一个季节性现象，在夏季（8 月）最为强盛。许多研究认为，长江口邻近海域底层缺氧区的形成与台湾暖流入侵、夏季水体层化及生源有机质降解等多种因素有关[1]。台湾暖流或黑潮次表层分支带来的底层低氧海水是缺氧区形成的基础；夏季长江口外海域出现强烈的温、盐跃层，阻断了水体中的 DO 交换，也有助于缺氧区形成；此外，沉降到水体底层的有机质分解会消耗 DO，加剧水体的缺氧现象。长江携带输入的陆源有机质、河口三角洲湿地生物生产过程产生的有机质及海域生物生产过程产生的有机质都有可能加剧底层缺氧现象。对缺氧区沉积物中有机质来源的解析表明，沉积物中有机质主要来源于海洋中生物生产过程。受到长江携带输入的大量营养物质影响，长江口外海域生物生产旺盛、生物量很高，生源有机质的沉降是缺氧区形成的重要因素。

长江口外海域底层缺氧区近期逐渐扩展的现象受到许多因素影响。在总结长江口外长期调查资料的基础上发现，32°N 调查断面底层水温有明显增加，平均水温上升了 1.1℃，底层盐度也有增加的趋势（0.13‰），底层水温、盐度的变化会影响 DO 浓度，但是，因温、盐变化导致的 DO 浓度降低（0.131 mg/L）不足以解释缺氧区的扩展趋势[2]；调查期间夏季台湾暖流也有加强的趋势，这使得温、盐跃层强化，进一步加剧了缺氧区的范围。历史上温、盐跃层强度大的年份，

1 Wei H，He Y，Li Q，et al. Summer hypoxia adjacent to the Changjiang Estuary[J]. Journal of Marine Systems，2007，69：292-303.

2 Ning X，Lin C，Su J，et al. Long-term changes of dissolved oxygen，hypoxia，and the responses of the ecosystems in the East China Sea from 1975 to 1995[J]. Journal of Oceanography，2011，67：59-75.

缺氧区的影响范围也相应增加。另外，缺氧区的扩展与该海域的富营养化应有密切关系。

长江口邻近海域是中国近海富营养化问题最为突出的海域。从长江大量输入的营养盐，特别是溶解无机氮（DIN），加速了浮游植物生长。长江口邻近海域春夏季生物生产力和生物量都有明显增加的趋势，春季甲藻类生物量的增加更为明显，近 10 年来每年春季都会暴发大规模甲藻赤潮，这有可能使得向下沉降的藻类生物量增加，从而加剧底层缺氧现象。国际上对季节性缺氧现象的研究表明，季节性缺氧的形成与春季藻华现象存在密切关系，春季藻华规模的加剧可能是长江口邻近海域底层缺氧区扩展的重要原因之一。对 32°N 调查断面的分析结果发现，断面硝酸盐浓度和浮游植物生物量的分布与缺氧区范围的变动有一定的相关性，硝酸盐浓度高的年份，缺氧区范围也有扩大的趋势，而营养盐浓度低的年份，缺氧区扩展范围也相应缩小。在缺氧区分布范围显著扩展的年份，浮游植物生物量和生产力比其他年份也有明显提高。但是，到目前为止，尽管有大量研究提及长江口附近缺氧区的形成和变化可能与富营养化有关，对于水体富营养化影响缺氧区的过程还缺少深入的认识。

相对于长江口附近缺氧区而言，珠江口附近的缺氧区影响范围较小，缺氧程度也相对较弱。珠江口及其附近海域海水中 DO 的调查及历史资料分析显示[1]，20 世纪 80 年代，夏季珠江口及其附近海域的底层水体存在 DO 浓度较低（<4 mg/L）的区域，在河口区东部溶解氧水平（3.5～4 mg/L）低于西部。1990—1999 年的连续调查发现，河口区底层水体每年夏季都有 DO 浓度较低的海域出现。1999 年中河口底层水体 DO 浓度显著低于 20 世纪 80 年代浓度，但并未观察到大规模的缺氧区（2 mg/L）分布，缺氧区主要局限于河口内的部分区域。分析认为珠江口及其邻近海域 DO 浓度低值区的分布主要受到水文、地理因素的影响，也受到夏季季风的扰动。珠江河口区也存在富营养化问题，浮游植物的生长对缺氧区的形成和分布可能有一定影响，但并不清楚。

中国近海的缺氧区主要属于河口型缺氧区。许多大型河口海域都存在缺氧问题，如密西西比河口、约克河口（切萨皮克湾）、多瑙河口、圣劳伦斯河口等。河口型缺氧区的形成受人类活动影响很大，在过去几十年里，河口型缺氧区的数量和影响范围都有明显增加的趋势，其主要原因在于各种人类活动所导致的营养盐输入增加引起的富营养化。与其他海域的缺氧区相比，长江口的缺氧区可算是世界上问题最为严峻的缺氧区之一，其规模与墨西哥湾北部缺氧区接近。墨西哥湾缺氧水层厚度通常为 12～15 m，从海延伸的距离约 80 km，影响范围可达 2 万 $km^2$。从 20

1 Yin K D，Lin Z F，Ke Z Y. Temporal and spatial distribution of dissolved oxygen in the Pearl River Estuary and adjacent coastal waters[J]. Continental Shelf Research，2004，24：1935-1948.

世纪 80 年代中期到 20 世纪末，墨西哥湾缺氧区的影响范围扩大了两倍。在一些河口，如美国的哈得孙河，随着流域营养盐的控制，河口缺氧问题明显减轻，但在缺氧问题严重的河口流域，缺氧区的恢复非常缓慢。因此，应及早针对缺氧问题采取措施。

（3）中国近海的水母旺发问题及其与富营养化的关系

2000 年以来，中国近海无经济价值的大型水母数量开始呈现明显上升趋势。实际上，水母旺发现象在许多海域都曾观察到，如白令海、南非和纳米比亚沿海、地中海、日本海、缅印湾、墨西哥湾、黑海、黄海、东海等，其中，尤以远东海域水母旺发问题最为突出[1]。水母旺发会带来许多影响，如通过与鱼类竞争捕食浮游生物而影响渔业资源、影响捕捞作业、堵塞电厂或核电站的管道、影响滨海浴场的使用和旅游业等，是近年来比较突出的海洋生态灾害之一。对于大型水母来说，由于分布不均匀、体积硕大等问题，调查非常困难，现有的调查资料多是基于渔业资源调查中采用的单位时间渔获量（CPUE）数据。除渔业资源调查外，“973”项目“中国近海生态系统食物产出的关键过程及其可持续机理”也对中国近海水母旺发现象进行了研究。2010 年，科技部立项支持了“中国近海水母暴发的关键过程、机理及生态环境效应”，重点针对中国近海的水母旺发现象，研究其机制、过程和生态效应。

从 21 世纪初开始，中国渤海辽东湾、东海北部和黄海南部海域相继出现了大型水母旺发的现象。根据东海区渔业资源动态监测网的数据，21 世纪初大型水母生物量远远超过 20 世纪 90 年代初期生物量[2]，主要的种类是沙海蜇（*Nemopilema* spp.）和霞水母（*Cyanea* spp.）等，CPUE 值在 1999—2004 年迅速增加[3]。沙海蜇是东亚海域最为常见的大型水母，主要分布在中国沿海的渤海、黄海、东海以及韩国、日本周边海域。在黄海和东海海域，沙海蜇夏季（6 月）大量出现，主要分布在 29°N～34°N，122°E～126°E 的海域，但高值区分布每年都有一定的变动。这一海域是沿岸水、黄海冷水与黑潮系暖水 3 个水团的交汇区，浮游动物生物量较高，可以为水母提供充足的饵料。从夏季到秋初，沙海蜇分布区有向北移动趋势，主要沿黄海西部沿岸潮汐峰区分布，这一海域是沿岸水和黄海冷水的交汇区，向北一直到北黄海大连附近海域[4]。2005—2007 年，在辽东湾也出现了沙海蜇旺

1 Richardson A J，Bakun A，Hays G C，et al. The jellyfish joyride：causes，consequences and management responses to a more gelatinous future[J]. Trends in Ecology and Evolution，2007，24（6）：312-322.

2 Jiang H G，Cheng H Q，Xu H G，et al. Trophic controls of jellyfish blooms and links with fisheries in the East China Sea[J]. Ecological Modelling，2008，212（3-4）：492-503.

3 丁峰元，程家骅. 东海区夏、秋季大型水母分布区渔业资源特征分析[J]. 海洋渔业，2005，27（2）：120-128.

4 张芳. 黄东海胶质浮游动物水母类研究[D]. 青岛：中国科学院海洋研究所，2008.

发现象[1]。

水母旺发对渔业资源构成了巨大的威胁，在水母旺发海域作业的渔民网获的几乎只有水母，渔获量大量下降。另外，受水母昼夜垂直迁移习性的影响，渔民作业时间缩短，渔场范围缩小，渔业活动也受到影响。对黄海和东海海域渔业资源的调查发现，2000—2003 年，随着水母 CPUE 的不断增加（963～3 338 kg/h），渔业生物的 CPUE 持续下降（82～230 kg/h）。

对全球不同海域水母旺发现象的研究表明，水母旺发现象可能受到过度捕捞、气候变化、富营养化、生境破坏等多种因素的影响[2]。对于中国近海大型水母旺发现象的成因，现在还没有统一的说法。以沙海蜇为例，其旺发现象具有一定的周期性。在日本，沙海蜇旺发现象曾在 20 世纪 20 年代、50 年代、90 年代和近几年出现。但是，对于近期沙海蜇的旺发现象，日、韩科学家多将其归于局部海域环境的变化[3]，如富营养化。富营养化有可能通过不同途径，导致局部海域水母旺发现象。首先，富营养化海域浮游植物的大量生长为水母提供了充足的饵料；其次，浮游植物优势类群的演变，特别是浮游植物群落中硅藻优势度的降低和甲藻等鞭毛类微藻优势度的提高，有可能抑制桡足类浮游动物的生长，有利于水母获得竞争优势。另外，还有资料指出，富营养化海域经常出现底层水体缺氧现象，有些水母在其生活史的早期阶段能够耐受缺氧条件，而鱼类对水体溶解氧的降低非常敏感，因此，缺氧区的形成有利于水母类生物在竞争中占据优势，从而利用充足的食物资源，出现旺发现象。从国际上来看，许多水母旺发的海域不同程度地存在富营养化问题。局部海域富营养化相关的水母旺发非常明显。1990 年后，日本濑户内海的富营养化导致水母旺发现象，渔业产量从 20 世纪 80 年代初到 90 年代初下降了近一半[4]。

中国近海的水母旺发现象有可能受到近海富营养化影响。沙海蜇等大型水母旺发海域邻近富营养化问题突出的长江口海域，与长江口外缺氧区分布也有一定程度的重合。长江口邻近海域春、夏季较高的浮游植物生物量，以及缺氧区的分布对于大型水母的旺发可能具有一定的影响。此外，水母旺发现象也有可能受到过度捕捞和气候变化等因素的影响。中国近海的过度捕捞问题非常突出，来自高营养级鱼类竞争压力的降低可能有利于水母的旺发。另外，通过对沙海蜇旺发区多年海域环境状况的对比分析发现，在沙海蜇生物量（以 CPUE 表示）达到顶峰的 2003 年，黄

---

1 Dong Z J，Liu D Y，Keesing J K. Jellyfish blooms in China：dominant species，causes and consequences[J]. Marine Pollution Bulletin，2010，60：954-963.

2 Purcell J E，Uye S I，Lo W T. Anthropogenic causes of jellyfish blooms and their direct consequences for humans：a review[J]. Marine Ecology Progress Series，2007，350：153-174.

3 Uye S. Human forcing of the copepod-fish-jellyfish triangular trophic relationship[J]. Hydrobiologia，2011，666：71-83.

4 Nagai T. Recovery of fish stocks in the Seto Inland Sea[J]. Marine Pollution Bulletin，2003，47：126-131.

海冷水团的势力最为强盛。而在春、夏季长江冲淡水势力强的年份，沙海蜇出现较少。因此，沙海蜇旺发现象与海域水文、物理环境的变动有关，也有可能受到气候变化影响[1]。

### 2.3.3　近海富营养化问题对中国沿海地区社会经济发展的影响

（1）对海洋经济发展的影响

富营养化导致的有害藻华会造成养殖和野生经济生物的大量死亡，直接危及渔业资源和养殖业发展。同时，藻华发生过程中藻类生物的堆积及腐败过程还会产生异味、泡沫，影响到海洋景观，也会给旅游业带来影响。就中国近海有害藻华对海洋经济发展的影响，目前还没有系统的调查和研究工作，但是，数次大规模有害藻华已造成了巨大的经济损失。1998 年，在广东和香港发生的大规模赤潮造成了约 5 亿元的直接经济损失；2005 年，大规模米氏凯伦藻赤潮仅在浙江南麂岛一地就造成了 4 000 万元人民币的经济损失；2008 年，黄海海域的浒苔绿潮造成了高达 13 亿元的直接经济损失，其中山东省和江苏省受灾最严重，仅青岛地区养殖业损失即达 3.2 亿元。

除了对养殖业的直接影响，富营养化问题也有可能影响到中国近海生物资源的利用，危及海洋经济的发展。近年来，中国近海生物资源衰退问题非常突出。在长江口邻近海域，资源生物大量减产，重要经济鱼类资源严重衰退，产量下降。长江口邻近海域是重要经济海洋生物的产卵场和育幼场，但是，受到富营养化的影响，甲藻赤潮频发，直接威胁鱼卵孵化和仔稚鱼的发育。同时，与富营养化相关的缺氧问题也有可能恶化鱼类生存环境，间接影响渔业资源。

（2）对人类健康的影响

海洋中的部分微藻能够产生藻毒素（专栏 2.9），污染水产品。近海富营养化过程有可能导致更多有毒有害赤潮的发生，直接威胁人类健康。在常见的藻毒素中，麻痹性贝毒和腹泻性贝毒在中国海域分布较广。2002—2004 年 7 月，对渤海、黄海等 10 个重点海域进行贝毒监测，发现腹泻性贝毒在大连、烟台、威海、青岛、天津等近岸海域均有分布，染毒种类主要有虾夷扇贝、栉孔扇贝、贻贝、菲律宾蛤仔和四角蛤蜊[2]。2002—2004 年 7 月对渤海、黄海海域的调查发现麻痹性贝毒在渤海、黄海海域也有出现，北黄海海域养殖的虾夷扇贝体内麻痹性贝毒已经超过食用安全标准。中国沿海居民因食用染毒海产品导致的中毒事件时有发

1 程家骅，丁峰元，李圣法，等．东海区大型水母数量分布特征及其与温盐度的关系[J]．生态学报，2005，25（3）：440-445.

2 孔凡洲，徐子钧，李钦亮，等．北海区贝毒和有毒赤潮生物分布状况的研究[C]//广州：第一届中国赤潮研究与防治学术研讨会论文摘要汇编，2004.

生。2008 年，江苏连云港发生食用藻毒素污染的蛤蜊引起的中毒事件，有 7 人中毒，1 人死亡[1]。

**专栏 2.9 藻毒素及对人类健康的威胁**

藻毒素是海水中有毒藻类产生的有毒物质的统称。在贝类和鱼类滤食微藻的过程中，藻毒素能够在其体内累积，食用染毒的鱼类或贝类会对人类健康造成危害。根据中毒症状及毒素传递媒介，可将藻毒素分为麻痹性贝毒（Paralytic Shellfish Poisoning，PSP）、腹泻性贝毒（Diarrhetic Shellfish Poisoning，DSP）、神经性贝毒（Neurotoxic Shellfish Poisoning，NSP）、记忆缺失性贝毒（Amnesic Shellfish Poisoning，ASP）、西加鱼毒（Ciguatera Fish Poisonng，CFP）等。

（3）对海洋生态系统服务与价值的影响

富营养化引起的有害藻华、水体缺氧等问题不仅会造成养殖生物死亡和海产品染毒等直接危害，还会引起近海生态系统食物网结构和功能的改变，导致近海生态系统退化，影响生态系统的服务和价值。大规模藻华会破坏近海生态系统的正常结构和功能，改变浮游植物等初级生产者的群落组成和丰度，进而影响次级生产者浮游动物的数量和组成，造成鱼虾类饵料生物减少，对近海生物资源的可持续利用构成威胁。自 20 世纪 90 年代以来，伴随着中国近海大规模甲藻赤潮的增加，中国近海相继出现了大型水母旺发成灾现象，引起鱼虾类等生物资源减少，这可能与甲藻赤潮改变了基础饵料生物的种类和组成、使其向更有利于水母的方向变化有关。同时，藻华后期大量藻类的下沉、衰败会消耗大量的溶解氧，导致水体缺氧程度加剧，底质环境质量下降，可能引起近海生态系统退化。

## 2.4 中国近海富营养化问题的管理现状与存在的问题

### 2.4.1 政策和法规框架

中国的环境保护事业经过近 60 年的发展，已经形成了一套比较完善的政策和法规体系。1978 年通过的《中华人民共和国宪法》规定“国家保护环境和自然资源，防治污染和其他公害”。1979 年颁布的《中华人民共和国环境保护法（试行）》使环境保护工作逐渐步入法制轨道。1983 年，第二次全国环境保护工作会议正式

1 林祥田，庞中全，张雨，等．一起贝类膝沟藻毒素中毒调查分析[J]．中国食品卫生杂志，2010，3：265-267.

把环境保护确定为中国的一项基本国策。“八五”期间，中国明确提出将“走可持续发展道路”作为必然选择，标志着环境保护工作的思路逐渐从单纯的污染防治转变到保障可持续发展战略的实施。“九五”期间，环境保护事业进一步加强，污染防治工作开始从点源治理向面源和流域、区域治理发展，推进了主要污染物排放总量控制、工业污染源达标和重点城市的环境质量功能区达标等工作，展开了“三河”（淮河、海河、辽河）和“三湖”（太湖、滇池、巢湖）水污染防治工作。“十五”期间，国家颁布了一系列的环境保护法律、法规，2002 年，中国第一部循环经济立法——《清洁生产促进法》出台，标志着中国污染治理模式由末端治理开始向全过程控制转变。

在海洋环境保护领域，政策的制定也先后经历了海洋资源养护、污染防治和生态保护等发展阶段，已经建立了较为完善的海洋法律、法规和标准体系。1982 年，中国制定了《海洋环境保护法》（1999 年修订），从防范具体活动对海洋环境的破坏，转变为更加宏观的海洋环境监督管理和海洋生态环境保护。

针对近海富营养化问题，中国目前的法律、法规和标准从不同侧面有所涉及（专栏 2.10），如针对营养盐污染来源控制的污水排放标准、针对近海环境质量控制的海水质量标准等。但是，从近海富营养化的成因、过程和效应可以看出，近海富营养化不仅仅是一个海洋生态环境问题，其形成和演化过程还受到陆地人类生产生活活动的影响。因此，对于近海富营养化问题，仅依靠单一部门、单一法规的执行难以防范和管理。然而，针对近海富营养化问题，还没有形成有效的沟通和协调机制。

**专栏 2.10 中国与近海富营养化相关的法律、法规和标准**

**1. 涉及近海富营养化问题的法律**

(1)《中华人民共和国环境保护法》

《环境保护法》确立了“环境与经济、社会协调发展”、“环境保护公众参与”、“预防为主，防治结合”和“环境治理污染者负担”等原则。规定了环境标准、环境监测、环境规划、环境影响评价、清洁生产、排污许可证、排污收费、限期治理等制度，并对环境行政责任、环境民事责任和环境刑事责任等环境保护法律责任作了规定。《环境保护法》是中国环境基本法。

(2)《中华人民共和国农业法》

《农业法》从农业生产经营体制、农业生产、农产品流通与加工、粮食安全、农业投入与支持保护、农业科技与农业教育、农业资源与农业环境保护、农民权益保护、农村经济发展、执法监督、法律责任等方面作了法律规定。其中，第五十八条从保护农业环境角度，规定了“农民和农业生产经营组织应当保养耕地，合理使用化肥、农药、农用薄膜，增加使用有机肥料，采用先进技术，保护和提高地力，防止农用地的污染、破坏和地力衰退”。

（3）《中华人民共和国渔业法》

《渔业法》从养殖业、捕捞业、渔业资源的增殖和保护及法律责任等方面作了法律规定。其中，第二十条规定"从事养殖生产应当保护水域生态环境，科学确定养殖密度，合理投饵、施肥、使用药物，不得造成水域的环境污染"。第三十六条规定了"各级人民政府应当采取措施，保护和改善渔业水域的生态环境，防治污染"。

（4）《中华人民共和国水法》

《水法》从水资源开发利用、水资源保护、用水管理、防汛抗洪、水管理体制、法律责任等方面，对水资源的开发、利用和水害防治作出了法律规定，是中国调整水事关系的基本法。其中，第六条规定："各级人民政府应当依照水污染防治法的规定，加强对水污染防治的监督管理"。

（5）《中华人民共和国海洋环境保护法》

《海洋环境保护法》规定了海洋环境功能区划、海洋环境质量标准、海洋排污收费、海洋环境监测等海洋环境监督管理制度，提出了海洋生态保护要求。其中，第三十一条、第三十五条、第四十一条分别就防止河流、城镇污水和大气沉降污染海洋作了相应的规定。

（6）《中华人民共和国水污染防治法》

《水污染防治法》强调了水污染源头控制和水环境监测网络的建设，规定了重点水污染物排放总量控制、排污许可、饮用水水源保护区管理等制度，强调了工业污染防治和城镇污染防治、农村面源污染防治和内河船舶的污染防治等。其中，第四十四条规定"城镇污水应当集中处理"；第四十八条、第四十九条和第五十条分别针对农业化肥使用、畜禽养殖、水产养殖的环境污染防治作了规定。规定"县级以上地方人民政府农业主管部门和其他有关部门，应当采取措施，指导农业生产者科学、合理地施用化肥和农药，控制化肥和农药的过量使用，防止造成水污染"。

（7）《中华人民共和国大气污染防治法》

《大气污染防治法》从大气污染的监督管理，防止燃煤污染、机动车船污染、废气、尘和恶臭污染，以及法律责任等方面，对大气污染防治作了法律规定。

**2. 与近海富营养化有关的部分法规**

（1）《防止船舶污染海域管理条例》；

（2）《海洋石油勘探开发环境保护管理条例》；

（3）《海洋倾废管理条例》；

（4）《防止拆船污染环境管理条例》；

（5）《防治陆源污染物污染损害海洋环境管理条例》；

（6）《防治海岸工程建设项目污染损害海洋环境管理条例》；

（7）《防治海洋工程建设项目污染损害海洋环境管理条例》；

（8）《中华人民共和国自然保护区管理条例》；

(9)《关于加强湿地生态保护的通知》。

**3. 与富营养化有关的部分标准**

(1)《地表水环境质量标准》GB 3838—2002

提供了不同功能水体中的氨氮、总磷和总氮的浓度标准。

(2)《农田灌溉水质标准》GB 5084—92；GB 5084—2005

根据不同农作物需求状况分类，提供了凯氏氮和总磷浓度标准。

(3)《生活饮用水卫生标准》GB 5749—85；GB 5749—2006

提供了水体硝酸盐浓度标准。

(4)《渔业水质标准》GB 11607—89

提供了水体离子氨浓度标准。

(5)《海水水质标准》GB 3097—82；GB 3097—1997

提供了无机氮、非离子氨和磷酸盐浓度标准。

(6)《污水综合排放标准》GB 54—73；GB 8978—1988

对污水中氨氮和磷酸盐排放标准作了规定。

(7)《城镇污水处理厂污染物排放标准》GB 18919—2002

规定了总氮、总磷和氨氮的排放标准。

### 2.4.2　涉及的管理部门及相关职责分析

近海富营养化问题管理既包括对陆源污染的控制，也包括对海洋生态系统状况的评价和监测，涉及诸多部门。目前，与近海富营养化管理有关的部门及其职责主要有：

（1）环保部

2008 年 3 月，第十一届全国人民代表大会一次会议将国家环保总局组建为环保部，其主要职能是拟定并组织实施环境保护规划、政策和标准，组织编制环境功能区划，监督管理环境污染防治，协调解决重大环境问题等。与近海富营养化问题相关的管理职能包括：陆源营养盐污染排放控制、水体与大气质量状况监测、自然保护区建设、湿地保护等。

（2）国家海洋局

是国家海洋行政主管部门，隶属国土资源部。主要负责海域使用管理、海洋环境保护、海洋权益维护和海洋科技发展等工作。2008 年，《关于国家海洋局主要职责、内设机构和人员编制的新“三定”方案》赋予国家海洋局“加强海洋战略研究和对海洋事务的综合协调”职责。与近海富营养化相关的管理职能包括：海上污染源管理、海水水质监测、海域生态质量状况监测，以及赤潮等生态灾害监控等。

（3）农业部

农业部是国务院综合管理种植业、畜牧业、水产业、农垦、乡镇企业和饲料工业等产业的职能部门，也是农村经济宏观管理的协调部门。其职能之一是组织农业资源区划、生态农业和农业可持续发展工作；指导农用地、渔业水域、草原、宜农滩涂、宜农湿地、农村可再生能源的开发利用以及农业生物物种资源的保护和管理。农业部渔业局负责渔业发展战略、渔业水域生态环境政策措施及规划等。与近海富营养化相关的管理职能有：指导农业生产过程中的化肥使用，指导海水养殖业的新模式发展等。

（4）水利部

水利部的职能之一是“按照国家资源与环境保护的有关法律法规和标准，拟定水资源保护规划；组织水功能区的划分和向饮水区等水域排污的控制；监测江河湖库的水量、水质，审定水域纳污能力；提出限制排污总量的意见”。可见，其职能与环保部有一定的交叉。与近海富营养化相关的管理职能有：江、河水量、水质的监测，特定水域排污总量建议等。

### 2.4.3 存在的主要问题

近海富营养化是一个复杂的生态环境过程。尽管近海养殖、船舶航行等海洋活动也会向近海输入营养盐，但输入近海的营养盐主要来自陆地上人类的生产生活活动。同时，近海生态系统对营养盐输入的响应非常复杂，具有区域特异性；而且海洋生态系统的变化还受到气候变化、过度捕捞、物种入侵等其他因素的干预，难以简单地分辨生态系统变化与营养盐污染之间的关系。因此，对近海富营养化的管理不仅需要对营养盐来源进行科学分析、对近海富营养化水平进行科学评价，还需要科学认识近海生态系统变化及其与营养盐污染之间的关系。

目前，中国对近海富营养化问题的管理存在如下问题：

（1）从现有的政策和法规角度

1）对近海富营养化问题的关注不足

尽管有许多法律、法规、标准从不同侧面涉及营养盐污染问题，但是有一些法律、法规和标准是从毒性、卫生等角度对营养盐污染问题进行管理，缺少针对近海富营养化的综合性政策或法规框架以指导相应的监测和防控行动。

2）海水水质标准制定的出发点不够完善

现有海水水质标准的制定主要是基于海水的使用用途（功能），对近海生态系统的健康考虑不够，这与基于生态系统健康、保护海域生态功能而进行近岸海域环境功能区划的理念不符。

3）海水水质标准过于简单

目前全国执行统一的海水水质标准，没有充分考虑不同区域海洋生态系统和海洋环境的差异。中国沿海海域辽阔，不同海区环境特征差别很大，各海区生态系统对营养盐输入的响应也不相同。因此，有关营养盐的水质标准应充分考虑不同海域生态环境的差异。

（2）从现有的管理部门和职责角度

1）缺少针对近海富营养化问题的协调和沟通机制

对近海富营养化的管理涉及环保部、海洋局、农业部、水利部等中央部委和地方管理机构，但是，目前针对近海富营养化问题的沟通和协调不足，陆海统筹不够，还没有建立起针对富营养化问题的多部门沟通、协调和合作机制。

2）对营养盐的监测指标体系不一致

各部门针对营养盐监测的出发点不一致，监测指标存在差别。如环保部对水质的监测主要针对氨氮和总磷，而国家海洋局对近海水质的监测则考虑了硝酸盐、氨氮和磷酸盐等不同种类的营养盐。监测指标的差别制约着对营养盐污染状况和营养盐污染来源的科学评价和分析。

3）针对营养盐面源污染的防治能力不足

相对于点源污染，面源污染涉及面广，难以控制。农田化肥、禽畜养殖等造成的营养盐面源污染是导致近海富营养化的重要原因，仅依靠海洋和环保部门难以实现对面源污染的防治。

（3）从现有的科学认识角度

对近海富营养化的科学认识不足，难以满足近海富营养化问题管理的需求

近海生态系统对营养盐输入的响应受到许多因素的影响，非常复杂。对于近海富营养化的科学认识仍有不足，需要在近海营养盐来源、营养盐输入与生态系统变化的关系、富营养化评价方法体系，以及富营养化管理的生态目标等方面进行更加深入的科学研究，以实施基于知识的管理。

## 2.5　近海富营养化问题的防控对策与建议

### 2.5.1　与富营养化相关的世界海洋政策发展趋势

海洋是全人类的共同财富，在关于环境和发展的国际公约和宣言中，海洋环境保护和可持续发展问题受到密切关注（专栏 2.11）。

**专栏 2.11　与海洋环境保护和可持续发展相关的国际公约和宣言**

**1.《联合国海洋法公约》**

1982 年 12 月 10 日，包括中国在内的 117 个国家签署了《联合国海洋法公约》，《公约》强调要防范、降低和控制陆源污染对海洋环境的影响（第 194 条和第 207 条）。

**2．联合国环境和发展会议**

（1）1972 年 6 月，联合国人类环境会议在瑞典斯德哥尔摩召开，会议通过了《关于人类环境的斯德哥尔摩宣言》。其中，第七条指出"各国应采取措施防范海洋污染"。

（2）1992 年 6 月，联合国在巴西召开联合国环境与发展会议，会议通过了《里约环境与发展宣言》、《21 世纪议程》等文件。其中，《21 世纪议程》第 17 章首次将可持续发展的框架系统应用于海洋领域。

（3）2002 年 8—9 月，联合国在南非约翰内斯堡召开首届可持续发展世界首脑会议，会议通过了《关于可持续发展的约翰内斯堡宣言》、《可持续发展世界首脑会议实施计划》等文件，确定了多项可持续发展领域应"限时实现的目标"。

近海富营养化在很大程度上是一个区域性海洋生态环境问题。国际上没有专门针对近海富营养化问题而制定的计划、行动或宣言，对各国近海富营养问题的管理也没有具体的要求和制约。但是，在一些国际公约、宣言中，不同程度地涉及近海营养盐污染和富营养化问题。

早在 1972 年，《斯德哥尔摩宣言》第七条指出，"各国应采取措施防范海洋污染"。同年通过的《伦敦公约》（Convention on the Prevention of Marine Pollution by Dumping of Wastes and Other Matter）提出防止倾废污染海洋环境，中国于 1985 年加入这一公约。1992 年，在里约峰会上通过的《21 世纪议程》中，"海洋环境污染"部分指出，"对海洋环境威胁最大的污染物为污水、营养物质、有机化合物、沉积物、垃圾和塑料、金属、放射性核素、石油/烃以及多环芳烃"，这些污染主要来自陆地上人类的生产生活活动。

1995 年，联合国环境规划署推行了"保护海洋环境免受陆源污染全球行动计划（Global Program of Action for the Protection of the Marine Environment from Land-Based Sources，GPA）"，通过了《华盛顿宣言》。中国政府参加了这一行动计划。2001 年，第一次政府间审查会议在加拿大蒙特利尔举行，并发表了《蒙特利尔宣言》。2005 年，第二次政府间审查会议在北京召开，发表了《北京宣言》，在宣言中，特别强调了近海水域富营养化现象日趋严重的问题，强调了在《行动计划》中把淡水管理同沿海和海洋管理相结合以及在管理中采用生态系统方法的重要性。在《行动计划》框架下，2009 年 5 月，全球营养盐管理伙伴计划（Global Partnership on Nutrient Management，GPNM）开始启动，进一步推进对营养盐污染的管理。

总结 GPA 计划及其实施中的问题可以看出，对于近海营养盐污染和富营养化等海洋环境问题，在管理政策方面更加强调：

（1）采用生态系统的方法；

（2）陆地和海洋相结合的管理思路；

（3）强化区域和区域间合作。

### 2.5.2 欧、美对近海富营养化问题的管理政策

针对富营养化问题，欧洲和北美最早组织了科学研讨。在近海富营养化问题的管理政策上，欧美各国也走在世界的前列。在此，重点对欧盟的近海富营养化管理政策作一介绍，以供借鉴。

（1）欧盟对近海富营养化问题的管理政策

欧洲的丹麦和瑞典等国最早开始关注水体富营养化问题。欧盟对富营养化问题的管理政策大致经历了从陆地水体到近岸海域、从水质监控到生态管理、从点源污染控制到面源污染控制的发展过程。针对富营养化问题，欧盟实施了包括农业—环境综合政策（专栏 2.12）在内的一系列政策，制定了《水框架指令》[1]、《硝酸盐指令》[2]和《市政污水排放指令》[3]等规定，有效改善了水体富营养化问题。

**专栏 2.12 欧盟农业—环境共同政策（Common Agricultural Policy，CAP）及其对富营养化问题的管理[4]**

欧盟早期的农业政策和环境政策是分开制定的。农业政策鼓励加强农业生产，但忽略了农业生产对水体、土壤的污染问题，而环境政策主要关注工业和城市废弃物的环境污染控制问题。欧洲经济共同体早期农业政策的目的主要是提高农业生产力，保证共同体内享有充裕的食品供给和富裕的生活水平。这项政策刺激了农业集约化，欧盟各国的粮食产量得到了大幅度提高。但与此同时，化肥施用量也大幅度提高。从 20 世纪 70 年代初期到 80 年代中期，荷兰无机氮肥的施用量增加了 42%，英国增加了 135%。农业生产所带来的污染问题开始成为

1 Anonymous. Directive 2000/60/EC of the European Parliament and of the Council of 23 October 2000 establishing a framework for community action in the field of water policy[J]. Official Journal，2000，L 327.

2 Anonymous. Council Directive 91/676/EEC of 12 December 1991 concerning the protection of waters against pollution caused by nitrates from agricultural sources[J]. Official Journal，1991，L 375.

3 Anonymous. Council Directive of 21 May 1991 concerning urban waste water treatment（91/271/EEC）[J]. Official Journal，1991a，L 135.

4 卓懋白，胡云才，Schmidhalter U. 欧盟农业和环境政策对化肥消费和生产的影响[J]. 磷肥与复肥，2004，19（2）：11-14.

水污染的主要根源，在某些地区甚至危及饮用水安全。到 20 世纪 80 年代末，农村地区的地下水及地表水中 70%～85%的氮污染和 30%以上的磷污染系由农业生产造成。

硝态氮对地下水的污染，引起了欧共体的密切关注。1992 年 6 月，欧盟通过了新的农业—环境共同政策。该政策以缓解农业生产对环境的污染为目标，采取了降低区域内农产品价格、减少农业总支出、鼓励有利于减少环境污染的生产方式等措施，经过 10 年多的实施，生态环境有明显改善，但也造成了化肥产量和消费的逐年降低。

随着对近海生态环境问题认识的不断深化，近海富营养化问题开始逐渐受到关注。目前，欧洲近海的富营养化问题仍非常突出。欧洲周边沿海都存在着不同程度的富营养化问题。富营养化是 20 世纪 60 年代以来黑海生态环境退化的主要原因，也是驱动波罗的海生态环境发生显著变化的重要因素，在大西洋西北沿岸海域的瓦登海、卡特加特海峡、斯卡格拉克（Skagerrak）湾，以及地中海的亚得利亚海西北沿岸水域，也存在不同程度的富营养化问题。现在，近海富营养化已被作为一项重要内容纳入欧盟海洋和环境政策体系。

由于欧盟各国已认识到大部分环境问题跨越了国家和地区界限，需要各国共同合作解决，因此，在各国支持下，欧盟环境政策近期得到了迅速发展。对于环境问题的关注，也从最初对单一污染物及其环境效应的关注，发展到近来对污染物综合效应的关注、对环境压力的关注，以及对不同政策和行动效果的关注。对于海洋事务管理，以往欧盟各国多是采用分行业管理方式，但这种体制过分强调了行业和部门的利益，不利于对海洋的综合管理。欧盟近期制定了新的综合海事政策（专栏 2.13），更加注重海洋事务管理的综合性、统一性和协调性。

### 专栏 2.13　欧盟综合海事政策

针对海洋事务问题，欧盟委员会在其 2005—2009 年的战略目标中提出，要制定一项涵盖各方面海洋事务的政策，保证海洋经济与海洋环境保护的和谐发展。2006 年 6 月，欧盟委员会公布了《未来的欧盟海事政策：欧洲视野中的海洋》（Towards a Future Maritime Policy for the Union：A European Vision for the Oceans and Seas），即《欧盟海事政策》绿皮书，并启动了为期一年的欧盟海事政策讨论。2007 年 10 月，委员会公布了《欧盟综合海事政策》（An Integrated Maritime Policy for the EU）蓝皮书和《欧盟海事政策行动计划》（Accompanying Document to the Integrated Maritime Policy for the EU），强调通过政策制定、机构改革、机制创新和法律保障，推动对海洋的综合利用，建立海事政策的知识和创新基础，保障海岸带高品质生活，强化欧洲在国际海事活动中的领导地位。

**专栏 2.14 欧盟第 6 次环境行动规划**

自 1973 年实施第 1 次环境行动规划开始，欧盟先后共推出了 6 次环境行动规划。2002 年，欧盟开始推行第 6 次环境行动规划（The Sixth Environmental Action Programmme）（2002—2012）。其中，"保护海洋环境"被作为 7 个主题战略之一。环境行动规划提出了未来 20 年的工作框架和战略目标，以及近期和中期行动计划。海洋主题战略的目标是促进海洋的可持续利用，保护海洋生态系统免受一系列威胁和压力的影响。

在欧盟环境政策（专栏 2.12）和综合海事政策（专栏 2.13）背景下，2008 年 6 月，作为欧盟综合海事政策中海洋环境政策的组成部分，欧盟委员会制定了《海洋战略框架指令》（Marine Strategy Framework Directive）。《海洋战略框架指令》强调了海洋政策的适应性、针对性及生态系统方法的应用。根据《海洋战略框架指令》要求，欧洲的海洋应在 2020 年前达到健康状况[1]。指令要求各成员国提出海洋政策，在 2012 年前，对各国海洋环境现状进行综合评价，明确海洋所面临的主要压力，提出发展目标和监测指标。在 2015 年前，提出综合协调的执行计划。在地中海、波罗的海、大西洋东北海域和黑海各区域海洋公约（专栏 2.15）的指导下，确保 2020 年目标的实现。框架提出了 4 个海洋区域（Marine Region），目标是在 2021 年使其达到良好的环境状况。近海富营养化是《欧盟海洋战略框架指令》所关注的重要问题之一，在欧盟的区域海洋公约中，《OSPAR 公约》和《HELCOM 公约》都强调了执行欧盟法令及其他相关措施，确保对近海富营养化问题的有效管理。其中，《OSPAR 公约》针对近海富营养化问题，制定了比较完善的政策框架。

**专栏 2.15 欧盟区域海洋公约**

《巴塞罗那公约》（Barcelona Convention）

1995 年签署，旨在保护地中海海洋和海岸带环境。欧盟委员会和地中海各国是缔约国，该公约通过执行地中海行动计划，提出管理政策和策略，保护地中海生物多样性及海洋和海岸带环境。

《赫尔辛基公约》（Helsinki Convention）

1992 年通过，旨在保护波罗的海环境。欧盟委员会和波罗的海周边国家是该公约的缔约

1 Anonymous. Directive 2008/56/EC of the European Parliament and of the Council of 17 June 2008 establishing a framework for community action in the field of marine environmental policy（Marine Strategy Framework Directive）[J]. Official Journal，2008，L 164.

国。该公约目标是维护波罗的海健康，保障波罗的海各种生物类群的和谐与平衡，维护波罗的海周边区域经济和社会的可持续发展。

《巴黎—奥斯陆公约》（OSPAR Convention）

1992年签署，旨在保护东北大西洋海洋环境。公约包括欧盟委员会和15个成员国，主要目标是保护东北大西洋免受人类活动影响，推动海洋的可持续利用。

《布加勒斯特公约》（Bucharest Convention）

1992年通过，主要针对黑海的污染防范。它通过实施黑海战略行动计划，推动黑海周边各国在海洋环境保护领域的合作，从而保护黑海环境，推动可持续的海洋管理。

针对大西洋东北部海域的富营养化问题，《OSPAR公约》制定了一系列综合目标控制（Target-oriented）和源头控制（Source-oriented）的措施[1]。根据OSPAR战略目标，在2010年前，目标海域要消除近海富营养化问题，达到健康状况。所采取的具体措施包括：1995年前，氮、磷排放量应在1985年基础上削减50%（PARCOM Recommendation 88/2 on the Reduction in Inputs of Nutrients to the Paris Convention Area）；建立一套通用的富营养化评价指标体系，评估目标海域富营养化状况；根据富营养化评价体系，从营养盐、浮游植物群落、溶解氧和底栖生物群落等不同角度，提出富营养化防控的生态目标等。

（2）美国针对近海富营养化的管理政策

富营养化是威胁美国水生生态系统的主要问题。2000年，美国国家研究委员会报告指出，营养盐污染是影响美国近海生态环境最为突出的因素[2]。切萨皮克湾（Chesapeake Bay）和墨西哥湾北部海域等都是富营养化问题严重的海域，有害藻华和水体缺氧现象非常突出。

从20世纪70年代开始，美国制定了一系列有关近海富营养化问题的政策，包括1972年颁布的《清洁水法》、1977年颁布的《大气污染防控法》、1972年的《海岸带管理法》及1998年的《有害藻华与水体缺氧研究与控制法》（2004年修订）等。2004年，美国发布的海洋政策报告《21世纪海洋蓝图》中指出，美国将进一步加强对海洋事务的管理，推进区域管理方法的应用，强化基于生态系统的管理。在政策报告的第五部分，专门强调了近海营养盐污染问题，并提出了一系列政策建议，强调进一步削减点源污染，提高对面源污染的关注程度，以及提高对大气污染源的控制等。

1 U.S. Commission on Ocean Policy. An Ocean Blueprint for the 21st Century，Final Report[R]. Washington，D.C.，2004.

2 National Research Council（NRC）. Clean Coastal Waters：Understanding and Reducing the Effects of Nutrient Pollution[M]. Washington D. C.：National Academy Press，2000.

多年来，在营养盐来源控制方面，美国通过对含磷洗涤剂的控制，有效降低了磷的排放，改善了水质；同时，通过对污水的深度处理，结合微生物学和生物学方法消除污水中的氮，对于点源排放的氮也起到了很好的控制作用。与此同时，通过《清洁大气法》，控制电厂和汽车排放的氮氧化物，也收到了一定成效。相对而言，针对农业生产等面源污染的控制非常困难，尽管农田化肥利用效率在不断提高，但仍有近 1/3 的氮不能通过农作物回收。如何控制面源污染仍是美国面临的一个重要问题。

在富营养化评价方面，针对美国近海的富营养化问题，美国海洋大气局（NOAA）在 20 世纪 90 年代进行了河口海域富营养化状况的综合评价（National Estuarine Eutrophication Assessment，NEEA），根据收集到的资料，对美国沿海河口区域的富营养化状况进行了评价。在此基础上，进一步完善了 NEEA 评价方法，建立了 ASSETS（Assessment of Estuarine Trophic Status）富营养化评价体系。利用这些方法，对美国沿海 138 个河口区富营养化状况进行了评价，基本形成了对美国近海海域，特别是河口区域富营养化状况的认识[1]。另外，针对美国近海最为突出的富营养化区域——墨西哥湾北部缺氧区，则采用了整合流域与近海的综合评价方法。墨西哥湾北部海域底层海水缺氧问题是《有害藻华与水体缺氧研究与控制法》所关注的主要问题，该评价方法对缺氧区的形成原因和效应进行了综合评估，先后完成了 6 份研究报告，综合分析了缺氧区的生态学特征、原因和经济效应、密西西比河的营养盐来源和通量、削减墨西哥湾营养盐输入通量的效应、削减营养盐输入的方法，以及削减营养盐对社会和经济影响的损-益分析等。分析表明，从密西西比河向墨西哥湾输入的氮显著增加是导致墨西哥湾缺氧区范围扩展的主要原因。大量输入的氮加速了水体中藻类的生长，产生的有机物沉降到盐跃层以下腐烂分解，消耗了大量溶解氧，而水体层化阻挡了溶解氧向底层水体的补充，导致了缺氧问题。结合缺氧区分布数据，以及沉积物柱状样的分析，认为墨西哥湾北部缺氧区问题从 20 世纪 50 年代开始出现，从 80 年代开始不断加剧。通过模拟分析，认为削减 30%～50% 的氮输入会使得缺氧区影响范围下降 35%～50%。对营养盐来源的分析发现，输入墨西哥湾的氮 70%以上来自密西西比河流域的面源，特别是农业面源。通过对农田氮肥使用进行管理，以及恢复湿地以提高氮的反硝化过程，能够控制和削减墨西哥湾氮的输入量。这些富营养化评价方法的实施充分体现了基于区域管理和生态系统管理的富营养化问题管理理念。

另外，围绕近海富营养化相关的有害藻华和水体缺氧等生态环境问题，美国也实施了一系列科学研究计划。1993 年，美国实施了“海洋生物毒素与有害藻类”

---

1 Scavia D，Bricker S B. Coastal eutrophication assessment in the United States[EB/OL]. Biogeochemistry，2006. DOI 10.1007/s10533-006-9011-0.

国家研究计划；1997 年，环保局将有害藻华列为重要的近海环境问题进行研究，强调应同时关注微藻和大型藻快速增殖形成的有害藻华及其灾害效应。2005 年，美国通过了“有害藻华研究与应对的环境科学策略”（Harmful Algal Research and Response：A National Environmental Science Strategy，HARNESS）国家研究计划。

### 2.5.3 中国近海富营养化问题的演变趋势预测

从全球范围来看，经由河流和大气等途径输入海洋的营养盐仍将保持增长趋势，这一点在亚洲尤为明显。到 2050 年，亚洲地区经由河流输入和大气沉降等途径进入海洋的氮将有显著增加[1]，对近海生态系统的健康构成了威胁。

在中国，社会经济的高速发展态势决定了中国近海富营养化问题在一段时间内仍会保持不断加剧的趋势。中国经济近年来一直呈现快速增长的发展态势，经济增长率多年保持在 8%左右；人口数量平稳增加，平均每年增加 1 000 万人；粮食产量不断提升，年均增长 5%；城市化水平大幅提高，城镇居民占总人口比例接近一半。社会经济的高速发展间接影响着陆源营养盐的产生量和排放量，近海面临的富营养化压力巨大。中国近海富营养化问题发展趋势表现为：

（1）近岸海域营养盐污染程度进一步加重

根据联合国教科文组织政府间海洋学委员会全球流域营养盐输出专家组提出的 Global NEWS 模型，对 2030 年经由河流输入中国近海的营养盐通量进行了情景预测。在 4 种情景模式下，中国河流输入近海的氮磷通量均呈现出增长趋势（专栏 2.16），近岸海域营养盐污染程度会进一步加重。

**专栏 2.16　应用 Global NEWS 模型预测中国河流入海营养盐通量的变化[2]**

经由河口输入的大量营养盐是导致中国近海富营养化的一个重要原因，而河流中的营养盐主要来自农田化肥流失。应用联合国教科文组织政府间海洋学委员会全球流域营养盐输出专家组（IOC Task Force on Global Nutrient Export from Watersheds）的 Global NEWS 模型，预测了联合国千年生态评估报告中所提出的 4 种情景下（表 2.2），中国河流输入近海的氮、磷通量情况（图 2.9）。

1 Galloway J N，Dentener F J，Capone D G，et al.. Nitrogen cycles：past，present，and future[J]. Biogeochemistry，2004，70（2）：153-226.

2 有关中国河流入海营养盐的情景分析和预测工作由荷兰环境评估局（The Netherlands Environmental Assessment Agency，PBL）高级研究员 Bowman 博士和 Beusen 博士为本专题所作，特此致谢.

表 2.2　四种情景及所用参数情况概述（至 2030 年[1]）

| 模拟情景 | 基本参数 |
| --- | --- |
| 全球协同（Global Orchestration）<br>● 全球化的世界格局<br>● 对生态系统采取被动管理方式<br>● 经济增长最快<br>● 人口增长最低 | 人口：77 亿（2030 年）<br>收入增长（单位 GDP 增速）：2.6%/a<br>全球平均气温增加：1.4℃<br>单位食品消耗量：高，高肉食<br>农业产量增加：高<br>化肥使用情况：在土壤营养盐过剩的国家，化肥用量没有变化；在土壤营养盐不足的国家，氮磷化肥使用增加 |
| 实力秩序（Order from Strength）<br>● 区域化的世界格局<br>● 对生态系统采取被动管理方式<br>● 经济增长最慢<br>● 人口增长最快 | 人口：86 亿（2030 年）<br>收入（单位 GDP 增速）：1.6%/a<br>全球平均气温增加：1.7℃<br>单位食品消耗量：低<br>农业产量增加：低<br>化肥使用情况：在土壤营养盐过剩的国家，化肥用量没有变化；在土壤营养盐不足的国家，氮磷使用缓慢增加 |
| 适应组合（Adapting Mosaic）<br>● 区域化的政治和经济活动<br>● 对生态系统采取主动管理方式<br>● 初期经济增长慢，后期加快<br>● 人口增长较快 | 人口：85 亿（2030 年）<br>收入（单位 GDP 增速）：1.8%/a<br>全球平均气温增加：1.4℃<br>单位食品消耗量：低，低肉食<br>农业产量增加：中等<br>化肥使用情况：在土壤营养盐过剩的国家，化肥用量适度增加；在土壤营养盐不足的国家，氮磷化肥缓慢增加 |
| 技术乐园（Technogarden）<br>● 全球化的世界格局<br>● 对生态系统采取主动管理方式<br>● 经济发展较快，且加速增长<br>● 人口适度增长 | 人口：82 亿（2030 年）<br>收入（单位 GDP 增速）：2.1%/a<br>全球平均气温增加：1.3℃<br>单位食品消耗量：高，低肉食<br>农业产量增加：中等偏高<br>化肥使用效率：在土壤营养盐过剩的国家，化肥用量迅速增加；在土壤营养盐不足的国家氮磷化肥迅速增加 |

1 Bouwman A F，Beusen A H W，Billen G. Human alteration of the global nitrogen and phosphorus soil balances for the period 1970–2050[J]. Global Biogeochemical Cycles，2009，23，GB0A04，doi：10.1029/2009GB003576.

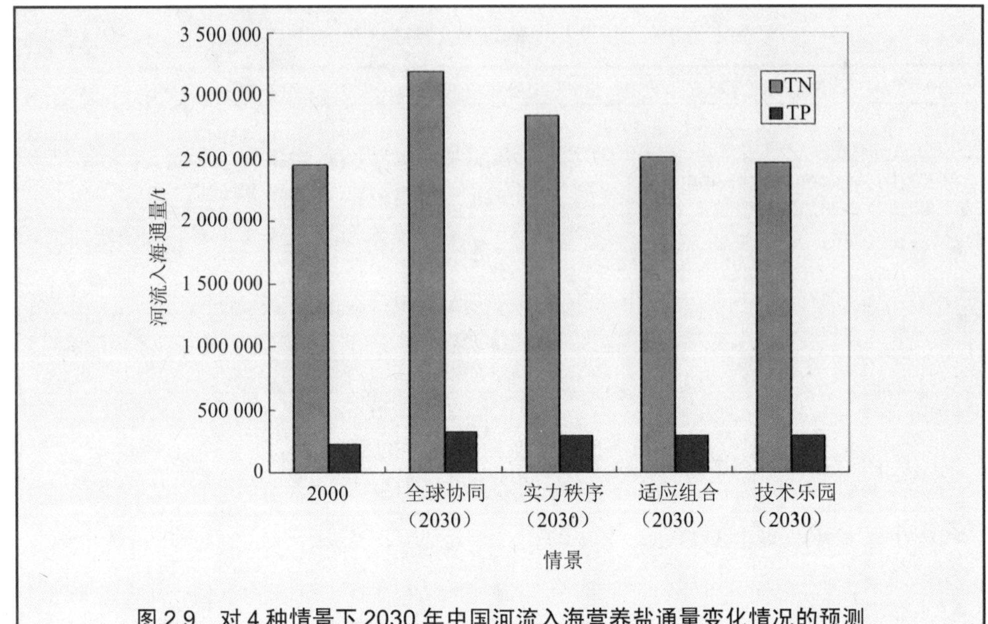


图 2.9　对 4 种情景下 2030 年中国河流入海营养盐通量变化情况的预测

可以看出，在 4 种情景模式下，到 2030 年，经由河口输入中国近海的营养盐均呈现出增加趋势，但增加速率有所不同。对生态系统采取主动管理方式有利于减缓营养盐输入的增长。应当指出的是，所模拟的情景是根据全球总体状况进行的，在中国社会经济高速发展的情况下，所模拟的结果有可能低估营养盐输入通量的变化情况。

（2）有害藻华的规模、频率和危害持续加剧

大量研究表明，中国近海的有害藻华问题与海域富营养化程度密切相关。在长江口邻近海域，海水氮污染程度与甲藻赤潮规模存在密切关联。可以预测，随着中国近海营养盐污染问题的不断加重，有害藻华的规模、频率和危害效应将进一步加剧。

（3）富营养化海域生态安全问题更为突出

生态系统对营养盐污染的响应不仅局限于初级生产者的变化，还会出现一系列密切联系的生态环境问题。富营养化海域有可能出现缺氧区扩展、水母旺发、生物多样性下降、生物资源衰退等一系列问题，影响到生态系统健康，使得生态安全问题更为突出。

## 2.5.4　中国近海富营养化问题的防控对策与措施建议

结合对国际上近海富营养化问题管理政策的分析，针对中国近海日趋严峻的富

营养化态势和当前管理中所存在的问题，提出如下建议：

（1）削减营养盐向近海的输送量，降低近海营养盐污染水平

1）重视面源污染治理，从控制富营养化角度提出科学的化肥施用策略

陆源污染是导致近海富营养化的重要原因。现在，对于市政污水的处理措施能够有效地去除氮、磷等营养元素，但是，对于面源污染的控制能力仍然不足。需要采取积极措施，从富营养化控制角度提出科学的化肥施用策略，引导农民科学施肥，提高化肥肥效，减少化肥流失。

2）控制化石燃料燃烧过程中的废气排放，降低大气污染水平

化石燃料燃烧所产生的氮氧化物能够通过干、湿沉降进入海洋，影响近海富营养化进程。随着中国工业和交通运输业的发展，化石燃料使用量不断增加，经由大气进入海洋的氮也会不断增多，有可能影响近海富营养化进程。应密切关注化石燃料燃烧对近海富营养化过程的影响，加强对化石燃料燃烧过程中氮氧化物排放的控制。

3）加强湿地生态系统保护，提高地表水营养盐去除效率

湿地能够截流大量营养物质，降低地表水中营养盐浓度，地表水携带进入近海的营养盐通量。但是，由于近海土地使用状况的改变，大量湿地被开发用于海水养殖和城市建设，湿地范围不断缩小，功能持续弱化。建议加强对湿地的保护，提高对地表水营养盐的去除效率。

4）发展环境友好型海水养殖方式，减少养殖业对海区环境的影响

海水养殖对近海富营养化的影响不容忽视。同时，近海富营养化问题也对海水养殖业的持续发展构成威胁。建议推动混合养殖、集约化养殖等环境友好型养殖方式，降低养殖业对海区环境的影响，维护养殖业的可持续发展。

（2）将削减氮源作为防控近海富营养化的核心，控制近海富营养化加剧趋势

与淡水湖泊不同，氮的过量输入是导致近海富营养化的重要原因。单纯控制磷的排放有助于防控淡水富营养化，但对于近海富营养化的防控作用并不显著。而且，氮的来源复杂，大部分氮来自农田化肥流失和化石燃料燃烧，因此，对氮的控制更为困难。建议将削减氮的排放作为近海富营养化防控的核心，以控制近海富营养化加剧的趋势。

（3）采取“以海定陆”原则，推进对氮、磷营养盐的总量控制

中国近海的富营养化问题和淡水湖泊中的富营养化问题同样严重，应当像重视淡水富营养化问题一样重视近海富营养化问题。建议采取“以海定陆”原则，针对重点河口、海湾，实施以海洋环境容量为基础的氮、磷营养盐总量控制措施，合理分配排放配额，加强对污染物排放的监控和水体、大气质量的监测，降低近海的营养盐污染。

（4）围绕近海富营养化问题制定专门政策，进一步完善现有的监测体系，加强相关部门的沟通、协调和合作，提高对近海富营养化问题的监测、防控和管理能力

现有的管理体制难以满足防控近海富营养化问题的需求。需要围绕近海富营养化问题制定专门政策，协调近海富营养化过程及其生态环境效应的监测和防控行动；进一步完善现有的监测体系，提高对营养盐自大气向近海输入状况的监测能力；加强各部门的沟通、协调和合作，推进陆海统筹规划，满足近海富营养化管理需求。

（5）加强近海富营养化的基础研究，推进基于科学的富营养化管理政策

近海富营养化是一个复杂的过程，对于近海富营养化的成因、过程和效应的认识仍有不足，需要开展深入的科学研究，阐明不同海区富营养化成因，建立起科学的富营养化评价体系，深入分析营养盐污染与生态系统变化的关系，为近海富营养化的管理提供科学支持。

（6）制定综合海洋政策，统筹富营养化与其他海洋环境问题

中国近海生态系统不仅面临严峻的富营养化问题，还受到全球变暖、过度捕捞、物种入侵等多种因素的影响。需要科学认识和综合管理海洋生态系统的变化及其效应。建议采取综合性海洋政策，统筹协调富营养化及各种海洋生态环境问题，获取最大环境利益。

# 第3章 大型水利工程对河口和近海的影响

流域大型水利工程遍布全球，一方面对航运、发电、水力资源利用和防洪、防旱等作用巨大；另一方面，导致河口物质通量发生重大变化，对河口及近海的环境和生态影响巨大。这里主要讨论中国大型水利工程对河口及近海生态系统的影响。

流域大型水利工程对河口及近海最显著和最直接的影响是改变了河流入河口物质通量，尤其是径流量和泥沙量。每个流域均有其水网体系，将流域的水、沙、生源要素、营养盐、污染物和其他物质输送到河口及近海，这些物质的通量及输送过程对维持河口及近海生态系统的健康至关重要。流域大型水利工程对河口及近海生态系统的影响，主要是通过改变入河口的物质通量及其过程而实现的。因此，对入河口物质通量的变化进行评价，并将大型水利工程导致的入河口物质通量变化与全球气候变化及其他人类活动的影响因素进行分离，是认识大型水利工程对河口及近海生态系统影响的前提。

本章 3.1 简要论述国内外大型水利工程概况、大型水利工程在中国的发展趋势及其对河口及近海环境的影响。长江、黄河和珠江流域是中国的三大流域。其中长江和黄河流域大型水利工程最多，对河口影响最大，因此，本节国内部分以长江和黄河的大型水利工程为主进行论述，同时对南水北调这一跨流域调水重大工程进行了介绍。3.2 和 3.3 用较大的篇幅分别论述了长江和黄河入河口的径流量、泥沙、营养盐等物质通量的变化，以及河口及近海生态系统对物质通量变化的响应，分析了两大河流域大型水利工程及南水北调工程对入河口物质通量变化的影响及其在近海生态系统恶化中的作用。3.4 讨论了中国主要河流流域水利工程引起的入海水沙减少及其对河口及近海的影响，3.5 论述了实现河口及近海生态系统健康的主要挑战，3.6 提出了实现河口及近海生态系统健康的对策。

# 3.1 国内外大型水利工程及对河口和近海影响概述

## 3.1.1 国内外大型水利工程建设概况

流域大型水利工程主要是大坝。按照国际大坝委员会的标准，高于 15m 或库容大于 100 万 $m^3$ 的水坝称为大坝。2003 年世界大坝总数为 49697 座，分布在 140 个国家，总库容为 18640.8 亿 $m^3$。其中中国 30m 以上大坝 4697 座，占世界 37% 居世界第一（表 3.1、表 3.2）[1]。高于 30m 以上的大坝数量的第 2 名至第 7 名分别为：美国、日本、西班牙、印度、土耳其和意大利（图 3.1）。到 2003 年为止，中国 15m 以上大坝占世界一半。世界上有更多的大坝还在建设中，中国是在建大坝最多的国家（表 3.3）。

表 3.1 世界及中国大坝数量对照表（2003 年）[2]

| | 15m 以上 | 30m 以上 | 100m 以上 | 150m 以上 | 2002 年在建 60m 以上 |
|---|---|---|---|---|---|
| 世界 | 49697 | 12600 | 670 | 155 | 349 |
| 中国 | 25800 | 4694 | 108 | 24 | 88 |

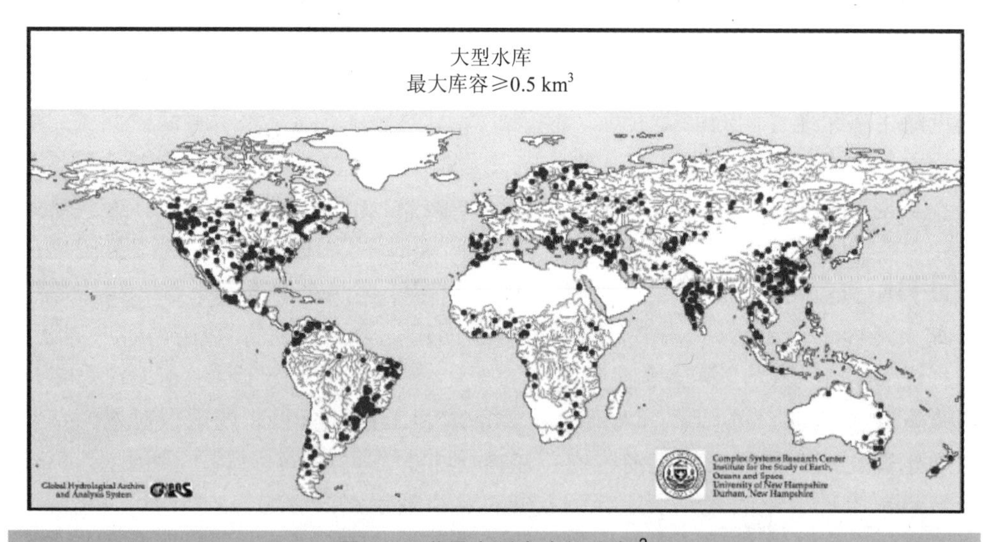


图 3.1 世界大型水库的分布[2]

1 贾金生，袁玉兰，李铁洁。2003 年中国及世界大坝情况．中国水利[J]. 2004，13：25-33.

2 Vörösmarty C J，Meybeck M，Fekete B，et al. Anthropogenic sediment retention：major global impact from registered river impoundments[J]. Global and Planetary Change，2003，39（1-2）：169-190.

表 3.2 建坝数排前 20 名的国家及大坝数（15m 以上，2003 年）[1]

| 国家 | 中国 | 美国 | 日本 | 印度 | 韩国 | 西班牙 | 南非 |
|---|---|---|---|---|---|---|---|
| 坝数 | 25800 | 8724 | 2641 | 2481 | 1206 | 1202 | 923 |
| 国家 | 加拿大 | 巴西 | 阿尔及利亚 | 墨西哥 | 意大利 | 土耳其 | 英国 |
| 坝数 | 8004 | 634 | 630 | 575 | 549 | 521 | 517 |
| 国家 | 澳大利亚 | 挪威 | 德国 | 津巴布韦 | 保加利亚 | 沙特阿拉伯 | |
| 坝数 | 474 | 336 | 311 | 244 | 215 | 190 | |

表 3.3 2002 年在建 60m 以上大坝数排在前 20 名的国家及其坝数[1]

| 国家 | 中国 | 土耳其 | 伊朗 | 日本 | 印度 | 西班牙 | 巴西 |
|---|---|---|---|---|---|---|---|
| 坝数 | 88 | 60 | 45 | 40 | 11 | 11 | 8 |
| 国家 | 意大利 | 罗马尼亚 | 俄罗斯 | 委内瑞拉 | 阿根廷 | 智利 | 韩国 |
| 坝数 | 7 | 7 | 5 | 4 | 3 | 2 | 2 |
| 国家 | 泰国 | 美国 | 德国 | 波兰 | 葡萄牙 | 南非 | |
| 坝数 | 2 | 2 | 1 | 1 | 1 | 1 | |

此外，南水北调工程等大型水利工程，也属于流域大型水利工程之列。该工程分东线、中线和西线三条调水线路，将长江流域的水调往北方，干线总长 2693km。南水北调工程将长江、黄河、淮河和海河四大流域联系在一起，对环境产生重要影响。

### 3.1.2 国外大型水利工程建设和影响

（1）河流大坝输沙影响

大型水利工程对河口最显著的影响是导致进入河口的泥沙通量大幅度下降。目前全球河流每年有 36 亿 t 悬沙（全球河流悬沙量的 22%）被拦截在水库里[2]。美国的胡佛大坝和埃及的阿斯旺大坝是这方面的典型事例。世界上一些河流大坝导致输沙量比例大幅度下降的案例见表 3.4。

1 贾金生，袁玉兰，李铁洁．2003 年中国及世界大坝情况[J]．中国水利，2004，13：25-33.

2 Syvitski J P M，Vörösmarty C J，Kettner A J，et al.. Impact of humans on the flux of terrestrial sediment to the global coastal ocean[J]. Science，2005，308：376-380.

表 3.4 世界上一些河流大坝拦沙实例[1]

| 河流 | 国家 | 输沙率下降/% |
|---|---|---|
| 尼罗河 | 埃及 | 100 |
| 橙河（Orange） | 南非 | 81 |
| Volta | 加纳 | 92 |
| 印度河 | 巴基斯坦 | 76 |
| 顿河（Don） | 俄罗斯 | 64 |
| 克利须那河（Krishna） | 印度 | 75 |
| 埃布罗河（Ebro） | 西班牙 | 92 |
| Kizil Irmak | 土耳其 | 98 |
| 科罗拉多河（Colorado） | 美国 | 100 |
| Rio Grande | 美国 | 96 |

（2）典型案例

1）胡佛大坝（1934 年）

美国胡佛大坝（1934 年）位于科罗拉多河干流上，坝高 221.3 m，库容 327.6 亿 $m^3$。科罗拉多河入海泥沙量原为 1.6 亿 t/a 左右，1934 年后截断了 99.5%以上的径流和几乎 100%的泥沙供应，河口海岸不断侵蚀，河口进入“逆河口”状态，河口盐度比邻近海域的盐度还高，北加利福尼亚湾生态系统发生了重要改变[2, 3]。

2）阿斯旺大坝（1964 年）

埃及尼罗河上的阿斯旺大坝坝高 183 m，是世界最大的大坝之一，总库容 1680 亿 $m^3$ 的水库称作纳赛尔湖（Lake Nasser）。1964 年截流，1965 年大坝下泄的泥沙量即基本为零，河床侵蚀产生的泥沙量 1967 年后每年不足 500 万 t。目前尼罗河入海泥沙仅为原有的 1%左右。河口海岸侵蚀加重，罗西塔（Rosetta）河口 1964—1991 年海角两侧每年侵蚀速度分别达 120 m 和 240 m，罗西塔和德米额塔河口海角 1964—1991 年分别蚀退 6.84 km 和 3.24 km[4]。河口浮游植物量减少 95%，渔获量减少 80%。三角洲沿岸优质海滨土地减少，风暴潮灾加重，土壤肥力和质量下降。土地盐碱化加重，地中海东部沙丁鱼的年均捕捞量从 1.8 万 t 下降到 1.5 万 t，虾的

---

1 Vörösmarty C J，Meybeck M，Fekete B，et al.. Anthropogenic sediment retention：major global impact from registered river impoundments[J]. Global and Planetary Change，2003，39（1-2）：169-190.

2 Carriquiry J D，Sanchez A. Sedimentation in the Colorado River Delta and Upper Gulf of California after nearly a century of discharge loss[J]. Marine Geology，1999，158（1-4）：125-145.

3 Keller，K. On how the Colorado River affected the hydrography of the upper Gulf of California[J]. Continental Shelf Research，1999，19（12）：1545-1560.

4 曹文洪，陈东. 阿斯旺大坝的泥沙效应及启示[J]. 泥沙研究，1998，4：79-85.

捕捞量从 1 万 t 下降到 0.33 t [1]。

3）伊泰普大坝（1991 年）

伊泰普大坝位于巴西与巴拉圭交界处的巴拉那河上，1991 年竣工。最大坝高 196 m，总库容 290 亿 $m^3$，是世界上最大大坝之一。河口 174 种鱼类，有 72 种受到影响。有产卵渠道工程，长约 10km，促进了当地鱼类天然生长[2]。

4）国外其他大河流域大型水利工程影响实例

1953—1963 年，在密西西比河支流密苏里河上修建 5 座大坝后，该支流进入密西西比河的泥沙减少了 75% [3]。在密西西比河下游的 Baton Rouge 监测站（控制流域面积 3222000km$^2$），输沙率下降了 2/3。半个多世纪以来，多瑙河入海泥沙通量下降了 70%，溶解硅通量下降约 2/3 [4]，其主要原因是 1972 年修建了铁门大坝。

### 3.1.3 国内大型水利工程及其影响

（1）长江流域

1）三峡大坝

三峡大坝位于西陵峡中段的湖北省宜昌市境内的三斗坪（图 3.2），2009 年工程全部完工。坝顶总长 3035m，坝顶高 185m，正常蓄水位初期 156m，正常蓄水位 175m，总库容 393 亿 $m^3$，其中防洪库容 221.5 亿 $m^3$，能够抵御百年一遇的特大洪水。水库总面积 1084km$^2$，长 650km，是世界第一大坝。

2）丹江口大坝

丹江口大坝位于河南、湖北交界地带、长江支流汉江与丹江的交汇处（图 3.2）。坝高 97m，坝顶总长 2494m，主坝高程 162m，水库库容 209 亿 $m^3$。1968 年截流，2003 年以后改建，将主坝高程由 162m 加高到 176.6m，水库的蓄水位将从目前的 156m 提高到 170m，水库面积将扩大 370km$^2$。1968 年丹江口水库运行后，从汉江进入长江的大部分泥沙被拦截，导致大通站输沙率减少约 50 Mt/a [5, 6]。

1 White G F. The environmental effects of the high dam at Aswan[J]. Environment：Science and Policy for Sustainable Development，1988，30（7）：4-11，34-40.

2 Bini L M，Thomaz S M，Murphy K J，et al. Aquatic macrophyte distribution in relation to water and sediment conditions in the Itaipu Reservoir，Brazil[J]. Hydrobiologia，1999，415：147-154.

3 Meade R and Parker R. Sediments in rivers of the United States. National Water Summary 1984. U. S. Geological Survey，Water Supply Paper，1985：2275.

4 Humborg C，Ittekkot V，Cociasu A，et al. Effect of Danube River dam on Black Sea biogeochemistry and ecosystem structure[J]. Nature，1997，386：385-388.

5 Yang S L，Zhao Q Y and Belkin I M. Temporal variation in the sediment load of the Changjiang and the influences of the human activities[J]. Journal of Hydrology，2002，263：56-71.

6 Yang S L，Li M，Dai S B，et al.. Drastic decrease in sediment supply from the Changjiang and its challenge to coastal wetland management[J]. Geophysical Research Letters，2006，33，L06408，doi：10.1029/2005GL025507.

3）嘉陵江多个大型水库

1989—2002 年间碧口、宝珠寺等多个水库的修建（图 3.2），导致进入长江干流的泥沙减少约 68 Mt/a [1]。

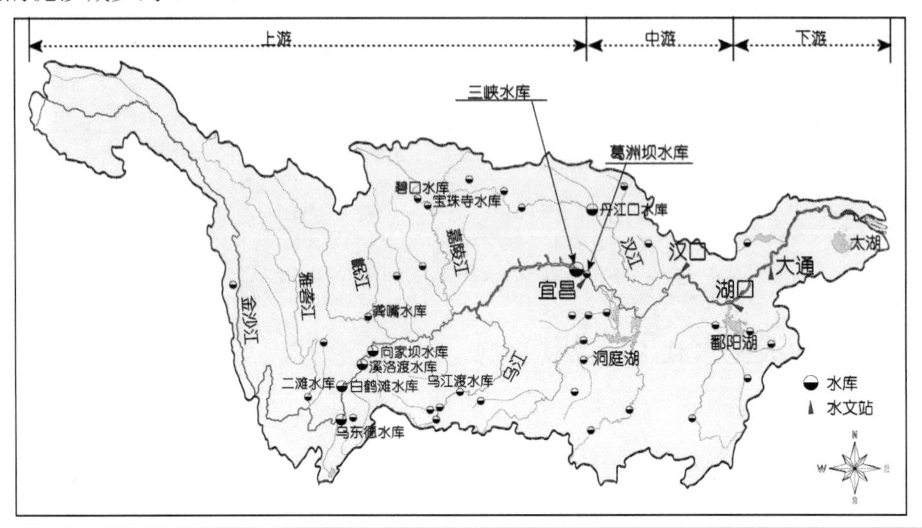


图 3.2　长江流域大坝分布图

资料来源：水利部发布的 2007 中国河流泥沙公报中的长江流域图。

（2）黄河流域

黄河干流上主要的大型水库有：三门峡、刘家峡、龙羊峡和小浪底水库。

1）三门峡大坝（1960 年）

大坝建于 1960 年，位于河南三门峡地区（图 3.3），为黄河上第一个大坝。主坝为混凝土重力坝，坝长 713.2 m，最大坝高 106 m；副坝为钢筋混凝土心墙，长 144 m，最大坝高 24 m；主、副坝总长 857.2 m。水库面积 3 500 $km^2$，库容 647 亿 $m^3$。1964 年 12 月决定在枢纽的左岸增加两条泄流排沙隧洞，将原建的 5—8 号 4 条发电钢管改为泄流排沙钢管，简称为“两洞四管”。1969 年 6 月又决定实施第二次改建，挖开 1—8 号施工导流底孔，1—5 号机组进水口高程由 300 m 降到 287 m。1990 年之后，又陆续打开了 9—12 号底孔。

2）刘家峡大坝（1968 年）

刘家峡大坝位于甘肃永靖县境内（图 3.3），拦河大坝高 147 m，长 204 m，顶宽 16 m，大坝总长 840 m，为混凝土重力坝。1968 年下闸蓄水。水库总容量 57 亿 $m^3$，水域呈西南—东北向延伸，长约 54 km，面积 130 多 $km^2$，控制流域面积 173 000 $km^2$，

1 毛红梅，裴明胜．近期人类活动对嘉陵江流域水沙量影响[J]．水土保持学报，2002（5）：101-104.

左右岸各有混凝土副坝和溢流堰连接，主要泄洪方式为溢洪道和隧洞。

3）龙羊峡大坝（1986年）

龙羊峡水库位于青海省海南藏族自治州共和县和贵南县交界处（图3.3），是黄河上游以发电为主，兼顾防洪灌溉等多年调节的大型水库。龙羊峡水库坝型为重力拱坝，枢纽大坝全长1226 m，其中主坝长396 m，最大坝高178 m，坝顶高程2610 m，正常蓄水位2600 m，水库设计校核水位2607 m，死水位2560 m，总库容$247\times10^8$ $m^3$，调节库容$193.5\times10^8$ $m^3$，回水长度107.82km，水库水面积383$km^3$。控制流域面积131420$km^2$，占黄河流域面积的17.5%。枢纽工程于1977年12月动工，1979年12月截流，1986年10月下闸蓄水。

4）小浪底大坝（1999年）

小浪底水利枢纽位于三门峡水利枢纽下游130km、河南省洛阳市以北40km的黄河干流上（图3.3），控制流域面积69.4万$km^2$，占黄河流域面积的92.3%。坝址所在地南岸为孟津县小浪底村，是黄河中游最后一段峡谷的出口。坝顶高程281m，最大坝高160m，坝顶长1667m，为土石坝。正常高水位275m，库容126.5亿$m^3$，淤沙库容75.5亿$m^3$，长期有效库容51亿$m^3$，千年一遇设计洪水蓄洪量38.2亿$m^3$，万年一遇校核洪水蓄洪量40.5亿$m^3$。死水位230m，汛期防洪限制水位254m，防凌限制水位266m。防洪最大泄量17000亿$m^3/s$，正常死水位泄量略大于8000$m^3/s$。

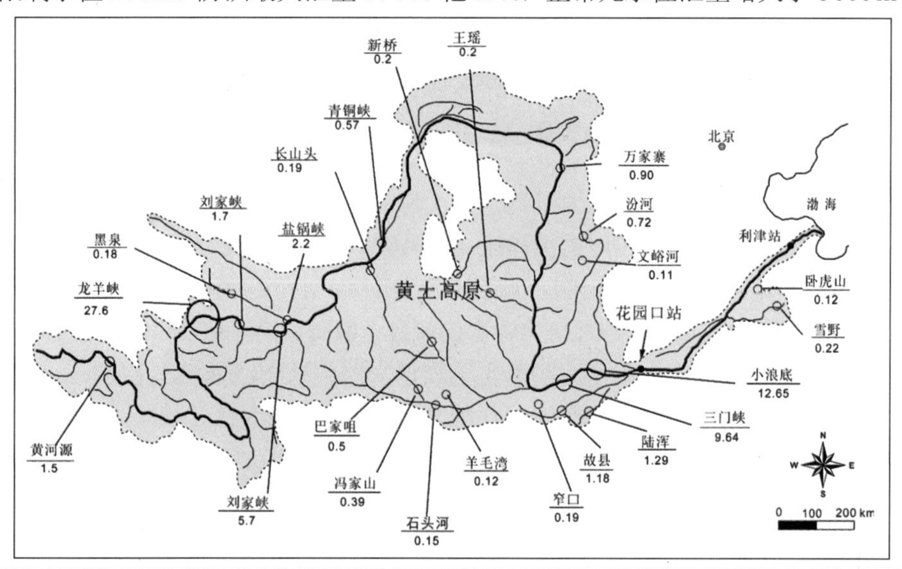


图3.3 黄河流域大型水利工程分布图[1]

1 Wang H J，Yang Z S，Yoshiki S，et al. Stepwise decreases of the Huanghe activities[J]. Global and Planetary Change，2007（57）：331-354.

（3）南水北调工程

南水北调是缓解中国北方水资源严重短缺局面的重大战略性工程。分东线、中线和西线三条调水线路，将长江流域的水调往北方，通过三条调水线路的跨流域调水，将长江、黄河、淮河和海河四大江河联系在一起（图 3.4）。

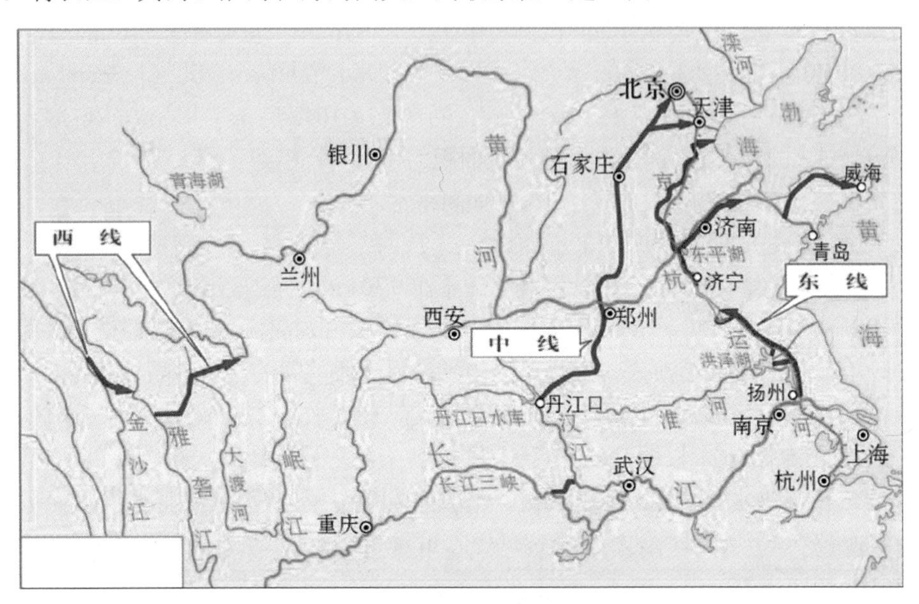


图 3.4　南水北调工程三条调水线路图[1]

资料来源：中国南水北调网站 www.nsbd.gov.cn.

东线工程从长江下游扬州抽引长江水，利用京杭大运河及与其平行的河道逐级提水北送，并连接起调蓄作用的洪泽湖、骆马湖、南四湖、东平湖。出东平湖后分两路输水：一路向北，在位山附近经隧洞穿过黄河，主干渠终点到达天津；另一路向东，通过胶东地区输水干线经济南输水到烟台、威海。沿途通过 13 级提水、65 m 扬程，从长江到天津北大港水库输水主干线调水路程长 1 156 km。

中线工程从长江中游及其支流汉江的丹江口水库引水，经过长江流域与淮河流域的分水岭方城垭口后向北输送，在郑州以西孤柏嘴处穿过黄河，继续沿京广铁路西侧北上，过永定河后进入北京，终点是颐和园。总干渠全长约 1 277 km。

西线工程在长江上游通天河、支流雅砻江和大渡河上游筑坝建库，开凿穿过长江与黄河的分水岭巴颜喀拉山的输水隧洞，调长江水入黄河上游，一期工程线路长度约 260 km。

1 中国南水北调网站 www.nsbd.gov.cn。

规划的东线、中线和西线到 2050 年调水总规模为 448 亿 $m^3$，其中东线 148 亿 $m^3$，中线 130 亿 $m^3$，西线 170 亿 $m^3$。整个工程将根据实际情况分期实施。

2002 年 12 月底，南水北调工程正式宣布开工。东线第一期工程预期 2013 年通水，中线第一期工程预期 2014 年通水，西线工程尚在继续进行前期基础工作[1]。

### 3.1.4 中国大型水利工程发展趋势

长江上游有溪洛渡等 4 个梯级大坝、支流上有 2 个大坝在建（图 3.2），2020 年建成后的长江上游大坝库容调控能力将达 700 亿 $m^3$ 左右。黄河上游有大柳树等 3 个大坝在建。珠江上游有 2 个大坝在建。这些工程建成后对河口及近海的影响将进一步增强。

长江上游多个水库建成后将实现多个大型水库联合水沙调控运行，人工调控入河口物质通量的能力将大大加强，目前黄河多水库的联合调水调沙就是一个典型实例。因此，大型水利工程对河口及近海环境的影响在未来将显著增加。

南水北调工程的东线和中线工程正在加紧建设。东线一期工程建设目标为 2013 年通水；中线一期工程建设目标为 2013 年主体工程完工，2014 年汛后通水，西线前期基础工作在继续开展中。到 2050 年调水总规模为 448 亿 $m^3$，其中东线 148 亿 $m^3$，中线 130 亿 $m^3$，西线 170 亿 $m^3$。由于全部调水来自长江流域，入长江河口的水沙量逐渐减少，南水北调东线和中线工程的分阶段完成，势必加大对长江河口及近海的影响。

### 3.1.5 大型水利工程对河口及近海的影响综述

大型水利工程导致输入河口的水、沙、生源要素、营养盐、污染物等物质通量、组成和时间分配发生显著变化。最直接的是物质通量发生重大变化，特别是水沙。

全球约 40%的河流淡水和 25%的河流泥沙受到流域大坝的拦截，世界大型水库导致入海泥沙量的减少约占全球流域产沙量的 15%[2]，每年拦截的泥沙达 40 亿～50 亿 t，相当于河流输沙总量的 20%～30%[3]。中国 8 条主要入海河流（辽河、海河、黄河、淮河、长江、钱塘江、闽江和珠江）入海泥沙量在 1954—1968 年约 19 亿 t/a，1969—1985 年减为 14 亿 t/a，1986—1999 年减为 8.5 亿 t/a，2000—2007 年仅为

1 中国南水北调网站 www.nsbd.gov,cn，2010 年资料。

2 Vörösmarty C J，Meybeck M，Fekete B，et al. Anthropogenic sediment retention：major global impact from registered river impoundments[J]. Global and Planetary Change，2003，39（1-2）：169-190.

3 Syvitski J，Vörösmarty C J，Kettner A J，et al. Impact of humans on the flux of terrestrial sediment to the global coastal ocean[J]. Science，2005，308：376-380.

4 亿 t/a，相当于最大时期的 21%。与此相对应，大型水利工程和水土保持工程引起径流发生时间上的改变，导致更高的盐水入侵率和正常的季节性节律改变，对其生态系统和经济鱼类的影响尚不明确。

河流径流所输送的营养盐也与大型水利工程和水土保持工程密切相关。硅和氮这两个关键性营养盐在海岸带水体中的浓度比率，已经发生重要失调。氮的水平与不同流域盆地农田化肥用量增加有关，建设各种调控河流的水保设施，对径流量分配和泥沙输送等产生了重要影响，导致河流携带的营养盐的生物地球化学循环和输送通量持续改变，结果使水体的营养盐结构改变，这一改变又对生态系统中的物种产生冲击。

入河口物质通量及组成的重大变化，直接对近海生态系统安全构成严重威胁[1]，这种改变可使优势物种被劣势物种取代，从而完全改变生态系统。如多瑙河上铁门大坝建成后，造成溶解硅向黑海和波罗的海输送量显著减少。河流输入黑海的溶解硅从 20 世纪 70 年代至今约减少了 2/3，与此相对应，黑海中部冬季表层水体中的溶解硅含量降低了 60%，水体中硅氮比（Si/N）发生重大改变，成为诱发浮游植物优势物种由硅藻向球石藻和鞭毛藻转化的重要原因[2]。而在波罗的海，溶解硅含量和硅氮比从 20 世纪 60 年代末起就在下降，同时，春季水华中的硅藻比例在下降而鞭毛藻比例在上升[3]。水库对某些营养盐有明显的“截留”效应，造成营养盐结构的变化。1999 年国际科联环境问题科学委员会（Scientific Committee On Problems of the Environment，SCOPE）召开了硅循环国际学术会议，认为溶解硅的降低是几十年来世界范围内一个普遍的现象。世界范围内大坝建设的增多使得许多河口系统面临类似的问题。

长江入海的硝酸盐浓度呈现明显的持续增加，2000 年以来的平均值为 20 世纪 60 年代的 10 倍，硅酸盐在 1962—1985 年下降趋势明显，80 年代以来又有所增加[4]。近 30 年来，黄河下游水体硝酸盐的浓度显著增加，21 世纪初硝酸盐的浓度比 20 世纪八九十年代增加了一倍。黄河硅酸盐浓度基本维持不变，其通量主要受流量控制；2000 年以前随流量降低而减少，进入 21 世纪，黄河实施调水调沙以来，硅的通量显著增加。黄河调水调沙在相对较短的时间内（10～19 天）向黄河口输送了大量的营养盐，这使得黄河营养盐向河口的输送在时间上非常集中，黄河向渤海输

1 丁平兴，等. 河口环境与生态系统演变对流域大型水利工程的响应过程和机制，国家重点基础研究发展计划项目申请书，2009.

2 Humborg C，Ittekkot V，Cociasu A，et al.. Effect of Danube River dam on Black Sea biogeochemistry and ecosystem structure[J]. Nature，1997，386：385-388.

3 Humborg C，Conley D J，Rahm L，et al.. Silicon retention in river basins：far-reaching effects on biogeochemistry and aquatic food webs in coastal marine environments[J]. Ambio，2000，29：45-50.

4 国家自然科学基金重大项目结题报告，2009.

送的营养盐通量在年内的分布产生重大变化[1]。

世界上约 80%的渔获量来自河口及其近海，而这主要依靠河流输入的淡水及其携带的营养物质的支撑。流域水利工程引起的入河口淡水流量的改变是导致一些河口及近海渔业资源衰退的主要原因，包括墨西哥湾、黑海、加利福尼亚的弗朗西斯科湾、东地中海等河口海域。加纳阿卡索姆博大坝和科彭大坝的运行引起沃尔塔河口曾经繁荣的贝类产业的消失，同时引起当地渔业的衰退。

黄河入海径流量的快速减少引起了河口及近海的海洋环境变化。黄河入海口人工改道等人类活动严重降低了对虾幼体到达栖息地的可能性，并对生态系统的生物生产产生影响[2]。由于黄河入海流量持续锐减，渤海生物多样性、底栖生物量、鱼类种群以及对虾的补充量都有不同程度的减少，并可能会导致莱州湾对虾早期栖息地逐渐消失[3]。

近年来长江口及毗邻水域生物资源分布格局发生了显著变化，如 2006 年秋季的总净初级生产力下降为 2000 年的 67.2%，总容量下降 50%；食物网结构与功能群变化显著，食物链缩短；渔业资源呈衰退趋势，种类、数量明显减少；大型水母的暴发加剧；一些传统渔业资源的产卵场和索饵场已发生变迁，鱼卵、仔稚鱼的生物多样性明显降低。如中华鲟的传统索饵场已明显迁移或丧失。河口生态系统的这些变化，在多大程度上与长江大型水利工程有关，尚待进一步研究。

对南非 Kariega 河口的调查表明，淡水流入的减少，影响浮游植物粒径大小和浮游动物的丰度，浮游动物的丰度和生物量一般低于径流量更为丰富的同一地区其他河口[4]。对 Kasouga 河口的研究也发现淡水的流入对浮游生物群落结构、生产力及浮游动物对浮游植物的摄食压力都有显著影响[5]。在间歇性 Mpenjati 河口的枯水期、丰水期阶段导致河口浮游动物生物量的显著变化[6]。

---

1 于志刚，等．黄河入海营养盐的变化（待刊）．2009.

2 苏纪兰，唐启升，等．中国海洋生态系统动力学研究Ⅱ：渤海生态系统动力学过程[M]．北京：科学出版社，2002.

3 黄大吉，苏纪兰．黄河三角洲岸线变迁对莱州湾流场和对虾早期栖息地的影响[J]．海洋学报，2002，24（6）：104-111.

4 Froneman P W. Food web dynamics in a temperate temporarily open/closed estuary（South Africa）[J]. Estuarine，Coastal and Shelf Science，2004，59：87-95.

5 Froneman P W. Response of the plankton to three different hydrological phases of the temporarily open/closed Kasouga Estuary，South Africa[J]. Estuarine，Coastal and Shelf Science，2002，55：535-546.

6 Kibirige I，Perissinotto R. In situ feeding rates and grazing impact of zooplankton in a South African temporarily open estuary[J]. Marine Biology，2003，142：357-367.

# 3.2 长江流域大型水利工程对河口和近海的影响

## 3.2.1 大型水利工程对长江入河口水沙通量变化的影响

长江的长度、输沙率和径流量分别居世界第三位、第四位和第五位。在流域人类活动特别是建坝等大型水利工程的影响下，近期入海泥沙通量出现急剧下降，导致河口近海生态环境发生显著变化。

（1）长江入河口水沙通量的变化

1）长江入河口径流量

大通年径流量序列（图 3.5）呈现微弱但达到显著水平的下降趋势，趋势线1865—2004 年大通径流量减少了 8.2%[1]。由于同期的流域降水量并未显示出下降趋势[2]，因此长江入海径流量下降的原因主要是人口和经济增长导致的耗水量增多以及水库的修建（流域总库容达 200 km$^3$，占累计径流量减少的 7%左右）[3]。大通年径流量有明显的年际波动，它们与流域降水量的年际波动基本吻合，说明长江入海径流量的年际变化主要受气候控制[2]。

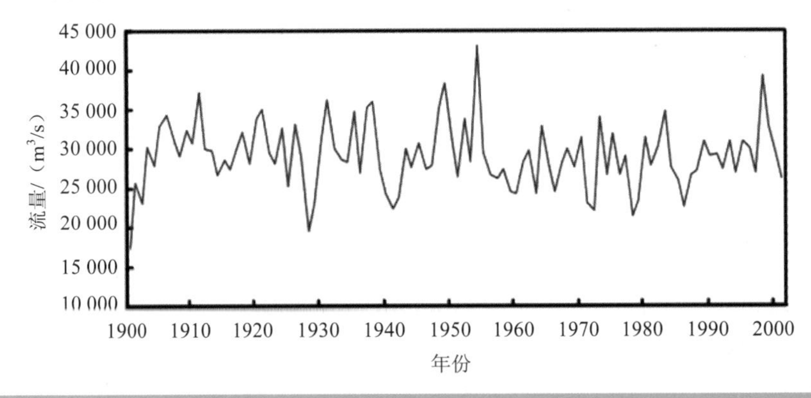


图 3.5　大通年径流量系列[4]

1 Yang S L.，Cao A，Hotz H J，et al.. Trends in annual discharge from the Changjiang to the sea（1865—2004）[J]. Hydrological Sciences-Journal-des Sciences Hydrologiques，2005，50（5）：825-836.

2 王绍武，龚道溢，叶瑾琳，等. 1880 年以来中国东部四季降水量序列及其变率[J]. 地理学报，2000，55（3）：281-293.

3 Yang S L，Li M，Dai S B，et al.. Drastic decrease in sediment supply from the Changjiang and its challenge to coastal wetland management[J]. Geophysical Research Letters，2006，33，L06408，doi：10.1029/2005GL025507.

4 Yang S L，Shi Z，Zhao H，et al.. Effects of human activities on the Changjiang suspended sediment flux into the estuary in the last century[J]. Hydrology of Earth System Sciences，2004，8（6）：1210-1216.

2）长江入河口输沙率

在 20 世纪 50 年代以前，长江的入海输沙率可能呈缓慢的上升趋势（图 3.6）。其原因是随着人口增多和植被覆盖面积的降低，水土流失加重。20 世纪 60 年代可能是长江历史上输沙率最大的年代。此后，水库淤积的减沙作用超过水土流失加重的增沙作用，输沙率呈下降趋势[1]。

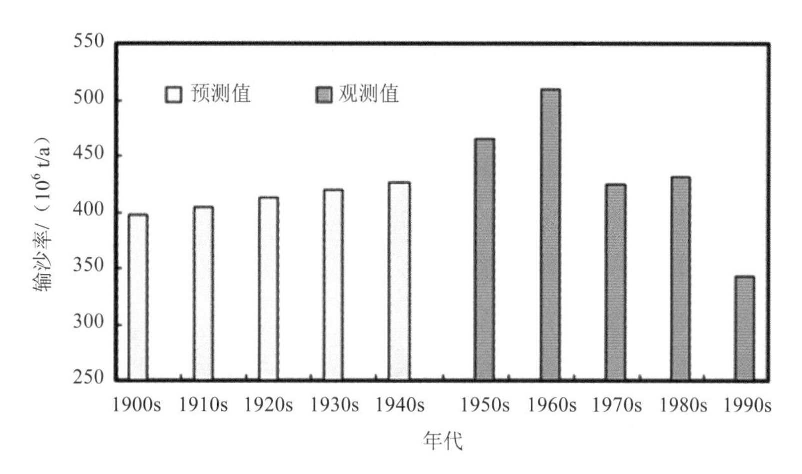


图 3.6 20 世纪大通年代平均输沙率[2]

长江入海泥沙的下降可分为三个阶段（图 3.7）。第一阶段以 1969 年丹江口水库的运行为标志。丹江口水库是迄今为止仅次于三峡水库的长江流域第二大水库。1969 年该水库运行后，90%以上的汉江上游来沙被拦截在库内，导致干流的汉口站和大通站输沙率下降 0.5 亿 t/a 左右[2]。1969—1985 年较 1951—1968 年大通输沙率降低 10%[3]。1986—2002 年是第二阶段。此阶段大通输沙率仅为 1951—1968 年的 70%。其主要原因是上游的嘉陵江流域进入干流的泥沙锐减 1 亿 t/a 左右。此阶段嘉陵江供沙锐减的原因主要是由于宝珠寺等大型水库的修建，其次来自 1988 年开始的水土保持长治工程[4]。输沙率下降的第三阶段始于 2003 年三峡水库运行。2003 年以来的大通输沙率平均为 1.6 亿 t/a，仅为 1986—2002 年的 47%或 1951—1968 年

1 Yang S L，Zhao Q Y，Belkin I M. Temporal variation in the sediment load of the Changjiang and the influences of the human activities[J]. Journal of Hydrology，2002，263：56-71.

2 Yang S L，Li M，Dai S B，et al.. Drastic decrease in sediment supply from the Changjiang and its challenge to coastal wetland management[J]. Geophysical Research Letters，2006，33，L06408，doi：10.1029/2005GL025507.

3 Yang Z S，Wang H，Saito Y，et al.. Dam impacts on the Changjiang（Yangtze）River sediment discharge to the sea：the past 55 years and after the Three Gorges Dam[J]. Water Resources Research，2006，42（4），W04407，doi：10.1029/2005WR003970.

4 毛红梅，裴明胜. 近期人类活动对嘉陵江流域水沙量影响[J]. 水土保持学报，2002（5）：101-104.

的 1/3 [1]。三峡水库拦沙无疑是 2003 年以来长江输沙率下降的重要原因。2003—2005 年该水库平均每年拦沙约 1.5 亿 t。上游来沙减少 [1] 和近几年流域降水减少也是原因之一。

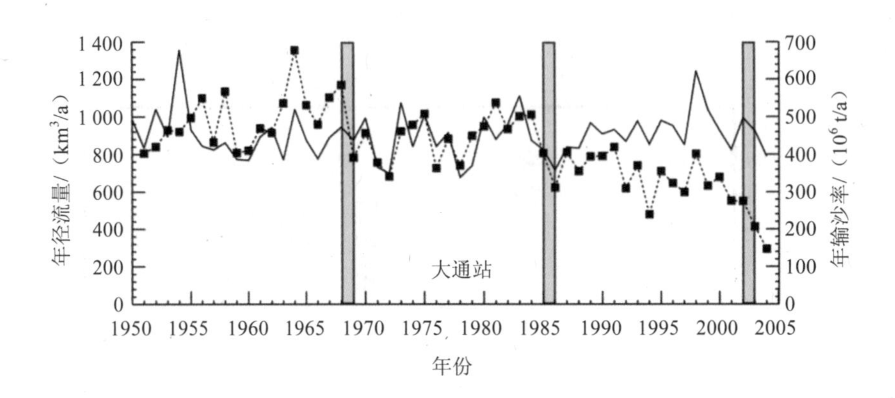


**图 3.7　大通站年径流量和年输沙率过程线（1950—2004）**

灰色柱状表示输沙率下降的三个阶段的开始 [1]

（2）水库建设在长江入海输沙率减少中扮演的角色

2003 年三峡水库蓄水后，输沙量降至有记录以来的最低水平，2003—2008 年大通站记录的入河口输沙率仅 1.5 亿 t/a。这一下降趋势与气候变化关系不大，因为同期的流域降水量（大通流量）没有出现明显的下降趋势；另外，它也与中下游湖泊的淤积速率变化无关，因为近几十年湖泊的淤积速率不仅没有增加，反而有明显的下降趋势[2]。

长江入海泥沙减少的根本原因是流域修建了大量水库，也与近期的退耕还林和采沙等行动有一定关系。1950 年以来，长江流域共修水库近 5 万座，其中大型水库（库容>1 亿 $m^3$）有 140 多座。目前，沉积在长江流域水库里的泥沙总量可能高达 8 亿～9 亿 t/a [3]。假如没有水坝的拦沙作用，近几十年长江的入海泥沙量将呈增

1 Yang S L，Zhang J，Xu X J. Influence of the Three Gorges Dam on downstream delivery of sediment and its environmental implications，Changjiang[J]. Geophysical Research Letters，2007，34，L10401，doi：10.1029/2007GL029472.

2 Yang S L，Zhang J，Dai S B，et al.. Effect of deposition and erosion within the main river channel and large lakes on sediment delivery to the Changjiang estuary[J]. Journal of Geophysical Research，2007，112，F02005，doi：10.1029/2006JF000484.

3 Yang S L，Zhang J，Zhu J，et al.. Impact of dams on Changjiang sediment supply to the sea and delta intertidal wetland response[J]. Journal of Geophysical Research，2005，110，doi：10.1029/2004jf000271.

加而不是减少趋势。长江入海泥沙减少的原因中，水库建设的贡献约占 90%[1]。其中约 28%归因于三峡水库[2]，约 16%归因于丹江口水库，另有约 44%归因于其他众多水库[3]。

### 3.2.2 三峡工程及南水北调对长江口径流量、盐水入侵和陆架冲淡水的影响

长江流域大型水利工程的兴建，如三峡大坝、南水北调，改变了长江的径流量。长江径流量的改变对河口的影响，在河口门内主要体现在盐水入侵上，在河口外主要体现在冲淡水的扩展上。

（1）长江流域重大水利工程对径流量的季节性影响

长江上游一大批控制性水利水电工程已经建成或将陆续建成，直接影响长江河口入海径流量的季节性变化，影响长江河口的盐水入侵和长江冲淡水扩展。

长江流域降水的季节性导致长江径流量具有显著的季节性自然变化。大通是离长江河口最近的监测径流量的水文站，其流量可作为长江入海径流量。近 60 年的大通站径流量显示，1 月径流量最小，为 10900 $m^3/s$，7 月径流量为 50800 $m^3/s$。三峡工程建成后，9—11 月三峡水库蓄水，径流量减小，来年 1—4 月三峡水库放水，径流量增加。三峡水库并未改变长江年径流量，只是改变了径流量的季节性分配[4]。而南水北调工程的东线工程建成后，径流量将减小 800～1000 $m^3/s$。

（2）长江河口盐水入侵

三峡水库对径流量的调节，对枯水年而言，10 月和 11 月减少 5450 $m^3/s$ 和 2970 $m^3/s$，1 月、2 月和 3 月分别增加 1540 $m^3/s$、1980 $m^3/s$ 和 1750 $m^3/s$；12 月径流量维持不变。三峡工程对长江河口盐水入侵的影响，是通过其调节径流量来体现的。

1978—1979 年是近 50 年来特枯水文年，1979 年 1—3 月大通径流量持续在 8000 $m^3/s$ 以下，持续的低径流量曾使长江河口发生严重的盐水入侵。本节取 1978 年 9 月 1 日—1979 年 5 月 31 日特枯水文时段的径流量，研究三峡水库蓄水和放水对长江河口盐水入侵的影响。图 3.8 给出了上述时段大通实测和考虑三峡工

---

1 Dai S B，Yang S L，Cai A M. Impacts of dams on the sediment flux of the Pearl River，southern China[J]. CATENA，2008，76（1）：36-43.

2 Yang S L，Zhang J，Dai S B，et al.. Effect of deposition and erosion within the main river channel and large lakes on sediment delivery to the Changjiang estuary[J]. Journal of Geophysical Research，2007，112，F02005，doi：10.1029/2006JF000484.

3 Yang S L，Zhang J，Zhu J，et al.. Impact of dams on Changjiang sediment supply to the sea and delta intertidal wetland response[J]. Journal of Geophysical Research，2005，110，doi：10.1029/2004jf000271.

4 沈焕庭，茅志昌，朱建荣．长江河口盐水入侵[M]．北京：海洋出版社，2003.

程调节后的每日径流量随时间的变化，10—11 月三峡水库蓄水，径流量下降，1—4 月三峡水库放水，径流量增加。

1978 年 11 月 15 日 22 时至 18 日 0 时大潮期间，大通实测径流量约为 17500 $m^3/s$（图 3.8），模式计算结果表明在长江河口口门内北支被高盐水所占据，出现北支盐水倒灌入南支的现象，南港和北港受外海盐水入侵影响，河道北侧盐水入侵比南侧强，模式再现了长江河口盐水入侵的特征（图 3.9）。表层盐度大于 1 的倒灌盐水团位于崇西水闸外侧，范围较小；盐度低于 0.5 的水体可作为饮用水，南支南侧、陈行水库和青草沙水库附近均为淡水。南槽和北槽盐度远大于 0.5。底层盐度在南北支分汊口附近和口门附近大于表层盐度，存在盐水楔现象，其他地方由于河口水深较浅、底层潮流混合和表层风搅动，底层盐度与表层盐度基本一致。考虑三峡工程对径流量的调节后，对枯水年 10 月和 11 月径流量分别减小 5450 $m^3/s$ 和 2970 $m^3/s$，径流量的减小会造成盐水入侵提前和加剧。北支盐水倒灌和外海盐水入侵显著增强，盐度大于 1.0 等值线的范围大幅扩大，达到了南支南岸，除青草沙附近小范围内出现淡水，南支其他区域均无淡水。

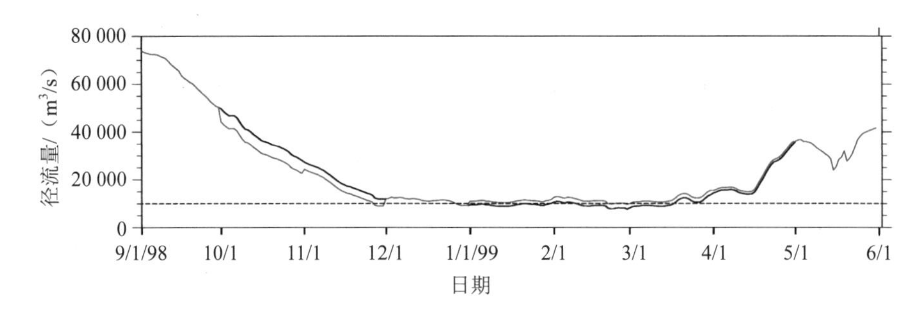


图 3.8　1978 年 9 月 1 日—1979 年 5 月 31 日（下）大通实测（黑线）和考虑三峡工程调节后（红线）的日径流量随时间变化

1978 年 11 月 21 日 22 时至 24 日 0 时小潮期间，大通实测径流量约为 15000 $m^3/s$，模式计算结果表明小潮期间由于潮差的减小，与大潮期间相比，北支上段盐度显著下降，北支盐水倒灌大幅减弱，南支绝大部分区域出现淡水，北港、北槽和南槽口门处盐度下降明显（图 3.10）。考虑三峡工程对径流量的调节后，由于径流量的显著下降，北支盐水倒灌和外海盐水入侵增强，南支大部分区域、陈行水库和青草沙水库取不到淡水。

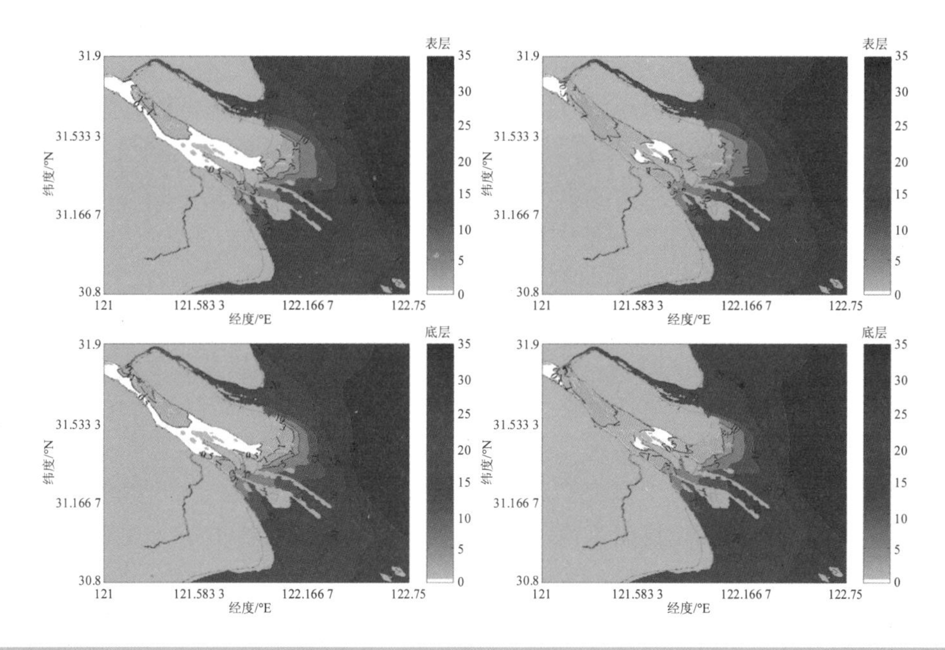


图 3.9　1978 年 11 月 15 日 22 时至 18 日 0 时大潮期间大通实测径流量情形（左侧）和考虑三峡工程调节径流量情形（右侧）盐度平面分布

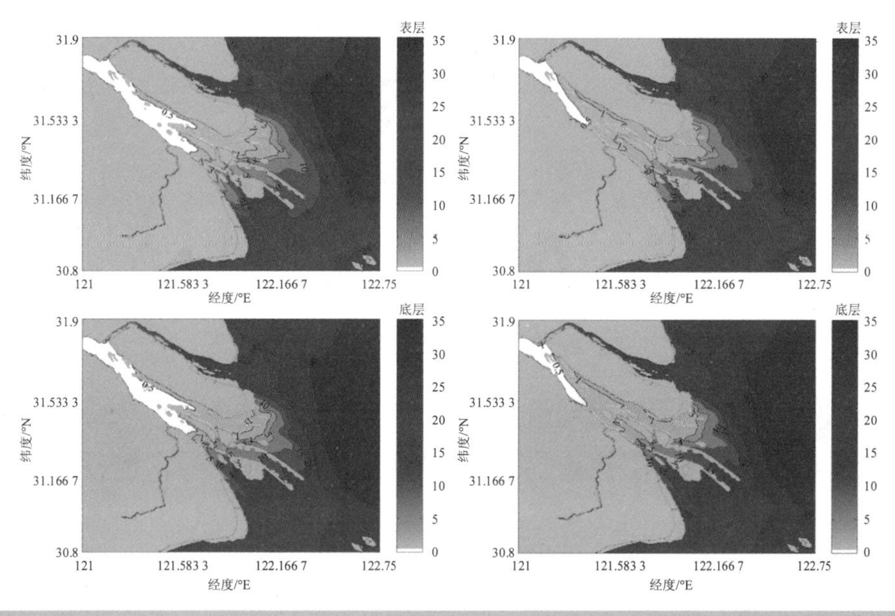


图 3.10　1978 年 11 月 21 日 22 时至 24 日 0 时小潮期间大通实测径流量情形（左侧）和考虑三峡工程调节径流量情形（右侧）盐度平面分布

上述计算结果和分析表明，秋季三峡蓄水使径流量下降，造成河口盐水入侵明显加剧。

1979 年 2 月 11 日 22 时至 14 日 0 时大潮期间，大通实测径流量约为 7000 $m^3/s$，并且 1978 年 12 月至 1979 年 2 月 10 日期间径流量长期处于低值，长时间的极低径流量造成长江河口极为严重的盐水入侵，整个长江河口被高盐水所占据，南支出现了大范围盐度超过 3 的现象。考虑三峡工程调节径流量后，尽管径流量增加了约 2000 $m^3/s$，盐水入侵有所减弱，但径流量仍长时间低于 10000 $m^3/s$，整个河口仍被高盐水所占据。

1979 年 2 月 17 日 22 时至 20 日 0 时小潮期间，大通实测径流量约为 8000 $m^3/s$，与大潮期间相比，盐水入侵有所减弱，但同样整个长江河口被高盐水所占据。考虑三峡工程调节径流量后，盐水入侵有所减弱，但整个河口仍然被高盐水所占据。

在考虑 1978 年 10 月 1 日至 1979 年 5 月 30 日低径流量情况下，青草沙水库取水口表层盐度随时间变化见图 3.11。在考虑大通实测径流量情形下，1978 年 12 月 17 日以前盐度均低于 0.5，1978 年 12 月 3 日至 1979 年 3 月 25 日盐度大于 0.5，水库取不到淡水。在考虑三峡工程调节径流量情形下，1978 年 11 月就出现盐度超标的现象，时间达到 5 天。而在 1979 年 2 月，出现盐度低值小于 0.5，使青草沙水库不能连续取水的时间明显下降。

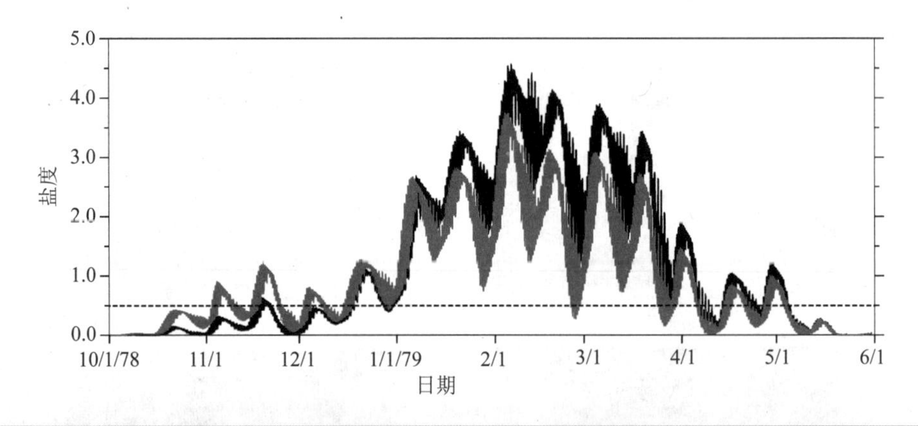


**图 3.11　1978 年 10 月 1 日至 1979 年 5 月 30 日青草沙水库表层盐度随时间变化**

大通实测径流量情形：黑线；考虑三峡工程调节径流量情形：红线

长江河口环流主要由径流量、风应力和密度变化产生的斜压压强梯度力驱动，河口绝大部分区域环流向海，口门底层小部分区域向陆。三峡工程后，由于冬季长江入海径流量增加，导致向海的环流增强、区域增大。

数值模式再现了长江河口盐水入侵特征，尤其是北支盐水倒灌现象。采用近

50 年特枯水文年 1978—1979 年冬季大通实测径流量，以及考虑三峡工程的季节性调水，数值计算和定量分析了长江河口盐水入侵对三峡工程的响应。结果表明，秋季 10－11 月三峡工程蓄水，提前和加重了长江河口的盐水入侵，冬季 1－4 月放水减弱了河口盐水入侵。

（3）长江冲淡水扩展

数值计算和分析表明，长江径流量增大，近口门处表层盐度减小，冲淡水扩展的范围增大，但远口门处等盐度线 30 向外移动的范围不明显。盐度变化最突出的是在长江径流与台湾暖流交汇处，盐度锋面明显增强。径流量减小，表层径流减弱，尤为显著的是径流主流向东流动时，不再出现南侧回流，并且向东南流动的径流在舟山群岛东北侧，部分转向流向东北，造成沿浙江海岸向南流动的径流减弱。在沿浙江海岸向南流动的径流与向东北流动的台湾暖流之间，气旋式的涡旋微弱。向东流动径流主流的东南侧，气旋式涡旋不再出现。在底层，向海的径流量值和范围减小，盐淡水混合产生的斜压效应减弱，底层沿水下河谷西侧坡面流向长江口的流动趋于减小。近口门处表层盐度增大，淡水扩展的范围减小，但远口门处等盐度线 30 向内移动的范围不明显。盐度变化最突出的还是在长江径流与台湾暖流交汇处，盐度锋面明显减弱。长江径流浮力强迫最明显的是对径流主流回流的影响、对沿浙江海岸向南流动径流强弱的影响，以及对长江径流与台湾暖流交汇处盐度锋面强弱的影响。这表明长江三峡水库通过蓄水、放水引起的入海径流量变化，对长江冲淡水的扩展有一定影响。

通过现场观测、数值模拟和动力分析，得出长江冲淡水扩展的动力机制：

1）长江冲淡水扩展分近口门段和远口门段。近口门段主要决定于径流量、底形和斜压的相互作用，远口门段主要决定于风场和近岸环流[1, 2, 3]。

2）潮流对长江口外环流和冲淡水形成的羽状锋结构起重要作用。考虑潮流后的环流与不考虑潮流情况下的环流存在着明显差异，在浅海海底强烈的潮混合使中底层温度和盐度垂向趋于均匀，温跃层和盐跃层增强，冲淡水以羽状锋形式浮于海表面，温度和盐度垂向结构更符合实测资料。潮流对环流的作用体现在潮混合和潮致余流上，潮混合包括对环流的混合，也包括对温、盐的混合，而温、盐场的改变也引起流场改变[4]。

3）模拟结果显示长江冲淡水主轴南侧存在着向西的回流，该回流在向西流动

1 朱建荣，李永平．夏季风场对长江冲淡水扩展影响的数值模拟[J]．海洋与湖沼，1997，28（1）：72-79.

2 朱建荣，肖成猷．夏季长江冲淡水扩展的数值模拟[J]．海洋学报，1998，20（5）：13-22.

3 朱建荣，刘新成，沈焕庭，等．1996 年 3 月长江河口水文观测资料分析[J]．华东师范大学学报，2003，4：87-93.

4 朱首贤，朱建荣．M2 分潮对夏季长江冲淡水扩展影响的数值研究[J]．海洋与湖沼，1999，30（6）：711-718.

后转向南流动，继而分成朝东北流动和继续朝南流动两部分。该回流随径流量增大而增强[1]。

（4）南水北调工程对长江河口盐水入侵的影响

南水北调工程调水总规模为每年 448 亿 $m^3$，长江入河口径流量将减小 800～1 000 $m^3/s$，导致盐水入侵增强。其中东线调水对长江河口的影响最大。根据水利部规划，东线第一期调水 40 亿 $m^3$，第二期调水达到 90 亿 $m^3$，第三期调水达到 170 亿 $m^3$。东线第一期工程多年平均（采用 1956 年 7 月—1998 年 6 月系列，下同）抽江水量 89.37 亿 $m^3$，比现状增抽江水 39.31 亿 $m^3$；第二期工程多年平均抽江水量达到 105.86 亿 $m^3$，比现状增抽江水 55.80 亿 $m^3$；第三期工程多年平均抽江水量达到 148.17 亿 $m^3$，比现状增抽江水 92.64 亿 $m^3$。

数值模拟显示，东线工程完成后，大潮期间长江口北支的口门处盐度上升 0.1～0.5，中段上升约 0.2，上段上升约 0.5。在长江口北港，拦门沙区域盐度上升 0.2～0.5，上段上升 0.1～0.2。由于深水航道增深至 12.5m，北槽盐度上升约 0.5，是拦门沙水域各槽址中盐度上升最明显的。南槽盐度上升 0.4～0.5。南港盐度上升 0.1～0.5。在南支上段，因北支倒灌的加剧，盐度上升 0.1～0.2。小潮期间，盐水入侵加剧的程度在北港小，北槽和南槽大。总体上，南水北调后长江河口盐水入侵加剧，但各区域程度不同。

### 3.2.3 长江入河口泥沙通量变化与河口及近海的地貌效应

（1）长江口门外水下三角洲的冲淤响应

在 6000 $km^2$ 的水下三角洲区域，平均淤积速率从 1958—1978 年的 38 mm/a 下降为 1978—1997 年的 8 mm/a[2]。在一个 1825 $km^2$ 长江水下三角洲的冲淤代表性区域，平均淤积速率从 1995—2000 年的 6.4 cm/a 下降为 2000—2004 年的−3.8 cm/a（侵蚀）（图 3.12）。水下三角洲冲淤存在明显空间差异。2000 年以来，当 10 m 外等深线区域处于冲刷时，5 m 以浅区域仍保持淤涨（图 3.12）。研究区的冲刷主要是归因于长江入海泥沙的减少。

（2）口门区潮滩的冲淤响应

受河槽摆动和分水分沙的影响，长江口门区四大潮滩（崇明东滩、横沙东滩、九段沙、南汇东滩）的淤涨速率对流域来沙减少的响应各有不同[3]，但其总淤涨速

1 朱建荣．海洋数值计算方法和数值模式[M]．北京：海洋出版社，2003.

2 Yang S L，Belkin I M，Belkina A I，et al. Delta response to decline in sediment supply from the Yangtze River: evidence of the recent four decades and expectations for the next half-century[J]. Estuarine，Coastal and Shelf Science，2003，57（4）：689-699.

3 Yang S L，Li M，Dai S B，et al. Drastic decrease in sediment supply from the Changjiang and its challenge to coastal wetland management[J]. Geophysical Research Letters，2006，33，L06408，doi：10.1029/2005GL025507.

率随着流域来沙的减少而急剧下降（图 3.13）。

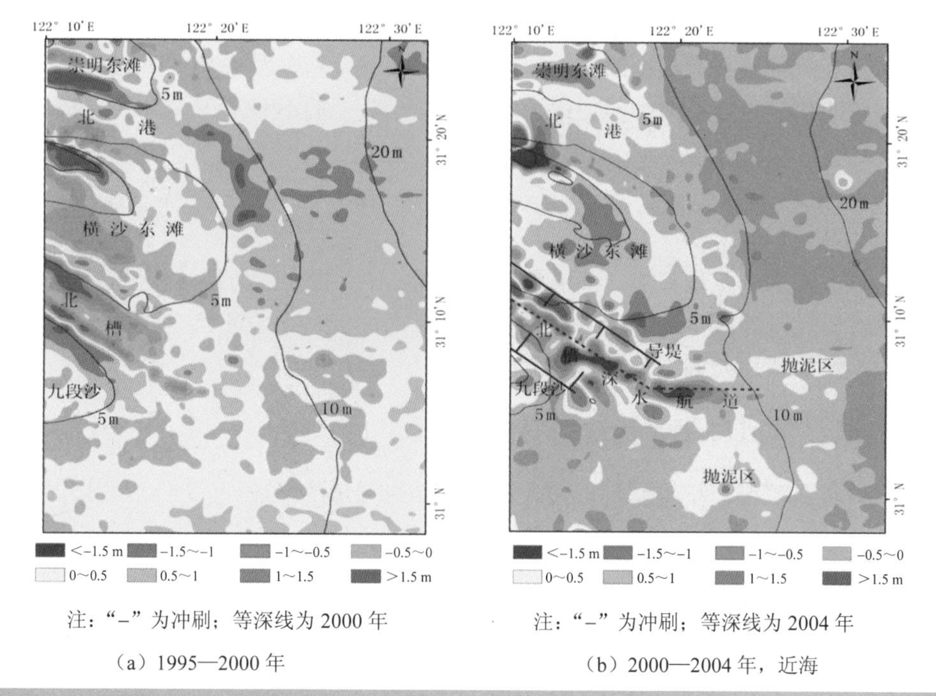


注：“−”为冲刷；等深线为 2000 年　　注：“−”为冲刷；等深线为 2004 年

（a）1995—2000 年　　（b）2000—2004 年，近海

图 3.12　长江口外水下三角洲冲淤图[1]

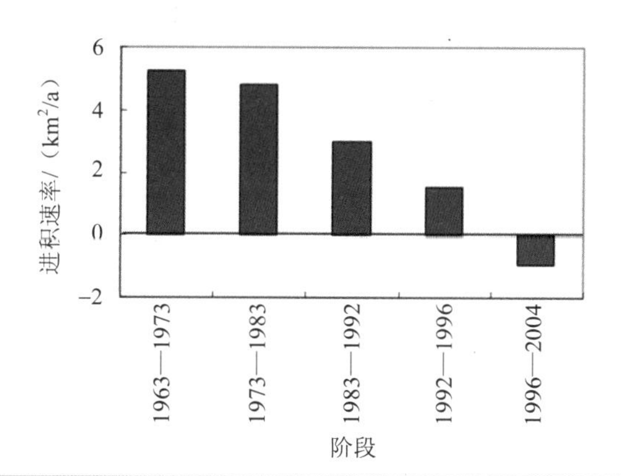


图 3.13　长江三角洲前缘潮滩湿地淤涨速率的下降趋势[2]

1 李鹏，杨世伦，戴仕宝，等. 近 10 年长江口门区水下三角洲的冲淤变化——兼论三峡工程蓄水的影响[J]. 地理学报，2007，62（7）：707-716.

2 Yang S L，Li M，Dai S B，et al.. Drastic decrease in sediment supply from the Changjiang and its challenge to coastal wetland management[J]. Geophysical Research Letters，2006，33，L06408，doi：10.1029/2005GL025507.

（3）河口河槽的冲淤响应（以南槽为例）

1990 年以来，南槽的冲淤因受底沙移动、深水航道工程影响以及局部的冲淤调整未反映出上游来沙减少的影响，口外海滨区却显示出对来沙减少的敏感响应。口内河槽的功能主要是水沙的通道，对上游来沙减少的不敏感可能是正常的现象。相反，口外海滨是河流入海泥沙的重要归宿，因而其冲淤对河流入海泥沙变化的影响较为敏感[1]。

（4）结论

流域大型水利工程建设（特别是三峡工程）导致长江入海泥沙锐减，三角洲前缘岸滩对流域来沙减少的响应十分敏感。近年来，水下三角洲已出现大范围侵蚀，潮滩湿地淤涨速率急剧下降。

### 3.2.4 长江入河口营养盐通量变化

（1）长江流域大型水利工程对入河口营养盐通量的影响[2]

1）近几十年来长江营养盐浓度的总体变化趋势

三峡大坝蓄水的 2003 年是长江及长江口营养盐变化的一个关键转折点。从 1963 年至 20 世纪末，长江大通站溶解态无机氮（DIN）和溶解态无机磷（DIP）含量不断上升，溶解态硅酸盐（DSi）的浓度呈现不断下降趋势。N、P 含量的上升与流域化肥施用量变化趋势一致，Si 含量的下降则与流域水利工程建设有密切关系。

长江大通站 DIN 的浓度从 1960 年至 2003 年总体呈上升趋势，有数据记录的 1963 年、1973 年和 1983 年分别为 0.58 mg/L、0.65 mg/L 和 2.32 mg/L，1998 年约在 1.67 mg/L，上升较快是在 20 世纪 70—80 年代，20 年间上升约 3 倍多。2003 年长江三峡蓄水后，除 2005 年为 2.0 mg/L，2006—2007 年均在 1.7 mg/L 左右波动，近几年呈现略有下降的趋势。1984 年 DIP 的浓度为 0.023 mg/L，2003 年上升为 0.036 mg/L，上升了约 63%。2004—2007 年 DIP 的浓度均高于 2003 年，4 年的平均浓度为 0.0477 mg/L，相比 2003 年上升了 31%。

溶解态硅酸盐（DSi）的浓度自 20 世纪 60 年代以来一直呈下降趋势。1964 年和 1983 年分别为 8.79 mg/L 和 6.25 mg/L，至 2003 年下降为 2.89 mg/L，总体下降了约 67%。2004 年（蓄水后第一年）浓度下降为 0.32 mg/L，2004—2007 年平均浓度为 2.64 mg/L，仅比 2003 年下降了 9%。

在长江下游 TN 和 TP 的输送形态上，N 以 $NO_3^-$-N 为主，约占 76%，其余主要

1 徐晓君，杨世伦，李鹏. 河口河槽和口外海滨对流域来沙减少响应的差异性研究——以长江口南槽-口外海滨体系为例[J]. 海洋通报，2008，27（5）：100-104.

2 本小节部分数据参考自《长江三峡工程对生态与环境影响及其对策研究论文集》（科学出版社，1987）。

为溶解有机氮和颗粒氮；P 以颗粒态为主，约占 95%以上。长江枯、丰期干、支流各种形式 N、P 通量和长江口各种形式 N 的输出通量主要受径流量所控制，与人类活动密切相关。三峡工程建设以来，流域溶解硅的含量下降不明显，仅在 5%～10%波动。而 20 世纪 80 年代以前溶解硅的明显下降，主要是因为新中国成立以后到 80 年代前，流域大量建坝已经导致了溶解硅被不断固定在众多库区，造成三峡大坝两侧水体溶解硅含量变化差异较小。

2）长江入河口营养盐输送通量的变化

20 世纪 70 年代至 90 年代末，长江溶解态无机氮（DIN）和溶解态无机磷（DIP）的入河口通量（大通站）呈大幅增加的趋势，2003 年以来开始出现减少趋势（表 3.5）。溶解态硅酸盐（DSi）入河口通量自 20 世纪 60 年代以来一直呈下降趋势，其中以 70—80 年代下降较快，近年来则呈缓慢下降趋势。

**表 3.5 长江入河口营养盐通量变化**　　单位：万 t

| 营养盐 | DIN | DIP | DSi |
|---|---|---|---|
| 80 年代以前 | 88.81 | 1.36 | 357 |
| 1998 年 | 481.76 | 2.30 | — |
| 2003 年 | — | 3.28 | 275 |
| 2004 年 | 147.9 | 4.5 | 224 |
| 2005 年 | 189.84 | 4.36 | — |
| 2006 年 | 143.59 | 4.1 | 196 |
| 2007 年 | 145.42 | 3.84 | 229 |

20 世纪 80 年代以前，长江溶解态无机氮（DIN）的输送通量为 88.81 万 t，其中 $NO_3^-$-N 约占 72%，$NH_3$-N 约占 28%，$NO_2^-$-N 占 0.04%。而到 1998 年，溶解态无机氮（DIN）的通量大幅增加为 481.76 万 t，其中 $NO_3^-$-N 占了绝大部分，为 99.1%，$NH_3$-N 占的比例大幅下降到了 0.6%，$NO_2^-$-N 占的比例大幅升高到了 0.3%，显示出了 1998 年长江大洪水流量剧增对长江入河口物质通量的巨大控制作用。三峡水库蓄水后的 2004 年，为 147.9 万 t，比 1998 年大洪水时期减少了约 333.856 万 t，下降显著。2004—2007 年 DIN 的年通量变化不大，由于 2005 年长江平均流量和 DIN 浓度均为近年来的高值，对通量有所影响，为 189.841 万 t，其余年份均在 143.591 万～147.9 万 t 范围内变化。三峡水库蓄水后，$NO_3^-$-N 占 DIN 通量的 89.8%～96.3%，$NH_3$-N 约占 3.0%～9.7%，$NO_2^-$-N 占 0.4%～0.7%。

长江溶解态无机磷（DIP）的入河口通量在 20 世纪 80 年代以前约为 1.36 万 t，1998 年增加为 2.30 万 t，2003 年增加至 3.28 万 t，仅 1998—2003 年就增加了 40%以上。长江三峡水库蓄水后，2004—2007 年 DIP 年通量分别为 4.5 万 t、4.36 万 t、

4.1 万 t 和 3.84 万 t，均高于蓄水前，2004—2007 年 DIP 通量呈逐年下降趋势，平均每年减少 0.165 万 t，与其在蓄水后的浓度变化具有良好的相关性。

20 世纪 70 年代前，溶解态硅酸盐（DSi）的年平均通量为 357 万 t，70 年代至 20 世纪末为 298 万 t，到了 2003 年下降至 275 万 t，呈缓缓下降趋势。2004 年 DSi 通量为 224 万 t，长江三峡水库蓄水后 1 年内通量减少了 51 万 t，且除了 2005 年，其余年份 DSi 通量均小于 230 万 t，2004—2007 年平均通量为 233 万 t，相比蓄水前减少了 15.3%。

### 3.2.5　长江河口及近海营养盐通量变化

（1）长江口水域 N 营养盐的变化

1996 年以来，长江口及近海的溶解态无机氮（DIN）浓度表现出一升一降的趋势，与流域的变化类似。1996—2000 年 DIN 浓度呈现上升趋势，而自 2000 年后，DIN 浓度不断下降。10 年间出现的最大值为 2000 年的 1.78 mg/L，最小值为 2005 年的 0.76 mg/L，平均值为 1.17 mg/L。同时，2003 年长江三峡工程蓄水以来，河口 DIN 的含量呈明显下降趋势。

1996 年以来，长江口 DIN 的上升趋势，应该与化肥施用量的增加有着密切的关系。而 2000 年以后，长江口附近海域 DIN 含量下降，可能是与污染源的治理力度加大以及长江流域水土流失、农业面源的控制有关。另外，2003 年后三峡大坝对营养盐的拦截有可能也对长江口 DIN 含量下降起到了一定的促进作用。

（2）长江口水域 Si 营养盐的变化

长江口附近海域的溶解态硅酸盐（DSi）浓度从 1996 年到 2003 年大体呈现出一个平稳的趋势，约在 2.6 mg/L。

与氮类似，长江口海域的溶解态硅酸盐（DSi）主要也是依赖长江径流输送。其分布也与 DIN 的分布类似，以长江口为最高，向外海方向递减。

20 世纪 60 年代以来，长江的年输沙量就一直处于下降的趋势，2006 年年输沙量甚至降至 0.86 亿 t，主要与长江流域各种水利工程建设有关。2003 年三峡大坝开始蓄水以来，长江入河口 DSi 的通量有所下降，相比蓄水前长江口及近海的 DSi 含量下降趋势更加明显（图 3.14）。

因此，长江流域越来越多的水利工程，尤其是三峡大坝的建成和蓄水，显著地降低了长江的泥沙含量，再加上长江中 N、P 含量偏高，刺激浮游植物大量生长，大量的 DSi 被吸收并沉降到水库底层，造成了长江对河口附近海域硅的输送量减少。

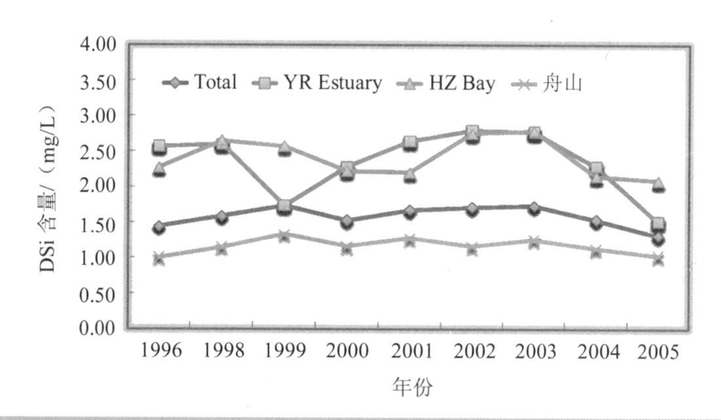


图 3.14 长江口及近海溶解硅浓度的年际变化[1]

（3）长江口水域 P 营养盐的变化

长江口及近海的溶解态磷酸盐（DIP）浓度的变化趋势与 DSi 基本相同，从 1996 年均值为 0.029 mg/L 上升到三峡水库蓄水的 2003 年的 0.041 mg/L，从 2004 年以来则又表现出比较明显的回落趋势。

根据 2003 年和 2004 年的调查结果，长江口海域中的磷以溶解态为主，TDP 又以 DOP 为主。DIP 平均含量为 0.015 mg/L，但 TP 含量较高。从水平分布趋势看，长江口水体中各形态磷浓度由长江口内向口外近海域总体呈下降趋势。由长江口内到长江口外围，TPP 在 TP 中所占的比例逐渐下降，而 TDP 的比例逐渐加大。

（4）长江口水域营养盐的比值

长江口无机氮的含量虽然在 2000 年以后出现下降趋势，但 10 年间均值依然非常高，而活性硅酸盐的含量一直在下降，并且还在加剧。因此，长江口及近海的硅氮比在近 10 年处于下降趋势。这种趋势并不是最近才出现的，40 多年来，长江下游营养盐结构发生了显著的变化，硅氮的摩尔比趋于不平衡。长江口海域高浓度的无机 N 含量以及低硅氮比值的变化已经对该区域的浮游植物生长产生了影响。

## 3.2.6 大型水利工程对长江河口及近海环境与生态的影响

（1）长江入河口泥沙减少对生态系统的影响

目前，长江口的来沙量呈大幅减少趋势，对长江口滩涂资源开发和维持湿地平衡会带来不利影响，长江河口生态环境受到一定程度的损害。

在长江口的最大浑浊带，悬沙的消光作用强于营养盐释放作用，使口门区的浮游植物生物量及密度显著低于附近水域。

1 长江口及毗邻海域环境状况调查分析报告[R]．2006 年 11 月。

三峡建坝之后，长江入海沙量，特别是细粒泥沙量的减少，使河口区水的自净能力有所降低。影响河口鱼类的产卵场和索饵场，导致鱼类成活率降低，影响了河口渔业资源结构（图 3.15）。

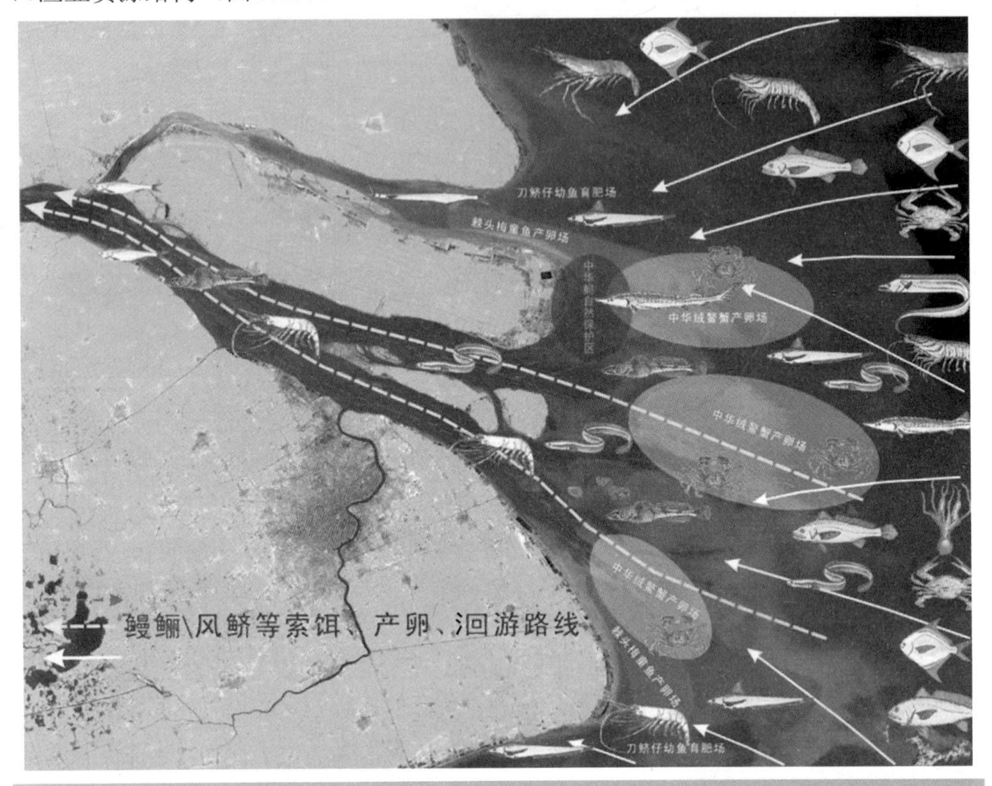


图 3.15　长江河口主要经济鱼类索饵场、产卵场、洄游路线示意图

另外，由于河口输沙量减少，河口沉积速率、沉积物组成与化学特性也发生相应变化，一些适应低沉积速率环境的底栖生物将向多样性发展，许多种的产卵场、育幼场的位置将向河口推移。一些种将受到限制，另一些种将得到发展。

（2）入河口营养盐结构的变化及其生态效应

长期营养盐结构的改变将导致河口和近海浮游硅藻和其他小型浮游藻类种群结构的改变，影响初级生产力的构成。三峡工程和南水北调工程等势必会进一步改变长江下游的水沙过程及物质通量和比例，从而对生态系统产生新的影响。

（3）氮含量的变化及其生态效应

长江流域大量使用的化肥中的 N 大部分都最终流失、汇入长江。长江三峡工程拦蓄水会对营养盐产生拦截作用。特别是由于 2003 年三峡大坝蓄水以来，库区浮游植物大量生长甚至发生水华，大量消耗营养盐。据估算，三峡大坝建成蓄水以后对无机氮的拦截可达50%。所以，三峡大坝对营养盐的拦截有可能也对长江口无机氮含量的下降起到了一定的促进作用。但在下游又会有大量的无机氮补充进来，因此，三峡大坝对于长江口无机氮含量会有多大影响尚不清楚。

（4）溶解硅含量的变化及其生态效应

长江流域越来越多的水利工程，尤其是三峡大坝的建成和蓄水，显著地降低了长江的泥沙含量，再加上长江中N、P含量偏高，刺激浮游植物大量生长而使大量的DSi被吸收并沉降到水库底层，造成了长江对河口附近海域硅的输送量减少。

（5）硅氮比的变化及其生态效应

40多年来，长江下游营养盐结构发生了显著的变化，一方面DIN浓度不断增加；另一方面，DSi浓度又在持续减少，因此硅氮的摩尔比趋于不平衡。长江口海域高浓度的无机氮含量以及低硅氮比值的变化会对该区域的浮游植物生长产生影响。

Si/N比已从20世纪60年代的10左右下降到目前接近1.0的水平，40年来减小近10倍。虽然，目前我们还不知道生态系统对此响应的程度，但影响在可预见的将来会持续地加强。

（6）浮游生物变化

长江口浮游植物种类组成与数量的季节变化同长江径流量有明显的关系。长江丰水期的巨大径流不但把大量营养盐携带入海，也在河口近岸形成了大面积低盐水区，有利于近岸低盐的中肋骨条藻大量繁殖，并成为长江口区决定浮游植物数量变动的关键性种类（图3.16）。另外一些淡水种类，如绿藻类的盘星藻（*Pediastrum* spp.）和栅藻（*Scenedesmus* spp.），亦常随径流进入近河口区。那些适盐较高的外海性种类主要分布在调查区外侧及受台湾暖流明显影响的水域。浮游动物生物量的季节变化与径流量关系密切，长江口生物量高峰均出现于径流流量高值月份（7—8月份）；在枯水期（冬季）生物量低；生物量波动原因除季节因素外，也与径流量周年变化呈正相关性，生物量在丰水期远远高于枯水期，生物量分布呈现自西北向东南部水域递增的趋势，高生物量区较小且分布不均匀[1]。长江河口及近海作为我国许多经济动物（如风鲚、无针乌贼、带鱼、银鲳、大黄鱼、小黄鱼、银鱼、鳓鱼、中华鲟、安氏白虾、中华绒螯蟹和日本鳗鲡等）的产卵场、育幼场和洄游场所，这些经济动物的繁殖周期以及洄游习性等受到入河口径流量及其节律的显著影响。因此，长江入海水量减少以及调水在时空上的选择，都难免与长江河口及近海生物分区、产卵场等的时空变化相冲突，其结果是难以提供足够适宜生物生存的空间和时间。

1 吴玉霖，傅月娜，张永山，等．长江口海域浮游植物分布及其与径流的关系[J]．海洋与湖沼，2004，35（3）：246-251。

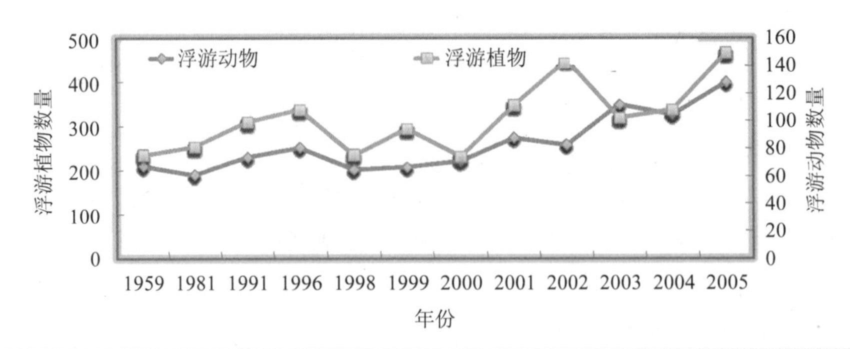


图 3.16 长江口及近海浮游植物和浮游动物种的年际变化[1]

1）浮游植物种群的变化

浮游植物种类增加、种群结构正在发生变化。

长江口及近海浮游植物绝对优势种类中肋骨条藻平均丰度为 $1.05\times10^5$ cells/L，在长江口水域比例高达 87.6%，是支配调查海域浮游植物数量的关键种。

20 世纪 80 年代，“三峡工程对长江河口区生态与环境的影响和对策”中所做的研究结果表明浮游植物细胞夏季丰度均值为 $2\times10^5$ cells/L，中肋骨条藻占 95%以上。目前看来中肋骨条藻所占的比例有所下降。

1996 年以来，长江口及近海浮游植物种类数呈现增加趋势，尤其是长江口增加比较明显，浮游植物种类从 1996 年的 165 种上升至 2006 年的 304 种，其主要原因与浮游植物的甲藻种类数量明显上升有关。

长江口甲藻种类组成比例呈现明显上升趋势，从 1996 年的 7.9%提高到 2006 年的 16.4%，上升了 2.1 倍。浮游植物中的甲藻密度比例也发生相应的变化，在过去的 10 年间，长江口甲藻的密度组成比例上升了 152 倍，而硅藻密度组成比例平均下降了 13 个百分点。

甲藻逐渐繁盛是长江口附近海域浮游植物种群结构变化的鲜明体现。作为初级生产力，浮游植物的这种变化对该区域的生态系统产生了重要影响。其中包括对赤潮发生的影响。近几十年来，东海海域赤潮发生次数呈现出明显的增加趋势。

2003 年以来，赤潮发生时，一些有毒有害的赤潮生物种类也时有出现，如亚历山大藻及米氏凯伦藻，赤潮生物种类不但从硅藻转向甲藻，而且有毒赤潮种也呈现出增加的趋势。

长江口附近海域浮游植物种群结构的变化可能是由于该区域硅氮比值的减少对浮游植物物种产生选择作用的结果。海域高氮的长期输入，导致长期高氮的河口

1 长江口及毗邻海域环境状况调查分析报告[R]．2006 年 11 月。

环境更能适应甲藻的生长。

"三峡工程对长江河口区生态与环境的影响和对策"[1]报告中评估认为：三峡工程蓄水导致流量减少，冲淡水面积缩小，中肋骨条藻数量会相应下降，必然对浮游植物总量和初级生产力带来不利影响；流量减少，外海高盐水西进，必然带来更多暖水性浮游生物，河口群落将发生变化。上述结论现在看来与 2003 年三峡蓄水以来浮游植物群落结构变化情况比较相符。

2）浮游动物种群的变化

浮游动物种群结构正在发生变化。1996 年以来，长江口海域浮游动物的种类呈明显增加趋势，种类分别从 1996 年的 50 种上升至 2006 年的 110 种，其主要原因与中小型的浮游动物种类及水母种类的大量出现有关。这一现象也证实了海域浮游生物的群落结构正在发生变化。甲藻群落正在快速发展，而浮游动物有向小型化、非饵料转变的趋势。浮游动物由于桡足类（尤其是原来的主要优势种——中华哲水蚤）的数量下降，加上中小型桡足类及水母的增加，相对的种类均匀程度提高，导致生物多样性呈上升趋势。

近年来，东海北部、黄海南部的渔业资源调查结果也显示，水母数量明显呈上升趋势，这与 20 世纪 80 年代后长江口及舟山渔场的渔业资源结构发生变化有较大的关系（图 3.17）[2]。

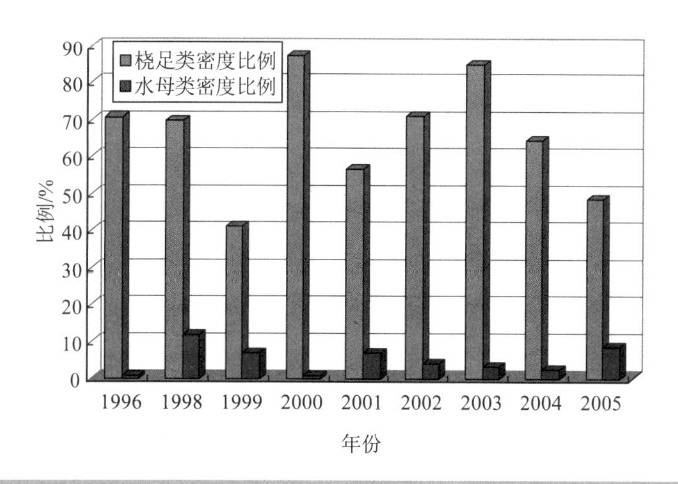


图 3.17 1996 年以来调查海域浮游动物桡足类、水母类密度比例变化

1 中国科学院三峡工程生态与环境科研项目领导小组. 长江三峡工程对生态与环境影响及其对策研究论文集[M]. 北京：科学出版社，1987.

2 本小节部分数据参考自"长江口及毗邻海域碧海行动计划"《长江口及毗邻海域环境状况调查分析报告》，2006 年 11 月。

“三峡工程对长江河口区生态与环境的影响和对策”[1]报告中评估认为：三峡工程蓄水导致流量减少，必然对浮游植物总量和初级生产力带来不利影响，必然带来更多暖水性浮游生物，河口群落将发生变化。对浮游动物种类分布的影响评估认为：三峡工程蓄水按 150m 方案，对淡水种、半咸水河口种、低盐近岸种的数量分布影响不大。与 2003 年三峡 135m 蓄水以来实际比较，浮游动物种群结构有了一定的变化，上述评估有些过于保守。

长江口及近海近 10 年浮游植物种类数呈现增加趋势，尤其是长江口增加比较明显。近 10 年来调查结果显示浮游植物种群结构已发生明显变化，甲藻种类组成比例呈现明显上升趋势，这主要与浮游植物的甲藻种类数量明显上升有关。

如果河口生态系统接受结构调整，其演化过程是否会被破坏尚不得而知。目前已知长江河口及近海的生态系统变化与长江大型水利工程的影响密切相关，但其影响的具体评价尚不清楚。

## 3.3 黄河流域大型水利工程对河口和近海的影响

### 3.3.1 黄河入河口水沙通量变化及大型水利工程的影响

（1）黄河入河口水沙通量变化

黄河入河口水沙量以利津水文站的记录为标准。黄河年均河口输沙量曾在 10 亿 t 左右，居世界第二位。年均入河口流量曾在 490 亿 $m^3$ 左右，仅为长江的五分之一。入河口含沙量年均为 25kg/$m^3$，居世界大河之首。自 1950 年以来，黄河入河口水沙通量对应于水库建设呈阶段性递减[2, 3]。1950—1968 年的年均河口径流量和输沙量分别为 501.5 亿 $m^3$/a 和 12.5 亿 t/a，2000—2007 年分别锐减至 141.3 亿 $m^3$/a 和 1.6 亿 t/a，仅为 1950—1968 年的 28%和 13%（图 3.18）[4]。

随着大型水库增加，洪峰和沙峰数量和频度逐渐减小。黄河入河口＞4 000 $m^3$/s 的洪峰流量在 1990 年以后消失，洪灾的隐患不复存在。1995 年后日均输沙率均小于 300t/s，沙峰造成淤积改道的威胁不再出现。洪峰和沙峰在三门峡、刘家峡和龙羊峡 3 个水库全部建成后的 1986 年以后基本消失，在 1996 年后完全消失。

---

1 中国科学院三峡工程生态与环境科研项目领导小组. 长江三峡工程对生态与环境影响及其对策研究论文集[M]. 北京：科学出版社，1987.

2 Yang Z S，Milliman J D，Galler J，et al. Yellow River's water and sediment discharge decreasing steadily[J]. Eos，1998，79：589-592.

3 Wang H J，Yang Z S，Yoshiki S，et al. Stepwise decreases of the Huanghe activities[J]. Global and Planetary Change，2007，(57)：331-354.

4 杨作升，李国刚，王厚杰，等. 55 年来黄河下游逐日水沙过程变化及其对干流建库的响应[J]. 海洋地质与第四纪地质，2008，28（6）：10-18.

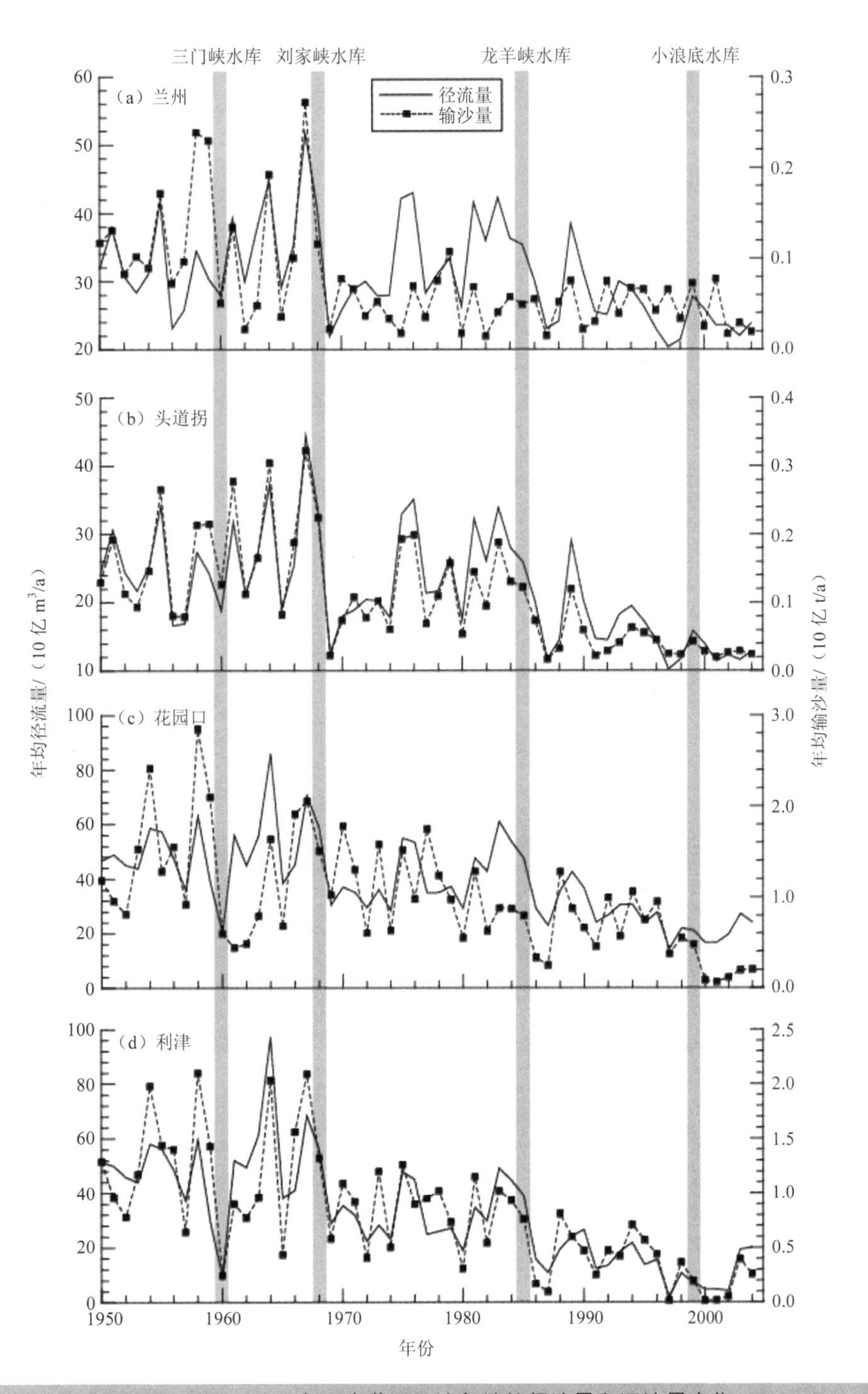


图 3.18　1950 年以来黄河干流各站的径流量和泥沙量变化

（2）大型水利工程对黄河水沙通量变化的贡献率

黄河流域气候变化是造成黄河流量变化的主要原因之一。不同学者认为气候变化对黄河流量的影响在40%～50%之间[1，2，3]。

Xu[2]得出影响泥沙减少的因素中，人类引水、耗水占41.3%，降水减少占40.8%，气温升高占 11.4%，水土保持措施占 6.5%。自然因素导致的下游水沙通量减少占52%，人类因素占48%。Wang等[3]通过分析1950—2005年来黄河主要水文站流量、耗水量、降雨量等数据，认为流域内降雨对流量减少所占的贡献可达51%，而人类建坝等因素可达49%。

根据黄河花园口的资料，水库拦截对流域泥沙减少量的贡献占30%（图3.19）[4]。考虑大坝运作引起花园口以下的下游河道引水量增加而导致的输沙量减少，大坝因素对黄河入河口利津站泥沙通量减少的贡献还可能有所增加[5]。

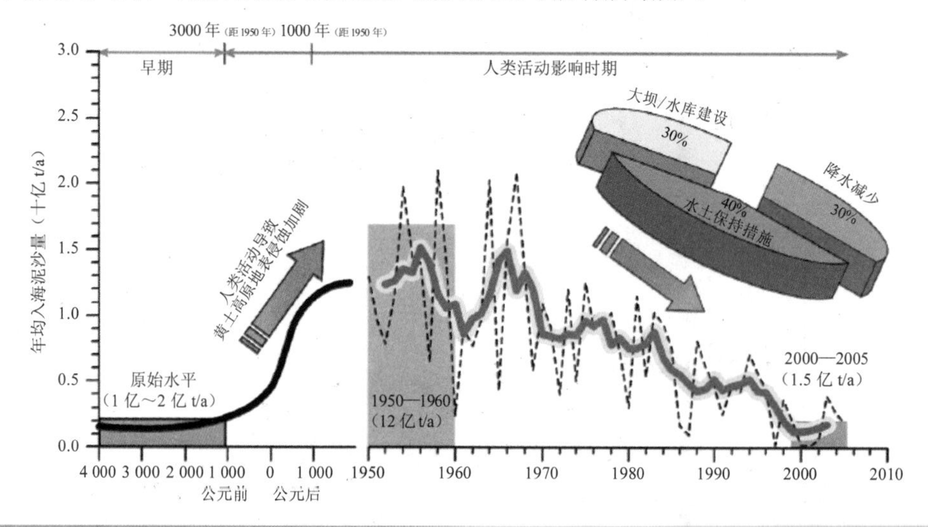


图3.19 全新世中期以来黄河泥沙变化情况和不同影响因子的贡献

1 Xu J X. River sedimentation and channel adjustment of the lower Yellow River as influenced by low discharges and seasonal channel dry-up[J]. Geomorphology，2002，（43）：151-164.

2 Xu J X. The water fluxes of the Yellow River to the sea in the past 50 years，in response to climate change and human activities[J]. Environmental Management，2005，35：620-631.

3 Wang H J，Yang Z S，Yoshiki S，et al. Interannual and seasonal variation of the Huanghe water discharge over the past 50 years：connections to impacts from ENSO events and dams[J]. Global and Planetary Change，2006，50：212-225.

4 Wang H J，Yang Z S，Yoshiki S，et al. Stepwise decreases of the Huanghe（Yellow River）sediment load（1950—2005）：impacts of climate change and human activities[J]. Global and Planetary Change，2007，（57）：331-354.

5 杨作升，李国刚，王厚杰，等．55年来黄河下游逐日水沙过程变化及其对干流建库的响应[J]．海洋地质与第四纪地质，2008，28（6）：10-18.

### 3.3.2 黄河入河口泥沙通量变化与河口及近海的地貌效应

（1）黄河口及三角洲的岸线演变

根据 Landsat 卫星遥感影像提取了三角洲的海岸线（平均高潮线），三角洲的不同区域岸线呈现不同的演化特征（图 3.20）：

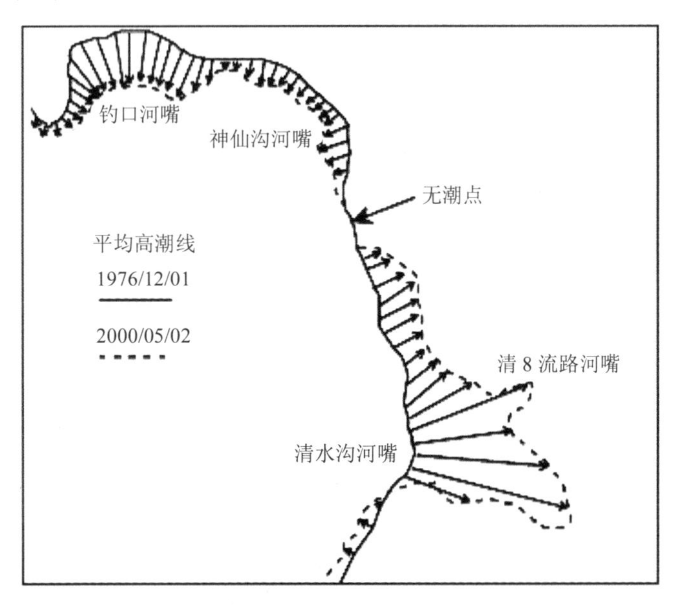


图 3.20 黄河三角洲海岸线变化过程[1]

1）现行河口区：自 1976 年改道以来，活动三角洲叶瓣快速向海淤进，到 1996 年为止形成了向莱州湾延伸的喙状河嘴；1996 年 5 月河道发生人工改道，由清八汊河入海，河口向东北方向延伸。由于入海泥沙快速减少，在 1976—1996 年行河的河口到 2005 年已经受到明显的侵蚀，而现行河口向东北的延伸速率和造陆速率明显降低。而孤东区域（现行河口以北）由于受沿岸海堤的控制，海岸线自 20 世纪 80 年代初以来维持不变，但是海堤附近的海岸侵蚀已经成为目前三角洲面临的严峻挑战。

2）废弃三角洲叶瓣区：自 1976 年黄河改道以来，北部废弃三角洲叶瓣泥沙供应断绝，侵蚀加剧，岸线持续后退，后退的距离和速率与局地动力环境差异和沿岸海堤修建有关。1996—2005 年由于人工控制，海岸蚀退速率在减缓。

在行水河口，河流来沙直接输入，堆积速率大于海洋动力的侵蚀速率，海岸向

1 Chu Z X，Sun X G，Zhai S K，et al. Changing pattern of accretion/erosion of the modern Yellow River（Huanghe）subaerial delta，China：based on remote sensing images[J]. Marine Geology，2006，227（1-2）：13-30.

海推进，而废弃河口，河流来沙断绝，海洋动力成为主导因素，在波、流作用下海岸不断向陆蚀退。从整体上看，除现行河口的局部区域以外，三角洲的岸线呈现明显的后退。

（2）黄河口及水下三角洲冲淤变化

1976 年黄河改道清水沟以来，废弃三角洲叶瓣区产生明显的沿岸侵蚀，在过去的淤积区产生了 3 个近岸侵蚀中心，1976—1988 年的最大侵蚀厚度可达 8m 左右。由于泥沙供应断绝和该区域强烈的波浪作用，在潮流和斜坡重力作用下形成离岸传输。现行河口区域的水下三角洲在 1976—1988 年呈现快速淤积，形成了以现行河口为沉积中心的南北向扩展的淤积区，岸线向海推进（图 3.21），在这一时期，三角洲冲淤格局存在显著的南北分异，泥沙供应改变和动力环境差异是产生冲淤地貌分异的关键原因。

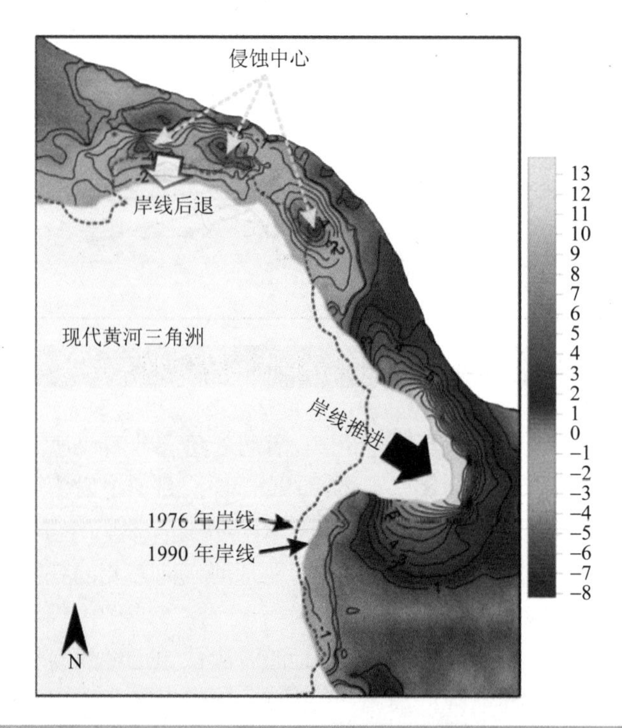


图 3.21　1976—1990 年黄河水下三角洲的冲淤变化

1989 年以后，黄河入河口泥沙通量的快速减少引起三角洲地貌的快速响应。目前，除现行河口的局部小范围淤积外（最大淤积厚度仅有 3m 左右），水下三角洲已经呈现整体的冲刷，冲淤地貌的南北分异格局已经不复存在。

（3）主要结论

1）与流域大型水利工程的运用相对应，1950年以来黄河入河口泥沙通量呈现快速的阶段性减少，1997—2007年入河口泥沙通量已经剧减至1.6亿t/a，仅为过去平均水平的12%。人类活动对黄河入河口泥沙通量的快速减少有主导作用。

2）黄河入河口泥沙通量的快速减少导致三角洲岸线后退，现行河口的淤进速率减慢，水下三角洲出现整体性冲刷，显示出河口及近海地貌对入河口泥沙通量减少有显著的响应关系，三角洲的整体蚀退不可避免。

3）黄河流域内人类活动影响下入河口泥沙通量的快速减少、河口及邻近海域的地貌响应展示了当前河流流域-海岸相互作用系统中的输入-响应关系，亟须在流域-海岸带的综合管理方面开展相关调控措施的研究。

### 3.3.3 黄河入河口营养盐通量变化及大型水利工程的影响

黄河是渤海最大的入海河流，其营养盐浓度的变化必然会对渤海的生态环境特别是浮游植物产生重要影响。但是这种影响主要是通过入河口营养物质的总量来实现，即黄河入河口径流量更为重要。

从20世纪80年代到2001年，黄河营养盐的入河口通量呈显著降低的趋势，1997年由于断流达226天，水量少，营养盐通量最低。2001年以后由于水量增加，营养盐通量明显增加，尤其是无机氮增加幅度较大。近40年来渤海无机氮的浓度呈逐渐升高的趋势，1982—1993年变化幅度不大，1998年以后增加幅度明显加大。2003年以后无机氮通量已明显高于20世纪80年代。1992年黄河径流量比1982年减少55%，DIN输送通量减少47%；同样地，1998年黄河径流量比1992年减少20%，而DIN通量却仅减少1%；2005年黄河径流量比1992年增加了97%，而DIN通量却增加了近3倍。这说明2000年以前，由于黄河径流的减少，使得进入渤海的氮通量相对减少；在2000年以后，黄河水量逐渐回升，同时DIN浓度大幅上升，导致DIN入海通量快速上升，这势必进一步提高渤海DIN的浓度。

磷酸盐的含量从20世纪50年代到80年代呈逐步降低的趋势，随着黄河入河口径流量的减少，DIP入河口通量也不断地减少。从20世纪80年代到20世纪末，黄河磷的入河口通量呈逐渐降低的趋势；2000年以后黄河磷酸盐通量相对显著增加，黄河水中DIP浓度基本持平。

黄河硅酸盐浓度基本维持不变，其通量主要受流量控制。硅酸盐的浓度1958—1992年随流量降低而减少，呈逐渐降低的趋势，而1992—1993年与1998—1999年硅酸盐的含量基本保持恒定。值得注意的是，2005年硅酸盐的浓度又有显著升高，可能与近几年黄河调水调沙使得硅酸盐输入增加有关。

自2002年以来，黄委会实行了黄河大型水库联合调水调沙工程，通过制造人工洪峰方式，在短短的15～22天内将全年约30%的水量和50%的沙量输送入河口，同时也使得黄河向渤海输送的营养盐在时间上非常集中，污染物也会发生冲击式排放，使物质通量在年内的分布产生重大变化。

由于调水调沙期间在相对较短的时间内（10～19 天）输送了大量的水沙，同时也向黄河口输送了大量的营养盐，这使得黄河向渤海输送的营养盐在时间上非常集中。2002 年、2004 年、2005 年、2006 年调水调沙期间水量占全年的比例分别为56.9%、22.8%、23.0%、18.8%，无机氮的通量占年通量的比例分别为48.6%、17.2%、19.5%、17.9%，磷酸盐的比例分别为61.4%、20.1%、26.7%、18.3%，硅酸盐的比例分别为66.7%、21.2%、21.9%和20.6%。调水调沙对应月份的水量及营养盐通量占全年的比例明显高于未调水调沙的年份，调水调沙对营养盐输送通量在年内的分配产生重要的影响。入海物质事件性集中输送势必对河口和渤海生态系统产生重要影响，调水调沙使得黄河营养盐向河口的输送在时间上非常集中，黄河向渤海输送的营养盐通量在年内的分布产生重大变化，但这种影响目前尚不清楚，需要进一步的调查研究。

### 3.3.4　黄河大型水利工程对河口及近海环境与生态的影响

黄河是世界上含沙量最高的河流，过去多年年均向河口海域输送的泥沙约 10亿 t，入海流量占渤海径流入海量的3/4左右，造就了河口及其附近海域含盐度低、含氧量高、有机质多、饵料丰富的优势，是黄渤海渔业生物的主要产卵场、育幼场和索饵场。随着黄河入河口径流量和泥沙量的大幅度减少，大量入河口丰富的有机质和无机物也随之减少，从而影响到这一带特有的水生生物资源的丰富度，带来生态环境的变化。

（1）海水盐度变化的影响

由于黄河淡水输入量的逐年减少，黄河口海域水域表层海水的盐度与40年前相比，大约升高了1/4，使一些适宜低盐度环境生长发育的海洋生物难以适应，一些鱼类产卵数量明显减少。入海淡水的减少也导致河口营养物入海量下降，海洋生产力水平有所降低。1959 年以来，盐度变化以春季最明显，表层盐度平均值2002年比1992年高2.49，比1982年高2.74，比1959年高4.3。底层盐度平均值1998年比1992年高1.59，比1982年高1.55，比1959年高3.12。2002年，河口区表层海水的最高盐度已达34.2，与1959年同期相比，增加了约25%，而2003年和2004年盐度与2002年相比则有所降低。淡水输入量的逐年减少，是导致该区域海水盐度增加的主要原因。

（2）近海营养盐的影响

对比1998年与1992年同期河口海域同范围表层海水化学特征资料，发现硅酸盐增加幅度较大，较1992年增加68%，磷酸盐增加了195%，总无机氮增加了40%。其中亚硝酸盐增加了127%，硝酸氮增加了62%，氨氮减少了35%。

N/P值是考察海区营养盐结构的重要指标，通常以Redfield值（N/P=16）为开阔海区的适宜值。显著小于这个值说明氮的相对供给不足，称为氮限制，此时浮游植物的生长主要是由溶解无机氮控制；相反，如果显著高于16，就是磷酸盐的供给相对不足，为磷限制，此时浮游植物的生长由磷酸盐控制。同样，Si/N比值的适宜值在1～2之间，小于1的时候就是硅限制。渤海中部海域的N/P值近40年来大幅度上升，在20世纪80年代以前是1～3，90年代初期是6，至21世纪初上升至40。而Si/N值发生相反的变化，20世纪80年代以前在10以上，到90年代降至1～4，2005年已经降至0.55。自20世纪80年代以来，渤海中部水域已经向磷和硅限制的方向演变，而经过5年的变化，以目前的资料看，渤海中部水域已经是硅和磷限制。这仅仅是从2005年营养盐的资料来分析，还需要更多研究。N/P和Si/N值的变化，势必引起浮游生物的种群结构发生变化，赤潮发生频率也将增加。

（3）黄河三角洲湿地资源减少

黄河三角洲在1984年以前年均造陆22.4km$^2$，曾是世界上增长最快的三角洲。由于入海泥沙供应量锐减，三角洲逐渐停止增长，1998年开始转为负增长，年蚀退速率为1.5km$^2$，其东北部岸线1976年以来蚀退了12km，湿地面积正逐年减少，削减和延缓洪水的作用减弱，生物物种减少，有些甚至已经永远消失。而生物多样性是人类赖以生存的条件，也是实现社会经济可持续发展的基础。目前，黄河三角洲湿地生态系统受到来自各方面的威胁，已经变得很脆弱，目前黄河三角洲处于全面蚀退状态，对湿地资源的影响将更大。

（4）黄河口及近海赤潮大面积暴发

黄河口及近海20世纪80年代就发生过赤潮，随着污染加重，近几年来出现赤潮的频度有增无减。1982年6月、1989年8月、1990年6月，黄河口发生以夜光藻为主的赤潮，造成鱼虾死亡，毛虾张网无获。1992年6月，黄河口赤潮造成经济损失1800万元。1993年8月、1994年6月、1997年6月也相继发生赤潮。赤潮大面积暴发可能与该海域硅酸盐和无机氮含量大幅度增加有关。

（5）对河口附近海域渔业的影响

20世纪70年代以来，由于陆源排污量的增多和黄河入海量的减少等原因，黄河口及其近海环境质量下降，导致了经济海洋生物产卵场消失，渔业资源遭到破坏。黄河口海域鱼类种类及数量有减少的趋势，淡水种和半咸水种有消失的迹象。鱼类产卵期取决于鱼的适温习性和环境的变化，性成熟的提早或推迟，直接影响到种群的补充。如黄河断流期是对虾的产卵、育幼期，水温降低和盐度增高将影响幼体仔虾成活率、生长速度，最终影响对虾种群的数量和资源量。黄河断流后，海水盐度、温度的改变，会增加外海种的入侵机会，打破饵料生物原有的种类组成和数量结构，进而影响该水域鱼类资源量的变动。中国水产科学研究院黄海水产研究所于1982—1983年、1992—1993年和1998—2000年先后三次在渤海进行定点底拖网式渔业资源调查，结果表明，16年来春、秋两季渔业资源呈急剧下降趋势。近年渔期提前，盛期缩短，诸多经济种类（如小黄鱼等）群体稀少，已无渔汛。

## 3.4 中国主要河流水利工程对入河口水沙通量及河口和近海的影响简述

### 3.4.1 中国8条主要河流水利工程概况

辽河、海河、黄河、淮河、长江、钱塘江、闽江和珠江是中国8条主要入海河流，8条河流流域建设了大量水利工程。

至2006年，在北方的辽河、海河、黄河和淮河4条主要河流上，分别修建了1218个、1868个、2752个和8538个水库，包括190个、33个、22个和75个大、中型水库。辽河、海河和黄河水库的总库容已超过了河流的天然径流量，说明北方河流的水沙输送基本上受控于水利工程。其中大、中型水库的库容占总库容的88%～99%，在水库调控中起着决定性作用。

至2006年，在南方的长江、钱塘江、闽江和珠江4条主要河流上，分别修建了50000个、10000个、1560个和14112个水库，包括1264个、200个、43个和678个大、中型水库。其中大、中型水库总库容为水库总库容的16%～86%，表明南方河流的水沙已受到水利工程的重大影响。

### 3.4.2 主要河流入河口水沙通量变化及建坝的影响

根据《中国河流泥沙公报》的资料，1954—2007年的54年间，中国8条主要河流入河口泥沙量总输沙量平均值为13亿t/a左右。自20世纪60年代以来发生阶段性锐减，1954—1968年年均输沙总量约为19亿t。自20世纪70年代以来中国河流入海泥沙量全面减少，在20世纪90年代以后出现锐减，2000—2007年年均仅为4亿t（1954—1968年的21%）左右。入河口径流量有较大的波动，但总径流量54年来平均值为12640亿$m^3$/a左右，基本上维持不变（图3.22）。

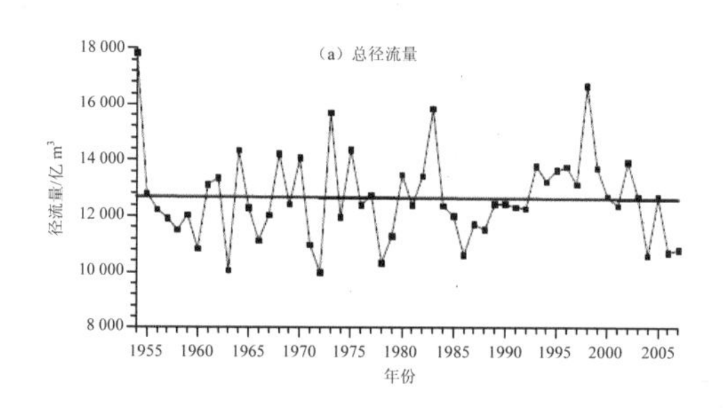


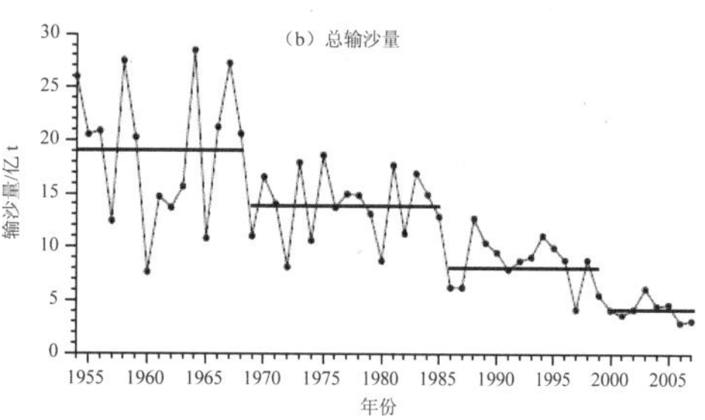


图 3.22　中国主要河流入河口水沙总量逐年变化图

总输沙量呈现四阶段减少。

1954—1968 年是半个世纪以来入海泥沙量最大的时间段，入海泥沙约 19 亿 t/a，进入 70 年代以后，入海泥沙总量开始减少，1969—1985 年入海泥沙为 14 亿 t/a 左右，1986—1999 年为 8.5 亿 t/a 左右，而 2000—2007 年仅为 4 亿 t/a 左右，仅相当于最大时期的 21%，入海泥沙量出现了锐减。各条河流入海泥沙量都出现了下降趋势，尤其是对入海泥沙总量贡献最大的黄河，从 20 世纪五六十年代的 12 亿 t/a 锐减至最近时期（2000—2007 年）的 1.6 亿 t/a。

8 条主要河流入海水沙的变化可分为两种类型：北方型和南方型。北方的 4 条河多年来入海水沙同步减少，而南方的 4 条河入海泥沙持续减少的同时，水量却基本上保持不变或有所增加。至 2006 年，北方的辽河、海河、黄河和淮河入海水量分别减少了 60%、94%、72% 和 50%，沙量减少高达 99%、99%、87% 和 66%，辽河和海河实际上已没有泥沙入海，北方河流入海沙量减少特别严重。

辽河、海河和黄河是中国北方的 3 条主要入海河流，其年均入海径流量和输沙量的变化特征为逐年波动式同步减少，同时，流域年均平均降水量也呈同步下降趋势。

南方的长江、钱塘江、闽江和珠江入海泥沙分别减少了 67%、42%、41% 和 65%，但水量基本上不变或有明显增加。长江泥沙减少有 80%是建坝的贡献，钱塘江的情况与长江类似。闽江和珠江泥沙减少量分别有 45%和 67%是建坝的贡献，河道挖沙在泥沙量减少中也占很大比重。

导致河流入海泥沙减少有两方面的原因：1）降水量变化。在北方河流流域地区，半个世纪以来的降水量大约减少 20%，对入海泥沙的减少有一定影响，以黄河为例，大约在 10%。在南方河流地区，半个世纪以来的降水量变化不大。2）流域人类活动，这是造成入海泥沙锐减的主要因素。主要有 3 个因素：1）大量水库的建设，尤其是大型水利工程的建设和运作，不仅拦蓄了大量泥沙，而且导致引水量和耗水量大幅度增加，使河流泥沙大幅度减少；2）水土保持工程对入海泥沙减少有显著影响；3）河道及河口挖沙对南方河流入海泥沙有一定影响，对珠江入海泥沙的减少影响较大。半个世纪以来中国河流泥沙的减少趋势主要受人类活动影响，气候变化是淮河以北的河流泥沙减少的原因之一，但不是决定性因素。

总体上看，8 条河入河口泥沙减少的因素中建坝占 50%～60%，气候变化引起的降水量减少为 20%～30%，其他人类活动为 20%～30%。

### 3.4.3 主要河流入海泥沙量锐减对河口及海岸的影响

目前，中国的大陆海岸线约有 1/3 遭受侵蚀，尤以渤海和黄海沿岸较重，而河流入海泥沙的减少是主要因素之一。入河口泥沙的减少对海岸侵蚀的影响不仅仅发生在长江和黄河两大三角洲，对中国其他河口海岸的影响也十分显著。海岸遭受侵蚀是入海泥沙量锐减最明显的直接后果。例如，引滦入津工程以后引起了入滦河口水沙的大幅度减少，对滦河三角洲岸线演变有显著的影响。工程前，滦河多年平均入河口水量为 $4.19\times10^9$ $m^3$，入河口沙量为 $2.2\times10^7$ t，工程后（1980—1984 年）入河口水量为 $3.55\times10^8$ $m^3$，入河口沙量为 $1.03\times10^6$ t，平均入海水量和沙量分别减少了 92%和 95%。工程前海岸线向海延伸，最大延伸速度达 81.8 m/a，工程后岸线普遍侵蚀后退，后退速率以口门为最大，达 300 m/a。

据报道，中国 7 成砂质海岸被严重侵蚀，5 成以上滩涂湿地丧失[1]。入渤海的辽河、海河、黄河 3 条北方河流入河口泥沙量减少高达 87%～99%，而渤海海岸的侵蚀也最为严重。除黄河三角洲海岸已发生全面蚀退外，辽宁沿渤海海岸自 20 世纪 70 年代以来至今已因为侵蚀和围填海工程缩短了 260 km，辽河口附近海岸蚀退速率达 2.5～5 m/a，滦河口达 15～300 m/a。黄海、东海、南海沿岸也类似，江苏海岸有 2/3、海南岛海岸有 80%左右受到侵蚀，海口沿岸受到侵蚀达 5 m/a。除围填海等工程因素及海平面上升影响外，河流入海泥沙量减少是主要原因之一。

海岸侵蚀是当今全球海岸带普遍存的灾害现象，它将产生一系列海岸灾害，如加大海水入侵、吞蚀海岸土地、破坏沿岸构筑物和工农业生产、土壤盐渍化、对围填海工程临海堤坝的防护不利、破坏海岸带生态系统等。预计未来入海泥沙仍将继续减少，海岸发生进一步侵蚀将不可避免。

---

1 王宏．海洋经济发展中的 5 大尴尬现状．全国海洋经济发展试点工作会议讲话，2010.

## 3.5 实现河口及其近海生态系统健康的主要挑战

### 3.5.1 对河口及近海生态系统影响重大，未来将持续增强

中国15m以上大坝占世界一半，30 m以上大坝占世界37%，高居世界第一位。流域大型水利工程使入河口的河流物质通量发生重大变化，对河口及近海生态系统影响重大，是河口及近海生态系统恶化的主要因素之一。大量大坝和南水北调工程正在建设中，建成后对河口及近海的影响将进一步增强。建成后的大型水库将实现多个联合水沙调控运行，人工调控入河口物质通量的能力将大大加强，对河口及近海环境的影响在未来将更加增强。

### 3.5.2 缺乏可借鉴的政策和经验

认识流域大型水利工程对河口及近海生态系统健康有哪些影响，并进行经济、社会和环境评价，是提出实现河口及其近海生态系统健康对策建议的依据。但是，目前国内外只有对大坝本身及河流上下游生态系统影响的论述，基本上没有论及对河口及近海生态系统的影响和对策。如IUCN/UNEP/WCD提供的“大坝的生态系统影响”（Ecosystem Impacts of Large Dams）[1]，世界大坝委员会（WCD）的两份报告“大坝的环境和社会影响评价”[2]和“大坝的社会影响”[3]，以及“20年来世界大坝的社会影响评价”[4]等，都没有涉及大坝对河口及近海生态系统的影响和对策。在这方面国内外尚无成熟经验可以借鉴。中国政府对大坝功能的认识，也经历了由只注重经济和社会功能到将生态功能纳入目标的发展历程。例如，小浪底水库建设最初只把黄河不断流、河床不抬高作为主要目标，后期则要求水库要起恢复河道生态功能作用。如调水调沙后黄河下游已不再断流，黄河三角洲湿地生态有效改善[5]。因此，了解流域大型水利工程对河口及其近海生态系统健康的主要挑战，进一步提出对应的政策和对策，是一项迫切和艰巨的任务。

---

1 McCartney M，Sullivan C，Acreman M C，et al. Ecosystem impacts of large dams[R]. WCD Thematic review II，2000，1.

2 Sadler B，Verocai I and Vanclay F. Environmental and Social Impact Assessment for large dams. Final version. World Commission on Dams（WCD）[R]. WCD Thematic Review，2000，2.

3 Adams W. Downstream impacts of dams[R]. WCD Thematic Review I，2000，1.

4 Egre D and Senecal P. Social impact assessments of large dams throughout the world：lessons learned over two decades[J]. Impact Assessment and Project Appraisal，2003，21（3）：215-224.

5 矫勇．大坝水库与和谐发展——中国的探索与实践：在第23届国际大坝会议上的主旨演讲[J]．中国水利，2009（12）：1-3.

### 3.5.3 法律和管理体制上存在诸多不足

法律法规欠缺。目前中国有关海洋的法律、法规和规定中，没有针对流域大型水利工程对河口及近海生态系统影响的管理规定，流域管理的法律法规中也没有对河口及近海生态系统影响的内容。

管理体制不顺。一是“管不了”：相关的生态系统健康问题发生在河口及近海，由主管海洋行政部门进行管理，但问题根子在大型水利工程，只有通过海洋主管行政部门与流域大型水利工程主管行政部门进行协调管理才能解决问题。而海域行政主管部门与大型水利工程行政主管部门之间没有协调管理的机制，因此不能解决问题。二是“多重管”：河口及近海有多个涉海部门及其法规进行管理，相互协调不够，出现不同部门管理权限和法律、法规相互冲突的情形。

### 3.5.4 缺乏相应的科技支撑

中国流域大型水利工程的主要目的是防洪、发电和水量调蓄灌溉，兼顾航运，即解决陆域社会经济发展的需要，在很大程度上忽略了对河口及近海生态健康及其社会经济后果的影响。近年来政府有关管理部门对此已有相当程度的重视，水利部通过黄河联合调水调沙工程，对恢复黄河三角洲湿地生态系统进行了尝试，对长江上游水库群影响长江口生态系统的问题也日益重视。但相关的科学研究很少，许多关键的科学问题尚不清楚，难以对实现河口及近海生态健康为目标的流域大型水利工程管理提供科学支撑。

本章中提出了一些环境影响，但是，无论从长期观测资料还是科学研究本身，都远不能满足政策法规的制定和科学管理的需要，科技支撑的计划和投入远远不足。

### 3.5.5 公众认识和参与意识不足

从决策者到公众，对流域大型水利工程对河口及近海生态系统功能和价值的影响了解很少，对这一影响导致的社会经济损失不清楚。公众关注很少，参与几乎为零，有关问题缺乏有效的公众和舆论监督。

## 3.6 实现河口及其近海生态系统健康的对策

### 3.6.1 建立河口及近海管理和可持续发展协调机制

建立以生态健康和生态系统为基础的河口及近海管理及可持续发展协调机制

（协调委员会）。协调委员会成员应包括：大型水利工程行政机构、海洋管理机构、地方政府及其他利益攸关单位。协调委员会的主要功能应包括：信息共享、相互协调、联合和综合管理。协调委员会下设科学专家委员会，协助协调委员会工作。

### 3.6.2 建立和健全有针对性的法律和法规，强化执法体系

建议在中国发展、建立和健全与河口及近海生态健康相关的法律体系，包括针对减少大型水利工程对流域、河口及近海影响的环境管理法律法规。所建立的法律体系应建立在科学和客观理念的基础上，并充分借鉴有关的国际科学理念和经验。

建议加强执法力度和法律的强制性，以使新的法律法规有效可行。为加强法律的可行性和执行性，政府问责制、污染者赔偿法规、生态补偿法规、政府官员环境绩效评价及环境责任法规等，应纳入上述建议的法律和执法法规体系，依法追究官员的环境责任。

建议在以生态系统为基础的河口管理体制中建立专门针对大型水利工程影响的管理法规体系。

建议以长江和黄河流域及其河口和近海作为上述新法律法规和管理体制的示范区。

### 3.6.3 加强实现河口及近海生态系统健康和流域系统管理的科学支撑

建议建立流域大型水利工程等对河口及近海生态系统影响的系统评价体系及评估流程，以便于科学地了解大型水利工程对河口及近海生态系统的影响。

大型水利工程对河口及近海环境影响的评价，必须综合纳入流域发展规划，作为该规划的重要部分。

在大型水利工程的经济、社会和环境效益的评价中，加强河口及近海生态系统的科学资料、信息和知识的内容收集，以完整全面地评价大型水利工程的效益。

加强区分大型水利工程与气候变化和其他领域人类活动对河口及近海环境的科学研究，将其影响与其他因素剥离，以明确大型水利工程的作用。同时，对其他影响因素进行统一评价。

建议建立沿河流经河口到近海的长期环境监测站，以评价大型水利工程的影响；同时建立上述长期观测站资料共享法规。

加强对现有和未来流域水库群联合调控运行方式对河口及近海影响的科学研究和评价。

### 3.6.4 加强公众教育、认识和参与

建议开展教育，通过各种媒体加强公众对大型水利工程等对河口及近海生态系

统的环境影响。建立公众监督和参与评估大型水利工程对河口及近海生态健康影响的机制。

### 3.6.5 实现长江河口及近海生态系统健康的对策和措施

（1）建立以长江河口湿地为中心的生态系统健康地带；

（2）采取工程措施防止长江三角洲海岸侵蚀；

（3）通过大型水库调控，提供包括季节性流量变化在内的维持长江三角洲生态平衡及上海大都市区域供水安全所需最小径流量；

（4）在长江枯季和特枯年，南水北调工程运行时在枯季采取“避让”性调水；

（5）加强流域管理部门对长江流域大型水库群运行统一规划、有序联动的措施，对未来长江系列大型水库群联合运行对长江河口环境、生态的累加效应进行评价。长江流域新的大型水库规划与建设必须论证对河口及其邻近海域可能带来的影响；建立减少影响的法规，把对长江河口可能造成的负面影响减少至最低限度。

### 3.6.6 实现黄河口及近海生态系统健康的对策和措施

（1）通过大型水库调控，提供黄河三角洲维持生态环境健康的最小需水量；包括维持和恢复三角洲湿地的需水量；提供黄河口及近海海洋水生生物生态需要的最小需水量；在渤海对虾产卵和孵化的4—5月提供所需淡水径流量。

（2）通过大型水库调控，维持黄河三角洲冲淤平衡所需要的入河口泥沙临界量（约2.6亿t）。

（3）对黄河调水调沙导致的物质通量事件性排放的环境影响进行评估，提出减少对生态系统冲击的对策[1]。

---

1 本章图文编排得到毕乃双博士的大力协助，特此致谢。

# 第 4 章　围、填海对海岸带生态环境的影响

海岸带不仅为沿海人民（约占中国人口的半数）提供了栖息生活、捕捞养殖、港口运输、休闲旅游、能源、临海工业等多种产业发展的空间和资源，还发挥着净化污染、调节气候、促进物质循环等重要生态服务功能。进入 21 世纪，海洋经济正在成为中国经济和社会发展的重要产业和国民经济新的增长点，海岸带、海岛、海域资源开发利用的强度和密度进一步加大，给海洋生态环境带来了极大的压力。目前，已经呈现出近海污染加剧、各种自然资源大幅减少、生态服务功能显著下降等问题；海洋开发与生态环境保护之间的矛盾日益突出。

中国大陆海岸线长达 18000 km，按《联合国海洋法公约》，中国可管辖的海洋面积约 350 万 $km^2$。据 2006 年统计，中国东部沿海地区总面积 125 万 $km^2$，占全国陆地总面积的 13%，承载人口近 5 亿，占全国的 41.3%，地区生产总值占全国 GDP 的近 65%。沿海地区作为中国经济发展的龙头，正在不断加大海洋经济发展力度。2008 年 2 月，国务院批准实施《国家海洋事业发展规划纲要》[1]（以下简称《纲要》)。《纲要》提出的目标是：海洋经济发展向又好又快的方向转变，对国民经济和社会发展的贡献率进一步提高。2010 年海洋生产总值占国民生产总值的 11% 以上，海洋产业结构趋向合理，第三产业比重超过 50%，年均新增涉海就业岗位 100 万个，海洋经济核算体系进一步完善。

目前，沿海地区各级政府都在实施海洋经济发展规划。辽宁作出了“沿海五点一线”战略部署、河北提出建设“曹妃甸和沧州渤海新区”、天津加快实施“滨海新区开发开放”、山东努力推进“蓝色经济区”的发展模式、江苏着力进行“苏北沿海开发”、福建致力于“建设海峡西岸经济区”、广西推动“环北部湾经济区开发开放”，浙江、广东和海南也作出了建设海洋经济强省的战略部署。

新一轮的沿海经济高速发展，使城市、工业扩张与土地资源紧缺的矛盾更趋突出，围填海成为向海洋拓展生存和发展空间、解决土地资源性短缺和结构性短缺问

---

1 http://www.soa.gov.cn/soa/governmentaffairs/faguijiguowuyuanwenjian/gwyfgxwj/webinfo/2009/09/1270102488249554.htm

致谢：感谢荷兰交通、公共设施和水利部的 Ad Stolk 先生为本文有关荷兰围填海的现状及政策管理部分提供资料及提出修改意见。

题的重要手段。《上海市土地利用总体规划（1997—2010 年）》提出："开发滩涂资源，扩大土地供应总量，成为上海市主要土地后备资源"；浙江省和福建省制定了滩涂围垦总体规划；《江苏沿海地区发展规划（2009—2020 年）》中提出江苏省将加大滩涂围垦开发力度。《山东半岛蓝色经济区集中集约用海专项规划（2009—2020 年）》提出要实施集中集约用海。至 2008 年，中国的实际围填海面积已达 13 380 $km^2$，而据不完全统计，近 10 年内沿海地区还有超过 5 780 $km^2$ 的围填海需求。2012 年 10 月至 11 月，国务院两次对沿海 11 省市的海洋功能区划进行了批复，批准建设用围填海总面积 2 469 $km^2$ [1, 2]。如此加速发展围填海必将给沿海生态环境带来极为严峻的影响。如何合理引导围填海的进行，科学论证围填海工程对海岸带的影响，加强对围填海的规划与管理，实现海洋经济发展与海洋环境保护的平衡，是中国海洋可持续发展的战略需求。

## 4.1 中国围填海的现状及趋势

国家海洋局于 2008 年 7 月实施的《海域使用分类体系》[3]中对填海造地和围海进行了界定：填海造地指筑堤围割海域填成土地，并形成有效岸线的用海方式。填海包括城镇建设填海造地用海、农业填海造地用海及废弃物处置填海造地用海，也包括填成土地后用于建设码头、路桥、工业厂区及附属设施等海域的用海方式；围海指通过筑堤或其他手段，以全部或部分闭合形式围割海域进行海洋开发活动的用海方式。围海包括港池、蓄水等用海、盐业用海及围海养殖用海。

### 4.1.1 中国围填海的历史演变和现状

中国围填海的历史由来已久。早在汉代，中国就有围海的记载。唐、宋时江苏、浙江沿海，曾有围海百里长堤。

由于中国土地有限，许多地区和行业都把目光投向海洋，以拓展养殖、农田、城市以及工业发展空间。1949 年至 20 世纪末，沿海地区先后兴起了三次大的围填海热潮。

第一次是新中国成立初期的围海晒盐。从辽东半岛到海南岛，中国沿海 11 个省、市、自治区均有盐场分布，此间建成了中国最大的盐区（长芦盐区）和南方最大的盐场（海南莺歌海盐场）。这一阶段围海的环境效应主要表现在加速了岸滩的淤积。

第二次是 20 世纪 60 年代中期至 20 世纪 70 年代，围垦海涂扩展农业用地。此

1 http://finance.sina.com.cn/china/20121017/030613388993.shtml.

2 http://www.cnstock.com/08yaowen/roll/201211/2356627.htm.

3 http://www.cjk3d.net/viewnews-20.

阶段的围海工程不少是几十甚至上百 km$^2$ 的大工程，如福建省农业围垦的海涂面积约为 750 km$^2$；上海市这一阶段的农业滩涂围垦面积也有 333 km$^2$。这一阶段围垦的方向已从单一的高潮带滩涂扩展到中低潮滩，围填海的环境效应主要表现在大面积的近岸滩涂消失。

第三次是 20 世纪 80 年代中后期到 20 世纪 90 年代的大规模滩涂围垦养殖热潮。此阶段的围海造地管理工作开始步入科学化和法制化进程。各级政府加强了围填海工程的总体规划，上海、江苏、浙江、福建等省市均制定了海岸带和海涂管理条例。这一阶段的围海主要发生在低潮滩和近岸海域，围海养殖的环境效应主要表现在大量的人工增养殖使得水体富营养化突出。

进入 21 世纪，随着中国经济快速持续增长，特别是在工业快速发展和国家保护耕地政策加强、城市建设用地指标紧缩情势下，中国正掀起新一轮的大规模围填海热潮，在海滨、海湾和浅海海域填海造地，主要用来进行城镇和港口建设及发展工业等。这次填海造陆热潮波及的区域大，从辽宁到广西，中国东、南部沿海省市甚至包括县、乡一级行政区均在积极推行围填海工程。

根据国家海洋局对沿海各省市用海面积的统计，2002 年之前，中国（港、澳、台地区除外）共围填海 1 655.54 km$^2$。2002 年《海域使用管理法》实施后，国家每年将围填海规模控制在 100～150 km$^2$。2002—2007 年，围填海面积为 569 km$^2$（表 4.1）。两者相加，至 2007 年，中国已确权的围填海总面积为 2 225.04 km$^2$。

**表 4.1 中国沿海各城市 2002—2007 年确权用海面积统计表** 单位：hm$^2$

| 沿海各省市 | 2002 年之前 | 2002—2007 年 | 填海面积 |
|---|---|---|---|
| 辽宁 | 178.33 | 4 729.85 | 4 908.18 |
| 河北 | 2 117.19 | 1 231.657 | 3 348.85 |
| 天津 | 75.08 | 8 029.19 | 8 104.27 |
| 山东 | 8 511.41 | 3 294.73 | 11 806.14 |
| 江苏 | 90 241 | 8 042.96 | 98 283.96 |
| 上海 | — | 14 832.19 | 14 832.19 |
| 浙江 | — | 2 043.41 | 2 043.41 |
| 福建 | 62 611.43 | 9 757.82 | 72 369.25 |
| 海南 | 319.08 | 722.37 | 1 041.45 |
| 广西 | 470.01 | 1 911.54 | 2 381.55 |
| 广东 | 1 030.55 | 2 354.22 | 3 384.77 |
| 合计 | 165 554.08 | 56 949.94 | 222 504.02 |

注：数据来源于中国海洋发展研究中心项目数据。

然而，根据国家海域使用动态监视监测管理系统的最新监测结果[1]，1990 年中

1 付元宾，曹可，王飞，张丰收．围填海强度与潜力定量评价方法初探．海洋开发与管理，2010. 27（1）：27-30.

国实际围填海面积合计为 8 241 km$^2$，2008 年达到 13 380 km$^2$，平均每年新增围填海面积 285 km$^2$（图 4.1）。这个数字远大于海洋局统计的已确权数据。

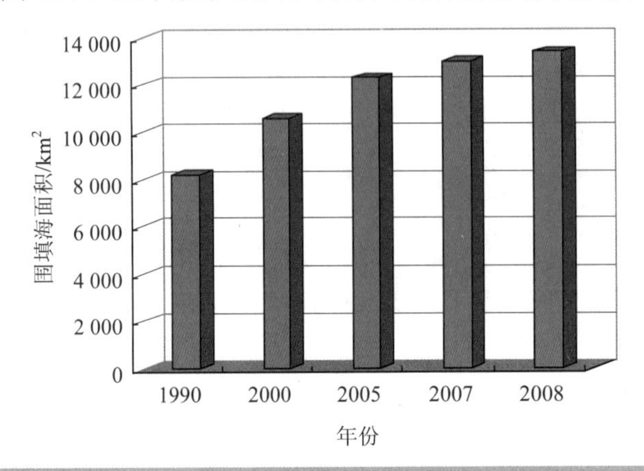


图 4.1 中国围填海累计面积历史变化趋势[1]

在围填海开发利用方向上，2002 年以前以农业围垦和围海养殖占主导地位，2002 年以后则主要用于港口和临海工业，分别占围填海总面积的 22.61%和 16.47%。围垦用海面积占围填海总面积的 42.46%（表 4.2）。

表 4.2 中国确权用海类型统计表

| 用海类型 | 2002 年之前/hm$^2$ | 所占百分比/% | 2002 年之后/hm$^2$ | 所占百分比/% |
|---|---|---|---|---|
| 港口用海 | 6430.78 | 3.88 | 12 878.547 | 22.61 |
| 临海工业用海 | 3371.08 | 2.04 | 9381.54 | 16.47 |
| 渔业基础设施用海 | 2735.55 | 1.65 | 629.71 | 1.11 |
| 旅游基础设施用海 | 54.76 | 0.03 | 5428.42 | 9.53 |
| 城镇建设用海 | 29.81 | 0.02 | 847.41 | 1.49 |
| 海岸防护工程用海 | 823.5 | 0.5 | 675.99 | 1.19 |
| 围垦用海 | 151 308.63 | 91.4 | 24 180.43 | 42.46 |
| 路桥用海 | 40.72 | 0.02 | 906.59 | 1.59 |
| 污水排放用海 | 330.95 | 0.2 | 151.09 | 0.27 |
| 工程项目建设用海 | 426.3 | 0.26 | 1171.73 | 2.06 |
| 电缆管道用海 | — | — | 42.75 | 0.08 |
| 科研教学用海 | — | — | 281.28 | 0.49 |
| 军事设施用海 | — | — | 34.87 | 0.06 |
| 其他用海 | 2 | 0.001 | 339.58 | 0.6 |

1 付元宾，曹可，王飞，张丰收．围填海强度与潜力定量评价方法初探[J]．海洋开发与管理，2010. 27（1）：27-30.

中国香港、澳门地区的闹市区都曾是海域。香港岛的商业闹市、港区、公寓几乎都是建筑在填海工程之上。1994—2004 年，香港共填海造地 32 $km^2$，其中 1999—2004 年填海造地 6 $km^2$。澳门人多地少，有限的土地不足以满足发展需要。澳门沿岸有许多淤积浅滩，澳门人视之为良好的后备土地资源。澳门的填海工程始于 1863 年。澳门半岛原有面积为 2.7 $km^2$；经过 20 世纪 20—30 年代以及 1994 年以后多轮大规模填海工程，澳门现有土地面积已达 23.8 $km^2$。澳门[1] 1991—2007 年共填海造地 8.4 $km^2$，其中 2006—2007 年填海造地 0.6 $km^2$。

## 4.1.2　未来 10 年沿海省市围填海发展计划

目前，沿海各省市都根据各地区的发展需要，作出了相应的围填海计划（表 4.3）。

表 4.3　沿海省市未来围填海计划

| 沿海各省市 | 规划期限 | 计划围填海面积 | 数据来源 |
| --- | --- | --- | --- |
| 辽宁省 | — | 未知 | — |
| 河北省 | —2020 | 452 $km^2$ | 《秦皇岛港总体规划》、《唐山港总体规划》、《黄骅港总体规划》、《曹妃甸工业区规划》等 |
| 天津市 | —2020 | 215 $km^2$ | 《天津海滨休闲旅游区总体规划》、《天津临港产业区总体规划》等 |
| 山东省 | 2009—2020 | 520 $km^2$ | 《山东半岛蓝色经济区集中集约用海专项规划（2009—2020 年）》 |
| 江苏省 | 2009—2020 | 270 万亩（1 800 $km^2$） | 《江苏沿海地区发展规划（2009—2020 年）》 |
| 上海市 | 2011—2020 | 60 万亩（400 $km^2$） | 《上海市滩涂资源开发利用与保护规划》 |
| 浙江省 | 2005—2020 | 262 万亩（1 746.67 $km^2$） | 《浙江省滩涂围垦总体规划（2005—2020 年）》 |
| 福建省 | 2005—2020 | 82.66 万亩（551.07 $km^2$） | 《福建省沿海滩涂围垦规划（2001—2020 年）》 |
| 海南省 | — | 未知 | — |
| 广西省 | 2008—2025 | 49.8 $km^2$ | 《广西北海市城市总体规划（2008—2025 年）》 |
| 广东省 | 2005—2010 | 146.10 $km^2$ | 《广东省海洋功能区划》 |
| 合计 | — | ＞5 780 $km^2$ | |

1 张军岩，于格．世界各国（地区）围海造地发展现状及其对我国的借鉴意义[J]．国土资源，2008.（8）：60-62.

河北省依托黄骅港、曹妃甸港设立渤海新区、曹妃甸新区，作为打造沿海经济隆起带的引领区域。曹妃甸工业区规划用海面积 310 $km^2$，其中填海造地面积 240 $km^2$。到目前为止，曹妃甸工业区累计投资超过 1 000 亿元。

《天津市空间发展战略规划》确定了“双城双港，相向拓展，一轴两带，南北生态”的总体思路和“一核双港、九区支撑、龙头带动”的发展战略，重点发展港口物流、临海工业、滨海旅游、海洋新兴产业等优势产业，现已初具规模且发展势头强劲。天津滨海新区规划面积 2 270 $km^2$，其中 2008 年 3 月国务院批准填海造地规划 200 $km^2$，涉及 8 个产业功能区。

《山东半岛蓝色经济区集中集约用海规划纲要》提出“创造集中集约开发建设新模式，拓展离岸岛群空间架构”，初步在山东省规划了“九大十小”集中集约用海区，拟采用人工岛模式，并定位不同的特色产业。9 大核心集中集约用海区包括“丁字湾海上新城”、“潍坊海上新城”、“海州湾重化工业集聚区”、“前岛机械制造业集聚区”、“龙口湾海洋装备制造业集聚区”、“滨州海洋化工业集聚区”、“董家口海洋高新科技产业集聚区”、“莱州海洋新能源产业集聚区”、“东营石油产业集聚区”。规划到 2020 年“九大十小”集中集约用海区规划海陆总面积约 1 500 $km^2$，包括近岸陆地 800 $km^2$，集中集约用海 700 $km^2$（填海造地 520 $km^2$，高涂用海 180 $km^2$），相当于在海上再造一个陆域大县。

江苏省 2005—2010 年共选划了 18 个围海造地区，计划围海造地总面积 400 $km^2$，规划到 2015 年，将江苏省打造成区域性国际航运中心、新能源和临港产业基地、农业和海洋特色产业基地、重要的旅游和生态功能区。浙江省温州市欲填海 40 余万亩（约近 300 $km^2$）。上海市 2010—2020 年规划填海造地 400 $km^2$。浙江省滩涂围垦总体规划 7 市 32 县区造地面积为 1 747 $km^2$。福建省 2005—2020 年规划 13 个港湾 158 个项目，围填海 571 $km^2$。

粗略统计，至 2020 年中国沿海省市的围填海需求在 5 780 $km^2$ 以上，几乎为 50 年来围填海总面积的一半。如此巨大的围填海需求如不妥善管理和控制，必将危害中国近岸海域和海岸带的生态环境。

### 4.1.3 中国围填海基本特征

（1）围填海的利用方向发生转变。自 1949 年至今，中国兴起的 4 次围填海热潮，分别从围海晒盐、农业围垦、围海养殖转向了目前的港口、临港工业和城镇建设，围填海所发挥的经济效益在逐渐提高。从过去社会经济效益较低的盐业、农业转向了社会经济效益较高的交通、工业和旅游娱乐产业。

（2）围填海规模持续扩大，发展速度不断加快。从 1990 年至 2008 年，平均每年新增围填海面积 285 $km^2$，2009—2020 年的围填海需求甚至平均在每年 500 $km^2$

以上，从过去的零散围填海工程转向大规模集中用海，明显呈现出规模持续扩大、速度不断加快的特点。目前，中国的大型围填海工程多，如河北唐山的曹妃甸工业园规划面积 310 $km^2$，河北黄骅港工程规划围填海面积 121.62 $km^2$。天津临港工业园规划面积 80 $km^2$，天津港东疆港区规划总面积 33 $km^2$。上海南汇临港新城填海规划面积 311.6 $km^2$，其中需要填海 20 万亩（133 $km^2$）。江苏省大丰市王竹垦区匡围面积 4 800 $hm^2$（48 $km^2$）。福建省罗源湾围垦工程围垦面积总计 107 933 亩（71.96 $km^2$），福建省湄洲湾围垦区的总面积约为 47 $km^2$，约占整个海湾面积的 10.57%。从 1950—1997 年，珠江口沿海 7 市围填海总面积共 829.12 $km^2$，年均围垦速度达到 17.27 $km^2$。1998—2003 年，珠江口沿海 7 市围填海总面积为 156.66 $km^2$，年均围垦速度 26.11 $km^2$，规模逐年扩大。

（3）围填海集中于沿海大中城市邻近的海湾和河口，对生态环境影响大。出于交通便利等因素，填海造地大多集中于沿海大中城市邻近的海湾和河口，造成海湾面积缩小，海岸线缩短，河口湿地面积缩减，海湾污染加剧，水动力减弱。例如钱塘江河口围垦、珠江口的围涂开发属于河口围海工程。而浙江的大塘港、江厦港，福建的西埔湾，广东的龟海，厦门的杏林海堤属于港湾围海工程。《山东半岛蓝色经济区规划》的“九大十小”集中集约用海区中，多个规划区位于港湾和河口。据国家海洋局北海分局的调查，1928—2006 年，胶州湾的海域面积从 535 $km^2$ 缩减至 353 $km^2$，在近 80 年的时间里就缩小了 34% [1]。围填海是胶州湾面积缩小的主要原因。目前，环渤海的重点开发海域经济开发区（如天津滨海新区、河北曹妃甸循环经济示范区、辽宁沿海经济带、黄河三角洲高效生态经济区等）也集中于渤海湾、辽东湾和莱州湾。据专家预测，如果按照目前的围填海速度，至 2020 年渤海的海域面积可能减少 1/10。

（4）项目规划与论证大多不够充分，审批周期短，项目实施快。中国的围填海项目从立项申请、论证、审批到实施，周期短、速度快，项目论证大多不够充分。目前一些沿海省市规定，海域使用论证单位从签约到正式提交海域使用论证报告的时间，一般不得超过 45 天。海域使用论证报告书的评审时间不得超过 15 天，论证单位修改报告书的时间不得超过 3 天。国务院审批的建设用海项目实际论证评审周期最短的半年，一般一两年，长的三年。许多项目甚至未经最终批准就开始动工。围填海项目在动工后，往往在几年之内就完成初期施工，进入运营阶段。如曹妃甸工业园一期工程 2004 年 10 月 7 日动工，2005 年 11 月完成一期建港，12 月 16 日开始开港通航，施工期历时仅 1 年[2]。这与荷兰鹿特丹港扩建的围填海项目长达 10

---

1 吴永森，辛海英，吴隆业，李文渭．2006 年胶州湾现有水域面积与岸线的卫星调查与历史演变分析[J]．海岸工程．2008.27（3）：15-22.

2 李晓靖，陈立华．开发建设河北省曹妃甸深水港口的动因及过程[J]．商场现代化．2007.（3）：232-233.

余年的立项论证审批过程和历时 5 年的一期施工过程（2008—2013 年）形成鲜明对比。

（5）管理难。2002 年《中华人民共和国海域使用管理法》（以下简称《海域法》）实施以前，围填海基本处于“无序、无度、无偿”的局面。2002 年 1 月《海域法》正式实施之后，围填海管理逐渐加强。目前已建立了海洋功能区划制度、海域权属管理制度、海域有偿使用制度、海域使用论证制度、环境影响评价制度、区域用海规划制度 6 项基本制度，并自 2010 年起实施围填海年度计划管理。《海域法》还明确规定：填海 50 $hm^2$ 以上的项目用海和围海 100 $hm^2$ 以上的项目用海应当报国务院审批。然而实际上，出于地方或部门利益，一些大型用海工程由地方领导所支持，常被冠名为“市长工程”或“省长工程”，往往超越各种审批程序，匆忙上马；一些地方性填海项目则采取化整为零、报少填多的措施，将大项目拆成若干小项目，逃避国务院控制，而改由省海洋行政主管部门直接审批，使得实际的围填海面积远远超过上报审批的面积[1]。此外，沿海省市水行政部门享有在淤涨型高涂上进行围垦的审批权，这也容易导致私自扩大围垦范围，假高涂围垦之名，实则围海至水深 3～4 m 的水域等问题。而地方海洋行政执法队伍由于直接归属当地海洋行政部门领导，也严重影响到了其执法的决断性和公平性，造成了一些地方围填海事实上几近“管理失控”的局面。

### 4.1.4　近阶段中国大规模围填海原因

（1）经济快速发展、城市化程度提高，对土地的需求急剧增加。近年来，随着中国经济和各项建设的快速发展，土地紧张的矛盾日益突出，特别是东部沿海地区尤为明显。由于国家实行了严格的土地管理制度，加大耕地保护力度，陆地发展空间受限，许多地方把眼光盯向海洋。实施围填海工程一方面可以增加土地面积，在一定程度上缓解建设用地紧张；另一方面通过出让土地获取土地收益增加财政收入，更为重要的是实施围填海可以有效实现耕地的占补平衡，从而扩大城市近郊耕地的实际占用，既获得巨大的土地收益增加了地方财政收入，又规避了政策。2009 年，为了积极应对全球金融危机，保持经济平稳较快发展，国家先后作出了十大重点产业的调整振兴规划，石化、钢铁、造船、火电、核电等重工业将大规模向沿海地区转移。这进一步加大了沿海地区的土地压力，围填海成为拓展发展空间的主要出路。

（2）填海造地成本较低，巨大的经济利益刺激。现阶段围填海工程不受国家土地政策的控制，海域使用金相对低廉，没有征地搬迁的费用，也没有破坏生态系统

---

1 王孟霞，填海造地急需降温[J]．中国船检．2005．（4）：24-2.

的补偿费用。如山东省五垒岛湾和靖海湾的前岛高端制造业聚集区的成本估算表明，滩涂填海成本3万～4万元/亩，平均4m水深的近海海域填海成本约10万元/亩，而陆上征用土地的成本在14万元/亩以上。对福建省福清湾围填海工程的估算[1]表明，围填海的工程成本为76～85元/$m^2$，可产生的经济效益为418～552元/$m^2$。另据报道，商用填海造地每亩的成本在20万元左右，而卖给开发商则高达每亩500万[2]。巨大的经济利益直接驱动了围填海的大规模发展。

（3）不少地方政府海洋环境意识淡薄。海岸带作为中国特殊的宝贵资源，长期以来各级政府均存在重开发轻保护的倾向。沿海政府有些主要官员的海洋环境意识淡薄，普遍重眼前经济效益而轻视环境的长期保护，为追求政绩不断上马各种大型工程，这也是造成沿海大规模围填海失控的主要原因之一。

### 4.1.5 围填海与中国经济发展的关系

纵观围填海历史发展的四次浪潮，围填海经历了由围垦用于盐业、农业、渔业，逐渐向港口、临港工业发展的趋势。在不同的历史时期，围填海具有不同的历史使命，对于社会经济建设影响的情况也各不相同。

（1）1950—1978年：该时期为计划经济时期，中国面临着人口膨胀、粮食短缺等问题。国家提出“以粮为纲”，在陆域耕地不足、海域尚未开发的情况下，围海造田成为当时的必然选择，对解决粮食问题起到了重要作用，所产生的社会经济效益十分巨大。

（2）1978—1990年：该时期为改革开放前期，围填海活动仍以围海为主，集中在滩涂发育良好的地区，依靠围海发展鱼塘养殖，吸引了大批沿海渔民。围海发展水产养殖给当地渔民带来了很好的经济收益。对于河口区，围海还有一个很重要的意义就是滩涂自然淤积实施的适时围垦，有利于河口的防洪纳潮。

（3）1990—2001年：从20世纪90年代起，伴随着国家改革开放的发展方针，中国步入了经济高速增长时期；围填海项目以港口码头、电厂、海上交通为主。填海造地为港口区创造了丰富的后方陆域土地，充分保证了码头建设的需要，是推动海洋交通运输业发展的重要因素之一。填海造地也为城市延伸了空间，扩大了城市的容量，为城市建设作出了重要的贡献。

（4）2002年至今：《中华人民共和国海域使用管理法》自2002年1月1日起施行，围填海管理走上有法可依的使用论证和环评论证程序，申请审批、资源赔偿、收取海域使用金等制度不断完善，逐步扭转用海“无序、无度、无偿”的局面。沿

1 熊鹏；陈伟琪；王萱；孟海涛，福清湾围填海规划方案的费用效益分析[J]. 厦门大学学报. 2007. 46（sup.1）：214-21.

2 http://www.nbd.com.cn/newshtml/20100713/20100713013934632.htm

海各城市充分利用海洋的区位优势和资源条件，发展以海洋渔业、海洋交通运输业、滨海旅游业、滨海工业为主导产业的格局。因为海水养殖效益已不如前，围填海工程用于水产养殖的已逐渐减少。在土地资源日趋紧张的形势下，更多的围填海工程用于港口、滨海工业等社会经济推动型产业开发。

辽宁省推行“沿海五点一线”战略，依靠围海造地在沿海“五点”构建了大连长兴岛临港工业区、营口沿海产业基地、辽西锦州湾沿海经济区、丹东临港产业园区和大连花园口工业园区，主要发展船舶制造、冶金、大型装备制造、能源和石油化工等。

河北省大力建设曹妃甸和沧州渤海新区，围填海造陆主要用于港口和临港（海）工业建设，涉及电力、船舶修造、油气开采等行业，扩大了港口规模，促进了临海（港）工业的发展。

天津市围绕滨海新区开发开放，围填海推动了天津港、临港工业区等区域内大项目的建设，重点发展港口、物流、重装备制造、石油化工等，对海洋产业、海洋经济的发展起到了积极的作用。

山东努力推进“蓝色经济开发区”的发展模式，填海造地主要用于机械制造、石油化工、新能源等产业，推进了临海工业和城镇建设。

江苏着力进行苏北沿海开发，通过围填海形成了大规模的粮棉生产基地、海淡水养殖基地，促进了临海工业、港口开发、城镇建设和旅游开发的发展，使沿海地区成为国内外商家投资的热点地区，增加了社会供给，拓宽了就业渠道。

上海利用围垦滩涂建立了一大批农场垦区、工厂企业、市政设施和自然保护区，合理开发利用滩涂对缓解上海市土地紧缺矛盾、保证农业生产持续稳定发展、增强农业后劲、繁荣上海市场、配合市政府产业结构调整、促进工业产值增长、稳定长江口河势、改善长江口航行条件等方面都起到了重要作用，产生了良好的社会效益和经济效益。

浙江省滩涂围垦区早期主要用于耕地、园地和养殖，缓解了土地供需矛盾，但近几年主要用于工业和城镇建设，促进了海洋经济发展。据2005年调查资料测算，全省滩涂围垦区实现生产总值1 341亿元，占全省生产总值的比重达10%。滩涂围垦区还培育了新的经济增长点，促进了乡镇经济的健康发展。

福建省致力建设海峡西岸经济区，依靠围填海活动增加土地资源，促进区域经济发展，提供就业机会，改善防灾和交通设施。

广东省围填海造地工程主要用于港口、滨海工业开发，港口运输是建设外向型经济必不可少的强力保障，沿海各市都加快了自身港口的建设力度，滨海工业的建设则为沿海城市带来了惊人的税收。

广西推动环北部湾经济区开发开放，海洋经济总产值由2000年的110.45亿元增加到 2005 年的 211.13 亿元，年均增长 18.23%。

由此可见，这些围填海工程为多个国民经济部门提供了宝贵的土地资源，形成了大规模的粮棉生产基地、海淡水养殖基地，对耕地“占补平衡”作出了贡献，也促进了临海工业、港口开发、城镇建设和旅游开发等方面的发展。

## 4.2　围填海对海岸带环境的影响

### 4.2.1　海岸带生态系统服务

海岸带至今尚无统一的严格定义。较为笼统的说法是指陆地与海洋的交接过渡地带[1]。广义的概念则指直接流入海洋的流域地区和外至大陆架的整个水域，但通常指海岸线向陆、向海两侧扩展一定距离的带状区域[2]。海岸带的宽度无统一标准，因海洋类型、管理或研究目的不同而有所差异。国际地圈生物圈计划（International Geosphere-Biosphere Program，IGBP）[3]提出海岸带的范围为：上限向陆到 200 m 等高线，向海是大陆架的边坡，大致与 200 m 等深线相一致。

中国大陆的海岸带北起辽宁省的鸭绿江口，南达广西壮族自治区的北仑河口，总长度为 18 000 km。此外，中国还有面积大于 500 $m^2$ 的岛屿 6 900 多个，其水陆交界带长度有 14 000 km 左右。中国海岸带拥有丰富的资源，发挥着供给、支持、调节与文化四大类生态服务功能，其可持续利用是沿海人口生存和发展的重要基础和保障（表 4.4）。其中，其供给功能提供各种产品，如食物（包括近岸海域渔产品、海岸带农产品等）、原材料（包括石油资源、矿产资源、纤维资源等）、生活空间、燃料、洁净水，以及生物遗传资源等，是海洋渔业、海洋交通运输业、海洋油气业、海洋化工等产业的基础；其休闲文化功能支撑着滨海旅游业的发展。此外，海岸带还发挥着维持水动力平衡、防洪防涝、净化污染等调节功能以及维持营养物质循环和生物多样性等重要支持功能。这类生态服务功能直接关系着人类生存环境的安全与健康，也是供给功能和文化功能的基础和保障。

1 冯士笮，李凤岐，李少菁．海洋科学导论[M]．北京：高等教育出版社，2000. 25-30.

2 钟兆站．中国海岸带自然灾害与环境评估[J]．地理学报，1997.16（1）：44-5.

3 Holligan，P. M. and de Boois，H. Land-Ocean Interactions in the Coastal Zone（LOICZ）Science Plan[R]. IGBP Report no. 25，1993.50pp

**表 4.4　海岸带及海洋各种生境的生态服务功能[1]**

| 生态服务功能 | | 海岸带 | | | | | | | | | 海洋 | | |
|---|---|---|---|---|---|---|---|---|---|---|---|---|---|
| | | 河口沼泽 | 红树林 | 潟湖及盐池 | 潮间带 | 海藻 | 岩石及贝礁 | 海草 | 珊瑚礁 | 内陆架 | 大陆架斜坡外缘 | 海底山脉及中洋脊 | 深海及中央涡旋 |
| 生物多样性 | | X | X | X | X | X | X | X | X | X | X | X | X |
| 供给服务 | 食物 | X | X | X | X | X | X | X | X | | X | X | X |
| | 纤维、木材及燃油 | X | X | X | | | | | | | X | | X |
| | 医药及其他资源 | X | X | X | | X | | | X | | | | |
| 调节服务 | 生物调节 | X | X | X | X | | X | | X | | | | |
| | 淡水蓄调 | X | | X | | | | | | | | | |
| | 水动力平衡 | X | | X | | | | | | | | | |
| | 气候及气体调节 | X | X | X | X | | X | X | X | X | X | | X |
| | 疾病控制 | X | X | X | X | | X | X | X | | | | |
| | 废物处理 | X | X | X | | | | X | X | | | | |
| | 防潮减灾 | X | X | X | X | X | X | X | X | | | | |
| | 侵蚀控制 | X | X | X | | | | X | X | | | | |
| 文化服务 | 文化礼仪 | X | X | X | X | X | X | X | X | X | | | |
| | 休闲娱乐 | X | X | X | X | X | | | X | | | | |
| | 美学欣赏 | X | | X | X | | | | X | | | | |
| | 教育科研 | X | X | X | X | X | X | X | X | X | X | X | X |
| 支持服务 | 生物化学 | X | X | | | X | | | X | | | | |
| | 养分循环 | X | X | X | X | X | X | | X | X | X | X | X |

注：X 表示该生境具有高生态服务价值。

而海岸带的多种生态服务功能是以其生物多样性为基础的。《生物多样性公约》把生物多样性定义为“所有来源的形形色色的生物体，这些来源包括陆地、海洋和其他水生生态系统及其所构成的生态综合体；这包括物种内部、物种之间和生态系统的多样性”。生物多样性包括 4 个层次：遗传多样性、物种多样性、生态系统多样性和景观多样性（图 4.2）。

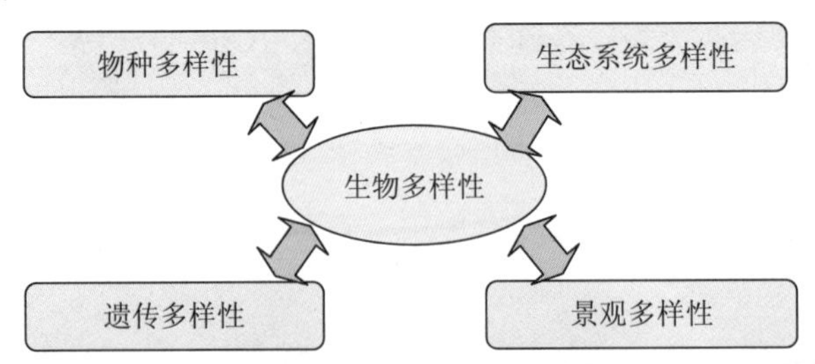


**图 4.2　生物多样性的层次**

1 UNEP. Marine and Coastal ecosystems and Human Well-being. A synthesis report based on the findings of the Millennium Ecosystem Assessment[R]. UNEP. 2006.

2005 年的《全球生态系统评估报告》指出：全球海岸带面积仅为土地面积的 5%，却养育着全球 40%的人口。然而，由于人类活动和全球气候变化的影响，接近 2/3 的生态服务功能正在不断退化。特别是，由于海岸带的调节和供给功能价值长期被低估，其退化形势更为严峻，生态环境已十分脆弱。

大规模的围填海是一种严重改变海域自然属性的用海行为，对海岸带的生态环境有着重大和深远的影响。归根结底，表现在大规模围填海超出了海岸带所能承载的范围，使得生物多样性降低，多种资源和服务难以维持，生态服务价值显著下降，严重影响到海洋经济的可持续发展。

### 4.2.2　围填海对海岸带生态环境的不利影响

目前，中国沿海大规模进行的围填海活动，已经远远超出了自然环境所能承载的范围，带来了一系列严重的生态环境问题，诸如滨海湿地减少、环境污染加剧、渔业资源衰竭、防洪抗涝能力下降等。所有这些生态环境问题可以归结为两个方面：即海岸带生物多样性损失，以及由此造成的生态服务功能显著下降。具体表现为如下几个主要方面：

（1）滨海湿地减少和湿地生态服务价值下降

依据 1995—2003 年国家林业局湿地资源调查统计数据，中国滨海湿地总面积为 59417 $km^2$，主要包括三角洲湿地、滨岸沼泽、淤泥质海岸、红树林沼泽、海岸潟湖、砂质海岸湿地等几种主要湿地类型[1]。滨海湿地具有涵养水源、净化环境、物质生产、提供多种生物栖息地、调节大气组分、滨海旅游等多种功能，具有重要的生态服务价值。根据美国生态学家 Costanza 等的研究成果，全球生态系统的服务价值为每年 33.2 万亿美元，其中海岸带生态系统为 14.2 万亿美元，占总价值的 43%，而这部分价值主要来自包括滩涂、红树林湿地等在内的滨海湿地生态系统[2]，由此可见滨海湿地提供生态服务功能的重要性。

中国对于海岸带生态系统服务的价值评估才刚刚起步。初步估算，中国沼泽湿地的总价值为 2.67 万亿元/a，海岸带的总价值为 1.22 万亿元/a（以 1994 年人民币为基准）[3]。黄河三角洲湿地生态系统服务的年单位面积价值为 6.65 万元/$hm^2$，总价值达 122.44 亿元[4]。广东至海南海岸带的生态系统服务的总价值约为 316.97 亿美元/a。

目前，以围填海为主的海岸带开发活动使中国滨海湿地面积锐减，生态服务

1 雷昆，张明祥．中国的湿地资源及其保护建议[J]．湿地科学，2005，3（2）：81-86.

2 Costanza R，D'Arge R，Groot RD，Farber S，Grasso M，Hannon B，Limburg K，Naeem S，O'Neill RV，Paruelo J，Raskin RG，Sutton P，van den Belt M . The Value of the World'sEcosystem Services and Natural Capital[J]. Nature. 1997，（387）：253-260.

3 陈仲新，张新时．中国生态系统效益的价值[J]．科学通报，2000，45（1）：17-2.

4 徐晴．黄河三角洲湿地资源现状与生态系统服务价值评估[D]．北京林业大学．2008.

价值大幅降低。据报道，新中国成立以来中国累计丧失滨海湿地面积约 2.19 万 $km^2$，约占滨海湿地总面积的 40%[1]。其中红树林面积由 420 $km^2$ 锐减到 146 $km^2$，珊瑚礁分布面积也减少了约 80%。仅广西围垦修海堤就毁灭红树林面积 184 $km^2$，1988—2000 年深圳湾沿岸围垦甚至占用红树林保护区面积 147 $hm^2$，占整个保护区面积的 48.8%[2]。

经初步估算，厦门市滩涂和浅海湿地的生态服务价值占所有生态系统类型总生态服务价值的 94%以上。1986—2004 年，随着滨海自然湿地面积的下降，湿地生态系统服务总价值从 1986 年的 18.3 亿万元下降到 2004 年的 16.1 亿元，损失幅度为 11.9%[3]。

福建兴化湾 1959—2000 年填海总面积达 122.08 $km^2$。滩涂生态系统面积由 1959 年的 287 $km^2$ 减少至 2000 年的 225 $km^2$，减少了 21.35%。按照规划，2000—2020 年还将进行 170 $km^2$ 的滩涂围垦，滩涂湿地各类生态系统主要向农田、养殖池及盐田转移。如果照此规划发展围填海，生态服务的年总价值将由 2000 年的 44.5 亿元降至 2020 年的 34.8 亿元，损失幅度达到 21.77%[4]。

根据《青岛港总体规划》，2006—2010 年，前湾规划填海面积为 6.41 $km^2$，约占前湾总面积的 1/4。经初步计算，前湾填海造地造成的海洋生态系统服务价值损失总值为 2 814.71 万元/a，单位生态系统服务价值损失为 439 万元/（$km^2 \cdot a$）[5]。

2007 年对厦门填海造地的初步估算认为，被填海域生态服务价值的损失约为每平方千米每年 1 371 万元，导致泥沙淤积的损失约为每平方千米每年 35 万元，引起环境容量的损失约为每平方千米每年 5 万元。以此估算，中国围填海所造成的海洋和海岸带生态服务价值损失达到每年 1 888 亿元，约相当于目前国家海洋生产总值的 6%[6]。

（2）海洋和滨海湿地碳储存功能减弱，影响全球气候变化

海洋在全球碳循环中起到重大的作用。海洋不仅代表着体积最大、时限最长的碳汇，而且还储存和再分配 $CO_2$。地球上 93% 左右的 $CO_2$（$4\times10^{13}$ t）是通过海洋来储存和循环的。地球上 50%～71%的各种碳就储存在海洋沉积物中。蓝色碳汇和河口每年捕获和储存 $2.35\times10^{13}$～$4.5\times10^{13}$ g 的碳，相当于全球运输行业排放量（每年估计达到 $1\times10^{15}$ g 碳）的一半。

1 张晓龙，李培英，李萍，徐兴永．中国滨海湿地研究现状与展望[J]．海洋科学进展．2005. 23（1）：87-95.
2 刘育，龚凤梅，夏北成．关注填海造陆的生态危害[J]．环境科学动态．2003.（4）：25-27.
3 陈国强，陈鹏．厦门滨海自然湿地生态系统服务价值的变化研究[J]．福建林业科技．2006.33（3）：91-95.
4 俞炜炜，陈彬，张珞平．海湾围填海对滩涂湿地生态服务累积影响研究—以福建兴化湾为例[J]．海洋通报．2008. 27（1）：88-9.
5 张慧，孙英兰．青岛前湾填海造地海洋生态系统服务功能价值损失的估算[J]．海洋湖沼通报．2009（3）：34-38.
6 彭本荣，厦门市西海域和同安湾填海造地总量控制研究[J]．厦门大学环境科学研究中心．厦门（待发表）

在湿地的众多生态服务功能中，很重要的服务功能之一是湿地还作为巨大的陆地碳库，影响着重要温室气体 $CO_2$、$CH_4$ 及 $N_2O$ 等的全球平衡。在当今全球气温日趋变暖的形势下，湿地的碳储存功能吸引了各方专家的关注。湿地是陆地上巨大的有机碳储库。尽管全球湿地面积仅占陆地面积的 4%～6%[即（5.3～5.7）$\times10^8 hm^2$]，碳储量约为 300～600 Gt（1 Gt = $10^9$ t），占陆地生态系统碳储存总量的 12%～24%。如果这些碳全部释放到大气中，则大气 $CO_2$ 的浓度将增加约 200 μL/L，全球平均气温将升高 0.8～2.5℃。这表明湿地碳储存是全球碳循环的重要组成部分，在全球气候变化中起着重要作用[1]。

湿地围垦转化为农田、森林、城市或工业等其他用途，都会导致碳储存的损失（表 4.5）。此外，天然湿地还通常是温室气体的净汇，对于减少大气温室气体、防止全球气温变暖有重要作用。围填海将滨海湿地转为农业用途，导致湿地失去碳汇功能，转而变为碳源。如三江平原的毛果苔草沼泽和小叶章草甸被垦殖为水田和旱田后导致 $N_2O$ 排放激增。湿地开垦为旱地比之水田更不利于碳汇的稳定，而用作工业或城镇建设用地则完全丧失了其碳汇功能[2]。

表 4.5 湿地利用转化和管理措施的碳获取率或损失率

| 管理措施 | 区域 | 碳获取率或损失率/[t/（$hm^2\cdot a$）] | 资料来源 |
|---|---|---|---|
| 转变为农田 | 北方和温带 | −1～−19 | Bergkamp & Orlando，1999 |
| | 热带 | −0.4～−40 | Maltby & Immirzi，1993 |
| 转变为森林 | 北方和温带 | −0.3～−2.8 | Armentano & Menges，1993 |
| | 热带 | −0.4～−1.9 | Maltby & Immirzi，1993 |
| 转变为城市和工业利用 | | 高损失（损失率未知） | Roulet，2000 |
| 湿地恢复 | | 0.1～1.0 | Tolonen & Turunen，1996 |
| 湿地重建 | | 短期：−0.1～−0.2 | Galy-Lacaux et al.，1997 |
| | | 长期：0～0.05 | Dumestre et al.，1999 |
| 泥炭开采 | 北方和温带 | 未知 | Armentano & Menges，1996 |

（3）鸟类栖息地和觅食地消失，湿地鸟类受到严重影响

鸟类在生态系统中具有控制森林害虫、维护林木健康、传播种子资源等重要作用。滨海湿地是多种鸟类的栖息地和觅食地。围填海造成的湿地减少也使得许多鸟类无处栖息，湿地鸟类生境受到严重影响。如自 1988 年以来，深圳围填海占用了

1 刘子刚．湿地生态系统碳储存和温室气体排放研究[J]．地理科学．2004. 24（5）：634-639.
2 郝庆菊，王跃思，宋长春，江长胜．垦殖对沼泽湿地 $CH_4$ 和 $N_2O$ 排放的影响[J]．生态学报．2007. 27（8）：3417-3426.

大批红树林，其中包括 1.47 $km^2$ 福田鸟类保护区的土地，使得昆虫和鸟类种类大为减少。其中昆虫种类由 96 种（1996 年）减至 53 种（1999 年），减少了 45%，鸟类由 87 种（1992 年）减至 47 种（1998 年），减少了 46%，生物多样性明显下降。福田红树林保护区核心区的冬季水鸟最高数量也由 1997—1998 年的 13 200 只减少至 5 700 只（2001—2002 年）。鸟类的数量和种类都显著下降[1]。

上海崇明东滩湿地位于崇明岛的最东端长江入海口处，恰好处于全球候鸟南北路线的东线中段，是亚太地区候鸟迁徙路径上的重要驿站之一[2]。根据 1997 年以来的实地观察，东滩已记录到的鸟类有 312 种，数量达 200 余万只。其中湿地鸟类 140 种，占中国湿地鸟类已知物种的 46.7%，主要为鸻鹬类和雁鸭类，三种鸟类优势种为环颈鸻、黑腹滨鹬和大滨鹬。拥有国家一级保护动物 2 种（白头鹤和白鹤），国家二级保护动物 12 种。东滩湿地 2002 年 2 月被列入《拉姆萨（Ramsar）国际湿地保护公约》的《国际重要湿地名录》（编号 1144），受到全世界关注[3]。

由于长江口泥沙的淤积，崇明东滩本是一个快速淤涨的滩涂。但在 1956—1998 年，崇明东滩经过了多次围垦，围垦面积达 552 $km^2$。过度围垦使崇明东滩的湿地面积逐年变小，从 1987 年的 197.06 $km^2$ 锐减到 2002 年的 47.73 $km^2$，减少了 75.78%。并且滩涂湿地面积的减少率为 9.95 $km^2$/a，比围垦率的 7.29 $km^2$/a 高出了 36.54%。一方面是由于大量湿地被围垦，另外，过度围垦也使滩涂发育受到影响，淤涨速率明显减慢[4]。

过度围垦使崇明东滩湿地生态系统遭到了严重的破坏。滩涂面积不断缩小，围堤外的海三棱藨草所剩无几，围堤内的海三棱藨草等盐生植物向陆生植物演替。湿地鸟类赖以生存的生活空间大部分被围占，食源亦因围垦而大量丧失。2001 年冬季对南向迁徙的鸟类进行调查，与 1990 年调查结果相比，东杓鹬、斑赤足鹬的数量和蒙古沙鸻的数量明显减少。在 1986—1989 年冬季，小天鹅每年迁来越冬的数量保持在 3 000～3 500 只，崇明东滩是小天鹅主要的越冬地。但近年来数量不断减少，2000—2001 年冬季只在东滩发现 51 只小天鹅[5]。

（4）底栖生物多样性降低

海洋底栖生物在有机碎屑的分解、调节泥水界面的物质交换、促进水体的自净

1 徐友根，李崧，城市建设对深圳福田红树林生态资源的破坏及保护对策[J]．资源产业 2002.（3）：32-35.

2 Ma ZJ，Jing K，Tang SM，Chen JK，Shorebirds in the Eastern Intertidal Areas of Chongming Island During the 2001 Northward Migration[J]. The Stilt. 2002，（41）：6-10.

3 杨永兴，吴玲玲，赵桂瑜，杨长明．上海市崇明东滩湿地生态服务功能、地退化与保护对策[J]．现代城市研究．2004（12）：8-12.

4 王亮，张彤．崇明东滩 15 年动态发展变化研究[J]．上海地质．2005（2）：8-10.

5 Ma ZJ，Tang SM，Lu F，Chen JK，Chongming Island：A Less Important Shorebird Stopover Site During Southward Migration[J]? The Stilt. 2002（41）：35-37.

化中起着重要作用，自身又是鱼虾等经济动物的食物，其生物多样性与渔业资源的维护密切相关。围填海工程海洋取土、吹填、掩埋等造成海域生存条件剧变，底栖生物数量减少，群落结构改变，生物多样性降低，对底栖生物的影响巨大。如河北唐山海域的曹妃甸通路工程、沧州海域的大港油田进海路工程以及黄骅港建设工程的实施，使其邻近的部分水域水动力条件发生改变，成为弱流区，部分区域内底质的沉积物类型将会产生一定程度的变化，对局部区域底栖生物尤其是贝类的栖息环境、幼虫的附着、变态等生长规律将产生不利的影响，造成底栖生物群落优势种、群落结构的改变和生物多样性的降低。

1998 年开建的长江口深水航道治理造成 2002 年 5—6 月底栖生物种类比 1982—1983 年减少 87.6%，平均密度下降 65.9%，生物量下降了 76.5%。2002—2004 年在长江口新建的南北导堤投放了共 15 t 底栖生物进行修复实验，底栖生物的种类、总生物量和总栖息密度虽然得到提高，群落结构却已经发生改变，从以甲壳类为主演变为以软体类为主，不复从前[1]。

胶州湾由于围海造地工程的影响，20 世纪 60 年代胶州湾河口附近潮间带生物种类多达 154 种，70 年代减到 33 种。80 年代只剩下 17 种，原有的 14 种优势种仅剩下 1 种，而胶州湾东岸的贝类已几近灭绝[2]。

（5）海岸带景观多样性受到破坏

景观是包括岩石、表面沉积物、土壤、植物和动物，以及土地形态本身在内的复杂体系。景观多样性指由不同类型的景观要素或生态系统构成的景观在空间结构、功能机制和时间动态方面的多样性和变异性，反映了景观的复杂程度。景观多样性不仅与美学价值相关，也与生物的生境选择有密切关系。

围填海后，人工景观取代自然景观，降低了自然景观的美学价值，很多有价值的海岸景观资源和海岛资源在围填海过程中被破坏。同时为了降低工程造价，许多围填海项目的填海材料都是就地取材，取岸边山体的泥石直接作为填海材料，破坏了海岸原始景观，这些被破坏的沿岸景观资源，在很长的一段历史时期内是难以恢复的。

对辽宁省滨海湿地的景观格局变化趋势研究结果表明：在 1990—2000 年 10 年间，辽宁省滨海湿地总面积呈萎缩趋势，由 1990 年的 17 620.04 $km^2$ 减至 2000 年的 17 331.72 $km^2$，减幅为 1.6%；湿地斑块数量亦在减少，由 1990 年的 2 021 块减少至 2000 年的 1 770 块；湿地景观多样性指数和均匀度指数则呈下降趋势，分别由 1990 年的 1.425 和 0.594 下降至 2000 年的 1.409 和 0.588。而在 2000—2006

1 沈新强，陈亚瞿，罗民波，王云龙，长江口底栖生物修复的初步研究[J]. 农业环境科学学报. 2006.（2）：373-376.

2 刘洪滨，孙丽. 胶州湾围垦行为的博弈分析及保护对策研究[J]. 海洋开发与管理. 2008. 25（6）：80-87.

年的 6 年间，辽宁省滨海湿地总面积由 17 331.72 km$^2$ 减至 17 204.46 km$^2$；湿地斑块个数由 1 770 块减至 1 610 块[1]。

对莱州湾南岸滨海湿地景观格局变化趋势的研究表明，围垦导致自然湿地明显减少，盐场和养殖区等人工湿地面积大量增加。1992—2004 年，研究区自然湿地面积减少了 188.17 km$^2$，人工湿地面积增加了 166.83 km$^2$，湿地总面积减少 21.34 km$^2$。其中，自然湿地中滩涂面积减少达 176.58 km$^2$。湿地景观优势度和景观异质性增强，景观破碎化指数增高，而景观多样性指数下降，人类活动干扰特征强烈，导致生态环境脆弱性加强[2]。

（6）鱼类生境遭到破坏，影响渔业资源延续

大规模的围填海工程改变了水文特征，破坏了鱼群的洄游路线、栖息环境、产卵场、仔稚鱼肥育场、索饵场，很多鱼类生存的关键生态环境遭到破坏，渔业资源锐减。

鱼类的产卵场和索饵场一般在近岸的浅水区，在有淡水注入、盐度较低、浮游生物丰富的海域或河口附近。而中国的围填海也大多聚集于这类区域。河口的大型围填海工程会彻底摧毁鱼类产卵场，施工时造成的高浓度悬浮颗粒扩散场会对相当大范围内的鱼卵、仔稚鱼造成伤害。而鱼卵和仔稚鱼是鱼类资源的补充和基础。鱼类产卵场的破坏对渔业资源的可持续发展极为不利。例如闽东的三都澳、官井洋，闽南的浯屿、青屿、将军澳等都是大黄鱼的产卵场；闽江、九龙江是香鱼幼鱼和成鱼溯河和降河的通海江河。九龙江的香鱼每年 8—9 月由平和县一带降河溯游到漳州的江东桥一带产卵；另一部分进入九龙江口孵化，幼鱼入海，第二年溯江而上，3—4 月在石码一带形成渔汛；兴化湾、湄洲湾、官井洋和厦门港是蓝点马鲛的主要产卵场。滩涂筑堤围垦后，这些港湾、滩涂变为陆地，港湾水文和滩涂底质状况改变，导致这些产卵场、渔场和苗场被破坏，鱼类生境缩小或消失，渔业资源受损[3]。

又如，钱塘江产卵场目前退化显著，鱼卵、仔鱼种类减少，密度降低，平均每立方米仅有 0.7 个鱼卵和 3.0 个仔鱼。有关钱塘江渔业资源的三次调查结果对比不得不让我们警醒：20 世纪 70 年代钱塘江全江段共有 202 种鱼类，分隶于 55 科；80 年代中期，浙江省对钱塘江整个流域的全面调查结果发现只有 172 种鱼类，种群资源数量也明显减少；2000—2002 年，杭州市渔政等部门联合对钱塘江渔业资源进行的调查显示，钱塘江鱼类种类仅剩下 127 种，比第一次调查减少了

1 丁亮．辽宁省滨海湿地景观格局变化研究[D]．辽宁师范大学．2008.
2 吴珊珊．莱州湾南岸滨海湿地的景观格局变化及其生态脆弱性评价[D]．山东师范大学．2009.
3 周沿海．基于 RS 和 GIS 的福建滩涂围垦研究[D]．福建师范大学，2004.

75 种[1]。

辽宁庄河市蛤蜊岛有一块被誉为“北方贝库”的海滩，由于在蛤蜊岛与海岸之间建成 1 200 m 的引堤，截断了陆地至蛤蜊岛之间东西侧的水体交换，加速了细粒物质的淤积，使“北方贝库”变成了烂泥潭，贝类完全绝收。虽然在靠近蛤蜊岛处留有 9 个直径 2 m 的海水通道，但纳潮量仍然减少 1/3，对于维持贝类正常的生存无济于事，严重影响该地区养殖业的发展[2]。

（7）水体净化功能降低，导致附近海域环境污染加剧

大规模的围填海工程不仅直接产生大量的工程垃圾，加剧海洋污染，而且使海岸线发生变化，海岸水动力系统和环境容量发生急剧变化，大大减弱了海洋的环境承载力，减少了海洋环境容量。如江苏沿岸水质近 20 年来已从 I 类水为主变成了 III类水为主，河口附近一般都是Ⅳ类或劣Ⅳ类水。近年来厦门周边海域赤潮频发，仅 2000—2002 年这 3 年厦门西港和同安湾海域就发生了 8 次赤潮，造成了巨大的经济损失。而福建历史上发生于内湾的赤潮较少，赤潮的剧增和近年来厦门岛周边大规模围海筑堤有密切的关系。香港维多利亚港海域填海活动造成污染物积累，加重了海洋环境污染，破坏了有价值的自然生态环境，2004 年 9 月更是由于填海挖泥在 1 周之内引发 5 次赤潮，海洋环境进一步恶化。

（8）围填海速度过快，加剧沿海生态灾害风险

历史上的围填海，由于技术比较原始，工程规模较小，进展较为缓慢，海岸带生态系统有足够的时间来适应，因此所受的影响不大。然而，近几十年来，由于填海技术和设备的不断改进，填海造陆的施工进度大大加快，如吹沙填海工艺约 20 天就可吹填出 1 $km^2$ 陆地，全国每年可轻易围填海数百平方千米[3]。大规模围填海加剧了沿海地区的地面沉降。滨海沙滩淤积形成坚实地面的时间要数百年，目前，中国所有围海造地的沙滩的沉降年龄均不足 100 年，已经给城镇建设带来巨大的风险。在国外，填海区通常要经历 30 年左右的海水冲刷和地表充分沉积才可以大规模建设。但国内由于土地紧缺，房地产急剧扩张，导致有的填海区完工不足 10 年就进行房地产开发，土地根基不稳，地表沉降风险提高。如深圳、珠海等多处填海房地产开发区已出现楼盘下陷数十厘米的现象，豪宅变为“危楼”[4,5]。

海岸带系统（尤其是滨海湿地系统）在防潮削波、蓄洪排涝等方面起着至关重要的作用，是内陆地区良好的屏障，大规模的围填海工程改变原始岸滩地形地貌，

1 潘翠霞，入海河口围垦引起灾变的景观生态机理分析与管理研究[D]，浙江大学，2006.

2 戴桂林，兰香．基于海洋产业角度对围填海开发影响的理论分析—以环渤海地区为例[J]．海洋开发与管理．2009，26（7）：25-2.

3 http://news.sina.com.cn/c/sd/2009-10-12/170818813483.shtml

4 http://news.sina.com.cn/o/2007-05-23/105411878119s.shtml

5 http://www.360doc.com/content/10/0413/20/142_22908693.shtm

破坏滨海湿地系统，造成湿地面积减少，湿地调节径流的功能大大下降，海岸带的防灾减灾能力受到削弱，海洋灾害破坏程度加剧。如浙江省从 1950 年至 2003 年，全省围垦滩涂面积共 274.2 万亩，其中在钱塘江河口沿岸围垦了 100 多万亩。导致钱塘江河口上游主要城市杭州从 1996 年以来连续 4 年遭受特大水涝灾害。再如，由于围填海阻塞了部分入海河道，削弱了排洪能力，1994 年夏季一场原本并不是很大的降雨量引发了华南地区 200 年一遇的特大洪灾。山东省无棣县与沾化县沿岸海域原始潮间带宽度十余公里，且滩面发育有植被，防灾减灾作用突出，但 20 世纪 80 年代末期大规模的围填海使岸线向海最大推进数十公里，潮间带宽度锐减，部分岸段潮间带宽度小于 1 km，滩面多为光滩，严重削弱了岸滩对强潮的抵抗力，1997 年 8 月 19—20 日，无棣、沾化两县遭受特大风暴潮袭击，两县淹没土地 75 万亩，冲毁养殖场 13.6 万亩和盐田 11.8 万亩，直接经济损失达 20.37 亿元；2003 年 10 月 13 日的风暴潮导致无棣、沾化县沿海有 6 万人口受灾，水产养殖受损面积 4.4 万 $hm^2$，直接经济损失 8 000 万元，而如此密集和大规模的海洋灾害在当地史无前例。[1]

（9）改变水动力条件，引发海岸带的淤积或侵蚀

围填海工程的实施，必然引发周边潮流流场、流向、流速等海洋水动力条件的变化，导致岸滩冲淤动态平衡的重建。如秦皇岛港凸入海中的各类围填海工程使近岸海水流场、输沙环境发生改变，在改变涨落潮流的流向的同时，加快了涨落流流速，致使周边的水产学校海滩、东山海滩、秦皇岛湾海滩出现不同程度的侵蚀后退。

深圳西部港口的快速围垦以及各种无序和违反自然规律的工程建设，使得伶仃洋东岸滩槽冲淤状况发生改变，泥沙回淤严重，直接导致伶仃洋东槽的淤浅和缩窄，威胁到这条海上运输生命线的存在。据对 1907—1989 年不同版海图进行分析的结果，发现海区冲淤变化总趋势是：浅滩扩展、深槽萎缩[2]。

福建省泉州市的人工围垦导致以下海岸和海底地貌变化：1）1973 年修建的洛阳江桥闸阻碍了洛阳江水体和泥沙下泄和涨潮海水的上溯，导致原洛阳江口的潮流通道萎缩。2）1974 年修建的凤屿南北堤围垦面积 480 $hm^2$，将原有 6.5 km 长的曲折岸线变成约 4 km 长的平直岸线，形成了人工突堤，阻断了凤屿西侧潮流通道，导致围堤两侧泥沙堆积，凤屿南侧原有的潮流通道消失，东侧主槽出现向东挤的现象。3）1978 年兴建的白沙围垦区面积 140 $hm^2$，将原有较为平顺的岸线向外推出近 800 m，导致围垦区南、北两侧近岸及海堤前沿的堆积。白沙海堤之外，0 m 等

---

1 http://www.minmengln.cn/newshow.asp?id=640&mnid=9037&classname=%D7%A8%CC%E2%B5%F7%D1%D

2 闻平，刘沛然，雷亚平，任杰，吴超羽．近 50 年伶仃洋滩槽冲淤变化趋势分析[J]．中山大学学报（自然科学版）. 2003. 42（sup. 2）：240-243.

深线推移距离达 400 m。白沙西侧水道 0 m 等深线宽度由 1972 年的 1200 m 缩至 1990 年的 400 m，20 年间 0 m 等深线宽度缩小 2/3 左右，原来在白沙礁周边的一些小深槽也消失或萎缩。4）五一围垦建于 1972 年，围垦面积达 1 360 $hm^2$，导致原近 30 km 长的岸线消失。围垦导致围堤外的 0 m 槽沟消失，主槽的 0 m 等深线边界离堤线达 600 m。原主槽内存在的 10 m 等深线也已经消失。最大水深已从原来的 12 m 多减到不足 7 m。有关调查资料还显示，以上建于 20 世纪 70 年代的洛阳江桥闸、五一围垦、凤屿南北堤围垦及白沙围垦等围垦工程导致该时期泉州湾洛阳江水道的淤积速率远大于其他时期，由此也可看出围海工程对泉州湾海底地貌变化的巨大影响[1]。

（10）重要海湾萎缩甚至消失

中国很多沿海发达城市依海湾而建，因海湾而兴，这些海湾不但孕育了美丽的城市，也是海洋生物的关键生境，然而围填海活动正在蚕食着这一重要的海岸资源。由于填海造地活动的影响，胶州湾水域面积急剧减少，1928—2006 年近 80 年的时间里胶州湾海域面积减少了 207 $km^2$，约占原有海湾面积的 34%[2]，因海域面积减少造成纳潮量明显减弱，由 1935 年的 11.822 亿 $m^3$ 减少到目前的 7 亿多 $m^3$，约减少了 40%；近 10 年杭州湾南岸共围填海约 20 万 $hm^2$，海宁八堡以上约 60 km 的河道，宽度已缩窄到原来的 1/4～1/2；厦门筼筜湾原有面积 11 $km^2$，夜晚渔船灯火星罗棋布，景色别具一格，素有“筼筜渔火”的美称，是厦门八大景之一，1971 年修建的筼筜湾海堤使海湾成为内湖，环海湾的大规模房地产开发使海湾面积进一步萎缩，水质严重恶化，湖泥变黑，1988 年以来厦门市先后投入 2 亿元进行治理，但效果不尽如人意。1955—1972 年，泉州湾内海修建人工岸线长约 35 km，其中除一些岸段是以防潮为目的外，主要堤岸建设是以围垦造地或修建盐场为目的。将 1955 年图与 1990 年图进行对比可见，泉州湾海域面积由 1955 年的 16 330 $hm^2$ 减至 1990 年的 13 260 $hm^2$；内湾 0 m 等深线以内的水域面积由 1955 年的 1 980 $hm^2$ 减至 1990 年的 1 040 $hm^2$，内湾水域面积缩小了近一半。

综上所述，围填海对生态环境的破坏归根结底在于围填海降低了近岸海域和海岸带的生物多样性，导致生态系统的各种生态服务功能降低，人类福利难以持续。主要集中于以下几个方面：

（1）海岸带生态系统破坏，生物多样性降低，生态服务功能价值大幅下降。围填海活动致使滨海湿地、红树林、珊瑚礁、河口、海湾等重要的海岸带生态系统类型严重退化，鸟类栖息地遭到破坏，底栖生物和浮游生物种类和数量显著下降。生

1 陈彬，王金坑，张玉生，唐森铭，林景宏，郑凤武，张继伟．泉州湾围海工程对海洋环境的影响[J]．台湾海峡．2004.23（2）：192-198.

2 吴永森，辛海英，吴隆业，李文渭．2006 年胶州湾现有水域面积与岸线的卫星调查与历史演变分析[J]．海岸工程．2008.27（3）：15-22.

物多样性的降低直接影响到海岸带的各种生态服务功能。

（2）近岸海域渔业资源衰竭。围填海工程改变了水文特征，影响了鱼类的洄游规律，破坏了鱼群的栖息环境、产卵场，很多鱼类生存的关键生态环境遭到破坏，渔业资源锐减。

（3）海洋环境污染加剧。围填海工程垃圾加剧了海洋污染，使海岸线发生变化，海岸水动力系统和环境容量发生急剧变化，减弱了海洋的环境承载力，减少了海洋环境容量，影响纳潮量和海水自净能力，造成海洋生态系统的自我修复能力下降，赤潮频率增高，加大了防洪的压力。

### 4.2.3 围填海影响海岸带生态环境的因素及发展趋势

大规模围填海造成近岸海域生态环境遭到破坏的因素主要有：

（1）围填海规模过大，又大多集中于港湾、河口等生态脆弱区域。平面设计简单，技术手段落后。围填海工程消耗了大量的天然海岸线、公共可利用海岸线和近岸海域等稀缺资源，使得中小海湾消失，岛礁数量下降，自然景观破坏，滨海湿地丧失，河口行洪断面缩减，潮流通道堵塞，海湾和河口纳潮量降低，从而造成近岸海域生态环境的严重破坏，海水动力与冲淤环境的严重失衡，以及近岸海域生态服务功能的严重受损。

（2）围填海管理和处置存在漏洞。2002 年《海域法》出台以前，围填海处于无法可依、无序可循的局面，管理混乱。围填海工程不经论证和评价，不注意对海洋生态环境的影响，工程后也无修复海洋生态环境的措施及办法。造成了围填海泛滥，对海域生态环境破坏严重。许多管理者对资源和环境保护意识的淡薄也造成了围填海审批和实施的放松。2002 年《海域法》出台后，围填海管理大大加强。但仍然有不少地区采取各种手段违法围填海，管理和执法都存在漏洞，不少地方海洋主管部门对围填海处于不敢管或管不住的局面，造成实际围填海面积大大高于确权面积。

（3）缺乏生态补偿措施。中国围填海尚未建立有效的生态补偿制度。现有的海域有偿使用制度，是对国有资源的资产从资金上进行保障，提高了海域开发成本，一定程度上遏制了对海域资源的“无序、无度、无偿”开发。但仍然缺乏对生态系统及其服务功能的补偿。近岸海域和海岸带资源正逐步被围填海所蚕食，生物多样性和生态系统服务功能难以恢复。

从围填海对生态环境的影响发展趋势上看，1978—1990 年，主要是围海发展水产养殖，在自然淤积滩涂实施适度围垦，有利于河口的防洪纳潮。同时，大规模围垦工程对海洋生态环境造成的影响也初步显现，养殖自身污染对海洋环境产生破坏，加上高强度和高密度的海洋捕捞使渔业资源数量和质量开始下降，海洋生态环境已见恶化的趋势。

1990—2001 年，是《海域法》出台前围填海高速发展的时期，围填海活动无法可依、无序可循，管理比较混乱。造成围填海工程动工前没经过任何论证，工程过程中不注意对海洋生态环境的影响，工程后无修复海洋生态环境的措施及办法，再加上海洋捕捞过度、大量陆源污染物未达标排放入海等因素，致使渔业资源萎缩，海洋生态环境持续恶化。

2002 年 1 月颁布《海域法》后，围填海走上有法可依的使用论证和环评论证程序，申请审批、资源赔偿、收取海域使用金等制度不断完善，逐步扭转用海“无序、无度、无偿”的局面。但目前海域管理尚不到位，加上海域管理与土地管理、渔业管理等其他管理之间的矛盾，违法围填海工程仍然大量存在，围填海工程对海洋生态环境的影响尚未得到控制。

据不完全统计，中国沿海省市 2006—2020 年的围填海计划在 5 780 $km^2$ 以上。如此巨大的围填海需求必将给中国近海生态环境带来极为严峻的压力。2010 年起，中国围填海开始实施年度计划管理。如果管理得当，措施有力，将围填海的规模进行适当控制，将有助于减轻未来围填海对近海生态环境的压力。

## 4.3 中国围填海管理现状与主要问题

新中国成立后，尤其是近 20 多年来，中国十分重视对海洋的开发与利用，海洋事业有了突飞猛进的发展，现已基本形成了一套海域使用制度与管理制度，出台了一系列的法律法规，围填海管理也逐步走上了有法可依的道路。

### 4.3.1 相关法规与政策

自 20 世纪 80 年代以来，中国先后出台了一系列有关海洋的法律、行政法规和部门规章以及地方法规和规章等。其中，有关围海造地管理的法律规定主要体现在海域使用管理（表 4.6）和海洋环境保护（表 4.7）的相关法规与政策中。

表 4.6 中国有关围填海海域使用管理的相关法规与政策

| 类　别 | 名　　称 |
|---|---|
| 基本规定 | 《海域使用管理法》(2002 年 1 月 1 日起施行) |
| 海洋功能区划 | 《全国海洋功能区划（2002—2012 年)》<br>《海洋功能区划验收管理办法》(1999 年)<br>《省级功能区划审批办法》(2002 年)<br>《海洋功能区划管理规定》(2007 年) |
| 海洋经济和社会发展规划 | 《全国海洋经济发展规划纲要》(2003 年)<br>《国家海洋事业发展规划纲要》(2008 年) |

| 类 别 | 名 称 |
|---|---|
| 海域使用审批管理 | 《国家海域使用管理暂行规定》（1993 年）<br>《海域使用管理示范区工作标准和要求》（1998 年）<br>《海域使用申请审批暂行办法》（2002 年）<br>《海域使用测量管理办法》（2002 年）<br>《报国务院批准的项目用海审批办法》（2004 年）<br>《关于沿海省、自治区、直辖市审批项目用海有关问题的通知》（2002 年）<br>《填海项目竣工海域使用验收管理办法》（2007 年）<br>《属地受理、逐级审查报国务院批准的项目用海申请审查工作规则》（2007 年）<br>《关于改进围填海造地工程平面设计的若干意见》（2008 年）<br>《海域使用管理标准体系》（2008 年）<br>《关于印发〈海域使用分类体系〉和〈海籍调查规范〉的通知》（2008 年）<br>《海域使用管理违法违纪行为处分规定》（2008 年）<br>《建设项目填海规模指标管理暂行办法》（2009 年）<br>《国家发展改革委、国家海洋局关于加强围填海规划计划管理的通知》（2009 年） |
| 海域使用权管理 | 《海域使用许可证管理办法》（1998 年）<br>《海域使用权登记办法》（2002 年）<br>《海域使用权证书管理办法》（2002 年）<br>《海域使用权争议调解处理办法》（2002 年） |
| 海域使用论证管理 | 《海域使用可行性论证管理办法》（1998 年）<br>《海域使用可行性论证资格管理暂行办法》（1999 年）<br>《海域使用论证资质管理规定》（2002 年）<br>《建设项目海洋环境影响跟踪监测技术规程》（2002 年）<br>《海域使用论证收费标准（试行）》（2003 年） |
| 海域有偿使用管理 | 《关于加强海域使用金征收管理的通知》（2007 年） |

表 4.7　中国有关围填海海洋环境保护的相关法规与政策

| 类 别 | 名 称 |
|---|---|
| 基本规定 | 《海洋环境保护法》（1999 年） |
| 海岛保护 | 《海岛保护法》（2010 年 3 月 1 日起施行） |
| 海洋自然保护区 | 《海洋自然保护区管理办法》（1995 年）<br>《近岸海域环境功能区管理办法》（1999 年）<br>《海洋自然保护区监测技术规程》（2002 年）<br>《关于进一步规范海洋自然保护区内开发活动管理的若干意见》（2006 年）<br>《关于进一步加强海洋生态保护与建设工作的若干意见》（2009 年） |
| 陆源污染物 | 《中华人民共和国防治陆源污染物污染损害海洋环境管理条例》（1990 年）<br>《陆源排污口邻近海域监测技术规程》（2002 年）<br>《江河入海污染物总量及河口区环境质量监测技术规程》（2002 年） |

| 类别 | 名　　称 |
|---|---|
| 海岸工程与海洋工程建设项目 | 《中华人民共和国海洋石油勘探开发环境保护管理条例》（1983 年）<br>《中华人民共和国防治海洋工程建设项目污染损害海洋环境管理条例》（2002 年）<br>《中华人民共和国防治海岸工程建设项目污染损害海洋环境管理条例》（2008 年） |
| 海洋废弃物倾倒 | 《中华人民共和国海洋倾废管理条例》（1985 年）<br>《海洋倾倒区监测技术规程》（2002 年）<br>《倾倒区管理暂行规定》（2003 年） |
| 船舶及有关作业项目 | 《中华人民共和国防止船舶污染海域管理条例》（1983 年）<br>《中华人民共和国防止拆船污染环境管理条例》（1988 年） |
| 海洋建设项目的环境影响评价 | 《环境影响评价法》（2002 年）<br>《海洋工程环境影响评价管理规定》（2008 年）<br>《国家海洋局海洋工程环境影响报告书核准程序（暂行）办法》（2006 年）<br>《环境影响评价公众参与暂行办法》（2006 年）<br>《海洋听证办法》（2008 年）<br>《关于印发〈海洋工程环境影响评价管理规定〉的通知》（2008 年） |
| 海上设施及施工管理 | 《中国海区历史灯塔管理保护办法（暂行）》（2004 年）<br>《海洋资料浮标网管理规定》（2005 年）<br>《铺设海底电缆管道管理规定》（1989 年） |

### 4.3.2　围填海的行政管理

（1）围填海属于海洋行政管理范畴，实行分海区管理和分级管理相结合

由于中国海岸线漫长，且各海区的自然环境、社会环境存在明显差异，国家海洋局成立了三个分局，即北海分局、东海分局、南海分局，分别负责黄渤海、东海、南海的管理。北海分局主要管理辽宁、河北、天津、山东行政管辖海域，东海分局主要管理江苏、上海、浙江、福建行政管辖海域，南海分局主要管理广东、广西、海南行政管辖海域。

根据中国海洋管理的分级管理原则，围填海行政管理也呈现以中央政府海洋行政机构为中心，中央政府的地方派遣机构和县级以上地方政府共同负责的管理体系。中央政府海洋行政机构负责维护国家的海洋大政方针，对各海区的围填海规划具有统筹区划的权利；而中央政府的地方派遣机构和县级以上地方政府则主要是在“地方服从中央”的原则下，负责本行政区划范围内的海岛海岸带及其近岸海域的围填海管理工作，但对大规模的围填海项目无权审批。如《中华人民共和国海域使用管理法》规定填海 50 $hm^2$ 以上或围海 100 $hm^2$ 以上的项目用海，应当报国务院审批；《关于沿海省、自治区、直辖市审批项目用海有关问题的通知》规定填海 50 $hm^2$ 以下的项目用海，由省、自治区、直辖市人民政府审批，围海 100 $hm^2$ 以下的项目用海，由省、自治区、直辖市、设区的市、县人民政府分级审批。

（2）围填海行政管理按管理职责分为行政管制和行政执法

中国的围填海行政管制和行政执法分别由海洋行政机关和海洋执法机关承担。

在中国，围填海管理的行政机关主要是国家海洋局和地方各级海洋行政管理部门。执法机关即海洋监察队伍，在围填海管理中起着监察和纠察的作用，并对违法行为进行行政处罚。

由于中国涉海部门众多，海洋行政管理形成了以部门行政管理为主要特点的分散管理体制，导致中国在围填海行政管制中存在着一系列的问题：有些管理机构职能交叉，出现有利事件争相管理，安全责任问题管理空缺的现象；地方规划大多由各部门自行制定，与国家规划之间出现断层；由于围填海项目与地方利益挂钩，有些地方政府从本地区利益和眼前利益出发来衡量和采取措施，往往容易导致围填海项目边干边审批或报批时采取化整为零的手法躲避中央的监管。在中国海洋管理体系还不完善的情况下，如此种种问题，在一定程度上导致了中国围填海管理效能低下。

（3）围填海审批程序

目前，中国围填海项目主要需要获得《海域使用权证书》，其申报程序如图 4.3 所示。一个填海造地项目在符合海洋功能区划的前提下，需要编制海洋使用论证报告和海域环境影响评价报告，并通过海洋行政主管部门组织的专家论证后，才符合填海造地用海申请。海域使用申请根据管理权限要求，通过各级政府的层层审批，经批准后方可实施。目前，这个现行的申请审批程序通常需时 1～3 年。

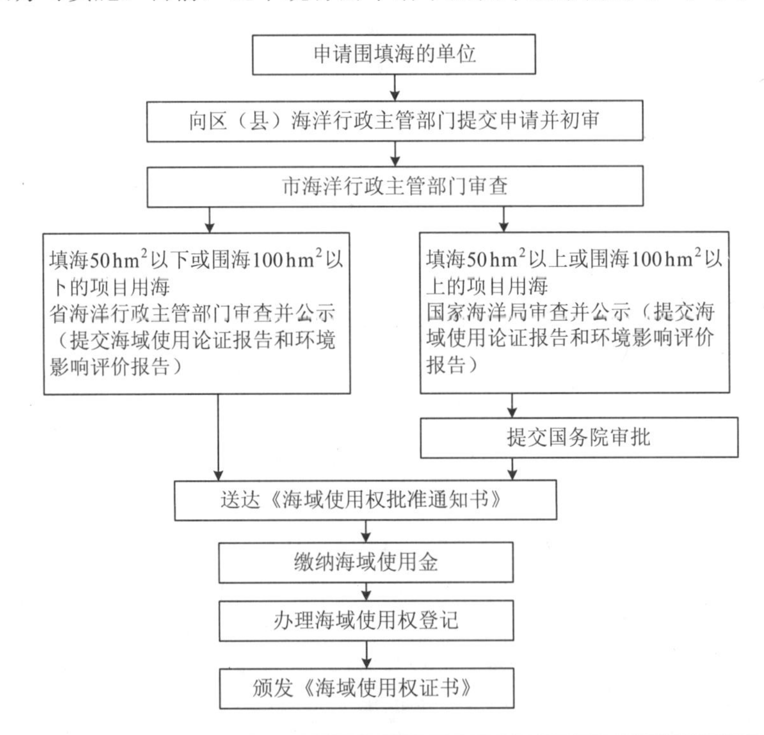


图 4.3　围填海《海域使用权证书》申请审批程序

### 4.3.3　围填海管理制度

占用海域资源进行围填海属于海域使用管理范畴，中国对海域资源的使用进行控制和管理是从 2002 年《中华人民共和国海域使用管理法》颁布后才逐步走向正轨。《海域使用管理法》规定了三项海域使用基本制度：海洋功能区划制度、海域权属管理制度、海域有偿使用制度。此外，在海域使用权的申请过程中还要遵照海域使用论证制度和环境影响评价制度（图 4.4）。在国家发改委和国家海洋局 2009 年下达的《国家发展改革委、国家海洋局关于加强围填海规划计划管理的通知》中，提出了要建立区域用海规划制度，实施围填海年度计划管理。

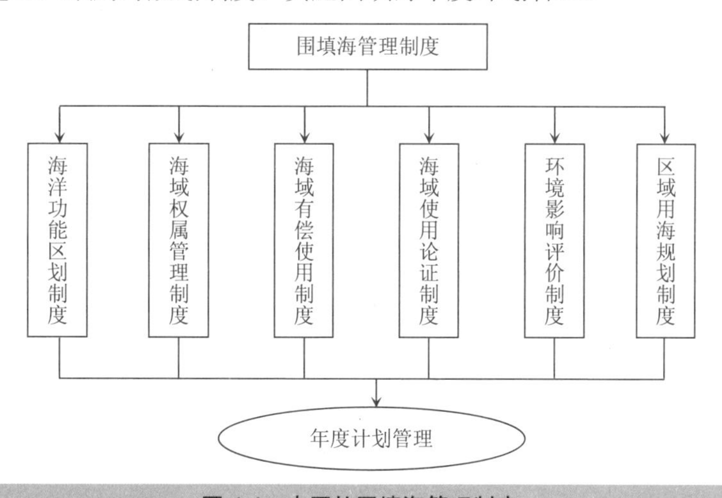


图 4.4　中国的围填海管理制度

（1）海洋功能区划制度

海洋功能区划是依照法定程序，根据海域地理位置、自然资源状况、自然环境条件和社会需求等因素而划分不同的海洋功能类型区。海洋功能区划是海洋开发与管理的基础，《海域使用管理法》中明确规定“国家实行海洋功能区划制度，海域使用必须符合海洋功能区划”。目前，从沿海县级地方政府至国务院都编制了各级别的海洋功能区划，目前正在根据执行中的问题和实际需要，在省一级进行审理和修编。

海洋功能区划的编制原则包括：①按照海域的区位、自然资源和自然环境等自然属性，科学确定海域功能。②根据经济和社会发展的需要，统筹安排各有关行业用海，考虑海洋的社会属性。③保障海域可持续利用，促进海洋经济的发展。④保障海上交通安全和国防安全。海洋功能区划是审批填海造地项目用海的基本依据和实施海域管理的重要基础。对于涉及围填海的海洋功能区，要明确开发规模、开发布局、开发时序，并提出严格的管制措施。

中国在国际上率先提出了海洋功能区划制度，是对海洋综合管理制度的重要贡献。但从近10年的实际情况来看，不少地方海洋功能区划的执行和修编偏离了海洋功能区划编制的原则，即以经济和社会发展需要为主，取代了资源和环境的自然属性。

（2）海域权属管理制度

根据《海域使用管理法》规定，海域所有权属于国家，需要使用海域就必须向海洋部门申请，经政府批准取得海域使用权，履行登记程序后确权发证，经登记的权利受法律保护。国家作为海域的所有者和管理者，在统一规划的基础上行使海域的所有权，通过海域所有权与海域使用权分离的原则，建立稳定、明确的海域使用权利义务关系，协调各类海域开发利用活动之间的矛盾和纠纷，保护国家和用海者的合法权益。

（3）海域有偿使用制度

《海域使用管理法》第三十三条中明确提出"国家实行海域有偿使用制度"。海域属于国家所有，国家作为海域所有人应当享有海域的收益权，海域使用者必须按照规定向国家支付一定的海域使用金作为使用海域资源的代价。实行海域有偿使用制度，不仅有助于国家海域所有权在经济上的实现，而且有利于杜绝海域使用中的资源浪费和国有资源性资产的流失。出让海域使用权获得的收益是国家对海域的所有权在经济上的体现。实行海域有偿使用制度，可以从根本上改变海域开发的无序、无度状况，促进海域使用市场的建立，实现海域资源的最佳利用。

（4）海域使用论证制度

《中华人民共和国海域使用管理法》规定单位和个人申请使用海域的，申请人应当提交海域使用论证材料。2008年2月发布的《海域使用论证技术导则（试行）》规定了海域使用论证的5个内容：①项目用海必要性分析；②项目用海与海洋功能区划和相关规划符合性分析；③项目用海利益相关者分析；④项目用海选址、方式、面积、期限的合理性分析；⑤项目用海的主要不利影响分析。在海域使用论证中考虑了围填海项目选址是否有利于降低项目用海对生态系统的影响；平面设计以集约、节约使用海域空间资源、保护海洋生态环境为目标；项目用海对资源、生态的损耗及影响的定性或定量分析，开展资源价值损失的货币化估算；以及定性或定量分析对重要生态因素的影响程度、范围；分析是否会引发生境破坏、珍稀濒危动植物损害、生物多样性减少、外来物种危害等生态问题。

（5）环境影响评价制度

由于海洋的特殊属性，围海造地建设项目对环境的改变通常是不可逆的，对生态环境的影响巨大。按照《中华人民共和国环境影响评价法》中的规定，所有对环境有影响的建设项目都必须执行环境影响评价制度。围海造地环境影响评价旨在预测和评价建设项目对周围陆域和海洋环境的影响范围和程度。因此，必须把海洋作为重点对象加以考虑，对海洋水质、海洋沉积物、海洋生物等必须按照海洋相关法律法规和质量标准进行评价。围填海的环境影响评价制度中也强调了公众参与的原则。2006 年，国务院颁布的《防治海洋工程建设项目污染损害海洋环境管理条例》规定："50 $hm^2$ 以上的填海工程，100 $hm^2$ 以上的围海工程的环境影响报告书，由国家海洋主管部门核准；围填海工程必须举行听证会。" 2006 年出台的《环境影响评价公众参与暂行办法》中进一步详细列明了公众参与环境影响评价的方式、途径与程序。

（6）区域用海规划制度

在国家发改委和国家海洋局 2009 年 11 月下达的《国家发展改革委、国家海洋局关于加强围填海规划计划管理的通知》中，提出了要建立区域用海规划制度。对于连片开发、需要整体围填用于建设或农业开发的海域，将依据全国和省级海洋功能区划，分析所涉海域的自然条件及面临形势，编制区域用海规划。要说明区域用海整体围填的必要性、可行性，提出区域发展的功能定位、空间布局方案和规划期限内年度围填海计划规模，并对规划实施可能产生的环境影响进行全面分析、预测和评估。区域用海规划分为区域建设用海规划和区域农业围垦用海规划。其中，区域建设用海规划还应当依据国家有关技术规范及国家海洋局关于围填海工程平面设计的要求，合理确定功能分区。

（7）围填海年度计划管理

自 2010 年起，国家将实行围填海年度计划管理。沿海省市将本地区下一年度的围填海计划上报国家海洋局和国家发改委。国家海洋局在各地区上报的围填海计划的基础上，提出每年的全国围填海年度总量建议和分省方案，报国家发展改革委。国家发展改革委将根据国家宏观调控的总体要求，经综合平衡后，形成全国围填海计划，按程序纳入国民经济和社会发展年度计划。

围填海年度计划指标包括地方年度围填海计划和中央年度围填海计划指标两部分。地方年度围填海计划指标在围填海项目用海经国务院或省级人民政府批准后，由省级海洋行政主管部门负责核销。中央年度围填海计划指标是指国务院及国务院有关部门审批、核准项目的年度最大围填海规模，该指标不下达到地方，由国家海洋局在项目用海审批后直接核销。围填海年度计划中的建设用围填海计划指标和农业用围填海计划指标不得混用。建设用围填海计划指标主要用于国家和地方重点建设项目及国家产业政策鼓励类项目。

### 4.3.4 围填海管理的主要问题

2002 年以前，《海域法》尚未实施，虽然国家和各省对海域的使用和管理出台了一些规定，但多头管理的现象严重，上至国务院，下到乡镇政府都能审批围填海项目，水利、交通、农业等部门也能审批围填海项目，有的甚至仅经政府领导同意，未经审批即进行围填海，这直接造成了围填海活动无法可依，无序可循。

2002 年之后，随着《海域法》的施行，海域使用管理进入了新的阶段。围填海的审批权限得到控制，海域使用论证和环评工作得到推行，围填海走上了有法可依的使用论证和环评论证程序，申请审批、资源赔偿、收取海域使用金等制度不断完善，逐步扭转用海“无序、无度、无偿”的局面。2008 年国家又出台一系列针对围填海的法规文件，对围填海的平面设计进行指导，并自 2010 年起实施围填海年度计划管理。

《海域法》和上述配套法规的颁布实施，极大地改善了海域使用秩序，缓解了行业用海矛盾，促进了海域的合理开发和可持续利用，维护了国家海域所有权和各类海域使用权人的合法权益，推动了海洋经济的健康协调发展。

但由于中国加强海域使用管理还只有不到 10 年的时间，相关配套的法律法规尚不够完善，在用海执法上也存在不足，因此目前在管理上还存在着相当多的问题：

（1）海洋功能区划编制科学性不够，执行不严

海洋功能区划是指导围填海的重要依据，海洋功能区划的科学性直接关系着中国围填海的合理性。目前，海洋功能区划的编制工作中，存在海洋环境基础资料底数不清，行业用海预测需求不准，海洋功能区划方法简单，以及海洋功能区划工作综合性不够等问题。在二次修编过程中，许多地方都将经济社会发展需要作为海洋功能区划的主要因素，按需划分，而不是按照自然生态属性来确定海域功能；在审批过程中，部分地方修改频繁，动机之一是“扩大填海造地区”，造成“不合法用海者变成合法用海者”，而合法用海者尤其是养殖渔民却变成了非法用海者；在执行过程中，个别地方存在不按照海洋功能区划批准和使用海域等问题。[1]

（2）缺乏全国性的围填海总体规划，围填海规划分散，尚未和国民经济与社会发展规划、行业发展规划、区域发展规划等有机整合

中国目前尚未制定全国性的围填海总体规划，有关围填海的规划反映在沿海省市各种类型的规划中，主要服务于本地区经济和行业发展，而对环境的自然属性考虑较少，对全国及区域的发展还缺乏有机统一和整合。

如《广东省海洋功能区划》中划定了围海造地区 24 个，功能区面积共 14 610.2 $hm^2$；江苏省在《江苏沿海地区发展规划（2009—2020 年）》中提出“近期重点对海岸潮间带和潮下带滩涂、高程在理论基准面 2 m 以上的海域滩涂进行围填开发。到 2020 年，规划围填 270 万亩海域滩涂”；《上海市滩涂资源开发利用与保护规划》修编中提出围垦滩涂 60 万亩的计划；《浙江省滩涂围垦总体规划（2005—2020 年）》写明

1 阿东．全面推进新一轮海洋功能区划工作[J]．海洋开发与管理．2009.26（5）：3-6.

全省适宜造地的规划滩涂区面积约为 262 万亩；《福建省沿海滩涂围垦规划（2005—2020 年）》提出从 2001 年至 2020 年，福建省可围垦规划总面积为 82.66 万亩。《山东半岛蓝色经济区集中集约用海规划纲要》初步规划了“九大十小”集中集约用海区，海陆总面积约 1 500 $km^2$，包括近岸陆地 800 $km^2$，集中集约用海 700 $km^2$（填海造地 520 $km^2$，高涂用海 180 $km^2$）。在沿海省市正在制定的海洋功能区划中，也纷纷将适宜于围填海的区域进行了划分。即将编制的区域用海规划也将对区域围填海进行规划。以上说明，中国在围填海的总体规划上已经从无规划走向了地区和区域规划，在围填海的有序有度控制上迈进了一大步。然而，由于各省市在制定规划时往往偏重于本地区利益，全国大局考虑较少，使得汇总上来的全国围填海规划仍然呈现出地域分散、围填海利用方向重复等问题。而且，许多沿海省市基于本地的区域位置，围填海规划仍集中于海湾、河口等生态极为脆弱的地区。

（3）海陆行政管理界限未经确定，滩涂围垦存在多头管理

中国对沿海滩涂的定义中，海洋行政主管部门将滩涂界定为平均高潮线以下低潮线以上的海域，国土资源管理部门将沿海滩涂界定为沿海大潮高潮位与低潮位之间的潮浸地带。两部门对滩涂的表述虽然有所不同，但滩涂既属于土地，又是海域的组成部分。沿海滩涂作为海陆交互作用的产物，海陆界限不清造成了滩涂管理的交叉和重叠。虽然《海域法》规定海域向陆一侧至海岸线，但对海岸线的具体位置却未予以界定。在 2008 年的《海域使用分类体系》中也未对滩涂围垦中属于海域使用范围的部分进行具体说明。

目前，中国沿海滩涂围垦的主管部门是各省市水行政主管部门。各省市需由水行政主管部门会同发改委、计划、财政、土地、建设、科技、农业、交通、水产、环保、海洋等行政主管部门编制滩涂围垦总体规划，作为滩涂围垦的基本依据。滩涂围垦项目需编制环境影响评价报告书。在 2005 年《浙江省人民政府关于科学开发利用滩涂资源的通知》中提出“凡涉及海域使用的围垦项目，要严格按照《海域使用管理法》和国发[2004]24 号文件的规定，先取得海域使用许可，再报省水利部门审批。”

2006 年，国家海洋局发布《关于淤涨型高涂围垦养殖用海管理试点工作的意见》，决定在江苏、浙江两省开展淤涨型高涂围垦养殖用海管理试点工作，要求制定全省每年高涂围垦养殖用海年度总量控制计划并编制项目用海规划，并对用海规划进行统一海域使用论证，报国家海洋局审批。

因此，在滩涂围垦的实际管理中，存在海洋局、水行政主管部门审批管理的交叉和重叠。并且一些地区出于本地利益和部门利益，私自扩大围垦范围，假高涂围垦之名，实则圈围至水深 3～4 m 的水域。而地方海洋行政执法队伍由于直接归属当地政府领导，也严重影响到了其执法的决断性和公平性。海陆界限不清也不利于

海洋执法的标准量度。

（4）地方和中央有关围填海的法律法规存在一定矛盾

中国的围海造地管理主要是根据《海域使用管理法》进行的，该法对海域使用的申请与审批、海域使用权、海域使用金等都进行了相应的规定。但由于围海造地涉及多个领域，因而还受《土地管理法》、《海洋环境保护法》、《渔业法》、《海上交通安全法》等多个法律的制约。相关法律之间存在一定冲突。

此外，地方条例和国家法规之间也存在一定矛盾。如《浙江省滩涂围垦管理条例》、《福建省沿海滩涂围垦办法》规定可以无偿使用海滩，并鼓励滩涂围垦，对滩涂围垦成绩突出的单位和个人由各级人民政府给予表彰和奖励。这和《海域法》提出“国家严格管理填海、围海等改变海域自然属性的用海活动”的精神存在矛盾。此外，因地方制定滩涂围垦办法在《海域法》出台之前，对滩涂围垦活动仅规定要进行环境影响评价，未要求进行海域使用论证。这样一来，就出现了有些地方领导利用地方法规和国家法规不一致之处，依据本地滩涂围垦条例办一个围垦许可证，而不办理海域使用证的非法围涂现象。

（5）围填海评价技术体系薄弱，围填海的使用论证和环评质量还有待提高

中国目前的围填海评价技术体系还不够完善。主要缺乏和论证不到位的技术环节有：如何评估地区的围填海强度和潜力？水动力环境改变到什么程度不能填海？如何定量进行海底地形地貌蚀淤分析与预测？如何进行海岸稳定性定量分析与预测？如何进行行洪和通航安全影响预测？生态系统服务功能如何定量评价？

目前，围填海项目的海域使用论证和环境影响评价都由项目申请单位自主委托具有相关资质的单位进行。海域论证和环评单位与被论证项目申请单位成了被雇佣方和雇主的关系，因此，促使被论证项目的通过就成了论证报告编写单位的主要目标，在编写报告时往往难以保持客观中立的立场。这无疑会影响海域使用论证和环评报告的公平性和客观性，使有些地方围填海工程的论证流于形式。

此外，一些沿海省市规定，海域使用论证单位从签约到正式提交海域使用论证报告的时间，一般不得超过 45 天。海域使用论证报告书的评审时间不得超过 15 天，论证单位修改报告书的时间不得超过 3 天。在如此短的时间内要完成海域资源、环境的调查与分析并编写报告，在该地区的前期研究和监测基础数据不够充分的情况下，难以保证质量。

（6）海洋生态补偿制度尚未建立

生态补偿作为促进生态环境保护的经济手段和机制[1, 2]，最初源于自然生态补

---

1 钟瑜，张胜，毛显强．退田还湖生态补偿机制研究——以鄱阳湖区为案例[J]．中国人口・资源与环境，2002.12（4）：46-50.

2 于振伟，陈玮．森林生态效益补偿机制研究[J]．中国林业企业．2003.（3）：19-20.

偿，是指对生态环境本身的补偿以及对生态行为主体的补偿或收取经济补偿[1, 2]。中国环境与发展国际合作会生态补偿机制课题组给出的生态补偿定义为："通过经济手段，保护并可持续地利用生态系统服务、调整不同参与者和利益相关方的成本分摊和效益分配的一种制度"。其认定的生态补偿的基本原则为：破坏者付费原则，使用者付费原则，受益方付费原则和对保护者的补偿[3]。从国家层面建立海洋生态补偿机制是重新调整各利益相关者生态和经济成本与利益的必要措施，是实现可持续消费和生产以及实现海洋经济可持续发展的重要举措。

目前中国尚未建立起海洋生态补偿机制。已有的海域有偿使用制度是为了提高海域资源配置效率，对海域资源使用征收海域使用金，是国家对海域的所有权在经济上的体现。然而，由于中国征收的海域使用金标准较低，大大低于填海工程损害的海洋生态价值，因此也就满足不了海洋生态保护要求。除此以外，《中华人民共和国海洋环境保护法》第 90 条规定："对破坏海洋生态、海洋水产资源、海洋保护区，给国家造成重大损失的，由依照本法规定行使海洋环境监督管理权的部门代表国家对责任者提出损失赔偿要求"。渔业行政主管部门依照《建设项目对海洋生物资源影响评价技术规范》所计算出的天然渔业资源损失而应该补偿的金额，代表国家向损害渔业生态环境资源的单位或个人进行索赔。但这一规定也只赔偿了渔业损失，而未纳入受损的其他生态系统服务功能的补偿。并且，由于渔业部门索赔是在建设工程环评核准并取得海域使用权的情况下的事后行为，大大削弱了索赔的成功性，使得围填海工程对近岸海域生态环境的破坏几乎未得到实质性的补偿。海域资源被消耗了就不可再生，如不进行补偿和功能修复，将严重影响海洋可持续发展。

（7）缺乏后效应评估制度

中国目前尚未建立起环境影响跟踪评价体系，对围填海造成的生态环境影响也缺乏相应的后评估制度。据统计，2008 年在环境保护部审批的项目中，就有 10%以上未申请验收即擅自投入运行，而申请验收的项目中又有 20%以上未完全落实环评报告中提出的环保措施和要求；2007 年初，原国家环保总局在对 100 余个工业园区、500 多家企业检查中发现，40%缺乏后续监管，环评报告书提出的环保对策和措施难以得到落实[4]。对围填海工程施工期和完工后的海洋生态环境更缺乏定期的监测和检测，无法检验实际情况是否与环境影响评估的范围相符，也无法检验环境影响评估的优劣。对项目造成的生态环境损害也缺乏实时的了解，无法对可能出

1 McLeod H. Compensation for landowners affected by mineral development：The Fijian experience[J]. Resources Policy，2000.（26）：115-125.

2 万军，张惠远，王金南等．中国生态补偿政策评估与框架初探[J]．环境科学研究，2005.18（2）：1-8.

3 李濛．浅谈生态补偿及海洋建设工程之渔业资源损害赔偿[J]．河北渔业．2010（2）：50-5.

4 黄爱兵，包存宽，蒋大和，黄丽娇．环境影响跟踪评价实践与理论研究进展[J]．四川环境．2010. 20（1）：91-9.

现的意外情况作出及时的应对，更无法对项目在生态环境保护上的成败作出评估，不利于后续工程的经验教训借鉴。建立围填海工程后效应评估制度，对围填海工程运行过程中产生的环境问题进行有效的跟踪评价，发现问题及时整改，可以避免重大环境问题的产生，并为今后围填海政策制定和规划研究提供依据。

（8）基础研究薄弱

科学的围填海规划需要建立在大量海洋生态学、海洋动力学、渔业生态学、经济生物早期发育生物学等的研究基础上。构建全面的围填海评价技术体系对基础环境评价技术体系、工程环境评价技术体系和工程综合损益分析提出了更高的要求。建立海洋生态补偿机制要求对海洋和海岸带生态系统的各种服务功能价值进行定量的评估，并发展生态修复的各种技术。近 20 年来，中国的相关基础研究蓬勃发展，开展了许多大型的研究项目，如国家海洋局于 2005 年启动了为期 5 年的“海洋生态系统服务功能及其价值评估”研究计划、国家重点基础研究发展计划（“973 计划”）“中国典型河口—近海陆海相互作用及其环境效应”(2002—2008 年)、国家 908 专项“我国近海海洋综合调查与评价”专项等，已经取得了很多的数据和成果。但由于海域辽阔，起步较晚，很多地区的研究数据还不全面，尤其缺乏长期的历史性数据。

（9）公众参与率低

实际上，目前中国从法律法规上已经建立了公众参与的法律平台。2007 年中国出台的《海洋功能区划技术导则》（GB/T 17108—2006）和《海洋功能区划管理规定》都明确指出编制和修改海洋功能区划应当建立公众参与的机制。2006 年，国务院颁布的《防治海洋工程建设项目污染损害海洋环境管理条例》规定：“50 $hm^2$ 以上的填海工程，100 $hm^2$ 以上的围海工程的环境影响报告书，由国家海洋主管部门核准；围填海工程必须举行听证会”。国家环保总局 2006 年发布了《环境影响评价公众参与暂行办法》，鼓励公众参与环境影响评价，对向公众公开环境信息、征求公众意见等都作出了具体的规定。国家海洋局也于 2008 年起实施了《海洋听证办法》。然而到目前，公众参与的效果还不够理想，公众实际参与率低。例如，听证会参与人员一般为当事人和利害关系人，面向公众的范围仍然较窄，且公众的意见并不直接参与决策过程。还有一些地方管理部门无视国家法规，违规操作，一些项目没有公示就进行审批，剥夺了公众参与的权利与机会。如海南省海口湾灯塔酒店围填海工程未经公示即获审批，在当地造成了极坏的影响。另外，中国人口众多，公众素质参差不齐，生态知识薄弱等问题也严重影响公众参与的效果。

## 4.4 国外围填海管理经验

围填海是人类向海洋拓展生存和发展空间的一种重要手段，也是一项重要的海洋工程。著名的围填海大国荷兰围海造地已有近 800 年的历史，占国土面积 1/7（约 5 200 $km^2$）的陆地是通过填海造陆形成的[1]。美国迈阿密和阿联酋迪拜的人工岛建设世界闻名。在亚洲，陆地资源贫乏的沿海国家，都很重视利用滩涂或海湾填海造地，用以扩大耕地面积，并增加城市建设和工业生产用地。日本在过去的 100 多年里，沿海城市约有 1/3 的土地是通过填海获取的，填海总面积达 1 500 $km^2$ [2]；韩国 2006 年的数据显示，38%的沿海湿地（约 590 $km^2$）已经或正在被改造成陆地；巴林目前填海总面积 410 $km^2$，是原有国土面积的 76.3%。新加坡在城市西南 10 km 的海域填海连接了 6 个小岛，建成了世界著名的石化产业聚集区。

近 20 年来，由于对海洋生态系统重要性的科学认识不断加强，对海洋空间的多用途性日益重视，发达国家对海洋空间资源的管理日益加强，围填海活动受到严格的控制。联合国环境与发展大会（UNCED）1992 年召开后，沿海地区围填海工程的环境影响及其评价受到政府、学术界和公众的关注，并纳入"海岸带综合管理"（ICAM）的范畴；随着人们对环境资源的开发利用与生态系统的服务功能之间的密切关系的深入认识，2002 年世界可持续发展峰会（WSSD）之后，形成了"生态系统水平的海洋管理"（EBM）的概念。目前，"海洋空间计划编制"（MSP）的动态管理过程已成为国际上普遍落实 EBM 的途径，围填海工程就在此框架下得以规划和实施。

随着国际上对海洋经济认识的不断成熟，一些海洋大国在逐年减少围海造地的面积。因此，从 20 世纪 80 年代开始，荷兰的围海造地进入一个严格限制开发的阶段，并与德国、丹麦实施了三方瓦登海保护计划[3]。日本政府也已认识到大规模围填海对海洋环境和生态造成的破坏，已经采取措施严格围填海审批，严格控制造地规模和范围等。至 2005 年，日本围填海总面积已经不足 1975 年的 1/4，每年的填海造地面积只有 500 $hm^2$ 左右，填海主要用于港口码头建设，形式主要是人工岛。同时，日本的各种海洋环保研究机构正在积极研究恢复生态环境的办法。[4]

### 4.4.1 荷兰围填海管理经验

（1）荷兰围填海发展概况

荷兰境内地势低洼，一半土地须长期防洪，其中 1/4 的土地低于海平面，另有 1/3 仅高出海平面约 1 m。从 13 世纪至今，为了与洪水抗争，排除积水，拓展生存空间，荷兰开展了持续的大规模围海造地行动：修筑沿海岸线和海（河）堤岸、修

---

1 李荣军．荷兰围海造地的启示[J]．海洋开发与管理，2006（3）：31-34.
2 考察团．日本围填海管理的启示与思考[J]．海洋开发与管理，2007，24（6）：3-8.
3 李荣军．荷兰围海造地的启示[J]．海洋开发与管理，2006（3）：31-34.
4 考察团．日本围填海管理的启示与思考[J]．海洋开发与管理，2007，24（6）：3-8.

建入海（河）口的闸坝、在原海底开垦农地、兴建排灌水利等。

荷兰围海造地的主要动因是生存安全的需求，其围海造地的发展可以分为 3 个阶段：1953 年以前，为居住和生活进行的大规模围垦；1953—1979 年，为安全进行围垦；1979—2000 年，为安全和河口生态环境保护进行围垦。须德海工程和三角洲工程是其中的代表性工程。到目前，荷兰已经填海造地 5 200 $km^2$，约相当于陆地面积的 1/7 [1, 2]。

为满足 21 世纪中叶前的发展需要，将鹿特丹港建设为欧洲第一大港，2008 年 9 月，欧洲最大的围填海工程 Maasvlakte 2 开始动工（图 4.5）。

图 4.5　荷兰鹿特丹港 Maasvlakte 2 项目艺术模拟图

Maasvlakte 2 项目规划时间为 2008—2033 年，计划建设到 2013 年才能发挥作用，总面积为 20 $km^2$。其中一半面积用于堤坝、道路及港池建设，一半用于港口、工业、物流等。填海项目需沙约 36.5 亿 $m^3$，大部分将取自近岸海床沙坑[3]。

（2）荷兰围填海对海岸带生态环境的影响

荷兰围海造地带来的问题主要有：①自然纳潮空间区域大大缩小，滩涂消失，失去了波浪消能的空间，加大了潮灾的隐患；②生物多样性下降，不少栖息地动物和植物灭绝，生物物种迁徙，尤其在河口相当一段空间潮汐消失，河口至河道海水

1 李荣军．荷兰围海造地的启示[J]．海洋开发与管理．2006.（3）：31-34.

2 Hoeksema RJ. Three stages in the history of land reclamation in the Netherlands[J]. Irrigation and Drainage. 2007. 56（S1）：S113-S126.

3 Stolk A，Dijkshoorn C. 2009. Sand extraction Maasvlakte 2 Project：License，Environmental Impact Assessment and Monitoring. European Marine Sand and Gravel Group – a wave of opportunities for the marine aggregates industry. EMSAGG Conference，7-8 May 2009. Frentani Conference Centre，Rome，Italy

到淡水不再有梯度变化，海洋植物和海洋动物生存环境受到严重影响；③河床淤积，影响泄洪安全；④海滩和沙坝消失，海浪对沿海地区的冲击会进一步增大，海水倒灌现象会更加突出。

因此，从20世纪80年代开始，荷兰的围海造地进入一个严格限制开发的阶段，并与德国、丹麦实施了三方瓦登海保护计划。1990年，一个在须德海大堤内侧的原定围垦区被放弃，保留了自然的湖泊湿地景观。

（3）荷兰与围填海相关的海洋政策发展趋势

长期围海造地的实践，使荷兰建立了完善的技术体系和管理制度来支持围海造地工程的成功实施：①建立了规划和计划体系。如荷兰全国建立了海洋空间规划、综合湿地计划、海岸保护规划、海洋保护区规划、水资源综合利用规划和三角洲开发计划等。②建立了围海造地综合评价技术体系。如海岸稳定性数模和物模技术、波浪流数模和物模技术、波流环境下通航数模和物模技术、海底地形地貌数模和物模技术、行洪安全数模和物模技术、浪潮流生态环境数模技术、潮汐梯度变化数模技术等。③建立了围海造地的后评估技术体系。包括对海平面变化的影响、对未来河流流量的影响和对地面沉降的影响以及对河道纳潮梯度的影响等。④建立了定量评价技术。如生物资源及栖息地自然生态系统评价、通航能力评价、海岸稳定性评价、海底蚀淤评价、海洋环境质量评价，还包括对行洪和纳潮的影响、对沿岸通道的影响评价等。⑤对围海造地及海岸工程施工和营运期进行综合损益分析。如工程经济损益评价、对当地和外部资源环境影响分析及施工过程的直接影响、间接影响分析等。⑥建立了公众、政府和议会议事和审批制度。

为解决围海造地对生态环境所造成的负面影响，早在1989年，荷兰政府就制订了国家环境政策计划，规定到2000年荷兰缺水地区的面积必须比现有水平减少25%。1年后，政府又通过了一项大规模的“回归大自然计划”，目的是最终使超过荷兰农田面积10%的大约24万$hm^2$良田重新变成森林、沼泽地和湖泊。1992年6月，荷兰开始实施“还地为湖”的计划，经过几年实践，这一环保举措已显示出积极成果。淹没新洼地的工程不仅恢复了原有自然景观，而且明显地提高了地下水位，既缓解了泥沙淤塞的形成，又起到了天然水库的作用。

本项目组成员于2010年2月随代表团参观了荷兰目前正在实施的Maasvlakte 2的围填海工程。其决策过程、环境影响评价及自然补偿等多方面均值得我们借鉴：

1）决策：Maasvlakte 2是鹿特丹主要港口开发项目之一。该项目经过了长期的规划、研究和决策过程，在政府、鹿特丹港务局、环保组织和公众之间进行了多方的交流，协调了各方的利益。决策过程主要包括：

① 重大规划决策：对总体规划布局进行决策。

② 环境影响评估：按照国际海洋勘探理事会的标准进行，对采砂、围填海工

程、港口运作等方面均进行了环境影响评估，评估报告长达6 000页，为决策者提供依据。此外，还要定期对施工期和完工后的海洋生态环境进行监测，检验是否与环境影响评估的范围相符，监测项目包括海床结构、悬浮物、底栖生物、海底噪声等。

③ 建设和使用许可证：需要超过100项许可证。

2）许可证：Maasvlakte 2项目在符合欧洲的两部自然保护法、纳入鹿特丹的海洋空间规划的条件下，需要获得3个主要的许可证：围填海许可证、海堤建造许可证以及采砂许可证。申请许可证的过程历时10余年。其中采砂许可证由荷兰运输、公共工程和水管理部的北海水利局颁发，依照《采砂法》（1997年）和空间规划政策文件（2006年）以及海洋开发国际委员会发布的《海洋沉积物提取管理准则》。

3）生态补偿：《欧洲生境指令》规定，必须要对围填海造成的自然和环境损失进行补偿，并在项目开始前必需提出自然生态补偿计划。该项目计划将造成20 $km^2$的自然和环境损失，包括海洋生态系统以及一些保护鸟类的生境。自然生态补偿的理念则相当于在另外200 $km^2$的自然环境中提高其10%的生态价值。2008年提出的生态补偿计划中，确立了250 $km^2$的海床保护区以及在鹿特丹港的北部新建一处35 $hm^2$的沙丘，以补偿Maasvlakte 2造成的天然沙丘损失。在海床保护区内严禁海床干扰活动，如拖网捕鱼和采贝等。其中有5个小的区域被划为鸟类和海豹栖息区，严禁捕鱼和水上娱乐。新建沙丘将有利于各种植物的生长，并为人们提供了更宽阔的沙滩，有效地补偿了围填海所损失的生态服务功能。

### 4.4.2 日本围填海管理经验

（1）日本围填海发展概况

国土狭小的日本，填海造地有着悠久的历史。1945年以前，日本已经填海造地约145 $km^2$。东京湾、大阪湾、伊势湾和北九州市依靠发展填海区工业，形成了支持日本经济的“四大工业地带”。

1962—1969年，日本政府两次制定了新产业都市和沿海工业发展区域规划，统一进行工业布局，通过填海造地，在沿海建立了24处重化工业开发基地。到1978年，日本人造陆地面积累计约达737 $km^2$，在太平洋沿岸形成了一条长达1 000余km的沿海工业地带。

20世纪70年代后期，日本的围海造地开始进行结构化调整，填海用途转向第三产业开发，并更多地考虑环境效益，围海造地的规模和速度都大大减小，1979—1986年全日本填海造陆的面积大约为132 $km^2$。进入90年代后，由于日本经济增长的放缓，以及人口的负增长，对土地的需求趋于平缓，政府及社会各界对填海造地造成的海洋生态环境影响也日益关注，日本的围填海总体呈逐年下降趋势，特别是工业用填海造地下降最为明显。目前，日本每年的填海造地面积在5 $km^2$左右，至今日本累计填海造地 1 500 km$^2$ 以上[1]。

（2）日本围填海对海岸带生态环境的影响

日本沿海城市约有 1/3 的土地都是通过填海获取的。在获得巨大收益的同时，大肆填海造地发展工业经济也给日本带来了巨大的后遗症。日本环境厅发表的调查数字显示，1945—1978 年，日本全国各地的沿海滩涂减少了约 3.9 万 hm$^2$，后来每年仍然以约 2 000 hm$^2$ 的速度消失。海洋污染问题严重。在东京、大阪等港口地区，由于海岸线都被垂直建筑取代，使可以平衡海洋生态的海洋生物无法栖息在海岸边。另外，由于工厂和城市长期排放污染物使硫酸还原菌等细菌大量滋生，海洋生物不能生存，赤潮大量出现。过度填海还导致日本一些港湾外航道的水流明显减慢，天然湿地减少，海岸线上的生物多样性迅速下降，海水自净能力减弱，水质日益恶化。

日本政府也已认识到大规模围填海对海洋环境和生态造成的破坏，已经采取措施严格围填海审批，严格控制造地规模和范围等。日本的各种海洋环保研究机构正在研究恢复生态环境的办法。

（3）日本与围填海相关的海洋政策发展趋势

日本政府于 1921 年颁布了《公有水面埋立法》，建立了围填海的许可、费用征收和填海后的所有权归属等管理制度，1973 年通过了《公有水面埋立法修正案》，加强了对围填海用途与环境影响审查等方面的要求。从日本法律、围填海管理政策和长期的管理实践来看，日本政府对围填海行为没有明显的政策倾向和行政干预，而是采取“不鼓励、不限制”的中立态度。日本围填海的发展主要是以需求为主导、通过市场规律来调节的，政府的作用就是履行严格的审批手续，主要是对项目必要性、设计的合理性及对环境的影响进行严格审查，只要需求和方案合理，就允许进行围填海。日本围填海管理的核心是围填海许可的审批。

但整个日本的近海海域在经历了 20 世纪 60—70 年代的工业和围填海的迅速发展后，已经遭到严重的工业污染，尽管后来政府立法要求各种工厂和城市限制排污，但是要恢复以前的情况已经非常困难。为此，日本专门设立了“再生补助项目”。现在日本各种海洋环保研究机构不断进行各种试验，希望能够找到一些恢复生态环境的好方法，这些试验包括人造海滩、人造海岸、人造海洋植物生存带等，现在看来颇为有效。但这是一项长期的工作，需要巨大的资金和其他投入，所以日本政府还邀请了世界各地的海洋、环保学者，提供资金和设备进行研究和试验。同时，政府也加强了管理。按照日本现有法律规定，如果要进行填海造地工程，地方政府要首先组织各方人员进行广泛调查，其中最主要的内容就是了解填海将对周围环境造成怎样的影响，随后把报告提交环境省审批。现在日本国内新的填海工程申请基本

1 考察团．日本围填海管理的启示与思考[J]．海洋开发与管理．2007. 24（6）：3-8.

被禁止，仅考虑城市垃圾的填埋工程。日本东京用了 15 年时间用垃圾填出 18 个人工小岛，既解决了垃圾处理问题，又提供了新的发展空间。

## 4.5　加强围填海管理的对策与措施

针对目前围填海存在的问题，课题组在分析了国内的围填海发展与管理现状，了解了国外比较先进的管理措施的基础上，对中国的围填海政策与管理进行了深思。我们认为，应当建立起一套综合的围填海管理体系，从规划与立法、项目审批与执行监督以及基础支撑系统三个层次对围填海管理中出现的各种问题予以完善。具体见表 4.8。

表 4.8　围填海综合管理体系中的完善措施

<table>
<tr><th></th><th>措施</th><th>说明</th></tr>
<tr><td rowspan="7">规划与立法</td><td rowspan="2">坚持以生态系统为基础，进行海洋功能区划修编</td><td>以基于生态系统管理为基本原则，对中国海洋功能区划进行修编，提出国家和地方两级海洋功能区划修编指导意见和技术规程</td></tr>
<tr><td>基于海洋生态服务功能和价值，对海洋空间内的经济活动进行优化部署，对海洋生态环境实行分区管理，合理规划和管理围填海，协调不同用海之间的矛盾和冲突，实现海洋资源的可持续利用</td></tr>
<tr><td rowspan="2">制定围填海红线制度</td><td>在海区生态容量、生态安全、环境承载力等评估的基础上，对中国海岸带和近岸海域进行海洋生态区划研究，划定海域潜力等级，建立围填海红线制度</td></tr>
<tr><td>确定海岸带/海洋生态敏感区、脆弱区和景观生态安全节点，提出要优先保护的区域，作为围填海红线，禁止围垦</td></tr>
<tr><td>尽快出台海岸带管理法</td><td>明确陆海和河海行政管理界限，特别是加强滩涂围垦的管理</td></tr>
<tr><td rowspan="2">加强生态补偿法规及机制</td><td>将生态补偿纳入法律程序，建立生态补偿的机制，制定生态补偿的标准与规范</td></tr>
<tr><td>在申请时提交生态补偿方案，以实地补偿、经济补偿等多种形式对生态系统服务功能的损失作出补偿</td></tr>
<tr><td rowspan="6">项目审批与执行监督</td><td>设立专家咨询委员会</td><td>帮助围填海项目的规划与设计，提高项目规划质量</td></tr>
<tr><td rowspan="3">构建全面的围海造地评价技术体系</td><td>基础环境评价技术体系</td></tr>
<tr><td>工程环境评价技术体系</td></tr>
<tr><td>工程综合损益分析</td></tr>
<tr><td>加强后评估常规性常态化管理</td><td>加强对项目施工过程和施工后的生态环境进行长期定期追踪和监测</td></tr>
<tr><td>加强监管，强化用海执法</td><td>加强监管，严查未批先填、超范围填海和擅自改变海域用途进行填海等违法违规行为</td></tr>
</table>

| | 措施 | 说明 |
| --- | --- | --- |
| 基础支撑系统 | 设立公共数据库平台 | 除涉及国家机密的数据以外，统一收入受到国家及地方资助的各种研究项目的研究数据和研究成果，以及政府部门定期进行的各种监测、检测及统计数据，建立开放式公共数据库 |
| | 加强生态服务功能价值定量评估研究 | 除湿地外，加强沙丘、裸地、珊瑚礁等各种生境的生态服务价值的比较研究 |
| | | 划分鱼、虾等重要经济生物的产卵场、索饵场、洄游通道，严禁围填海 |
| | 加强基于生态服务功能的海洋管理学研究 | 加强对集中集约用海的专题研究，深入研究海洋可持续发展的理论和方法 |
| | 加强建设海洋生态文明 | 加强海洋可持续发展生态观的宣传与教育，提高决策者和公众的生态意识，自觉维护海洋生态环境 |

### 4.5.1　加强围填海规划与立法

应当从规划与立法层次，对围填海的总体规划与法律法规进行完善。包括：

（1）坚持以生态系统为基础，科学进行海洋功能区划修编

鉴于目前中国沿海省市在海洋功能区划修编工作中，逐渐偏离了海域的自然属性，而偏重于本地区经济社会发展需求。这样的海洋功能区划将丧失其保障海域可持续利用的根本作用。因此，必须要高度强调在海洋功能区划修编中坚持以生态系统为基础，从按需规划转为按生态系统服务功能进行规划。

1）强调以基于生态系统管理为基本原则，提出国家和地方两级海洋功能区划修编指导意见和技术规程，指导中国海洋功能区划的进一步修编。

2）基于海洋生态服务功能和价值，对海洋空间内的经济活动进行优化部署，对海洋生态环境实行分区管理，合理规划和管理围填海，协调不同用海之间的矛盾和冲突，实现海洋资源的可持续利用。

（2）制定围填海红线制度

在修编的全国海洋功能区划框架下，充分考虑海洋空间资源的多重用途和生态价值，加强围填海对海洋生态系统影响的研究，建立围填海红线制度。建议在海区生态容量、生态安全、环境承载力等评估的基础上，对中国海岸带和近岸海域进行海洋生态区划研究，划定海域潜力等级，确定海岸带/海洋生态敏感区、脆弱区和景观生态安全节点，提出要优先保护的区域，作为围填海红线，禁止围垦。

（3）尽快出台海岸带管理法

《海域法》规定海域向陆一侧至海岸线，但对海岸线的具体位置却未予以界定，关于沿海滩涂是否属于海域之争由来已久，归根结底是陆海界线之争，给海域使用管理带来了严重影响。此外，河海界线之争，也是影响海域使用管理顺利开展的重

要因素。因此，建议国家修改相关法律，具体明确海岸线及河海分界线的界定方法，进而明确海涂和河口的行政管理属性，并由国家层面组织开展大型河口或跨省市河口区域的河海管理界线的划定工作。

明确陆海和河海界线，并以法律形式明确沿海滩涂及河口的属性。做到海陆统筹，统一管理。特别要加强对滩涂围垦的管理，确定管理部门的职责和权限。滩涂围垦要统一纳入围填海年度计划总量控制。

（4）加快生态补偿法规及机制的建设

海域中的生态环境资源一旦被围填海所占用和破坏，将难以恢复和再生。如果不对生态系统本身进行补偿，中国近岸海域和海岸带的生态系统将逐渐被蚕食，生态服务功能将不可持续，必将制约中国海洋经济的发展。因此，应当建立生态补偿的法规和机制，尽快出台海洋生态补偿/赔偿指导意见。特别是针对重大围填海工程，开展生态补偿研究和示范。可在围填海规划中划分出适宜生态补偿的区域。对大型围填海工程，在论证用海的同时，增设生态补偿方案，其核心就是对项目所造成的生态系统服务功能的损失进行实际的生态补偿，要达到在项目实施后，生态系统的服务功能不会降低，从而保证海洋经济的可持续发展。具体的补偿形式可采取实地补偿为主，经济补偿为辅。如造成鸟类栖息地损失的，要在邻近的生态补偿区域重建鸟类栖息地。如造成鱼类资源损失的，则要划分一片禁渔区域用于鱼类资源的恢复，同时对因禁渔而遭受了经济损失的渔民进行适当经济补偿。具体的生态补偿方案则要依赖于生态补偿的标准与规范进行确定。而生态补偿方案必须要予以落实，争取做到“先补偿，后围填海”。

### 4.5.2　加强围填海项目审批与执行监督

应当加强围填海的项目审批与执行监督，从单个围填海项目的规划设计、申请审批与项目施工及追踪评价等方面，对项目的全过程进行管理，起到优化项目方案、完善项目审批、执行与监督的作用，从而起到减少围填海项目对生态环境的影响的作用。

（1）设立专家咨询委员会

组建专家咨询委员会，具体承担对重点海域的重点建设项目进行评估和审核，为科学决策提供技术支持。今后重大开发利用项目都必须经过专家咨询委员会的论证，严格海域开发利用的科学论证把关。专家咨询委员会的专家队伍要相对稳定，并根据实际需要进行增减和调整。

在对围填海活动进行决策时必须明确：①调查并分析各个港湾的资源特征和资源量以及港湾的环境条件；②切实维护港湾最主要的资源，特别是港航资源和旅游资源；③充分考虑围填海活动可能产生的累积性影响，而不是单个项目的影响；④在确认围填海活动可能产生的累积性影响不会对海域最主要的资源和环境产生不可逆的影响时，才能对围填海活动进行决策。

实行湿地经济损益综合分析，包括湿地潜在资源价值评价，湿地经济损益分析，动植物及鸟类迁徙等生态环境评价。

海域使用论证和环境影响评价改由审批部门指派具有相关资质的单位进行。

（2）构建全面的围海造地评价技术体系

根据国外先进经验，需要构建严密的评价技术体系来支撑围海造地的管理。首先是基础环境评价技术体系，包括可行性预评估和判断完成效果的后评估，如生物资源及栖息地自然生态系统评价、通航能力评价、海岸稳定性评价、海底蚀淤评价、海洋环境质量评价等；其次是工程环境评价技术体系，主要研究海岸稳定性、波浪流、波流环境下通航、海底地形地貌、行洪安全、浪潮流生态环境和潮汐梯度变化等。此外，还要对围海造地及海岸工程施工和营运期进行综合损益分析，如工程经济损益评价、对当地和外部资源环境影响分析及施工过程的直接影响和间接影响分析等。

（3）加强后评估常规性常态化管理

建立围填海造地工程后效应评估制度，对围填海造地工程运行过程中产生的环境问题进行有效的跟踪评价，发现问题及时整改，以避免重大环境问题的产生。对重大区域性填海项目，建议设立长期海域使用动态监测点，并建立海岸线侵蚀变化影响数据库，以便海洋行政主管部门更好地开展海洋开发宏观管理。

（4）加强监管，强化用海执法

不断强化海上执法，对未批先填、超范围填海和擅自改变海域用途进行填海等违法违规行为及时发现和查处。建立海岸带的陆域和海洋联合执法机制与执法合力，定期组织开展海上对陆源污染物和临海工业“三废”排海、港口运输、码头装卸、船舶污染海洋等的联合执法，维护良好的海洋环境保护秩序。

建立健全围填海项目跟踪监测制度，将监管工作延伸到围填海管理的全过程，通过定期检查和不定期抽查等方式，监控项目实施过程，及时纠正各种违规、违法行为。加强对填海项目的监督管理，规范填海竣工项目海域使用的验收工作，将填海项目的审批与验收有机结合起来，改变重论证轻管理的现状，从过去单一项目监测向区域用海监测转变。

### 4.5.3 加强围填海基础支撑系统建设

还应加强围填海的基础支撑体系的建设，加强海岸带生态环境的监测检测并设立公共数据平台，为围填海的决策评价提供坚实基础；加强海岸带生态服务功能价值的定量评估研究，以指导围填海选址定位及生态补偿方案的制定；加强基于生态服务功能的管理学研究并加强建设海洋生态文明，提高各级官员及公众的生态意识，以促进科学决策。

（1）设立公共数据库平台

中国目前有各种研究资助系统和监测检测系统，已获得了大量的研究数据，这些数据都应归国家所有。但由于缺乏公共数库平台，除了公开发表的数据以外，还有许多研究数据、监测检测数据都分散掌握在不同的机构和部门中，为数据的使用带来了极大的不便。因此，迫切需要建立开放式的公共数据库平台，除了涉及国家机密的数据以外，将受到国家及地方资助的各种研究项目的研究数据和研究成果，以及政府部门定期进行的各种监测、检测及统计数据统一收入，便于政府掌握目前有关社会经济以及科学研究的现状，也便于研究人员开展相关研究，也有利于公众的监督。

（2）加强生态服务功能价值定量评估研究

除湿地外，加强沙丘、裸地、珊瑚礁等各种生境的生态服务价值的定量评估研究，作为制定围填海规划的依据和生态补偿方案的重要参照。

加强对鱼虾等经济生物早期发育生态学的研究，划分其产卵场、索饵场、洄游通道。作为制定围填海规划的重要依据之一，严禁这些区域的围填海活动。

（3）加强基于生态服务功能的海洋管理学研究

加强对集中集约用海的专题研究，加强基于生态服务功能的海洋管理学研究，改变传统以产业为出发点的观念，建立人与自然和谐的管理研究理论和方法。

（4）加强建设海洋生态文明

加强对各级官员和公众的宣传与教育，提高决策者和公众的生态意识，促进科学决策与公众监督，自觉维护海洋生态环境。

# 第5章　全球变化（含海平面上升、海洋酸化）对海洋生态环境的影响

无论在世界或是中国，近百年来沿海地区都是经济发展和社会文明进程比较迅速的地域。例如，我国沿海地区仅占国土面积的10%～15%，却承载了大约40%的人口，并提供了60%～70%的GDP。近期，沿海地区经济的快速发展与都市化进程的加快，使得沿海原本十分紧缺的资源与脆弱的环境，进一步遭受到来自人类开发的压力。因此，自然与人类活动导致的后果（例如：海平面上升与海洋酸化）在沿海地区的表现和产生的影响也将比较显著。

全球变化对海洋环境的作用包括诸多方面，其中表层水温增加、海平面上升与海洋酸化为已知气候变化对海洋环境产生的重要影响[1]，预期上述影响对海洋生态系统健康和人文社会可持续发展的作用可能是深远和持久的。在近海与海岸带地区，由于其特殊的地理环境和与人类活动的重要关联，气候变化产生的影响可能会被放大。

本章拟在分析表层水温/盐度变化、海平面上升及海洋酸化对海洋环境的影响现状和变化趋势的基础上，剖析我国近海环境对气候变化的响应特点和生态系统的脆弱性问题，认识气候变化对我国社会和经济的可持续发展产生的负面效应。在此基础上，从制定适应和减缓气候变化对我国近海环境影响的政策和相应的防灾、减灾行动的角度提出建议，并且希望促进相关领域的能力建设水平的提升。

## 5.1　全球变化特点概述

### 5.1.1　全球海平面上升的变化特点

气候变暖导致的陆源冰融化和海水热膨胀是海平面上升的主要原因。联合国政

1 Intergovernmental Panel on Climate Change（IPCC）. Climate Change 2007：the Physical Science Basis. Contribution of Working Group I to the Fourth Assessment Report of the Intergovernmental Panel on Climate Change[R]. Cambridge：Cambridge University Press，2007. http://ipcc-wg1.ucar.edu/wg1/wg1-report.html.

府间气候变化专门委员会（IPCC）2007 年 4 月发布的第 4 份报告[1]指出，在过去的 100 年间，全球气温上升了 0.74±0.2℃，全球海平面上升了 10～20 cm。根据验潮仪资料统计，1961—2003 年，全球海平面上升的平均速度为（1.8±0.5）mm/a。这一时期热膨胀对海平面上升的贡献平均为（0.42±0.12）mm/a，同期冰川、冰帽和冰盖融化的贡献估计为（0.7±0.5）mm/a。基于 TOPEX/Poseidon 卫星高度计于 1993—2003 年测量得到的数据，全球海平面上升平均速度为（3.1±0.7）mm/a，其中热膨胀的贡献为（1.6±0.5）mm/a，陆冰的变化影响为（1.2±0.4）mm/a [1]。

根据 IPCC 研究报告的研究结果 [1]，在过去的一个世纪，海平面以缓慢但持续的速率（即 1～2 mm/a）上升。由此可以判断，到本世纪末和下个世纪初，许多沿海低地国家的经济、社会的可持续发展和人文活动都会面临着不同程度的威胁。由于目前国际上主要的经济发展热点均集中在沿海地区，可以预见的是，海平面的持续上升将会对整个世界的社会文明进程带来前所未有的负面作用。

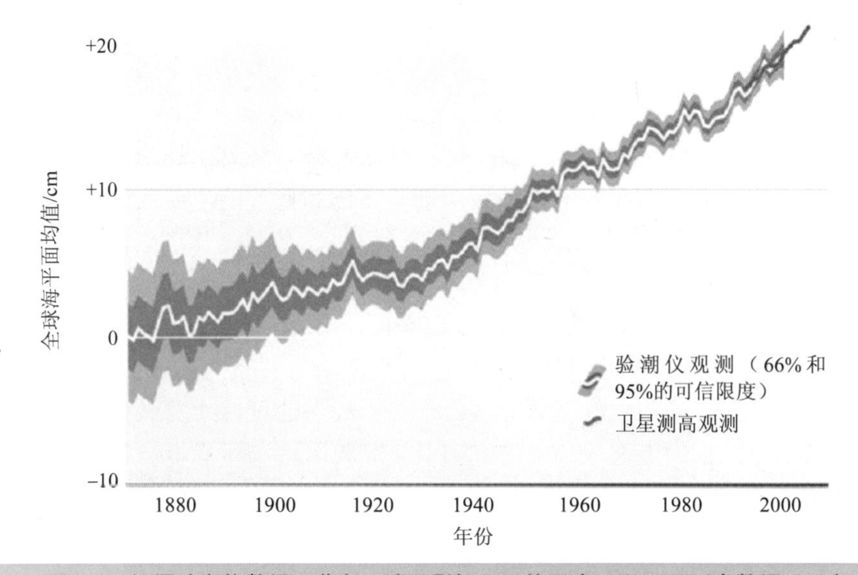


**图 5.1 根据验潮仪数据（蓝色，淡阴影标示可信限度）和卫星测高数据（红色）推定的 1870—2007 年全球平均海平面[2]**

1 Intergovernmental Panel on Climate Change（IPCC）. Climate Change 2007：the Physical Science Basis. Contribution of Working Group I to the Fourth Assessment Report of the Intergovernmental Panel on Climate Change. Cambridge：Cambridge University Press，2007. http://ipcc-wg1.ucar. edu/wg1/wg1-report.html.

2 IOC/UNESCO. The Global Ocean Observing System C A Summary for Policy Makers[R]. 2009.

### 5.1.2 全球海洋酸化的变化特征

自工业革命以来，人类对化石燃料（如煤、石油等）的使用，向大气排放出大量的二氧化碳，并且已显著地改变了全球尺度上的碳循环过程，突出地表现为大气中二氧化碳的年平均浓度正在以前所未有的速率持续增加。在过去的 50～100 年中，人为活动向大气排放的温室气体（以二氧化碳为主，此外还包括甲烷、氧化亚氮等）数量显著地增加。全球大气中的二氧化碳浓度已由工业化前的约 280 μL/L 增加到 2005 年的 379 μL/L；在过去 10 年中大气二氧化碳浓度年增长率（1995—2005 年的平均增长率为 1.9 μL/（L·a））大于有连续和直接的大气观测记录以来的浓度年增长值（1960—2005 年的平均增长率 1.4 μL/（L·a））。

美国 Mauma Loa 地区大气二氧化碳月平均浓度及年际变化如图 5.2 所示。如今，大气中二氧化碳的年增加速率已经由 20 世纪 60 年代的 0.25%上升到 21 世纪初的 0.75%。目前，大气中二氧化碳的浓度已达 380 μL/L，预计未来的几十年内二氧化碳将以 1%的年速率持续增长[1]。

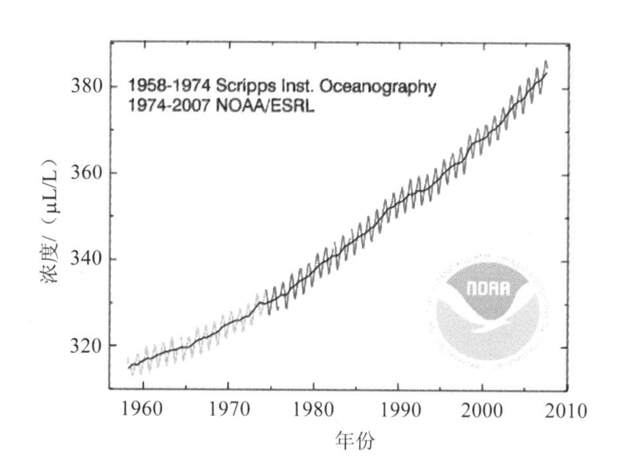


图 5.2 美国 Mauma Loa 地区大气 $CO_2$ 月平均浓度及年际变化[2]

注：1958—1974 年数据资料源于美国 Scripps 研究所，1974—2007 年数据资料源于美国国家海洋和大气管理局地球系统研究实验室。

人类活动中化石燃料燃烧及土地利用排放出大量的二氧化碳，其中约 25%被海

1 Houghton J T，Ding Y，Griggs D J，et al.. Climate change，the IPCC Scientific Basis，Contribution of Working Group 1 to Third Assessment Report of the Intergovernmental Panel on Climate Change（IPCC）[R]. Cambridge：Cambridge University Press，2001，944.

2 http://www.esrl.noaa.gov/gmd/ccgg/trends/.

洋所吸收，这些二氧化碳溶解在海水中形成碳酸。海洋吸收二氧化碳会造成其化学成分发生改变，结果是海水中溶解的酸性成分增多。海洋酸化系大气中二氧化碳含量的持续增加所产生的直接后果之一。由于人类活动所排放的二氧化碳日益增多，海洋吸收二氧化碳的速率也逐年增长，并正在改变海洋系统千万年来已形成的对二氧化碳的调节能力，显著地改变了海水的化学性质，导致其进一步的酸化[1]。海洋酸化或者说海水 pH 值下降，不利于生物碳酸盐的形成与保存，因而导致以碳酸盐为骨骼的生物在群落结构的演替和种间竞争中失去优势、生物多样性降低，进而通过食物网的作用关系影响到整个生态系统的功能与其所提供的服务。

大气二氧化碳浓度的增加导致海洋进一步酸化[2]。伴随着海洋表层温度的上升，气体在海水中的溶解度下降，上层海洋的层化特点将进一步发育。总体的结果将是，在未来可以预见的时间尺度上，海洋酸化现象将进一步加剧（即表层海水的 pH 值具有持续下降的趋势）。

根据 IPCC 报告中关于海水碳酸盐体系以及海水表层温度变化的数据，假设活性磷酸盐浓度为 0.5 μmol/L，硅酸盐浓度为 4.8 μmol/L 的情况下，用碳酸解离常数进行修正，预测了海洋酸化及碳酸盐体系的变化情况[3]（表 5.1）。

表 5.1　海洋酸化及碳酸盐体系的变化

| 参数 | 符号 | 单位 | 冰河时代 | 工业革命前 | 现在 | $2\times CO_2$ | $3\times CO_2$ |
|---|---|---|---|---|---|---|---|
| 温度 | T | ℃ | 15.7 | 19 | 19.7 | 20.7 | 22.7 |
| 盐度 | S | — | 35.5 | 34.5 | 34.5 | 34.5 | 34.5 |
| 总碱度 | $A_T$ | μequiv/kg | 2 356 | 2 287 | 2 287 | 2 287 | 2 287 |
| 水体 $CO_2$ 分压 | $pCO_2$ | μatm | 180 | 280 | 380 | 560 | 840 |
| | | | −56 | 0 | 35.7 | 100 | 200 |
| 碳酸 | $H_2CO_3$ | μmol/kg | 7 | 9 | 13 | 18 | 25 |
| | | | −29 | 0 | 44 | 100 | 178 |
| 碳酸氢根离子 | $HCO_3^-$ | μmol/kg | 1 666 | 1 739 | 1 827 | 1 925 | 2 004 |
| | | | −4 | 0 | 5 | 11 | 15 |
| 碳酸根离子 | $CO_3^{2-}$ | μmol/kg | 279 | 222 | 186 | 146 | 115 |
| | | | 20 | 0 | −16 | −34 | −48 |

1 Ocean Acidification Reference User Group. Ocean Acidification：The Facts. A special introductory guide for policy advisers and decision makers[R]. European Project on Ocean Acidification（EPOCA），2009，12.

2 Intergovernmental Panel on Climate Change（IPCC）. Climate Change 2007：The Physical Science Basis. Contribution of Working Group I to the Fourth Assessment Report of the Intergovernmental Panel on Climate Change. Cambridge：Cambridge University Press，2007. http://ipcc-wg1.ucar. edu/wg1/wg1-report.html.

3 Houghton J T，Ding Y，Griggs D J，et al. Climate change，the IPCC Scientific Basis，Contribution of Working Group 1 to Third Assessment Report of the Intergovernmental Panel on Climate Change（IPCC）[R]. Cambridge：Cambridge University Press，2001，944.

| 参数 | 符号 | 单位 | 冰河时代 | 工业革命前 | 现在 | $2\times CO_2$ | $3\times CO_2$ |
|---|---|---|---|---|---|---|---|
| 氢离子 | $H^+$ | μmol/kg | $4.79\times10^{-3}$ | $6.92\times10^{-3}$ | $8.92\times10^{-3}$ | $1.23\times10^{-2}$ | $1.74\times10^{-2}$ |
| | | | –45 | 0 | 29 | 78 | 151 |
| 方解石饱和度 | $\Omega_{calc}$ | — | 6.63 | 5.32 | 4.46 | 3.52 | 2.77 |
| | | | 20 | 0 | –16 | –34 | –48 |
| 文石饱和度 | $\Omega_{arag}$ | — | 4.26 | 3.44 | 2.9 | 2.29 | 1.81 |
| | | | 19 | 0 | –16 | –33 | –47 |
| 溶解无机碳 | DIC | μmol/kg | 1 952 | 1 970 | 2 026 | 2 090 | 2 144 |
| | | | –1 | 0 | 2.8 | 6.1 | 8.8 |
| 总 pH 值 | $pH_T$ | — | 8.32 | 8.16 | 8.05 | 7.91 | 7.76 |

冰芯记录表明，在末次冰期时代海洋 pH 值为 8.3。工业革命以来，随着二氧化碳的大量排放，海水 pH 值降到 8.1～8.2。不同二氧化碳排放情景下 2100 年海水 pH 值变化如图 5.3 所示，B1 代表二氧化碳排放量最低情况下海水 pH 值的变化，而 A2 和 B2 是二氧化碳排放量以目前水平继续排放时 pH 值的变化[1]。

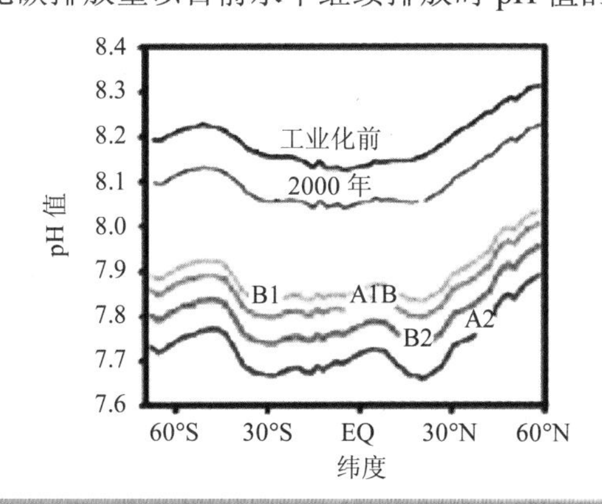


图 5.3　不同 $CO_2$ 排放情景下海水 pH 值变化

研究结果表明，在过去 5 亿年里出现的 5 次全球后生动物危机或者海洋生物大灭绝事件中，至少有 4 次是部分地与海洋酸化和全球快速升温有关，地质记录也有 2 次证明生物大灭绝与海洋酸化有关[2]。在过去的 200 万～300 万年里，海洋水化学系统曾经出现过数次剧烈变动，但是珊瑚均安然渡过生存至今。前人针对这一事实

1 Royal Society. Ocean acidification due to increasing atmospheric carbon dioxide，Policy Document 12/05，2005. The Royal Society.

2 Kiessling W，Wolfgang C. On the potential for ocean acidification to be a general cause of ancient reef crises[J]. Global Change Biology，2011，17（1）：56-67.

的研究工作表明[1]：

（1）虽然过去海水化学系统曾发生数次剧烈变动，但不能确定具体是哪些参数发生了怎样的变动；

（2）根据“冰核记录”，从 42 万年前到工业革命以前，大气中二氧化碳浓度一直在 180～300 μL/L 变动，从未超过 300 μL/L，但是自从工业革命至今，已经飙升到了 380 μL/L；

（3）针对硼同位素示踪的研究表明，2 400 万年前大气中二氧化碳浓度相当高，但之后从未超过 500 μL/L [2]；

（4）造礁石珊瑚和其他造礁生物出现在新生代的早期（约 6 500 万年前），但是直到始新世晚期和中新世早期（约 2 300 万年前），才逐渐开始在世界范围内繁荣起来[1,2]。

不争的事实有三：

（1）大气二氧化碳浓度在工业革命后至今确实发生了重大改变，且变化的速率是史无前例的，大气中二氧化碳浓度从 180 μL/L（冰川时期）增至 280 μL/L（工业革命前），再到 380 μL/L（现在）；预计到本世纪中叶将可能达到 560 μL/L，超过过去 2 400 万年以来的最高值；历史上，珊瑚礁健康生长的环境中的二氧化碳也从未超过 500 μL/L。

（2）海水碳酸盐系统在历史上发生了重大改变，例如方解石碳酸钙饱和度从工业革命前的 5.32 下降至目前的 4.46 左右，到 21 世纪中叶可能达到 3.52；随着大气中二氧化碳浓度的继续升高，这一数值还会继续降低；目前的海水是自冰川时期以来最“酸”的，将来可能会更“酸”。

（3）工业革命以来，世界范围内的珊瑚礁都在衰退，有些正在消亡。

### 5.1.3 全球关注的问题——海平面上升和海洋酸化

海平面上升与海洋酸化已经引起国际学术界的普遍重视，重要的国际机构（例如 IOC、SCOR、IGBP 等）均针对海平面上升与海洋酸化等专题成立了专门的工作委员会。在联合国政府间气候变化专门委员会（IPCC）的评估报告中，认为海平面上升与海洋酸化是驱动全球海洋生态系统演变的重要因素，应予以高度重视[3]。

1 Kleypas J A，Langdon C. Overview of $CO_2$-induced changes in seawater chemistry[C]. Proc. 9th Int. Coral Reef Sym.，Bali，Indonesia，23-27 Oct. 2000，2：1085-1089.

2 Pearson P N，Palmer M R. Atmospheric carbon dioxide over the past 60 million years[J]. Nature，2000，(406)：695-699.

3 Intergovernmental Panel on Climate Change（IPCC）. Climate Change 2007：The Physical Science Basis. Contribution of Working Group I to the Fourth Assessment Report of the Intergovernmental Panel on Climate Change[R]. Cambridge：Cambridge University Press，2007. http://ipcc-wg1.ucar. edu/wg1/wg1-report.html.

基于2008年10月在摩纳哥召开的第二次“高二氧化碳状态下的海洋”（Ocean in a High $CO_2$ World）学术研讨会的结果，来自26个国家与地区的155位学者签署了《摩纳哥宣言》，呼吁整个世界关注大气中温室气体的浓度增加所带来的对海洋生态系统的严重危害，以及由此产生的对人类社会发展可持续性的不利影响[1]。

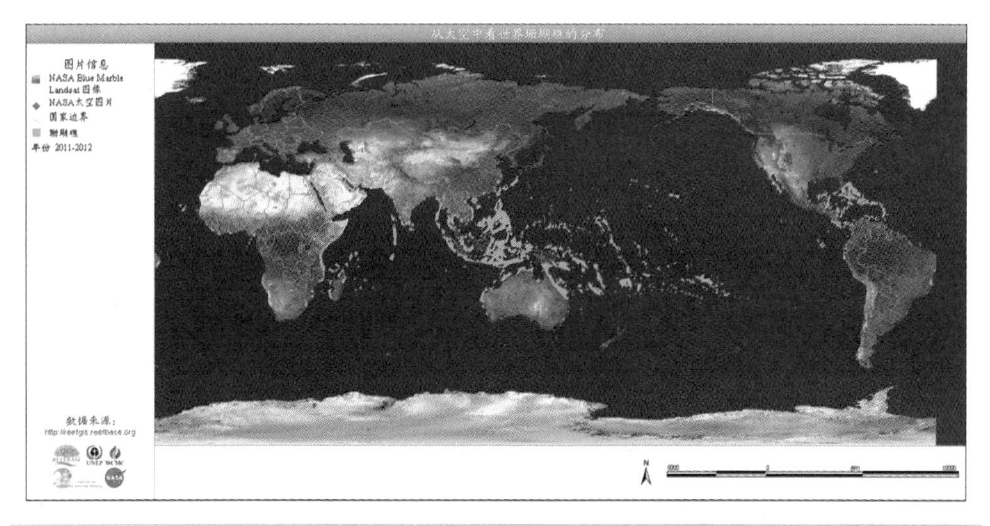


图5.4 世界范围的珊瑚礁分布[2]

从图5.4可以发现，热带西太平洋是地球表面珊瑚礁发育最为丰富的地区。需要指出的是，珊瑚礁生态系统本身对未来海平面的上升、海水温度的增加及海洋酸化十分敏感。已有的研究结果表明，水温的上升将导致珊瑚礁出现“白化”的现象，疾病发生的几率也会增加。造礁珊瑚是珊瑚礁生态系统的主要建造者，同时也是非常脆弱的生物，对海洋环境的变化极为敏感。在当前海洋酸化及海平面上升的大趋势下，这些珊瑚生物的适应能力是十分有限的，可能面临大范围的生长变缓、停止生长或被溺死的可能。

气候变暖导致的海平面缓慢上升、海水升温，以及大气中温室气体含量的增加导致的海洋表层酸化等问题，将给海洋生态系统的健康和全球经济的可持续发展带来诸多目前尚不能确定的后果，它不仅在学术界引起了极大的研究兴趣，而且在公众社会中也引起广泛和高度的关注。

2009年10月15日的《新闻晨报》刊出了一幅人工合成的景象（图5.5），其目的在于警示公众未来海平面上升可能产生的严重后果，由于注意到相对海平面上

1 http://ioc3.unesco.org/oanet/HighCO2World.htpl.
2 http://reefgis.reefbase.org.

升所带来的负面影响，上海地区的“地面沉降”问题又被重新提到议事日程上来。同期的《新闻晨报》还报道了岛国马尔代夫的首脑们为了提醒世人关注海平面上升的问题而专门在水下召开内阁会议。

图 5.5　因海平面上升而导致的“上海淹没”景象合成图[1]

## 5.2　中国近海海平面上升和海洋酸化的特征、现状与趋势

### 5.2.1　海平面变化特征及变化趋势

近 30 年来，中国沿海地区海平面变化总体呈波动上升的特点，平均上升速率为 2.6 mm/a，高于全球海平面的平均上升速率；其中，渤海、黄海、东海和南海的海平面平均上升速率分别为 2.3、2.6、2.9 和 2.7 mm/a（图 5.6）。与常年平均海平面相比[2]，渤海、黄海、东海和南海的海平面分别上升了 53、65、62 和 88 mm。

1 新闻晨报，2009-10-15.

2 依据全球海平面监测系统（GLOSS）的约定，将 1975—1993 年的平均海平面定为常年平均海平面。

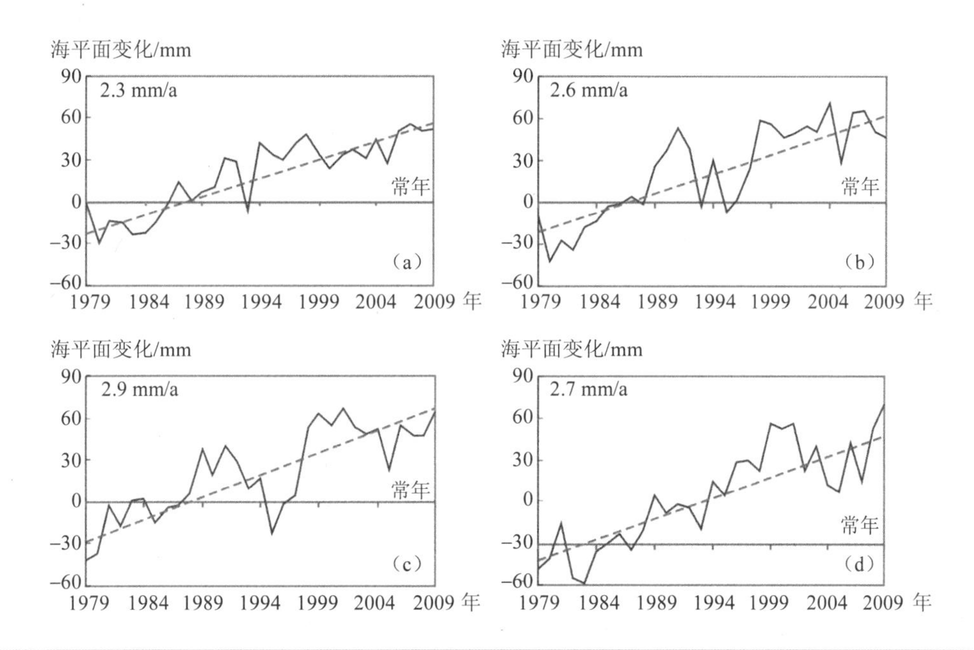


图 5.6　渤海（a）、黄海（b）、东海（c）及南海（d）的年平均海平面变化及上升速率[1]

根据现有的资料分析，预计中国沿海海平面在今后将继续且缓慢地上升。在未来的 20 年中，平均升高幅度为 60～120mm。其中，渤海的海平面将比 2008 年升高 50～110mm，黄海海平面将升高 80～120mm，东海海平面将升高 70～130mm，南海海平面将升高 60～120mm [1]。在未来 30 年中，中国沿海海平面平均升高幅度约为 80～130mm [1]，其中长江三角洲、珠江三角洲、黄河三角洲、天津沿岸等将是受海平面上升影响显著的主要脆弱区。到 2050 年前后，珠江三角洲、长江三角洲和环渤海湾地区等几个重要沿海经济带附近的海平面上升幅度在 120～360mm [2]。

除全球性的气候变化导致海平面上升外，中国沿海城市发展迅速，大型建筑物密集和地下水过量开采，加剧了地面沉降，是引起当地海平面相对上升的另一个重要原因。在部分河口与三角洲地区，由于地面下沉相当严重，相对海平面的上升将非常明显，这在环渤海湾地区和黄河三角洲、长江三角洲和珠江三角洲的某些岸段表现得尤为突出。其中，据估计，渤海湾地区和长江三角洲地区未来相对海平面的

1 国家海洋局．2009 年中国海平面公报[R]．2010.

2 中国科学院院士咨询报告．中国科学院地学部．海平面上升对中国三角洲地区的影响及对策[M]．北京：科学出版社，1994.

上升速率将是中国沿海海平面上升数值的 2 倍以上[1]。到 2030 年，估计上海地区相对海平面将上升 98～150mm，天津地区海平面上升幅度可能为 76～150mm；部分沿海地区可能还要大些。然而，山东半岛东部和南部由于地壳呈上升的趋势，海平面相对下降，2030 年前后预计这一区域海平面将不会有明显的上升[2]。

### 5.2.2 海水温度/盐度变化特征及层化现象

自 20 世纪 70 年代末迄今，全球气温出现加速上升的态势，中国也不例外。热带中、东太平洋有较强的升温特点[3, 4]，南北半球温差减弱导致亚非季风自 20 世纪 80 年代起呈减弱趋势[5]，东亚冬季和夏季风也都呈明显减弱的特点[6, 7, 8, 9]。

东亚季风引起的气温、降水和陆地径流的变化，是影响我国近海海洋环境中海水温度和盐度变化格局的重要因子[10, 11, 12, 13]。受热带太平洋海温升高和亚洲季风减弱的影响，近几十年来，我国近海海水温度和盐度等海洋环境要素的时空分布特征发生了显著变化。

（1）海表温度的变化特征

我国近海各海区海水自 20 世纪 80 年代以来增暖明显，其中以 20 世纪 90 年代至今最为明显[8, 14]。这与东亚季风、西太平洋副热带高压和气温的变化有密切的关

1 上海市海平面上升研究课题组．海平面上升对上海影响及对策研究总报告（内部）[R]．1996.

2 周天华，陈宗镛．近几十年来中国沿岸海面变化趋势的研究[J]．海洋学报，1992，14（2）：1-9.

3 黄荣辉，徐予红，周连童．我国夏季降水的年代际变化及华北干旱化趋势[J]．高原气象，1998，(18)：465-476.

4 Huang R，Zhou L，Chen W. The propresses of recent studies on the variabilities of East Asian monsoon and their causes[J]. Advances in Atmospheric Sciences，2003，(20)：55-69.

5 黄刚．与华北干旱相关联的全球尺度气候变化现象[J]．气候与环境研究，2006，11（3）：270-279.

6 Chen W，Graf H F. The interannual variablility of East Asian winter monsoon and its relationship to glogal circulation[R]//Max-Planck-Institute for Meteorologic，Report. 1998，250.

7 Chen W，Graf H F，Huang R H. The interannual variability of East Asian Winter Monsoon and its relation to the summer monsoon[J]. Advances in Atmospheric Sciences，2000，17（1）：48-60.

8 蔡榕硕，陈际龙，黄荣辉．我国近海和邻近海的海洋环境对最近全球气候变化的响应[J]．大气科学，2006，30（5）：1019-1033.

9 Wang L，Huang R H，Gu L，et al.. Interdecadal variations of the east asian winter monsoon and their association with quasi-stationary planetary wave activity[J]. Journal of Climate，2009（22）：4860-4872.

10 Fang Y，Fang G H，Zhang Q H. Numerical simulation and dynamic study of the wintertime circulation of the Bohai Sea[J]. Chinese Journal of Oceanology and Limnology，2000，18（1）：1-9.

11 吴德星，牟林，李强，等．渤海盐度长期变化特征及可能的主导因素[J]．自然科学进展，2004，14（2）：191-195.

12 周晓英，胡德宝，王赐震，等．长江口海域表层水温的季节、年际变化[J]．中国海洋大学学报，2005，35（3）：357-362.

13 Chen W，Wang L，Xue Y，et al.. Variabilities of the spring river runoff system in eastern China and their relations to precipitation and sea surface temperature[J]. International Journal of Climatology，2009，(29)：1381-1394.

14 张秀芝，裘越芳，吴迅英．近百年中国近海海温变化[J]．气候与环境研究，2005，10（4）：799-807.

系[1, 2, 3, 4]。20世纪70年代中后期以来，我国近海无论是冬季或是夏季均升温，升温幅度冬季大于夏季，近海大于远海。近海的最大升温区位于台湾海峡到长江口的附近海域，东亚季风是影响长江口海表温度年际变化的重要因素[5]。相对于1976年以前，台湾海峡到长江口的海域在1976年后冬季约升温1.4℃，而夏季约上升了0.5℃，升温幅度明显大于热带、副热带西太平洋。

观测数据的统计结果表明，渤海在1965—1997年海表温度升高0.48℃，且与气温的年际变化密切相关[6]。中国东海沿岸和中部海水温度处于偏暖时期，尤其是1960—1999年，东海沿岸海水表层温度总体呈上升趋势，冬季升温尤为明显[7]。南海表层水温也有上升趋势，并在近期有加速上升的趋势。1971—2003年，南海北部珠江口海表温度呈显著上升趋势，线性上升速率为（0.019～0.034）℃/a，且珠江口外高于口内。南海中部表层水温在1950—2006年约上升了0.92℃，而南海上层海水的变暖也使得南海水温总体呈现上升的趋势[8]。在1934—1989年，南沙海域的表层水温上升了0.6℃[9]。

（2）盐度的变化特征

近几十年来，也是受东亚季风、降水和大陆径流等多种因素变化的影响，中国近海的表层海水盐度也显现出明显的变化。

渤海表层海水的盐度在过去的几十年中持续升高，1965—1997年，渤海沿岸的表层海水盐度升高1.4，平均盐度上升，盐度的空间分布发生了十分显著的变化[10, 11]。渤海盐度变化与海表降水和受气候变化引起的黄河等河流的入海流量减少具有明显关系，同时与外海洋流和热带太平洋El Niño的循环也有明显关联[12, 13, 14]。

---

1 方国洪，王凯，郭丰义，等. 近30年渤海水文和气象状况的长期变化及其相互关系[J]. 海洋与湖沼，2002，33（5）：515-525.

2 Zhang Q，Weng X，Cheng M. Regional features of long-term SST variation in the western Pacific warm pool area[J]. Chinese Journal of Oceanology and Limnology，2001，19（4）：312-318.

3 谭军，周发琇，胡敦欣，等. 南海海温异常与ENSO的相关性[J]. 海洋与湖沼，1995，26（4）：377-382.

4 蔡榕硕，张启龙，齐庆华. 南海表层水温的时空特征与长期变化趋势[J]. 台湾海峡，2009，28（4）：559-568.

5 黄刚. 与华北干旱相关联的全球尺度气候变化现象[J]. 气候与环境研究，2006，11（3）：270-279.

6 方国洪，王凯，郭丰义，等. 近30年渤海水文和气象状况的长期变化及其相互关系[J]. 海洋与湖沼，2002，33（5）：515-525.

7 阎俊岳，李江龙. 东海及邻近地区百年来的温度变化[J]. 海洋学报（中文版），1997，19（6）：121-126.

8 李立，许金电，蔡榕硕. 20世纪90年代南海海平面的上升趋势：卫星高度计观测结果[J]. 科学通报，2002，47（1）：59-62.

9 谢强. 南沙与暖池海域SST的长期振荡及其耦合过程[J]. 海洋与湖沼，1999，30（1）：88-96.

10 黄荣祥. 台湾海峡中、北部海域温、盐度特征[J]. 台湾海峡，1989，（6）：33-382.

11 李凡，张秀荣. 黄河入海水、沙通量变化对黄河口及邻近海域环境资源可持续利用的影响I. 黄河入海流量锐减和断流的成因及发展趋势[J]. 海洋科学集刊，2001，（43）：51-59.

12 邢成军，张启龙. 东海G断面平均温、盐度变化与厄尔尼诺关系的初步分析[J]. 海洋科学，1991，（2）：67-69.

13 林传兰，徐炳荣，黄树生，等. 浙江沿海水域温、盐度的年际变化和渔况变动的关系[J]. 水产学报，1993，17（2）：85-94.

14 何国民，卢婉娴，刘豫广. 广东-广西沿岸海水盐度周期分析. 热带海洋，1993，12（2）：25-30.

1960—2000年，黄海平均盐度升高了0.4，黄海与渤海的盐度存在明显一致的年际变化特点，观测到的年际变化周期为5～6 a和10 a左右，年变率为0.011/a。与北太平洋的年代际变化（PDO）相关的淡水通量减少，可能是造成黄海盐度的年际变化的主要因素[1]。

东海G断面（128°15'E，27°30'N～124°30'E，30°00'N）在厄尔尼诺现象发生的当年或第二年的夏季，观测到的年度平均盐度基本上都高于其多年平均值[2]。

南海北部深层水盐度场具有周期为2～5 a的年际变化特点，且受黑潮流量变动影响较大；在黑潮流量大时，吕宋海峡处盐度值较低，在黑潮流量小时，吕宋海峡处盐度值较高[3]。

（3）层化现象

层化是一种重要的海洋动力过程，也是水体垂向结构的基本形式之一，海洋中许多现象都与之相关。渤海、黄海、东海海区的跃层除苏北浅滩和近岸浅水区终年处于混合状态之外，其他广大海域为季节性层化区域；在长江口和黄河口及邻近海域，跃层以盐跃层为主，其他的海域则以温跃层为主[4]。

总体而言，在20世纪50年代、70年代、90年代，黄海冷水团区夏季温跃层较弱，而60年代和80年代较强，其年代际异常强度平均变化为（0.15～0.2）℃/m；东海冷涡区夏季温跃层强度在1976年的气候跃变前后存在明显的反位相变化特点，1976年之前温跃层较弱，而在其之后温跃层变强；另外，在大多数的El Niño年份，例如1954年、1957/1958年、1972年、1976年、1979年、1982/1983年、1986/1987年、1993年、1998年等，东海冷涡区在夏季的温跃层强度明显高于多年统计数据的平均值[5]。

（4）海水温度/盐度变化的趋势分析

东亚季风、气温和降水是影响我国近海环境中水文要素（包括：温度和盐度）变化的重要因子[6, 7]。从20世纪70年代后期至今，华北地区持续严重干旱，造成此地区水资源严重缺乏[8]；华北以及黄河中上游的持续干旱尚未得到缓解，在当前

---

1 马超，吴德星，林霄沛. 渤、黄海盐度的年际与长期变化特征及成因[J]. 中国海洋大学学报. 2006. 36（Sup）.
2 邢成军，张启龙. 东海G断面平均温、盐度变化与厄尔尼诺关系的初步分析[J]. 海洋科学，1991，（2）：67-69.
3 邱春华，贾英来. 南海北部深水海域温度以及盐度的季节及年际变化特征[J]. 中国海洋大学学报，2009，39（3）：375-380.
4 刘丽萍，黄大吉，章本照. 渤黄东海混合层化演变规律的研究进展[J]. 海洋科学进展，2002，20（7）：84-89.
5 郝佳佳. 中国近海和西北太平洋温跃层时空变化分析、模拟及预报[D]. 青岛：中国科学院海洋研究所，2008.
6 方国洪，王凯，郭丰义，等. 近30年渤海水文和气象状况的长期变化及其相互关系[J]. 海洋与湖沼，2002，33（5）：515-525.
7 吴德星，牟林，李强，等. 渤海盐度长期变化特征及可能的主导因素[J]. 自然科学进展，2004，14（2）：191-195.
8 黄荣辉，蔡榕硕，陈际龙，等. 我国旱涝气候灾害的年代际变化及其与东亚气候系统变化的关系[J]. 大气科学，2006，30（5）：730-743.

气候变化背景下，渤海海水盐度仍有可能继续升高。

我国夏季的降水格局有准 70 年的振荡周期[1]，据此推测，在 2040 年之前我国东部气候变化的趋势并不稳定[2]。这表明我国大陆降水的分布格局和大陆径流的变化存在不确定性。因此，未来东亚季风及降水分布格局的变化趋势是影响我国近海海水温度、盐度变化的重要气候因素，也是影响中国近海生物多样性未来变化的重要气候因素。

### 5.2.3 海洋酸化的变化状况与特征

（1）海-气界面二氧化碳交换通量

海洋是地球上最大的碳库，海洋生物的碳贮量约为 3 Gt，溶解有机碳约为 1 000 Gt，溶解无机碳为 37 400 Gt[3]，是全球碳循环系统的一个重要子系统。海洋中的碳循环受到物理、化学、生命过程等多种因素的驱动，它的变动对全球气候和海洋生态系统均会产生显著的影响。这些影响不仅在于海-气间热量和能量的交换，海-气间物质（如二氧化碳和甲烷等）交换同样起着重要作用。据报道，人类每年产生的二氧化碳近 $7.0\times10^9$ t[4]，其中约有 $2.0\times10^9$ t 碳被海洋吸收[5, 6]。总体上，海洋是大气二氧化碳的一个重要的汇，虽然局部海域表现为大气二氧化碳的源；然而，海洋的碳源、汇格局存在较大的时空变异性，在近海尤为如此。目前，国际上一些重要的全球变化研究计划对海洋的二氧化碳源汇作用十分重视。然而，对近海二氧化碳的通量及其变化特点尚存在争议[7]，成为全球碳循环研究中比较薄弱的环节。

中国有广阔的陆架和边缘海，约占全球陆架海的 12.5%。虽然已有不少学者开

---

1 Qian W H，Hu Q，Zhu Y F，et al.. Centennial-scale dry-wet variations in East Asia[J]. Climate Dynamics，2003，（21）：77-89.

2 丁一汇．气候变化的不确定性和复杂性：是否可能有效运用本地机制预测未来？[M]//刘燕华主编．气候变化与科技创新．北京：科学出版社，2008：87-89.

3 严国安，刘永定．水生生态系统的碳循环及对大气 $CO_2$ 的汇[J]．生态学报，2001，21（5）：827-833.

4 Houghton J T，Ding Y，Griggs D J，et al.. Climate change，the IPCC Scientific Basis，Contribution of Working Group 1 to Third Assessment Report of the Intergovernmental Panel on Climate Change（IPCC）[R]. Cambridge：Cambridge University Press，2001，944.

5 Battle M，Bender M L，Tans P P. Global carbon sinks and their variability inferred from atmospheric $O_2$ and $\delta^{13}C$[J]. Science，2000，（287）：2467-2470.

6 Sabine C L，Heimann M，Artaxo P，et al.. Current status and past trends of the global carbon cycle[M]//Field C，Raupach M. The global carbon cycle：integrating humans，climate，and the nature world. Washington，D.C.：Island Press，2003.

7 Fasham M J R，Balino B M，Bowles M C. A new vision of ocean biogeochemistry after a decade of the Joint Global Ocean Flux Study（JGOFS）[R]. Ambio Special Report. Stockholm：Royal Swedish Academy of Sciences，2001，31.

展了海-气界面二氧化碳交换通量研究，但就中国海的碳源/汇格局及碳循环的研究仍显不足。已有的研究表明，渤海、黄海、东海一般表现为大气二氧化碳的汇，南海则可能为源，但各个海区的海-气界面二氧化碳交换通量存在明显的季节差异。此外，由于不同研究者所观测的区域、时间和采用的研究方法和技术的差别，结果之间也存在着较大差异（表 5.2）。

表 5.2　中国近海海-气界面 $CO_2$ 交换通量比较

| 研究区域 | 交换速率/（μmolC/（$m^2 \cdot s$）） | 源汇强度/（$\times 10^4$ t/a） | 研究者 |
|---|---|---|---|
| 渤海 | −0.097 | −284 | 宋金明，2004 |
| 黄海 | −0.063 | −896 | 宋金明，2004 |
| | | −600～−1 200 | Kim，1999 |
| | | 45.05（夏季） | 江春波，2006 |
| 东海 | −0.009 | −188 | 宋金明，2004 |
| | −0.033 | −726 | 张远辉，2000 |
| | | −523 | 张龙军，1999 |
| | −0.089 | −3 000（包括黄海） | Tsunogai，1999 |
| | | −1 300～−3 000（包括黄海） | Wang，2000 |
| | | −430 | 胡敦欣，2001 |
| 南海 | | −1 665 | 韩舞鹰，1997 |
| | 0.010～0.016 | | 翟惟东，2003 |

注：负值表示吸收大气 $CO_2$，即为大气 $CO_2$ 的汇；正值表示向大气释放 $CO_2$，即为大气 $CO_2$ 的源。

（2）中国近海海洋酸化的变化特征

就空间格局而言，中国沿海海水 pH 值南北相差不大（平均 8.1 左右），然而个别海区的长期监测数据显示海水 pH 值呈现稳中有降的趋势，例如三亚湾海域。但是，目前研究数据的精度、时空覆盖率以及连续性还难以评估或证明中国近海酸化变化特点（表 5.3）。已观测到的个别海区 pH 值变化可能是多种因素共同作用的结果。例如在受到高密度水产养殖、城市污水排放、工业排污和某些生物暴发性增长等影响的海区和缺氧海域，观测到的的海水 pH 值比较低。因此，评估中国海洋酸化状况还需要更多的监测与研究数据。

**表 5.3　相关海区海水的 pH 值变化趋势**

| 海区 | pH 值 | 时间 | 文献 |
|---|---|---|---|
| 渤海湾沧州沿岸 | 8.2 | 2004 年 | 辛月霖等，2005 |
| 黄海南部近岸海域 | 8.1 | 2004 年 | 徐明德等，2006 |
| 长江口 | 8.13 | 1998—1999 年 | 金卫红等，2000 |
| 杭州湾 | 8.07 | 1998—1999 年 | 金卫红等，2000 |
| 福建主要港湾 | 8.01～8.18 | 2000—2001 年 | 蔡清海等，2005 |
| 厦门海域同安湾 | 8.17 | 1995 年 | 郑爱榕等，2000 |
| | 8.03 | 1996 年 | |
| | 8.17 | 1997 年 | |
| | 8.07 | 1998 年 | |
| | 8.03 | 1999 年 | |
| 大亚湾 | 8.12～8.24 | 1999—2002 年 | 王友绍等，2006 |
| 涠洲岛附近海域 | 8.17 | 1990 年 | 邱绍芳，1999 |
| 三亚海域 | 8.21 | 1996 年 | 何雪琴等，2001 |
| | 8.17 | 1998 年 | |
| | 8.12 | 1999 年 | |
| | 8.09 | 2005 年 | 车志伟，2007 |
| | 8.10 | 2006 年 | |

# 5.3　海平面上升及海洋酸化对中国海洋生态环境的影响分析

## 5.3.1　海平面上升对中国海洋生态环境的影响分析

（1）海平面上升对沿海社会经济的影响

沿海地区，特别是珠江和长江三角洲、渤海湾地区，是我国经济发达、快速发展的地域。海平面缓慢而持续地上升，将对经济建设的各个方面产生影响，成为今后这些地区经济、社会发展的制约因素之一。海平面上升对沿海地区最直接的影响是高水位时淹没范围扩大。我国海岸带海拔高度普遍较低，尤其是渤海湾沿岸、长江三角洲和珠江三角洲地区，海平面小幅度的上升将导致陆地大面积受淹。同时，海平面的不断上升也会加剧风暴潮、土壤盐渍化、海水入侵等灾害的致灾程度[1]。

受气候变化影响以及沿海社会经济的快速发展，我国已成为世界上海洋灾害最频发、灾害程度最严重的国家之一。我国的海洋灾害种类较多，易受极端天气和海

1 杜碧兰，田素珍，沈文周，等．海平面上升对中国沿海主要脆弱区潜在影响的研究[R]．1997.

洋过程影响的灾种主要有风暴潮、巨浪、咸潮等；同时像赤潮一类的灾害也可能与气候和海洋增温的影响有关；其他的灾种，例如海岸侵蚀、海水入侵和土壤盐渍化等和海平面上升也有密切的关系。

1）风暴潮

伴随着海平面上升，风暴潮导致的灾害在我国沿海地区发生频次增多、灾害区域扩大、风暴潮灾害的损失程度加重；当风暴潮与近岸浪叠加时，造成的危害将更为严重。

1989—1998年，风暴潮灾害造成的直接经济损失累计高达1200多亿元，死亡人数总计达2690人。天津地区在20世纪60年代以前，平均每10年发生一次增水100cm以上的风暴潮灾害，至90年代后则每3年左右发生一次，类似的情况在长江三角洲和珠江三角洲区域也有发生。比如，9711 号台风引起的特大风暴潮，导致福建省至辽宁省沿海的潮位均超当地的警戒潮位，浙江的健跳和海门甚至出现了千年一遇的高潮位，分别高达7.3 m和7.5 m，上海市黄浦公园的潮位高达5.72 m，距千年一遇工程设计标准（5.86 m）仅差 0.14 m。9711 号台风引起的风暴潮造成214人死亡，直接经济损失逾287亿元。

值得注意的是，海平面的上升会导致局部潮水陡涨，对沿岸居民的生活和安全构成威胁。据统计，在苏北沿海经常发生因潮水陡涨造成的人员伤亡事件。2003年9月和2004年1月，江苏如东潮水陡涨共造成16人死亡；2004年8月，台风“云娜”、2005年8月台风“麦莎”在浙江省登陆；2006年8月，超强台风“桑美”，在东南沿海登陆，在高海平面、天文大潮和超强风暴潮的共同作用下，造成了直接经济损失近230多亿元[1]。

2009年8—10月，台风“莫拉克”（图5.7）、“巨爵”和“芭玛”先后侵袭我国南部沿海，登陆时均恰逢天文大潮和季节性高海平面期，台风、海平面异常偏高和天文大潮共同作用，造成了严重的风暴潮灾害，致使数百万人受灾，经济损失超过50亿元[2]。

2）海岸侵蚀

海平面上升使潮差和波高增大，加重了海岸侵蚀的强度。根据2009年海平面变化影响的调查成果[3]，河北省东部局部海岸属于严重侵蚀岸段，海岸侵蚀速率接近5 m/a；海南省三亚湾部分岸滩受海岸侵蚀影响逐年后退，侵蚀速率为1.6 m/a。

3）海水入侵与土壤盐渍化

海平面上升和地下水位下降等因素导致海水入侵，环渤海地区是受海水入侵和

---

1 张锦文．海平面上升对海洋经济的影响[R]．2005.

2 http://www.soa.gov.cn.

3 国家海洋信息中心．2009年海平面变化影响调查成果汇编[M]．2010.

土壤盐渍化影响较为严重的区域。入侵区出现大片盐碱地，制约了土地资源的有效利用。

海平面上升将加剧土壤盐渍化、海水入侵、淡水资源污染等问题的后果，对人类的生存环境构成了直接威胁[1]。据1989年山东省的调查，山东省黄海、渤海沿海地区，工业产值每年损失3亿～5亿元，受灾农田达4万亩，年欠粮2亿～3亿kg，约4 000 $km^2$ 耕地变成盐碱地[2]。

图5.7 台风“莫拉克”袭击浙江温岭[3]

4）咸潮入侵

近30年来，海平面上升使河口地区和海岸带地区的海水入侵加剧，严重污染了这些地区的淡水资源。异常高海平面加剧了咸潮入侵程度，长江口和珠江口每年均遭遇咸潮入侵。

2001年，上海沿海盐水入侵达11次之多，而且入侵的程度也较以往严重；2002年2月11日，长江咸潮“大举入侵”上海，给该市的自来水对外服务供应带来严峻考验。上海市长江原水供应系统的取水口处于长江口南岸，冬春期间，在长江北支海水入侵和潮汐作用下，长江原水厂陈行水库取水口氯化物浓度升高，形成咸潮；随着海水的逐渐入侵，崇明岛周围2/3的土地都已被不宜食用的咸水环绕，严重影响了岛内经济的发展。2009年，上海市宝钢水库取水口附近共发生咸潮入侵12次，

1 郑文振，于振业．中国的海平面研究．海洋通报，1992，11（2）：68-72.

2 杜碧兰，田素珍，沈文周，等．海平面上升对中国沿海主要脆弱区潜在影响的研究[R]．1997.

3 http://www.soa.gov.cn.

平均持续时间超过 5 d，其中，持续时间最长、影响最严重的咸潮入侵过程出现在 2 月 12 日至 22 日。2003 年 11 月 9 日，在汹涌而至的钱塘江咸潮的压力下，作为杭州重要自来水来源的九溪水厂被迫放宽标准，取了咸水[1]。

类似地，由于海平面上升和大潮的叠加，使珠江口咸潮水顶托范围沿河道上溯，影响河流两岸城镇的淡水供应和饮用水水质。在枯水季节，珠江口的咸潮上溯可抵达广州[2]。随着海平面上升，盐水楔和感潮河段的影响范围加大、位置上移，不仅会引起河道泥沙沉积作用发生变化，也会对城乡供水带来新的问题。2003 年秋至 2004 年夏季，广东遭受了持续 7 个多月、近 20 年来最严重的咸潮。2005 年 1 月 11 日，从沙湾水道三沙口监测点采回的水样氯化物含量达到 8.75 g/m$^3$，是正常饮用水标准的 35 倍[3]。2009 年 10 月，珠江口遭遇了 4 次严重的咸潮袭击，珠海、中山等地供水受到较大影响。海水侵入淡水蓄水层后导致淡水资源污染，影响城乡供水。

5）其他影响

此外，沿海低洼地区的行洪主要受潮位的制约，我国海岸带低洼地区的脆弱带面积约占 11.5%，海平面上升严重影响入海河口区域的行洪。海平面上升还会造成沿海城市市政排水工程排水能力降低，港口功能减弱。

（2）海平面上升对沿海自然生态系统的影响

由气候变化引起的海平面上升而导致的海水入侵和海岸侵蚀，严重影响着沿海地区的生态系统，造成土壤结构、理化性能恶化，生态肥力降低、高产农田变成盐碱荒地，土地资源退化减少，使生态环境、植物群落逆向演变，发生植被与环境的退化。

1）滩涂湿地

我国沿海滩涂湿地约有 200 万 hm$^2$。海平面的上升将使湿地面积大幅减少，不仅使滩涂湿地自然景观遭受严重破坏，而且使许多重要的鱼、虾、贝类资源的生息和繁衍场所丧失，并且大大降低了滩涂湿地调节气候、抵御风暴潮和海浪、保护岸线等功能。调查结果表明，目前我国滨海湿地已遭到严重的破坏，潮间带湿地丧失了 57%，需要说明的是其中由于围海造地工程所导致的湿地减少比例较高。潮间带湿地的破坏，严重损害了植被和底栖动物群落，导致湿地的水体净化、营养物质转化和输运，以及鸟类栖息地等功能的严重下降。以黄海南部和东海沿岸为例，湿地生态服务功能的下降程度已达 30%～90%[4]。

1 张锦文. 海平面上升对海洋经济的影响[R]. 2005.

2 黄镇国，等. 广东海平面变化及其影响与对策[M]. 广州：广东科技出版社，2000.

3 张锦文. 海平面上升对海洋经济的影响[R]. 2005.

4 张乔民. 我国热带生物海岸的现状及生态系统的修复与重建[J]. 海洋与湖沼，2001，32（4）：454-464.

2）红树林

红树林是生长在热带、亚热带低能海岸、受到海水周期性浸淹的木本植物群落，其底质一般为淤泥质或沙质。红树林对沿海地区的堤围、农田、城市等具有至关重要的意义，因为其通过“消浪、缓流、促淤”功能，具有很好的防浪护岸作用。我国目前拥有的红树林主要分布在广西、海南、广东、福建、浙江和台湾沿海等地区。由于气候的变化，红树林生态系统所具有的重要资源的生境、防风减灾、护堤保岸、环境净化，以及动、植物的多样性等功能都受到到严重影响。

海平面上升对我国东南沿海红树林的影响包括两个方面：直接影响是当海平面上升速率超过红树林地区的沉积速率时，海面的升高会导致红树林被浸淹而死亡、红树林分布面积减小等；间接影响指的是因为海平面的上升导致红树林海岸潮汐特征发生改变，红树林的敌害增多等。调查表明，我国现有红树林面积已从原有的5.5万$hm^2$减少到不足1.5万$hm^2$，减少了73%[1]。

3）珊瑚礁

全球珊瑚礁仅占地球海洋环境的0.25%，其却孕育了1/4以上的海洋鱼种。我国的珊瑚礁广泛分布于南海，范围从北部沿岸至南沙群岛。气候变暖、海平面上升也威胁着珊瑚礁的生存，其后果是造成珊瑚礁的退化，最终可能导致珊瑚礁珍贵资源的丧失，使世界海洋生物多样性处于危险之中。

调查结果表明，在过去40年间，我国近岸珊瑚礁生境80%遭到了严重破坏，种群也发生重大变化[2]。以海南省三亚市的鹿回头为例，调查发现，原有的12科24属83种（其中包括3个亚种）造礁珊瑚中有4个属已经消失[3]。

（3）海平面上升对我国领土面积和质量的影响

海平面上升的后果之一是岸线后退，由此可导致我国陆地面积的减少。据统计，1855年以来，苏北废黄河三角洲有1400$km^2$失陷于海中；近40年来，渤海沿岸约400$km^2$的耕地、盐场和村庄被海水吞没[4]。

海平面上升的长期趋势是将使我国沿海经济发达地区逐渐被淹没。如果说，目前的海平面上升对中国领土面积的影响还是有限的，那么未来海平面的长期上升趋势，则将对我国沿海地区的经济与社会发展构成直接的威胁，因为其后果是包括长江三角洲、珠江三角洲、黄河三角洲和天津滨海新区在内的我国沿海经济发达地区将可能逐渐被淹没。

---

1 范航清．红树林，海岸环保卫士[M]．南宁：广西科学技术出版社，2000，1-l83.

2 张乔民．我国热带生物海岸的现状及生态系统的修复与重建[J]．海洋与湖沼，2001，32（4）：454-464.

3 于登攀，邹仁林．三亚鹿回头岸礁造礁石珊瑚群落结构的现状和动态[M]//马克平主编．中国重点地区与类型生态系统多样性．杭州：浙江科学技术出版社，1999：225-268.

4 张海滨．气候变化与中国国家安全[J]．绿叶．2010（3）：13-21.

海平面的持续上升还将使我国部分岛屿被淹没，从而威胁我国的海域疆界。我国拥有 6 700 多个岛屿，不少海岛不仅具有重要的经济价值和军事价值，而且事关我国的海域疆界。这些海岛的消失不仅意味着我国的国土流失，更重要的是根据《国际海洋法》中规定的岛屿制度，我国将失去一大片国家管辖海域。据不完全统计，随着全球气候变暖和海平面上升，未来珠江三角洲近海可能将被淹没的海岛少则 46 个，多则达 61 个，约占珠江三角洲沿岸地区海岛总数的 14%，占广东省的 8%，占全国的 0.9%[1]。

此外，海平面的持续上升所引发的土壤盐渍化等现象也将导致我国沿海地区土地质量的下降。

（4）海平面上升的影响预测分析

未来 20 年，沿海低洼地区将受到来自海平面上升的直接威胁，海平面相对上升，不仅会直接淹没沿海一些地势较低地区，而且还会使沿海地区防潮工程的抗灾能力不断降低[2]。我国东部的沿海地区，目前多数堤防标准偏低，能抵御百年一遇洪水或风暴潮灾害的本来就为数不多，部分港口码头的标高已不适应海平面相对上升产生的新情况。目前海洋工程设计的最高潮位，100 年一遇与 50 年一遇的抵御标准也只相差 40 cm 左右。如果按照未来海平面上升 20～30 cm 来进行预测分析，其直接的影响还是很大的；可能出现的情况是，原来按 100 年一遇洪水设计的堤围，将甚至不能有效防御 20 年一遇的洪水。

### 5.3.2 温/盐变化对我国海洋生态环境的影响分析

近海的温/盐结构变化对生态系统具有重要的影响。已知水温的升高与盐度的改变会影响生物资源的生活史与生境的分布。例如，与温、盐分布相关的层化现象，会引起生源要素在垂向上由深层向表层水的输送减弱，进而限制上层水体中的光合作用（即营养限制）与初级生产力。层化也会改变水体中“新生产力”与“再生生产力”的比例关系，并且通过食物网影响到生态系统的食物产出。此外，水体中温、盐度的变化也会引起锋面发育的差异和位置的变动，并且影响营养盐与污染物质从近岸地区向开阔陆架的迁移。

（1）温/盐变化对生物多样性的影响

气候的波动对海洋生物的丰度和地理分布具有明显的控制作用[3, 4]，尤其是海

---

1 张海滨.《气候变化动态》国家气候委员会. 中国气象局. 2010，13：9-12.

2 秦曾灏，李永平. 上海海平面变化规律及长期预测方法的初探[J]. 海洋通学报，1997，19（1）：1-7.

3 Stenseth NC，Mysterud A，Ottersen G，et al.. Ecological effects of climate fluctuation[J]. Science，2002，(297)：1292-1296.

4 Walther GR，Post EK，Convey P，et al.. Ecological responses to recent climate change[J]. Nature，2002，(416)：389-395.

水升温对海洋生物的影响显著[1]，海洋生态系统对海-气相互作用在长时间尺度上有明显的响应[2]。近几十年来，中国近海的海洋生物（特别是鱼类）出现物种北移、红树林人工栽培范围北扩和热带海域珊瑚白化等现象，可能均与气候变暖和海温上升对中国近海的海洋生态系统的影响有关。

近几十年来，中国近海区域增暖明显，特别是从长江口到台湾海峡海域的显著升温，使得中国近海海洋生物的地理分布发生变化。1992 年以来，台湾海峡渔获物组成中暖温性鱼种比例下降了 10%～20%，暖水性鱼种的比例则同比升高[3]。长江口和东海区的浮游动物暖水种类丰度增加，暖温性种类下降[4, 5, 6]。2000 年以来，在台湾海峡发现了以前主要分布于南海的 13 种属于暖水性的鱼类[7]。

温度因素（主要为最冷月气温、最冷月水温和霜冻频率）对我国红树林树种组成和群落结构的纬度分布都具有宏观调控作用。在我国东部沿海由海南岛向北，随着纬度增高，红树林分布面积及树种均显著降低，嗜热性树种消失、耐寒性树种逐渐占优势，树高降低，林相也由乔木变为灌林。海水温度的上升可能对红树林的发育具有积极的一面，例如水温升高可能改变红树林的分布规模、林分结构与提高原有红树林区的多样性，以及促使红树林分布范围向北扩展到较高纬度盐沼地区；这会使原先没有红树林的地区变为适宜红树林生长的环境，而原有红树林地区的种类变得更为丰富[8]。海水温度的升高促使红树林的人工栽培范围向北扩展，20 世纪 80 年代人工栽培范围北迁到浙江南部沿岸，目前已引种到长江口以南海域。但是，温度太高时，不利红树林叶的形成和光合作用，温度的累积作用会有相当大的影响[9]。此外，盐度的变化对红树林的发育影响也是重要的；不同红树植物受盐度影响不同，高于或低于其盐度适应范围，它们的生长将受到抑制甚至导致死亡。大部分红树植物幼苗适宜的海水盐度为 20‰以下，随着盐度的提高，种子的萌发会受

---

1 Peters R L，Darling J D. The Greenhouse Effect and Nature Reserves[J]. Bioscience，1985，35（11）：707-717.

2 Francis R C，Hare S R，Hollowed A B，et al.. Effects of interdecadal climate variability on the oceanic ecosystems of the Northeast Pacific Ocean[J]. Fishery Oceanography，1998，（7）：1-21.

3 张学敏，商少平，张彩云，等. 闽南-台湾浅滩渔场海表温度对鲐鲹鱼类群聚资源年际变动的影响初探[J]. 海洋通报，2005，24（4）：91-96.

4 李云，徐兆礼，高倩. 长江口强壮箭虫和肥胖箭虫的丰度变化对环境变暖的响应[J]. 生态学报，2009，29（9）：4773-4780.

5 徐兆礼. 东海亚强真哲种群生态特征[J]. 生态学报，2006，26（4）：1151-1158.

6 徐兆礼. 东海精致真冲水蚤种群（*Euchaeta concinna*）生态特征[J]. 海洋与湖沼，2006，37（2）：97-104.

7 戴天元. 福建海区渔业资源生态容量和海洋捕捞业管理研究[M]. 北京：科学出版社，2004，121.

8 刘小伟，郑文教，孙娟. 全球气候变化与红树林[J]. 生态学杂志，2006，25（11）：1418-1420.

9 卢昌义，林鹏，叶勇，等. 全球气候变化对红树林生态系统的影响与研究对策[J]. 地球科学进展，1995，10（4）：341-347.

到抑制[1]。

受海温上升等因素的影响，中国热带海域出现了珊瑚白化和死亡的现象。2000年以来开展的珊瑚礁状况普查表明，中国南部和东南沿海均发现了不同程度的珊瑚白化和死亡现象，南海北部湾涠洲岛珊瑚礁白化严重。珊瑚礁白化可能是海温上升与人类活动因素等综合影响的产物[2]。

引起中国近海生态系统动荡的因素非常复杂，全球气候变化可能起到了重要的作用。从全球气候变化的影响来看，全球变暖已使中国近海呈现明显增温趋势，极端天气事件增多。另外，气候的波动通过海、气两个途径影响近海的环流路径、层化强度和锋面分布，物理环境出现了明显波动，这种扰动通过影响营养盐、浮游生物的输送通道，对低层食物网的结构产生了较大的影响，进而影响了近海生态系统的稳定性。全球变暖也使海洋生物的分布格局发生改变，并最终影响到上层渔业资源的产出。近30年来的分析结果表明，中国近海的海表温度已经上升了1℃左右，局部海区升温超过1.5℃，是整个太平洋升温最显著的区域之一[3]。

全球变暖也可能有利于部分水母种类的增长。海表温度升高能够促进水体层化，鞭毛虫能够从营养盐贫乏的表层水进入营养盐丰富的深层水，从而在同硅藻的竞争中具有优势。温度升高还能促进水母生长和碟状幼体的产生。已有证据表明，过去50年间北大西洋的水母暴发与温度升高有关，较暖的年份水母较多。此外，气候变暖也能够扩大热带水母在亚热带和温带地区的分布[3]。然而，全球变暖与中国近海生态灾害的发生是否存在必然的联系，尚需要进一步研究证实。

（2）未来温升对生物多样性的影响分析

气候变化对海洋环境的影响将引起海洋生物多样性的变化。海水升温将通过许多方面影响海洋生物的多样性。首先，会造成物理环境的变化，影响生物的生存环境，其中上层海水升温将使温跃层结构更加趋于稳定，上下层海水混合减弱，阻碍氧气的垂向输送[4]，到达透光层的营养物质将减少，使得海洋生物的生长和发育受影响。其次，海水升温会使海水中氧的溶解度减少，影响海洋生物的新陈代谢、生长季节长度、死亡率和种群结构等，从而影响物种的生存与分布，例如活动能力强的耐热性物种范围将北扩，非耐热性物种的分布范围向北收缩。

1 黄星，辛琨，王薛平．我国红树林群落生境特征研究简述[J]．热带林业，2009，37（2）：10-12.

2 余克服，蒋明星，程志强，等．涠洲岛近42年来海面温度变化及其对珊瑚礁的影响[J]．应用生态学报，2004，15（3）：506-510.

3 孙松，等．气候变化导致我国近海生态系统结构与功能发生变化[N]．科学时报，2010.

4 Victor S K，Robert R T，Joan A K，et al.. Coastal and marine ecosystems & Global climate change-Potential Effects on U.S. Resources & Global climate change[R]. Arlington：Pew Center on Global Climate Change，2002，1-51.

温度升高 2℃后，红树林植物分布区可能会向北扩展，分布北界由现在的福建省福鼎县到达浙江省嵊县附近，群落中的物种数量也会增加[1]。中国海洋鱼类的分布有明显的地带性特征，水温上升会对中国海洋鱼类的洄游路线、距离和地点产生重要影响，暖水性和冷水性物种分布地带均发生变化[2]。因此，海温的上升也将影响中国海洋生物的地理分布和物种组成。

（3）未来温升对经济发展及公众社会的影响分析

海洋的温度变化会通过多种社会经济关系以及食物链等途径影响到人类本身。水温的变化会危害到海洋生物的栖息地，致使生物迁徙，进而会影响捕捞业及水产养殖业。此外，水温的变化也会引起海洋生物资源的可利用性发生改变、破坏海洋生态系统的功能和提供的服务。水温上升也会改变海洋病原生物和生物毒素的分布和增殖[3]，进而影响公众健康。

### 5.3.3　海洋酸化对我国海洋生态环境的影响分析

（1）海洋酸化对近海生态系统的影响

在上一个冰川时代，海洋的 pH 值为 8.3，工业革命以来大量二氧化碳快速排放，海水的 pH 值降到 8.2，而现在为 8.1。就目前来讲，海洋吸收的二氧化碳还不至于对海洋生物造成太大的影响，但是伴随着人类活动向大气中排放的二氧化碳的积累，如果海水中二氧化碳含量将持续增长，可能会产生严重的后果。海水酸化使得生物碳酸盐的形成与保存变得困难，那些以碳酸盐为骨骼的生物在种间竞争与群落演替中会失去优势，这种效应沿食物网传递可影响到整个生态系统的服务功能，最终反馈于人类本身。

1）海洋酸化对珊瑚的影响

①钙化率。珊瑚骨骼主要是由文石组成，大多数珊瑚生长海域的 pH 值为 8.0～8.3，当超出该范围时，钙化活动或光合作用就会受到抑制[4]。海洋生物利用海水溶解无机碳中的 $CO_3^{2-}$合成碳酸钙（$CaCO_3$），一旦海水中 $CO_3^{2-}$浓度减少，合成碳酸钙会变得更加困难，而同时已合成的碳酸钙将会发生溶解。碳酸钙在海洋中主要有 2 种存在形式：文石（aragonite）和方解石（calcite）。当 pH 值降低时，文石比方解石将更易发生溶解。

---

1 陈小勇，林鹏．我国红树林对全球气候变化的响应及其作用[J]．海洋湖沼通报，1999，（2）：11-17.

2 樊伟，程炎宏，沈新强．全球环境变化与人类活动对渔业资源的影响[J]．中国水产科学，2001，8（4）：91-94.

3 Fleming L E，Broad K，Clement A. Oceans and human health：emerging public health risks in the marine environment[J]. Marine Pollution Bulletin，2006，（53）：545-560.

4 Borowitzka M A. Photosynthesis and calcification in the articulated coralline alga Amphiroa anceps and A. foliaceae[J]. Marine Biology，1981，（62）：17-23.

当大气中二氧化碳含量加倍时，文石饱和度（$\Omega_{arag}$）将从工业革命前的4.6降至3.1[1]。$\Omega_{arag}$值的变化直接影响生物的钙化机能[2,3,4,5]。Kleypas等[1]认为珊瑚礁的地理分布现状和$\Omega_{arag}$空间区域变化是紧密联系的。Leclercq等[6]也发现珊瑚钙化率与$\Omega_{arag}$（或$CO_3^{2-}$）呈线性关系的特点，根据[$CO_3^{2-}$]从1880年变化到2065年的预测值，钙化率将下降21%。大气中不断增加的二氧化碳含量导致海水中[$CO_3^{2-}$]降低，从而加剧文石的不饱和状态，$\Omega_{arag}$、温度和光照共同决定着珊瑚的地理分布范围[6]。

模拟实验表明[7]：与冰川时期比较，2100年珊瑚的钙化率将下降30%；即使与现在的环境相比，到2100年珊瑚的钙化率仍将下降11%。当[$CO_3^{2-}$]从工业革命前的272 μmol/kg降低到177 μmol/kg（即2倍于现今的$pCO_2$）时，珊瑚礁钙化率将下降49%[6]。当$\Omega_{arag}$处于3.1～4.1时，珊瑚礁基本不受影响，但是当$\Omega_{arag}$降到3.0以下时，也就是当二氧化碳达到560 μL/L时，珊瑚的钙化量将下降40%至80%[6]。随着$\Omega_{arag}$的降低，珊瑚礁溶解加剧，将有可能导致珊瑚礁从现在的净增长状态转变为净损耗状态[8]。野外研究的结果也显示，当文石饱和度达到3.3时，也就是当$pCO_2$达到480 μL/L，[$CO_3^{2-}$]低于200 μmol/kg时，珊瑚礁上碳酸盐沉淀将接近为零或出现负增长[6,9]。总之，随着海洋酸化的加剧，珊瑚礁的钙化率将会随之降低。

②珊瑚共生体系。通常认为珊瑚共生藻吸收光能和营养盐，进行光合作用，为珊瑚体提供其代谢所需营养物质和能量的95%以上[10]。也正是由于共生藻的这种能

---

1 Kleypas J A，Buddemeier R W，Archer D，et al. Geochemical consequences of increased atmospheric $CO_2$ on coral reefs[J]. Science，1999（284）：118-120.

2 Broecker W S，Takahashi T. Calcium carbonate precipitation on the Bahama Banks[J]. Journal of Geophysical Research，1966；71：1575-1602.

3 Fleming L E，Broad K，Clement A. Oceans and human health：emerging public health risks in the marine environment[J]. Marine Pollution Bulletin，2006，（53）：545-560.

4 Gattuso J P，Frankignoulle M，Bourge I，et al. Effect of calcium carbonate saturation of seawater on coral calcification[J]. Global and Planetary Change，1998，18（1-2）：37-46.

5 Langdon，C. Review of experimental evidence for effects of $CO_2$ on calcification of reef builders[C]. Proceedings of the Ninth International Coral Reef Symposium 2，2002：1091-1098.

6 Leclercq N.，Gattuso J P，Jaubert J. $CO_2$ partial pressure controls the calcification rate of a coral community[J]. Global Change Biology，2000，（6）：329-334.

7 Marubini F，Barnett H，Langdon C，et al. Dependence of calcification on light and carbonate ion concentration for the hermatypic coral Porites compressa[J]. Marine Ecology Progress Series，2001，（220）：153-162.

8 Hoegh-Guldberg O. Low coral cover in a high-$CO_2$ World[J]. Journal of Geophysical Research，2005，（110）：C09S06.

9 Suzuki A，Nakamori T，Kayanne H. The mechanism of production enhancement in coral reef carbonate system：model and empirical results[J]. Sedimentary Geology，1995，（99）：259-280.

10 Muscatine L. The role of symbiotic algae in carbon and energy flux in reef corals[M].//Dubinsky Z. Coral Reef. Amsterdam：Elsevier，1990：75-87.

量和物质供给，珊瑚才能够维持较高的钙化率[1]。前人的研究结果表明，在强光照射下，高浓度的二氧化碳能引起珊瑚白化，当海洋酸化和升温效应协同作用时，珊瑚会在更低的温度出现白化的现象，海洋酸化对珊瑚白化和生产率的影响远大于对珊瑚钙化率的影响[2]。目前，关于珊瑚钙化活动与光合作用之间的相互关系还存在较大争议，在海洋酸化背景下珊瑚共生体系将会发生怎样的改变目前尚无明确的结论。

③珊瑚群落结构。当大气中二氧化碳的分压大于 500 μL/L 时，$[CO_3^{2-}]$将会低于 200 μmol/kg，$\Omega_{arag}$ 将会小于 3.3，海洋温度将会比现在升高 2℃。这些变化将会促使珊瑚礁生态系统变得支离破碎并走向衰亡[3]。珊瑚生物在生理上的适应及进化机制可能会延缓海洋酸化导致的珊瑚礁衰退过程，但是珊瑚及其共生藻能否适应环境的快速改变还是个未知数。造礁石珊瑚具有相对较长的世代时间和相对较低的遗传多样性，其适应环境变化的能力相对较低[3, 4]。因此，海洋酸化所带来的一系列变化将对珊瑚礁系统的恢复和幼体补充产生重大影响。

随着温室气体在大气中的持续积累，珊瑚个体由于受海洋酸化等因素的影响而产生不同程度的变化，珊瑚群落结构无疑将发生难以逆转的改变。根据现有的研究理论，对高温耐受性较强的种类（如滨珊瑚）和一些对高温敏感但繁殖能力强的种类（如某些种类的鹿角珊瑚）将有可能会成为珊瑚礁里的优势种。总体而言，在海洋酸化的某一个阶段，珊瑚礁群落的结构可能朝着种类更为单一、结构简单、生产力低下的方向发展[5]。

在海南省三亚地区的西岛和鹿回头海域，珊瑚覆盖率较高的分布带介于 2m 以浅至潮间带之间。根据野外的观测结果，珊瑚体还是能够正常生长，例如鼻形鹿角珊瑚（*Acoropora nasuta*）和鹿角杯形珊瑚（*pocillopora damicornis*）生长比较快，其中鹿回头比西岛的珊瑚体生长更快些。目前，这个地区珊瑚生长所面临的主要威胁包括：a. 人为破坏（如利用刺网捕鱼对珊瑚体的损伤），表现为以物理损害为主；b. 海水中碳酸盐平衡体系的波动比较大，比如在夜间水体的 pH 值过低，形成局部

---

1 Hoegh-Guldberg O. Coral bleaching，climate change and the future of the world's coral reefs[J]. Review，Marine and Freshwater Research，1999，（50）：839-866.

2 Anthony K R N，Kline D I，Diaz-Pulido GA，et al.. Ocean acidification causes bleaching and productivity loss in coral reef builders[J]. Proceedings of the National Academy of Sciences of the United States of America，2008，（105）：17442-17446.

3 Mumby P J，Hastings A，Edwards HJ. Thresholds and the resilience of Caribbean coral reefs[J]. Nature，2007，（450）：98-101.

4 Mumby P J，Harborne A R，Williams J，et al.. Trophic cascade facilitates coral recruitment in a marine reserve[J]. Proceedings of the National Academy of Sciences of the United States of America，2007，（104）：8362-8367.

5 Loya Y，Sakai K，Yamazato K，et al.. Coral bleaching：the winners and the losers[J]. Ecolgy Letters，2001，（4）：122-131.

的酸化现象，导致珊瑚礁溶解速率升高并引起其钙化生长较缓慢。在三亚地区，6 m以深水域大多数珊瑚种钙化生长缓慢，甚至会出现负增长与死亡的情况，只有极个别的品种（如同双星珊瑚）尚能正常生长，但生长缓慢。在三亚地区，由于水体悬浮物的增加，遮蔽了光照深度，导致到达珊瑚体表面的光照强度很弱，光合作用效率降低，供给珊瑚虫进行钙化活动的能量随之降低，其钙化率也随之降低。同样地，可能受到海洋酸化的影响，三亚地区珊瑚体溶解速率上升，导致其无法正常钙化生长，并有不断溶解的趋势。预期随着全球海洋酸化的加剧，该海域珊瑚净钙化量将会进一步下降。

根据在中国东沙附近海域时间序列站多年的观测和研究发现，雨季南海是一个微弱的二氧化碳“源”，而旱季则是一个更为微弱的“汇”，综合而言南海可能是一个微弱的“源”。当大气中二氧化碳加倍时（如 560 μL/L），南海表层海水的 pH 值将可能降低 0.16，大陆架上的文石碳酸盐将可能开始溶解[1]。届时，海水酸化可对珊瑚礁生态系统产生严重影响，导致珊瑚礁钙化速率不断降低，而同时溶解速率不断上升，甚至将可能影响到南海中珊瑚岛礁的安危。

总体而言，西沙群岛的珊瑚礁海域属开放海域，与大洋海水交换充分，更多地受到大洋海水的影响，其变化的趋势基本上与全球的开阔海洋酸化同步。中国其他热带沿岸的珊瑚礁海域，例如海南岛东部海域，由于受到陆源输入、淡水注入、富营养化、上升流及人类活动等诸多复杂因素的影响，其海洋酸化的表现更为复杂多变，存在着较大的不确定性和波动性，因此，在进行沿岸珊瑚礁受海洋酸化影响的研究时需要考虑更多的因素。

在开放海域，目前海水 pH 值约为 8.17，在沿岸水域或一些相对封闭水体，pH 值波动较大。海洋中的珊瑚和部分浮游动物（如翼足类）常利用文石碳酸钙构成身体的支撑结构；而浮游植物（如颗石藻类）及有孔虫则利用方解石碳酸钙构成其身体支撑结构。

就珊瑚而言，海洋酸化导致表层海水中碳酸根离子减少，珊瑚的钙化生长速度随之减慢；当海水中碳酸钙饱和度越来越低时，珊瑚已形成的骨骼会以越来越高的速度溶解。对于冷水珊瑚来说，由于它们大多生长在北太平洋和北大西洋的海洋深层，其碳酸钙饱和度本来就比较低，海洋酸化给它们带来的危机的出现时间将比热带珊瑚更早一些。随着大气中二氧化碳浓度的不断升高，海洋酸化的影响将越来越明显。海洋酸化对中国珊瑚的影响可能更严重，因为中国的珊瑚礁同时还受到各种各样的来自人类与自然因素的协同作用的影响，例如富营养化、都市化、海水养殖，以及过度捕捞与非法渔业活动（如炸礁和使用有毒物质等）等。

---

1 Chen C T A，Wang S L，Chou W C，et al.. Carbonate chemistry and projected future changes in pH and $CaCO_3$ saturation state of the South China Sea[J]. Marine Chemistry，2006，101：277-305.

2）海洋酸化对珊瑚礁生态系统主要成员的影响

①海洋酸化对海洋钙化生物的影响。海洋底栖钙化生物主要包括珊瑚虫、钙化藻类、深海有孔虫类、软体动物以及棘皮类动物等。在热带地区，珊瑚虫类、绿藻以及红藻是沉积碳酸钙的主要钙化生物，对近岸海域的碳循环起着重要作用[1]。关于大气中二氧化碳增加和海洋酸化造成的影响，目前的研究主要限于珊瑚虫和藻类的研究，而对其他底栖生物（如深海有孔虫类、棘皮类动物、软体动物和深海珊瑚虫类）生理与生态方面的研究还较少。

②珊瑚藻（*Coralline alga*）：造礁石珊瑚并非是唯一对海洋碳酸盐饱和度降低敏感的海洋生物。壳状珊瑚藻是珊瑚礁生态系统中的关键成员之一，可为礁体稳固起到“黏合剂”的作用，而且是海胆、鹦嘴鱼及一些软体动物的重要食物来源[2, 3, 4]。同时壳状珊瑚藻也为珊瑚幼虫提供重要的硬质附着底质[5, 6]。珊瑚藻在珊瑚礁生态系统中具有的重要生态意义以及碳酸盐饱和度降低对这些生物能造成的影响在很大程度上却被忽视，因此需要更多的研究去认识壳状珊瑚藻对碳酸盐饱和度降低的响应，以及这些响应反过来又是如何影响珊瑚礁生态系统。

珊瑚藻以高镁方解石的形式产生碳酸钙，高镁方解石比其他类型的方解石或文石更易在水中溶解，因此，珊瑚藻对碳酸盐饱和度变化尤为敏感。在2倍于现今二氧化碳分压的围隔实验中发现，壳状珊瑚藻的生长率降低40%、补充降低78%、总覆盖面积降低92%，而其他非钙化藻类增加52%[7, 8]。如果依靠壳状钙化生物的海岸及浅滩的碳酸盐产物及其稳定性降低，那么它们在生态系统中的作用受到影响，很可能会导致这些海岸的侵蚀和生态系统演替（如被大型海藻取代）比预期更快[7]。

③仙掌藻（*Halimeda*）。仙掌藻属于大型绿藻，它能在某些海域中形成较大的

---

1 高坤山．珊瑚藻类钙化的研究[J]．海洋与湖沼，1999，30（3）：290-293.

2 Littler M M，Littler D S. Models of tropical reef biogenesis：the contribution of algae[J]. Progress of Phycological Research，1984，（3）：323-364.

3 Chisholm J R M. Calcification by crustose coralline algae on the northern Great Barrier Reef，Australia[J]. Limnology and Oceanography，2000，（45）：1476-1484.

4 Diaz-Pulido G，McCook L J，Larkum A W D，et al.. Vulnerability of macroalgae of the Great Barrier Reef to climate change[M].//J E Johnson，P A Marshall. Climate Change and the Great Barrier Reef. 2007：154-192. Great Barrier Reef Marine Park Authority and Australian Greenhouse Office，Australia.

5 Heyward A J，Negri A P. Natural inducers of coral larval metamorphosis[J]. Coral Reefs，1999，（18）：273-279.

6 Harrington L，Fabricius K，Eaglesham G，et al.. Synergistic effects of diuron and sedimentation on photosynthesis and survival of crustose coralline algae[J]. Marine Pollution Bulletin，2005，（51）：415-427.

7 Buddemeier R W. The future of tropical reefs and coastlines[C]. San Francisco：American Association for the Advancement of Science Annual Meeting.

8 Kuffner I B，Andersson A J，Jokiel P L，et al.. Decreased abundance of crustose coralline algae due to ocean acidification[J]. Nature Geoscience，2008，（1）：114-117.

“仙掌藻床”。一些发育良好的“仙掌藻床”曾经在澳大利亚东北海岸出现过，估计大堡礁地区被仙掌藻所覆盖的总面积超过 2 000 $km^2$ [1]。仙掌藻和其他的石灰质藻类（如钙扇藻、叉节藻、节节藻）都是海洋中沉积作用的重要参与者，它们用自身的沉积产物填充礁体结构的空隙以使礁体不断增大[1,2,3]。珊瑚礁和仙掌藻礁都具有很高的钙化速率，它们产生的碳酸盐大多数堆积在大陆架上[4]。

仙掌藻能够产生高达 20 m 的三维立体结构，从而为鱼类提供重要的栖息环境，而且可以作为幼鱼及无脊椎动物的育苗场。大型钙化藻类能产生 3 种形式的生物 $CaCO_3$，即高镁方解石、文石、文解石；这 3 种形式的 $CaCO_3$ 都容易受碳酸盐饱和度降低所带来的负面影响。一种大堡礁的仙掌藻——*Halimeda tuna*，当其生存环境的 pH 值降低 0.5 个单位（即 7.5～8）时，表现出负钙化响应[5]。

④其他的底栖钙化生物。海水 pH 值的降低与碳酸盐化学体系的改变会影响许多海洋生物的早期生长和生活史，从而严重影响海洋生态系统的结构与功能[6]。其中，受海水 pH 值降低的影响最大的物种可能是那些居住在海底、只有沙粒大小的深海有孔虫类等生物。

此外，贻贝（*Mytilus edulis*）和太平洋牡蛎（*Crassostrea gigas*）是重要的海岸生态系统建造者，并且是全球重要的水产养殖种类。在海水中的二氧化碳分压分别升高 25%、10%的状况下，其钙化率呈线性下降的态势[7]。太平洋牡蛎的早期生长会受到海水 pH 值下降的严重影响[8]。随着海水中二氧化碳浓度的升高，马粪海胆（*Hemicentrotus pulcherrimus*）和梅氏长海胆（*Echinometra mathaei*）的受精率将下降，其长腕幼虫的数量下降，并且在两种幼虫期都发现有骨骼畸形[9]。

---

1 Liu K K，Atkinson L，Chen C T A，et al.. Exploring continental margin carbon fluxes on a global scale[J]. Eos，Transactions，American Geophysical Union，2000.

2 Davies P J，Marshall J F. Halimeda bioherms – low energy reefs，northern Great Barrier Reef[C]. Proceedings of the Fifth International Coral Reef Congress，1985，(1)：1-7.

3 Drew E A，Abel K M. Studies on Halimeda I. The distribution and species composition of Halimeda meadows throughout the Great Barrier Reef Province[J]. Coral Reefs，1988，(6)：195-205.

4 Milliman J D. Production and accumulation of calcium carbonate in the ocean：budget of a nonsteady state[J]. Global Biogeochemical Cycles，1993（7）：927-957.

5 Borowitzka L J，Larkum A W D. Reef algae[J]. Oceanus，1986，(29)：49-54.

6 Kurihara H，Shirayama Y. Effects of increased atmospheric $CO_2$ on sea urchin early development[J]. Marine Ecology Progress Series，2004，(274)：161-169.

7 Gazeau F，Quiblier C，Jansen J M，et al.. Impact of elevated $CO_2$ on shellfish calcification[J]. Geophysical Research Letters，2007，(34)：L07603.

8 Kurihara H，Kato S，Ishimatsu A. Effects of increased seawater $pCO_2$ on early development of the oyster Crassostrea gigas[J]. Aquatic Biology，2007，(1)：91-98.

9 Kurihara H，Shimode S，Shirayama Y. Sublethal effects of elevated concentration of $CO_2$ on planktonic copepods and sea urchins[J]. Journal of Oceanography，2004，(60)：743-750.

生物的早期生命阶段比成熟期对生存环境的变化更加敏感，大多数底栖钙化生物会经历浮游幼虫期中的幼虫波动期，已知海洋酸化导致幼体死亡率上升会对双壳类种群造成严重的影响[1, 2, 3]。海洋酸化对海洋钙化生物也能产生许多的间接影响，例如，在酸性海水（pH 值为 6.6）中，潮间带腹足类动物玉黍螺（Littorina littorea）的防御性响应会发生紊乱，同时也表现出新陈代谢率降低、躲避行为上升等变化[4]。

⑤浮游钙化生物。在所有的钙化生物中，浮游钙化生物占全球生物钙化生产力的 80%以上。颗石藻类为构成浮游钙化生物的主体，其在全球范围内平均每年形成的藻华（颜色呈乳白色）面积达 140 万 $km^2$，在海洋碳循环过程中起着重要的作用。海水的 pH 值以及二氧化碳、$HCO_3^-$、$CO_3^{2-}$浓度的变化会直接或间接地导致钙化藻类的光合作用与钙化过程发生改变，包括钙化藻类与非钙化藻类间的竞争关系和优势度的变化等，进而威胁到钙化种群的生存。

钙化藻类（如大型的仙掌藻类、珊瑚藻类和浮游的颗石藻类）一方面通过光合作用固定二氧化碳，促使二氧化碳由大气向海水中溶解；另一方面通过钙化作用形成 $CaCO_3$ 沉积，在海洋碳循环和关键生物地球化学过程中发挥不可或缺的作用[5]。但目前钙化藻类的钙化作用、光合作用以及种群结构等都在海洋酸化的影响下产生了很大的改变。

此外，海洋酸化影响的另一个表现为碳酸盐矿物的饱和深度变浅，目前已经比 19 世纪变浅约 50～200 m，未来数十年内会进一步变浅，使得海洋上层适合浮游钙质生物居住的空间越来越小[6]。

3）海洋酸化对海洋非钙化生物的影响

①浮游植物。大多数海洋浮游植物都有以二氧化碳或者 $HCO_3^-$累积无机碳的碳浓缩机制[7]。通常认为，当浮游植物生长在 77 Pa 的高二氧化碳分压环境中时，其光

---

1 Green M A，Jones M E，Boudreau C L，et al.. Dissolution mortality of juvenile bivalves in coastal marine deposits[J]. Limnology and Oceanography，2004，(49)：727-734.

2 Michaelidis B，Christos O，Andreas P，et al.. Effects of long-term moderate hypercapnia on acid-base balance and growth rate in marine mussels Mytilus galloprovincialis[J]. Marine Ecology Progress Series，2005，(293)：109-118.

3 Berge J A，Bjerkeng B，Pettersen O，et al.. Effects of increased sea water concentrations of $CO_2$ on growth of the bivalve Mytilus edulis L[J]. Chemosphere，2006，(62)：681-687.

4 Bibby R，Cleall-Harding P，Rundle S，et al.. Ocean acidification disrupts induced defences in the intertidal gastropod Littorina littorea[J]. Biology Letters，2007，(3)：699-701.

5 Elderfield H. Carbonate mysteries[J]. Science，2002，(296)：1618-1621.

6 Guinotte J M，Fabry V J. Ocean acidification and its potential effects on marine ecosystems[J]. Annuals of the New York Academy of Sciences，2008，(1134)：320-342.

7 Beardall J，Raven J A. The potential effects of global climate change in microalgal photosynthesis，growth and ecology[J]. Phycologia，2004，(43)：31-45.

合作用效率不会受到影响或者影响较小（通常为 10%）[1, 2]。但是最近的研究表明，海水中二氧化碳分压的升高可以提高浮游植物的碳同化和固氮能力[3, 4]。尽管许多种类的生物可以在较宽的 pH 值范围内生长，但是某些种类的生物生长率在海水 pH 值出现 0.5～1.0 个单位变化时差别甚大。因此，海水 pH 值的小幅变化就能影响物种生长率、丰度以及沿海浮游植物的群落演替。富营养化与海洋酸化的协同作用可能会增加耐极端 pH 值物种暴发性繁殖频率[4]。

②海草与大型藻类。海草床是海洋中生物资源最丰富、生产力最高的海洋生态系统之一。海草能使 $HCO_3^-$脱水，而且海草用于光合作用的碳量的形态至少有 50% 是二氧化碳（含水）[5]。研究结果指出，当表面海水中二氧化碳含量上升时，海草床的生产力也会上升，从而会影响相伴的无脊椎动物及鱼类的种群。海草床生产力的提高很可能也适用于其他类型的海草生物，因为多数生物的光合作用受二氧化碳供应的限制[6]。

4）海洋酸化对海洋鱼类生理的影响

海水中二氧化碳的分压升高会影响鱼类的酸碱状态、呼吸作用、血液循环及神经系统功能，导致组织及体液酸中毒（如高碳酸血症），从而影响其生理行为[7]，进而对其生长速率和繁殖产生长期的影响[8]。室内的实验结果表明，酸化海水对鱼类的整个生活史（包括卵、幼苗、幼体、成体）有不利的负面影响[9]。海洋酸化可能会导致小的个体不易生存、种群个体大小的下降，从而造成海洋生态系统结构

1 Martin C L，Tortell P D. Bicarbonate transport and extracellular carbonic anhydrase activity in Bering Sea phytoplankton assemblages：results from isotope disequilibrium experiments[J]. Limnology and Oceanography，2006（51）：2111-2121.

2 Giordano M，Beardall J，Raven J A. $CO_2$ concentrating mechanisms in algae：mechanisms，environmental modulation，and evolution[J]. Annual Review Plant Biology，2005（56）：99-131.

3 Riebesell U，Schulx K G，Belerby R G J，et al. Enhanced biological carbon consumption in a high $CO_2$ ocean[J]. Nature，2007（450）：545-548.

4 Hinga K R. Effects of pH on coastal marine phytoplankton[J]. Marine Ecology Progress Series，2002（238）：281-300.

5 Palacios S，Zimmerman R C. Response of eelgrass Zostera marina to $CO_2$ enrichment：possible impacts of climate change and potential for remediation of coastal habitats[J]. Marine Ecology Progress Series，2007（344），1-13.

6 Invers O，Zimmerman R C，Alberte R S，et al. Inorganic carbon sources for seagrass photosynthesis：an experimental evaluation of bicarbonate use in species inhabiting temperate waters[J]. Journal of Experimental Marine Biology and Ecology，2001，（265）：203-217.

7 Portner H，Langenbuch M，Reipschlager A. Biological impacts of elevated ocean $CO_2$ concentrations：lessons from animal physiology and earth history[J]. Journal of Oceanography，2004（60）：705-718.

8 Ishimatsu A，Kita J. Effects of environmental hypercapnia on fish[J]. Japanese Journal of Ichthyology，1999（46）：1-13.

9 Ishimatsu A，Kikkawa T，Hayashi M，et al. Effects of $CO_2$ on marine fish：larvae and adults[J]. Journal of Oceanography，2004（60）：731-741.

的变化。

5）大气中二氧化碳浓度升高对珊瑚礁生态系统影响的机制

Kleypas 和 Langdon 曾根据文献中的结果[1]，针对海洋酸化与升温对珊瑚礁的影响进行了概括（图 5.8）。

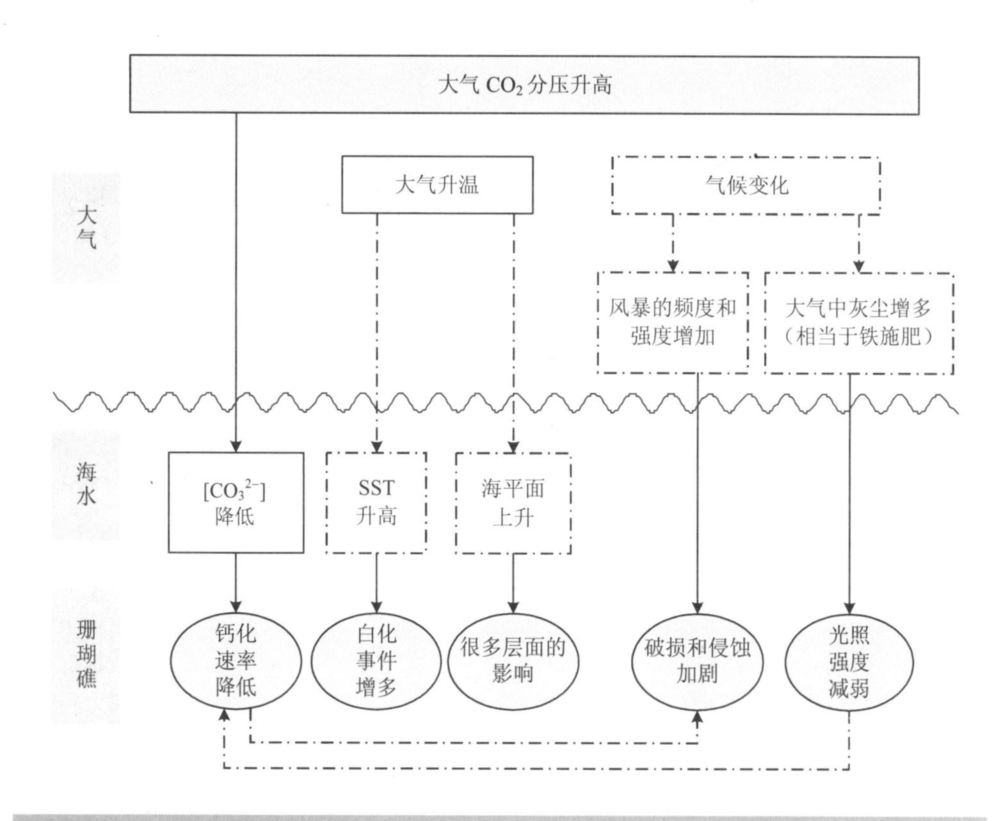


**图 5.8　大气中 $CO_2$ 浓度的改变对珊瑚礁生态系统的影响 [1]**

注：其中实线部分表示直接影响，虚线部分表示间接影响，间接影响有时会胜于直接影响，且具有不确定性。

（2）海洋酸化对海洋渔业的影响

海洋酸化是通过提高海水中溶解的二氧化碳，降低海水的 pH 值、$CO_3^{2-}$浓度和碳酸钙矿物的饱和度来显著地影响海洋生态系统，这将显著抑制以碳酸钙为骨骼的许多贝类、海洋植物和动物的生长，例如处在底层或者中层的营养级的软体动物。当海水的 pH 值降低时，钙化生物的生长率将受到显著抑制（其中幼体受到的影响会更加显著），也会间接影响其初级消费者或者次级消费的数量。

1 Kleypas J A，Langdon C. Overview of $CO_2$-induced changes in seawater chemistry[C].//Proceedings of 9th International Coral Reef Symposium. Bali，2000，2：1085-1089.

海洋酸化对人类社会的经济发展（如渔业）最直接的影响是降低贝类、贝类捕食者及珊瑚礁栖息地中的资源种类和渔获量。以美国为例，2007 年美国渔业生产总值可达 40 亿美元，其中软体动物贡献了 19%，达到了 7.48 亿美元；此外，甲壳动物贡献了 30%，鳍鱼贡献了 50%。鱼类生产总值中有 24%的鱼直接以钙化生物为食[1]。预测至 2060 年，海水的 pH 值将下降到 7.9～8.0，软体动物的钙化速率下降 10%～25%，相关水产品的渔获量也将下降 6%～25%，每年直接的国民收入将减少 0.75 亿～1.87 亿美元，整个行业将损失 17 亿～100 亿美元[2]。

在全美国范围内，由渔业活动产生的收入和就业（从捕捞到零售）都将继续增加。如果今后的海洋酸化大范围危及重要资源的栖息地、改变海洋生物资源的可利用性、改变生态系统的固有服务功能，将使国家税收显著降低，并波及其他相关的产业，出现失业以及引起其他的间接经济损失[2]。

中国是世界渔业生产大国，2005 年我国海洋产业总产值已达全国 GDP 的 9.3%，海洋产业增加值已达全国 GDP 的 4.0%。2005 年中国海水产品产量占全国水产品产量的 55.6%，其中鱼类、虾蟹类、贝类、藻类产量分别占海水产品产量的 37.1%、11.4%、40.9%和 5.4%。1999—2005 年，中国海水产品产量年均增长 2.3%，其中鱼类、虾蟹类、贝类、藻类产量年均增长分别为–0.1%、2.6%、3.2%和 4.4%[3]。今后，贝类及虾蟹类在我国水产品中仍将居重要位置，而这些生物易受海洋酸化的影响。

显然，需要仔细评估在气候变化背景下的海洋酸化可能对我国的海洋渔业将产生的负面影响。但是，目前尚缺乏海洋酸化对海洋渔业影响的评估数据。因此，为了准确评估海洋酸化对海洋渔业的影响，尚需要开展酸化指标野外的连续观测与评估研究。

（3）海洋酸化对珊瑚礁旅游的影响

珊瑚礁生态系统具有独特的观赏价值，例如色彩斑斓的海洋生物和各式各样的生态景观，引人入胜。因此，珊瑚礁旅游已成为一些地区或国家重要的经济来源。随着全球变暖、海洋酸化以及海平面上升，珊瑚礁生态系统处在不断退化的境地，其生态景观价值也将逐渐降低。到目前为止，还未见专门的文献评述或研究海洋酸化会对珊瑚礁旅游带来如何的潜在影响。但是，随着相关研究的增多和深入，人们会认识到海洋酸化对珊瑚礁旅游带来的严重后果，即珊瑚礁生态系统退化、海洋生

1 Cooley S R，Doney S C. Anticipating ocean acidification’s economic consequences for commercial fisheries[J]. Environmental Research Letters，2009，4：024007. Doi：10.1088/1748-9326/4/2/024007.

2 Kuffner I B，Andersson A J，Jokiel P L，et al.. Decreased abundance of crustose coralline algae due to ocean acidification[J]. Nature Geoscience，2008，（1）：114-117.

3 吴凯，卢布．中国海洋产业结构的系统分析与海洋渔业的可持续发展[J]．中国农学通报，2007，23（1）：367-370.

物多样性降低、生态系统可持续性减弱、生态景观及观赏价值降低等，对珊瑚礁旅游产业带来严重影响。与此相伴随的是一些国家和地区的经济收入的降低、就业机会的减少等。

以三亚为例，2001—2005年的固定资产投资和旅游收入年均增长分别为29.3%和21.5%，前5年的增长率提高了34个百分点和6.57个百分点，对GDP的贡献率都很高[1]。三亚在2000年接待国内外游客205.2万人次，其中国内游客总数达188.2万人次，占91.7%。目前，国内旅游客源是三亚市旅游市场的主体；旅游总收入相当于全市GDP的68.51%，旅游业已成为三亚市经济的主导产业、支柱产业[2]。海南省三亚的旅游品牌中最有特色的是与珊瑚礁相关的观光旅游，但目前还未见珊瑚礁旅游对整个三亚旅游收入贡献比率的数据报告。如果随着海水pH值逐渐降低，三亚的珊瑚礁系统遭到严重的破坏，其对珊瑚礁旅游亦会产生负面的影响，也会严重影响三亚地区的整个旅游市场。

海洋酸化对生态系统的影响的研究工作目前还主要以生物个体的试验为主，从现场的观测资料很难区分酸化与其他环境因子的协同作用所产生的后果。海洋酸化可造成钙化生物的钙化率下降、珊瑚群落结构的改变等，但也会刺激海草等大型光合生物的生长。就物种而言，有利有弊；就不同生态系统而言，也似乎如此。在缺乏长时间序列的前提下，还难以预测生态系统今后的发展趋势。

## 5.4　存在的主要问题分析

气候变化在过去已经、也将在今后继续对海洋环境的诸多方面产生不同程度的影响，包括对生态系统的诸多功能以及相关的食物供给关系及服务产出等产生影响。海平面上升及其后果对沿海湿地、港口、航运及水利与工程设施均具有负面作用；水温的变化及相关的物种分布格局的改变还会影响捕捞业及水产养殖业。

中国政府高度重视应对气候变化的工作，国务院于2007年6月下发了《关于印发〈中国应对气候变化国家方案〉的通知》，又于2008年10月下发了《中国应对气候变化的政策与行动》白皮书。在海洋领域，依据《中华人民共和国海洋环境保护法》、《海域使用管理法》以及《海气相互作用业务体系发展规划（纲要）》等，国家海洋局于2007年10月下发了《关于海洋领域应对气候变化有关工作的意见》，从国家层面确定了海洋领域应对气候变化业务体系的建设目标和内容，建立了综合管理的决策机制和协调机制，努力减缓与适应气候变化的不利影响，加强了海岸带和沿海地区适应气候变化的能力建设，开展了与气候变化相关的海洋调查研究，深

1 张华强．三亚市经济增长的动力因素分析及政府的政策选择[J]．海南金融，2007，(2)：219.
2 宣国富，陆林，汪德根，等．三亚市旅游客流空间特性研究[J]．地理研究，2004，23（1）：115-124.

化了对海-气相互作用的认识，初步建成了海洋环境立体化观测网络，在一定程度上提高了中国在海洋领域应对气候变化的防御能力。

为进一步加强对海洋领域应对气候变化工作的组织领导，充分发挥海洋领域在应对气候变化工作中的重要作用，2009 年国家海洋局成立了应对气候变化领导小组，负责组织贯彻落实国家应对气候变化工作的方针政策，统一部署海洋领域应对气候变化的工作，研究制定海洋领域应对气候变化工作规章制度和方案计划，协调解决海洋领域应对气候变化工作中的重大问题。领导小组由国家海洋局机关和局属有关单位构成，并下设办公室，负责领导小组的日常工作。

开展海洋领域应对气候变化工作是中国政府积极应对气候变化国家行动计划的重要组成部分，将增强中国适应和抵御气候变化及其灾害的能力，促进中国社会、经济与自然的协调发展，积极支持中国参与国际应对气候变化的谈判工作，同时也为中国在全球应对气候变化一致行动中作出了重要贡献。但是，需要指出的是，虽然我国在海岸带及沿海地区积极实施适应气候变化的政策和行动，并取得了一定的成效，不可否认的是，在今后应对气候变化的工作中仍存在许多的变数。

《国家“十二五”发展规划纲要》指出，洁净的海域和健康的生态系统是我们的社会与经济活动具有可持续发展的核心之一，也是关及食物供给和公众民生的重要需求。在这个意义上，海洋科学的研究与技术工作在应对气候变化的需求中面临着巨大的挑战。

### 5.4.1 面向气候变化的海洋观测/监测评估能力明显不足

在 2007 年 6 月发布的《中国应对气候变化国家方案》中明确指出，中国现有的海洋环境监测能力明显不足。中国现有海洋观测网的主要功能是近海海洋环境要素观测，现有海洋环境监测体系的主要功能是近海海洋环境污染监测和海洋生态健康监测。无论观测还是监测体系，若要实现具有应对气候变化的功能，尚存在较大差距。具体体现在：现有观测/监测业务体系之构架尚不能满足应对气候变化的需要；岸基观测站数量不足、观测的项目和技术上存在问题，观测技术相对比较落后；缺乏三维海洋要素的观测能力，开阔海洋观测能力尤其不能满足需求。

目前，对影响中国气候变化预测水平具有重要价值的关键海-气相互作用过程的研究尚显不足，在对海-气相互作用规律性的认识上仍有待进一步深入。对海平面上升和温、盐变化趋势的评估还主要依赖统计模型，利用海-气耦合模式开展评估的技术能力不足，限制了预测能力的提高。因此，相关领域的评估能力和预测/预报水平亟待加强，其中海平面上升观测模型亟待建立、温/盐变化预测能力有待进一步提升是重要的环节。

（1）现有观测/监测业务体系构架尚不能满足应对气候变化的需要

国家海洋局的业务化走航断面监测系统以海监船舶为主要载体，现有的业务体系缺少专业化程度高的专用海洋调查船只；浮标和海上平台分布稀疏，涵盖的监测要素较为有限，缺乏对应对气候变化的观测/监测能力；遥感技术在监测体系中的应用面较窄，业务化程度较低。目前尚未建立可满足海洋领域应对气候变化监测要求的高时、空分辨率和覆盖率的由浮标/平台、监测船、岸/岛基站、卫星组成的立体监测业务化系统。

（2）岸基观测站数量不足、观测能力落后

中国沿海现在布设有超过100个监测站，整体上看分布比较稀疏且不均匀；现有监测站的观测功能比较单一，主要偏重于对沿岸海洋水文与气象要素的测量；部分观测设施已年久失修、仪器设备老化、难以满足现代化观测的要求。此外，监测站的观测环境艰苦，观测人员工作、生活条件得不到有效的保障。

（3）缺乏三维海洋要素观测能力，开阔海洋的观测能力欠缺

目前，中国近海的海上及水下监测站位比较少，且缺乏三维海洋要素观测能力，不能适应海洋空间规划的需求。近海地区在位运行的锚系浮标仅有6个，观测要素局限于海面气象和表层海洋要素；业务化的海上固定平台监测站、海床基观测系统和地波雷达观测等手段仅在个别区域使用；缺乏对海-气界面通量（特别是热通量和二氧化碳通量）和海洋内部水文要素（特别是温、盐、海流剖面等）和化学与生物学参数的观测能力。

中国开阔海洋的观测能力和技术装备整体上比较落后，开阔海洋的浮标监测仍然处于空白状态。目前的技术能力和装备水平与应对气候变化的预测需求有很大差距。此外，中国还面临着观测志愿船数量少、观测手段比较落后、观测要素单一、观测资料稀缺的窘境。

### 5.4.2 相关领域的运行机制有待进一步优化

目前，中国政府成立了由17个部门组成的国家气候变化对策协调机构，在研究、制定和协调有关气候变化的政策等领域开展了多方面的工作，为中央政府各部门和地方政府应对气候变化问题提供了指导。在海洋领域，应对气候变化工作是一项跨部门、跨行业，科技支撑和业务化观测/监测需要同步参与的工作，但是目前尚未建立多部门、跨行业的协调机制和业务系统，这样就不可避免地出现了重复投入、职责不明、互相推卸责任的现象。

科学研究、教育与业务化监测/预报工作的脱节是长期困扰海洋观测/监测体系发展的瓶颈问题之一。其中，在现行的业务技术体制下，研究与业务工作各自为政，科研与业务各有不同的运行机制。投资、管理、评估对科研和业务部门分别实施，

没有形成从科研到业务产品的一体化运行和管理、评价体制。加之，任何一个部门、行业或单位很难包揽气候变化观测/监测中的所有业务工作，单凭某一个部门、行业或单位的业务和研发力量，均无法达到快速发展的目的，而且还会导致各部门现有的业务重点和研发力量重复或分散，其结果是既不可能集中力量开展新的业务工作，也不可能持续推动研究型业务的可持续发展，形成集约化的发展模式。

在中国，相关科研和业务观测/监测数据不能实现共享也在很大程度上成为制约海洋领域应对气候变化工作的一个因素。以近海温、盐观测数据为例，实现近海温、盐观测数据的共享是实现水文要素长期变化机制的深入研究，充分认识近海温、盐变化特征及其可能后果的前提。目前，海洋观测、监测数据的垄断和缺乏共享的局面在很大程度上阻碍了对近海温、盐长期变化特征及变化机理的认识。

### 5.4.3 现有观测系统的不确定性分析

（1）海平面上升观测存在一定的不确定性

中国关于近海海平面上升的观测数据主要依靠沿海验潮站的水位观测。但到目前为止，验潮站的水位观测结果还存在一定的不确定性，主要表现在：一是由于社会经济的发展，验潮站周围的自然环境发生了变化，例如港口、防波堤等的修建，对验潮站的水位观测造成了影响。二是一些验潮站自建成后，水准点或水尺零点发生了变动。由于历史原因，有些验潮站水准点或水尺零点的变动缺乏翔实可靠的记录，也没有对观测资料进行相应的订正，从而影响了针对观测资料的分析结果。三是随着验潮站所用验潮仪的更新和升级，对长时间序列观测资料的一致性产生了影响。四是由于仪器和设备的故障等种种原因，造成某些验潮站资料缺测，当某段时期内资料缺测较多，将对分析结果的准确性产生影响。

海平面上升是一种长期的、缓发性的海洋灾害，其带来的影响也将是长期的和多样化的。中国尚缺乏关于海平面上升影响的专项调查工作，针对海平面上升影响调查的内容、方法、手段等也缺乏专门的标准和规定，海平面上升影响的资料积累较少，且多从其他调查项目获取，更没有长期的资料积累。基于这种资料状况的海平面上升影响研究必然存在其不确定性。

（2）温盐观测资料的不确定性

中国近海高质量、长时间序列的水文（温、盐等）观测资料的获取主要存在两方面的问题。第一，空间覆盖率不够。目前中国近海海域长时间序列的温盐观测数据主要集中在沿岸监测站，离岸海域温盐数据的获取主要依靠零星的航次观测和数量有限的浮标观测。通过卫星遥感也仅能获取海表面温度、盐度的信息。利用浮标进行观测是获取高密集度、长时间序列的三维温盐资料的有效方法。目前，中国ARGO 浮标的布放范围主要集中在西北太平洋大洋海域，近海进行长期观测的浮标布放数量不多，尚不具备近海海域高密度温盐剖面的连续观测能力。第二，资料的可靠性和有效性有待提高，一些观测的资料由于质量不高而无法使用，在很大程度上造成了观测人力和物力的浪费。数据的时空分辨率和质量的局限性对近海海域温盐结构长期变化的研究带来困难。

### 5.4.4　法律法规体系有待进一步完善

针对近年出现的新问题，中国政府提出了树立科学发展观和构建和谐社会的重大战略思想，加快建设资源节约型、环境友好型社会，进一步强化了一系列与应对气候变化相关的政策措施，加强了应对气候变化相关法律、法规和政策措施的制定。例如，2005 年 8 月，国务院下发了《关于做好建设节约型社会近期重点工作的通知》和《关于加快发展循环经济的若干意见》。2005 年 12 月，国务院发布了《关于发布实施〈促进产业结构调整暂行规定〉的决定》和《关于落实科学发展观　加强环境保护的决定》。2006 年 8 月，国务院发布了《关于加强节能工作的决定》。这些政策性文件为进一步增强中国应对气候变化的能力提供了政策和法律保障。

但对于海洋领域，除了国家海洋局发布的《关于海洋领域应对气候变化有关工作的意见》（2007 年）、《中华人民共和国海洋环境保护法》（1999 年）和《中华人民共和国海域使用管理法》（2001 年）外，既无全国性的专门针对海洋领域应对气候变化的法律法规和政策体系，也无区域性的管理条例和实施细则。要深入开展海洋领域应对气候变化的各项工作，必须制定与其配套的法律法规和政策文件体系。

### 5.4.5　科研支撑能力有待加强

在中国，中央和地方政府投入了巨额资金支持关于全球变化的相关研究。中国政府通过国家科技攻关计划、国家高技术研究与发展计划（“863 计划”）、国家基础研究发展计划（“973 计划”）等先后组织开展了一系列与气候变化有关的科技项目，涉及全球气候变化的区域响应、预测与影响，中国未来生存环境变化趋势，全球环境变化的应对策略与支撑技术、中国重大气候和天气灾害形成机理与预测理论等方面。同时，中国还积极参与全球环境变化的国际科技合作，例如地球科学系统联盟（ESSP）框架下的世界气候研究计划（WCRP）、国际地圈-生物圈计划（IGBP）、国际全球变化人文因素计划（IHDP）和生物多样性计划（DIVERSITAS）等 4 大国际科研计划，以及全球对地观测政府间协调组织（GEO）和全球气候系统观测计划（GCOS）等，开展了具有中国特色又兼具全球意义的全球变化基础研究。另外，在国家的中、长期发展战略中，对气候变化在经济与社会发展层面引起的不良后果也予以了很高的关注。

上述研究工作，为国家制定应对全球气候变化政策和参加《联合国气候变化框架公约》谈判提供了一定的科学依据。但是，我们应该看到，发达国家高度重视科技支撑在海洋领域应对气候变化中的作用，实施了一系列围绕海洋的重要国际计划，特别是“热带海洋和全球大气计划”（TOGA）及其后续的“海洋大气耦合响应试验”（TOGA-COARE）、“世界大洋环流实验”（WOCE）、“全球海洋观测计划”（GOOS）、“气候变化及可预测性计划”（CLIVAR）和“地球综合观测系统”（GEOSS）等，极大地推动了全球海洋观测网络的发展，使海洋领域应对气候变化的能力显著提高。与国际先进水平相比，中国在科技支撑能力方面存在较大差距。

### 5.4.6 公众教育和宣传力度有待加强

中国政府一直重视环境与气候变化领域的教育、宣传与公众意识的提高。在《中国 21 世纪初可持续发展行动纲要》中明确提出：“积极发展各级、各类教育，提高全民可持续发展的意识；强化人力资源开发，提高公众参与可持续发展的科学文化素质。”近年来，中国加大了气候变化问题的宣传和教育力度，开展了多种形式的有关气候变化的知识讲座和报告会，举办了多期针对中央及省级决策和管理者们的气候变化培训班，召开了“气候变化与生态环境”等大型研讨会，开通了全方位提供气候变化信息的中、英文双语政府网站《中国气候变化信息网》等，并取得了较好的效果。但是，同先进国家相比，目前国内气候变化和海洋环境保护方面公众的参与意识仍有待提高，民间社团和非政府组织在该方面的作用尚未得到充分发挥。

## 5.5 政策和建议

过去 30 年，气候变化引发的海平面上升、海洋酸化等环境灾害已经对人类的可持续发展构成严重威胁，而未来气候将继续变暖，由此导致的影响会更加严重。沿海是中国人口稠密、经济活动最为活跃的地区，拥有长江三角洲、珠江三角洲、环渤海三大都市经济区；沿海地区是中国的基础产业聚集区，沿海重点经济发展区域是中国经济发展的重要引擎。必须指出的是，沿海地区也是受气候变化影响的脆弱区，以往因海平面上升导致的风暴潮灾害、海岸侵蚀、海水入侵/倒灌等灾害，已经给沿海地区经济与社会发展造成了严重影响；可以预测未来由于海平面上升、增温和海洋酸化等引发的各种海洋灾害的频率及强度将会有不同程度的加剧。

应对气候变化影响，事关中国经济的可持续发展和人民群众的切身利益。海洋防灾减灾和海洋生态系统的保护是中国海岸带/近海领域适应气候变化的主要需求。海洋防灾减灾不仅在于防范和减轻海洋灾害所造成的损失，还须为社会和经济的发展提供未来风险的警示和预估，提供可持续发展的综合保障。海洋生态系统是全球变化科学的重要部分，不仅在应对气候变化过程中具有显著的作用，也是海岸带/近海环境和生物资源可持续性的重要承载体，在适应气候变化领域具有重要地位。

适应气候变化需要在战略的层次上提高思想认识，制定有针对性的法规和政策，采取切实的措施，加强观测、评估、预报、应急能力以及相应的标准和规范建设。在统一的应对和适应气候变化的框架下，开展海岸带/近海领域的适应气候变化的科技专项、法规和政策专项、防护工程专项，充分认识和解决气候变化对中国海洋环境所造成的不利影响和重大问题，保障和促进沿海社会经济的平稳、快速和可持续发展。

目前，中国海洋领域抵御和适应气候变化的能力十分薄弱，尚不能满足应对气候变化带来的影响和挑战。为保证沿海重点经济区的可持续性发展，有效减缓气候变化对中国的影响，建议从以下几个方面合理应对。

### 5.5.1 建立健全相关法律法规

结合中国沿海地区的经济和社会发展特点，开展政策和法规建设，在国家层面制定有针对性的法律法规和政策。从国家的海洋权益、海洋资源、海洋环境的整体利益出发，通过方针、政策、法规、区划、规划的制定和实施，以及组织协调，综合平衡有关产业部门和沿海地区在开发利用海洋中的关系；克服由一系列非协调性的海岸带开发活动造成的资源、环境与生态系统的退化；保障海岸带的可持续利用，以达到保护生物多样性、维护海洋权益、合理开发海洋资源、保护海洋环境的目的，达到海洋经济持续、稳定、协调发展的目的。

沿海各级地方政府在制定本地区发展规划时，应掌握气候变化对本地区的影响状况，尤其要将海平面上升因素纳入考虑范畴；根据海平面上升的预测成果，修订各地的堤防设施标准；沿海地区在防灾减灾的预警预案中，应允分考虑海平面上升的致灾作用，减小风暴潮的致灾程度。

在天津滨海新区、长三角和珠江三角洲经济发达区，应严格控制建筑物高度与密度及地下水开采，有效减缓地面沉降，减少海平面的相对上升幅度；在辽宁沿海经济带、曹妃甸工业区和黄河三角洲高效生态区，应密切关注海水入侵和土壤盐渍化灾害的影响，合理调配水资源，兴修水利设施，规划海水养殖区范围，缓解海平面上升所带来的海水入侵的影响；珠江口和长江口等受咸潮入侵严重区域，应合理调配全流域水资源，蓄淡压咸，保障高海平面期和枯水期的供水安全。

### 5.5.2 统一规划科学论证，严格控制围填海

中国人均土地稀少，耕地红线又不能触及，沿海发达地区的经济发展与土地稀

缺之间产生矛盾，就中国目前所处的经济发展阶段而言，向海要地是一种简单且直接获利的措施。但是，一方面，围填海将人为诱发海平面上升速度加快；另一方面，人工岸线以及人工岛屿相对于自然岸线更加脆弱，抵御海冰、风暴潮等恶劣天气和自然灾害的能力相对减弱。因此，建议相关部门严格控制围填海，统一规划、科学论证，并将海平面上升及极端天气事件等全球变化因素纳入规划和考虑范畴，提高工程设计标准。

### 5.5.3 加强海岸带和近海生态系统的保护和管理

无论海平面上升、水温升高，还是海洋酸化，都将导致生境的改变和丧失、生态系统的结构和功能发生改变、生物多样性降低。因此建议，针对中国海岸带和近海生态系统的分布特征，强化海洋保护区的建设与管理，组织制定中国海洋保护区网络建设规划，加强应对气候变化的适应性管理能力建设，以提高中国近海和海岸带生态系统抵御和适应气候变化的能力。

（1）在中国沿海推进海洋特别保护区选划工作，完成应对气候变化的关键区域海洋保护区选划调查报告，研究制定海洋保护区网络建设指南，在此基础上分步推进选划和建立海洋特别保护区。

（2）在已建立的海洋保护区，实施应对气候变化的适应性管理能力建设，包括制定保护区总体规划和功能分区，开展基础管护设施建设，提高海洋保护区规划、管理、执法、监测、宣传教育、科研等基础能力，推广可持续资源利用模式，开展保护区管理人员生态系统管理培训。

### 5.5.4 加强海洋环境的监测预警能力建设

加强中国沿海地区台站和监测系统的建设，统一规划，合理布局；增设沿海和岛屿的观测网点，建设现代化观测系统，加大近海环境要素的观测力度；建立海平面监测预测分析评估系统，进一步做好海平面变化分析评估和影响评价；强化海洋灾害预/警报，加强风暴潮、海浪等灾害观测能力建设，建成海洋环境立体化观测网络，为沿海重点地区和重大工程应对海洋灾害提供支撑和保障。逐步完善海洋领域应对气候变化观测和服务网络，提高海洋领域对气候变化的分析评估和预测能力和水平。

加强对海平面上升所引起的环境变化的观测，提高观测精度，积累长时间序列的观测数据是预警与防范和规划等科学决策的基础资料。海平面变化监测的基本手段，是验潮站水位观测和高精度重复水准测量。中国沿海地区已建有一些观测台站和监测系统，为了监测长期的海平面变化，取得长时间序列观测资料，有必要加强和改善观测设施，改进观测方法，提高技术水平和观测精度。监测系统中还应增加包括地壳形变、地面沉降、海岸侵蚀、河道淤积等在内的监测内容。目前，中国观测台站和监测系统网点布局也不够合理，不少地区尚留有空白。因此，应加强中国沿海地区台站和监测系统的建设，统一规划，合理布局。应当运用遥感和全球卫星定位系统等技术和手段，加强海平面上升的动态、长期监测，并在地理信息系统的支持下，建立中国海平面上升及其影响的数据库和信息系统，加强海平面上升的综合、多学科研究。

增设沿海和岛屿的观测网点，建设现代化观测系统，加大近海温盐要素的观测力度，结合现有的沿岸常规观测站和卫星观测数据，通过定期的大面及断面观测，布放高密度的浅海浮标等手段进行覆盖中国近海海域的水文观测，提高对海洋环境的航空遥感、遥测能力，获取长时间序列的三维温盐数据是实现近海水文要素长期变化机制研究的前提。

### 5.5.5 建立健全海洋灾害应急预案体系和响应机制

结合地方经济社会发展规划，进行海岸带国土和海域使用、开发前的综合风险评估工作，根据不同重点开发内容，提供详细、明确的风险警示，进一步建立健全海洋灾害应急预案体系和响应机制，全面提高沿海地区防御海洋灾害能力。

### 5.5.6 加强应对气候变化的科技支撑能力建设

加强海洋领域应对气候变化相关科技工作的宏观管理与协调，加强海洋领域在应对气候变化领域科技工作的宏观管理和政策引导，健全气候变化相关科技工作的领导和协调机制，完善气候变化相关科技工作在各地区和各部门的整体布局，进一步强化对气候变化相关科技工作的支持力度，加强气候变化科技资源的整合，鼓励和支持气候变化科技领域的创新，充分发挥科学技术在应对和解决气候变化方面的基础和支撑作用。

大力推进中国海洋领域应对气候变化重点领域的科学研究与技术开发工作，重点加强针对海洋领域气候变化的科学事实与不确定性、气候变化对海岸带及沿海地区的影响和适应性选择等重大问题研究，切实强化观测/监测系统建设，开发相关监测、预警技术，提高中国应对气候变化和履行国际公约的能力。其中包括：

（1）加强海洋生态系统的保护和恢复技术的研发，主要包括沿海红树林的栽培、移种和恢复技术，近海珊瑚礁生态系统以及沿海湿地的保护和恢复技术，以降低海岸带生态系统的脆弱性。推进海洋生态系统和恢复技术研发以及推广力度，制定典型海岸带及近海生态系统修复和建设规划与技术指南，开展沿海湿地和海洋生态环境的修复工作；选取具有代表性的区域，开展典型海洋生态系统修复示范工程建设。

（2）加强海洋生物多样性及生态功能的基础研究，并对现有的海洋生态资源进行价值评估。对海洋生态环境开展长期监测，研究海洋生物群落和环境的时空变化特点，根据监测到的环境现状和发现到的局部异常现象及时调整保护策略，有针对性地加强管理。找出生态系统正常运转的关键物种、关键过程，识别气候变化影响及其造成的危害，并研究确定生态和经济的可持续发展战略，推动与发展战略相关的研究和监测工作。

（3）建立关于预测区域及当地的气候变化影响的研究、观测方法和模型，充分考虑自然资源、健康状况、基础建设和人类活动的作用，并包含社会及经济的脆弱性因素。综合生态系统评估和预测的常规要求，包括海洋酸化等相关影响的需求，以确定其脆弱性、风险性、可恢复性，并了解权衡机制和主次顺序。

（4）研发高质量的温盐观测资料同化技术，开发适合中国近海的三维温盐数值预报模型，开展中国近海海域长期温盐变化的预测。

### 5.5.7 加强宣传力度，提高公众的海洋保护意识

增强全民海洋意识，大力弘扬海洋文化，充分认识海洋领域应对气候变化的重要意义。各级政府要充分认识海洋对促进经济社会可持续发展的重要作用和意义，努力把增强全民海洋意识与爱护生存环境、拓展发展空间结合起来，把构建海洋强国与现代化建设结合起来，把弘扬海洋文化与建设文明社会结合起来。有针对性地开展各类海洋文化活动和海洋警示教育，加强海洋文化遗产的保护和挖掘，开展海洋文化基础设施建设。

充分发挥各种媒体和宣传渠道的作用，利用现代信息传播技术和手段，加强气候变化方面的宣传、教育和培训，鼓励非政府机构、企业和公众参与，在全社会基本普及气候变化方面的相关知识，提高公民意识，为有效应对气候变化创造良好的社会氛围。

建立和完善海洋管理的公众参与和监督的机制，通过完善多部门参与的决策、协调机制，建立企业、公众广泛参与应对气候变化的行动机制，逐步形成与应对气候变化工作相适应的、高效的组织机构和管理体系。

# 第 6 章　过度捕捞与养殖开发对海洋生态环境的影响

海洋渔业是中国发展海洋经济的主要组成部分，近 30 年来，海洋渔业总产值稳步增长。到 2008 年，海洋渔业产值达 2 356.25 亿元，海水产品产量达 2 598.28 万 t[1]，为我国水产品人均占有量超过 30 kg 的水平作出了重要的贡献。但是随着海洋渔业的高速发展，其对海洋生态环境的影响也逐步升级，特别是过度捕捞和养殖快速开发，致使海洋渔业生态系统的服务和产出发生了一系列令人担忧的变化，明显影响了海洋渔业的可持续发展。因此，针对过度捕捞和养殖业快速发展给海洋渔业和海洋生态环境所带来的问题，本章从中国海洋捕捞与养殖业发展的基本状况入手，在文献资料分析的基础上，阐明海洋渔业发展对活跃市场经济和保障国家食物安全的贡献，分析过度捕捞和养殖业快速发展对海洋生态系统的影响以及由此产生的生态环境问题，在总结国内外过度捕捞和生态养殖等渔业问题研究和管理的基础上，评述现有生产方式和管理措施的贡献与问题，探讨发展负责任海洋渔业的科学途径，为维护海洋生态系统的平衡和海洋渔业的可持续发展提出政策建议。

## 6.1　国际捕捞业和养殖业的发展现状和趋势

### 6.1.1　捕捞业

渔业资源是发展海洋水产业的物质基础，也是人类食物的重要来源之一。海洋渔业在促进全球经济发展、保障食物安全和提供劳动就业等方面发挥了巨大的作用。因此，合理开发利用海洋渔业资源，已成为 21 世纪全球关注的焦点，也是各国经济新的重要增长点。世界捕捞和水产养殖的产量从 1950 年到 2006 年也持续增长（图 6.1）。但是，自 1974 年 FAO 开始监测全球渔业资源种群状况以来，低度开发和适度开发种群的比例呈持续下降趋势，从 1974 年的 40%下降至 2007

1 农业部渔业局．中国渔业年鉴[M]．北京：中国农业出版社，2009．

年的 20%，被完全开发的种群比例从 1974 年的 50%下降至 20 世纪 90 年代初的 45%，2007 年又增加至 52%（图 6.2）。世界上有评估信息的 523 个鱼类种群的 80%为完全开发或过度开发（或衰退，或从衰退中恢复），并且占世界海洋捕捞业产量约 30%的前 10 位的种类多数被完全或过度开发，中上层小型种类在渔获物中占较大比重。另外，各海域被完全开发、过度开发或衰退的种群百分比不同，被完全开发的种群比例最高（71%～80%）的主要渔区是东北大西洋、西印度洋和太平洋，例如，秘鲁鳀在东南太平洋的 2 个主要种群被完全和过度开发，北太平洋的狭鳕被完全开发，东北太平洋的蓝鳕被完全开发等。世界上 17 个主要的渔场现在捕捞产量已达到或超过其渔业资源的承受能力，9 个渔场处于渔获量下降状态，若不进行科学管理，保护现有渔业种群的资源量，捕捞渔业产量将进一步下降[1]。对高度洄游、跨界和完全或部分在公海捕捞的渔业资源种类而言，情况似乎更为严峻[2]。海洋捕捞过度已是一个很普遍的现象，世界海洋捕捞渔业已经达到了其最大潜力。

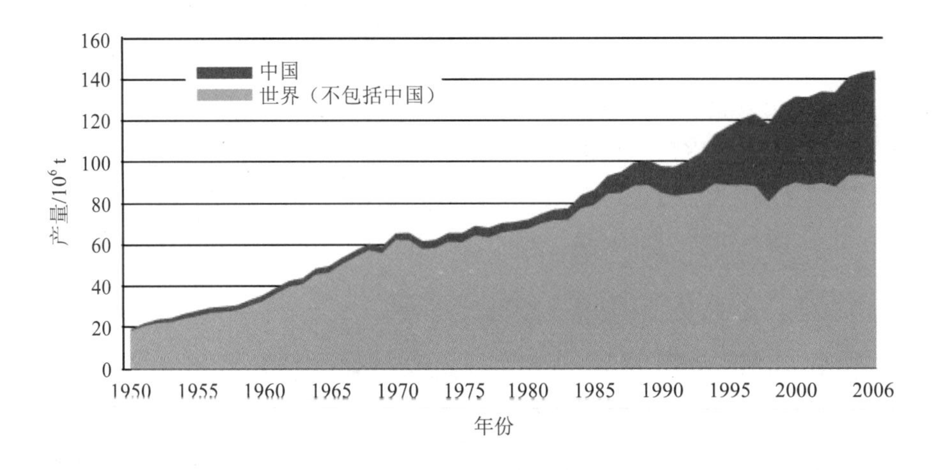


图 6.1　世界捕捞和水产养殖的产量[2]

1 FAO．世界渔业和水产养殖情况[M]．罗马，1994．
2 FAO．世界渔业和水产养殖情况[M]．罗马，2009．

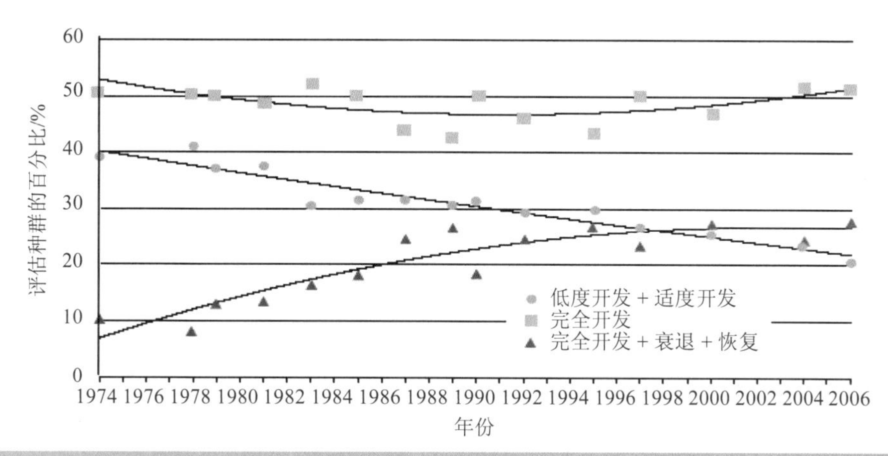


图 6.2　全球渔业资源种群的利用趋势（1974—2006 年）[1]

在中国，渔业作为农业的一个重要组成部分，在国民经济体系中占据突出地位，但是由于对渔业资源和渔业经济特性认识不足，中国海洋渔业资源的开发也经历了由开发利用不足到过度捕捞的过程。在 20 世纪 60 年代以前，近海捕捞产量约 200 万 t，捕捞对象以大型底层种类和近底层种类为主，如大黄鱼、小黄鱼、带鱼、鲆鲽类、鳕鱼等；自 20 世纪 60 年代以来，捕捞船只数和马力数不断增大，加之渔具现代化，渔法水平迅速提高，对沿岸及近海渔业资源进行高强度捕捞，到 20 世纪 70 年代中期，捕捞产量达 300 多万 t，传统渔业的主要对象大黄鱼、小黄鱼、曼氏无针乌贼和海蜇等产量急剧下降，渔获物中优质种类减少，低值种类增加。20 世纪 80 年代中期，海洋捕捞产量以年平均 20%的速度增加，而捕捞对象主要以鳀、黄鲫等小型中上层鱼类为主，占总捕捞产量的 60%以上，渔业资源结构发生了较大变化，严重影响了渔业资源的可持续利用。

目前，在全球范围内，海洋捕捞强度已经大大超过了渔业资源的再生能力，严重影响了渔业资源的补充，导致渔业群落结构的改变和渔业资源的衰退[2, 3, 4, 5]。另外，海洋捕捞业在捕捞目标种类的同时，兼捕非目标种类，造成海洋生物濒危种

1 FAO．世界渔业和水产养殖情况[M]．罗马，2009.

2 Ryder R A，Kerr S R，Taylor W W，et al. Community consequences of fish stock diversity[J]. Canadian Journal of Fisheries and Aquatic Sciences，1981，38：1856-1861.

3 Stergiou K I. Overfishing，tropicalization of fish stocks，uncertainty and ecosystem management：resharpen Ockham's razor[J]. Fisheries Research，2002，55：1-9.

4 Rochet M J，Trenkel V M. Which community indicators can measure the impact of fishing? A review and proposals[J]. Canadian Journal of Fisheries and Aquatic Sciences，2003，60：86-99.

5 Olsen E M，Heino M，Lilly G R，et al. Maturation trends indicative of rapid evolution preceded the collapse of northern cod[J]. Nature，2004，428：932-935.

不断增加，具有独特遗传基因的海洋生物不断消失[1]。捕捞可以改变生物群落种间关系，使群落中原有的优势种或关键种的地位或作用被削弱，导致群落发生退行演替[2, 3]。捕捞还造成生态系统中渔业生物营养级降低，改变其食物网结构，进而影响整个生态系统的能流方式。研究表明，全球海洋渔获物营养级由 20 世纪 50 年代初的 3.3 下降到 1994 年的 3.1[4, 5]。中国渤海的重要渔业种类的营养级也由 1959 年的 3.1 下降到 1998—1999 年的 2.4[6]，一些经济价值高、高营养级的底层种类已经被一些经济价值较低、低营养级的食浮游生物的中上层小型种类所代替[7, 8]，并且种类数减少，生物量密度降低，生殖群体低龄化[9]。目前，在渤海维持高产量的主要是食物链中营养层次较低的种类，甚至主要经济种类的幼体也被大量捕捞，使渤海渔业的发展呈现出不可持续性，渔区经济与渔民生活受到了很大的影响。

综上所述，海洋捕捞业的发展已经到了一个非常关键的时期，大部分海洋渔业种群（尤其是高价值种群）已被充分利用，有的甚至已经枯竭。因此，合理利用海洋渔业资源已经成为一项重要而紧迫的任务。

### 6.1.2 养殖业

近 20 年，世界海水养殖的发展速度迅猛。2007 年海水养殖的产量达到 3 132.7 万 t，产值 375 亿美元，大宗养殖种类有藻类、贝类、鱼类、甲壳类和海参、海胆、海鞘等无脊椎动物。藻类产量最高为 1 453 万 t，产值 74 亿美元，分别占海水养殖总产量和总产值的 46.4%和 19.9%，分列藻类前 3 位的分别为褐藻、红藻和绿藻。贝类产量 1 274 万 t，占总产量的 40.7%，产值 142 亿美元，占总产值的 37.8%，主要养殖品种有牡蛎、蛤仔、珍珠贝、鲍、贻贝和扇贝等。鱼类虽然在养殖产量中的比例不高（产量 320 万 t，占总产量的 10.2%），但是因为其价格较高，具有较高的产值（产值 147 亿美元，占总产值的 39.3%）。主要类别有鲑鳟鱼、鲆蝶类鱼、远

1 赵淑江，朱爱意，吴常文，等．海洋渔业对海洋生态系统的影响[J]．海洋环保，2006，93-97.

2 Caddy J F，Csirke J，Garcia S M. How pervasive is "Fishing down marine food webs?" [J]. Science，1998，282：1383.

3 Caddy J F，GarIbaldi L. Apparent changes in the trophic composition of world marine harvest：the pespective from the FAO capture database[J]. Ocean Coastal Man，2000，43：615-655.

4 Pauly D，Christensen V，Dalsgaard J，et al.. Fishing down marine food webs[J]. Science，1998，279：860-863.

5 Pauly D，Christensen V，Forese R，et al. Fishing down acquatic webs[J]. American Scientist，2000，88：46-51.

6 张波，唐启升．渤、黄、东海高营养层次重要生物资源种类的营养级研究[J]．海洋科学进展，2004，22（4）：393-404.

7 金显仕，邓景耀．莱州湾春季渔业资源及生物多样性的年间变化[J]．海洋水产研究，1999，20（1）：6-12.

8 金显仕，邓景耀．莱州湾渔业资源群落结构和生物多样性的变化[J]．生物多样性，2000，8（1）：65-72.

9 朱鑫华，缪锋，刘栋，等．黄河口及邻近海域鱼类群落时空格局与优势种特征研究[J]．海洋科学集刊，2001，45：141-151.

洋鱼类、洄游鱼类和其他海洋鱼类。年产量超过 1 万 t 的种类有大西洋鲑、虹鳟、鲫鱼、银大麻哈鱼、遮目鱼、牙鲆、许氏平鲉、海鲡、大西洋鳕鱼、大鳞大马哈鱼和琥珀鰤等，另外大菱鲆、太平洋蓝鳍鲔、金枪鱼、条纹鲹、日本马鲛鱼和斑鲦等也有一定的产量。甲壳类产量 71 万 t，占海水养殖总产量的 2.3%，产值 7 亿美元，占海水养殖总产值的 1.9%，大宗种类包括虾类、蟹类和螯虾等。海参、海胆、海鞘和其他无脊椎动物等产量 15 万 t，产值 4 亿美元。

在全球的海水养殖中，亚洲是主要生产区域，生产了海水养殖总产量的 89.2%，其次为欧洲、美洲、大洋洲和非洲（图 6.3）。世界上海水养殖的主要生产国有中国、菲律宾、印度尼西亚、韩国、日本、智利、挪威、朝鲜、泰国和西班牙等。最近 10 年来海水养殖发展较快的国家有墨西哥、缅甸、印度尼西亚、越南和巴西，年增长率超过 15%以上，土耳其和泰国的发展速度也较快，年增长率超过 10%；西班牙、法国、日本、马来西亚和朝鲜的海水养殖发展相对稳定，荷兰海水养殖出现了较大幅度的下降。中国的发展速度为 5.2%，低于世界平均水平（5.5%）。

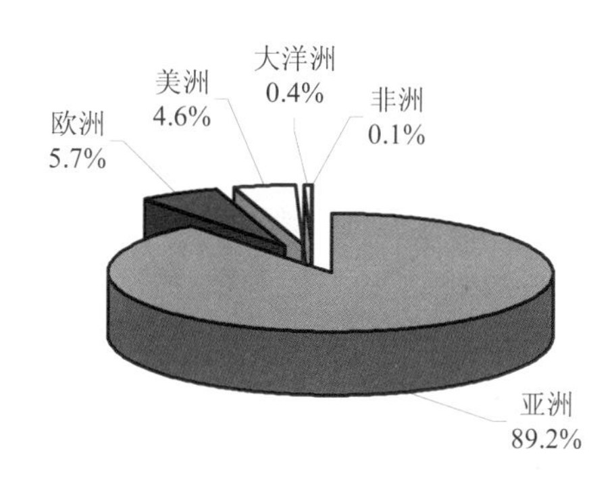


图 6.3　世界各大洲占海水养殖产量的比例

近 40 年来，捕捞量以每年 200 万 t 的速度增长。由于过度捕捞，使渔业资源不足成了全球性严重的生态问题，全世界 17 个大渔场的捕鱼量全部超出它们能够自然恢复平衡的极限，其中已遭到破坏的占 9 个，急剧下降的 4 个。联合国粮农组织渔业信息资源服务部负责人史里斯·纽顿提出：“由于鱼类对人类巨大的营养价值，世界渔业资源危机对人类的危害性不亚于人口危机和污染危机”。面对渔业衰退这一现实，人们认识到，由掠夺式的狩猎渔业向养牧式的增养渔业方向发展是必由之路。据预测，人类对水产品的消费量在今后 15～20 年时间内将增加 50%～60%。近年来水产养殖业以其巨大的发展潜力向人们提供大量的优质蛋白，对解决粮食紧缺具有重要意义。对于渔业战略，除了普遍采取保护近海资源，限制捕捞，开发远洋及未充分利用的中上层鱼及头足类等资源外，最为积极的就是发展海水增养殖业。可以说，可持续的海水养殖是海洋渔业最具有生命力、代表发展趋向的组成部分，是解决渔业出路的根本所在。

## 6.2 中国海洋捕捞业和养殖业的发展现状和趋势

### 6.2.1 中国海洋捕捞业和养殖业的发展现状和趋势

（1）中国各海区渔业资源的利用状况

中国的海洋生物资源非常丰富，在海域调查中发现的鱼、虾、蟹、贝、藻等已达 20 278 种，占世界海洋生物种类的 1/4，其中有较大经济价值的有 150 多种。改革开放以来，中国近海渔业发展取得了举世瞩目的成就，渔业的持续快速发展，为繁荣中国农村经济、增加农民收入发挥了重要的作用。中国渔业在世界渔业中的地位也迅速上升，世界排位从 1978 年的第 4 位逐年前移，1989 年起至今，总产量一直居世界首位。2008 年水产品总产量达到 4 896 万 t，是 1978 年的 10 倍多，其中海水产品产量 2 598.3 万 t，占总产量的 53.1% [1]，各海区捕捞产量的分布情况见图 6.4。随着中国社会经济发展和人口不断增长，水域生态环境不断恶化，近海水域生产力有所下降，造成主要渔业资源产卵场和索饵育肥场功能退化，海洋渔业资源受到严重破坏，水域生态荒漠化日趋严重，濒危物种数量急剧增加，一些珍稀、濒危水生动物已濒临绝迹。

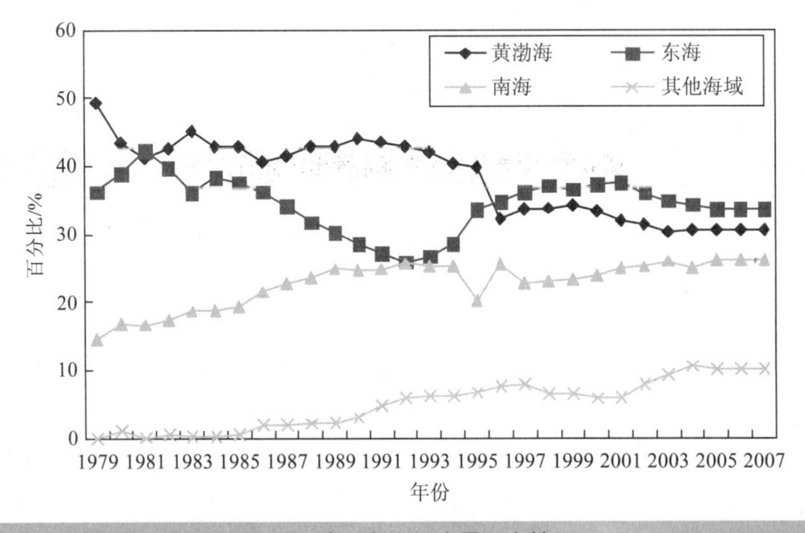


图 6.4　中国各海区产量分布情况

1 农业部渔业局．中国渔业年鉴．北京：中国农业出版社，2009．

按照中国渔业管理区划，中国海洋水域主要分为黄渤海区、东海区和南海区。黄渤海区包括辽宁、河北、天津和山东省；东海区包括江苏、上海、浙江和福建省；南海区包括广东、广西和海南省。下面是三大海域渔业资源的利用状况。

1）黄渤海渔业区

黄渤海渔业区是中国海洋渔业开发最早的渔区。从1950—1970年，黄渤海渔业区的捕捞产量一直在69万t以下。1971年以后，由于捕捞力量迅速增长，捕捞产量也有大幅度的增加，1999年捕捞产量高达510.2万t，为最大可持续产量的4.9倍[1]。进入21世纪以后，捕捞产量趋于稳定并呈现下降趋势，2008年捕捞产量为393.6万t，是最大可持续产量的3.8倍；2009年捕捞产量为302.1万t，占全国海洋捕捞产量的29%，为最大可持续产量的2.9倍，与2008年相比，该水域的捕捞产量下降了23.1%[2]。

根据黄渤海捕捞渔业的最大可持续产量（103万t），与之相对应的最适捕捞能力为76.4万kW。在20世纪60年代，黄渤海捕捞渔船的总功率平均为9.7万kW，仅为最适捕捞能力的12.7%，到1999年约为300万kW，为最适捕捞能力的3.94倍，是20世纪60年代的31倍。在过去的40多年间，海洋渔船单产呈明显下降趋势，在20世纪60年代机动渔船的单产为4.5 t/kW，20世纪70年代为2.2 t/kW，20世纪80年代以来一直稳定在1.0～1.3 t/kW的低水平。黄海到岸渔获产量从20世纪80年代初约60万t增加到目前的约300万t，捕捞产量已严重超过渔业资源的承受能力，渔业资源严重衰退。许多重要经济种类资源量明显下降、个体变小、性成熟提前（如鳀生物量从20世纪90年代最高400余万t锐减至目前约20万～30万t，小黄鱼的体长由20世纪70年代的20 cm下降至目前的10 cm左右[3]，并且渔获物组成更替明显，优质种类减少，低值种类增加。其中20世纪50—60年代以小黄鱼、带鱼为主，20世纪70年代以鲱为主，20世纪90年代至今以鳀等小型中上层鱼类为主。研究发现，渤海鱼类由1983年的63种减少至2004年的30种，渔业资源生物量仅为1959年的1%、1982年的2.3%、1993年的3.8%，主要海洋经济鱼类只剩10多种，带鱼、鳓、真鲷、银鲳等几乎绝迹。1959年单位时间捕捞量约186 kg/h，目前仅约1.5 kg/h，不足20世纪50年代初的1%，渤海传统渔汛基本消失，并且海洋鱼类繁殖、栖息、生存环境恶劣，渤海作为“黄渤海渔业摇篮”的说法已经名不副实。

1 郑奕．中国近海捕捞渔业的控制与量化研究[D]．南京：南京农业大学，2007.

2 农业部渔业局．中国渔业年鉴．北京：中国农业出版社，2009.

3 Tang Q. The effect of long-term physical and biological perturbations of the Yellow Sea ecosystem[M].//Sherman K，Alexander M A，Gold B O. Large Marine Ecosystem：Stress Mitigation and Sustainability. Washington，D. C.：AAAS Press，1993：79-93.

2）东海渔业区

东海渔场面积 55 万 $km^2$，占全国渔场总面积的 19.6%。长江从黄海与东海交界处入海，另外还有闽江、钱塘江等注入东海，大陆沿岸流、黑潮主流、台湾暖流、对马暖流、黄海暖流等的分布和消长及不同水团的交汇和混合形成了中国最优良的大陆架渔场。大黄鱼、小黄鱼、带鱼和曼氏无针乌贼 4 个主要经济种群曾经形成东海区驰名中外的"四大渔业"。2008 年中国大陆地区在该海域的捕捞产量为 430.9 万 t，占中国海洋捕捞总产量的 37.4%[1]。东海区单鱼种高产量种数居中国各海区首位，历史上年产量在 10 万 t 以上的有鲐、大黄鱼、小黄鱼、带鱼、绿鳍马面鲀等。东海区渔业主要以底层和近底层暖温性鱼类为主，占渔获量的 30%左右，其次是中上层鱼类，占渔获量的 20%左右，其他依次是虾、蟹、头足类[2]。

根据近年来东海 34 种鱼类平均营养级从 2.61 级下降为 2.46 级的情况，评估该海区渔业资源的可持续渔获量约为 400 万 t，按此标准，1990 年的捕捞量仅为最大可持续产量的 51.8%；从 1990—2000 年间，捕捞产量迅速增长，2000 年达 550.6 万 t，是最大可持续产量的 1.4 倍；之后有所下降，但仍维持在最大可持续产量的 1.0 倍以上的水平[2]。

随着沿海工业发展，东海沿岸渔场已受到不同程度的污染，并有加重的趋势，使河口及沿岸海域传统渔业资源衰退，渔场外移，产卵场消失。如 20 世纪 70 年代以来，杭州湾的银鱼、鲻等河口性鱼类的产卵场已基本消失，鲚、白虾等产卵场东移、产卵群体数量明显减少，海蜇资源明显萎缩[3]。由于捕捞压力的不断加大，导致东海区渔业资源结构发生较大变化，原有的资源结构解体，被新成长的次生物群落或被食物链更低层次的种类所代替，生命周期短的中小型种类和传统资源幼鱼的比例在渔获物中不断上升，资源结构向不利于可持续利用的方向发展。从近几年来的主要捕捞种类的产量统计和渔获物的生物学测定来看，渔获物中优质种（如大黄鱼、小黄鱼、带鱼）的比例下降，营养级水平明显下降[1]。渔获物普遍呈现低龄化与小型化趋势，在 20 世纪 60 年代，小黄鱼的平均年龄为 4～5 龄，其中以 2～4 龄为主，10 龄以上的占 14.2%；而在 20 世纪 90 年代，平均年龄仅为 1 龄左右，1998 年为 0.98 龄。作为东海主要经济鱼类的带鱼在 20 世纪 90 年代以来产量虽持续增长，但其小型化也比较明显，20 世纪 90 年代初带鱼的平均肛长为 195 mm，比 20 世纪 80 年代初减小 32 mm，比 20 世纪 70 年代初减小 43 mm[4, 5]。渔获物种类组成

1 农业部渔业局．中国渔业年鉴[M]．北京：中国农业出版社，2009．

2 郑奕．中国近海捕捞渔业的控制与量化研究[D]．南京：南京农业大学，2007．

3 陈新军．海洋渔业资源可持续利用评价[D]．南京：南京农业大学，2001．

4 唐议，黄硕琳．专属经济区制度下东海渔业资源的可持续利用[J]．集美大学学报：自然科学版，2003，8（2）：117-122．

5 褚晓琳．基于生态系统的东海渔业管理研究[J]．资源科学，2010，32（4）：606-611．

的变化和部分传统渔业资源的严重衰退表明：东海渔业资源的利用已经向处于食物链较低营养级及生命周期较短的种类发展，生态系统已遭到一定程度的破坏[1]。

3）南海渔业区

南海渔场面积 182.35 万 $km^2$，占全国渔场面积的 64.9%。南海北部湾有沿岸外海两大水系和北部湾的混合水团，环流由沿岸流、南海暖流、黑潮南海分支及西风漂流等自成海流系统，具有热带、亚热带高生物多样性和没有或少有渔业优势种群的特点。南海区的渔业资源组成以底层鱼类为主，占总渔获量的 50%。大部分单一鱼种的数量都不足渔获量的 1%，其中出现频率较多的有狗母鱼、海鳗、长尾大眼鲷、银方头鱼、鲱鲤等；其次为中上层鱼类，占渔获量的 30%左右，占较大比重的有小公鱼、沙丁鱼等；虾蟹和头足类在南海区渔获物中所占比例较小，分别占海区渔获量的 5.5%和 2%左右。

该海区的海洋捕捞产量 1950 年为 8 万 t，1955 年上升到 42.5 万 t，1956—1979 年一直在 40 万～80 万 t 徘徊。1980 年以后，由于机动渔船数量的增长，海洋捕捞产量也直线增长，1980 年为 55.2 万 t，1992 年为 206.8 万 t[1]，2008 年已达到 325.0 万 t，是潜在捕捞量的 1.71 倍[2]。以上指标表明，南海北部渔业资源也处于严重的过度捕捞状态，渔获物组成也向小型化和低值化转变，高值种类渔获率明显下降，捕捞产量中约有 60%～70%为幼鱼。

（2）中国捕捞业的发展状况

捕捞业在中国水产业中占有重要地位，并且得到长足发展，在保障中国食物安全、促进社会经济可持续发展和生态文明建设、维护海洋权益等方面发挥了巨大作用。2008 年海洋捕捞产量 1 149.6 万 t，同比负增长 1.2%，远洋渔业产量为 108.3 万 t，同比增长 0.75%[1]，海洋捕捞产量和淡水捕捞产量所占比重的长期变化见图 6.5。

2008 年海洋捕捞渔船 28.6 万艘，总功率 1 525 万 kW，分别占机动渔船的 46%和 78%，捕捞专业劳动力超过 182 万人，从事远洋渔业的生产企业有 100 多家，远洋渔船达 1 500 余艘[2]。其中海洋捕捞是中国水产捕捞业的主体，海洋捕捞产量、产值、渔船、专业劳动力占整个捕捞业的绝对多数。近年来的捕捞产量和远洋捕捞产量见图 6.6，虽然近海捕捞产量居高不下，但是单位时间的渔捞努力量（CPUE）较低。

1 唐议，黄硕琳．专属经济区制度下东海渔业资源的可持续利用[J]．集美大学学报：自然科学版，2003，8（2）：117-122.

2 农业部渔业局．中国渔业年鉴[M]．北京：中国农业出版社，2009.

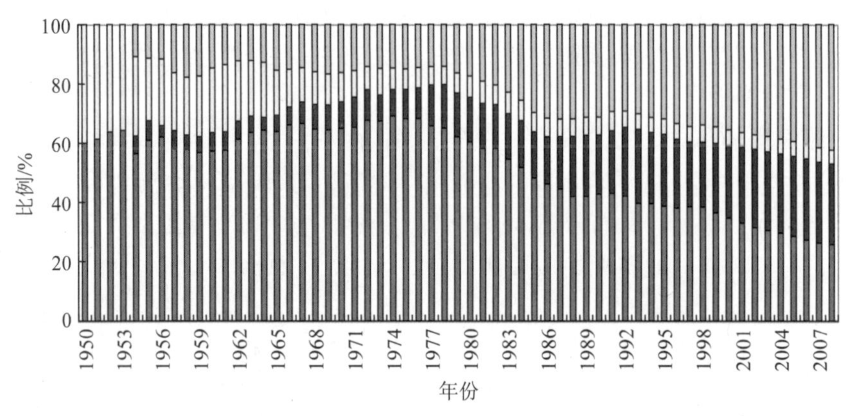


图 6.5 中国渔业产量中捕捞和养殖所占的比例变化

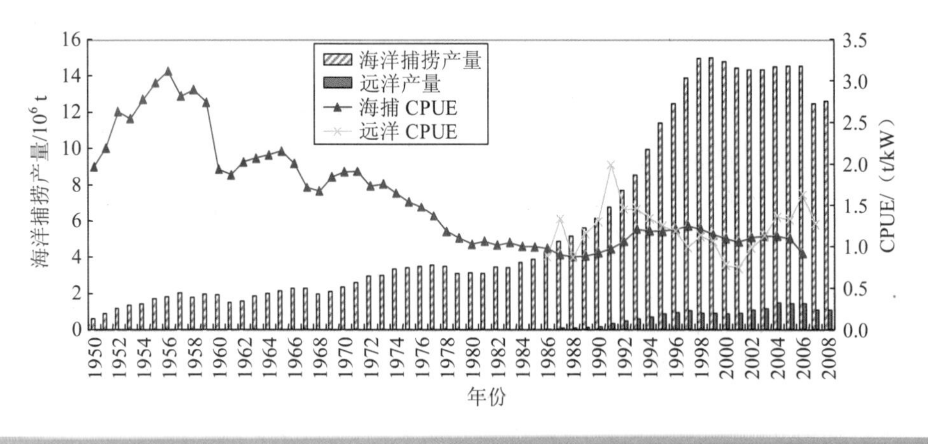


图 6.6 渔业捕捞产量（近海和远洋）及其单位捕捞努力量的变化（1950—2008 年）

目前，随着捕捞业的发展，中国近海渔业资源量的下降，渔业生物对陆源排海的有机物污染的消耗和净化能力大大降低，导致海洋自净和更新功能减弱，间接造成污染积累的增加和污染面积的扩大，赤潮频发，海洋生态环境遭到严重破坏，给渔民的生产生活造成沉重压力，引起社会各界的普遍担忧。

（3）中国海水养殖业的发展

进入 21 世纪，中国海水养殖业走出了一条有中国特色的“以养为主”的渔业发展道路，不仅改变了中国渔业的面貌，也影响了世界渔业的发展格局。中国海水养殖产量持续增加，到 2007 年达 1 307.34 万 t，占海水产品产量的 51.25%。1949—1978 年期间，中国海水养殖的主要生物包括各种海藻、贝类、甲壳类、牡蛎和棘皮动物。1950 年之前，有 11 个品种或种群，包括 4 种藻类、5 种软体动物、1 种虾及 1 种鱼。1950 年起通过研究海带养殖中孢子的起源以及紫菜的生活史，20 世纪 50 年代成功养殖海带，20 世纪 60 年代成功养殖紫菜。从此，海带生产开始体现其经济上的重要性。1967—1980 年，中国海水养殖产量的 50%～60%是海带。20 世纪 50 年代和 20 世纪 60 年代初成功开展了对虾在可控条件下诱导产卵实验，为大规模幼虾生产奠定了基础，使对虾养殖成为中国海水养殖业另一个重要组成部分。同期开展了贻贝和扇贝等软体动物生物学的研究，特别是紫贻贝生态学、生活史及幼体养殖的研究，对 20 世纪 70 年代和 20 世纪 80 年代的贻贝和扇贝养殖发挥了重要作用。1980 年之前，养殖重点是海带、甘紫菜和紫贻贝，其产量占全部海水养殖产量的 98%。此后，由于采取多品种海水养殖政策，除上述 3 个品种外，中国对虾、牡蛎、扇贝、鲍鱼以及石斑鱼、大黄鱼、海参等品种迅速发展。

1978 年之后，养殖模式趋于多样化，如池塘、浮动筏、围栏、网箱（沿海、近海及沉式网箱）、漏斗网、带有循环水的室内水箱、海底养殖、海洋牧场和海洋资源增殖等。在各种养殖模式中，流动筏养殖适用于海带、贻贝、扇贝、牡蛎和鲍鱼，池塘养殖主要用于虾类，滩涂养殖用于蛤类，网箱养殖用于鱼类。

在“以养为主”的方针指导和以市场为取向的经济改革的强力推动下，水产养殖业的发展带动中国渔业经济进入了快速发展的黄金时期，取得了举世瞩目的成就。由于养殖业的发展，渔业结构有了重大改变。1988 年，中国水产养殖（含淡水养殖）产量首次超过捕捞产量，占渔业总产量的一半以上，达到 904 万 t，成为世界上唯一一个养殖产量超过捕捞产量的国家，并持续至今，为世界渔业发展作出了巨大贡献。2007 年，海淡水养殖总产量 3 278.33 万 t，约占中国水产品总产量的 70%，并且占到了世界水产养殖产量的 70%以上，其中，海水养殖产量为 1 307.34 万 t，占海水产品产量的 51.25%。海水养殖鱼类产量 68.86 万 t，占 5.3%；甲壳类 91.90 万 t，占 7.0%；贝类 993.84 万 t，占 76.0%；藻类 135.55 万 t，占 10.4%。近年来中国海水养殖的种类结构见图 6.7。海水养殖产量最高的省份是山东（353.53 万 t），以下依次为福建（274.38 万 t）、广东（222.96 万 t）、辽宁（185.54 万 t），其他省份产量均不超过 100 万 t[1]。到 2006 年，水产养殖有了新的发展，如培育了“浦江 1 号”团头鲂、“黄海 1 号”中国对虾以及新吉富罗非鱼、“蓬莱红”扇贝等一批优良品种，对发展优质高效渔业起到了重要的促进作用；大黄鱼、大菱鲆、南美白对虾、牙鲆、海参等一批水产名优种类的育苗和养殖技术相继取得成功，丰富和优化了养殖品种结构，推动了相关产业的发展；工厂化养殖和抗风浪网箱等装备技术

1 农业部渔业局. 中国渔业统计年鉴[M]，北京：中国农业出版社，2008.

快速发展，促进了捕捞渔民的转产转业，拓展了海水养殖业的发展空间；同时以健康、生态为主要目标的标准化养殖技术得到发展，初步建立了疫病监测与防控技术体系，推广了多种健康养殖模式，环保型、功能性饲料得到应用，无公害、绿色产品逐渐增多[1]。

中国海水养殖发展迅速，但也存在一些突出问题。环境的污染、病害的贫乏、技术辐射范围局限、苗种供应和遗传保护缺乏等是中国海水养殖业未来发展的主要限制因素。

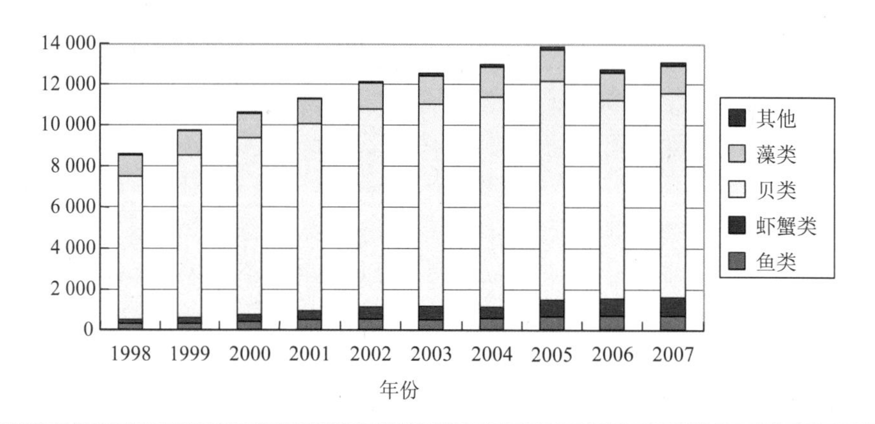


图 6.7　中国近海养殖种类结构

## 6.2.2　捕捞业和养殖业的发展对中国经济发展的贡献

中国是一个渔业大国，渔业在改革开放后得到了快速发展。水产品产量年均增长率 10%，从 1989 年起位居世界首位。其中水产养殖业发展尤为迅速，养殖产品占水产品总量的比重从 20 年前的 29%升至 64%，约占世界水产品养殖产量的 2/3。2008 年渔业经济总产值 10 397.5 亿元，其中渔业产值 5 520.6 亿元，海洋捕捞业 1 092.9 亿元、海水养殖 1 263.4 亿元[2]。改革开放 30 多年来，中国海洋渔业领域发展成效显著，利用 10%的海洋滩涂与水域面积创造了 26%的海洋 GDP。水产品进出口保持强势增长，1978 年中国水产品出口额只有 2.6 亿美元，从 2002 年开始，中国水产品出口额一直位居世界首位，2008 年达到 106.1 亿美元，30 年增长 40 多倍[2]。水产品出口额占农产品出口额的 26.2%。中国渔业坚持“走出去”，利用“两种资源”，面向“两个市场”，在平等互利、共同发展渔业经济和合理利用渔业资源的基础上，与有关国家开展远洋渔业合作，实现了远洋渔业从无到有到强，成为世

1 农业部．中长期渔业科技发展规划（2006—2020 年）[R]．2007.
2 农业部渔业局．中国渔业年鉴[M]．北京：中国农业出版社，2009.

界上主要远洋渔业国家之一。

（1）海洋渔业为保障中国食物安全、改善国民膳食结构提供了物质基础

随着人口不断增加和耕地资源不断减少，人类正面临着食物不足、资源短缺和环境遭受破坏等几大困扰。在中国，人均耕地仅占世界人均耕地的1/3，问题更为严峻。在陆地资源基本充分利用的情况下，越来越多的国家把目光放在了占地球表面积72%以上的水域（即海洋、江河、湖泊）上。水域中的生物种类约占地球所有生物种类的2/3以上，渔业资源又是海洋生物资源的重要组成部分，因此，海洋渔业是解决中国未来16亿人口食物安全的重要途径，也是中国现代农业发展战略的必然选择。

2008年，中国人均占有水产品产量达到36.8 kg，世界其他国家为17.4 kg[1]。中国渔产品蛋白占动物蛋白的供应份额的1/3，人均占有量和占动物蛋白供应份额均比国际平均水平高出1倍左右。同时，渔产品营养价值很高，易消化吸收，是人类优质蛋白食物，成为合理膳食结构中理想动物蛋白的主要来源。发展水产养殖业可为国民提供更多优质、价廉、充足的蛋白质，对增强国民身体素质有重要的贡献。

（2）海洋渔业为“三农”问题的解决提供了重要途径

中国人多地少、资源匮乏，农业发展、农民增收的空间受到了很大制约。而海水养殖业利用浅海滩涂等各种天然水域发展，不挤占耕地农田，这在中国农业耕地刚性减少的情况下，为确保国家食物安全发挥了主要作用。经过30年的发展，水产养殖已成为农村经济新的增长点和重要产业，渔业的发展为农村劳动力转移创造了大量就业和增收机会。据统计，2008年中国渔业劳动力为1 454万人[1]，在最近20年，从事渔业的劳动力平均每年以45万人的规模扩增，增加的渔业劳动力中，70%以上是从事水产养殖业。渔业的快速发展，使渔业劳动者的收入明显增加，2008年，渔民人均纯收入为7 575元，比2007年增加9.2%，比农民人均纯收入高83%[1]。渔业在一部分地区已成为重要的支柱产业和主要的经济增长点，对调整和优化农业产业结构、增加农民收入、繁荣农村经济等发挥了重要作用。

（3）海洋渔业对保障生态安全贡献

海水养殖在为人类提供优质食物蛋白的同时，也为改善生态环境和二氧化碳减排发挥了重要作用。受污染等诸多因素影响，目前，中国部分沿海以及内陆江河湖泊水库的富营养化程度不断加剧，水域生态“荒漠化”日趋严重。海水贝藻养殖可为生态环境修复、富营养化的治理提供新的技术手段，同时，有望在固碳减排方面

---

1 农业部渔业局．中国渔业年鉴[M]．北京：中国农业出版社，2009．

开拓新途径。中国每年大型经济藻类养殖产量为120万～150万t，换算为固碳量为36万～45万t。经计算，1个养殖周期内，每收获1t的海带，可从水体转移出236.4 kg碳、20.6 kg氮和3.8 kg磷，对保护海洋生态环境具有重要的生态作用。此外，大型海藻不仅可以作为海藻原料、食品、饲料、琼胶及土壤肥料等，同时也能转化成燃料。养殖大型藻类增加碳汇，不仅符合中国节能减排的近期需求，而且，远期来看，以可再生能源（大型藻类可成为生物能源）为替代能源的发展具有巨大的潜力。滤食性贝类被称为是"海洋过滤器"，通过贝类滤食浮游藻类（营养盐类被浮游植物固定），不仅可以将微小的浮游植物体内的碳转化到易于收获的贝类生物体内，据计算，每年约有80万t的碳通过收获从海水中移除。而且，形成沉降速率较快的大颗粒（粪便），可能加速碳的埋藏作用。

**专栏6.1 中国的水产养殖现状**

2009年中国的水产品总量为5 116万t，其中养殖产量3 622万t。从1988年开始，中国的水产养殖产量超过捕捞产量，也是世界上唯一一个养殖产量高于捕捞产量的国家，实现了"以捕捞为主"向"以养殖为主"发展的根本性转变。自2006年中国的海水养殖产量超过了海洋捕捞产量，2009年海水养殖产量达到1 405万t。中国的典型养殖海区桑沟湾总面积达14 320 $hm^2$。桑沟湾海带养殖始于1957年，随后养殖规模逐渐扩大，养殖品种逐渐增多。目前，在桑沟湾开展的是技术先进的多营养层次的综合水产养殖（Integrated Multi-Trophic Aquaculture，IMTA），其养殖的品种包括海带、裙带菜、栉孔扇贝、牡蛎、鲍鱼和鱼类等，年养殖总产量为19.3万t。

海藻能通过光合作用把可溶性无机碳转化为有机碳。滤食性贝类通过摄食能吸收颗粒有机碳，并且经钙化作用把大量的碳以$CaCO_3$的形式储藏在贝壳中。经过养殖产品的收获，有大量的碳被移出水体。研究表明，中国沿海的贝藻养殖能利用300多万t碳；经收获，其中120万t的碳被移出水体。这一结果表明，藻类和贝类养殖能增加浅海吸收大气$CO_2$的能力。

### 6.2.3 捕捞业和养殖业的发展对世界经济的贡献

（1）对全球就业的贡献

2006年，全球范围内全职和兼职捕捞渔民和养殖渔民人数为4 350万，占全球农业经济活动人数的3.1%，这一比例比1990年的2.3%增加了35%[1]。绝大部分捕捞渔民和养殖渔民来自发展中国家，特别是位于亚洲的发展中国家。最近10年，

1 FAO．世界渔业和水产养殖情况[M]．罗马，2009．

渔业就业人数的显著增长（特别是亚洲），反映了水产养殖活动的扩张趋势。2006年，养殖渔民数量占渔民总数的1/4[1]。

渔业和水产养殖为全世界千百万人的生计发挥着直接或间接的重要作用。最近几十年，从事渔业和水产养殖总人数的增加主要来自水产养殖活动的开展。2006年，约有4 350万人直接从事兼职或全职捕捞或水产养殖初级生产（估计有近900万人从事养殖，其中94%在亚洲），占世界经济农业活动人口（13.7亿）的3.2%，另有400万人偶尔从事渔业（其中250万人在印度）。过去30年，渔业和水产养殖部门就业的增长快于世界人口增长以及传统农业的就业增长。全世界86%的渔民和养殖者生活在亚洲，中国的数量最多（810万渔民和450万养殖渔民）。拥有重要数量渔民和养殖者的其他国家为印度、印度尼西亚、菲律宾和越南。

除了直接从事初级生产的渔民和养殖渔民，还有从事其他辅助活动的人员，诸如加工、网具制造、制冰以及供应、船舶建造和维修、加工设备维护、包装和销售。另外还有与渔业有关的从事研发和行政管理的人员。据估计，1人从事捕捞渔业和水产养殖生产，就有约4人从事第二级的活动（包括捕捞后处理），整个渔业有超过1.7亿个工作，每个工作的人平均养活3个人或家庭成员，因此，渔民、水产养殖人员以及为其提供服务和货物的人保证了总数约5.2亿人的生计，占世界人口的7.9%。

（2）对食品安全的贡献

过去40年，渔产品消费量发生了重大的变化，世界人均消费渔产品量稳定增加，从20世纪60年代的人均消费量9.9 kg到20世纪70年代的11.5 kg、20世纪80年代的12.5 kg、20世纪90年代的14.4 kg。2006年，全球捕捞业和水产养殖业共提供了约1.1亿t食用渔产品，人均消费量16.7 kg（活体等重）（图6.8）。其中来自水产养殖的人均消费量从1970年的0.7 kg增加到2006年的7.8 kg，年平均增长率为6.9%（图6.9）。从总体上看，渔产品为29亿多人口提供了至少15%的人均动物蛋白摄入量。渔产品蛋白在全球动物蛋白供应量中所占的份额从1992年的14.9%增加到1996年的16.0%，到2005年下降至约为15.3%。虽然低收入的缺粮国2005年人均消费只有13.8 kg，但渔产品对总动物蛋白的摄入量的贡献明显，达到18.5%[1]。

1 农业部渔业局．中国渔业年鉴[M]．北京：中国农业出版社，2009．

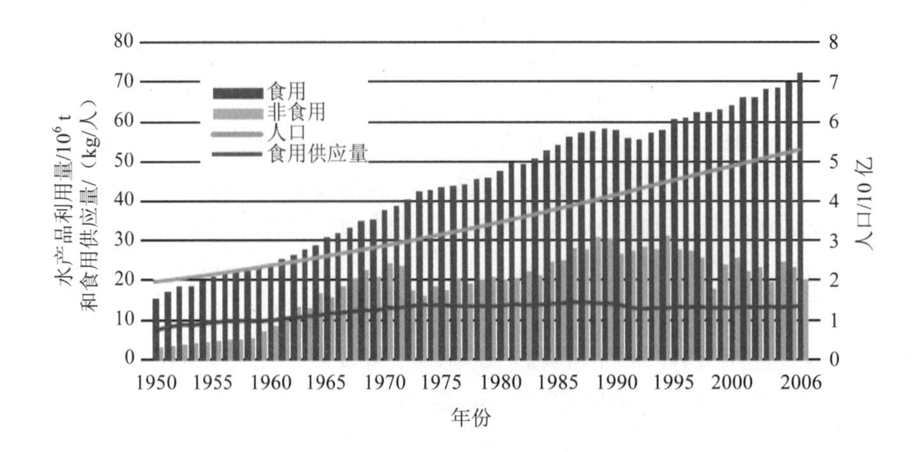


图 6.8 不包括中国的水产品利用量和供应量[1]

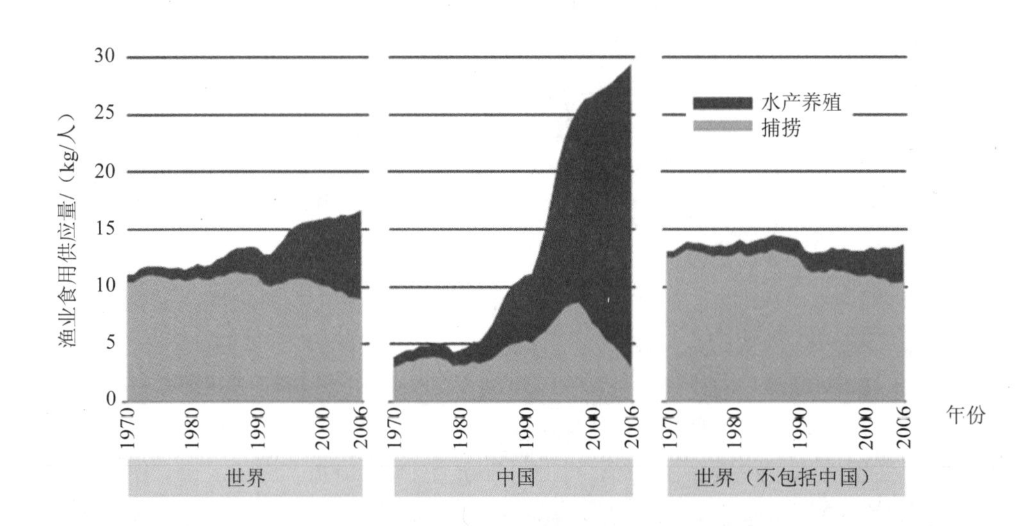


图 6.9 水产养殖和捕捞渔业对食品鱼消费的相对贡献[2]

（3）渔业对国际贸易的贡献

渔产品是高度贸易的产品，总产量超过 37%（活体等重）作为食品和饲料进入国际贸易（图 6.10）。2006 年，世界渔产品的出口值达到 859 亿美元，比 2005 年增长 9.6%，比 1996 年增长 62.7%（图 6.11），1996—2006 年，出口值年平均增长率为 5%。按实际值计（扣除物价上涨因素），2000—2006 年渔产品的出口值增加

1 FAO．世界渔业和水产养殖情况[M]．罗马，2009．
2 FAO．世界渔业和水产养殖情况[M]．罗马，2009．

32.1%，以及在 1980—2006 年增长 103.9%。在产量方面，2005 年达到 5 600 万 t 的高峰，自 1995 年起增长 28%，自 1985 年起增长 104%，2006 年下降 4%，为 5 400 t，但是下降的原因主要是鱼粉产量和贸易量的降低。事实上供人类消费的水产品出口比上年增长约 5%。2007 年的统计数据显示，出口额增长到 920 亿美元。日本、美国和欧盟是渔产品进口的主要市场，2006 年，其进口值达到总进口值的 72%，而发达国家的进口值约 50%来自发展中国家[1]。

中国对水产养殖产品的生产贡献率最大，特别是最近几年，中国水产品养殖产量约占世界水产品养殖产量的 2/3。可以说，中国对世界其他国家，特别是发展中国家，就发展水产养殖业、保障粮食安全，树立了良好的典范。国际食物策略研究所和世界渔业中心联合撰写了一篇题为《2020 年渔业展望》的研究报告。报告预测了未来 20 年全球对鱼类和其他海产食品的供求状况，首次涉及世界渔业全面变化的条件及国际市场变化的紧迫问题。报告指出，在未来 20 年，发展中国家的养殖业将全面增长，这些国家对鱼类和海洋食品的消费量将占世界消费量的 77%，其产量将占世界总产量的 79%。研究报告的第一作者 Chris Delgado 先生说："这种趋势是明显的，不论富国和穷国，决策者同样都必须考虑未来 20 年渔业发展策略。"报告还指出："未来 20 年，发展中国家的鱼类消费量将增长 57%，从 1997 年的 6 270 万 t 增长到 2020 年的 9 860 万 t；而发达国家的渔产品消费量仅增长 4%，从 1997 年的 2 810 万 t 增长到 2020 年的 2 920 万 t。到 2020 年，世界渔产品消费量的 40%以上都将来自养殖。水产养殖总量将成倍增长，即从 1997 年的 2 850 万 t 上升到 2020 年的 5 360 万 t。"

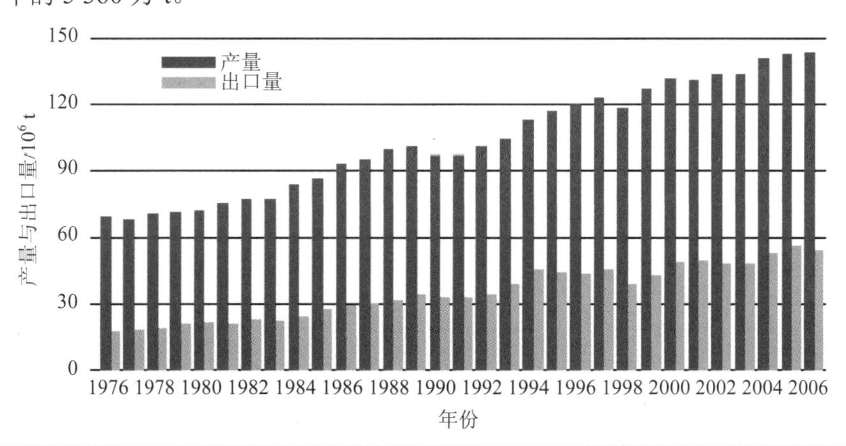


图 6.10　世界渔业产量和用于出口的量[2]

1 农业部渔业局．中国渔业年鉴[M]．北京：中国农业出版社，2009．
2 FAO．世界渔业和水产养殖情况[M]．罗马，2009．

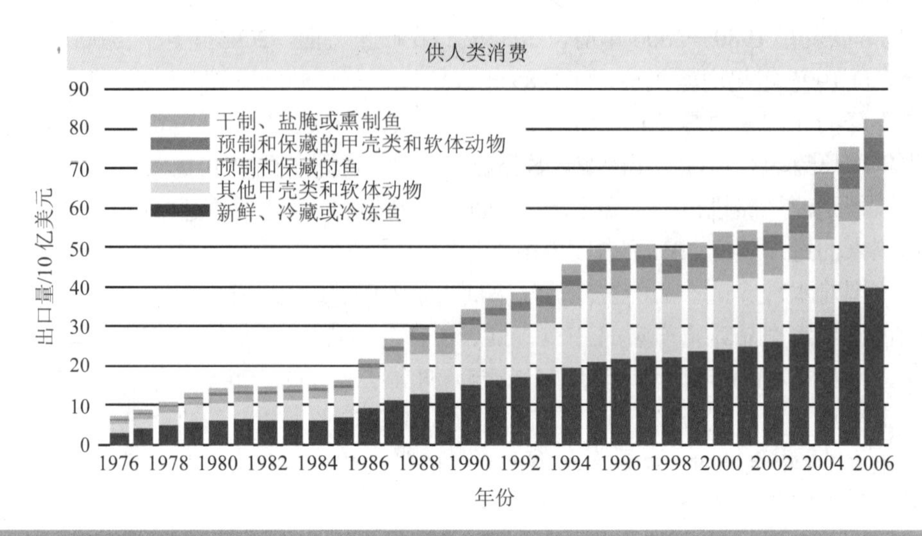


图 6.11 按主要商品组计的世界渔业出口量[1]

# 6.3 中国海洋过度捕捞和养殖开发对海洋生态环境的影响

## 6.3.1 过度捕捞对海洋生态环境的影响

（1）海洋捕捞业存在的问题

海洋捕捞是中国水产捕捞业的主体。2008 年中国渔产品总产量 4 895.6 万 t，其中海洋捕捞产量 1 257.9 万 t（其中远洋渔业为 108.3 万 t），占总产量的 25.7%，占渔业产值的 19.8%。海洋捕捞渔船 20.8 万艘，总功率 1 260 万 kW，分别占机动渔船的 71.6%、91.67%、90.41%，捕捞专业劳动力 170 多万人[1]。1950 年海洋捕捞产量约占水产总量的 90%。近年来，虽然海洋捕捞产量及其在渔产品总量的比例逐年下降，但是海洋捕捞产量仍保持在 1 200 多万 t 的较高水平。捕捞业中存在的问题如下：

1）近海渔业资源过度利用，捕捞强度超过资源再生能力

各个海区普遍存在渔船船队规模过大、捕捞力量过剩和捕捞强度过大等问题。1989—2008 年的 19 年间，海洋机动渔船总功率由 629.2 万 kW 增加到 2008 年的 1 525.3 万 kW，增长了 142%，年均增长 7.5%；海水产品捕捞产量由 503.6 万 t 增加到 1 149.6 万 t，增长了 128%，年均增长 6.7%[2]。中国近海捕捞能力已远远超过

1 农业部渔业局．中国渔业年鉴[M]．北京：中国农业出版社，2009.

2 FAO．世界渔业和水产养殖情况[M]．罗马，2009.

了可持续渔业所能够承受的水平，大部分海洋渔业种群已被充分利用，有的甚至已经枯竭。

2）海洋捕捞作业类型结构不合理

渔具选择性不足，对渔业资源破坏力大的渔具在中国海洋渔业生产中占主导地位。随着人造纤维网具和冷冻设备的发展，大大提高了捕捞手段，也加大了捕捞强度。在经济利益的驱使下，盲目大力发展捕捞业，以增加船、网的数量提高产量，采用了对资源与环境不友好的作业方式，必然促使近海渔业资源日趋枯竭。如目前中国海区主要作业方式有拖网、围网、流刺网、钓、定置网等多种作业方式，其中拖网与定置网的产量约占总产量的 2/3（图 6.12），这两种作业方式对渔业资源及其渔场环境的破坏极其严重，拖网作业还对底栖生物、产卵场、育幼场的环境产生极大的破坏，严重影响着鱼类、虾蟹类的繁殖、生长和索饵。由于 70%～80%的机动渔船都是小型渔船，作业范围局限于近岸海域，对近岸渔业的破坏极大。

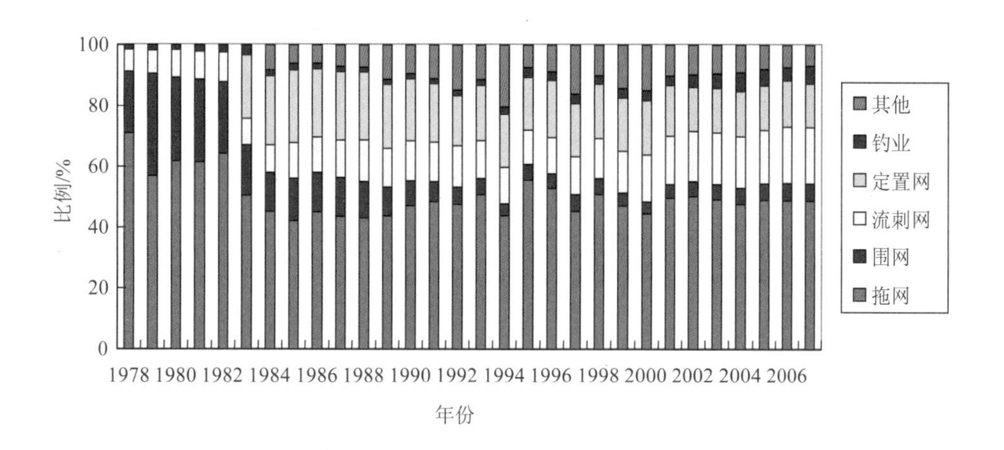


图 6.12　中国海区各作业方式的分布比例

3）渔业劳力过剩和失业问题

有关报告显示，江苏、浙江两省，仅受中日、中韩渔业协定的影响，就有近 5 万渔业劳力失业，波及约 15 万渔业人口。虽然渔业资源衰退、渔业环境恶化导致的失业数量并不清楚，但可以肯定的是小不了。虽然，通过实施转产转业工程，平均每年培训渔民 2 万人次，其中有 68%的渔民实现了再就业，切实提高了渔民的再就业能力。由于沿海渔民转产转业渠道狭窄，资金缺乏，减船转业的难度大。另外，渔民的文化素质普遍较低，这在转产转业和再教育后就业的实施过程中都是一个难题。因此，尽最大努力、通过多种途径尽快解决渔业过剩人口问题，对发展渔业经济和社会稳定无疑是非常需要的。

4）捕捞业的监管问题

中国渔业管理的法律、法规已经发挥了积极的作用，但是渔业管理体制及法规不健全，渔业管理过程中涉海部门较多，协调相对困难。非法捕捞相对较多，电、毒、炸鱼等作业方式的存在，使得渔业监管难度大。随着《中日渔业协定》、《中韩渔业协定》和《中越北部湾渔业协定》的签署和相继实施，沿海渔场大幅度收缩，大批海洋捕捞渔船要撤出部分传统作业渔场，使近海渔场变得更为拥挤，渔船相对变多，管理变得复杂；在实施专属经济区管理、涉外渔业管理中，渔业对外纠纷增多，涉外渔业管理难度加大。另外，在渔船的监控和管理过程中缺乏一套技术体系，使得管理工作变得复杂繁重。

（2）过度捕捞对生态系统的影响

1）生物量、生物种类减少，生物多样性降低

过度捕捞在基因水平、物种水平和生态系统水平上对海洋生物多样性都造成显著影响，已成为影响海洋生物多样性的主要因素[1]。由于海洋捕捞的目标种类有一定的分布区域或者洄游路线，有针对性的、高强度的捕捞往往使目标种类生物量迅速减少以致趋于枯竭。典型的例子是捕捞导致了中国东海大黄鱼的资源衰退[2]。当生态系统中价值高、个体大的种类被过度捕捞后，人们的捕捞目标必然转向其他一些价值较低的物种，而当这些价值较低的物种生物量枯竭后，捕捞目标随之转向价值更低的种类。这样依次捕捞生态系统的所有物种，必然引起整个生态系统的生物量和生物种类都急剧下降，生物多样性降低，生物群落结构也因此发生显著变化[3, 4, 5, 6, 7]。图 6.13 显示了中国北方海域渔业优势种产量比例的变化。另外，研究发现海洋生态系统的恢复潜力、稳定性和水质随生物多样性的下降呈指数衰减，并且可以通过改善生物多样性增加生产力和修复生态系统的功能[8, 9, 10]。

捕捞还可以引起非渔获物种的死亡，对相关物种和生态系统产生冲击。从全球

1 沙爱龙．海洋生物多样性的影响因素及保护对策[J]．海洋与渔业，2008，12：19-20.

2 陈清潮．中国海洋生物多样性的现状和展望[J]．生物多样性，1997，5（2）：142-146.

3 王斌．中国海洋生物多样性保护现状及国际合作前景[C]．面向 21 世纪的中国生物多样性保护——第三届全国生物多样性保护与持续利用研讨会论文集，1999，51-57.

4 王斌．中国海洋生物多样性的保护和管理对策[J]．生物多样性，1999，4（7）：347-350.

5 Jeremy B，Jackson C，Kirby M X，et al.. Historical overfishing and the recent collapse of coastal ecosystems[J]. Science，2001，293：629-637.

6 Tittensor D P，Micheli F，Nyström M，et al.. Human impacts on the species-area relationship in reef fish assemblages[J]. Ecology Letters，2007，10：760-772.

7 Pontecorvo G. A note on“overfishing”[J]. Marine Policy，2008，32：1050-1052.

8 Heithaus M R，Frid A，Wirsing A J，et al.. Predicting ecological consequences of marine top predator declines[J]. Trends in Ecology and Evolution，2008，23（4）：202-210.

9 金显仕．渤海主要渔业生物资源变动的研究[J]．中国水产科学，2001，7（4）：22-26.

10 金显仕，邓景耀．莱州湾春季渔业资源及生物多样性的年间变化[J]．海洋水产研究，1999，20（1）：6-12.

渔业的情况来看，兼捕造成的海洋渔业资源损失是惊人的，兼捕量（含丢弃量）通常占到渔获物总量的 25%～40%。最新统计显示，世界海洋渔业每年的丢弃物总量约为 670 万 t，占总渔获量的 8%，被抛弃的幼鱼、小鱼绝大多数死亡，这种过度性和消耗性捕捞也是造成经济鱼类种群锐减的主要原因。据报道，墨西哥湾的虾拖网每年要捕获红笛鲷幼鱼 1 000 万～2 000 万尾，相当于各年龄组总数的 70%以上，使已经受到过度捕捞的红笛鲷资源雪上加霜。在中国 1964—1983 年渤海秋季捕捞对虾期间，拖网渔船每捕捞 1 t 对虾，兼捕获小黄鱼、鳓鱼、带鱼、黄姑鱼、银鲳鱼等经济鱼类的幼鱼 1.26 t，最高可达 2.73 t。在此期间，经济种类幼鱼的损害量约为 30 万 t，折合 258 亿尾，如果这些幼鱼按 50%成活，2 年后可得到资源量 230 万 t。另外，被渔民有意或无意丢弃在海洋中的网具也会对海洋生物造成误伤，这类连带性死亡也是兼捕的一种类型，也对海洋生物多样性构成威胁。例如，海洋每年被捕杀的鲨鱼中有 50%是死于刺网的连带网杀。

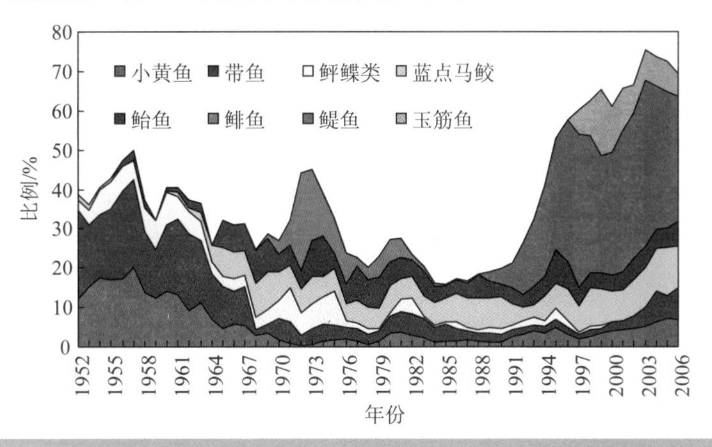


图 6.13 北方海域捕捞优势种比例的变化

2）渔业种类品质的退化

过度捕捞不仅大幅度地减少目标种类的生物量，也会影响到其个体大小、性成熟年龄、性比、寿命和群体的遗传组成，引起种质退化。生物采取的生态对策是由自然选择压力决定的，如果这种选择压力使生物采取更偏重于 K 对策或者 r 对策的某种作用，则随着这种作用的加强，该种生物就可逐渐向一种极端对策者方向发展，而难以保持中间状态。r 选择者为了最大限度地加强种群的繁殖，其性成熟速度必须加快，繁殖率的加快导致其世代缩短。寿命短对应的结果是体形变小，最终种群 r 对策通过这种正反馈机制趋于极端。因此，持续选择捕捞大个体会有利于生长速度快、性成熟早的基因型群体，使群体的进化趋向生殖力降低、生命活力下降、性成熟年龄变小、年龄结构降低等方向发展，最终导致种群在生态系统中作用的改变，从总体上加剧海洋生态系统的脆弱性，渔业资源结构更加不稳定[1, 2, 3, 4, 5, 6, 7, 8, 9, 10]。

3）栖息地的退化

海底并非由各种沉积物简单地、无规律地覆盖着，而是各种非生物成分、生物成分以及生物活动相结合的产物。大多数海底结构（如沙滩、泥滩中的洞穴）并不易被人们肉眼观察到，但是我们知道海底是结构高度复杂的复合体，为许多生活在海洋底层的生物提供了重要的栖息地和避难所。捕捞活动在对海洋生物造成严重危害的同时，对其海洋生态环境也造成毁灭性的影响，各种底拖网渔具的使用极大地改变了海洋生物栖息地的物理结构、形态和生物生存条件，改变了底质结构的异质性。2002 年美国调查了拖网渔法对海洋环境和生态系统的冲击，并分析了拖网渔法对海底生态环境造成的影响，拖网作业比任何网具更能破坏海洋环境[11]，虽然关于拖网对海底生态环境的影响缺乏系统的研究，但其对底栖环境的危害已是有目共睹。据报道，一个宽 20 m 的捕虾拖网每小时拖 5 km，10 h 内就可扫遍 1 $km^2$ 的海床[12]，有的海区的捕虾作业每年可横扫其拖网过的海床好几遍。并且底栖环境被破坏后的自然恢复过程是很缓慢的，每一次底拖网作业后至少需要数年的时间才能逐渐恢复。海洋底质结构的复杂性为与之相适应的生物提供了合适的觅食、避敌和繁殖等生活场所，并通过反馈作用提高了生态系统的功能，同时对于维持海洋生物多样性具有重要意义。海底结构的改变直接导致了海洋底栖生物的窒息死亡，而底栖生物（尤其是生活在软泥环境中的底栖生物）对于维持生物圈中的生物地化循环具有重要作用。拖网作业过程中，不仅可以把目标种和非目标种刮入网中，而且破坏海底崎岖不平的礁石和各种天然屏障，使得生物生存的栖息地消失，降低了成鱼成功繁殖和幼鱼存活的几率，从而影响生物的资源量[13]。底质的改变对水质、营养盐

---

1 Jin X. Seasonal changes of the demersal fish community of the Yellow Sea[J]. Asian Fisheries Science，1995，8：177-190.

2 Jin X. Long term changes in fish community structure in the Bohai Sea，China[J]. Estuaries，Coastal and Shelf Science，2004，59：163-171.

3 金显仕，邓景耀．莱州湾春季渔业资源及生物多样性的年间变化[J]．海洋水产研究，1999，20（1）：6-12.

4 金显仕，邓景耀．莱州湾渔业资源群落结构和生物多样性的变化[J]．生物多样性，2000，8（1）：65-72.

5 金显仕，单秀娟，郭学武，等．长江口及其邻近海域渔业生物的群落结构特征[J]．生态学报，2009，29（9）：4761-4772.

6 唐启升，苏纪兰．中国海洋生态系统动力学研究 I：关键种科学问题与研究发展战略[M]．北京：科学出版社，2000.

7 Forese R. Keep it simple：three indicators to deal with overfishing[J]. Fish and Fisheries，2003，5：86-91.

8 李圣法．东海大陆架鱼类群落生态学研究——空间格局及其多样性[D]．上海：华东师范大学，2005.

9 朱晓光，房元勇，严力蛟，等．同捕捞强度环境下海洋鱼类生态对策的演变[J]．科技通报，2009，25（1）：51-55.

10 Ballón M，Wosnitza-Mendo C，Guevara-Carrasco R，et al.. The impact of overfishing and Elniño on the condition factor and reproductive success of Peruvian hake，Merluccius gayi peruanus[J]. Progress in Oceanography，2008，79：300-307.

11 杨吝．渔具渔法对南海北部渔业资源和海洋环境的影响[J]．现代渔业信息，1998，13（2）：5-9.

12 沈国英，黄凌风，郭丰，等．海洋生态学[M]．北京：科学出版社，2010.

13 方海．海洋生态系统的多用途及其影响[J]．现代渔业信息，2003，18（9）：18-21.

分布也带来了显著的影响，继而引起初级生产力和次级生产力的变化，从而破坏了渔业生态环境的平衡，引起渔业生物的迁移，会引发种间关系的调整，增加外来物种入侵的概率，还会干扰海域局部的生物地化循环过程，对群落和生态系统造成严重影响。另外，海洋生物栖息地的损失是近些年来海洋生物多样性下降和物种快速灭绝的基本因素[1]。由此可见，渔具对海底生境的破坏也是过度捕捞效应的又一延伸，使本已受到过度捕捞而处境堪忧的海洋生物资源的恢复难上加难。当前，底层拖网、毒鱼或炸鱼等方式不仅给鱼类造成浩劫，也给整个生态系造成极大的破坏，严重影响了海洋生态环境的稳定[2]和生态系统的功能[1]。

4）生态系统结构和功能的改变

海洋渔业活动导致了生物量的减少、生物种类的消失，由此必然影响到生态系统内的群落结构，生物群落结构的改变强烈影响到生态系统的能流，最终导致生态系统结构和功能的改变。这必将导致物种、群落和生态系统的恢复能力降低。健康的生态系统有着高度吸收和抵抗外界压力和干扰的能力，维持着正常的生物地化循环、生物多样性与生态系统的功能。如果海洋生态系统的生物多样性降低，生态系统的功能必然降低，从而导致生态系统对外界干扰的抵抗力减弱，生产能力降低，从而影响到海洋生态系统的稳定性，影响到海洋渔业的可持续发展[3, 4, 5, 6, 7, 8]。

过度捕捞引起的顶级捕食者（或 K 选择物种）的资源量大幅下降，使它们不能对其捕食对象（通常是处于较低营养层次的 r 选择者）的数量产生控制作用，破坏了食物链的下行控制机制。另一方面，营养层次较低的 r 选择者具有种群剧烈波动的特点（在有利和不利条件下种群的增长与衰退很快），群落的种类组成及生物量也就难以保持相对的稳定[9, 10, 11]。过度捕捞改变了捕食者和捕食对象的生物关

---

1 Lotze H K，Lenihan H S，Bourque B J，et al.. Depletion，degradation and recovery potential of estuaries and coastal seas[J]. Science，2006，312：1806-1809.

2 王晓红，张恒庆. 人类活动对海洋生物多样性的影响[J]. 水产科学，2003，22（1）：39-41.

3 Jennings S，Kaiser M J. The effects of fishing on marine ecosystem[J]. Advance in Marine Biology，1998，34：201-352.

4 Hall S J. The effects of fishing on marine ecosystem and communities[M]. Oxford：Blackwell Science，1999.

5 Jeremy B，Jackson C，Kirby M X，et al.. Historical overfishing and the recent collapse of coastal ecosystems[J]. Science，2001，293：629-637.

6 Worm B，Lotze H K，Hillebrand H，et al.. Consumer versus resource control of species diversity and ecosystem functioning[J]. Nature，2002，417：848-851.

7 Scheffer M，Carpenter S，Young B D. Cascading effects of overfishing marine systems[J]. Trends in Ecology and Evolution，2005，20（11）：579-581.

8 Sinclair M，Valdimarsson G. Responsible fisheries in the marine ecosystem[M]. FAO & CABI Publishing，2003.

9 Worm B，Duffy J E. Biodiversity，productivity and stability in real food webs[J]. Trends in Ecology and Evolution，2003，18（12）：628-630.

10 Heithaus M R，Frid A，Wirsing A J，et al.. Predicting ecological consequences of marine top predator declines[J]. Trends in Ecology and Evolution，2008，23（4）：202-210.

11 沈国英，黄凌风，郭丰，等. 海洋生态学[M]. 北京：科学出版社，2010.

系，改变了生物之间食物网的结构，使其营养级降低（图 6.14），进而改变海洋生物群落的组成。过度捕捞群落中的某些物种，将使这种和谐的关系被打破，导致捕食者数量因缺乏食物而减少，被食者因天敌减少而大量增加，食性相同的捕食者因为食物匮乏而竞争加剧，具有共同天敌的被食者由于天敌锐减而释放竞争潜力。当这些种间关系的改变积累到一定程度，就会影响到群落的稳定性[4, 1]。个体大、经济价值高的顶级捕食者被大量捕捞，导致其生物量降低或者物种消失，由此会造成其被捕食者的生存压力减少而导致种群膨胀；一个目标生物的消失会使其竞争生物获得更多的机会而迅速增长，但可能造成其捕食者种群的下降；尤其是生态系统关键种的利用对生态系统的稳定性具有至关重要的作用，关键种的去除往往意味着生态系统的崩溃和群落结构的全面改变[2, 3]。例如，非洲西南部大西洋沿岸的本格拉上升流区在 20 世纪 70 年代以前曾经是沙丁鱼的高产区，每年捕获几百万吨的优质沙丁鱼，但是长期的过度捕捞导致沙丁鱼资源在 20 世纪 70 年代初崩溃了，取而代之的是大型水母，从 20 世纪 70 年代以来，水母的数量持续增加，占据了主导地位，大量摄食浮游动物和幼鱼，沙丁鱼资源从此一蹶不振[4]。

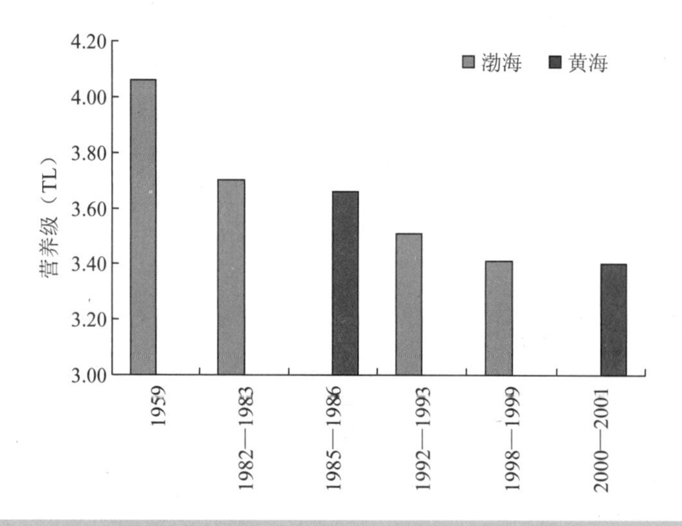


图 6.14　渤海和黄海渔业生物营养级的变化[5]

1 Travers M，Watermeyer K，Shannon L J，et al.. Changes in food web structure under scenarios of overfishing in the southern Benguela：comparison of the Ecosim and OSMOSE modelling approaches[J]. Journal of Marine Systems，2010，79：101-111.

2 唐启升，苏纪兰．中国海洋生态系统动力学研究 I：关键种科学问题与研究发展战略[M]．北京：科学出版社，2000.

3 仝龄．渤海食物网营养动力学及资源优势种交替——生态营养通道模型[M].//苏纪兰，唐启升．中国海洋生态系统动力学研究 II：渤海生态系统动力学过程[M]．北京：科学出版社，2002.

4 沈国英，黄凌风，郭丰，等．海洋生态学[M]．北京：科学出版社，2010.

5 张波，唐启升．渤、黄、东海高营养层次重要生物资源种类的营养级研究[J]．海洋科学进展，2004，22（4）：393-404.

（3）捕捞对海洋环境的影响

由于外海渔业捕捞的成本高、渔船上保存渔获物的仓库（常常是冷库）容量有限，经济价值低的兼捕物（含加工处理后的鱼头、鱼尾、内脏等废物）通常被渔民抛弃，这些兼捕丢弃物常常引起取食者的摄食行为改变，甚至造成局部海域海底缺氧而影响底栖生物定居[1]。被丢弃的兼捕物还包括法律上禁止捕捞的物种（如多数海洋哺乳类和海龟）和个体大小未达法律允许捕捞标准的幼鱼，由于受到网具的伤害，它们在被抛弃时往往已经死亡或者濒临死亡，多数受伤的个体回到海洋中也难以生存[2]。

海洋捕捞等活动中的垃圾、污水对海洋环境造成损害，其主要表现为污水、固体废弃物等生活垃圾对海洋的污染，以及残油泄漏、残网遗弃等生产资料对海洋的污染。海洋捕捞过程中的污染对海洋生态系统造成了直接破坏。海洋捕捞污染物中的塑料制品对环境污染是长久的。塑料是鱼网、合成绳、泡沫浮体、钓饵容器等鱼具和包装袋、包装盒等生活用品的主要原料，是世界范围内海洋捕捞主要污染源之一。在主要渔场，塑料是固体废弃物的主要成分，占60%～90%。塑料是海洋动物面临的最难解决的人类威胁。动物误食废弃塑料导致噎食窒息或食管刺穿而亡，或被鱼网缠绕受到伤害甚至死亡。特别地，塑料在海洋中的寿命高达数十年，一般先变脆，然后破裂为碎片，最后变成粉末，造成更大的危害。海洋捕捞中的残油泄漏对海洋生物资源和海滨环境造成破坏。残油泄漏发生后短期内对海洋生物资源可造成明显的可观察到的危害。油膜或油块黏住大量鱼卵或幼鱼而使其难以繁殖；残油对两栖动物、软体动物、海藻等也都会产生危害。油污染发生后通常要经过5～7 a海区的生物才能完全重新繁殖。油污中各种结构的烃类化合物性质十分稳定，一旦被某种海洋生物吸收，在食物链中循环不分解而浓缩，从而达到毒效程度，产生长期危害。海洋生物吸收了这些油滴后，通过食物链进入鱼、虾、贝、藻内，人们食用后，最终把油污成分中的长效毒物、致癌物带入人体，危害人类健康。残油泄漏对海滨环境的破坏表现在，浮油堆积岸边的砂石表面，恶化海滨的自然环境，降低海滨的生态效价和使用价值。石油污染还导致洄游性鱼类的信息系统遭受破坏，无法溯河产卵，从而影响鱼类的繁殖[1]。

### 6.3.2 养殖开发对海洋生态环境的影响

（1）水产养殖对环境的影响

海水养殖环境问题日益严峻。中国沿海遍布众多的港湾、海湾、滩涂，水质肥

1 Pew Oceans Commission．规划美国海洋事业的航程[M]．周秋麟，牛文生，杨胜云，等，译．北京：海洋出版社，2005.

2 沈国英，黄凌风，郭丰，等．海洋生态学．北京：科学出版社，2010.

沃，营养盐丰富，自然资源丰富，是多种海洋生物的产卵场、索饵场和栖息地，同时也是中国重要的海水养殖基地。海水养殖业的发展，在给当地政府和人民带来经济效益的同时，也使局部水域的生态系统受到了一定程度的破坏，生态问题显露并日益突出。其中包括养殖自身污染引起的生态问题和陆源排污引起的环境恶化、生物多样性降低等，已威胁到生态系统健康发展和生态服务功能的发挥，使海域自然资本、固有的价值下降。大规模海水养殖使得大片水面被围栏或密置网箱占据，水面超负荷运载。由于网围精养采取高密度放养，并大量投喂外源性饵料，排泄物增加，致使水中氮、磷等营养要素和有机物含量猛增，透明度下降，水质和底质恶化，水体富营养化加重，病害增加，赤潮发生率提高。在局部海水养殖区，尤其是池塘养殖，有机污染和生物污染（包括病毒、细菌、寄生虫等）主要是由养殖生产过程所造成的。目前鸭绿江口至庄河附近部分海域、辽河口附近海域、浙江近岸部分海域、福建北部近岸海域和珠江口附近部分海域养殖区的无机氮、磷酸盐和汞、铅等指标偏高，已经成为影响养殖环境质量的主要因素。据对 1999 年的调查资料估算，黄渤海近岸每年排放的养虾废水中所含无机氮、无机磷和有机污染物（以 COD 计）等污染物分别为 1 240 t、124 t 和 24 800 t。在海水养殖中常使用化学药物，如消毒剂、杀虫剂、治疗剂、抗生素和防腐剂等。富含消毒剂和抗菌素的养殖废水排放后，对近岸水域微生物的生态分布将产生直接影响。中国水产养殖业中用过的药物多达数百种，这些药物会有相当一部分直接散失到环境中，造成环境短期或长期的退化。

随着养殖规模的扩大、集约化程度的提高，中国海水养殖病害频发。1993 年的对虾病害、1997—1998 年扇贝大面积死亡均使中国海水养殖业遭受了严重损失。近年来，养殖病害呈加重趋势，突发性、不明原因的病害种类增多，大面积死亡现象时有发生，特别是对虾等名优水产养殖品种病害更为严重。据监测，2004 年，全国水产养殖因病害造成的直接经济损失估计达 150 亿元。

（2）水产养殖对生物多样性和生态系统的影响

包括河口湾、红树林、珊瑚礁、泻湖和海滩等形态的海岸生态系统，支撑着海洋生物惊人的多样性，并且是海岸带所有生物的生计来源。海洋中的大部分鱼类在生命的某一阶段都要在沿岸海域度过。养殖池塘的建设，必须占用土地或海域，这虽然增加了生境多样性，但却改变了原来的生境，破坏了原有生态系统的生物多样性。围海建池塘养殖将可能对沿岸潮间带生态系统构成巨大的压力，导致海草床或珊瑚礁生境的直接破坏，还可能改变潮流方向，使水流不畅，流速减缓，悬浮物增加，透明度降低以及加速内湾淤积，而另一部分海域被冲刷而造成海岸线形态和生境的永久性改变；原来的岸线环境破坏后会影响栖息于其中的生物，那些依靠水流滤食生物的底栖动物首先面临威胁，原来的沙质可能变成泥质，群落结构将发生变化。同时，由于工程建设将生境切割、阻断，生物活动空间变小（生境片段化），种群遗传交流受阻，形成了不利的边界效应。

目前，海水养殖种苗主要采用天然种苗和人工育苗。人工育苗解决了多数种类的苗种供应，但由于野生种苗更健壮，价格是人工苗的2倍以上，因而海上捕苗生产始终没有停止过。滥捕野生种苗，不仅破坏了相应种类的野生资源，还会对其他生物资源造成危害，造成生物多样性降低。据国外一些学者对东南亚地区捕捉天然苗的估算，每捕捞1只虾苗，大约同时有100只其他海洋生物死于非命。

鱼虾类的养殖主要采用陆上池塘养殖、工厂化养殖和海水网箱养殖等集约化养殖方式。这种集约化养殖方式的饵料主要以鱼粉或小杂鱼为主。据估算，大约用8 kg的小杂鱼才能生产1 kg的成品鱼，而配合饲料的饵料系数可以达到1左右。2007年中国海水鱼类养殖产量68.86万t，饲料来源按70%来自于小杂鱼、饵料系数按8来计算，即用了约386万t的小杂鱼，约占中国海洋捕捞年产量的1/3。如此大规模的需求，必定对天然渔业资源及其更高营养级鱼类及以这些资源生存的生物的生存造成很大的不利影响，另外由于饵料不能被全部利用，残余的饵料又会对水环境以及沉积环境带来压力。

由于各种自然因素和人为因素，造成养殖种逃逸不可避免，有时甚至会非常严重。海水养殖逃逸的鱼类可能在疾病的传播、野生群体遗传组成的改变等方面产生负面影响，可能会将地方流行病传给野生种群，并可能与当地种杂交，造成地方种群的基因污染和遗传退化。外逃的养殖种，小部分可以成功地在海域中生存，通过竞争和捕食对当地同类种造成威胁，甚至造成当地种灭绝。

引种或移植具有方法简便、成本低和见效快等特点，对丰富水产种质资源、增加养殖种类、增加产品结构、丰富水产品市场起到了积极作用，但人为的盲目引进物种，易造成外来物种入侵。一般而言，入侵种类适应性强，在入侵地区很容易找到适宜繁殖的水体，而且，在个别地区自然界通常缺乏限制其发展速度的天敌，造成捕食、竞争、寄生等中间关系的破坏，容易导致生态系统的崩溃。目前对中国造成危害的入侵种类主要有食蚊鱼、甲壳类、克氏鳌虾等。

## 6.4 中国捕捞业和养殖业管理现状与存在问题

### 6.4.1 政策和法规框架

20世纪80年代以来，中国的法制建设取得了长足的进步，为了加强对海洋生物资源及环境的保护，国家先后颁布实施了《渔业法》、《野生动物保护法》、《海洋环境保护法》、《水污染防治法》、《水生野生动物保护实施条例》、《水产资源繁殖保护条例》、《野生植物保护条例》、《自然保护区条例》、《海域使用管理法》、《水生野生动物保护实施条例》等相关法律法规。制定了《水产资源繁殖保护条例》、《渔业法实施细则》、《中华人民共和国国务院关于渤海、黄海及东海机轮拖网渔业禁渔区的命令》、《设立幼鱼保护区的决定》、《远洋渔业管理规定》、《水产养殖质量安全管理规定》、《渔业船舶检验条例》、《渔业资源增殖保护费征收使用办法》、《海洋捕捞渔船管理暂行办法》、《渔业捕捞许可证管理办法》、《水生动植物自然保护区管理办法》、《水生野生动物特许利用办法》、《水产苗种管理办法》、《农业野生植物保护管理办法》和《中国水生生物资源养护行动纲要》等规章制度，形成了保护渔业资源和水域生态环境法律法规体系。

制定了一系列渔业资源保护制度，包括海洋生物资源的权属制度、养殖许可制度、水产苗种管理制度、捕捞许可制度、捕捞限额制度、渔船登记检验制度、船网工具控制指标制度、渔业资源品种重点保护制度、渔业水域区划制度、渔业资源增殖制度、渔业水域环境保护制度、濒危野生海洋生物分级重点保护制度、禁渔区及休渔期制度、自然保护区制度、网目尺寸限制和渔获物幼鱼比例检查、人工增殖制度、渔业资源增殖保护费征收制度、200 海里专属经济区制度、海洋捕捞渔业零增长制度、水产苗种生产管理制度、水产养殖产品质量安全管理制度、水生动物防疫管理制度等。据统计，目前全国共颁布出台涉及渔业的法律法规、规章和规范性文件 600 多部，覆盖了渔业领域的各个方面，渔业经济活动和管理基本实现了有法可依。但从整体上来看，中国的法律、法规还不完善，现有的渔业资源管理制度仍无法有效遏制渔业资源的过度开发。

另外，渔业资源与环境的管理涉及许多部门，需渔业主管部门与国土资源部门、环保部门、海洋部门、交通部门、水利部门、海军以及省、地、市、县相关部门进行配合、协作。

### 6.4.2 中国捕捞业管理现状与存在问题

（1）渔业管理实行统一领导、分级管理

中国的渔业管理实行统一领导、分级管理。农业部渔业局对渔业管理负责整体部署工作，其主要职责是：①研究提出渔业发展战略、规划计划、技术进步措施和重大政策建议；起草相关的法律、法规、规章，并监督实施；②负责渔业行业管理，指导渔业产业结构和布局调整；③研究拟定渔业科研、技术推广规划和计划并监督实施，组织重大科研推广项目的遴选及实施；④研究拟定保护和合理开发利用渔业资源、渔业水域生态环境的政策措施及规划，并组织实施；负责水生野生动植物管理；⑤代表国家行使渔政、渔港和渔船检验监督管理权，负责渔船、船员、渔业许可和渔业电信的管理工作；协调处理重大的涉外渔业事件；⑥研究提出渔业行政执法队伍建设规划和措施并指导实施；⑦研究提出水产品加工业发展、水产市场体系建设和促进渔业国际贸易的政策建议；⑧参与组织制定并监督执行国际渔业公约和多边、双边渔业协定，组织开展国际渔业交流与合作；负责远洋渔业发展规划、项目审核和协调管理等。

从总体管理模式上来说，《渔业法》规定：国务院渔业行政主管部门主管全国的渔业工作，县级以上地方人民政府渔业行政主管部门主管本行政区域内的渔业工作；从渔业许可证的颁发来看，海洋大型拖网、围网作业以及到中国与有关国家缔结的协定确定的共同管理的渔区或者公海从事捕捞作业的捕捞许可证，由国务院渔业行政主管部门批准发放，其他作业的捕捞许可证，由县级以上地方人民政府渔业行政主管部门批准发放；从捕捞限额量的控制来看，国内海、领海、专属经济区和其他管辖海域的捕捞限额总量由国务院渔业行政主管部门确定，报国务院批准后逐级分解下达，国家确定的重要江河、湖泊的捕捞限额总量由有关省、自治区、直辖市人民政府确定或者协商确定，逐级分解下达。这些规定明确体现了分层管理的理念。

（2）中国捕捞业的具体管理措施与存在问题

为了恢复海洋渔业资源，使海洋渔业资源得以持续地开发和利用，近年来，中国政府相关部门制定和采取了一系列措施，并取得了良好的效果。1999 年农业部渔业局制定了捕捞量“零”增长的目标，当年目标基本实现。2006 年国务院颁布的《中国水生生物资源养护行动纲要》，提出“到 2020 年，要确保渔业资源衰退的趋势得到基本遏制，到本世纪中叶，水生生物资源实现良性、高效循环利用的奋斗目标”。目前，所采取的具体管理措施如下：

1）禁渔区、禁渔期、伏季休渔

禁渔区和禁渔期一样是容易执行的限制捕捞力量和保护幼鱼的有效方法，特别是对于处衰退状态的渔业种群是一种有效的保护方法。在某一特定海域内，可以根据种群当时的年龄组成状况实施禁渔。中国的禁渔期和禁渔区大都是根据产卵场和幼鱼、仔鱼的生长期而定的，实施范围都比较近岸。具体措施如规定禁渔区线、产卵场禁渔期、幼鱼保护区及规定开捕期等。该项措施通常可以同时改变捕捞死亡水平和首次捕捞年龄及体长。

另外，中国从 1995 年开始实行伏季休渔，来保护渔业的繁殖群体，确保渔业资源的补充，并取得了显著效果。实行伏季休渔是保护和恢复渔业资源、促进渔业经济持续健康发展的一项重要措施。1999 年农业部全面部署了南海、黄海和东海的伏季休渔，组织制定了伏季休渔方案，并将黄海休渔期延长了半个月。为进一步加大海洋渔业资源保护力度，2009 年农业部（农业部通告[2009]1 号）对海洋伏季休渔制度进行了调整完善，并于当年开始实施。调整内容包括：一是黄渤海、东海和南海三个海区的休渔时间统一向前延长半个月，使三大海区的休渔时间分别达到两个半月到三个半月。其中黄渤海三个月，东海三个半月，南海两个半月；定置作业休渔时间由不少于两个月调整为不少于两个半月。二是休渔作业类型统一调整为除单层刺网和钓具外的左右作业类型，其中笼壶类和黄渤海、东海的灯光围（敷）网新增纳入休渔作业类型，休渔时间为两个月。三是简化了福建省和广东省的休渔界线，取消了闽粤交界海域特别休渔管理区域。具体为：

北纬 35°以北的黄、渤海海域休渔时间从 6 月 16 日 12 时至 9 月 1 日 12 时，调整为 6 月 1 日 12 时至 9 月 1 日 12 时。

北纬 35°至 26°30′的黄海和东海海域休渔时间从 6 月 16 日 12 时至 9 月 16 日 12 时，调整为 6 月 1 日 12 时至 9 月 16 日 12 时。

北纬 26°30′至闽粤海域交界线的东海海域从 6 月 1 日 12 时至 8 月 1 日 12 时，调整为 5 月 16 日 12 时至 8 月 1 日 12 时。其中：桁杆拖虾和笼壶类休渔时间为 6 月 1 日至 8 月 1 日，灯光围（敷）网休渔时间为 5 月 1 日至 7 月 1 日。

渤海：1988 年禁止拖网至今。

该措施的优点主要体现在：①休渔措施禁止了对产卵群体的捕捞和其生境的破坏，增加了补充群体，对幼鱼和处于繁殖期的雌鱼能起到很好的保护。如东海带鱼、黄海带鱼、大黄鱼、小黄鱼等一些主要经济鱼类的资源量有所增加，种群结构得到改善。②在幼鱼生长期内禁止对其捕捞，延长其生长期，以提高开捕后渔获物的产量和质量，单位补充量渔获量增加，使优鱼有优价，渔业生产的经济效益得到提高。③伏季休渔减少了年内生产的作业时间，同时减少了网、船、工具等渔需品的损耗以及柴油、机油等能源的消耗，降低了渔民劳务费用的支出，增收节支效果明显。④对于捕捞能力严重过剩、开捕期持续期限很短的渔业，禁渔期制度也可用来确保开捕期正好与 1 年之中渔获物市场价值最高的时期相吻合。⑤休渔还可以促进渔业生产者调整作业方式，或退出渔业生产，在一定程度上控制或减轻了总的捕捞能力。⑥休渔措施具有容易操作、执行成本低的优点，在渔获对象种类多、渔业类型复杂，渔船、渔民数量多、分布广泛的情况下，渔业管理部门更容易采用这种管理方法。⑦由于禁渔区和禁渔期制度对所有渔民都同样适用，不存在“厚此薄彼”的问题，因此，在政治上更容易被渔民所接受。

其缺陷主要体现在：①当禁渔区的范围太小或不适当，禁渔区制度就不可能取得直接的生物学效果，而仅将鱼类产卵区域的一小部分划为禁渔区也往往无助于实现种群补充目标。对于洄游性种类，封闭一部分区域往往导致捕捞作业转向不受禁渔制度管制的其他区域，在这种情况下，禁渔措施对种群的养护效果就非常有限，甚至完全没有效果。②在大多数情况下，禁渔制度的实施有可能相对容易。但是，在有些情况下，对禁渔区域实施监控可能相当困难，成本也会很高，而渔民错报渔获物被捕获的时间和地点的情况有可能发生。禁渔制度不会对过度投资的趋势、渔获物优化行为、渔业统计质量、渔民感觉上的不平等和阶层分化以及行业对该制度的抵制产生影响。③缩短捕捞季节，加剧渔民之间的捕捞竞争，渔船数量和就业人数增多，并进一步导致过度投资、捕捞季节变短、渔获物短期内大量充斥市场等。④近海渔场的封闭使得小型渔船不得不转移到外海作业，结果增加了海上作业风险，降低了小型渔船的收益水平。⑤休渔措施作为一种单纯的技术限制措施，它只强调捕捞能力，只在一定时间和一定区域内对某些作业方式进行休渔，而没有解决捕捞技术提高、效率增加、渔船功率增大后所带来的问题。由于捕捞技术的进步，捕捞能力的增长容易产生渔获量过大的后果。休渔结束之后，大量的渔船又投入到捕捞中，形成了捕捞能力投入的高峰，休渔的效果当年就丧失，甚至使渔业资源面临更大的压力。

总之，禁渔制度的实施在生物养护和经济收益方面能够产生一定的正面效果，不会引发明显的社会和行政问题。但是，由于没有从根本上解决渔业的自由准入状态，单独实施禁渔制度不可能实现渔业经济绩效的最大化。

2）种质资源保护区制度

2000 年修正的《中华人民共和国渔业法》第二十九条规定：国家保护水产种质资源及其生存环境，并在具有较高经济价值和遗传育种价值的水产种质资源的主要生长繁育区域建立水产种质资源保护区。未经国务院渔业行政主管部门批准，任何单位或者个人不得在水产种质资源保护区内从事捕捞活动。2006 年，国务院发布了《中国水生生物资源养护行动纲要》，提出建立水产种质资源保护区要制定相应的管理办法，强化和规范保护区管理。建立水产种质资源基因库，加强对水产遗传种质资源特别是珍稀水产遗传种质资源的保护，强化相关技术研究，促进水产种质资源可持续利用。根据《纲要》要求，农业部于 2007 年制定了《水产种质资源保护区划定工作规范》（试行），对保护区的概念、划定条件、分级、功能划分、命名、职责分工及申报程序等方面作了具体规定。水产种质资源保护区分为国家级和省级 2 种。

迄今为止，中国已建立国家级水产种质资源保护区 40 处，覆盖了渤海、黄海、东海和南海的海湾、岛礁、滩涂等生态类型，以及珠江、长江、黄河、黑龙江等水系的河流、湖泊等生态系统，初步形成了分布广泛、具有典型性和影响力的水产种质资源保护区网络。其中，黑龙江流域 6 个，黄河流域 9 个，长江中下游 10 个，珠江流域 5 个，黄渤海区 6 个，东海区 3 个，南海区 1 个。从保护区生态类型来看，江河类有 19 个，湖泊类有 11 个，海湾类有 6 个，岛礁类有 3 个，滩涂类有 1 个。这些保护区的建立，一是可有效保护大黄鱼、海参、鲍鱼、对虾、梭子蟹、四大家鱼、中华绒螯蟹、黄河鲤、大麻哈鱼等 300 多种国家重点保护经济水生动植物和地方珍稀特有水生物种，其中已列入《国家重点保护经济水生动植物资源名录》的有68种，占《名录》收录物种的41%；二是可有效保护上述物种的产卵场、索饵场、越冬场、洄游通道等重要繁衍栖息水域，对于保护辽东湾、莱州湾、渤海湾、海州湾、官井洋、青海湖、太湖、洞庭湖、洪泽湖、梁子湖等水产种质资源高度集中区域，为渔业的可持续发展提供必要的支持；三是可有效协调开发建设与保护利用的关系，减少水利水电建设、交通航运和海洋海岸工程建设对重要渔业水域和水域生态功能区的不合理占用，强化保护水生生物多样性和水域生态系统完整性。

3）许可证制度

根据1979年2月10日国务院颁布的《水产资源繁殖保护条例》的规定，中国开始实施渔业捕捞许可制度。1986年全国人大颁布并实施的《渔业法》，将捕捞许可证制度以法律的形式规定下来，1987年农业部发布的《渔业法实施细则》对渔业捕捞许可制度作了具体的规定，1989年农业部发布的《渔业捕捞许可证管理办法》又对各省、市、自治区的功率总额，以及发放不同功率渔船捕捞许可证的批准机关等方面作了严格的规定。修订后的《渔业法》于2000年10月重新颁布，对捕捞许可证颁发部门、级别、条件以及捕捞许可证的使用方式等方面进一步作出了具体规定。2002年8月23日，农业部颁布了重新修订的《渔业捕捞许可管理规定》，增加了海洋捕捞渔船和作业场所的分类标准等内容。目前中国渔业捕捞许可证分为3种：海洋捕捞许可证（包括近、外海捕捞许可证）、内陆水域捕捞许可证、专项（特许）捕捞许可证。

捕捞许可证制度通过限制生产渔船作业方式、种类、捕捞机动渔船数量和功率来控制目标鱼类的捕捞强度，从而保护渔业资源。捕捞许可的内容包括：捕捞水域许可、捕捞时间许可、捕捞对象许可、捕捞渔具渔法许可等。捕捞水域许可、捕捞时间许可和休渔制度一样会使处于目标区域和时间段内的所有鱼类都得到保护。而捕捞对象许可、捕捞渔具渔法许可的最大特点在于具有明显的选择性，集中保护渔业资源中的目标鱼类。许可证制度通过限定入渔权来减少作业渔民、渔船或渔具的数量，从而达到限制总可捕量的目的。各国对渔业采取有限准入措施大都是通过各种形式的捕捞许可证制度来实现的。然而，渔业管理者必须首先解决三大问题，即许可证的发放数量、发放对象和是否允许转让。另外，许可证制度还必须与其他措施联合运用，如果不采取其他措施，继续从事作业的捕捞单元有可能获得超额利润。如增加投资或延长海上作业时间不受限制，渔民就会发现投资改善渔船和渔具的性能、添置更有效率的渔具渔船或采用能够获得更多海上工作时间的捕捞技术（例如采用功率更大的马达、采取“休人不休船”的措施和加大船舱容积等），然而，如果加入更多的限制措施，就会阻碍新技术在渔业方面的应用，因为新的、更好的渔船设计方案可能并不符合设计要求。

对入渔船数量及渔船上渔具数量进行控制是针对幼鱼或已过度捕捞的渔业资源采取的保护性措施。例如，有的国家禁止使用单丝尼龙网、动力渔船等，所有这些限制都是禁止使用高效率的捕捞方法，以保护幼鱼和渔业资源。另外，还包括对从事特定渔业作业的渔船类型、规格和功率作出限定，比较典型的限制包括规定渔船的设计要求、渔船长度和功率大小。确保这一方法有效的关键点在于收集、整理和保存渔获量和渔获努力量数据，以便对渔具作出详细明确的规定，如果能够得到渔民的配合，渔具效率比较试验将有助于对渔获努力量单位作出正确评估。

其优点主要体现在：①该措施易于实施，特别是对于需要采取多种产出控制措施（例如因种类而异的配额）来控制渔获量的混合种类渔业。②该措施并不内含激励渔民谎报渔获量的诱因，因此在采用此类管理措施管理的渔业中，谎报渔获量数据不会成为严重的问题。同样，对于多种类渔业，如渔民不受兼捕数量管制，丢弃和优化渔获物问题也不大可能出现。

主要缺陷：①该措施的投入数量可能非常大，而渔民为回避政府规章的约束往往能够找到并采取“投入替代”（即用不受管制的投入品替代受管制的投入品）策略。例如，政府对渔具进行限制，渔民则可以在渔船规格、马达功率或船员数量上加大投资或技术改进（渔船限制也存在类似的情况），渔民之间相互竞争的形式只不过从一个层面转移到另一层面。②导致资本沉淀的发生和捕捞作业成本的提高。③不利于技术的改进。例如，许可证制度对技术进步形成了极为严重的“激励扭曲”，技术进步的出现能够使采用新技术的渔民在管制制约下提高利润水平，而渔业管理机关为了有效地控制住实际渔获努力量，往往不得不设法限制所有能够有效增加渔获量水平的新技术的应用，即使能够对种群养护起到良好的作用，只要提高了渔获率，可能都会被列入禁用之列。④管理难度高。该措施的实施要求更多的先行研究和收集更多的数据，随后要同渔业从业者进行相应的协商工作；此外，从渔政和执法角度看，许可证制度通常需花费更多的费用。

4）网目尺寸限制和渔获物中幼鱼比例

2000 年新修订的《渔业法》对最小网目尺寸制度进行了修改和完善，第三十条规定“禁止使用小于最小网目尺寸的网具进行捕捞。捕捞的渔获物中幼鱼不得超过规定的比例”，同时规定最小网目尺寸由国务院渔业行政主管部门或者省、自治区、直辖市人民政府渔业行政主管部门确定，该法还增加了使用小于最小网目尺寸网具的法律责任。为推动该项制度的深入实施，2003 年 6 月 24 日，农业部下发了《关于做好全面实施海洋捕捞网具最小网目尺寸制度准备工作的通知》，并于 2003 年 10 月 28 日发布了《关于实施海洋捕捞网具最小网目尺寸制度的通告》，决定从 2004 年 7 月 1 日起，全面实施海洋捕捞网具最小网目尺寸制度，并针对不同海区、不同网具、不同捕捞品种的最小网目尺寸作出了具体规定。规定的不同海域和捕捞品种的拖网、流刺网、有翼张网最小网目见表6.1。2004年，农业部修订发布了《渤海生物资源养护规定》，在《关于实施海洋捕捞网具最小网目尺寸制度的通告》的基础上，对渤海主要捕捞作业网具的最小网目尺寸进行了补充规定，同时对渤海区渔业资源重点保护品种设定了最低可捕标准。

表6.1　拖网、流刺网、有翼张网最小网目尺寸国家标准或行业标准

| 网具名称 | 最小网目尺寸/mm | 适用范围 | | 备注 |
|---|---|---|---|---|
| | | 海域 | 品种 | |
| 拖网网囊 | 54 | 东海、黄海 | 全部 | 国家标准 |
| | 39 | 南海（含北部湾） | 全部 | |
| 流刺网 | 137 | 东海、黄海、渤海 | 银鲳 | 行业标准 |
| | 90 | 东海、黄海 | 鳓鱼 | |
| | 90 | 东海、黄海、渤海 | 蓝点马鲛 | |
| 有翼张网网囊 | 50 | 东海 | 带鱼 | 行业标准 |

对渔民从事捕捞活动的渔具的网目大小、选择性以及特定海区渔具类型的使用进行限制和规范。限制网目尺寸可以通过网目选择性关系间接地控制鱼个体大小的下限。这不仅关系到首次捕捞年龄的大小，而且还会改变其他年龄组的相对捕捞死亡率，即会影响捕捞死亡水平。该措施很明确且很容易监督执行。对很大的海区或不同水域、不同种类的渔业资源均适用。采用“网眼罚款法”，在海上用测量网目大小的工具随机抽查渔船所使用的渔具的网目，都是比较方便的。由于放大网目尺寸虽然能由短期的损失换得长期的得利，但这种可增加的收入往往会被近期的经济压力所抑制，因此推广放大并限制网目尺寸的措施的执行也是有一定难度的。对于捕捞混合鱼种的渔业，要规定采用多大网目尺寸是比较困难的。

限制最小可捕体长和渔获物中幼鱼所占的比例，在渔港进行监督检查，是比较有效的管理措施。如果在捕捞后及时抛入海中的鱼能全部成活的话，那么这种管理措施可以取得更好的效果。当然，这种检查最好是在海上进行，否则到了岸上，即便检查，诸多小鱼也不能成活，这种措施也能阻止使用小网目进行捕捞，同时还能防止渔船在幼鱼育肥场进行捕捞作业。

5）渔业资源增殖保护费征收制度

渔业资源增殖保护费的征收制度是中国特有的、符合世界渔业管理发展趋势的一项管理制度。新《渔业法》第二十八条规定：“县级以上人民政府渔业行政主管部门可以向受益的单位和个人征收渔业资源增殖保护费，专门用于增殖和保护渔业资源”。由农业部、财政部、国家物价局于1988年10月31日联合发布的《渔业资

源增殖保护费征收使用办法》第二条规定："凡在中华人民共和国的内水、滩涂、领海以及中华人民共和国管辖的其他海域采捕天然生长和人工增殖水生动植物的单位和个人，必须依照本办法缴纳渔业资源增殖保护费。""增殖"是指人为地对自然水域的不同水生动物进行的人工放流或放养，"保护"是指直接针对渔获对象的保护措施。渔业资源增殖保护费分为海洋渔业资源费和内陆资源水域费。海洋渔业资源费年征收金额由沿海省级人民政府渔业行政主管部门或海区渔政监督管理机构，在其发放捕捞许可证的渔船前3年采捕水产品平均总产值的1%～3%内确定。大黄鱼等经济价值较高的渔业品种，按3%～5%交纳。

渔业资源费的征收是受益者负担原则的制度化，即把渔业资源增殖保护费的一部分让渔业生产者承担，使受益者和费用负担相一致。以前由于渔业资源的公共性，再加上从事渔业不需要支付利用资源的费用，致使渔业捕捞努力量过度，所以，完善渔业管理中税收制度是世界渔业管理的一大趋势。1992 年新西兰政府制定了有关渔民对渔业管理的费用法，几乎由生产者承担管理费用的100%。美国和加拿大是生产者和政府各承担一半，但也有一些国家，其管理费用全部由政府承担。经济合作与发展组织所属农业、渔业粮食理事会的渔业委员会2000—2002年工作计划的第二项内容是持续农业，其中一项就是渔业管理费用的问题。可见，许多国家也趋向于采取征收渔业资源费的管理办法。

6）海洋捕捞渔业零增长制度

1999 年农业部提出海洋捕捞计划产量"零增长"的目标。该措施通过控制渔获量来限制渔业的输出量，从而达到控制捕捞死亡水平的目的。其最大优点是易于进行分配，但要求掌握充分的情报资料，而且采用的渔获限额分配的方法可能会导致渔业生产的低效率和分配不均等问题。

7）渔船报废制度

中国制定渔船报废制度比较晚，在实施过程中也有许多问题，致使大批超龄废旧渔船仍在捕捞队伍中生产，成为海上渔业生产的最不安全因素。主要存在以下问题：

第一，设计不细致。《农业部关于加强老旧渔业船舶管理的通知》是国家确保渔船、渔民安全、减少近海水质污染、控制捕捞强度的一个重要文件。《通知》把海洋捕捞渔业船舶区分为钢制捕捞船、木制捕捞船、钢扮网水泥捕捞船和玻璃钢捕捞船4种，根据船长及木材等决定使用年限，这是很大的改进。但对内河捕捞船仍作简单区分，捕捞渔船使用年限划定不够细致。

第二，补助标准低。虽然经过调整，2008年持基本证渔船每千瓦为2 500元，持临时证渔船每千瓦为1 250元[1]，渔民很难接受这样的补偿。中国从事海上捕捞

1 农业部渔业局．中国渔业年鉴[M]．北京：中国农业出版社，2009.

生产的渔船，以个体捕捞业主居多数。有的世世代代以捕捞为生，以船为家，甚至一条渔船就是一个家庭的全部财产。如果立即实施渔船报废制度，必然会给渔民，特别是贫困渔民的生产、生活造成很大的影响，冲击渔区的社会稳定。中国的渔船回购与报废制度设计缺乏过渡，缺少报废前的告知程序，造成渔民各方面都准备不足。

第三，渔民认识不到位。2002—2010 年，从 2002 年的 478 406 艘减少到 2010 年的 192 390 艘，到 2008 年捕捞渔船为 416 520 艘[1]，这其中自愿报废的多为效益不好、船况较差的渔业船舶，效益较好的渔业船舶则不愿选择报废。

### 6.4.3 中国养殖业管理现状与存在问题

养殖管理法规的实施对水产养殖业的规范发展意义重大，但在实施过程中还存在很多问题。一是由于长期以来水产养殖业的法制建设起步慢，一些近年来制定并开始实施的制度（如养殖证制度、苗种生产许可证制度、养殖产品质量安全管理制度等法律法规）的地位低，执行的效果受影响。如养殖证制度实施还存在着法律规范出现冲突（养殖使用证和海域使用证、土地承包证的法律关系不清）以及水域滩涂养殖有偿使用制度没有建立等问题；二是执法滞后、立法滞后、管理和查处相脱节，使水产养殖的各项管理制度难以迅速有效地开展，难以做到有法可依，更谈不上执法必严，违法必究；三是渔政执法队伍力量较弱，经费不足，手段落后，难以开展有效执法；四是渔药、水产养殖饲料和水生动物防疫执法主体是县级以上畜牧行政主管部门，管理体制不顺使执法效果大打折扣；五是产业经营分散，管理难度大等。管理的滞后，给产业发展带来很大影响，出现了严重的养殖渔民“失海”现象、水域滩涂资源使用权纠纷大量发生、产品质量安全问题突出、种质退化明显、养殖病害和养殖水域污染加剧等问题。

### 6.4.4 国外渔业管理经验

（1）渔业管理得到不断增强

在 19 世纪中后期以前，由于当时人口的压力不大以及人类对水产品的需求有限，人类活动对海洋资源的干扰程度也很有限，没有超过渔业资源的自然增长率，人们对渔业资源的认识还停留在“海洋资源无限论”之上。同时由于捕捞作业局限在沿海水域，捕捞工具主要为被动性渔具，如刺网、钓钩、笼壶和张网等。世界渔业管理也主要集中在生物学范畴内。随着人口的增长和人类对水产品需求的持续增加及渔船机械化，近海渔业资源的开发和利用程度强化。到 20 世纪 80 年代后期，

---

1 农业部渔业局．中国渔业年鉴[M]．北京：中国农业出版社，2002，2008.

尽管海洋捕捞能力不断提高，作业渔场日益扩大，目标种类持续增多，全球海洋渔获物却基本稳定在8 000万t左右。同时，越来越多的经济种类因捕捞压力过大、海洋环境污染和栖息生境退化而枯竭，人们对海洋渔业资源的认识也由此转向了“海洋资源枯竭理论”。渔业管理者也因此提出了相应的市场管理手段，采用最大经济产量取代最大持续产量作为渔业管理的目标，并把渔民纳入渔业资源管理中。负责任地养护和合理利用渔业资源，已成为国际渔业管理趋势和普遍遵守的行为准则，是实现海洋渔业可持续发展的必由之路。

目前，国际上对渔业管理的具体措施包括以下几个方面：

1）限制网目尺寸，世界粮农组织为了保证渔业资源永续利用，对73种鱼规定了最低捕捞尺寸；

2）限制渔具类型，这是针对幼鱼或已过度捕捞的渔业资源采取的保护措施，如有的国家禁止使用桁拖网和单丝尼龙网等；

3）捕捞配额制度，新西兰、挪威和美国等国家均实行了捕捞配额制度，其目的是保护渔业资源；

4）禁止某品种的捕捞，主要用于保护濒危物种和渔业资源衰退的种类；

5）限制捕捞努力量，这是对渔业投入量的限制，也是很多沿岸国渔业管理的最基本手段，它通过限定参加作业的渔船数量和渔具数量，限制渔船的捕捞时数或作业天数等，以达到控制捕捞死亡水平的目的；

6）限制渔获量，这是对渔业输出量的限制。现在国际上一般都以规定总允许可捕量（total allowable catch，TAC）的办法在各国之间或本国各渔业参加者之间进行限额分配。TAC的渔业管理措施对长寿命的渔业种群的恢复和保护具有较好的效果。个人可以转让的配额制（Individual transferable quota，ITQ）是根据渔业资源的再生能力，特别是当前资源量水平所能承受的捕捞强度，并考虑政治、经济和社会等因素，在一定的期间内，在特定的水域设定具体渔业种类所能渔获的TAC，ITQ可以转让、交换或买卖。新西兰是第一个实行ITQ的国家（1986年），目前澳大利亚、新西兰、加拿大、冰岛、荷兰和美国等国家都实行ITQ制度；

7）制定渔业法规，各国都把渔业立法作为渔业管理、保护渔业资源与环境的重要措施。一些国家用渔业立法的形式将ITQ、TAC等管理制度法律化，强化了这些管理制度的执行力度；

8）以进口水产品部分替代本国生产，日本在本方面做得尤为突出；

9）禁止渔业补贴，即各国禁止对渔业提供包括入渔费、执照、税负等在内的相关补贴；

10）渔船赎买制度，世界各海洋捕捞渔业强国和地区，当其海洋捕捞强度和国家、地区的海洋渔业资源状况间的关系失衡时，即捕捞强度超过了渔业资源承受能力时，均出台了渔船赎买制度。

20 世纪八九十年代颁布的《联合国海洋法公约》、《联合国执行跨界鱼类资源和高度洄游鱼类资源协定》和粮农组织《负责任渔业行为守则》共同构成了渔业管理的全球性法律框架，对海洋生物资源养护作出了具体规定。2001 年联合国粮农组织在冰岛召开的生态系统负责任渔业大会，提出将“生态系统水平的渔业管理”作为世界渔业管理的战略目标。目的是促进在渔业管理时考虑整个生态系统，以保证长期的食品安全和社会的发展，保证有效地养护资源和可持续利用海洋生态系统。2002 年 8 月召开的联合国可持续发展世界首脑会议，形成《执行计划》和《政治宣言》，提出“为实现可持续渔业，于 2005 年前对捕捞能力进行管理，2015 年前恢复衰退中的渔业资源，使之处于最大可持续产量的水平”的目标。尽快修复渔业资源，已成为国际水生生物管理趋势和普遍遵守的行为准则。

国际上海洋渔业发达国家对海洋生物资源和环境的系统调查和观测极为重视，并投入大量人力、物力，其科技投入可高达整个渔业产值的 10%。众多渔业发达国家和地区已经采取不同措施以实现近海生物资源的有效养护和合理利用。美国于 2006 年颁发 The Magnuson-Stevens Fishery Conservation and Management Reauthorization Act of 2006 法律文件，明确了美国的海洋与渔业政策及其科技发展方向，确保海洋及其水域生态系统的平衡。与中国相邻的日本和韩国，均将渔业资源修复和生态环境保护作为其渔业可持续发展的重要战略，采用了限额捕捞制度（TAC 制度）来进行渔业利用和管理，以实现渔业资源的可持续利用目的。日本于 2006 年开始对 10 多种重要渔业种类开展基于生态系统的渔业管理研究，包括渔业资源评估、管理策略风险评价、未来 5 年资源量预测，对每一种类都需要提出基于生态系统的渔业管理计划。

日本于 2002 年 3 月通过了“水产基本计划”。该计划是根据 2001 年日本《水产基本法》及未来 10 年水产品自给率目标，以“确保水产品安全供给”和“水产业健全发展”为指导性理念，推进水产品的安全性及质量改善、水产资源的保护管理、水产动植物的增养殖、水产动植物的生育环境保护及改善等核心战略。

美国制定了 2003—2008 年渔业科技战略，最终目标是使美国人民享有健康且多样的海洋生态系统所带来的财富与利益，以生态系统为基础保护和修复海洋、沿岸及大湖区的生物资源，重建并维持永续渔业。

韩国制定了海洋水产中长期发展计划“OCEAN KOREA 21”。计划全面调整国内水产业结构，建立生产、加工及流通全面合作的新生产体系，确保国民水产食品安定的供应来源。为了推动“水产食品安定供应”，韩国将养殖渔业转换成与环境兼容的新型养殖业，并有针对性地发展远洋渔业。依靠这些改变提升水产业的附加值、建设富裕先进的渔村、发达的水产加工业等。为了将养殖渔业发展成为渔村的主干产业，2004—2011 年投资 2 001 900 亿韩元，实施“中长期养殖产业发展计划”，包括高级水产生物的养殖开发、养殖场环境改善、养殖技术开发和养殖场管理，并在不同海域设置 40 处水产养殖区域。

欧盟也发布了新的共同渔业政策绿皮书。目标是建立负责任及可持续的渔业，以确保健全的海洋生态系统，保持海洋资源和栖息地的品质、多样性及可获性，保护和改善渔业资源状况；确保大众及动物的健康和安全；将渔船捕捞能力与资源的可获性及永续性相协调；确保在全球化经济环境下，实现自给自足的渔业和养殖渔业体系。

（2）渔业水域资源养护得到高度重视

在渔业水域资源的开发和利用中，对本国国土中的浅海、滩涂、湖泊、水库和低洼盐碱地等水域中的水生生物资源开发利用是关系到经济社会发展、食品安全和生态安全的重要部分，受到广泛的重视。日本、欧盟等积极发展浅海养殖技术，北美和俄罗斯对内陆水域的开发利用相对见长。

日本于 20 世纪 60 年代在濑户内海建立第一个栽培渔业中心。多年来，把多种科学技术成果应用于海洋牧场，在苗种生产、养殖技术、放流技术、饲料生产和病害防治研究方面都取得了新的突破。由于网箱养鱼技术日趋完善，养殖水域逐渐从沿海向外海扩展，甚至可在远离海岸的 100 m 水深处进行大型网箱和沉浮式网箱养鱼，使养殖水域和空间大大扩展。

在浅海滩涂开发利用中，目前国际上比较重视环境效益和生态效益。例如，在对水域开发利用之前，要求对环境容纳量、最大允许放流量、放流种群在生态系统中的作用以及养殖自身污染、生态入侵可能造成的危害等因素分别进行论证。20 世纪 80 年代，北美和欧洲的一些科学家从营养动力学和水动力学的角度研究养殖容纳量，并根据水域的能量收支和个体营养需求建立模型，估算出在一个特定水域中某个养殖品种的容纳量，并据此进行滩涂浅海开发。加拿大科学家在 20 世纪 90 年代初期，通过测定有机悬浮物浓度、有机物含量及养殖贝类新陈代谢等来预测某一海区的养殖容量。

（3）生态环境保护和管理受到严格控制

发达国家不仅对工业和生活废水的排放有严格控制，对水产养殖业的发展也有明确的法律加以限制。例如，养殖业废水排放标准、渔用药物使用规定、特种水产品流通以及水生野生动植物保护等方面都已经形成了一系列法律体系。因此，这些国家在渔场生态环境保护、养殖场设置和养殖废水、污泥处理等方面都取得了显著的成效。

美国、加拿大和日本等国先后开展了退化生态系统环境修复技术的研究，利用微生物降解技术修复被石油污染的海岸、池塘和湖泊的沉积环境，或通过底栖生物吞食有机碎屑作用修复增养殖场环境。日本学者根据网箱养殖场所处海域的地形和海流特征将其划分为封闭型水域、开放型水域等不同类型，研究了污染物的迁移和归宿，提出了利用温跃层、内部潮汐、改造地形等措施，加速污染物的扩散，减少污染物的积累。

挪威政府对大西洋鲑养殖产业进行严格的管理，集中体现在实施养殖许可证制度。申请养殖许可证必须符合以下条件：养殖运营中不会引起鱼、贝类的病害传播；不会增加污染风险；养殖地点不会妨碍环保、交通或地区开发；养殖者必须经渔民学校 3 年以上培训，具有养殖专业知识和 2 年的养殖管理实践经验；养殖密度不超过 25 kg/m$^3$，每个养殖场年投饵量不超过 650 t；2 个养殖场间距应大于 1 km，同一海域只能连续饲养 2 年，然后至少空闲 1 个月；病死鱼需及时捞去，放在专用箱内用甲酸浸泡，运到专门的加工厂加热至 85～95℃，再加工成鱼粉、浓缩蛋白和鱼油，这种产品只能喂养家禽，而绝不能用于养鱼。

（4）高效集约式养殖技术发展迅速

在有限的天然渔业资源情况下，高效的集约式养殖技术，如网箱养鱼、工厂化养鱼等在一些国家逐渐发展起来。网箱养鱼在 20 世纪 50 年代首先在日本兴起，日本的海水网箱以养殖高经济价值的鰤鱼、真鲷为主，并已能利用网箱完成亲鱼产卵、苗种培育、商品鱼养殖以及饵料培养等一系列生产过程，同时将网箱养鱼向外海发展。

最近 10 多年，挪威、芬兰、法国、德国等正在研制大型海洋工程结构型网箱以及养殖船。挪威研制了体积达 1.2 万 m$^3$ 的网箱，而且网箱形式多样，材料轻、抗风浪、抗老化、安装方便，能承受波高 12 m 的巨浪。连续成列网箱采用了自动投饵和监控管理装置。英国研制了一种旋转式网箱，在网箱的不同位置安装了充排气管，调整充排气可使网箱任意翻转，以便于网箱修整和清污。美国研制了独特的抗风浪的飞碟型网箱。此外，还有球形、圆柱形和可折叠加长式等多种网箱。太阳能、风能、波能、潮汐能和声光电诱导等技术均已在网箱养鱼中得到应用。

工厂化养殖比较发达的国家有日本、美国、德国、英国、丹麦及前苏联。近代工厂化养鱼较为成功的有英国汉德斯顿电站的温流水养鱼系统、德国的生物包过滤系统、挪威的大西洋鲑工厂化育苗系统和美国亚利桑那白对虾良种场等。

（5）现代渔业成为发展方向和主流

首先，现代渔业主要表现在生产模式的科学性以及高新技术的应用性。在生产模式方面，将体现人与自然和谐的生态经济模式，实现资源节约型生产的循环经济。使渔业产业领域和范围不断扩展，产业链得以延伸，一种鱼形成一个产业，由过去传统的“渔业生产”，到现代的“捕捞生产—加工保鲜—销售”，改变“渔业”仅仅是生产部门的观念，而将渔业产业链以及相关环境、资源等作为一个整体产业来看待，减少整个生产过程中废料对外界的排放；其次，现代渔业表现在对现代科学技术的不断应用和组合上。通过现代科技减少了对自然界的依赖，提高防御自然灾害的能力，如信息技术、生物技术等，以设施渔业、工厂化养鱼和渔业物流产业链为代表的工业化技术系统集成得到了快速发展。

## 6.5 应对捕捞业和养殖业发展的对策与措施

在过去的30年里，捕捞业和水产养殖业的发展提高了人民的生活水平，促进了中国经济的发展，同时也给中国近海的生态环境和生物资源带来了沉重的压力。但是关于渔业资源可持续利用和管理的相关研究的积累仍显不足，并且在实际的渔业管理中也存在法律法规不完善、涉海部门多等问题。面对这一严峻形势，应根据中国《渔业法》，参照联合国粮农组织《负责任渔业守则》的要求，重点实施渔业资源重点保护、渔业资源增殖、负责任的海洋渔业等措施，促进中国渔业持续健康发展，实现资源养护型的捕捞和环境友好型的高效水产养殖。

### 6.5.1 发展资源养护型的海洋捕捞业的科学途径与对策

（1）加大压缩捕捞强度，促进渔业资源的可持续利用和发展

1）延长休渔期，恢复渔业资源

实行伏季休渔是保护和恢复渔业资源，促进渔业经济持续健康发展的一项重要措施。从近几年休渔效果来看，开捕后不论渔获物的个体还是产量，都明显增加，确实达到了保护渔业资源的目的。因此，为更有效地保护渔业资源，建议继续加大管理力度，延长休渔期，进一步降低捕捞强度。

2）继续加大减船力度，促进渔民转产转业

将现有海洋捕捞渔船数量再减少3万艘，同时通过培训、资金支持，做好沿海捕捞渔民转产转业工作。

3）加强水产品深加工业和新兴海洋生物产业的建设，提高水产品附加值，转移捕捞渔民劳动就业。

（2）建立海洋保护区，促进海洋渔业生物栖息地和多样性的保护

中国目前已建立海洋自然保护区70多个，其中国家级自然保护区22个，对中国海洋生物多样性、生态系统和环境保护起到了一定的作用。建立海洋自然保护区是保护海洋生物多样性和防止海洋环境恶化的最为有效的手段之一。海洋保护区的兴起，为人类保护海洋环境及其资源，开辟了新的途径。

（3）提高渔业资源增殖力度，有效地保护和恢复渔业资源

1）增殖放流

增殖放流是促进渔业经济健康发展的重要手段，对天然渔业资源的增殖和恢复

起到了积极的作用。目前，中国渔业资源的增殖放流数量与资源恢复的需要还有很大的差距，因此，需要进一步加强多营养层次种类的增殖放流力度，同时要保证不影响生态系统安全。

2）人工鱼礁和海洋牧场

人工鱼礁与海洋牧场的建设是养护近海渔业资源的重要举措。人工鱼礁和海洋牧场对于恢复和增殖渔业资源、改善和修复海洋生态环境起了重要的作用。目前，人工鱼礁和海洋牧场的实践和研究工作的资金不足，宣传力度也不够，很多工作需要进一步开展。

（4）完善渔业管理法制体系，确保渔业生产和管理有法可依

在渔业法制建设方面，要完善渔业相关的法律体系，使渔业生产和管理有法可依，有章可循。在管理体制上，一方面要加强执法力量，理顺全国海洋执法体制，建立海上统一执法队伍，严厉打击非法捕捞；另一方面在港口、销售地等检查渔获物的规格、品种、质量等，切实做到保护中国的海洋渔业资源。

（5）加强生态系统水平渔业管理的基础研究

开展中国近海渔业资源的长期常规性监测与评估，提出资源合理利用和保护措施。加强渔业环境监测技术研究，建立和健全渔业环境监测技术工作体系，建立科学的评价和风险评估体系；加强大洋、公海生物资源利用技术研究，开发新的渔业资源，丰富渔业内涵。

（6）提高公众对资源的养护意识

增强全民对渔业资源的保护意识，大力弘扬海洋文化，充分认识渔业资源对人类社会的重要意义。政府“由上而下”地将渔业资源保护活动的知识和情况告诉普通民众，并有效地组织公众参与活动。建立和完善海洋管理的公众参与机制，实现渔业经济的管理从政府管理向行业管理的转变，建立和完善渔业行业协会管理体系，在中国引入共同管理，让公众把自己的独立立场充分表达出来，从真正意义上实现公众对政府决策和政策执行的监督。设立放鱼节，制定和实施全民海洋宣传计划，提高全民保护海洋和资源意识，为实现渔业资源的可持续利用创造良好的社会氛围。

### 6.5.2 发展环境友好型的高效海水养殖业的科学途径与对策

（1）推动生态系统水平的海水养殖生产模式的发展

浅海的贝类和藻类养殖活动直接或间接地使用了大量的海洋碳，提高了浅海生态系统吸收大气 $CO_2$ 的能力。在适宜的浅海区建设以藻、贝类为主的海洋牧场。通过养殖和增殖大型经济藻类和优质经济贝类，净化水质，改善水域生态环境。多营养层次海水养殖不仅能够缓解养殖水域富营养化，改善水域生态环境，也能够为二

氧化碳减排发挥重要作用。同时，还具有高生产效率、高生态效率的特点，应大力倡导碳汇渔业这一发展理念。

（2）完善水产养殖法律法规体系，加大执法力度，确保产业可持续发展

根据水产养殖业发展现状，制定出一套适合本国实际、以养殖证制度为基础的全面的养殖管理制度，解决养殖环境保护、水产苗种管理、养殖生产过程、渔药与渔用饲料、水生动物防疫检疫等执法依据问题。要加大执法力度，加快实施养殖证制度，规范养殖行为；强化质量监督管理，保证产品卫生安全。渔政部门应和质检、环保等部门通力协作，保证饲料、饲料添加剂、渔药、养殖用水等所有养殖生产投入品的质量符合国家或行业标准或技术要求，从而实现水产养殖业的健康发展。

（3）推动基层养殖管理体制的建设

建立基层水产养殖管理体制是目前水产业行之有效的行业管理措施。一方面，要集中各养殖大户的物资和智慧，建立水产专业合作经济组织，促使优势水面向养殖大户及基层养殖联合体集中，建立风险共担、利益均沾的经营管理体制，充分发挥行业自律和经济互补的作用，形成合力，共同防范和抵御各种市场风险，带领养殖户走共同富裕之路；另一方面，养殖企业也必须走“强强联合”之路，按照“公司+基地+农户”的产业化发展模式，整合资源，形成规模，增强企业核心竞争力。

（4）加强水产养殖业的科技创新研究

提高我国水产养殖的综合能力，增加渔民的实际收入，满足居民对水产品由数量向质量转移的需要，必须加大水产养殖科技创新的力度，开展养殖容量、生物地球化学循环、多营养层次综合养殖模式等方面的研究，研究人员也应与水产养殖经营者充分沟通，了解产业发展需要解决的问题，解决制约我国海水养殖业健康、持续发展的共性技术问题，研发环境友好型和生态高效型的海水养殖高新技术，为生态系统水平的海水养殖提供科学基础。

# 第 7 章　陆源污染及其他污染物对海洋环境的影响

人类活动产生的污染物质通过直接排放、河流携带和大气沉降等陆源输送方式进入海洋，严重影响着海洋生态环境质量。研究显示，海洋中超过 80%的污染物来源于陆地，因此控制陆源污染对保护海洋环境、实现海洋可持续发展具有重要意义。自联合国环境规划署 1995 年倡导“保护海洋环境免受陆地活动影响全球行动计划”（GPA）起，保护海洋环境免受陆源污染已经成为全球 160 多个海岸带国家和地区的共同行动。中国在控制陆源污染、保护近海及河口环境方面付出了巨大的努力，到 21 世纪初，已经颁布实施了包括水环境、水资源、海洋环境、渔业、港口航运、生物多样性、海洋权益等在内、相对完整的法律体系，建立了国家、省、市、县级的海洋管理专门机构。但从对陆源污染物入海总量及海洋生态环境质量变化趋势的分析可以看出，这些环境政策、措施实施的效果并不理想，还没有从根本上解决中国陆源污染的控制问题。

本章旨在分析陆源以及海上活动、大气沉降等其他来源的主要污染物排放状况并预测其变化趋势，从而识别中国海洋环境的主要污染问题及对中国近海海洋环境与生态系统的影响；全面回顾经济发展与污染物排放、环境质量关系，分析预测经济增长情景下，2020 年的污染源强变化；系统分析中国目前控制陆源污染的国家政策、法规、标准及重大计划，剖析陆源污染管理中存在的问题及产生问题的根源；在此基础上，借鉴国际陆源污染和其他污染管理的经验，提出减少和防治海洋环境污染的政策和行动建议。

## 7.1　陆源污染物输入现状及趋势

陆源污染重点分析入海河流、沿海主要排污口对中国近海的污染输入通量。地下水输入也不可忽视，但是缺乏全国性的监测研究，因此本章未涉及。本节根据国家与海洋环境质量相关的各类公报以及《第一次全国污染源普查公报》，重点分析入海河流、沿海主要排污口排放污染物入海总量以及沿海地区固体废物排放情况及其来源，并以福建省九龙江流域及厦门海域为例分析了化学需氧量、氮、磷、油类、重金属等主要水污染物（指标）以及固体废物的来源构成。

### 7.1.1 河流及流域输入海洋的污染物

（1）主要河流输入海洋的污染物

根据国家海洋局发布的 2002 年至 2009 年《中国海洋环境质量公报》中全国主要河流入海污染物数据（见图 7.1），监测的主要河流（长江、珠江、黄河、闽江、钱塘江等河流）入海污染物总量总体呈波动式上升趋势，在 2007 年出现峰值，5 年间增加 121.3%；2008 年比上年度减少约 18%，但 2009 年又有所增加，污染物入海总量达 1 367×$10^4$ t，比 2008 年增加 19%，接近 2007 年的排放水平。污染物入海总量的波动与河流水文情势的年际变化、流域污染控制水平等诸多因素相关，与 10 年前相比总量明显上升，近年来的控制效果尚待进一步观察。

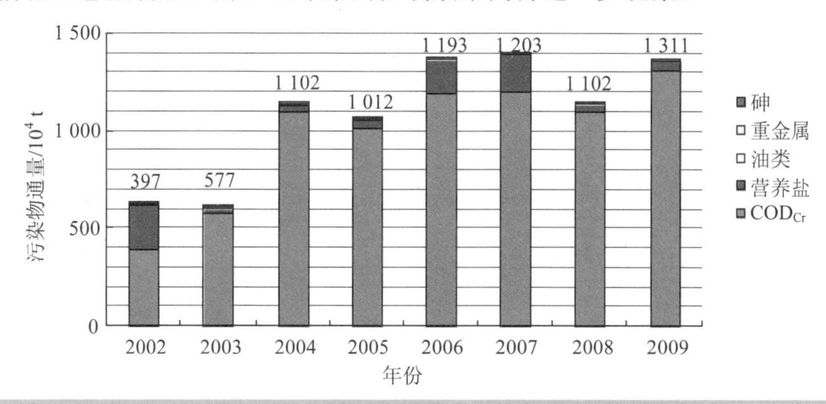


**图 7.1 全国主要河流入海污染物通量**

资料来源：中国海洋环境质量公报，中国国家海洋局，2002－2009。

从历年情况看，化学需氧量和营养盐是主要污染物，两者之和占径流输入污染物总量的 90%以上。如 2009 年全国主要河流的入海污染物总量为 1 367×$10^4$ t，其中化学需氧量（$COD_{Cr}$）1 311×$10^4$ t（约占总量 95.9%）、营养盐 47×$10^4$ t（约占 3.4%）、油类 5.46×$10^4$ t、重金属 3.39×$10^4$ t、砷 0.39×$10^4$ t。

各河流排入海洋的污染物的数量与其多年平均流量、流域经济总量一致。长江、珠江入海污染物量长年居全国之首，2002 年至 2004 年占监测的全国主要河流入海污染物总量的 80%以上，近年来降低至 2008 年的 70%和 2009 年的 58%。和 2008 年比较，2009 年有长江、黄河、闽江、晋江、钱塘江等 5 条河流排污量增加，其中：浙江钱塘江和福建晋江污染物入海总量显著增加，钱塘江从 2008 年的 33.68×$10^4$ t 增至 100.60×$10^4$ t，晋江从 2008 年的 2.85×$10^4$ t 增至 7.90×$10^4$ t，福建闽江年污染物入海总量则从 2005 年后超过黄河成为第三大污染源；2009 年入海污染物总量下降显著的有珠江、南渡江、椒江、九龙江，其污染物入海总量分别约为上年的 47%、

23%、47%、34%。

（2）非点源污染

非点源污染是指在降雨径流的冲刷和淋溶作用下，大气、地面和土壤中的溶解性或固体污染物质以分散的、微量的形式进入水体的污染方式[1]。由于非点源污染发生时间具有随机性、发生方式具有间歇性、发生时机具有潜伏性和滞后性、发生机制具有复杂性，控制难度很大。近年来随着点源治理水平逐步提高，经径流入海的污染物中非点源的比重逐步增大。

中国学者对农业（农村）和城市非点源污染的研究始于20世纪80年代初，但基本以小区试验性研究为主，缺乏针对全国非点源污染状况的权威研究。2010年2月初，中国发布了《第一次全国污染源普查公报》，是近年来涉及农业污染源的最权威统计数据。在该《公报》中，农业源统计了种植业、畜牧业和水产养殖业的主要水污染物排放（流失）量（不包括典型地区农村生活源，以及由于水土流失排放的污染物）。在所统计对象中，种植业、水产养殖业基本为非点源排放，畜牧业除一部分规模化养殖外，其他大部分为农户散养型，也是非点源。因此，该《公报》中的农业污染源情况基本可以反映中国农业非点源污染的情况。

工业源、农业源和生活源的化学需氧量、氨氮、总氮、总磷、石油类、挥发酚和重金属排放量汇总见表7.1。从表7.1可见，全国化学需氧量排放量以农业源最大（占总量44%），生活源次之（占37%），而工业源最小（占19%）（图7.2 a）。换言之，农业源排放量高达工业源排放量的2.3倍，若加上农村生活源，农业源排放量将更大。在重点流域，三者有一致的大小次序，而农业源排放量更高达工业源排放量的近5倍（图7.2b）。由此可见，农业污染源已经成为中国水污染控制的突出问题，应引起各方高度重视。

**表7.1　2007年全国主要水污染物排放量[2]**　单位：$10^4$ t

| | | 化学需氧量 | 氨氮 | 总氮 | 总磷 | 石油类 | 挥发酚 | 重金属 |
|---|---|---|---|---|---|---|---|---|
| 工业源 | 全国 | 564.36 | 20.76 | — | — | 5.54 | 0.70 | 0.09 |
| | 重点流域 | 145.28 | 2.96 | — | — | 1.85 | 1938.63① | 0.01 |
| 农业源 | 全国 | 1324.09 | — | 270.46 | 28.47 | — | — | 7314.67② |
| | 重点流域 | 718.65 | — | 118.94 | 13.26 | — | — | 3378.75② |
| 生活源 | 全国 | 1108.05 | 148.93 | 202.43 | 13.80 | 72.62③ | — | — |
| | 重点流域 | 328.07 | 47.00 | 65.92 | 3.77 | 65.92③ | — | — |

注：重点流域包括海河、淮河、辽河、太湖、巢湖、滇池；工业源为排放后经处理设施削减后实际排入环境水体的排放量；农业源不包括典型地区农村生活源；
①单位为t；②为畜牧业和水产养殖业的铜、锌的总和，单位为t；③含动植物油。

1 洪华生，张玉珍，曹文志．九龙江五川流域农业非点源污染研究[M]．北京：科学出版社，2007.
2 环境保护部，国家统计局，农业部．第一次全国污染源普查公报[R]．2010.

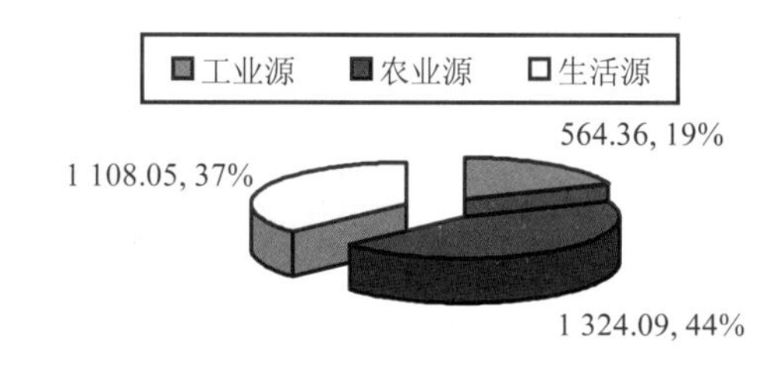


图 7.2a 2007 年全国 COD 排放量（万 t）

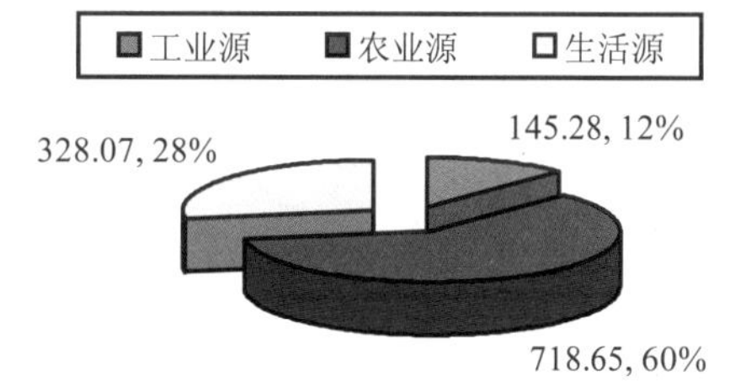


图 7.2b 2007 年全国主要流域 COD 排放量（万 t）

### 7.1.2 沿海主要排污口输入的污染物

（1）主要入海排污口排放污染物情况

根据国家海洋局《海洋环境质量公报》，2005—2008 年，监测的全国入海排污口排放的污染物（化学需氧量、悬浮物、氨氮、磷酸盐、$BOD_5$、油类、重金属等）年排放总量从 1 463×$10^4$ t 降至 836×$10^4$ t，呈显著下降趋势（表 7.2）。其中化学需氧量和悬浮物两者之和占入海排污口排放总量的 90%以上，是全国入海排污口排放的主要污染物，其次为营养盐类（氨氮、磷酸盐）。除悬浮物外，其他污染物总体上呈现下降趋势（图 7.3）。

渤海、黄海、东海、南海四大海区 2006—2008 年监测入海排污口数量、超标率、污染物排放总量如表 7.3 所示。由表 7.3 可见，排放总量由大到小顺次为：黄海＞渤海＞南海＞东海；其中，黄海从 663.28×$10^4$ t 下降至 396.26×$10^4$ t，南海从 354.35×$10^4$ t 下降至 126.24×$10^4$ t，呈明显下降趋势；渤海则从 162.25×$10^4$ t 升至 217.36×$10^4$ t，呈上升趋势；东海在 2007 年显著上升后又下降（图 7.4）。值得注意的是，4 个海区所有排污口的超标率多年居高不下，历年均在 75%以上，最高者达 92%（2008 年，东海）。

表 7.2 全国入海排污口污染物排放总量 单位：$10^4$ t

| 年份 | $COD_{Cr}$ | 悬浮物 | 氨氮 | 磷酸盐 | $BOD_5$ | 油类 | 重金属 | 其他 | 总量 |
|---|---|---|---|---|---|---|---|---|---|
| 2005 | 954.0 | 427.0 | 50.0 | 3.0 | 8.0 | 12.0 | 2.0 | 7.1 | 1 463.0 |
| 2006 | 638.0 | 598.0 | 18.0 | 4.0 | 17.0 | 10.0 | 4.6 | 8.4 | 1 298.0 |
| 2007 | 539.0 | 652.0 | 16.0 | 1.7 | 9.0 | 0.3 | 0.6 | 0.6 | 1 219.0 |
| 2008 | 410.0 | 400.0 | 17.0 | 1.7 | 5.0 | 0.9 | 0.2 | 1.2 | 836.0 |

注：资料来源为《海洋环境质量公报》，中国国家海洋局，2005—2008 年。

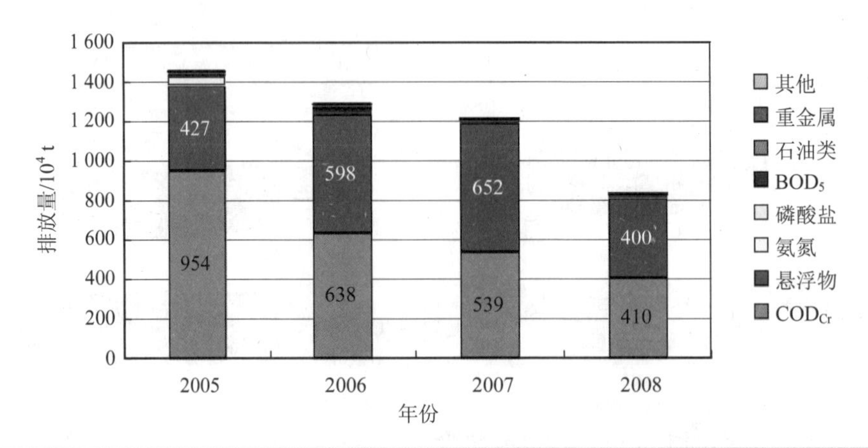


图 7.3　入海排污口污染物排放量

表 7.3　全国各海区主要入海排污口排放污染物总量　　单位：$10^4$ t

| 年份 | 渤海 | | | 黄海 | | |
|---|---|---|---|---|---|---|
| | 排污口 | 超标率/% | 排污量 | 排污口 | 超标率/% | 排污量 |
| 2006 | 104 | 90.40 | 162.25 | 194 | 77.30 | 663.28 |
| 2007 | 100 | 91.00 | 176.76 | 185 | 87.60 | 639.98 |
| 2008 | 96 | 83.30 | 217.36 | 185 | 88.10 | 396.26 |
| 年份 | 东海 | | | 南海 | | |
| | 排污口 | 超标率/% | 排污量 | 排污口 | 超标率/% | 排污量 |
| 2006 | 131 | 79.40 | 118.12 | 180 | 88.20 | 354.35 |
| 2007 | 118 | 81.40 | 168.22 | 170 | 90.00 | 234.05 |
| 2008 | 112 | 92.00 | 96.14 | 132 | 89.40 | 126.24 |

注：资料来源为《海洋环境质量公报》，中国国家海洋局，2006—2008 年。

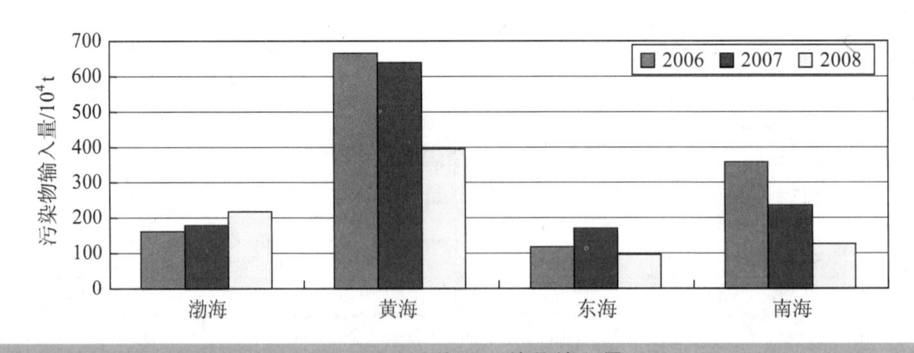


图 7.4　四大海区污染物输入量

（2）不同类型排放口情况

原国家环保总局（现环保部）《中国近岸海域环境质量公报》于 2006 年、2007 年对沿海日排污量大于 100 $m^3$ 的直排海排放口分工业污染源排放口、生活污染源排放口和综合排污口（排污河、沟、渠）进行了监测统计（表 7.4），取 2007 年 607 个直排海排放口监测统计资料分析如下。

由于统计口径不一，直排海排放口污染物总量与表 7.2 差异较大，但分析来源和趋势，从废水排放量及各污染物排放总量看，超过一半为综合排放口排放；工业污染源排放口排放的废水总量 $10.97\times10^8$ t，大于生活污染源的 $6.9\times10^8$ t，但后者排放废水中污染物总量为 $10.25\times10^4$ t，是前者（$4.39\times10^4$ t）的 2.3 倍，且呈上升趋势（与 2006 年比较）。

表 7.4　2007 年全国沿海各类直排海排放口排放情况

| 排放口类别 | 废水量 | $COD_{Cr}$ | 石油类 | 氨氮 | 总磷 | 汞 | 六价铬 | 铅 | 镉 | 总计 |
|---|---|---|---|---|---|---|---|---|---|---|
| 工业 | 10.97 | 4.09 | 467 | 2 375 | 196.3 | 0.00 | 2.80 | 0.70 | 0.45 | 4.39 |
| 生活 | 6.90 | 9.00 | 970 | 10 179 | 1 366.3 | — | — | — | — | 10.25 |
| 综合 | 23.72 | 28.40 | 1 405 | 38 006 | 3 250.2 | 0.23 | 24.33 | 13.80 | 1.79 | 32.67 |
| 合计 | 41.59 | 41.49 | 2 842 | 50 560 | 4 812.8 | 0.23 | 27.13 | 14.50 | 2.24 | 47.32 |

注：资料来源为《中国近岸海域环境质量公报》，中国环保部，2006—2007 年；
表中单位：废水量为 $10^8$ t/a，$COD_{Cr}$ 为 $10^4$ t/a，污染物排放总量为 $10^4$ t/a，其他为 t/a。

## 7.1.3　海漂垃圾及其来源

中国对海洋漂浮垃圾的监测起步较晚。国家海洋局从 2007 年开始在中国近岸海域组织开展海洋垃圾监测，监测项目包括海面漂浮垃圾、海滩垃圾和海底垃圾的种类和数量。3 年的监测结果（表 7.5）表明，塑料类以及聚乙烯塑料泡沫类垃圾是中国近岸海域海漂垃圾的主要类型，其次是木制品类垃圾。海漂垃圾的主要来源为海岸娱乐活动（47%以上）、航运、捕鱼等人类活动。

联合国环境规划署“西北太平洋行动计划”对中国东海海滩及沿岸地区的海漂垃圾进行了调查[1]。根据该调查，东海区 2003 年和 2005 年海漂垃圾的密度（按垃圾数量计算）分别为 64 个/100 $m^2$ 和 166 个/100 $m^2$，2003—2005 年 3 年平均密度为 120 个/100 $m^2$。从垃圾重量来看，垃圾密度从 2002 年的 128 g/100 $m^2$ 增至 2005 年的 1 982 g/100 $m^2$。其中，玻璃制品和陶瓷类垃圾占垃圾总数量的百分比最大，

1 NOWPAP. Regional Overview：Marine Litter in the NOWPAP Region（2nd Edition）[EB/OL]（2008-12-19）[2010-04-15]. http://www.nowpap.org.

达 32.5%；聚乙烯塑料类垃圾占垃圾总重量的百分比最大，达 24.8%；塑料类垃圾占垃圾总数量及重量的百分比均较高。

国家海洋局的监测调查结果和联合国环境规划署报告结果相差甚大，说明海洋漂浮垃圾的监测方法亟须规范化、标准化。但从当前结果已经可以看出，海洋漂浮垃圾对海洋生态系统、滨海休闲旅游等的不良影响日益显现。其控制涉及海陆关系统筹、跨境管理合作、法律制度完善、公众意识提高等方方面面，绝非易事，应早日将海洋漂浮垃圾防治与管理提上议事日程。

**表 7.5　中国沿海海洋漂浮垃圾**

| 垃圾类型 | 年份 | 平均个数/（个/100m²） | 总密度/（g/100m²） | 主要种类 |
|---|---|---|---|---|
| 海面 | 2007 | 0.29 | 0.74 | 聚苯乙烯泡沫快餐盒、塑料袋、塑料餐具、鱼线和渔网等 |
| | 2008 | 0.12 | 2.20 | 塑料袋、漂浮木块、浮标和塑料瓶等 |
| | 2009 | 0.37 | 0.80 | 塑料袋、塑料瓶、木片等 |
| 海滩 | 2007 | 0.04 | 0.59 | 烟头、塑料袋、塑料绳索、渔具、塑料餐具、金属饮料罐和玻璃瓶等 |
| | 2008 | 0.80 | 29.60 | 塑料袋、烟头、聚苯乙烯塑料泡沫快餐盒、渔网和玻璃瓶等 |
| | 2009 | 1.2 | 69.80 | 塑料袋、塑料瓶、泡沫快餐盒 |
| 海底 | 2007 | 0.30 | 0.80 | 渔网、塑料袋和金属饮料罐等 |
| | 2008 | 0.04 | 62.10 | 玻璃瓶、塑料袋、饮料罐和渔网等 |
| | 2009 | 0.02 | 48.90 | 玻璃瓶、塑料袋、废弃渔网等 |

注：①资料来源：海洋环境质量公报，中国国家海洋局，2007—2009 年；
②2008 年、2009 年海面垃圾的统计对象为小块和中块垃圾；
③2007 年海底的监测区域为东营广利港、上海金山城市滨海旅游度假区、潮州柘林渔港和北海银滩旅游度假区等海域。

### 专栏 7.1　沿海省市生活垃圾排放情况

根据《中国统计年鉴》，对 2008 年全国沿海省市生活垃圾清运量和处理率，并对农村地区垃圾产生量进行计算。结果（表 7.6）表明，农村地区垃圾产生量远高于城镇生活垃圾排放量，全国农村地区垃圾产生量是城镇生活垃圾清运量的近 1.5 倍。更为严重的是，大量农村地区垃圾缺乏无害化处理处置措施和设施，直接堆放于河道两岸，雨季时被暴雨径流带到下游和沿海地区，严重影响水质，是海洋漂浮垃圾的重要来源。以未经无害化处理的排放量比较，农村地区垃圾产生量更达城镇生活垃圾的 4.4 倍。

表 7.6　中国沿海省市 2008 年城镇及农村生活垃圾排放情况

| 地区 | 城镇生活垃圾 | | 农村人口/万人 | 农村地区垃圾产生量/$10^4$ t |
|---|---|---|---|---|
| | 清运量/$10^4$ t | 无害化处理率/% | | |
| 天　津 | 173.80 | 93.52 | 267.78 | 84.05 |
| 河　北 | 662.77 | 57.15 | 4 060.50 | 1 274.59 |
| 辽　宁 | 796.71 | 59.78 | 1 723.72 | 541.08 |
| 上　海 | 676.00 | 74.38 | 215.28 | 67.58 |
| 江　苏 | 934.46 | 90.84 | 3 508.53 | 1 101.33 |
| 浙　江 | 806.78 | 89.57 | 2 170.88 | 681.44 |
| 福　建 | 398.95 | 87.97 | 1 805.60 | 566.78 |
| 山　东 | 991.44 | 79.37 | 4 934.63 | 1 548.98 |
| 广　东 | 1 868.36 | 63.87 | 3 495.97 | 1 097.38 |
| 广　西 | 248.53 | 82.30 | 2 978.21 | 934.86 |
| 海　南 | 84.75 | 64.74 | 444.08 | 139.40 |
| 全　国 | 15 437.70 | 66.76 | 72 135.00 | 22 643.18 |

注：①资料来源：中国统计年鉴，2009；
②农村地区垃圾产生量为农村人口数量及农村地区人均垃圾产生系数 0.86kg/d（管冬兴，2008）的乘积。

### 7.1.4　近海持久性有机污染物（POPs）主要来源

我国近海 POPs 主要是通过入海河流或沿岸直接排放（如入海排污口、江河、垃圾和非点源等）以及大气沉降等方式输送入海。大量的研究表明，近岸或沿海沉积物中 PCBs 主要来源于陆域的点源或面源径流输入，人口密集区附近海湾、沉积物和海水的多氯联苯含量为最高。对长江口潮滩沉积物中 PCBs 研究发现，污染物浓度在排污口附近的站点明显高于其他岸段，近岸排污是 PCBs 的主要来源。大连湾沉积物中 PCBs 在靠近大连港及附近厂家的测点为最高，显示出点源的污染特征。锦州湾沉积物中的 PCBs 含量及分布受入湾径流和近岸潮流场影响。厦门港附近海域和珠江口沉积物中的 PCBs 主要来自于工业污染和生活污水等陆域点源和面源。

2006 年起我国开展部分入海排污口的特征持久性毒害污染物的常规业务监测，各地海洋环境监测机构已初步具备分析这些典型 POPs 的能力，经过持续监测，目前在海洋环境中 POPs 的总体含量、空间分布特征及对海洋生态影响评价等方面取得一些进展。但由于经济发展和人类活动对近海海洋环境的影响日益增大，除一些典型的 POPs 外，大量新型的 POPs 物质也在逐渐进入海洋环境，逐渐改变海洋生物地球化学环境。鉴于这些污染物对生态和人体健康所造成危害的长期性和不可逆转性，应引起各级海洋管理和技术部门的关注，逐步强化对中国近海海域环境中 POPs 污染物的监测、研究和预测力度，有效削减 POPs 的排海总量，降低 POPs 污染对海洋生态的损害。

### 7.1.5 陆源污染案例分析：从九龙江流域到厦门海域

厦门海域位于福建省南部沿海、厦门岛周边海域、九龙江入海口处。具体地理范围一般为晋江市围头角至龙海市镇海角连线以西、九龙江河口紫泥镇以东海域，包括厦门西海域、九龙江河口湾、厦门南部海域、厦门东部海域、同安湾、大嶝海域、安海湾、围头湾等 8 个主要海域，也称厦门湾。海域行政区域分别隶属泉州、厦门、漳州三市管辖。厦门湾海域总面积 1 281.21 $km^2$，湾内有海岛 180 个，岸线长 67.59 km，海岛面积 349.80 $km^2$。

九龙江是福建省第二大河流，由发源于龙岩梅花山一带的北溪和发源于南靖与平和县西部板寮岭的西溪两大支流构成，地处福建省经济较为发达的东南沿海，流经农业集约化水平较高的漳州平原。其中北溪流域面积 9 803 $km^2$，西溪流域面积 3 964 $km^2$。北溪和西溪汇合于漳州，至浮宫又有南溪汇入，经厦门港入海。流域范围包括龙岩新罗、漳平和漳州华安、长泰、南靖、芗城、龙文等 7 个县（市、区）的全部和平和、龙海的大部。流域人口约 326.3 万，总人口密度 225.4 人/$km^2$，其中农业人口 251.3 万人，农村各产业产值 133.9 亿元（当年价）（以上为 2001 年数据）。厦门海域和九龙江流域位置如图 7.5 所示。

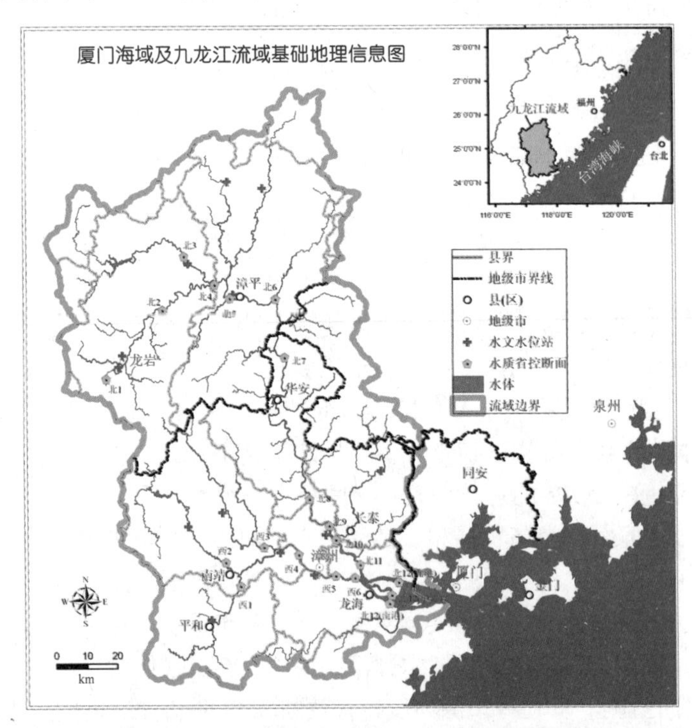


图 7.5　厦门海域及九龙江流域地理位置图

（1）九龙江流域营养盐输出至厦门海域的通量

通过对九龙江流域 30 年历史数据整合分析发现，自 1978 年改革开放起，九龙江流域和厦门市的畜禽养殖数量和化肥施用量增加了 6～7 倍，氮污染负荷也相应增加近 5 倍。大约有 22%的氮污染负荷最后通过九龙江输入到厦门湾，丰水年该比例可以达到 30%～35%（图 7.6）。根据研究，厦门湾氮磷负荷中至少有 70%来自九龙江的输送（图 7.7）。

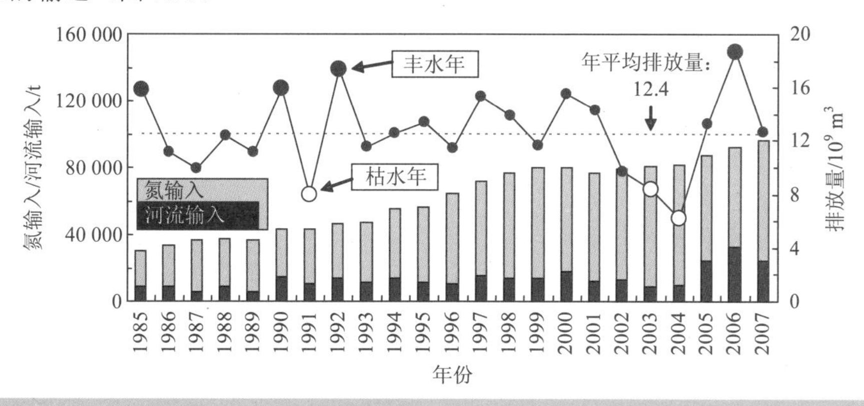


**图 7.6　九龙江流域氮输入及 DIN 河流输出的年际变化**

注：“氮输入”指流域畜禽养殖污染、生活污染和农田径流三大人为氮污染源输入到河流系统的量；“河流输入”指通过九龙江输送至厦门湾的量。

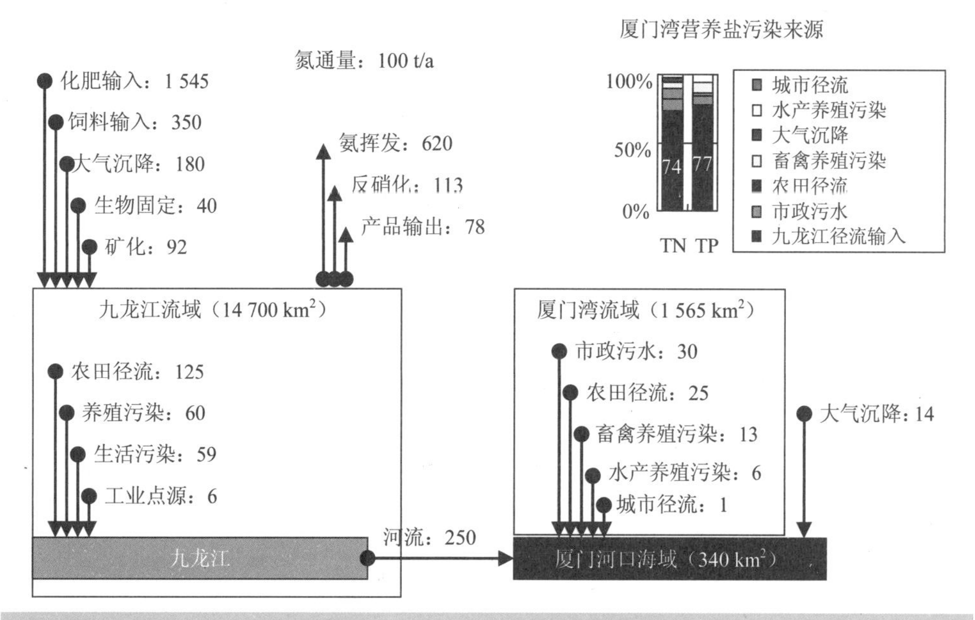


**图 7.7　九龙江流域对厦门海域的氮输出通量**

（2）九龙江流域及厦门市污染物排放量比较分析

九龙江流域农村垃圾的产生总量为$45.8\times10^4$t（2001年数据）[1]，超过当年厦门市生活垃圾产生量（$40.02\times10^4$t）（《厦门市环境质量公报》）。另外，厦门城市生活垃圾无害化处理率已达95%以上，而农村垃圾缺乏处理设施，危害更大。据估计，九龙江流域河道沿岸堆放约1 300t的生活垃圾，汇水区域水面生长约9 460t水浮莲等水生植物。这些垃圾和漂浮物通过直接倾倒、抛弃，雨水冲刷以及流域输送等形式由九龙江河口进入厦门海域，造成严重污染[2]。

从厦门市废水排放情况看，生活废水排放量呈上升趋势，工业废水排放量近年来稳定在$4\,000\times10^4$t上下（表7.7），两者之和从1997年的$7\,700.27\times10^4$t显著增长到2008年的$22\,715.82\times10^4$t；废水中COD总量也呈显著上升趋势，从1997年的$1.18\times10^4$t增至2008年的$4.704\times10^4$t。与此同时，厦门市工业废水排放达标率逐年上升，1996年为69.5%，2001年上升至96.83%，此后长年稳定在95%以上，2008年更接近100%（99.75%）；生活污水处理率也逐年提高，从1996年的35.7%增至2008年的82.23%。

由此可见，一方面，厦门市辖区内工业、生活水污染源的处理已无多大提升空间；另一方面，以入海氮污染物为例，九龙江流域输出量（25 000 t/a）是全厦门海域入海量（33 900t/a）的74%（图7.8）。因此，厦门海域环境质量的改善必须通过九龙江流域综合整治来实现。

表7.7 厦门市历年工业及生活污水排放情况

| 年份 | 废水排放量 | | | COD | | | 工业废水排放达标率/% | 生活污水处理率/% |
|---|---|---|---|---|---|---|---|---|
| | 总量/$10^4$t | 工业/$10^4$t | 生活/$10^4$t | 总量/$10^4$t | 工业/t | 生活/t | | |
| 1996 | — | 3 611 | 7 628 | — | 3 195 | — | 69.50 | 35.70 |
| 1997 | 7 700 | 3 019 | 4 202 | 1.180 | — | 5 204 | 75.41 | 52.55 |
| 1998 | 8 137 | 3 277 | 4 860 | 1.090 | 4 873 | 6 022 | 73.10 | 50.47 |
| 1999 | — | 3 076 | — | — | 4 197 | — | 86.09 | 56.97 |
| 2001 | 15 598 | 2 951 | 12 647 | 2.240 | 3 575 | 18 852 | 96.83 | 57.63 |
| 2002 | 15 859 | 2 938 | 12 921 | 2.210 | 3 546 | 18 515 | 97.57 | 51.28 |
| 2003 | 16 000 | 3 540 | 12 500 | 5.350 | 4 030 | 4 940 | 97.57 | 50.78 |
| 2004 | 16 900 | 3 910 | 13 000 | 5.310 | 5 300 | 4 780 | 96.62 | 60.01 |
| 2005 | 17 200 | 3 910 | 13 300 | 5.560 | 5 500 | 5 010 | 95.30 | 66.22 |
| 2006 | 20 300 | 3 990 | 16 300 | 5.370 | 5 500 | 4 820 | 97.10 | 66.99 |
| 2007 | 21 350 | 4 314 | 17 040 | 4.995 | — | 4 612 | — | 89.43 |
| 2008 | 22 716 | 4 025 | 18 691 | 4.704 | 3 019 | — | 99.75 | 82.23 |

注：资料来源为厦门市环境质量公报，厦门市环保局，1997—2009。

1 洪华生，黄金良，曹文志著．九龙江流域农业非点源污染机理与控制研究[M]. 北京：科学出版社，2008.
2 厦门海域海漂垃圾整治工作方案，福建省人民政府公报，2007年第22期。

### 7.1.6 陆源污染特征小结

综上分析，关于陆源污染可以得出如下结论：

（1）全国监测的主要河流入海污染物总量总体呈波动式上升趋势，2009 年为 1 367×$10^4$t，比 2008 年上升 19%，接近 2007 年峰值水平；历年来，长江和珠江入海污染物占全国径流入海污染物总量的 70%以上（2008 年以前），是主要污染源；化学需氧量和营养盐占 90%以上，是主要污染物（指标）。

（2）全国农业污染源 2007 年排放的化学需氧量 718.65×$10^4$t，占农业源、工业源、生活源三者总量的 44%，是工业源排放量的 2.3 倍（在重点流域，这一比例高达 5 倍）。农业污染源已经成为中国水污染控制的突出问题，应引起各方高度重视。

（3）全国入海排污口排放的污染物总量从 2005 年的 1 463×$10^4$t 降至 2008 年的 836×$10^4$t，呈显著下降趋势；化学需氧量和悬浮物是全国入海排污口排放的主要污染物；渤海、黄海、东海、南海四大海区入海排污口的超标率多年居高不下，历年均在 75%以上，最高者达 92%（2008 年，东海）；污染物排放总量大小依次为：黄海＞南海＞渤海＞东海，其中渤海呈现明显上升趋势；直排口中，生活污染源排放污染物总量是工业污染源排放口排放总量的 2.3 倍，且呈上升趋势。

（4）国家海洋局从 2007 年开始在中国近岸海域组织开展海面、海滩和海底海洋垃圾监测，3 年的监测结果表明，塑料类以及聚乙烯塑料泡沫类垃圾是中国近岸海域海漂垃圾的主要类型，其次是木制品类垃圾。海漂垃圾的主要来源为海岸带活动和娱乐活动（57%以上）、航运、捕鱼等人类活动。

（5）我国农村地区垃圾产生量远高于城镇生活垃圾排放量，前者是后者的近 1.5 倍；以未经无害化处理的排放量比较，农村地区垃圾产生量更达城镇生活垃圾的 4.4 倍。

（6）福建厦门海域—九龙江流域的案例分析支持了上述结论，九龙江流域 22%的氮污染负荷通过径流输入厦门湾（丰水年可以达到 30.35%），厦门海域氮磷负荷中 70%以上来自九龙江的输送。而沿海的厦门市工业废水排放达标率逐年上升（2008 年已接近 100%），生活污水处理率也逐年提高（2008 年为 82.23%），其行政辖区内水污染控制能力的提升空间已经非常有限，因此，厦门海域环境质量的改善必须通过其上游九龙江流域的综合整治来实现。

## 7.2 溢油及大气沉降污染

### 7.2.1 海洋溢油污染现状及趋势

经济全球化的迅猛发展和能源消耗的持续增加，使得海上石油运输量大幅度增长，海洋石油勘探开发规模不断扩大，全球海洋遭受重大溢油污染的风险也在不断增大。目前，经由各种途径进入海洋的石油每年约为 $600\times10^4$～$1\ 000\times10^4$t，约占世界石油年产量的 5‰，其中排入中国沿海的石油约 $10\times10^4$t [1]。

中国自 1993 年从石油出口国转为石油进口国以来，石油进口数量不断上升。据海关总署的统计数据，2008 年中国石油（包括原油、成品油、液化石油气和其他石油产品）净进口量达 $20\ 067\times10^4$t，比 2007 年同比增长 9.5%。这些石油 90%以上通过船舶运输。目前，中国海上石油运输量仅次于美国和日本，居世界第 3 位，中国港口石油吞吐量正以每年超过 $1\ 000\times10^4$t 的速度增长，船舶运输密度增加。中国海事局最新公布的一组数据显示，目前中国拥有远洋运输船舶逾百万艘，列世界第 9 位。2006 年沿海石油运输量达 $4.31\times10^8$t，航行于沿海水域的船舶达到 464 万艘次，其中各类油轮为 162 949 艘次，平均每天 446 艘次[2]。

随着运输量和船舶密度的增加，中国发生灾难性船舶事故的风险逐渐增大，中国海域可能是未来船舶溢油事故的多发区和重灾区。据交通部海事局统计（表 7.8），1973—2006 年中国沿海共发生大小船舶溢油事故 2 635 起，其中 50t 以上的重大船舶溢油事故共 69 起（平均每年发生 2 起），总溢油量 37 077t。其中，渤海湾、长江口、台湾海峡和珠江口水域被公认为是中国沿海 4 个船舶重大溢油污染事故高风险水域[3]。随着中国石油进口量的不断增加，船舶特大溢油事故的风险增大。

表 7.8　中国海上重大溢油事故统计

| 序号 | 时间 | 船舶 | 事故原因 | 溢油地点 | 溢油量 |
|---|---|---|---|---|---|
| 1 | 1973.11.26 | 大庆 36 号 | 碰撞 | 大连港 | 1 400t 原油 |
| 2 | 1976.2.16 | 南洋轮号 | 碰撞 | 广东海丰外海 | 8 000t 原油 |
| 3 | 1978.1.9 | 雅典地平线号 | 船底裂 | 上海港外海 | 1 400t 豆油 |
| 4 | 1983.11.25 | 东方大使号 | 搁浅 | 青岛港 | 3 343t 原油 |

1 王江凌．浅论海上船舶油污损害赔偿的范围和责任限额制度[J]．福建政法管理干部学院学报，2003，4：70-75.

2 陈煜儒．中国海事“防治赔”法律框架何时构成[EB/OL].（2007-11-13）[2010-05-15]. http://news.sohu.com/20071113/n253213761.shtml.

3 马书平，李建敏，林红梅．我国在渤海进行海陆空立体海上溢油应急演习[EB/OL].（2007-06-05）[2010-05-15]. http://finance.qq.com/a/20070706/000458.htm.

| 序号 | 时间 | 船舶 | 事故原因 | 溢油地点 | 溢油量 |
|---|---|---|---|---|---|
| 5 | 1984.4.13 | 海上输油管 | 洪水冲断 | 山海关 | 1 470t 原油 |
| 6 | 1997.6.3 | 大庆 243 号 | 爆炸起火 | 南京港 | 1 000t 原油 |
| 7 | 1999.3 | 闽燃供 2 轮 | 碰撞 | 珠江口 | 589t 燃料油 |
| 8 | 2001.1.27 | 隆伯 6 号 | 触礁倾覆 | 福建平潭海域 | 2 500t 柴油 |
| 9 | 2002.10.09 | 宁清油 4 号 | 触礁 | 汕头南澳 | 900t 凝析油 |
| 10 | 2002.11.23 | 塔斯曼海轮 | 碰撞 | 天津海域 | 超过 200t 原油 |
| 11 | 2003.9.13 | 胜利油田 106 段 | 油管 | 山东东营 | 150t 原油 |
| 12 | 2004.12.7 | 现代促进号 | 碰撞 | 深圳赤湾 | 超过 1 200t 燃料油 |

另外，随着海上油气开发和船舶数量的迅速增加，海上油气平台及输油管线的跑冒滴漏、船舶的各种泄漏、压舱水排放等造成的小范围石油污染事故更是频繁发生，并且呈逐年递增的趋势。这种小型甚至是微型事故对海洋环境的负面影响虽然不明显，但事故数量众多，其潜在的累积性生态损害也是不容忽视的。例如，2008年，渤海共发现至少 12 起小型油污染事件，发现位置如图 7.8 所示，事故发生次数较 2007 年有所上升。油污样品经鉴定已确定其中 6 起为船舶用重质燃料油。

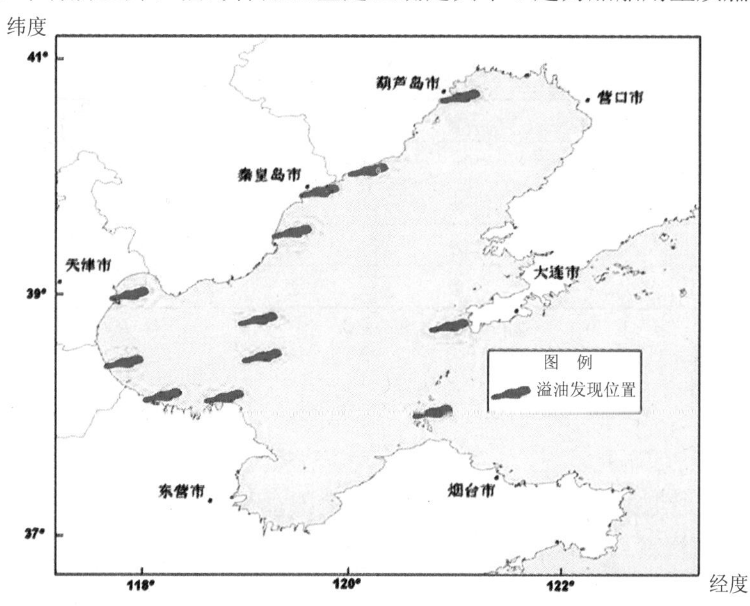


图 7.8 渤海溢油污染事故分布（2008 年）

一般认为，在没有发生大型海上溢油事故的情况下，海水中石油类污染物主要来源于海上船舶运输过程中的漏油及污水，以及江河等陆源污染。压舱、洗舱、机舱等含油污水的排放造成的点源污染对海域内海水质量有很大影响。船舶航行所带来的油类污染物排海量及排放位置的不确定性以及不同季节水文气象条件的变化造成不同海域四季石油烃水平的差异很大，也给监管工作带来很大的难度。

### 7.2.2 海洋大气沉降污染

大量研究表明，大气沉降是营养物质和重金属向海洋输送的重要途径之一。在人类活动影响较多的近岸海区，大量的营养盐（特别是氮）随大气输入海洋会对浮游植物生长和组成产生重要影响，甚至会引发赤潮。

近 20 年来，$NO_x$ 和 $SO_2$ 造成的大气污染得到充分重视和研究的同时，大气干湿沉降带来的水体富营养化和水质污染等环境问题也逐渐得到认识。国家海洋局从 2002 年开始对全国重点海域进行海洋大气环境质量监测，海洋大气中的 TSP、铜、铅、镉等污染物的沉降通量变化趋势如表 7.9 所示。2009 年，国家海洋局在大连海域、青岛海域、长江口海域和珠江口海域 4 个重点海域开展大气污染物沉降入海量监测。评价结果表明，2002—2009 年，长江口海域大气中铜、铅和总悬浮颗粒物的沉降通量、珠江口海域大气中铜的沉降通量均呈上升趋势，其他海域大气中重金属沉降通量无明显变化或呈下降趋势。

**表 7.9 2002—2009 年重点海域大气污染物沉降通量变化趋势**[1]

| 海域 | TSP | 铜 | 铅 | 镉 | 图例 |
|---|---|---|---|---|---|
| 大连近岸海域 | ⇔ | ⇔ | ⇔ | ↘ | ➚ 显著升高 |
| 青岛近岸海域 | ⇔ | ⇔ | ↘ | ↘ | ↗ 升高 |
| 长江口海域 | ↗ | ➚ | ➚ | ⇔ | ⇔ 基本不变 |
| 珠江口海域 | ⇔ | ➚ | ⇔ | ↘ | ↘ 降低 |

注：资料来源为国家海洋局 2009 年《海洋环境质量公报》。

近 10 年来，中国科研人员也逐渐开始对海洋大气中污染物质的沉降进行了一些研究。在黄海的研究发现，大气沉降是大陆溶解无机氮输入到黄海西部地区的主要途径，每年通过大气沉降入海的溶解无机氮的量为 $1.4\times10^{10}$mol；如果只考虑大气湿沉降和河流输入，其中 58%的溶解无机氮是通过大气湿沉降输入的（Zhang et al.，1999）。并且在整个黄海海域，$NH_4^+$的大气输入量超过了河流的输入量，而 $NO_3^-$的大气输入则明显小于河流的输入量[2]。

综上所述，大气沉降造成的海洋环境污染不容忽视。目前中国的气溶胶和降水的常规性监测主要集中于部分城市和地区，对海洋大气沉降还处于研究阶段，缺乏

1 劳辉．最近 29 年我国沿海船舶、码头溢油 50 吨以上事故统计[J]．交通环保，2003，24（6）：46.

2 Chung C S，Hong G H，Kim S H. Shore based observation on wet deposition of inorganic nutrients in the Korean Yellow Sea Coast[J]. The Yellow Sea，1998，4：30-39.

长时间大范围的常规性监测。仅有的一次大范围调查（908 近海海洋综合调查与评价专项，调查时间 2006—2007 年），由于样品数量非常有限，且仅采集和分析干沉降样品，也难以准确估计污染物大气沉降的入海通量。因此，中国对大气污染物沉降入海的相关研究和监测工作仍需深入和持续地开展。

## 7.3 陆源及其污染对海洋环境的影响

### 7.3.1 海洋环境质量

入海污染首先是直接造成环境质量的下降，通常选取海水、沉积物和海洋生物体内污染物质含量作为海洋环境质量的指标进行监测和评价。

（1）海水质量

对国家海洋局公布的 2000—2009 年《海洋环境质量公报》中的各类别的海域面积进行统计，近年来严重污染海域面积占所评价全海域（指未达到清洁海域水质标准的评价海域面积，本小节以下总体评价与分海区评价均与此同）面积比基本维持在 20%左右；从较清洁海域面积占所评价全海域百分比看（图 7.9a），全海域水质经历了“改善—恶化—改善”的波动过程，2006 年水质最差，2008 年较清洁海域面积占所评价全海域面积比上升至 47.8%，比 2007 年增加 12.5%，可见明显的改善，2009 年水质基本维持在 2008 年的状况。从污染海域（包括轻度污染、中度污染和严重污染三类）面积看（图 7.9b），同样可见全海域水质“改善—恶化—改善”的波动过程，即 2000—2003 年污染海域总面积逐年缩小，2004 年反弹至 2000 年水平，然后污染海域总面积总体上持续缩小。但是整体来看，污染海域面积仍超过 7 万 $km^2$，海洋环境质量状况不容乐观。

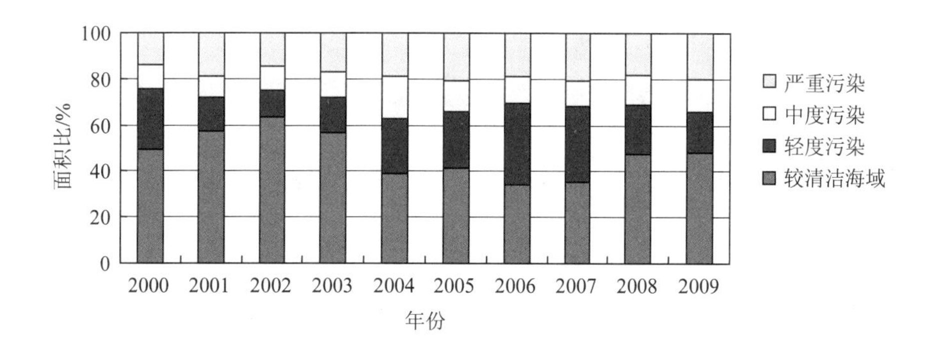


图 7.9a 不同清洁程度海域面积比例

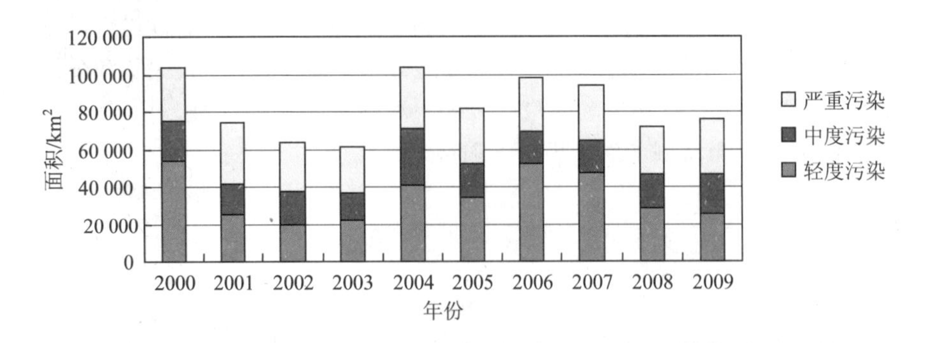


图 7.9b 不同污染程度海域面积

海域水质状况表现出与入海污染源同步的变化趋势，即海域环境质量对入海污染物总量（特别是河流入海污染物总量）具有较好的响应，入海污染物总量减少则水质相应改善。

在全国四大海区中，渤海较清洁海域面积占所评价面积百分比从 2002 年开始持续下降（图 7.10），面积由 2002 年的 28 220 $km^2$ 降至 7 260 $km^2$，污染趋势直到 2008 年才有所遏制，当年较清洁海域面积占评价海域总面积的 35.4%，2009 年渤海海域水质情况持续改善，较清洁海域面积超过评价海域总面积的 40%。

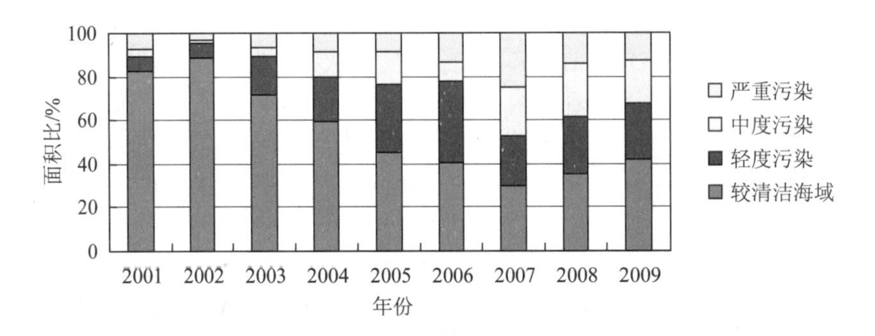


图 7.10 渤海不同清洁程度海域面积比例

黄海 2002—2004 年水质急剧下降，2005 年起又呈波动式改善，2008 年较清洁海域面积占当年评价海域总面积的 49.2%，2009 年较清洁海域面积占当年评价海域总面积的比值降至 42.5%，但同时严重污染海域的面积占当年评价海域总面积的比值也减少（图 7.11）。

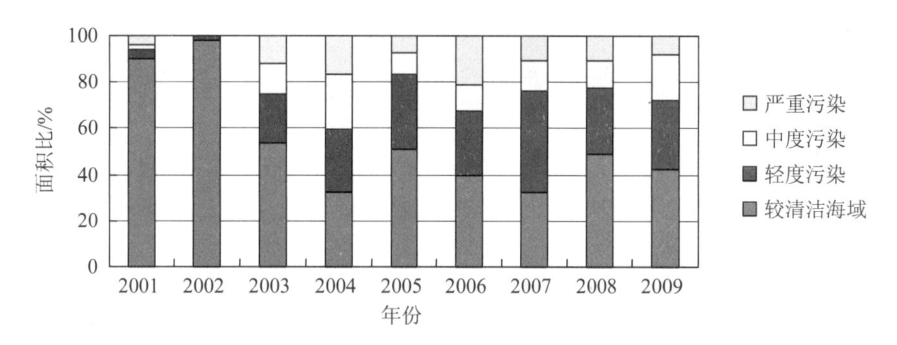


图 7.11　黄海不同清洁程度海域面积比例

东海 2001—2003 年水质波动较小，2004—2007 年水质较差，2008 年又有所改善，当年较清洁海域面积占所评价海域总面积的 51.3%，但 2009 年东海海域水质又开始恶化，较清洁海域面积占当年评价海域总面积的比值减少，严重污染海域比值增加。值得注意的是，东海的严重污染面积所占百分比一直处于较高水平，2005 年超过 35%，近 2 年维持在 24%左右（图 7.12）。

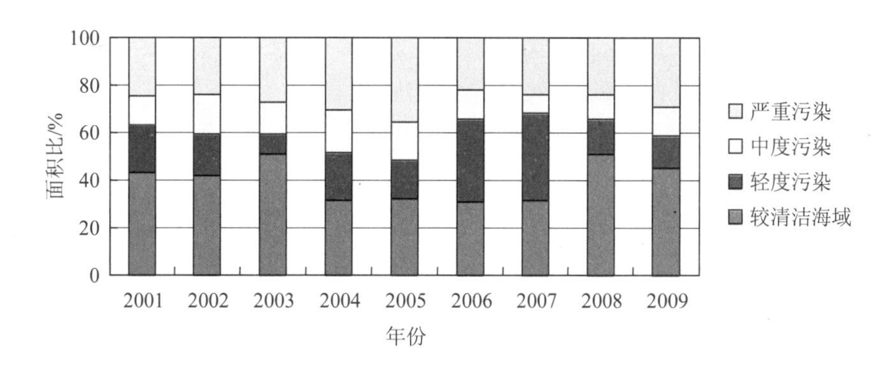


图 7.12　东海不同清洁程度海域面积比例

南海较清洁海域从 2002 年到 2006 年呈现下降趋势（图 7.13），从 17 530 $km^2$ 降至 4 670 $km^2$，2007 年、2008 年和 2009 年水质持续改善，较清洁海域面积有所增加，2009 年占评价总面积的 64.6%。

无机氮和活性磷酸盐一直是四大海区的主要污染因子，富营养化是各海区海水环境质量状况改善所面临的主要问题。除营养盐以外，渤海海区的石油污染，渤海、黄海、东海海区的铅污染也是海水环境质量的主要影响因子。

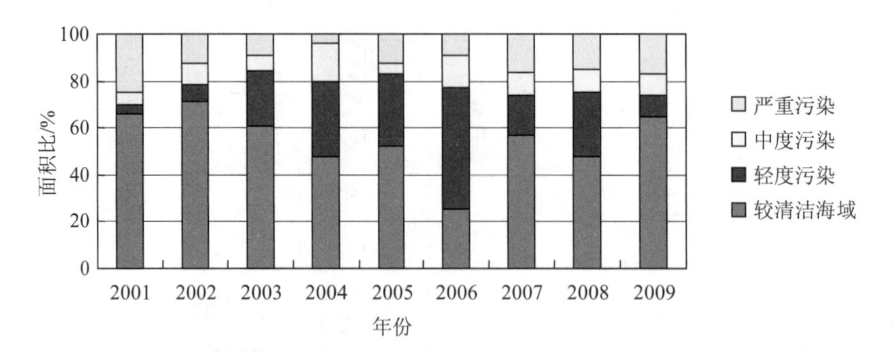


图 7.13　南海不同清洁程度海域面积比例

（2）沉积物环境质量

1）监测海域沉积物环境质量基本情况

根据国家海洋局《海洋环境质量公报》，2009 年全海域沉积物质量状况总体良好。近岸局部海域沉积物受到镉、铜、滴滴涕和石油类污染，上述污染物含量超第一类海洋沉积物质量标准的站位比例分别为 10.6%、7.9%、7.6%和 7.5%。多年监测与评价结果表明，辽东湾、莱州湾、青岛近岸、苏北近岸和广西近岸海域沉积物中石油类含量呈显著上升趋势；渤海湾和长江口沉积物中镉含量呈显著下降趋势（图 7.14）。

2）沉积物中持久性有机污染物（POPs）浓度

由于 POPs 具有较强的稳定性、低水溶性、憎水亲脂性的特点，在海洋环境中存在着从水相向沉积相和生物体方向迁移的趋势，沉积物成为海洋环境中 POPs 主要的总汇，其中的水平可以代表海域内 POPs 的污染状况和分布规律（方杰，2007）。整体上，有机污染水平与经济发展水平直接相关，渤海周边、珠江三角洲及邻近海域，长江及厦门闽江口工业活动密集，经济发展速度较快，持久性有机污染较其他地区严重。

3）沉积物中多氯联苯（PCBs）含量

目前，中国近岸海域沉积物 PCBs 含量较高的区域是锦州湾、青岛附近海域、大亚湾和珠江三角洲，均超过了 23 ng/g 的沉积物质量标准。PCBs 污染以珠江三角洲较为严重，多由电子垃圾的不正确处置造成。珠江河口蚌类等生物体有机污染物含量也表明 PCBs 污染已经到了可能危害食用大量海产品人群健康的水平，某些地区（如广州河段和澳门河口）为高生态风险区，可能对生态环境产生严重影响。一些热点海域沉积物中 PCBs 的含量列于表 7.10。

| 海域 | 沉积物综合质量 | 主要污染物 | 1997—2009 年变化趋势 | | | | | | | |
|---|---|---|---|---|---|---|---|---|---|---|
| | | | 汞 | 镉 | 铅 | 砷 | 铜 | 石油类 | 滴滴涕 | 多氯联苯 |
| 1 辽东湾 | | — | ⇔ | ⇔ | ⇔ | ⇔ | ● | ⬈ | ⇔ | ⇔ |
| 2 渤海湾 | | 多氯联苯 | ⇔ | ⬊ | ⇔ | ⇔ | ⇔ | ⇔ | ⇔ | ⇔ |
| 3 莱州湾 | | — | ⇔ | ⇔ | ⇔ | ⇔ | ● | ⬈ | ⇔ | ⇔ |
| 4 大连渤海近岸 | | 石油类 | ⇔ | ⇔ | ⇔ | ↗ | ⇔ | ⇔ | ⇔ | ⇔ |
| 5 黄海北部近岸 | | 滴滴涕 石油类 | ⇔ | ⇔ | ⇔ | ⇔ | ⇔ | ⇔ | ⇔ | ↘ |
| 6 烟台至威海近岸 | | — | ⇔ | ⇔ | ↗ | ⇔ | ⇔ | ⇔ | ↘ | ⇔ |
| 7 青岛近岸 | | — | ↘ | ⇔ | ⇔ | ⇔ | ● | ⬈ | ⇔ | ⇔ |
| 8 苏北近岸 | | — | ⇔ | ⇔ | ⇔ | ⇔ | ⇔ | ⬈ | ⇔ | ⇔ |
| 9 长江口 | | — | ⇔ | ⬊ | ⇔ | ⇔ | ⇔ | ⇔ | ⇔ | ⇔ |
| 10 杭州湾 | | — | ⇔ | ⇔ | ⇔ | ⇔ | ⇔ | ⇔ | ⇔ | ⇔ |
| 11 台州和温州近岸 | | — | ⇔ | ⇔ | ⇔ | ⇔ | ⇔ | ⇔ | ⇔ | ⇔ |
| 12 宁德近岸 | | 滴滴涕 | ⇔ | ⇔ | ⇔ | ⇔ | ⇔ | ⇔ | ⇔ | ⇔ |
| 13 闽江口至厦门 | | — | ⇔ | ⇔ | ⇔ | ⇔ | ⇔ | ↗ | ⇔ | ⇔ |
| 14 粤东近岸 | | — | ⇔ | ⇔ | ⇔ | ↘ | ⇔ | ⇔ | ↘ | ⇔ |
| 15 珠江口海域 | | 铜 | ⇔ | ⇔ | ⇔ | ⇔ | ⇔ | ⇔ | ⇔ | ↗ |
| 16 粤西近岸 | | — | ⇔ | ⇔ | ⇔ | ⇔ | ⇔ | ⇔ | ⇔ | ↘ |
| 17 广西近岸 | | — | ⇔ | ⇔ | ↘ | ⇔ | ⇔ | ⬈ | ⇔ | ⇔ |
| 18 海南近岸 | | 镉 | ⇔ | ⇔ | ⇔ | ⇔ | ● | ⇔ | ⇔ | ⇔ |

图例：沉积物综合质量：良好　一般　差；污染物变化趋势：⬈ 显著升高　↗ 升高　⇔ 无明显变化趋势　⬊ 显著降低　↘ 降低　● 数据年限不够

图 7.14　近岸海域沉积物污染现状及变化趋势[1]

1 沉积物综合质量评价方法说明：

a）单个监测站位沉积物质量

良好：最多 2 项指标超第一类海洋沉积物质量标准，且没有 1 项指标超第三类海洋沉积物质量标准；一般：2 项以上指标超第一类海洋沉积物质量标准，且没有 1 项指标超第三类海洋沉积物质量标准；较差：有 1 项或者更多项指标超第三类海洋沉积物质量标准。

b）区域沉积物质量

良好：不高于 5%的站位沉积物质量等级为较差，且不低于 50%的站位沉积物质量等级为良好；一般：5%～15%的站位沉积物质量等级为较差；或不高于 5%的站位沉积物质量等级为较差，且 50%以上的站位沉积物质量等级为一般；较差：15%以上的站位沉积物质量等级为较差。

表 7.10　中国主要海区表层沉积物典型 POPs 污染水平　单位：ng/g

| 海区 | PCBs | PAHs | HCHs | DDT |
|---|---|---|---|---|
| 东海 | — | — | 0.05～1.45 | ＜0.06～6.04 |
| 长江口 | 0.19～18.85 | 22～182 | nd～30.40 | nd～0.57 |
| 珠三角海岸 | 6.0～290 | 94～4 300 | 11.95～352.62 | 1.4～600 |
| 珠三角 | 11.5～485.45 | 217～2 680 | .014～17.04 | 2.6～1 628.8 |
| 大亚湾 | 0.85～27.37 | 115～1 134 | 0.32～4.16 | 0.14～17.04 |
| 渤海 | nd～2.1 | 28～1 081.9 | — | 0.4～2.0 |
| 大连湾 | 1.0～153.13 | 32.7～3 559 | 7.535～92.30 | 2.118～72.3 |
| 锦州湾 | 0.6～32.56 | — | 5.77～323.07 | 0.97～154.9 |
| 厦门海港 | ＜0.01～0.32 | 247～480 | ＜0.01～0.14 | ＜0.01～0.06 |
| 厦门西港 | 9.72～33.72 | 425.3～1 522 | — | 8.61～73.7 |
| 闽江河口 | 15.1～57.9 | 112～877 | 2.99～16.21 | 1.57～13.06 |
| 渤海湾 | 0.50～1.73 | 149～393 | 3.59～33.80 | 0.46～2.01 |
| 黄海 | nd～24.2 | nd～8 294 | — | nd～62.9 |

注："nd" 为未检出。

4）沉积物中多环芳烃（PAHs）含量

PAHs 输入到海洋环境的主要途径有：城市径流、废水排海、工业排放、大气沉降、交通和矿物燃料生产中泄漏等，沉积物是其主要的汇。由于分布广泛，世界许多地区的海洋沉积物中都能检测出 PAHs，其含量水平具有明显的区域特征。渤海沿岸沉积物中 PAHs 含量由高到低依次为秦皇岛、辽东湾、莱州湾、辽东半岛近岸、外海海区和渤海湾近岸。胶州湾沉积物中 PAHs 含量范围为 82～4 576ng/g，其分布趋势是东部（毗邻工业集中、人口密集的青岛市区）高于西部。大连湾附近海域沉积物中 PAHs 含量以大连港附近海域最高，呈现出明显的点源特征。长江口滨岸潮滩表层沉积物中 PAHs 的主要特征是在近排污口处含量最大，而远离排污口含量趋于降低。珠江及南海北部海域沉积物中的多环芳烃总量范围在 256～16 670ng/g，珠江广州段为高值区，南海近海中的 PAHs 随离岸距离的增加，浓度下降。与国外同类研究相比，中国海洋沉积物多环芳烃污染水平相对较低。但是在高度城市化、工业化的沿海地区，PAHs 污染也较为严重。长江口作为商业、运输枢纽，PAHs 含量虽处于低、中等水平，但个别 PAHs 化合物（蒽和芴）含量已超过基于生物毒性试验的沉积物质量标准。各海区 PAHs 污染来源不尽相同，长江口近岸潮滩、珠江三角洲大部分地区、大连湾近岸、厦门西港等海区主要来源于石油类污染，而鸭绿江、渤海大部分海区、北黄海、闽江口等海区主要来源于煤炭相关的燃烧。一些热点海域沉积物中 PAHs 的含量列于表 7.10。

5）沉积物中有机氯农药（OCPs）含量

OCPs 主要是通过土壤侵蚀、陆地径流、污染排放、大气沉降等途径进入到海洋环境中。国内对中国海湾、入海口、港口等区域的海洋沉积物中的 OCPs 分布特征也做了大量的研究，主要的污染物是滴滴涕（DDTs）和六六六（HCHs）。大连湾和锦州湾中的 DDTs 和 HCHs 含量范围分别为 2.1～72.3 ng/g、7.5～92.3 ng/g 以及 0.9～154.9 ng/g、5.8～323.1 ng/g。长江口潮滩 DDTs 和 HCHs 含量分别为未检出～0.565 ng/g 和 0.54～32.63 ng/g，含量较高的有机氯农药为 HCHs、狄氏剂、硫丹和艾氏剂。厦门西港表层沉积物中检出的有机氯农药主要以异狄氏剂、异狄氏醛、七氯、艾氏剂和林丹为主。珠江口沉积物 DDTs 和 HCHs 含量分别为 1.92～39.13 ng/g 和 0.48～26.28 ng/g，其含量比 20 世纪 80 年代初有大幅下降。中国 OCPs 污染以东南部河口及邻近海区较为严重，闽江口沉积物中某 OCPs 含量已接近中国国家水质标准临界值，长江口潮滩沉积物中 OCPs 含量尚未对生物产生显著影响，珠江三角洲沉积物污染已经达到可能影响当地渔民健康的程度。一些热点海域沉积物中 OCPs（HCHs 和 DDT）的含量列于表 7.10。

此外，一些新型的有机污染物也越来受到科学家的重视，如多溴联苯醚（PBDEs）、有机锡等，并对中国一些重点海区的污染状况进行了调查，发现这些污染物具有明显的地域特征，在特定区域污染比较严重，且污染水平在逐年升高，具有不可忽视的生态风险，已经到了我们必须采取行动来削减这些污染物质的排放的程度。表 7.11 和表 7.12 列出了 PBDEs 和有机锡在几个重点海区的浓度水平。

**表 7.11 我国几个海区表层沉积物中 PBDEs 的浓度** 单位：ng/g 干重

| 海区 | PBDEs | BDE209 |
|---|---|---|
| 青岛近岸（Qingdao） | 1.4 | — |
| 珠江三角洲（Zhujiang Delta） | 3.1 | 18.5 |
| 南海（South China Sea） | 0.46 | 2.7 |
| 香港近岸（Hong Kong） | 1.7～53.6 | — |
| 澳门港（Macao） | 10.2 | 43.8 |
| 厦门港（Xiamen） | 0.1～2.06 | — |
| 渤海沿岸（BoHai Sea） | 0.497 | 12.73 |

注：“—”为未测定。

表 7.12 我国几个海区有机锡的浓度

| | 海水/（ng/L） | 沉积物/（ng/g） | 生物体（湿重）/（ng/g） |
|---|---|---|---|
| 大连 | — | — | nd～407.5 |
| 青岛 | 26.17～132.10 | — | — |
| 上海 | 483.3（均值） | — | nd～42.9 |
| 福建 | n.d.～54.75 | 0.24～32.78 | nd～51.3 |
| 汕头 | 338.8（均值） | 81.7（均值） | 47.4（均值） |
| 惠阳 | 3 290.2（均值） | 19.6（均值） | 44.6（均值） |
| 台湾海峡 | 50.4±4.3 | — | — |
| 珠江三角洲 | — | 43.8～514.8 | — |

注："—"为未测定。

（3）海洋生物质量

中国自 1997 年开始对近岸海域贝类体内污染物的残留水平进行了监测，旨在通过监测海洋贝类体内污染物的残留水平，评估中国近岸海域的污染程度和变化趋势。所监测的主要生物种类为菲律宾蛤仔、文蛤、四角蛤蜊、紫贻贝、翡翠贻贝、毛蚶、缢蛏和僧帽牡蛎等，其体内污染物的残留量是表征近岸环境污染现状与趋势的主要指标。

根据国家海洋局《海洋环境质量公报》，2009 年，部分监测站位贝类体内的铅、砷、镉、石油烃和滴滴涕残留水平超第一类海洋生物质量标准，超标率分别为 48.3%、40.3%、39.8%、32.8%、28.7%，其中个别站位贝类体内石油烃和滴滴涕残留水平超第三类海洋生物质量标准。

多年监测与评价结果表明，中国近岸海域贝类体内六六六残留水平无明显变化趋势；部分近岸海域贝类体内铅、滴滴涕、多氯联苯和镉残留水平呈下降趋势，粤东近岸海域贝类体内滴滴涕和多氯联苯残留水平连续 3 年呈下降趋势；黄海北部近岸海域贝类体内砷和滴滴涕、渤海湾海域贝类体内砷、烟台至威海近岸海域贝类体内总汞残留水平均呈上升趋势（表 7.13）。

表 7.13 1997—2009 年近岸海域贝类体内污染物的残留水平变化趋势

| 海　　域（Sea area） | 石油烃（TPHs） | 总 Hg（Hg） | Cd | Pb | As | 六六六（BHC） | DDT | PCBs |
|---|---|---|---|---|---|---|---|---|
| 大连近岸（Dalian） | ⇔ | ⇔ | ⇔ | ⇔ | ⇔ | ⇔ | ⇔ | ⇔ |
| 辽东湾（Liaodong Bay） | ⇔ | ⇔ | ⇔ | ⇔ | ⇔ | ⇔ | ⇔ | ⇔ |

| 海　域<br>（Sea area） | 石油烃<br>（TPHs） | 总 Hg<br>（Hg） | Cd | Pb | As | 六六六<br>（BHC） | DDT | PCBs |
|---|---|---|---|---|---|---|---|---|
| 渤海湾<br>（Bohai Bay） | ⇔ | ⇔ | **↘** | ⇔ | ↗ | ⇔ | ⇔ | ⇔ |
| 莱州湾<br>（Laizhou Bay） | ⇔ | **↘** | ⇔ | ⇔ | ↘ | ⇔ | ⇔ | ⇔ |
| 烟台至威海近岸<br>（Yantai-Weihai） | ⇔ | **↗** | ⇔ | ⇔ | ⇔ | ⇔ | ⇔ | ⇔ |
| 青岛近岸<br>（Qingdao） | ⇔ | ⇔ | ⇔ | ⇔ | ⇔ | ⇔ | ⇔ | ⇔ |
| 苏北浅滩<br>（North Jiangsu） | ⇔ | ⇔ | ⇔ | ⇔ | ⇔ | ⇔ | ⇔ | ⇔ |
| 杭州湾和宁波近岸<br>（Hangzhou Bay-Ningbo） | ↘ | ↘ | ⇔ | ⇔ | ⇔ | ⇔ | ⇔ | ⇔ |
| 台州和温州近岸<br>（Taizhou Bay-Wenzhou） | ⇔ | ⇔ | ⇔ | ⇔ | ⇔ | ⇔ | ⇔ | ⇔ |
| 宁德近岸<br>（Ningde） | ⇔ | ⇔ | ⇔ | ⇔ | ⇔ | **↘** | ⇔ | ⇔ |
| 闽江口至厦门近岸<br>（Minjiang Estuary-Xiamen） | ⇔ | ⇔ | **↘** | ⇔ | ⇔ | ⇔ | ⇔ | **↘** |
| 粤东近岸<br>（East Guangdong） | ⇔ | ⇔ | ⇔ | ↘ | ↘ | ⇔ | **↘** | **↘** |
| 深圳近岸<br>（Shenzhen） | ⇔ | ↗ | ⇔ | ↘ | ⇔ | ⇔ | **↘** | **↘** |
| 珠江口<br>（Pearl River Esturay） | ⇔ | ⇔ | ⇔ | ⇔ | ↘ | ⇔ | ⇔ | ⇔ |
| 粤西近岸<br>（West Guangdong） | ⇔ | ⇔ | ⇔ | **↘** | **↘** | ⇔ | **↘** | ⇔ |
| 广西近岸<br>（Guangxi） | ⇔ | ⇔ | ⇔ | ⇔ | ⇔ | ⇔ | ⇔ | ⇔ |
| 海南近岸<br>（Hainan） | ⇔ | ⇔ | ⇔ | ⇔ | ⇔ | ⇔ | **↘** | ⇔ |

**↗** 显著升高　↗ 升高　+ 轻微升高　⇔ 基本不变

\- 轻微降低　↘ 降低　**↘** 显著降低　（空白）数据年限不够

## 7.3.2　生态系统健康及食品安全

（1）近岸海域生态系统健康状况

国家海洋局从 2002 年开始对全国近岸海域生态系统进行调查和监测。结果表明，由于不合理的海洋开发利用活动尚未得到有效控制，海洋生态环境问题仍然十分严重。中国近岸海域海洋生态系统所面临的主要问题是：近岸海洋生境恶化，生态系统结构失衡，典型生态系统受损，生物多样性和珍稀濒危物种减少，赤潮等海洋生态灾害频发，外来物种入侵产生危害等。

《2008年中国海洋环境质量公报》发布的连续5年的监测结果表明，中国海湾、河口及滨海湿地生态系统存在的主要生态问题是无机氮含量持续增加，氮磷比失衡呈不断加重趋势；环境污染、生境丧失或改变、生物群落结构异常状况没有得到根本改变。红树林和海草床生态系统基本保持稳定，珊瑚礁生态系统健康状况略有下降。影响中国近岸海洋生态系统健康的主要因素是陆源污染物排海、围填海活动侵占海洋生境、生物资源过度开发等。总体而言，中国近岸海域生态系统基本稳定，但生态系统健康状况恶化的趋势仍未得到有效缓解。

随着经济社会的快速发展，沿海地区开发强度持续加大，对海岸带及近岸海洋生态系统产生巨大的压力。2008 年国家海洋局开展了沿海开发强度、近岸海域综合环境质量及海洋生态脆弱区评价工作。评价结果显示，沿海 11 个省、自治区、直辖市人口总数约为5.5亿，人口平均密度约为700人/km$^2$，人均GDP约为3万元，岸线人工化指数达到0.38，上海、天津、浙江、江苏和广东的沿海地区已经处于高强度开发状态。上海、广西、浙江、广东、天津、山东、辽宁和河北近岸海域综合环境质量一般，水体普遍受到氮、磷污染，局部区域沉积环境和海洋生物受到铜、镉、砷、总汞等重金属和石油类（烃）污染。

由于海岸带开发强度的加大及开发规模的扩大，全国海岸带及近岸海域生态系统已经出现了不同程度的脆弱区。海岸带高脆弱区已占全国岸线总长度的 4.5%，中脆弱区占 32.0%，轻脆弱区占 46.7%，非脆弱区仅占 16.8%。高脆弱区和中脆弱区主要分布在砂质海岸、淤泥质海岸、红树林海岸等受到围填海、陆源污染、海岸侵蚀、外来物种（如互花米草）入侵等影响严重的海岸带区域。

近岸海域中，高脆弱区占评价区域的 9.6%，中脆弱区占 31.9%，轻脆弱区占 40.3%，非脆弱区仅占 18.2%。高脆弱区和中脆弱区主要分布在海洋自然保护区、海水养殖区及鱼类产卵场等重要渔业水域，以及珊瑚礁、海草床等敏感生态系统，导致生态脆弱的主要原因是陆源排污及近岸海域环境污染等。

2009 年，国家海洋局继续对 18 个海洋生态监控区开展监测（《中国海洋环境质量公报》，2009 年）。18 个监控区中有 15 个分布在国家沿海经济战略布局区域。监测与评价结果表明，处于健康、亚健康和不健康状态的海洋生态系统分别占 24%、52%和 24%。其中，处于不健康状况的 5 个生态监控区（锦州湾、渤海湾、莱州湾、杭州湾以及珠江口）分别位于中国辽宁沿海经济带、天津滨海新区、黄河三角洲高效生态经济区、长江三角洲经济区和珠江三角洲经济区等相对较为发达的沿海经济区。2009 年中国近岸海域海洋生态系统面临的环境污染、生境丧失、生物入侵和生物多样性低等生态问题愈加突出。总体而言，中国近岸海洋生态系统健康状况恶化的趋势仍未得到有效缓解，生态保护与建设处于关键阶段。

（2）海洋赤潮和绿藻灾害

中国近岸海域主要污染物包括无机氮和活性磷酸盐，而营养盐污染是发生赤潮的基本条件。根据 2001—2009 年的《中国海洋环境质量公报》，对全国及四大海区的赤潮发生情况进行了统计，结果表明，全海域赤潮发生面积有“减少－增加－减少”的总体趋势（图 7.15），表现出赤潮灾害“减轻－加重－减轻”的过程，与全海域水质“改善－恶化－改善”的变化过程一致，两者在时间上也基本同步，体现了我国赤潮灾害受海洋污染状况的密切影响。

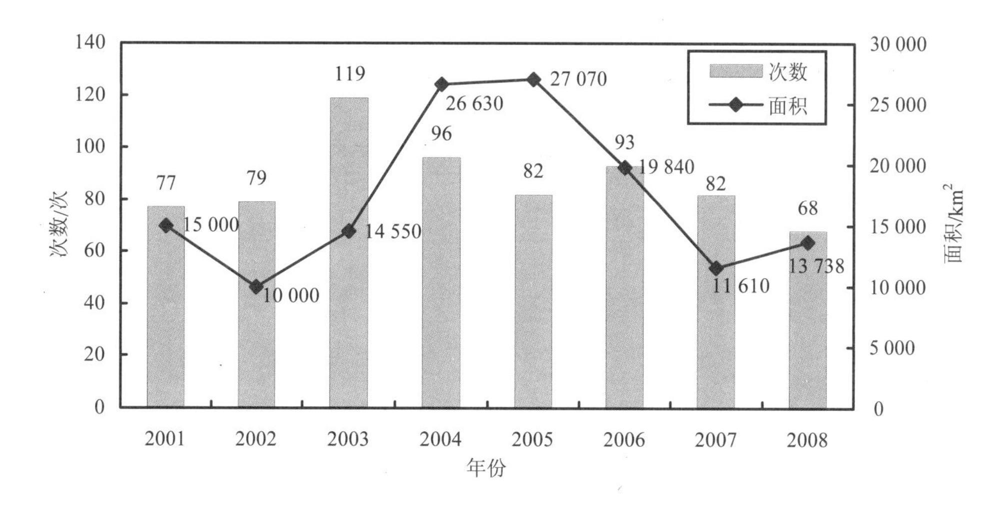


图 7.15 我国海域赤潮累计发生次数和面积

从赤潮海区分布看（图 7.16 和图 7.17），东海是中国近岸海域赤潮最为频发、累计发生面积最大的海域；从 2002 年到 2009 年，每年赤潮暴发的平均次数为 56 次，平均每年赤潮累计发生面积为 12 840km²，占全国海域赤潮累计发生面积的 60% 以上。

2008 年 5 月 30 日，中国海监飞机在青岛东南 150 km 的海域发现大面积浒苔，影响面积约为 12 000km²，实际覆盖面积为 100km²。6 月底浒苔的影响面积达到最大，约为 25 000km²，实际覆盖面积为 650km²。7 月中旬，黄海仍有大量浒苔分布，至 8 月下旬，黄海海域浒苔覆盖面积已降至 1km² 以下。2008 年黄海浒苔灾害暴发面积大、持续时间长，大量涌入近岸海域，对海洋环境、景观、生态服务功能及沿海地区社会经济产生严重影响。山东省、江苏省沿岸和近岸海域的灾害最为严重，造成直接经济损失 13.22 亿元，其中，山东省为 128 880 万元、江苏省为 2 789.69 万元、上海市为 48.47 万元、浙江省为 100.25 万元、福建省为 340.50 万元[1]。

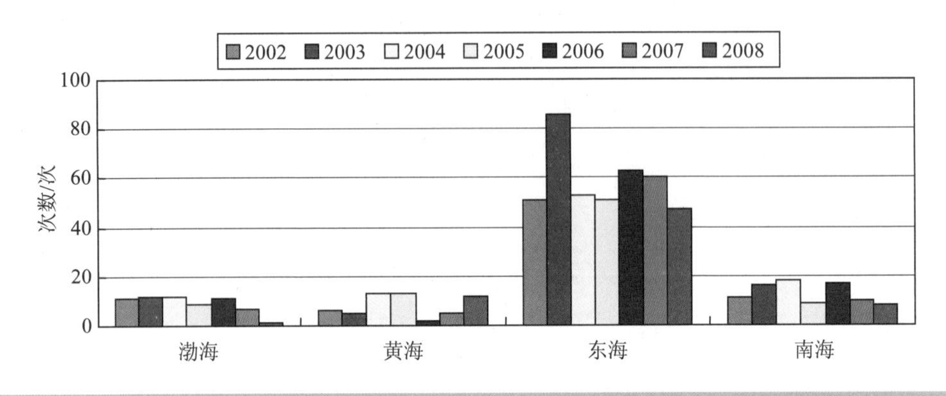


图 7.16　我国海域赤潮累计发生次数

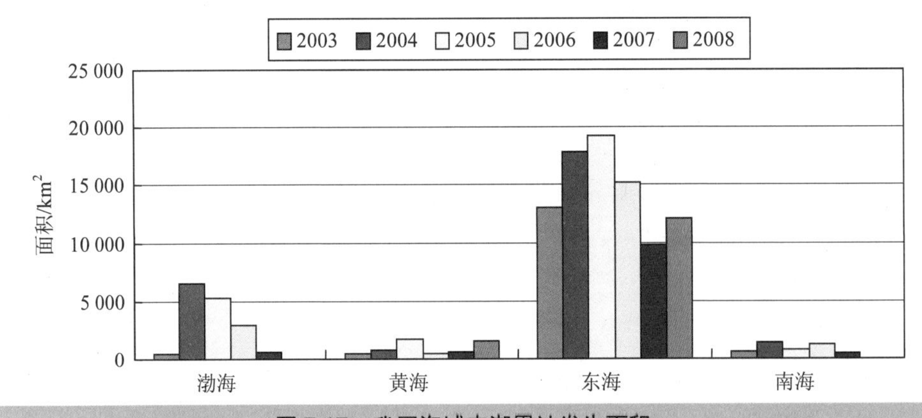


图 7.17　我国海域赤潮累计发生面积

（3）海产品食品安全

海洋中的海产品为人类提供其摄入的动物性蛋白质的 20%，但由于污染物排放，海产品的安全受到威胁，进而影响到人类健康。目前没有开展直接针对海产品的常规监测，但对渔业水域的监测结果表明，渔业水域环境质量不容乐观，特别是天然渔业水域超标现象严重。

1）海洋渔业水域环境状况

根据环保部《近岸海域环境质量公报》，2006 年和 2007 年监测结果表明，海洋天然重要渔业水域的无机氮和活性磷酸盐超标面积最高，均接近或超过七成

1 国家海洋局．中国海洋灾害公报[R]．北京，2008.

（见表7.14）。海水养殖区超标污染物主要为石油类，无机氮、活性磷酸盐也略有超标（不足一成），超标比率低于天然渔业水域。另外，2006年海洋渔业水域铜、镉、砷超标面积百分比较高，分别达到43.7%、50.0%、45.5%，但在2007年明显降低。

表7.14 海洋天然重要渔业水域和海水重点养殖区水环境质量状况（超标面积） 单位：%

| | 年份 | 监测面积/$10^4$ hm$^2$ | 无机氮 | 活性磷酸盐 | 石油类 | COD | 铜 | 锌 | 汞 |
|---|---|---|---|---|---|---|---|---|---|
| 天然渔业水域 | 2006 | 1641 | 71.9 | 67.1 | 25.5 | 17.0 | 12.8 | 8.2 | 6.4 |
| | 2007 | 1609 | 74.4 | 66.9 | 40.4 | 17.4 | 3.2 | — | 3.4 |
| 海水养殖区 | 2006 | 221 | 8.4 | 4.6 | 12.6 | — | — | — | 3.6 |
| | 2007 | 115 | 9.5 | 7.9 | 26.6 | — | — | — | — |

注：①资料来源：中华人民共和国环保部，近岸海域环境质量公报，2006—2007年；
②天然渔业水域无机氮和活性磷酸盐采用《海水水质标准》（GB 3097—1997）中的一类海水标准作为评价标准，海水养殖区无机氮和活性磷酸盐采用二类海水标准；其余指标均采用海洋渔业水质评价标准《渔业水质标准》（GB 11607—89）。

2）海产品中重金属含量

根据姜杰等（2009）对广东沿海海域海产品中重金属含量进行的检测结果（表7.15），鱼类中Cd、Cr、Cu、Pb含量均低于无公害食品水产品中有毒有害物质限量标准，贝类中重金属含量高于鱼类，有些生物体中的重金属含量超过该标准。方斑东风螺中Cr含量为3.45～4.09 mg/kg，超过了2.0mg/kg的标准限量。栉孔扇贝中Cd的含量超过了1.0mg/kg的标准限量，最高达3.68mg/kg，超标严重，牡蛎中Cd含量也高于该标准。牡蛎中Cu平均含量为51.60mg/kg，超过了50mg/kg标准限量，最高达101.68mg/kg，约为标准限量的2倍。

表7.15 不同海区贝类中重金属含量比较（姜杰等，2009） 单位：mg/kg（湿重）

| 海域 | | Cu | Zn | Cr | Cd | Pb |
|---|---|---|---|---|---|---|
| 标准限值 | 鱼类 | 50.0 | | 2.0 | 0.1 | 0.5 |
| | 软体动物 | 50.0 | | 2.0 | 1.0 | 1.0 |
| 北方海洋 | | 3.10 | | | 0.70 | 0.26 |
| 浙江沿海 | | | | | 1.54 | 0.49 |
| 胶州湾 | | 3.23 | 13.88 | | 0.36 | 0.88 |
| 江苏沿海 | | 6.00 | | 0.41 | 0.14 | 0.43 |
| 闽东一带 | | | | | 0.32 | 0.57 |
| 长江口附近 | | | | | 0.53 | 1.33 |
| 黄骅沿海 | | | | 0.42 | 0.08 | 1.78 |
| 广东沿海 | | 1.71 | 22.09 | 0.85 | 1.26 | 0.39 |

注：标准限值来自《无公害食品水产品中有毒有害物质限量》（NY 5073—2006）.

### 7.3.3 海洋环境污染造成的经济损失

根据国家环境保护总局和世界银行发布的《建立中国绿色国民经济核算系统研究报告》[1]，2004 年全国用污染损失表示的环境退化成本为 5 118.2 亿元，其中水环境退化、大气环境退化、固体废物和污染事故成本分别为 2 862.8 亿元、2 198.0 亿元、57.4 亿元，分别占整个环境退化成本的 55.9%、42.9%和 1.2%；全国环境退化成本占 GDP 的比例为 3.05%。东部 11 省市、中部 8 省市、西部 12 省市的环境退化成本分别为 2 832.0 亿元、1 321.4 亿元、917.4 亿元，分别占全国环境退化成本的 55.3%、25.8%和 17.9%。在污染损失核算不全面的情况下，损失也已经占到 GDP 的 3.05%，数字非常惊人，说明环境形势十分严峻[1]。世界银行 2007 年发布的《中国环境污染损失》报告（Cost of Pollution in China-Economic Estimates of Physical Damages）估计，中国由于健康和其他问题而花去的费用总计约 1 000 亿美元/a，每年污染损失占 GDP 约 5.78%，其中水污染总损失占 GDP 约 2%[2]。

遗憾的是，上述研究均未包括海洋环境污染造成的经济损失，海洋环境污染造成经济损失在中国尚未得到专门、全面的研究。数据、方法较完善的是环境污染事故对海洋渔业经济损失的估算。

农业部联合国家环境保护总局从 2001 年开始发布《中国渔业生态环境状况公报》，其中专章报告了渔业生态环境灾害（包括污染事故、赤潮等）发生及损失的统计情况（历年数据汇总见表 7.16）。从年际变化看（图 7.18），近年污染事故次数及其造成的损失均有减少的趋势，和入海污染及海洋环境质量变化趋势一致，但事故发生有突发性，造成的损失也相应可能大幅度增加（如 2006 年）。平均来看，中国海洋渔业污染事故每年发生约 81 起，事故造成的经济损失为每年 3.6 亿元（未统计 2006 年长岛海域油污染经济损失），加上由于环境污染造成可测算海洋天然渔业资源经济损失平均每年为 31.6 亿元，两者之和逾 35 亿元。历年海洋渔业因污染造成的损失平均占海洋渔业总产值的 2.3%。

海洋污染造成的直接损失还包括：因污染造成海产品质量问题对其出口、加工业影响而带来的损失，因海产品食品安全及海水接触造成的人群健康影响而带来的经济损失，以及海洋污染对滨海旅游业带来的经济损失等。上述海洋渔业的直接损失只是其中的一小部分。此外，海洋污染还会造成因重要生境退化、影响珍稀物种、滨海房地产业价值下降等而带来经济损失。

根据“十六大”提出全面建设小康社会的目标，到 2020 年国内生产总值比 2000

1 国家环境保护局，世界银行．建立中国绿色国民经济核算系统研究报告[R]．2006.

2 World Bank，SEPA（State Environmental Protection Administration）. Cost of Pollution in China：Economic Estimates of Physical Damages[M]. 2007.

年翻两番，中国人均 GDP 从 2000 年 856 美元的下中等国家水平上升到 2020 年的 3 150 美元左右，进入上中等国家行列。根据《国家人口发展战略研究报告》(该报告由蒋正华、徐匡迪和宋健任课题组组长，集中了包括 10 多位两院院士在内的 300 多位专家学者，历经 2 年完成)，到 2020 年我国人口将达到 14.5 亿，2033 年人口将达到峰值 15 亿人左右。

**表 7.16　海洋渔业污染事故及其经济损失[①]**

| 年份 | 污染事故/次 | 经济损失/亿元 | 环境污染造成可测算海洋天然渔业资源经济损失/亿元 | 海洋渔业总产值/亿元[③] | 占海洋渔业总产值百分比/% |
|---|---|---|---|---|---|
| 1999 | 104 | 2.70 | — | 1 269.21 | — |
| 2000 | 120 | 3.00 | — | 1 352.40 | — |
| 2001 | 35 | 1.90 | 30.00 | 1 393.90 | 2.3 |
| 2002 | 63 | 2.32 | 27.50 | 1 463.70 | 2.0 |
| 2003 | 80 | 5.80 | 27.40 | 1 473.00 | 2.3 |
| 2004 | 79 | 8.90 | 27.90 | 1 638.21 | 2.2 |
| 2005 | 91 | 4.00 | 37.80 | 1 825.83 | 2.3 |
| 2006 | 89 | 30.65[②] | 27.88 | 2 002.48 | 2.9 |
| 2007 | 73 | 1.31 | 42.70 | 2 028.00 | 2.2 |

注：①资料来源：农业部，国家环境保护总局．中国渔业生态环境状况公报；

②《2006 年中国环境状况公报》数据（国家环境保护总局，2007）。若不包括长岛海域油污染经济损失为 2.43 亿元；

③海洋渔业总产值数据来源：中国海洋年鉴。

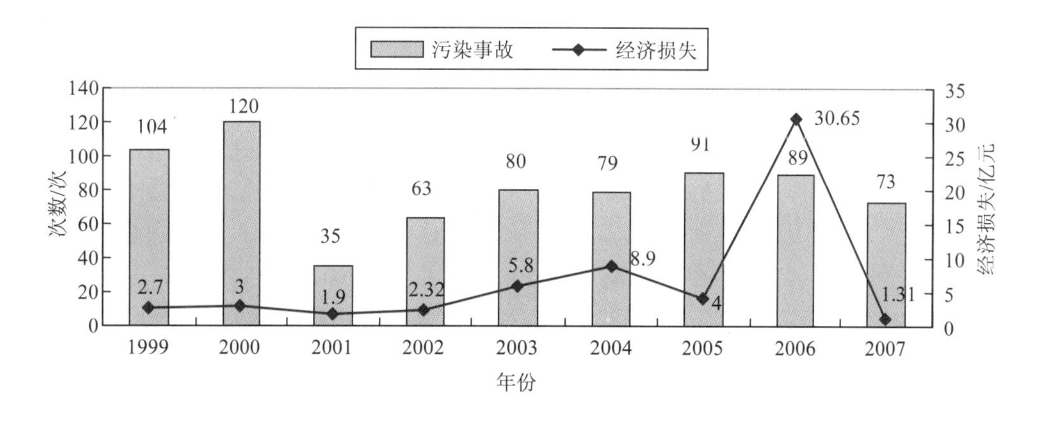


**图 7.18　海洋渔业污染事故及损失**

中国环境规划院协同国家信息中心组织开展了“国家中长期环境经济模拟系统研究”，将经济预测与环境预测紧密结合，建立了经济发展和污染排放及削减的计量经济模型，分析了未来经济发展的资源环境压力和两者的相互作用关系[1]。该项研究分别对农业、工业和生活的废水和水污染物的产生量进行了预测（表 7.17），预测认为“废水和水污染物产生量逐年上升，水污染治理任务相当艰巨”。

**表 7.17　废水及污染物产生量预测**

| 污染源 | | | 2003 | 2010 | 2020 | 2020/2003 |
|---|---|---|---|---|---|---|
| 农业 | 种植业 | 废水产生量 | 1 164 | 1 308 | 1 250 | 1.07 |
| | | COD | 1 567 | 1 837 | 1 583 | 1.01 |
| | | $NH_3$-N | 313.4 | 367.4 | 316.5 | 1.01 |
| | 畜禽养殖业 | 废水产生量 | 31.9 | 50.1 | 75.1 | 2.35 |
| | | COD | 1417.8 | 2509.7 | 4226.3 | 2.98 |
| | | $NH_3$-N | 141.98 | 249.90 | 422.08 | 2.97 |
| 工业 | | 废水产生量 | 320.4 | 483.0 | 860.0 | 2.68 |
| | | COD | 1520.00 | 2035.74 | 3164.66 | 2.08 |
| | | $NH_3$-N | 76.97 | 104.80 | 177.36 | 2.30 |
| 生活 | 城镇生活废水 | 废水产生量 | 247 | 409 | 595 | 2.41 |
| | | COD | 1 111 | 1 764 | 2 558 | 2.30 |
| | | $NH_3$-N | 104 | 165 | 239 | 2.30 |

注：①资料来源：曹东等，2005[1]

②废水产生量的单位为 $10^8$t，污染物产生量的单位为 $10^4$t;

③农业现状为 2002 年值；预测认为 2010 年后单位种植面积用水系数迅速下降、单位种植面积化肥施用量降低、化肥利用率提高、化肥施用结构合理化，种植业的废水产生量以及污染物的产生量都将不断下降。

由表 7.17 可见，除种植业外，2020 年各项预测指标值均在现状值的 2 倍以上，畜禽养殖业的污染物产生量指标更高达近 3 倍。

具体到中国沿海地区，沿海省（直辖市）以 14%的国土面积和 42%的人口，提供了全国 60%以上（2007 年为 63.6%）的 GDP。根据《中国统计年鉴》，从 1998 年至 2007 年，中国沿海地区 GDP 总量从 46 103.23 亿元增长到 159 972.2 亿元，GDP 增长率从 1999 年的 7.13%增长到 2007 年的 18.93%；工业 GDP 从 19 673.66 亿元增长到 76 537.21 亿元，工业 GDP 的增长率从 1999 年的 6.89%增长到 2007 年的 18.65%。可以预见，沿海地区仍将是国家新一轮经济发展的重心。因此，到 2020 年沿海地区废水及水污染物源强增长将大大高于全国平均增幅水平（2～3 倍），从而给近岸海域环境带来巨大的压力。

1 曹东，等. 经济与环境：中国 2020[M]. 北京：中国环境科学出版社，2005.

## 7.4 中国陆源污染管理问题和挑战

面对日益严重的陆源污染及其导致的严重后果，中国政府在控制陆源污染方面作出了巨大努力，制定了一系列陆源污染管理的政策、法规、标准，并实施了众多控制陆源污染的项目，参加和缔结了很多控制陆源污染的国际条约。这些努力对控制陆源污染起到了积极的作用，但是中国陆源污染管理还存在很多的问题和挑战。

### 7.4.1 中国陆源污染管理现状

（1）中国环境政策概述

20 世纪 70 年代开始的改革开放极大地促进了中国的经济发展和人民生活水平的提高，但是也付出了巨大的环境代价。中国决策者已经意识到环境问题的严重性以及由此造成的经济和健康成本。从 20 世纪 70 年代开始就把“减少环境污染和保护自然资源”作为国家政策的优先领域。特别是 90 年代，环境保护被列为国家的一项基本国策[1]。

1996 年召开的第四届国家环境保护工作会议是国家环境政策改革的重要转折点。这次会议第一次清晰界定了 20 世纪 90 年代末和 21 世纪国家环境保护的责任和目标。当时的国家主席强调，环境保护就是保护自然资源和促进生产力[2]。

国家“八五”、“九五”、“十五”、“十一五”国民经济和社会发展规划都将环境保护和可持续发展作为国家的主要任务和重要目标。“十五”规划提出了绿色消费和循环经济的理念，强调实施综合协调可持续的发展战略。科学发展观、新发展战略的实施对国家环境政策、法律、法规的完善以及国家环境保护能力建设和社会环境意识的提高起到重大作用。上述政策成为中国陆源污染管理政策制定的基础。

（2）陆源污染管理法律、法规及标准

自 1984 年以来，中国已陆续颁布实施 10 余部与陆源污染管理和海洋环境保护相关的国家法律，目前已经形成了以《中华人民共和国宪法》为基础、以《中华人民共和国环境保护法》为主体的环境法律体系。内容涉及海域、陆域，涵盖环境、资源、经济等众多方面（具体见附录一）。例如针对海洋生态环境的保护对象，制定颁布了《中华人民共和国海洋环境保护法》，该法确立了保护和改善海洋环境、保护海洋资源、防治污染损害、维护生态平衡、保障人体健康、促进经济和社会的

1 原国务院总理李鹏在十六届全国人民代表大会第三次会议的《政府工作报告》。
2 江泽民总书记在第四届全国环境保护工作会议上的讲话。

可持续发展的基本方针。

其他一些重要法律包括《中华人民共和国水污染防治法》、《中华人民共和国环境影响评价法》、《中华人民共和国固体废物污染环境防治法》、《中华人民共和国水法》、《中华人民共和国清洁生产促进法》、《中华人民共和国水土保持法》、《中华人民共和国野生动物保护法》、《中华人民共和国自然保护区条例》等。

中国地方人民代表大会和地方人民政府为实施国家环境保护法律，结合本地区的具体情况，制定和颁布了600多项环境保护地方性法规。

环境标准是中国环境法律体系的一个重要组成部分，包括环境质量标准、污染物排放标准、环境基础标准、样品标准和方法标准。环境质量标准、污染物排放标准分为国家标准和地方标准。中国法律规定，环境质量标准和污染物排放标准属于强制性标准，违反强制性环境标准，必须承担相应的法律责任。自1983年以来，中国颁布了364项各类国家环境标准。其中20余项是与海洋环境保护相关的标准、技术规范。如先后颁布和实施了《防治船舶污染管理条例》、《海洋石油勘探开发环境保护管理条例》、《海洋倾废管理条例》、《防治陆源污染物污染损害海洋环境管理条例》、《防治海岸工程建设项目污染损害海洋环境管理条例》和《防止拆船污染损害环境管理条例》等。

另外，国务院出台相关规定，推进海洋环境保护工作。如2004年国务院印发了《关于进一步加强海洋管理工作若干问题的通知》，指出海洋环境保护要由重视污染防治向污染防治与生态建设并重转变，要求从严控制围填海和开采海砂、控制陆源污染物排海、加强渔业和港口海域环境污染监督、加大海洋环境监测力度、做好赤潮的防治和减灾工作、做好海洋生态保护工作。2005年国务院发布了《关于落实科学发展观　加强环境保护的决定》，其中指出把渤海等重点海域和河口地区作为海洋环保工作的重点，要求严禁向江河湖海排放超标工业污水，做好红树林、滨海湿地、珊瑚礁、海岛等海洋、海岸带典型生态系统的保护工作。

（3）陆源污染管理制度

中国目前已建立和实施的环境管理制度主要包括：环境影响评价制度；“三同时”制度；排污收费制度；环境保护目标责任制度；城市环境综合整治定量考核制度；排污申报登记与排污许可证制度；限期治理污染制度；排污总量控制制度；船舶油污损害民事赔偿责任制度；海洋捕捞渔船控制制度；海洋伏季休渔制度；市政公用事业特许经营制度；污水处理收费制度；海洋功能区划制度；海洋保护区制度；海洋倾废管理制度；海域使用论证制度等。

（4）与陆源污染管理有关的环境保护规划和项目

从20世纪90年代开始，中国开始在重点水域制定并实施污染防治计划。三河

（淮河、海河、辽河）、三湖（太湖、巢湖、滇池）、渤海污染防治工程是国家“十五”期间确定的重点流域、海域污染防治工程，其污染防治计划得到了国务院的批准，计划的实施为减少陆源污染、遏制海洋环境进一步恶化、恢复和改善海洋生态系统起到了重要的作用。此外，三峡库区、南水北调沿线目前亦是水污染防治工作的重点地区。这些计划包括“淮河流域水污染防治‘十五’计划”（以及“十一五”计划）；“海河流域水污染防治‘十五’计划”（以及“十一五”计划）；“辽河流域水污染防治‘十五’计划”（以及“十一五”计划）；“太湖水污染防治‘十五’计划”（以及“十一五”计划）；“巢湖流域水污染防治‘十五’计划”（以及“十一五”计划）；“滇池流域水污染防治‘十五’计划”（以及“十一五”计划）和“渤海碧海行动计划”等。

目前，各重点流域、海域的“十二五”计划制定工作正在进行中，长江口、珠江口海域、黄河、松花江亦已开始编制和实施碧海行动计划。各类计划将积极吸取“十五”、“十一五”执行经验，为更好地实现“十二五”期间污染防治工作提供基础[1]。

除了以上全国性流域的环境保护计划与规划之外，其他各省、市在自己的辖区内开始采用流域管理与行政区域管理相结合的模式应对跨区域的环境污染与生态保护问题，制定了很多中小流域水污染防治与生态保护规划。如福建九龙江、闽江流域水污染防治与生态保护规划，浙江省钱塘江流域水污染防治与生态保护规划，黑龙江的嫩江流域水污染防治规划等，几乎涵盖了我国主要的中小流域。

### 7.4.2 缔结或者参加的有关国际环境条约

中国重视环境保护领域里的国际合作，积极参与联合国等国际组织开展的环境事务。与联合国环境规划署、世界银行、亚洲开发银行等国际组织在荒漠化防治、生物多样性保护、臭氧层保护、清洁生产、循环经济、环境教育和培训、长江中上游洪水防治、区域海洋行动计划和防止陆源污染保护海洋全球行动计划等领域开展了卓有成效的合作。

目前中国已缔结和参加了包括《联合国气候变化框架公约》及其《京都议定书》、《关于消耗臭氧层物质的蒙特利尔议定书》、《关于在国际贸易中对某些危险化学品和农药采用事先知情同意程序的鹿特丹公约》、《关于持久性有机污染物的斯德哥尔摩公约》、《生物多样性公约》、《生物多样性公约〈卡塔赫纳生物安全议定书〉》和《联合国防治荒漠化公约》等在内的国际环境条约 50 多个（具体见附录二）。

1 State Environmental Protection Administration（SEPA）. National programme of action for protection marine environmental from land-based activities. Beijing：SEPA，2006.

此外，中国先后与美国、朝鲜、加拿大、印度、韩国、日本、蒙古、俄罗斯、德国、澳大利亚、乌克兰、芬兰、挪威、丹麦、荷兰等国家签订了 20 多项环境保护双边协定或谅解备忘录。同时，中国与联合国亚太经社会等组织保持密切合作关系，并通过参与东北亚地区环境合作、西北太平洋行动计划、东亚海洋行动计划协调体等方式，对亚太地区的环境与发展作出了贡献[1]。

中国本着积极负责的态度，积极履行所加入的国际环境公约中所承担的义务。对于许多重要的国际环境公约，中国都制定了积极可行的行动计划，并采取了一系列切实可行的措施履行国际公约。例如，中国是参加 GPA 协定的成员国之一，已经编制了“中国保护海洋免受陆源污染国家行动计划”（NPA），并实施了很多具体项目，如 2000 年实施的以整治陆源污染为重点的海域环境保护行动计划——“渤海碧海行动计划”。此外，长江口、珠江口等重点海域的碧海行动计划等都是中国开展 NPA 的实践。

### 7.4.3 陆源污染管理面临的问题和挑战

中国在控制陆源污染、保护近海及河口环境方面付出了巨大的努力，到 21 世纪初，已经建立起包括海洋环境、渔业、港口、运输、生物多样性、海洋权益等在内的、较为完备的法律体系（附录一），建立了海洋管理的专门机构。这些法律和政策的实施对解决中国海洋资源与环境问题起到了积极的作用。但是从本章第 1、2、3 节海洋环境状况评估结果看，环境政策、措施实施的效果并不理想，没有从根本上解决中国陆源污染问题。同时进入 2010 年，随着中国新一轮的沿海经济发展战略的实施，沿海地区社会经济呈持续快速发展态势，若不采取有效的控制措施，陆域和海上排污量亦会大幅度增加，海洋环境将面临更大的压力。这就需要通过对中国陆源污染管理中面临的问题和产生问题的根源进行剖析，以制定更加科学合理的控制陆源污染和保护海洋环境的政策和措施。

（1）部分政策和法律之间存在冲突

1）现有法律法规之间的冲突

目前已经制定和颁布实施的各种法律法规、政策措施大都集中于单一的行业、部门或者单一的物种（如环境、矿产资源、海域空间、渔业、港口、航运、生物物种等）。立法主要以部门立法为主，立法首先考虑的是本部门的利益，这一方面限制了其他政府部门参与的积极性；另一方面政策和法律之间存在许多模糊和冲突的地方。例如《中华人民共和国环境保护法》规定国家环保总局（现为环保部）为国家环境保护行政主管部门，而《中华人民共和国海洋环境保护法》又规定国家海洋

1 中华人民共和国国务院新闻办公室．中国的环境保护（白皮书）[M]．北京，2006.

局是国家海洋环境主管部门，两部法律之间规定的不清晰导致环保部和海洋局之间的协调一直存在困难；《中华人民共和国水法》规定水利部是国家水资源的主管部门，而《水污染防治法》规定环保部是水环境治理的主管部门。水利部门认为水资源应该包括水质和水量，因而对水环境的治理也实施管理，环保部门则认为水质管理是自己的权利和职责；《水法》也没有能够清楚地界定各级地方政府和流域管理部门的权利和职责，导致水资源和水环境的管理中存在着权利的真空等。类似的法律模糊、交叉和重叠还有很多。

2）经济发展与环境保护的冲突

政策的冲突还体现在经济发展和环境保护政策之间。从国家层面看，改革开放以来，中国提出了“三步走”战略，所有这些战略都是以发展经济为主。经过30年的快速发展，中国成为世界第3大经济体，但人均GDP仍然处于世界较低的水平，所以中国的中期目标仍然是“到2020年，人均GDP在2000年的基础上翻两番”。可以预见，优先发展经济是中国过去100多年来，也将是未来很长一段时间的国家战略，其他任何目标（包括作为基本国策的环境保护目标），与经济增长目标相冲突时，仍然会优先考虑经济增长。经济发展和环境保护之间的冲突不可避免。

**专栏7.2　环境保护与保民生的矛盾**

福建省九龙江流域的畜禽养殖是水污染的主要来源，已经严重威胁到水资源的安全。从2004年开始，福建省政府在九龙江流域的干流和支流划定了禁养区和限养区，开始控制畜禽养殖，到2005年已经取得了成效。但是2006年随着猪肉价格上涨，国家开始实施鼓励畜禽养殖的政策，一方面对养猪户进行补贴；另一方面规定各地不能限制养猪业的发展。这使得一度得到控制的畜禽养殖业又迅速恢复，并直接导致了2009年春节期间九龙江流域的水华暴发。

3）法律的缺失与不完善

中国环境政策问题还体现在法律体系的不完善。如《海洋环境保护法》已经实施10多年，但是到现在还没有出台实施细则；《水污染防治法》要求国家建立水环境保护的生态补偿机制，但是国家并没有出台相应的法律和法规，这导致中国水权和水权交易的法规依然欠缺，使得流域生态补偿，特别是以水资源量作为补偿依据的生态补偿缺少法律依据。

尽管中国加入了《国际油污损害民事责任公约》（1992年），但是由于缺少关于溢油污染生态损害的评估准则、赔偿标准、赔偿主体和客体等方面相应的规则，很多的溢油污染造成的环境与生态损害不能得到补偿。特别是中国运油量 2 000 t 以下的油轮没有加入《公约》，国内也没有相关的法律和法规，而这些小规模的油轮经常发生溢油事件，对海洋生态系统造成了严重损害。

另外，中国很多环境保护的法律常常关注一般的原则而缺少必要的法律实施机制和程序，如监督、监测、报告、评估以及相应的惩罚措施等，使得环境法律和法规实施的效果不好。

4）农业非点源污染控制政策的缺失及化肥补贴政策

无论是全国污染源普查的数据还是各个地方的具体研究成果都显示农业/农村面源污染已经成为中国的主要环境问题之一。尽管 2008 年 6 月 1 日起施行的《中华人民共和国水污染防治法》首次将农业面源污染列为水污染防治对象[1]，但是还没有农业面源污染控制的具体法规、标准以及农业面源污染的监测技术。从中国目前已经和正在实施的流域综合管理项目看，也主要关注点源污染而忽视了面源污染。如截至 2005 年，历时 15 年、总投资约 100 亿元人民币的太湖一期综合治理结束。这些资金主要用于引排防洪工程的修建，而非农业污染的治理。而 2007—2020 年的太湖二期综合治理方案计划投资达 1 114.98 亿元，其中只有 8.86%用于农业面源污染的治理[2]；即将实施的《渤海环境保护总体规划》近期（2008—2012 年）拟投资 456.2 亿元，只有 41.7 亿元用于农业面源污染治理，远期（2013—2020 年）投资 810.5 亿元，也只有不到 25%的资金用于农业面源污染治理[3]。

除了缺乏治理农业面源污染的政策和措施以外，中国长期以来实施的化肥补贴政策导致了化肥的过量施用，导致资源浪费和环境污染等一系列问题（专栏 7.3）。

**专栏 7.3　中国的化肥补贴政策[4]**

作为人口大国，为保证国家粮食安全，中国长期以来一直对化肥行业实施补贴和支持政策。化肥行业的发展获得各级政府的支持和财政补贴，涉及上游的原材料价格优惠、生产环节中的税收优惠和环保投资优惠、下游的运输价格优惠和销售环节税费的优惠。国家的免税、优惠运价、优惠电价、优惠气价等对化肥生产和流通环节进行的补贴政策措施，相当于每年

1《中华人民共和国水污染防治法》第一章总则第三条中指出要“防治农业面源污染”，第四章水污染防治措施第四节农业和农村水污染防治第四十八条指出“县级以上地方人民政府农业主管部门和其他有关部门，应当采取措施，指导农业生产者科学、合理地施用化肥和农药，控制化肥和农药的过量使用，防止造成水污染。”

2 太湖流域水环境综合治理总体方案. http://www.jssj.gov.cn/UploadFile/File/20090608103654570.doc.

3 渤海环境保护总体规划. http://www.pc.dl.gov.cn/qiye/ShuiWuFile%5C.

4 程存旺，石嫣，温铁军. 氮肥的真实成本[R]. 2010.

对化肥生产流通环节补贴 170 亿元，尿素平均每 t 补贴 160 元左右。化肥的补贴政策导致化肥过量使用，同时带来了一系列环境问题，危及食品安全。

如中国北方地区每公顷农田每年所使用的氮肥约为 588 kg，每公顷约 277 kg 过剩的氮释放到环境中；江苏省水稻的氮肥吸收利用率仅 19.9%，山东省小麦氮肥利用率仅为 10%左右，70%以上的农户超量施用氮肥。中国每年因不合理施肥造成超过 $1\ 000\times10^4$t 的氮素流失到农田之外，直接经济损失约 300 亿元。

化肥过量使用在浪费资源的同时还导致了严重的环境污染。每年中国有 $123.5\times10^4$t 氮通过地表径流进入到江河湖泊，$49.4\times10^4$t 进入地下水，$299\times10^4$t 进入大气。长江、黄河和珠江每年输出的溶解态无机氮达到 $97.5\times10^4$t，其中 90%来自农业，而氮肥占了农业源的 50%。在北方集约化的高肥用量地区，20%的地下水硝酸盐含量超过 89 mg/L（中国饮用水硝酸盐含量限量标准），45%的地下水硝酸盐含量超 50 mg/L（主要发达国家饮用水硝酸盐含量和限量标准），个别地点硝酸盐含量超过 500 mg/L。对华北典型高产粮区桓台县农业污染地下水造成的环境价值损失评估表明，2002 年以后该地区每年地下水硝酸盐污染的环境损失约为 860.8 万元，相当于每公顷农田增加外部环境成本 293.9 元。

中国用世界上 7%的耕地养活了 22%的人口，但是我们却用了世界上 35%的化肥，与此同时我们却付出了沉重的环境代价。中国对化肥和农药的严重依赖已经接近农业系统承受能力的极限，使国家面临农村环境、面源污染进一步恶化、能源和资源消耗严重等问题，并威胁到长期的农民生计和粮食安全。

（2）部门、中央政府和地方政府之间协调的困难

1）部门之间协调困难

由于部门立法导致的部门之间权力和职责不清晰，中国环境管理、海洋与海岸带管理的权力分散在中央各个部门（如海洋、环保、农业、林业、国土资源、建设、财政、海军等部门）和临海的地方政府，没有更高一级的权力部门来协调这些中央职能部门和地方政府的活动。各职能部门之间的职权分配由不同的法律来规定，其间存在很多的职权交叉、重叠和矛盾。这导致各职能部门在环境管理方面存在很多冲突，如前述的水利部门与环保部门、海洋部门与环保部门、海洋部门与交通部门、海洋部门与渔业部门等。这极大地增加了行政部门之间的协调成本，影响环境管理的效果。

2）中央政府和地方政府协调困难

目前中国环境实行分级管理，各地方政府对本辖区的环境责任负责。但是很多的资源与环境问题跨越了行政边界，而各地方政府只考虑本地区的发展，这种管理模式导致了不同行政区域之间合作的困难，使得中国跨行政区域的资源和环境问题解决起来困难重重。

作为环境管理的主体，地方环境保护机构，由于条块分割，非常容易受到地方政府的影响。尽管各级环境部门业务上受上级环保部门的指导，但是他们的经费由地方财政提供，职能也由地方政府确定。而各级地方政府在平衡环境与经济发展方面往往与环保部的观点不同，并且把经济发展作为优先领域。所以地方环保部门的规制和执法职能没有充分的自主权。当高污染的企业面临环保部门的处罚时，其他部门，主要是经济管理部门和计划发展部门，甚至地方政府的领导都会进行干预，从而限制了环保部门的执法行动。

另外，在水资源管理方面，中国在 7 大流域都建立了相应的流域管理委员会，但是这些委员会权力和资源都有限，而且委员会中没有来自流域范围内各地方政府的代表，这使得流域管理委员会在协调省、地市政府和其他利益相关者时非常困难。

3）环境保护机构管理能力不足导致法律遵守情况差

中国的环境保护部门普遍存在环境管理能力不足的问题。尽管从 20 世纪 90 年代开始，中央领导在很多讲话中都不断强调环境保护的重要性，环保部门的行政级别也在不断提高，如环保总局升格成环保部，各省环保局也升格为环保厅，但是环保部门的编制和经费却在不断萎缩。与环保部门的任务相比，他们能够用于守法监督、污染控制，特别是非点源污染控制的经费远远不足。

根据世界银行对中国 300 个乡镇的调查，这些乡镇的环保部门的环境管理能力尤其差。只有一小部分乡镇有专职的环境管理人员，并且他们的职能还受制于与乡镇企业有着密切关系的工业管理部门[1]。

环保部门经费、人员不足以及权威受限等导致中国环境受法律保护程度非常低。根据《中国环境年鉴》，2006 年环境影响评价的执行率、工业废水排放达标率以及城市污水处理率分别达到 90%、90%和 50%，而全国人大执法检查的结果则分别只有 50%、70%、<50%。后者与中国不断恶化的水质环境是一致的[2]。

（3）不适宜的环境保护财政机制

环境保护财政机制不适宜主要体现在两个方面。

1）环保部门资金来源的矛盾

环境保护部门的经费不足已经或者正在产生非常负面的环境影响。很多环保部门的运营经费依赖于他们所征收的排污费。尽管在财政上是收支两条线，而在实际操作中，地方财政部门往往根据征收排污费的数量来决定环保部门经费的数量。征收排污费成了环保部门创收的手段，这样环保部门制定政策的目标是排污费征收数

1 World Bank. China：Air，Land，and Water：Environmental Priorities for a New Millennium[R]. World Bank，2001.

2 World Bank. China：Water Quality Management：Policy and Institutional Considerations[R]. World Bank，2006.

量的最大化而不是保证企业遵守环境法规，保护环境。他们宁愿企业持续不断的污染以征收更多的排污费，而不希望他们遵守环境标准停止污染。

同样，环保部门的环境影响评价机构为企业编制环境影响评价报告也是环保部门的资金来源。这会使得这些部门尽量通过项目环境影响评价（EIA）而不是公正科学地进行项目环境影响的评价。随着环境影响评价机构与环保部门脱钩，这种情况应会有所改善。

2）地方政府财政困难，缺少环境保护资金

中国现行的分税制只对中央和省级财政的收入划分作了规定，而省以下的收入划分则由省政府决定，省级和省级政府与省级以下各地方政府之间的财政分配体制基本上模仿了“分税制”的格局。地方各级政府的上一级政府一般都充分利用自己的“上级”政府有制定政策特权的优势，将财权逐层收受，事权逐层下放。有研究表明 1994 年实行分税制以来，县级财政收入大部分被划为上收，而省市两级又以调控为名，逐层集中财力；而另一方面，伴随着财权上收，省级以下政府却承担了更多的支出责任，也就是事权下放[1]。从财政支出方面看，将财政供养人口主要组成部分的中小学教师的工资发放责任划给县级，已经占中等县财政支出的近 50%，再加上公职人员工资及办公经费，就达县级财政支出的 90% 左右。因此，多数县是典型的“吃饭财政”。除此之外，地方财政还承担了大部分的其他支出责任，如基建、支农、医疗卫生、计划生育、科技等。县级财政收入与支出十分不相称，支出缺口甚大。县级财政，特别是经济不发达地区的县，在工资、教育、安全等必要的支出以后，已经没有经费来进行环境保护了。

“分税制”的公共财政政策、地方政府财权和事权的不匹配、多层级政府导致的财政转移存在问题等因素，给地方政府，特别是县级地方政府财政造成压力，再加上中国鼓励经济发展，以 GDP 增长率作为官员升迁标准的考核机制使得地方政府的主导目标是发展经济。而地方经济增长的主体是企业，因此地方政府具有很强的意愿支持和发展产值大、利税高的污染企业，而不是进行环境污染的监管和投资。要地方政府实施严格的环境标准，关停现有高污染企业的可能性不大。在环境保护投资上，一方面由于环境改善投资对政绩的贡献周期长、见效慢，另一方面由于地方财政困难，地方环保部门的人力、物力和财力普遍严重不足，使环境保护规划和投资不能如期完成。地方政府既没有动力，也没有能力完成环境保护的各项任务。关于地方政府环境治理的能力和动力不足的原因分析见图 7.19。

1 阎坤，张立承．中国县乡财政困境分析与对策研究[J]．经济研究参考，2003，(90)：12-18.

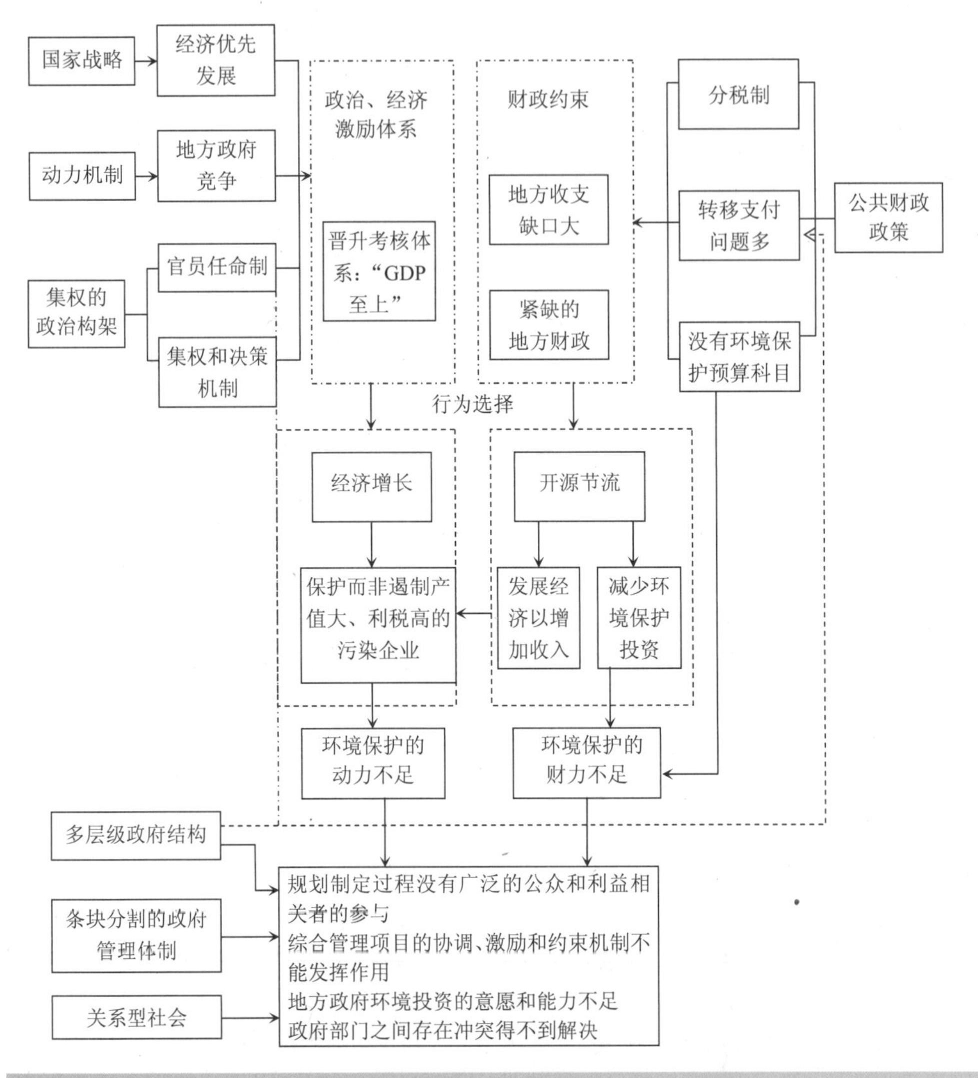


图 7.19 地方政府环境治理能力和动力不足原因分析

（4）缺少同时包括流域和海洋的战略规划

中国目前在国家、地方和流域的尺度已经制定了很多的污染预防与控制规划，如前文所述的淮河流域水污染控制规划、渤海蓝天碧海计划等。这些规划和计划主要以水环境管理 5 年计划的形式出现。规划主要包括 4 个部分：水质目标、污染排放总量控制目标、建设项目和投资、相应的法规和规范。但是这些规划基本上没有达到预期的水环境目标。如淮河流域、渤海、太湖流域、滇池流域等都经过了超过

10 年的综合整治，投入了大量的资金而水质仍然未得到改善[1]。

这些流域水环境管理项目和规划实施效果较差的主要原因包括：1）制定的管理目标过高又缺少必要的实施技术细节，目标之间缺少协调；2）尽管制定了环境基础设施的建设项目和投资预算，但是没有指定政府和其他主体的投资责任，导致规划的投资不能按计划完成；3）对建设项目的实施缺少有效的监督；4）没有对规划的实施效果和效率进行评估，也没有对不实施项目的处罚规则；5）这些水环境管理项目没有能够与资源管理规划和土地利用计划相衔接，没有能够融入国家和地方的国民经济和社会发展规划。当然，这些计划和项目的失败还与上节分析的中国目前的经济优先发展战略、公众财政政策、政治体制等更深层次的原因有关。

在中国制定和实施很多流域综合管理项目的同时，在国家和省的层面上也制定了许多海洋与海岸带综合管理项目。其中一个很重要的问题是没有将流域以及与流域相连的海域进行综合考虑，即缺少综合的流域-海洋管理战略规划。即使流域综合管理项目的目标完全实现了，也不能保证海洋环境质量改善（专栏 7.4）。

### 专栏 7.4 流域综合管理项目与海岸带综合管理项目的连接[2]

九龙江是福建省第二大河流，地处福建省经济较为发达的东南沿海，流经农业集约化水平较高的漳州平原。流域总面积 1.4 万 $km^2$。流经龙岩新罗、漳平和漳州华安、长泰、南靖、芗城、龙文、平和、龙海，最后经厦门入海。

在 GEF/UNDP/IMO 东亚海域海洋污染预防与管理项目的资助下，厦门 1997 年开始实施厦门海岸带综合管理。经过多年的海洋综合管理的实践，探索出一条“立法先行、集中协调、科学支撑、综合执法、财力保障、公众参与”的海洋综合管理的“厦门模式”，被东亚各国作为海岸带综合管理的典范。但是厦门海洋环境质量没有得到明显改善，海洋营养盐的浓度不仅没有下降反而还呈上升的趋势（见图 7.20）。主要原因是由于影响厦门海洋环境的污染源主要来源于九龙江流域，流域对厦门海域 COD、总氮、总磷的贡献分别达到 53%、70%和 72%（见表 7.18），而位于九龙江流域的龙岩、漳州位于厦门行政管辖范围之外，超越了厦门海岸带综合管理的范围。

1 Peng B R，Di J，Richard B. Regional ocean governance in China：an appraisal of the Clean Bohai Sea Program[J]. Coastal Management，2009，37：70-93.

2 厦门大学，国家海洋局第三海洋研究所．九龙江流域-厦门湾生态系统管理战略行动计划[R]. 厦门．2009.

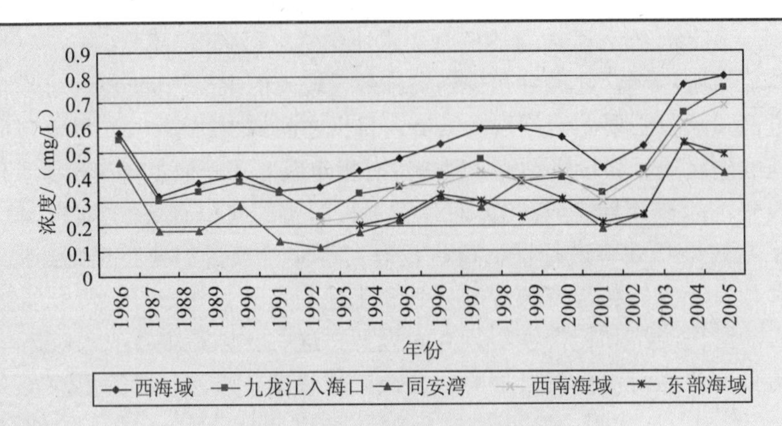


图 7.20　厦门海洋无机氮浓度变化

表 7.18　九龙江流域和厦门市各类污染物入海量估算

| | 总量/t | | 比重/% | |
|---|---|---|---|---|
| | 流域 | 厦门 | 流域 | 厦门市 |
| COD | 37 070 | 32 748 | 53 | 47 |
| 氨氮 | 9 578 | 4 477 | 68 | 32 |
| 总氮 | 22 559 | 9 534 | 70 | 30 |
| 总磷 | 20 66 | 796 | 72 | 28 |

针对日益严重的流域水污染问题，福建省政府于 1999 年开始在与厦门海域相连的九龙江流域开展水环境综合整治项目。项目由项目目标（包括水质目标和污染削减目标）、措施、计划项目和投资、相应法律法规和标准组成。流域水环境综合管理项目建立了以分管副省长为总召集人的联席会议制度来协调地方政府的行动，并建立了一系列的协调、约束和激励机制，对防止流域水环境的进一步恶化起到了积极的作用。但是项目也存在诸多问题（具体评估结果见表 7.19）。其中一个重要的缺陷是没有将与九龙江流域相连的厦门湾纳入管理的范畴（尽管 2001 年的规划包括关于厦门湾西海域海水水质的目标）。不把与流域相连的海域纳入管理范围，在规划过程中就会缺少流域对海洋环境影响的分析，会使人对流域综合管理制定的目标产生怀疑。有一种可能的情况是，流域综合管理达到了其预定的目标，但是由于没有考虑海洋环境的承载力，海洋环境不断恶化。

旨在改善流域和海洋水环境的流域管理项目和海岸带管理项目都付出了巨大努力，但是没有能取得完全成功。如何将流域综合管理项目与海洋海岸带综合管理项目连接起来，统筹考虑是中国将来水环境管理必须重视的重大课题。

表7.19　九龙江流域综合管理项目的成效评估结果

| 阶段 | 具体指标 | 评估结果 |
|---|---|---|
| 规划制定 | 规划制定过程 | 缺少公众和关键利益相关者参与，没有形成共同的愿景 |
| | 管理范围 | 与流域相连的海域没有进入管理范围 |
| | 管理目标 | 越来越具体，但是由于没有公众有效参与，支持程度不清楚；生态保护与修复目标不明确；农业面源污染控制目标模糊；缺少水源保护中有毒有害物质削减目标 |
| | 主要措施 | 大部分措施主要针对水环境质量改善方面，欠缺直接改善水生生物生态方面的关键措施 |
| | 规划投资 | 规划投资数量大，并存在一定数量不甚相关的投资项目。规划投资项目与管理目标的直接关联度尚需加强分析并加以优先顺序遴选 |
| 政府行动 | 机构设置 | 建立了综合流域协调和管理机构，但尚没形成包括海湾管理在内的综合管理机构 |
| | 权力和资源赋予 | 综合管理机构的级别提高，但是权威不高，没有对综合管理机构（如目前的牵头单位环保部门）赋予新的权威和资源 |
| | 政策、法规和标准 | 目前以部门法规为主，没有综合统一的流域-海湾综合管理法规；法规和政策的级别低，权威性不够；很多政策和标准没有实际实施 |
| | 协调机制 | 非常设管理机构的权威不够；部门协调与主要利益相关团队的协调有待加强 |
| | 约束机制 | 比较健全，但是实际实施的程度不够 |
| | 激励机制 | 限于财政刺激，而且财政刺激的机制也不强；没有将流域-海湾管理绩效与官员的政绩考核挂钩 |
| 初级成效 | 政府行为变化 | 协调统一行动程度提高；政府之间相互竞争权利和资源的现象较为严重；地方政府仍然将经济发展放在优先的位置 |
| | 企业行为变化 | 大部分工业企业减少排污，但污水管网有待健全、污水处理设施的运转需要企业自身可持续财政机制的保障；大的养殖企业污染处理设施改善 |
| | 个人行为变化 | 农民化肥农药使用量仍然增加；养殖数量波动，但是近年增加，基本上没有采取控制措施 |
| | 投资行为变化 | 投资只完成一半左右；政府规划投资不能按时完成；经济欠发达地区更是如此 |
| 二级成效 | 水质变化 | COD浓度呈下降趋势；营养盐的浓度呈上升趋势；农药和重金属等有毒有害物质的污染变化尚不清楚 |
| | 水质功能达标率 | 2001—2005年达标率提高，但是近2年出现反弹 |
| | 水生生态系统 | 变化情况尚未完全摸清，但是从粪大肠菌群数量变化看，水生生态系统健康没有得到改善 |
| | 污染物入海通量 | COD污染负荷入海量下降；营养盐入海量上升；重金属入海量近年上升；扣除COD后的污染物入海总量上升 |

（5）信息冲突以及信息共享机制的缺失

一方面是中国目前的环境监督管理工作并不能完全满足环境保护的需求，监管水平仍有待提高，监管力度也有待加强；另一方面，在流域和近海地区有多个监管部门在监测海域环境质量，包括环保、海洋、水利、渔业、建设等部门。各个部门监测标准不一，得出的数据也不一样，甚至互相矛盾。各个部门的数据又不能共享。矛盾的数据对正确管理决策的制定提出了挑战。监控机构的重叠和部门的分割既导致了资源的浪费又影响了决策的正确制定（专栏 7.5）。

### 专栏 7.5　矛盾的监测数据

在流域和海洋环境监管方面有多个部门在承担，包括环保、海洋、水利、渔业、建设等部门。各个部门监测标准不一，得出的数据也不一样，甚至互相矛盾。

环保部和国家海洋局每年分别向社会发布《中国近岸海洋环境质量公报》和《中国海洋环境质量公报》。关于海洋环境质量，环保部公布Ⅰ、Ⅱ、Ⅲ、Ⅳ和劣Ⅳ水质所占比重，海洋局公布每类海水所占面积。不仅指标不同，数据也相互矛盾（见表 7.20 和表 7.21）。

**表 7.20　环保部数据**

单位：%

| | 渤海 | | 黄海 | | 东海 | | 南海 | |
|---|---|---|---|---|---|---|---|---|
| | Ⅰ～Ⅱ | Ⅳ～劣Ⅳ | Ⅰ～Ⅱ | Ⅳ～劣Ⅳ | Ⅰ～Ⅱ | Ⅳ～劣Ⅳ | Ⅰ～Ⅱ | Ⅳ～劣Ⅳ |
| 2001 | 38.9 | 44.5 | 58.1 | 21.4 | 19 | 72 | 54.7 | 30.2 |
| 2002 | 38.1 | 43.4 | 78.2 | 20.1 | 20.5 | 66.6 | 64.4 | 9.7 |
| 2003 | 50 | 33.3 | 68.7 | 25.4 | 30.4 | 54.4 | 57.9 | 8.4 |
| 2004 | 40.4 | 12 | 83.4 | 8.3 | 17.2 | 61.3 | 77.8 | 9.5 |
| 2005 | 66 | 19.2 | 88.9 | 11.1 | 35.5 | 52.7 | 85.8 | 6.1 |
| 2006 | 69.6 | 21.7 | 83.7 | 6.1 | 41.5 | 52.2 | 83.8 | 8.1 |
| 2007 | 63.6 | 22.4 | 85.2 | 5.5 | 28.4 | 55.8 | 83.7 | 8.1 |

注：资料来源为环保部《中国近岸海洋环境质量公报》（2001—2007）。

**表 7.21　海洋局数据**

单位：$km^2$

| | 渤海 | | 黄海 | | 东海 | | 南海 | |
|---|---|---|---|---|---|---|---|---|
| | Ⅰ～Ⅱ | Ⅳ～劣Ⅳ | Ⅰ～Ⅱ | Ⅳ～劣Ⅳ | Ⅰ～Ⅱ | Ⅳ～劣Ⅳ | Ⅰ～Ⅱ | Ⅳ～劣Ⅳ |
| 2001 | 15 610 | 2 080 | 28 110 | 1 850 | 48 750 | 41 170 | 2 080 | 50 600 |
| 2002 | 28 220 | 1 470 | 27 110 | . | 38 160 | 36 800 | 1 470 | 38 160 |
| 2003 | 15 250 | 2 320 | 14 440 | 6 720 | 32 370 | 25 720 | 2 320 | 39 090 |
| 2004 | 15 900 | 5 340 | 15 600 | 19 390 | 21 550 | 32 790 | 5 340 | 40 940 |
| 2005 | 8 990 | 4 660 | 21 880 | 7 190 | 21 080 | 33 680 | 4 660 | 28 270 |
| 2006 | 8 190 | 4 520 | 17 300 | 14 070 | 20 860 | 23 040 | 4 520 | 34 930 |
| 2007 | 7 260 | 11 500 | 9 150 | 6 760 | 22 430 | 22 470 | 11 500 | 29 190 |

注：资料来源为国家海洋局《中国海洋环境质量公报》（2001—2007）。

图 7.21 是环保部和国家海洋局关于渤海 2001—2007 年水质数据的比较。环保部的监测数据表明，2001—2007 年渤海Ⅰ、Ⅱ类海水所占比重在上升，Ⅳ、劣Ⅳ类所占比重下降，而国家海洋局的监测数据显示结果正好相反。

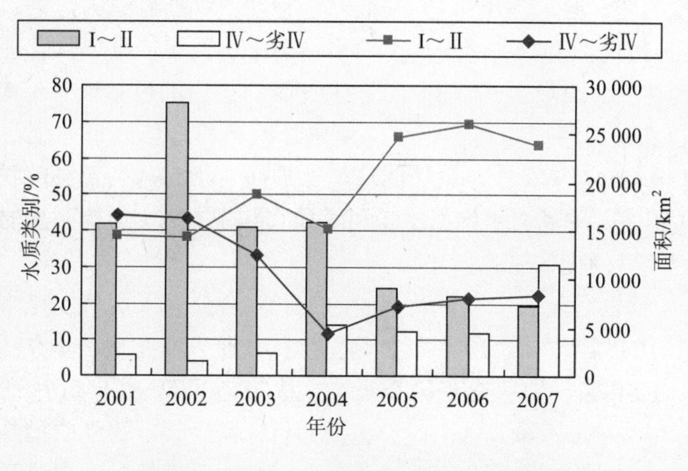


**图 7.21 2001—2007 年渤海水质对比**

中国类似的部门之间矛盾的监测数据还有很多，如水利部门与环保部门数据的矛盾、建设部门与环保/水利部门的矛盾等。各部门急需统一监测指标和标准，并实现数据共享。

## 7.5 国际陆源及其他污染控制经验

国际社会在陆源及其他来源污染物的管理方面积累了丰富的经验，如莱茵河治理、切萨皮克湾管理项目、波罗的海营养盐控制项目等。这些为中国制定陆源管理战略提供了借鉴。

### 7.5.1 切萨皮克湾（Chesapeake Bay）

（1）背景

切萨皮克湾是美国最大的河口，海湾面积 11 400 $km^2$，流域面积 165 800 $km^2$。流域包括纽约州、宾夕法尼亚州、马里兰州、特拉华州、弗吉尼亚州、西弗吉尼亚州和哥伦比亚特区。具有丰富的资源（如青蟹、牡蛎、野鸭等），是一个独特的生态系统。

由于过度捕捞、环境污染等原因，切萨皮克湾面临着资源衰退、环境恶化、生态系统退化等问题。1924 年，马里兰州和弗吉尼亚州长坐在一起讨论海湾的青蟹种群的管理。尽管这次会议没有达成共同的管理战略，但是大家认识到必须合作管理共同的资源。1933 年，切萨皮克湾第一次区域会议召开，主题是海湾总体健康和管理。联邦渔业局、弗吉尼亚州、哥伦比亚特区、马里兰州、特拉华州代表共同讨论海湾环境问题。会议提出：1）采取联合行动，管理海湾的污染、过度捕捞问题；2）建立各州代表组成的切萨皮克湾委员会来协调和促进项目管理，并根据海湾面临的问题建立分委员会。但是由于种种原因，提出的目标没有付诸实践。1965 年，美国工程部对切萨皮克湾进行了环境资源状况和趋势分析的项目研究（1973 年出版 12 卷报告）；1976 年，由美国环境保护局（USEPA）牵头，联邦、州、地方州府参与，在切萨皮克湾实施第二轮科学研究和生态修复。这两次的研究为后来实施切萨皮克湾管理提供了科技支撑。

1980 年，弗吉尼亚州、马里兰州的决策者联合建立了切萨皮克湾委员会，宾夕法尼亚州于 1985 年加入。1983 年，马里兰州、弗吉尼亚州、宾夕法尼亚州、哥伦比亚特区、USEPA、切萨皮克湾委员会主席签署了第一份《切萨皮克湾协议》（Chesapeake Bay agreement）。《协议》提出的目标是“采取协调的措施促进和保护切萨皮克湾水质和生物资源”。认识到海湾在区域的重要性以及在这样一个多样化的跨政治和地理边界的单元内制定环境政策所面临的众多问题，《协议》建立了跨洲的伙伴关系。

1983 年《切萨皮克湾协议》的签署标志着切萨皮克湾管理项目的正式实施。随后在 1987 年和 2000 年分别签署的两个《切萨皮克湾协议》在主要目标上都没有改变：采取协调的措施促进和保护切萨皮克湾水质和生物资源，但是在具体目标和问题上进行了细化。如 1987 年的《协议》列出了 31 个目标，而 2000 年的《协议》则列出了 105 个具体目标，包括生物资源、生境修复、水质、土地利用和社区教育。

（2）管埋机构和协调机制

为了便于项目实施，切萨皮克湾项目成立了永久性的切萨皮克湾委员会，委员会由签署《切萨皮克湾协议》的各州州长代表组成。在项目的执行理事会下设有实施委员会和 8 个分委员会，几乎涵盖了流域海湾的所有环境问题（见图 7.22）。

值得注意的是，尽管切萨皮克湾项目的执行理事会规模很小，但是由 3 个咨询委员会为之提供咨询：公民咨询委员会、地方政府咨询委员会和科技咨询委员会，说明切萨皮克湾项目的制定充分考虑了流域海湾各利益相关者的诉求，这样易于形成共同的愿景，便于项目被接受，执行起来阻力小。

实施委员会也接受科技咨询委员会的咨询，同时又有联邦机构的指导。

（3）资金来源

充足的可持续的资金是项目实施的关键。切萨皮克湾项目资金来源包括 4 个部分：联邦政府资助（如到 2002 年 EPA 已经资助了 2.82 亿美元）、州和地方政府投入（如截至2002年，马里兰州已经投入6.3亿美元）、非政府捐赠以及企业投入。与项目所需要的资金（85亿美元）相比，资金的缺口很大。切萨皮克湾项目必须寻求更多的资金来源。

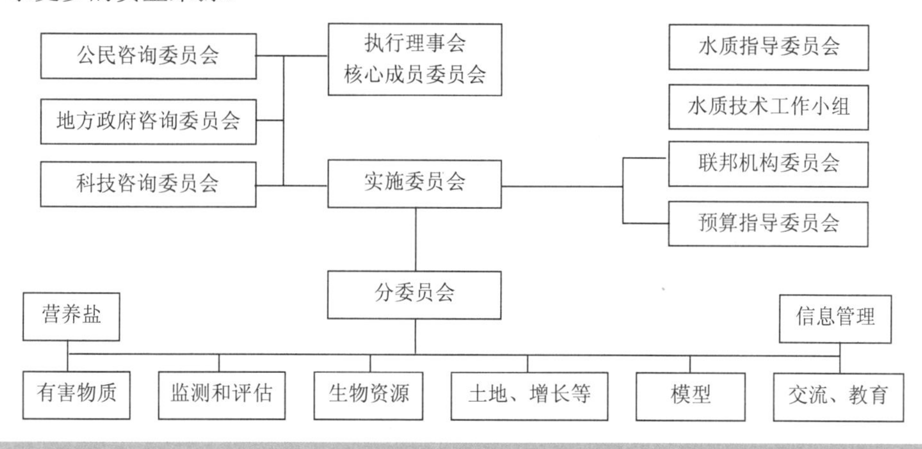


图7.22　切萨皮克湾项目组织结构

（4）经验借鉴

关于切萨皮克湾项目实施效果评估还存在很多的争论，有科学家认为取得巨大成功，他们认为如果不实施这一项目，切萨皮克湾的资源与环境将恶化到不可逆的程度；也有科学家认为从切萨皮克湾水质、资源状况看，离成功还差得很远。

但是无论如何，切萨皮克湾项目给中国解决跨行政区域的资源和环境问题提供了很多的启示：项目的制定要充分考虑利益相关者的利益，形成共同的愿景；要建立跨行政区域的协调机构和机制，并建立可持续的财政机制；要有充分的科学研究为决策提供支撑[1, 2, 3]。

## 7.5.2　波罗的海营养盐控制

（1）背景

由于沿岸国家向波罗的海排放的有毒污染物（如滴滴涕和多氯联苯）快速增加，不仅降低水系的质量，而且对人类的健康也构成威胁。1974年波罗的海国家签署了一项关于控制波罗的海海洋污染的协议。环绕同一海区的所有国家同意联合

1 Markku O，Juha H. Towards efficient pollution control in the Baltic Sea：an anatomy of current failure with suggestions for change[J]. Ambio，2001，30（4）.

2 Jesper S S，et al.. Modelling Cost-efficient Reductions of Nutrient Loads to the Baltic Sea[R]. NERI Technical report No. 592，2006.

3 Gren I，Jannke P，Elofsson K. Cost-effective nutrient reductions to the Baltic Sea[J]. Environmental and Resource Economics，1997，10：341-362.

监测海洋质量。1988 年波罗的海国家的环境部决定加强和修订上述政策。在 1988 年部长级会议上，环境部长们发表了宣言，决心大幅度减少重金属、有毒的或持久的有机物和营养物质的排放量，到 1995 年达到减排 50%的目标。

自这一宣言以后，波罗的海国家特别注意减少由于氮和磷的淋溶而造成的营养物质的污染。沿海国家及它们的共同组织赫尔辛基委员会努力达到这一目标。但是目标实现得并不理想，特别是向波罗的海排放的氮的总量减少非常缓慢。这一情况使得管理界和学术界思考很多问题：为什么波罗的海国家至今仍未达到这一目标？为了达到这一目标总的资金投入是多少？就波罗的海每一部分的水质及各国付出的代价和收益而言，能否找到一个更好的减排分配战略？另外，采取什么样的办法才能促进营养物质总量的减少？

（2）科学研究和执行

由于波罗的海沿岸国家经济发展水平相差较大，减排的费用是各个国家考虑的重要因素。而收益和费用方面的差异与减排技术和向海洋中转移污染物的差异紧密相关，同时也与每一个国家所处位置有关。为了回答以上问题，协议的缔约方，特别是它们的共同组织赫尔辛基委员会开展了如下研究：

首先是要建立必要的基本信息库，包括进入波罗的海的来自河流、大气的营养物质量的数据；营养物质从一个区域流向另一个区域的估算量；整个海区中每一个分区中藻类赤潮的记录；每一个国家营养盐削减的成本函数；不同国家营养盐削减的水体污染负荷响应模型。

其次是利用以上建立的函数和模型，建立最佳的具有成本-效益的（cost-efficient）减排决策来确定营养物质减少总量、每一个国家的减排份额以及每一个国家在减少营养物质排放方面所花费用。

最后是对每一个国家执行协定的动力进行分析，检查一下各国之间费用和收益的分配情况，设计一个更加公平的在各国之间进行削减成本分摊的方案，确保每一个国家对协定义务的承诺。同时设立一些履行协定的组织。通过这一程序，环境的经济分析就可以将生态和经济信息综合成一个单一的框架，在这一框架内，经济刺激和成本将影响每一个国家向波罗的海排放营养物质的总量，反过来排放量又可以确定波罗的海各国不同海区的水质。

（3）经验借鉴

波罗的海污染削减协议是在不同经济发展水平之间国家之间签订的。尽管各国有保护环境的共同的利益和愿望，但是不同经济发展水平使得协议实施比较困难。波罗的海污染削减给我们的启示是，在资金稀缺的情况下，必须进行具体的研究，得到为实现一定环境目标（污染削减目标），在成本最低的条件下，污染削减的最优地点、最优措施和最优规模。这样才能制定具体的成本-效益最优的污染削减方案。同时，还必须考虑各成员方的财政能力，制定最优的污染削减成本分摊方案。

### 7.5.3　美国溢油污染损害补偿

（1）背景

随着港口业和航运业的蓬勃发展，美国于 1978 年和 1980 年先后通过了《港口和油轮安全法》和《环境综合反应、赔偿及义务法》，以减少油污对环境的影响，但其得不到充分重视。直至 1989 年，在阿拉斯加威廉王子港，发生了美国历史上最严重的溢油事故“瓦尔迪兹”号事件。该事件中高额的清污费和各种污染损失费促使美国政府于当年的 7 月颁布了《1990 年油污染法案》（简称《OPA’90》），建立了美国船舶油污损害赔偿机制。美国是至今未加入《国际油污损害民事责任公约》（《CLC1969》）和《国际油污损害基金公约（1971）》（《FUND1971》）的少数国家之一，但是《OPA’90》使美国成为世界上船东责任限制最高、基金补充最多的国家。《OPA’90》不仅颁布了防止船舶油污损害的专项法规，而且对责任人的确定、责任限制以及对损害的赔偿进行了详细的规定。例如它所规定的船东责任大大高于《CLC69》，并规定了许多船东不能免除的除外条款；对非油轮和石油设施也实行强制保险。其很多经验值得我们借鉴。

（2）溢油污染补偿机制

补偿基金来源：根据《OPA’90》，美国建立了国家油污基金中心（NPFC）和溢油责任信托联合基金（OSLTF）。该基金来源包括政府拨款、向接受水上运输石油的货主征收摊款、向造成污染的肇事船舶收取的罚款、基金运作的正当收益等。“强制保险加共同基金”是美国防止溢油污染和完善溢油污染损害赔偿的重要机制。

污染损害补偿范围：《CLC1969》和《FUND1971》不同，美国溢油污染损害补偿除了支付清污活动费用和财产损失外（《CLC1969》认可的补偿），还对间接损失、纯经济损失和自然损害进行赔偿。由于 1989 年的 EXXON 事件中泄漏的原油对海湾生态系统以及自然资源破坏严重，因此在《OPA’90》中，明确规定了当地政府是国家自然资源的委托管理者即法人，管理者有权依据法律认可的自然资源损害计算方法计算出的结果对自然资源损害提出索赔，索赔的费用主要用于环境的恢复。

损害评估技术：国家油污基金中心的部分资金用于研发油污对自然资源损害评估技术。如从 1986 年开始开发的自然资源损害评估（NRDA）的 TypeA 模型及 TypeB 模型，直到现在还在不断地更新、完善。这些评估技术为补偿标准的制定提供了科学依据。

求偿主体：国家油污基金中心（NPFC）是美国主要的基金管理机构，隶属于美国海岸警备队，负责溢油实数处理、垫付清污费用、向负责部门收款，以补偿自然资源的损失利益与恢复费用、防止溢油技术的研发和科学研究等业务。

补偿方式：《OPA'90》溢油污染损害补偿的方式有两种：货币补偿和资源修复。但是《OPA'90》把自然资源修复作为补偿溢油对自然资源损害的第一选择方法，即要求损害者将受损资源修复到原来的状态。这样，即使间接的资源损害不能直接货币化，也可以通过修复受损自然资源让责任方承担损害的成本。修复使得对纯环境损害的补偿成为可能。在资源修复不可能，或者修复成本过高时，进行货币补偿。

资源/生境修复评估指南：基于资源/生态修复的溢油污染损害补偿成本必须考虑生态修复评估指南。NOAA 制定了比较完善的损害评估和修复评估指南，包括预评估指南（Preassessment Phase）、伤害评估指南（Injury Assessment）、初级修复评估指南（Primary Restoration）、修复计划评估指南（Restoration Planning Scaling）和补偿修规模评估指南（Compensatory Restoration Actions）等[1]。

（3）启示

严格的法律规定、以资源/生境修复为基础的补偿方式、详细的技术指南和实施细节是美国溢油污染损害补偿实施的特色，也是值得溢油污染越来越严重的中国值得借鉴的经验。

## 7.6 污染控制政策建议

中国目前的环境管理模式具有一定的作用，但是无法解决跨部门、跨行业、跨区域的复杂环境与生态问题。从海洋环境质量和生态系统的变化趋势可以看出目前海洋管理的低效率和低效果。因此重新审视中国目前的海洋管理制度，建立有效、透明、问责、效率的区域海洋管理体制和运行机制是中国面临的重大课题，它关乎海洋生态系统的健康和活力，关系到人民福祉及可持续发展。本部分针对中国陆源污染面临的问题和产生问题的根源，借鉴陆源污染和其他污染的国际经验，结合中国的具体国情，提出了政策建议。

### 7.6.1 实施基于生态系统的区域海洋管理

21 世纪初，美国的两个海洋专家委员会，即美国海洋政策委员会和 Pew 海洋委员会，提出了一个新的海洋管理途径：基于生态系统的区域海洋管理（Ecosystem-based Regional Ocean Governance）[2, 3]。在基于生态系统的区域海洋管理的框架中，“基

1 NOAA. Guidance Document for Natural Resource Damage Assessment Under the Oil Pollution Act of 1990. http://www.noaa.gov.

2 Pew Ocean Commission. American's living ocean：charting a course for sea change[R]. 2003. http://www.pewtrusts.org/pdf/env_pew_oceans_final_report.pdf.

3 U.S. Commission on Ocean Policy. An ocean blueprint for the 21 century：final report of the U.S. Commission on Ocean Policy[R]. 2004.

于生态系统的管理”（EBM）是指在一个更广泛的生物物理环境的范畴内考虑人类的活动、收益以及对整个生态系统的潜在影响。这种途径注重以生态系统定义管理的边界，而不是在行政边界内考虑多重的人类活动。“区域”（Region）是指具有共同利益和问题的地方（places）的组合，强调区域合作；“海洋”不是指传统的海洋，而是指包括海洋及其毗邻的流域在内的流域—河口—海洋生态系统；“治理”（Governance）的含义不同于管理（Management，尽管国内很多同行翻译成管理），是指决定人们利用资源与环境行为的正式和非正式的制度安排。“管理”是在既定的制度框架下如何利用人力和物力达到既定的目标，而“治理”则强调探究要达到的目标和制度安排的过程，并以此作为规划和决策制定的基础。治理的机制包括政府、市场和市民社会（civil society）[1]。

区域海洋管理的基石是基于生态系统的管理，即必须以自然决定的生态系统，而不是以政治和战争决定的行政单位作为管理的单元。所以基于生态系统的海洋与海岸带管理为解决跨行政区域、跨部门的资源与环境问题提供了一种机制。学术界和管理界大都认为这一新的海洋管理模式是将来海洋政策的最佳选择[2]。基于生态系统的区域海洋管理要求对目前的价值观、管理体制和管理实践进行巨大的变革，是一种范式的转变（paradigm shift）[3]。

针对中国面临的海洋环境问题，中国海洋政策的制定必须强调流域—河口—海洋“综合”管理的理念，强调海陆统筹，政策、机构和财政机制的综合。根据中国目前的经济发展水平、政府结构体系、政策构架和文化特征，利用综合的理念，建立有效、透明、问责、效率的区域海洋管理体制和运行机制是中国面临的重大课题。

### 7.6.2 建立区域海洋管理机构

实施综合的流域—海洋综合管理，即区域海洋管理项目，依赖于有效的机构设置、职能划分、法律法规的制定以及激励和约束机制的设计。针对跨行政区域协调困难的特点，将来应该建立高级别的协调机构来协调各部门和各地方政府的行动。

（1）对于跨省的流域、海洋，如渤海流域、长江流域等，建立国家级的区域海洋管理委员会，负责统一组织、部署、指挥和协调流域-海湾环境的综合整治工作，协调各部门、各地区间的行动。区域的重大开发活动必须得到委员会的同意等。为

1 Hershman M J，Russell C W. Regional ocean governance in the United States：concept and reality. Duke Environmental Law and Policy Forum[R]. 2006，16：227-265. http://www.law.duke.edu/journals/delpf.

2 Scientific consensus statement on marine ecosystem-based management[R]. 2005. http://compassonline.org/files/inline/EBM%20Consensus%20Statement_FINAL_July%2012_v12.pdf.

3 Cortner H，Moote M. Politics of Ecosystem Management[M]. Washington，D.C.：Island Press，1999.

提高委员会的协调能力，由国务院总理或常务副总理任委员会主任。委员会的成员应该包括中央各部门的领导、流域各行政区域的官员以及专家。

（2）根据委员会的职责，赋予其足够的权威和资源，以提高其协调能力。

（3）设立区域海洋管理咨询委员会，负责为委员会提供决策咨询。咨询委员会的成员除了政府代表外，还必须包括利益相关者、公众和专家代表，并且这些非政府代表的比例不得低于 51%，以便更好地反映民众、利益相关者的意见和建议，形成共同的愿景。

（4）在省内各海区及与海洋相连的流域建立高级别领导人担任主任的流域综合管理委员会。

### 7.6.3 建立有效的约束机制和激励机制

（1）建立流域—海湾生态系统管理绩效评估体系。对各级各有关部门开展规划执行落实情况、整治方案落实情况进行专项监督，并向公众公布。

（2）建立行政区域断面责任考核标准和机制，实行区域环境保护行政领导责任制，将环境管理的绩效与地方领导的政治升迁挂钩。

### 7.6.4 建立流域尺度的可持续的财政机制

足够的财力、有效的财政机制是陆源污染管理项目实施的关键。由于污染问题管理是跨行政边界的管理，各行政区经济发展水平、财政能力不同，参与环境治理的积极性不一样，并且流域下游是上游环境治理的受益者，因此必须在全流域的尺度建立环境治理的财政机制。

（1）建立基于环境责任的流域生态补偿机制。目前中国的很多小流域都开始实施生态补偿，这对增强经济欠发达地区环境管理的能力、增加他们参与流域综合管理起到了积极的作用。但是也存在一些问题，主要是生态补偿的数量没有与地方的环境绩效挂钩，而且补偿数量的确定也存在很大的随意性。将来应该在考虑效率和公平的基础上，确定各区域的环境责任，建立基于环境责任的流域生态补偿标准和机制。

（2）完善财政政策，通过转移支付等手段，建立与地方政府事权，特别是环境保护责任相匹配的财政体系。

（3）拓宽流域—海湾生态系统管理的融资渠道。近期在局部地区尝试排污权交易试点；合理利用排污收费政策，专款专用；鼓励少污染和绿色产业；运用多元化的金融和财政手段引导社会资本参与流域海湾环境治理。推动公—私环境管理伙伴关系（Public-private partnership），为地方政府环境管理拓展新的资金来源。远期实现环境治理市场化。

（4）提高水资源价格及污水处理费，一方面为流域-海湾管理筹措资金；另一方面促进节水型城市建设。

### 7.6.5　完善现有的法律、法规

（1）制定综合的流域—海洋管理法规。中国目前有很多的法律、法规和标准涉及流域和海洋，但是这些大都以部门立法为主，缺少统一的流域综合管理法规。另外，目前的法律、规章和规划的级别不高，权威性不够。针对这种状况，各流域综合管理要建立统一的、高权威的流域管理法规。各流域的综合管理法规要考虑整个流域的社会、经济发展的需要和环境保护的需要，考虑经济发展水平的差异来进行制定。法律还必须厘清、理顺省直各相关机关的职能，特别是环保、水利、林业、农业、规划和国土部门之间的分工，明确地方政府在流域综合管理中的权利和义务，以促进部门协作，真正推动治理工作。

（2）进一步完善现有的有关环境标准体系。例如，完成“渔船污中国保护海洋水排放标准”、“海洋沉积物污染评价标准”和“海洋生物体内污染物评价标准”；尽快制定各海区“渔业资源保护管理规定”、“渔业水域生态环境保护管理规定”、“沿海地区禁止生产销售使用含磷洗涤剂用品管理办法”、“生物物种引进规定和沿海重点企业污染事故应急计划制定办法”等部门规章。

沿海省（自治区、直辖市）和依照《中华人民共和国立法法》的规定具有立法权的市，要依据国家制定的海洋环境与资源保护的法律、行政法规和本行政区近岸海域环境质量状况，加强地方海洋环境保护立法，保证各海区保护海洋环境免受陆源污染行动有法可依、有章可循。

（3）制定农业非点源污染控制的相关政策和法律。中国目前污染控制的政策和项目主要关注点源污染，而农业非点源污染已经成为中国主要的污染源之一，还缺少相关的政策、法规和措施，急需完善。农业面源污染政策首先要取消对化肥、农药的补贴政策，改化肥价格补贴为环保补贴，制定相关环境经济政策，鼓励有机肥使用以及无公害农业和有机农业的发展。由于农业面源污染具有在不确定的时间、通过不确定的途径排放不确定数量的污染物质的特点，各地要根据地方环境的具体特点开发操作简单、价格便宜的农业面源污染控制技术，如农田最佳养分管理、有机农业或综合农业管理模式、等高线条带种植、农业水土保持技术措施、控制有机肥的施肥量等。

（4）制定和完善溢油污染管理政策和法规，制定溢油污染生态损害评估、补偿标准、补偿实施的指南和程序；制定小油轮运输技术准则、行业标准、溢油污染损害赔偿的相关法规和规章。

（5）重新审查中国现有的政策、法律和法规之间的冲突、重复和矛盾，并进行

修改修订，以增加法律和政策的协调和统一。

（6）将流域-海洋管理的目标纳入地方的社会经济发展规划之中，以增加目标的强制性。

### 7.6.6 加强科学研究

（1）加强对流域—海洋生态系统功能和服务的研究。为保护流域—海洋生态系统的健康和活力，实现生态系统服务的可持续利用，必须加强科学研究，加深公众和管理者对流域—海洋科学知识的了解。

（2）加强最优污染削减方案的研究。流域水环境改善最终要落实到流域污染负荷的削减，污染负荷的削减涉及庞大的成本以及成本的分担问题，在不同的地方、以不同的方式削减污染物的排放对水体的污染负荷的影响是不同的。这就需要估算在污染削减成本最小化的条件下，达到一定环境目标（总量控制目标/污染负荷削减目标），各行政单元的污染削减措施、每一种措施的规模以及成本的最优组合，并根据各自财政能力制定出最优的污染削减成本分摊方案。

（3）完善现有的环境监测体系。联合政府各部门和监测部门，建立区域海洋环境监测网络和长期协调机制。制定统一的环境监测方案，分工配合，统一监测技术、方法，优化监测站点。

（4）建立流域—海洋信息共享平台。各部门每年定期交流监测经验和发现，开发各流域—海湾水环境管理信息系统软件，建立全流域监测信息平台，整合信息资源，实现区域信息共享。

（5）加强环保、海洋管理机构的能力建设，加快流域—海洋综合管理人才的培养。

# 附录一 环境保护法律、法规与标准

## 法律

《中华人民共和国环境保护法》（1989.12.26）

《中华人民共和国海洋环境保护法》（2000.04.01）

《中华人民共和国环境影响评价法》（2000.10.28）

《中华人民共和国固体废物污染环境防治法》（1995.10.30）

《中华人民共和国水污染防治法》（1984.11.01）（1996 年修正）

《中华人民共和国清洁生产促进法》（2003.01.01）

《中华人民共和国水法》（2002.10.01）

《中华人民共和国海域使用管理法》（2001.10.27）

《中华人民共和国专属经济区和大陆架法》（1998.06.26）

《中华人民共和国防洪法》（1997.08.29）

《中华人民共和国水土保持法》（1991.06.29）

《中华人民共和国野生动物保护法》（1988.11.08）

《中华人民共和国渔业法》（1986.7.1）（2004 年修正）

《中华人民共和国土地管理法》（1986.06.25）（1998 年修正）

《中华人民共和国矿产资源法》（1986.03.19）（1996 年修正）

《中华人民共和国森林法》（1985.1.1）（1998 年修正）

## 法规

《中华人民共和国防治船舶污染内河水域环境管理规定》（2005.08.20）

《退耕还林条例》（2002.12.6）

《中华人民共和国森林法实施条例》（2001.1.29）

《中华人民共和国水污染防治法实施细则》（2000.07.01）

《中华人民共和国自然保护区条例》（1994.12.01）

《中华人民共和国水生野生动物保护实施条例》（1993.10.5）

《中华人民共和国防治陆源污染物污染损害海洋环境管理条例》（1990.08.01）

《中华人民共和国防治海岸工程建设项目污染损害海洋环境管理条例》（1990.06.25）

《中华人民共和国防止拆船污染环境管理条例》（1988.05.18）

《中华人民共和国渔业法实施细则》（1987.10.14）

《中华人民共和国海洋倾废管理条例》（1985.03.06）

《中华人民共和国海洋石油勘探开发环境保护管理条例》（1983.12.29）

《中华人民共和国防治船舶污染海域管理条例》（1983.12.29）

标准

《地表水环境质量标准》（GB 3838—2002）

《海洋沉积物质量标准》（GB 18668—2002）

《海洋生物质量标准》（GB 18421—2001）

《海水水质标准》（GB 3097—1997）

《渔业水质标准》（GB 11607—89）

《污水综合排放标准》（GB 8978—1996）

《城镇污水处理厂污染物排放标准》（GB 18918—2002）

《污水海洋处置工程污染控制标准》（GWKB 4—2000）

《畜禽养殖业污染物排放标准》（GB 18596—2001）

《畜禽养殖业污染防治技术规范》（HJ/T 81—2001）

《海洋石油开发工业含油污水排放标准》（GB 4914—85）

《船舶污染物排放标准》（GB 3552—83）

《港口溢油应急设备配备要求》（JT/T 451—2001）

《船舶油污染事故等级标准》（JT/T 458—2001）

《溢油分散剂技术条件》（GB 18188.1—2000）

《自然保护区类型与级别划分原则》（GB/T 14529—93）

《海洋自然保护区管理技术规范》（GB/T 19571—2004）

《自然保护区管护基础设施建设技术规范》（HJ/T 129—2003）

《海洋功能区划技术导则》（GB 17108—1997）

《海洋工程环境影响评价技术导则》（GB/T 19485—2004）

《造林技术规程》（GB/T 15776—1995）

《生态公益林建设技术规程》（GB/T 18337.3—2001）

《中国森林可持续经营标准与指标》（LY/T 1594—2002）

政策、方针

《关于进一步加强海洋管理工作若干问题的通知》（2004 年）

《国务院关于落实科学发展观加强环境保护的决定》（2005 年）

Basic Policy and Work Outline for China's Ocean Affairs（China's Ocean Policy）（1991 年）

China Oceans Agenda 21（1996 年）

State Council's White Paper on the Development of China Marine Affairs（2003 年）

# 附录二　中国参加和缔结的国际环境公约

《联合国气候变化框架公约》及其《京都议定书》(1992 年)

《关于消耗臭氧层物质的蒙特利尔议定书》(1987 年，蒙特利尔)

《关于在国际贸易中对某些危险化学品和农药采用事先知情同意程序的鹿特丹公约》

《关于持久性有机污染物的斯德哥尔摩公约》(2005 年)

《生物多样性公约》(1992 年，里约热内卢)

《生物多样性公约〈卡塔赫纳生物安全议定书〉》

《联合国防治荒漠化公约》(1996 年)

《联合国海洋法公约》(1982 年)

《濒危野生动植物种国际贸易公约》(1973 年，华盛顿)

《防止海洋石油污染的国际公约》(1954 年，伦敦)

《国际油污损害民事责任公约》(1992 年)

《防止倾倒废弃物和其他物质污染海洋公约》(1972 年)及其《1996 议定书》

《经 1978 年议定书修订的 1973 年国际防止船舶造成污染公约》(MARPOL73/78)

《国际油污防备、反应和合作公约》(1990 年)

《保护海洋环境免受陆源污染全球行动计划》(1995 年)

《关于特别是作为水禽栖息地的国际重要湿地公约》(1971 年)

# 1 General Report and Policy Recommendations

## 1.1 The Importance of Sustainable Development for China's Ocean and Coasts

The next 10-20 years will be a key phase for China's strategic development and a critical period of rapid industrialization and urbanization. It also offers a chance to modify and perfect the country's development patterns. The international and domestic situations that China now faces are profoundly different from those of just a few years ago. Now, not only does China have to respond to the global challenges of financial crises and climate change, it also has to resolve increasingly serious domestic resource shortages and environmental issues in order to regain a pattern of sustainable development. Furthermore, faced with a depletion of land-based resources, the knowledgeable development of the ocean and coasts becomes an essential step on the path toward the sustainable development of the Chinese economy.

### 1.1.1 Oceans—The Basis for China's Sustainable Development

China is an important coastal country with a continental coastline of more than 18,000 km. It possesses 6,900 islands[1] each with an area of more than 500 $m^2$. China has a claimed jurisdictional sea area [2, 3, 4, 5] of 3.0 million $km^2$ including 380,000 $km^2$ of territorial seas. The ocean, coasts, and offshore marine environments are therefore an

1 The National People's Congress Standing Committee Legislation Working Team. Explanation of Sea Island Protection Law of China. China Law Press, 2010, 165, 182.

2 Data source: National Statistics Administration. Chinese Statistical Year Book - 2008. Beijing: Chinese Statistics Press.

3 China Institute for Marine Affairs (CIMA). Chinese Ocean Development Report - 2010. Beijing: Ocean Press.

4 For comparison, China's land area is 9.6 million $km^2$.

5 Yang Jinsen. Collection of China Marine Strategy Papers[M]. Beijing: Ocean Press, 2006, 271.

important piece of the challenge for the sustainable development of China. The wealth of natural marine resources and the enormous value of marine ecosystem services are — and must continue to be an important contributor to the nation's socio-economic development.

China's offshore and coastal environment provides an array of resources for peoples' livelihoods, including biological resources, minerals, pathways for transportation, locations for port development, and tourism assets. It is estimated that the ocean supplies more than 20% of the nation's animal sources of protein, 23% of its oil and 29% of its natural gas reserves[1], as well as providing pleasing locations for recreation. Apart from direct economic values, China's ocean and coastal environments offer countless habitats that contain a wealth of biological and genetic diversity, along with providing ecosystem services such as nutrient recycling, detoxification and shoreline protection. Further, the ocean also plays a key role in carbon sequestration, regulating the water cycle and climate, and is a major source of oxygen. These services are vital for human survival and development. However, exploitation of any of these resources or services will affect the use of the others. Sustainable development of the ocean requires special attention to the conservation of marine ecosystems.

### Marine Biological Diversity

China's marine jurisdiction includes: temperate, subtropical and tropical climatic zones crossing 38 degrees of latitude. There are 20,000 species residing in these zones including 14% of the world's fish species, 43% of the mangrove species, 14% of the cephalopods, and 33% of the Indo-west Pacific region's coral reef species. For example: there are 1,140 species in the Yellow Sea and Bohai Sea; 4,167 in the East China Sea; and 5,613 in the South China Sea.

### Ecosystem Services and Functions

Scientists recognize four categories of ecosystem services: provisioning services such as food and water; regulating services such as the regulation of climate, floods, coastal erosion, drought and disease; cultural services such as recreational, spiritual, and religious benefits; and supporting services such as nutrient cycling and photosynthesis. Some key benefits provided by the ecosystem services of functioning marine systems include healthy seafood, clean beaches, stable fisheries, abundant wildlife, and vibrant coastal communities.

1 China Institute for Marine Affairs (CIMA). Chinese Statistical Year Book – 2010[M]. Beijing: Ocean Press, 2010.

### 1.1.2 Marine Economy as a Driving Force for China's Socio-Economic Development

Since the 1990s, China has included the development of marine resources as an important theme within the nation's development strategy and has used the development of the marine economy as a major vehicle to help revive China's economy. China is placing increasing importance on marine resources, environmental protection, marine management, and marine industries – allowing marine development to become one of the fastest growing sectors of the Chinese economy.

In the 21st century, the contribution of the marine sector to regional economic development has grown increasingly prominent. In 2012, total marine revenue[1] reached 5.01 trillion RMB, accounting for 9.6% of the national GDP and 15.8% of the GDP of the coastal provinces[2]. In terms of value-added, the marine sectors contributed 2.94 trillion RMB, or 5.63% of the national GDP (9.33% of the GDP of the coastal provinces).

This rapid development of the marine economy has promoted employment in coastal areas. The workforce in marine-related industries has expanded from 21.1 million people in 2001 to 33.5 million people in 2010, accounting for 10.1% of the coastal workforce[2].

More importantly, the Chinese economy is currently highly dependent on an open global marine economy as China possesses five of the world's 10 largest container ports. 19% of the world's bulk goods are shipped to China and 22% of the world's containers transporting exports come from China. China's merchant vessels are found in more than 1,200 ports internationally, and together they form an import-export economic structure that is utterly dependent on the world's oceans.

In the past 30 years of Chinese economic reform, the structure of marine industries has undergone profound changes. Where marine salt and fisheries were once the leading industries, now the five most important (main) industries are marine transportation, marine tourism, fisheries, offshore oil and gas, and shipbuilding. Other industry sectors, including marine energy, seawater resources, marine engineering, biopharmaceuticals, and marine science and education are now also playing important supporting roles. The five main marine industries contributed about 91% of the marine primary industry

---

1 Total marine revenue includes marine tertiary industries, marine secondary industries and marine primary industries. Referred to: State Oceanic Administration. Statistical Bulletin of China's Marine Economy (2012).

2 State Oceanic Administration. Statistical Bulletin of China's Marine Economy (2001-2012)[R].

revenues in 2008 [1].

Projections show that by 2020, the revenue generated by the Chinese marine major industries will reach 5.34 trillion RMB accounting for 7% of the projected national GDP. One should note that this represents an expected 100% growth in the sector during the next decade.

Table 1.1 National Marine Major Industry Revenue and Its Ratio to National GDP [2] [Trillions RMB]

| | Rate of Increase [Year] | 2008 | 2011 | 2012 | 2013 | 2014 | 2015 | 2016 | 2018 | 2020 |
|---|---|---|---|---|---|---|---|---|---|---|
| Total National Marine Industry Revenue | 10% | 1.7351 | 2.2627 | 2.4890 | 2.7379 | 3.0117 | 3.3128 | 3.6441 | 4.4094 | 5.3353 |
| GDP | 8% | 30.067 | 37.8758 | 40.9058 | 44.1783 | 47.7126 | 51.5296 | 55.6519 | 64.9124 | 75.7138 |
| GDP% Ratio | — | 5.7 | 5.97 | 6.08 | 6.19 | 6.31 | 6.42 | 6.55 | 6.79 | 7.05 |

Note: Predicted values are for marine major industries only.

**Marine Economy**

Since 2001, there has been an annual growth rate at 15% in marine revenues and marine industries. In 2012, the total marine revenue reached 5.01 trillion RMB, accounting for 9.6% of the national GDP and 15.9% of the coastal GDP. The value-added contribution from the main (principal) marine industries' revenues were 2.94 trillion RMB, accounting for 5.63% of the national GDP. By 2020, these main marine industries are projected to have revenues of 5.34 trillion RMB, accounting for 7.05% of the national GDP.

### 1.1.3 Sustainable Development of the Ocean and Coasts: Pillars to Support and Secure Coastal Development

In the 30 years of the Chinese economic reform, China's opening-up policy has

1 State Oceanic Administration. Statistical Bulletin of China's Marine Economy (2001-2012)[R].

2 China Institute for Marine Affairs (CIMA). Chinese Ocean Development Report – 2013[R]. Beijing: Ocean Press. 2013; 226.

evolved from establishing special economic zones — including some southeastern coastal cities — to a multi-dimensional approach that includes many regions. Yet due to their advantageous locations, rich marine resources and policy strategies, China's coastal areas are seeing an increasing concentration of industrial and broader economic activity. Currently, China has formed a coastal economic belt with highly developed economy, which has become a highly urbanized and populated area.

From 2001 to 2011, the total GDP of the 11 coastal administrations increased by a mean annual rate of over 10%, reaching 25.32 trillion RMB in 2011, The coastal population is currently 554 million. Though China's coastal area constitutes only 13% of its total Land area, more than 40% of the Chinese population now lives in this area. The region is responsible for 90% of China's imports and exports[1], and contributed to 57% of the total national GDP.

Coastal areas are now also heading into a new stage of industrialization. Local governments of coastal administrations are introducing a full range of supporting policies and measures, creating an upsurge of marine-related development. At the same time, in response to the global financial crisis, the Central Government has introduced a series of important policies, some of which aim to satisfy domestic land demand and to ensure economic growth and the adjustment of infrastructure, to suit future development expectations.

In 2009, China introduced revitalization plans for several key industries, including steel production, shipbuilding, automobile and equipment manufacturing, and the industrial structure has been significantly restructured. From a long-term perspective, there will continue to relocate petrochemical, steel, shipbuilding, and thermal and nuclear power industries into coastal areas at a large scale, making the continuing industrialization and urbanization of these regions inevitable. In the new industrial development of coastal areas, the five main industries will be: heavy industries, ports and logistics, shipbuilding and marine engineering, modernized fisheries, and marine tourism – all of which are expected to undergo rapid change. These major developments are obviously linked with the ocean and coasts, and will require ongoing access to marine areas and resources to fuel their progress.

Projections suggest that by the year 2020, the GDP from coastal areas will experience a 1.5 fold increase from figures of 2010 and will reach 47 trillion RMB, and

1 National Statistics Administration. Chinese Statistical Year Book-2011[M]. Beijing: Chinese Statistics Press, 2012.

the coastal areas will achieve the goal of achieve a moderately well off society. According to Chinese demographic research, the national population will reach 1.45 billion people by the mid-2020s and 1.5 billion by 2030. In 2020 and 2030 [1], the coastal areas' population will grow to 700 million and then 840 million people. At the same time, the industrialization of these coastal areas will require new adjustments and the redistribution of marine spatial resources. Total shoreline occupied by harbours may increase from 600 km to more than 1,000 km; coastal industries and urban development may require sea reclamation of more than 5,000 $km^2$; port construction, shipbuilding and marine tourism industries will all need to expand their marine space; and modernized fisheries industries will need to develop seaward towards deeper waters. Marine space is one of the main elements in supporting sustainable economic development in the future, and therefore ecosystem functions must be considered when analyzing the capacity of marine spatial resources to accommodate projected development needs.

**Coastal Population**

By 2020, China's coastal population is expected to grow to 700 million; and by 2030, it is expected to be 840 million. It is currently 554 million.

## 1.2 Historical Background of China's Sustainable Development Policy

In 1996, "sustainable development" officially became one of China's basic development strategies. It evolved from originally a scientific consensus into an important element of government policy and operational programming. China's Ocean Agenda 21 proposed the background, aims, and priority areas for the sustainable development of marine areas. Since the implementation of Agenda 21, the sustainable development of China's ocean and coasts has seen almost an 15-year history, which coincides with the transition period in China's economic and social development. The terms "a moderately well-off society", "harmonious society", "environmentally friendly" and "resource-saving society", and "ecological civilization" are now all continuously

1 Jiang Z H, Xu K D, Song J, et al.. Research Report on National Population Development Strategy[R]. 2006. Beijing.

employed, motivating progresses and defining China's sustainable development. Also China has signed and joined many environmental treaties and conventions such as the GPA. The process by which China is sustainably developing its marine areas is seeing continuous improvement, and there is a growing capacity for truly sustainable development of the ocean and coasts.

GPA – Marine

The Global Programme of Action for the Protection of the Marine Environment from Land-based Activities is a long-standing and UNEP-led initiative to assist the countries to protect their marine environment from land-based sources of pollutants. It addresses pollutants such as sewage, heavy metals, hydrocarbons, radioactive waste, litter, nutrient over-enrichment, and the physical alteration and destruction of critical habitats.

### 1.2.1 Strategy and Planning for the Sustainable Development of the Ocean and Coasts

In 1996 and 1998, respectively, China Ocean Agenda 21 and White Paper – "The Development of China's Marine Programs" were published, together forming the foundation of a sustainable development strategy for China's ocean and coasts and for a national marine policy. With the arrival of the 21st century, the government has placed even more of its focus onto marine development.

China's program outline of the 10th Five-Year Plan of the National Economy and Social Development, passed in 2001, was the first high-level national development plan mentioned the strategy of the ocean and coasts. It was stated as "Strengthen research on marine resources, development, protection and management, improve research on the utilization of marine resources and develop marine industries; and increase the usage of marine areas and protect national maritime interests". The State Council released the National Marine Economic Development Plan in 2003, proposing key tasks such as developing the marine economy and protecting marine ecological habitats.

In 2006, the 11th Five-Year Plan of the National Economy and Social Development of China was endorsed during the Fourth Session of the 10th National People's Congress. This was the first time an individual chapter was dedicated to the ocean issues. It proposed strengthening marine awareness, protecting national maritime interests, protecting marine habitats, developing marine resources, implementing marine integrated management and promoting the development of the marine economy. It also proposed the rational use, protection and development of marine resources. The ocean being listed and placed in an important chapter in the national development strategy plan was a significant step towards the promotion of the sustainable development of China's marine industries. In January 2008, the State Council published the "Planning Outline of National Marine Program Development", which lays out specific requirements regarding the aims and goals of protecting marine ecological habitats.

In 2002, the endorsed report of the $16^{th}$ National Congress of the Communist Party of China proposed "The Implementation of Marine Development". This marks the first appearance of the term "ocean" in a National Congress report. In 2007, the $17^{th}$ National Congress of the Communist Party of China clearly indicated "Development of Marine Industries". General Secretary Hu Jintao particularly emphasized the nation's intention to develop marine industries during his visit to Shandong, and he placed emphasis on the utilization of marine resources based on sound science and the nurturing of marine industries. The $12^{th}$ Five-Year Plan, which is being prepared currently by the State Council, is expected to place ocean activities and marine resources at the same level as energy strategies, emphasizing the importance of the ocean and coasts in current national planning strategies.

As a conclusion, under the background of socio-economic development and a determination to further implement proper scientific concepts, China's policies, laws and legislation regarding the sustainable development of the ocean and coasts are continuously improved. Through various phases of action plans that allow sustainable development principles to be incorporated into marine industry plans and government-related policies, the emphasis on both the development of marine resources and the protection of ecological habitats means that marine environmental management and land-based pollution control need to be clearly integrated. The main focus must be on the protection of offshore marine environmental resources and further exploring development opportunities towards the open ocean by finding and utilizing new resources in deeper waters. On the other hand, marine management has evolved from single departmental administrative controls into an integrated management approach considering a combination of legal, economic, technical and the necessary administrative responsibilities. Various regions are now increasingly practicing ocean and coastal management using ecological systems as the basis for decision-making.

### 1.2.2 China's Actions on Ocean and Coastal Management

China's ocean and coasts are among the most intensely used marine areas on the planet and have made an extraordinary contribution to the nation's dramatic economic development during the past half-century. They have helped to transform China into a truly global marine transportation nation with modern shipbuilding industries and competitive harbours and ports. Those same waters are powerful support for fisheries and innovative mariculture industries that lead the world.

This report generally focuses on the deteriorating environmental conditions of China's ocean and coasts and offers insights into why changes have occurred and what needs to be done to improve the situation. One should not, however, mistakenly conclude that China is currently standing still and not attempting to solve the issues. The truth is that China has already achieved much in ocean management and is well positioned to achieve sustainable development of its ocean and coasts.

For example, it has only been in the last few years that the leading ocean management nations have adopted marine spatial planning as a key tool in their arsenal for implementing marine area-based management, but China has been working with the idea for nearly two decades and implemented its own initial marine functional zoning scheme in 2002.

Fisheries nations recognize that seasonal closures are an important tool for the conservation of fisheries resources and the consequential sustainability of their fishing industries. Many nations successfully implement these closure strategies for single species and in selective areas, but China has been boldly implementing full summer closures for all species at sub-national regional levels since 1995[1, 2].

To aid decision making, some advanced ocean management nations have been undertaking statistical surveys of their marine-related activities for the last decade or various time scales. But here again, China is a leading nation and has been conducting a detailed statistical analysis of the economic value of its marine related activities annually.

Integrated Coastal Zone management (ICZM) is being implemented currently in many nations at the local level. The southern city of Xiamen initiated China's first ICZM

---

1 Sherman K, Tang Q, et al.. A global movement toward an ecosystem approach to management of marine resources[J]. Marine Ecology Progress Series, 2005, 300: 275-279.

2 Bureau of Fisheries, Ministry of Agriculture. A decade of summer ban fishing in China[R].

programme in 1997 [1]. Xiamen has created an ICZM model characterized as "legislation first, centralized coordination, scientific support, integrated legal enforcement, funding guarantee, and public participation"[2]. This successful model is regarded as an ICZM demonstration site not only for East Asian countries but also for countries around the world. There are more than 20 local ICZM initiatives in China at present.

There are many other examples that can be added to this list of accomplishments China has successfully implemented ahead of other nations. However, these aforementioned (and other) examples have not been without their challenges and problems along the way. Often, China has moved ahead too quickly without a full understanding of the scientific consequences and without a sufficient appreciation of the longer-term environmental transactional costs. One of the aims of this report is to suggest how China can improve its environmental management of these important activities.

> **Integrated Coastal Zone Management (ICZM)**
>
> Integrated Coastal Zone Management is intended to bring together the management of the river basin and the coastal sea, thereby putting the concept of ecosystem-based management into practice. An effective ICZM program will minimize multiple use conflicts, protect lives and properties from natural and man-made disasters, protect and conserve habitats and biodiversity, ensure the sustainable use of freshwater resources, and ensure food security for the coastal population. There are more than 20 local ICZM initiatives in China at present.

## China's Legal System for the Sustainable Development of the Ocean and Coasts

Since the Marine Environment Protection Law was passed in 1982, the Chinese government has implemented a series of additional pieces of legislation to promote the sustainable development of the ocean and coasts as well as the conservation of marine habitats. By the beginning of the 21st century, the Chinese government had already set up a relatively complete marine legal system and supporting legislation and regulations.

---

1 Chua T E. Dynamics of ICZM: practical applications in sustainable coastal development in East Asia[R]. Manila: PEMSEA, 2008.

2 The Third Ocean Institute and Xiamen University. The strategic action plan of ecosystem based Jiulong River Watershed and Xiamen Bay Management[C]. 2009.

The set-up and implementation of these laws and regulations has sped up the progress of the protection of the marine environment, marine management, and has also accelerated ecological restoration in China, effectively promoting the sustainable development of the ocean and coasts. However, challenges remain for the implementation of such legislation, and for the engagement of authorities and the full uptake of a wide range of responsibilities, including, for example, the necessary regulations and enforcement.

A number of crucial pieces of legislation now guide activities and provide a context for future policy decisions including:

The Marine Environmental Protection Law of the People's Republic of China (formulated in 1982, revised in 1999) is China's fundamental law for the protection of the marine environment and establishes the basic principles of protecting marine resources, preventing pollution, maintaining ecological balance, securing human health, and promoting sustainable socio-economic development. Within the Chinese legal system of marine environmental protection, the first category is generic and it is applicable to all marine environmental protection-related activities, which include monitoring and management, pollution control, marine spatial planning, emergency response to major marine pollution incidents, marine protected areas, and the damage liability system. The second category is for the management of specific cases, namely supporting legislation for the implementation of the "Marine Environment Protection Law", including pollution prevention from shipping, offshore oil and gas exploration, marine dumping, prevention of pollution from ship dismantling, the building of coastal infrastructure and marine engineering works, and the prevention of land-based pollution.

The Law on the Administration of the Use of Sea Areas. Before the 1980s, although various marine activities were restricted in certain marine areas, in principal, there was no corresponding legislation on the use of sea areas. In May 1993, the Ministry of Finance and the State Oceanic Administration jointly published the Law on the Administration of the Use of Sea Areas. The legislation, which received the endorsement of the State Council, clearly proposes the establishment of "maritime licensing" and payment for the use of sea areas, contributing to the initial establishment of the administration of the use of sea areas. The Law on the Administration of the Use of Sea Areas was passed in 2001 and officially put into force in 2002, marking the formal establishment of the management system for the use of sea areas. The basic sea area management regime includes a functional zoning system, and a sea area use payment system and property use rights system. China has completed the development of a national, provincial, municipal and county-level zoning scheme for coastal waters and a usage charge standard that is the basis of sea area management. Of some concern, however, is the fact that the current zoning scheme gives priority to social development over ecosystem protection needs.

The Law for Island Protection. Under vigorous promotion by the National People's Congress, "The Law of the People's Republic of China for Island Protection" was adopted during the 12th session of the 11th National People's Congress Standing Committee in 2009. The Island Protection Law consists of five key elements, including an island conservation plan, the protection of island ecological habitats, ownership of uninhabited islands, the protection of special islands and the monitoring and control of island use. The legislation explicitly indicates the duties of all levels of government administrations for marine management regarding the protection and development of islands. Its introduction symbolizes the legalization of China's management, protection and development of islands.

The Fisheries Law of the People's Republic of China covers all fisheries-related activities including marine fisheries. This law was adopted in 1986, and revised twice – in 2000 and 2004. In 1987, the Ministry of Agriculture released the Fisheries Law implementation guidelines which outlined rights and management processes regarding the exploitation of fisheries resources. The guidelines also set specific rules regarding aquaculture, fisheries, and the enhancement and protection of fishery resources. The law established a system of harvesting permits and seed stock permits for aquaculture, determined allowable catch and a licensing system for the fisheries industry. The law also provided permits for high seas fishing and fishing in waters under the juridisdictions of other countries; limited fishing areas, times, fishing methods and tools; the enhancement of fishery resources and conservation systems (fishery resources protection fee system, fishing ban, and restriction measures), and determined closed areas and seasons for fishing. State and local authorities within the purview of the legislation also issued a number of supporting regulations and implementation measures.

## 1.2.3 The Status and Problems of Marine Management

### 1.2.3.1 The Current Status of Marine Management

Since the 1950s, China's marine management system has gone through significant development and change. It has evolved from the management of individual industries to the combined management of industries and the marine environment, and finally, after decades of progress, China is gradually shaping an integrated ocean management system. In 2008, the State Council gave the State Oceanic Administration (SOA) the new task of focusing their work more on strategic marine research and the coordination of marine affairs, on top of their responsibility for marine management and administration. There are about ten other departments that are involved in marine-related affairs, including the Ministry of Environmental Protection, Ministry of Agriculture (Fisheries), Ministry of Land and Resources, Ministry of Communications (Transport), Ministry of Water Resources and the State Forestry Administration as well as provincial, county, and local government agencies.

Marine-related State administrations are obliged to implement management controls on marine-related activities under their jurisdiction according to the current legal system, which includes the "Environmental Protection Law", the "Marine Environment Protection Law" and other supporting legislation. The SOA and other marine-related administrations have developed a series of national and provincial plans for the conservation of marine biological diversity and ecological habitats. The enlisting of marine habitats into national socio-economic development plans has enhanced the effectiveness of the overall management of the marine environment. With regard to marine spatial use, three systems related to marine spatial planning are in effect: marine tenure, rights to exploit resources, and the paid usage of the sea. Each is implemented according to the "Law on the Administration of the Use of Sea Areas". Management of islands – the planning and protection of island ecological habitats, ownership of uninhabited islands and the protection and monitoring of special islands – is conducted according to the "Island Protection Law". The Ministry of Agriculture and several levels of local governments carry out the management of fisheries and marine biological resources under the "Fisheries Law" and other marine biological resources legislation.

It is in the nature of environmental issues that they do not respect administrative boundaries, therefore various government administrations are exploring new co-management arrangements for land, estuarine, coastal, and sea area activities to better address marine environmental issues. For example, on 2nd March, 2010, the Ministry of Environmental Protection and the SOA signed an agreement that signifies China's formation of a new environmental protection system for coastal land and seas. According to the agreement, both parties will strengthen communication and collaboration in nine fields, including monitoring nitrogen, phosphorus, petroleum and heavy metal pollution in key sea areas.

The Ministry of Environmental Protection has already initiated environmental impact assessments for key strategic developments in the areas around the Bohai Sea, the economic zone on the western coast of the Taiwan Straits and in the Beibu Gulf economic rim.

### 1.2.3.2 The Problems of Marine Management

The legal system in China dealing with marine resource management is already relatively comprehensive, the planning system is steadily improved and four levels of enforcement at national, provincial, local and municipal levels has been established, thus shaping the capacity to manage marine habitats within territorial waters. However, several structural flaws remain at the governmental and industry-focused marine management levels, some of which are described below.

#### Conflicting Marine Environmental Governance

The responsibility for China's marine and coastal environmental protection is scattered across different administrations of the central government and coastal local governments. There is no single agency providing a whole-of-government coordinated approach for the sustainable development of China's marine territory. The responsibilities of the various departments are governed by different uncoordinated legislation, therefore causing many overlaps and conflicts of functions. There is an urgent need to establish a high-level administration to oversee and coordinate the sustainable development of China's ocean and coastal activities.

Firstly, marine management systems are not effectively marine-focused and need better internal coordination. China's marine management is, for the most part, handled by departments primarily responsible for land-based resource management, Therefore, China's administrative decision making is greatly influenced by the natural resources and industry development sectors. This fragmented system of development-minded management has resulted in the serious loss of marine resources and ecosystem functions and services, and is not conducive to the integrated management needed specifically to secure the protection of marine ecosystems as a whole. Accordingly, the management of marine resources and the implementation of environmental management continues being carried out through a stove-pipe management approach, where departments responsible for such things as ocean space, transportation, agriculture, oil & gas, and tourism manage both the land and marine functions, and where there is a lack of coordination within and between these agencies on such important matters as joint law enforcement. This lack of coordination extends even between different governments (national, provincial, local) and different departments at the State level, and is an obstacle to the implementation of integrated marine management. There is currently no coordinated whole-of-government approach to marine management in China.

Secondly, even though China has an adequate suite of marine legislation, the overall system lacks comprehensiveness, particularly when it comes to a coordinated approach to marine environmental protection. The existing series of marine-related laws and legislation aim at supporting development, industry protection, and management of specific individual marine resources. These laws and legislation overlook other resources and industries, and there is a clear lack of a coordinated National Marine Strategy to provide guidance to policy makers. On the other hand, while the content and structure of many pieces of legislation emphasize shared high level marine protection issues, they lack specific solutions to the range of different regional problems that arise. The existing legislation cannot adapt to the needs of a modern integrated marine management system, especially with regard to region-specific marine environmental management challenges.

For example, China has joined the International Convention on Civil Liability for Oil Pollution Damage (1992), but due to the lack of domestic oil spill-related legislation on the criteria of assessing ecological impacts and compensation standards and claims, even though many oil spill incidents have caused serious damage to the environment and ecological habitats, it is difficult to claim for compensation legally. In particular, vessels that carry less than 2,000 tonnes of oil are not included in this Convention, and there are no laws in China that regulate these vessels. Many oil spill incidents are caused by small-scale oil tankers, and they inflict serious damage on marine ecosystems. Another similar cause of the continued degradation of marine environments in China is the lack of policy to control non-point sources of marine pollution from agricultural activities.

At the same time, many marine environmental protection laws in China are concerned with the general principles of marine protection and lack specific necessary legal mechanisms and procedures; they provide inadequate basis for supervision, monitoring, reporting, assessment, and corresponding punitive measures. The result is poor implementation of environmental laws.

Thirdly, there is a lack of policy guidance coupling integrated marine management with river basin management. Currently, China has set up many pollution prevention and control projects within national, local and basin-wide areas; examples include the Huai River Water Pollution Control and Planning, and the Bohai Sea Clear Water Action Project. These sorts of projects are mainly 5-year water environmental management plans. However, for technical, economic and policy reasons, if these plans do not allow the connection between resource management and land use planning, they cannot be integrated within the nation's socio-economic development plans, making it difficult to achieve water environment goals and standards. Even after more than 10 years of comprehensive integrated treatment and significant investment of financial resources, the water quality in the Huai River basin, Bohai Sea, Taihu Lake, and the Dianchi Lake is still not improved.

At the time of the development and implementation of integrated watershed management projects, many integrated marine and coastal management projects were also being developed at the national and provincial levels. An important issue is whether or not the linkage between river basins and adjacent marine waters was even considered. It is difficult to link various marine management initiatives at the scale of ocean, coasts, estuaries, and watersheds, with land-based management that is normally under the jurisdiction of local administrations. Fragmented area management models lead to problems in coordinating resource and environmental management systems. Hence, there is a lack of integrated river-basin-to-marine-management strategic planning.

There is as well vital need for a coordination mechanism between marine management and the Chinese economy. For example, local governments responsible for managing coastal areas have developed their own individual economic development plans and there is a clear trend toward the rapid development of heavy industries all along the coasts. Even though there are environmental impact assessment requirements, these only give consideration to single projects and do not currently consider the cumulative impacts of numerous projects in a single area. There is a lack of integration between policies on the protection of the marine environment and localized economic development.

Finally, there is a lack of information-sharing mechanisms. On one hand, the nation's monitoring and data systems cannot satisfy the full needs for environmental protection because the monitoring standards are inadequate and enforcement is poor. On the other hand, there are many departments that monitor the environmental parameters of marine, river basin, and coastal pathways, including for environmental protection, marine quality, water quantity, fisheries stock assessments, and marine works. However, different departments use different monitoring standards and therefore generate different statistics. In some cases, conflicting situations arise, and therefore monitoring results are not readily shared among departments. Conflicting data pose a great threat to the development of an adequate marine management system. Overlapping work between monitoring agencies, and the lack of transparency of the data, cause a waste of resources and clearly contribute to poor decision making.

### Agricultural Pollution

Pollution from agriculture is one of the main environmental problems in China. The current river basin management practiced by China mainly focuses on point-source pollution with non-point source emissions being neglected. Even the new 2008 PRC Law on the Prevention and Control of Water Pollution does not include any specific regulations, standards or monitoring criteria for agricultural non-point source emissions. The highest discharged pollutants are from agricultural sources (44%), domestic sources (37%), and industrial sources (19%). The pollutants include chemical oxygen demand, ammonia nitrogen, total nitrogen, total phosphorus, petroleum products, volatile phenols, and heavy metals.

## 1.3 The Ecological Challenges of the Sustainable Development of China's Ocean and Coasts

China's marine and coastal ecosystem have distinctive regional characteristics with diverse localized endemic species. Ecological health is highly dependent on coastal habitats, and ecosystems and biological diversity are particularly vulnerable. Due to the rapid development of marine industries and the coastal economy during the past three decades, coastal ecosystems and their habitats have been under severe pressure and have deteriorated. Even though the Chinese government has given marine conservation high priority, including with measures to prevent the deterioration of marine environments, existing marine legislation remains much weaker than similar terrestrial environmental conservation legislation. Furthermore, the large scale and rapid pace of the marine and coastal development have far outpaced the capability of marine and coastal ecoystems to adjust and to adapt. Since the end of the 1970s, the health of coastal environments in

China has weakened and ecosystems have suffered, which is a serious threat to the sustainable development of China's ocean and coasts. Moreover, as rapid development in coastal areas continues, the effort to ensure the sustainable development of the ocean and coasts will encounter many new risks and threats.

## 1.3.1 The Current Status of Chinese Coastal Environments

Since the beginning of the 1980s, profound changes have taken place in the type, scale, structure and nature of marine environmental problems. The four major issues are the environmental issues, the ecological issues, marine hazards, and shortage of natural resources. And though these four categories are conceptually quite straightforward, in reality they intertwine in ways that are unique to the Chinese situation, and they exert a compounded effect that is unlike the common marine environmental issues familiar to most developed countries.

### 1.3.1.1 Serious Pollution of Coastal Marine Environments

In recent years, the degree of pollution in China's offshore waters remains high, with the area of polluted coastal waters increasing. For example, in 2009, polluted offshore waters covered 146,980 $km^2$ [1]. Polluted areas are mainly concentrated in large estuaries and bays, including the Liaodong, Bohai, Laizhou, Jiaozhou Bays, the Xiangshan Harbour, the Changjiang Delta, the Hangzhou Bay and the Zhujiang River Estuary. Limited waste treatment has placed great pressure on the marine environment. The previously mentioned areas are largely the most developed coastal areas in China, and the development strategy of "treatment after pollution" is one of the main reasons for the serious environmental problems.

Currently, the major marine pollutants include inorganic nitrogen, phosphate, and oil – where the main pathways are from land-based sources. Wastewater contains many persistent organic pollutants (POPs), such as polycyclic aromatic hydrocarbons, organo-chlorine pesticides, polychlorinated biphenyls and heavy metals, are occasionally detected. These POPs all pose a major threat to food safety and human health.

### 1.3.1.2 Damage to the Health of Marine Ecosystems

Pollution, large-scale reclamation, and the invasion of exotic aquatic species have

1 SOA. Bulletin of China Ocean Environmental Quality (2001-2009)[R].

caused significant damage in coastal wetlands and the decline of biological diversity resulting in the degradation of coastal marine habitats. Monitoring results from 2009 show that China's healthy, sub-healthy and unhealthy coastal systems constitute 24%, 52% and 24% of total coastal waters, respectively[1]. According to preliminary analysis, China has lost 57% of its coastal wetlands, 73% of its mangroves, and 80% of its coral reefs since the 1950s. Two-thirds of the coasts are under the threat of coastal erosion and the reduction of marine biological diversity. Moreover, populations of endangered species are facing serious declines.

#### 1.3.1.3 Increasing Prevalence of Marine Hazards

The main environmental problems occured in Chinese coastal waters include eutrophication, harmful algal blooms (HAB), coastal erosion, salt-water intrusion, and oil spills. Compared to the 1990s, the problem of HABs has become more serious both in terms of frequency and the size of the areas affected. From 2001 to 2009, the average occurrence of HABs was 79 times annually, with the area affected reaching 16,300 $km^2$. The recorded HAB events and accumulated areas affected by HAB are now 3.4 times more than those during the 1990s[1]. From historical statistics, there is a trend for HAB occurrence to be spreading from local to regional waters. Large-scale green tides due to macro-algal blooms occurred in the Yellow sea in consecutive years since 2007, causing direct economic losses of nearly 2 billion RMB in 2008-2009.

As China transform from being an oil-exporting country to an oil-importing country, there is a corresponding increase in the volume of oil imports. Currently, China's volume of offshore oil shipments places it the third globally after the USA and Japan. The annual growth amount of domestic oil output is 10 million tonnes. With the increase of oil transportation volume and the number of vessels involved, the risk of ship accidents has also increased and China's seas could become more prone to oil spill accidents. According to statistics provided by the Ministry of Communications, there were a total of 2,635 oil spill incidents from 1973 to 2006[2]. At the same time, the increase in offshore oil and gas exploitation has further increased the risk of oil spill incidents. The pipeline burst and resulting large volumes of oil spilled into the sea in Dalian in 2010 caused

1 SOA. Bulletin of China Ocean Environmental Quality (2001-2009)[R].

2 http://finance.qq.com/a/20070706/000458.htm.

3 http://www.cnr.cn/china/newszh/yaowen/201007/t20100719_506752529.htm.

great ecological damage[3].

### Ecological Disasters

Since the 1990s, ecological disasters caused by harmful algal blooms (HABs), green tides due to macro-algal blooms and jellyfish blooms have been frequently recorded in China's seas, which raise alarm on the overall health of marine ecosystems. The frequency and scale of HABs significantly increased since the late 1990s. The area of a single HAB can reach thousands of square kilometers. Large-scale green tides occurred for the first time in 2007 in the Yellow sea, and have reappeared every year thereafter. The affected area of a green tide has reached tens of thousands of square kilometers. Since 2000, the biomass of giant jellyfish has been increasing and since these ingest large amounts of phytoplankton and zooplankton, they deplete the food supply of the fishes.

### 1.3.1.4 Decline of Inshore Marine Fishery Resources

Historically under-utilized, China's inshore marine fishery resources are now being over-exploited. Since the 1960s, the number and horsepower of fishing vessels has steadily increased, and fishing technologies have modernized and grown ever more efficient. In the mid-1970s, fishery catches reached three million tonnes. The harvest of traditional targeted species such as large and small yellow croaker dramatically decreased, while catches of lower quality fish species increased. Through the mid-1980s, catches rose an average of 20% each year, and the main targeted species shifted to small sized pelagic fishes (such as anchovies, mackerels, and scads) which eventually constituted more than 60% of the total catch[1, 2]. The accelerating harvest and a lack of systematic fisheries management then also combined with a loss of fishery habitats and the destruction of nursery and breeding grounds to create a decline in the offshore fishery resources evidently today.

---

1 Tang Q S, Effects of long-term physical and biological pertu of the Yellow Sea ecosystem.//Sherman K, Alexander L M, Gold B O. Large Marine Ecosystem: Stress Mitigation, and Sustainability[M]. AAAS Press, Washington D.C., USA, 1993: 79-93.

2 Jin X S, Zhao X Y, Meng T X. The marine resources and habitat in the Yellow Sea and Bohai Sea[M]. Beijing: Science Press, 2005.

Aquaculture

In 2009, aquatic production in China was slightly more than 51 million tonnes, with 36 million tonnes coming from aquaculture. China's aquaculture production has surpassed capture yield since 1988. As the only country globally to achieve this, China has realized a fundamental transformation from 'fishing-based' to 'aquaculture-based' development. Since 2006, China's marine capture has been exceeded by mariculture, which reached a record high of 14 million tonnes in 2009.

## 1.3.2 Marine Ecological and Environmental Problems - An Increasingly Urgent Threat

### 1.3.2.1 Serious Land-Based Pollution and the Continuing Deterioration of the Marine Environment

Land-based pollutants that are produced by human activities and then released into the marine environment through direct emissions such as river runoff and atmospheric deposition significantly impact marine environmental quality. Therefore, the control of land-based pollutants is of utmost importance to protection of the marine environment and the sustainable development of the oceans and coasts around the world. Since the establishment of the Global Program of Action by UNEP in 1995, the protection of marine environments from land-based pollution has been a common goal of more than 160 countries.

Land-based pollution is a key factor in the decline of conditions in China's ocean and coasts. For the past 10 years, the volume of pollutants carried by river discharge has steadily increased. River monitoring results for the period 2002-2007 show that pollutants carried to the sea by the major rivers (Changjiang River, Zhujiang River, Yellow River, Minjiang River, Qiantang River and others) increased by 121.3% and reached up to 13.67 million tonnes in 2009. The Changjiang River and Zhujiang River contribute about 70% of China's total pollution runoff into the sea.

In recent years, as efforts to control the point source pollution carried by rivers achieved some success, agricultural non-point source pollution was found to be a key contributor to increasing levels. The first National Pollution Census[1] shows that the

1 The First National Pollution Census was done during October 2006 – July 2009. Ministry of Environmental Protection website.

chemical oxygen demand (COD) emitted from agricultural non-point source pollution reached about 13 million tonnes, which is 2.3 times the amount produced by industrial sources — indeed, in some watersheds, agricultural sources can outweigh industrial sources by as much as 5 times[1]. Pollutants transferred by rivers from agricultural and village sources affect the downstream coastal water quality and marine environment. Therefore, agricultural pollutants have become one of the more pronounced problems for the control of China's terrestrial and marine water pollution, and this and other environmental problems in drainage areas should be addressed as soon as possible.

The nation's marine sewage discharge has declined from 13.63 million tonnes in 2005 to 8.36 million tonnes in 2008, a relatively dramatic decrease yet a total that still exceeds environmental quality standards[2]. The four major sea regions — the Bohai Sea, Yellow Sea, East China Sea, and South China Sea — all have high marine pollution discharge rates, on average exceeding the Integrated Wastewater Discharge Standard (GB 8978—1996) rate by 75%, with the highest being measured in the East China Sea where standards were surpassed by 92% in 2008. Looking at different oceanic regions, the Bohai Sea has a pronounced increasing trend in pollutant discharges which exert great pressure on the marine environment.

Atmospheric deposition has become another one of the most significant pathways for nutrient and heavy metal pollution entering the ocean, and densely populated coastal areas are particularly important sources of the nutrient loading (especially nitrogen). Excess nutrients have significant impacts on marine phytoplankton growth and development and in some serious cases cause HABs. According to a study, land-based soluble inorganic nitrogen is transferred to the western Yellow Sea mainly through atmospheric deposition, and the amount of ammonium nitrate has surpassed the amount deposited by streams[3, 4]. Currently, China's monitoring of aerosols and rainfall is focused in specific cities and regions, but atmospheric deposition on marine environments is still at an early stage of research, lacking data from long-term and large-scale monitoring. Hence, there needs to be more in-depth research and monitoring work on the

---

1 The Bulletin of the First National Pollution Census. Ministry of Environmental Protection website.

2 SOA. Bulletin of China Ocean Environmental Quality (2005-2008)[R].

3 Zhang J, Chen S Z, Yu Z G, et al.. Factors influencing changes in rain water composition from urban versus remote regions of the Yellow Sea. Journal of Geophysical Research, 1999, 104: 1631-1644.

4 Chung C S, Hong G H, Kim S H. Shore based observations on wet deposition of inorganic nutrients in the Korean Yellow Sea Coast[J]. The Yellow Sea, 1998, 4: 30-39.

impacts of atmospheric deposition on oceans.

More than 70% of nutrients discharged into the sea are from land-based origins[1], and these and other sources of pollution being leached into the marine environment have led directly to a decline in marine water, sediment and biological quality. Beyond the obvious direct link to marine water quality, the volume of pollutants discharged into the sea has a direct connection to huge economic costs tied to marine fisheries, marine tourism, and human health and safety. Taking fisheries as an example, the average revenue loss caused by pollution reached 2.3% of total fisheries GDP[2, 3]. Marine pollution also causes environmental degradation, decline in biological diversity, and loss of ecosystem services, each of which may be difficult to account for in monetary terms but is significant nonetheless.

It is expected that in 2020, China's GDP will quadruple compared to 2000. Consequently, it is further expected that the amount of industrial and domestic wastewater and pollutants will reach more than double of the 2003 figures, and that the livestock industry will generate pollution nearing three times of the 2003 levels. Coastal water pollution is predicted to grow much more serious than the national average level (2-3 times)[4], placing tremendous pressure on offshore coastal environments.

#### 1.3.2.2 Increased Eutrophication of Inshore Waters, Leading to Significant Ecological Disasters

Eutrophication refers to "a process of changing nutrient concentration and profile in seawater resulting from the over-enrichment of nutrients caused by anthropogenic activities, leading to further changes of the structure and function of marine ecosystems, and the degradation of their services and values". As coastal population and production patterns and standards of living change, the amount of nutrients discharged to the sea also increases. Nutrient pollution caused by the large amount of nutrients deposited into the sea has become a global environmental problem. According to the recently published

1 Chen N W, Hong H S, Zhang L P, et al.. Nitrogen sources and exports in an agricultural watershed in southeast China[J]. Biogeochemistry, 2008 (87): 169-179.

2 Ministry of Agriculture, State Environmental Protection Administration. Bulletin of China's Fishery Ecological Environment, (2000-2008)[R].

3 Value of Fisheries GDP in 2009 was 594 billion RMB. China Fisheries News – May 2010.

4 Cao D. Economy and Environment: China in 2020[M]. Beijing: Chinese Environmental Science Press, 2009.

American and European coastal eutrophication evaluation results, 28% and 65% of the EU and USA seas experience varying degrees of coastal eutrophication[1, 2].

> **Hypoxia**
>
> Coastal hypoxia is a low oxygen condition of inshore waters that occurs when oxygen levels fall below normal. It occurs when excess chemical nutrients run in from the land, e.g., from agriculture and sewage. Desirable marine and estuarine species, especially those in fisheries and aquaculture, are severely affected by hypoxia.

Coastal eutrophication is an increasingly serious problem within Chinese coastal waters, with the following key concerns: (1) The extent of sea area with eutrophication. Since 2000, more than 130,000 km$^2$ (nearly half of China's inshore coastal waters) have been found not to meet the water quality standards. The source of the problem is nitrogen (N) and phosphorus (P) overloading of coastal waters. (2) There exists a serious nutrient pollution problem within estuaries and bays. These include areas such as the Bohai Sea's Liaodong Bay, Bohai Bay and Laizhou Bay, the East China Sea's Changjiang River Estuary and Hangzhou Bay, as well as the South China Sea's Zhujiang River Estuary. (3) The nitrogen pollution in coastal waters is prominent. The average concentration of DIN in seawater exceeds the Grade-I level in most coastal provinces. In Shanghai and Zhejiang Province, the DIN concentration has exceeded the Grade-IV level for many years.

The trend of coastal nutrient pollution problems is upward, both in area affected and seriousness of the problem. From 2004 to 2009, sea areas with moderate eutrophication increased by 6%, those with severe eutrophication increased by 66%[3].

In turn, studies confirm that eutrophication is one of the main reasons for the increasing incidence of HABs globally. Since the 1970s, there has been an increase in the frequency of HABs within Chinese waters, with a three-fold increase in the rate of

---

1 OSPAR Commission. OSPAR Integrated Report 2003 on the Eutrophication Status[R]. London, U.K.: OSPAR, 2003.

2 Bricker S, Longstaff B, Dennison W, et al.. Effects of nutrient enrichment in the nation's estuaries: A decade of change[C]. NOAA Coastal Ocean Program Decision Analysis Series No. 26. Silver Spring, MD: National Center for Coastal Ocean Science, 2007. http://ccma.nos.noaa.gov/publications/eutroupdate/.

3 Report on China's Environmental Quality. Ministry of Environmental Protection[R]. Beijing: Chinese Environmental Science Press, 2009.

occurrence every decade[1]. Algal blooms of Alexandrium, Karenia, Gymnodinium, Prorocentrum and other toxic and harmful dinoflagellates continue to emerge. The distribution and extent of harmful dinoglagellates blooms and the damage caused by them are all increasingly seriously. In 1999, the Bohai Sea area experienced a 6,000 $km^2$ HAB. Between the years 2000 and 2010, the East China Sea has experienced 10,000 $km^2$ large scale HABs every year. In 2005, blooms of Karenia mikimotoi caused the death of large numbers of caged fishes in the coastal areas of Zhejiang Province, resulting in economic losses of more than 10 million RMB. Since 2007, large-scale geeen tides caused by macro-algal blooms occurred over the Yellow Sea every year. In 2008, the green tides, affected 30,000 $km^2$ of sea and the accumulated biomass of green algae reached several million tonnes, causing a direct economic loss of 1.3 billion RMB. At the same time, the growing number of HABs exacerbates the contamination of shellfish by algae toxins, posing a significant threat to human health and food safety.

Hypoxia is another environmental problem closely related to eutrophication. Out of 415 sea areas that are affected by eutrophication, 163 areas are also experiencing hypoxia[2]. This serious lack of oxygen leads to the collapse of marine ecological systems and fisheries resources, resulting in the formation of dead zones. In recent years, bottom water hypoxia is increasingly evident in the areas surrounding the Changjiang River Estuary. From 1990 onwards, the probability of the occurrence of hypoxia in summer has increased by 90% and a wide extent of hypoxic zones have been observed[3, 4].

In addition to HAB and hypoxia, eutrophication also plays an important part in the proliferation of jellyfish and the decline of fisheries resources.

Under the driving force of coastal eutrophication, China's offshore coastal ecosystems are at a critical stage of change. Given China's rapid economic development, increasing urbanization and energy consumption patterns, the problem of coastal eutrophication is certain to worsen in the future and will be one of the key challenges to China's marine environment. HABs and hypoxia will be more pronounced and will become a major

1 Zhou M J, Zhu M Y, Zhang J. Status of harmful algal blooms and related research activities in China[J]. Chinese Bulletin of Life Sciences, 2001, 13 (2): 54-59.

2 Selman M, Greenhalgh S, Diaz R, et al.. Eutrophication and Hypoxia in Coastal Areas: A Global Assessment of the State of Knowledge[R]. WRI Police Note, Water Quality: Eutrophication and Hypoxia, No. 1, 2008.

3 Wei H, He Y, Li Q, et al.. Summer hypoxia adjacent to the Changjiang Estuary[J]. Journal of Marine Systems, 2007, 69: 292-303.

4 Wang B D. Hydromorphological mechanisms leading to hypoxia off the Changjiang Estuary[J]. Marine Environmental Research, 2009, 67: 53-58.

threat to the health and sustainable development of the marine ecosystems in China.

### 1.3.2.3 Large-scale Sea Enclosing and Reclamation Out of Control – Weakening Marine Ecosystem Services

The coastal areas of China have undergone four major sea enclosing and reclamation phases since the founding of the People's Republic of China, including the last two decades, which have seen huge demand for the construction of cities, ports and industrial infrastructure. From 1990 to 2008, the total area of reclaimed land has increased from 8,241 $km^2$ to 13,380 $km^2$, with an average increase of 285 $km^2$ annually[1]. According to incomplete statistics, as the new coastal development strategy unfurls, there will be a demand for a further 5,780 $km^2$ of sea to be reclaimed by the year 2020, which undoubtedly will pose severe environmental impacts on coastal ecological environments.

The current sea enclosing and reclamation projects in China have the following characteristics: (1) A change of the use purpose of the land reclaimed from the sea. The reasons for the reclamation of land has changed from sea salt, agriculture, and aquaculture production into major developments of ports, harbours, coastal industries, and the development of cities. Therefore the economic gain from sea reclamation is dramatically increasing. (2) The scale of sea enclosing and reclamation is increasing at a much faster pace of development. From 1990 to 2008, the average rate of sea reclamation was 285 $km^2$ annually, whereas it will be more than 500 $km^2$ per year from 2009 to 2020. These figures clearly illustrate an expansion in the scale and rate of reclamation activities. (3) Reclamation activities are mainly concentrated along the bays and estuaries of large coastal cities, and have enormous impact on the environment. (4) Most project design and evaluation is usually inadequate, the approval period is short, and the implementation of the reclamation is fast. (5) It is difficult to manage and monitor reclamation activities. Before the establishment of the Law on the Administration of the Use of Sea Areas in 2002, there was no regulation or monitoring or compensation involved in reclamation activities. Since the passing of this Law in January, 2002, the management of sea reclamation activities has steadily improved, but the actual management and enforcement still faces many issues and problems.

Large-scale sea enclosing and reclamation has caused great damage on the Chinese

1 Fu Y B, Cao K, Wang F, et al.. Preliminary study of the methods used to evaluate the potential impacts of sea reclamation[J]. Ocean Development and Management, 2010, 27 (1): 27-30.

marine ecological environment as a result of:

(1) The loss of coastal wetlands and ecological services. Coastal wetlands provide important and valuable ecosystem services such as the purification of water sources, detoxification, nutrient recycling, habitats crucial to biodiversity, regulation of atmospheric composition, and protection of the shoreline. Moreover, marine ecosystems, especially coastal wetlands, are important natural barriers against marine hazards such as flooding. The activities related to sea reclamation on coastal areas lead to a decline in coastal wetlands and a large-scale loss of those essential ecosystem services, and a diminished capacity of coastlines to protect against marine hazards.

(2) Decrease in the biological diversity of benthic species. Sea enclosing and reclamation work such as dredging and land filling causes dramatic changes to the marine environment, including the decline in number of benthic species and community structural change. The development of the deepwater channel in the Changjiang River Estuary in 1998 caused a species diversity decrease of 87%, biomass decrease of 76% and a drop of 66% in average density, when monitoring results in May-June, 2002, were compared with the baseline surveys from 1982-1983. In 2002-2004, 15 tonnes of benthic organisms were returned to the Changjiang River Estuary in restoration experiments after the construction of the north-south dike, although the diversity and biomass were raised, the community structure changed from crustacean-dominated to mollusks-dominated[1]. Sea enclosing and reclamation have also influenced Jiaozhou Bay, and intertidal species diversity has dropped from 154 in the 1960s to only 17 in the 1980s, leaving only 1 of the original 14 dominant species close to extinction[2].

(3) Damage of fish habitats leads to unsustainable fishery resources. Spawning and nursery grounds of many fish are in offshore shallow waters or estuaries, where most of China's sea enclosing and reclamation takes place. During large-scale sea enclosing and reclamation projects, the high concentration of suspended particles causes damage to fish eggs and juveniles. The destruction of breeding habitats causes difficulties in recruitment, which leads to negative impacts on the sustainable development of fishery resources. Reclamation projects also lead to a change in hydrological characteristics, affect the migration of fishes, damage the habitats of fishery populations, and cause a

---

1 Zhen X Q, Chen Y J, Luo M B, et al.. Preliminary study on the restoration of benthos in the Yangtze River Estuary[J]. Journal of Agro-Environment Science, 2006, 2: 373-376.

2 Liu H B, Sun L. Game analysis on the reclamation actions in Jiaozhou Bay and the protection countermeasures[J]. Ocean Development and Management, 2008, 25 (6): 80-87.

decline in fishery resources. For example, Fujian Mindong's Sandu Ao and Guanjing Yang, Minnan's Wuzhou Island, Green Island, and Tseung Kwan O are spawning areas of the large yellow croaker; Min and Jiulong Rivers are important areas for the juveniles and also for migrating adult ayu fish; Xinghua Bay, Meizhou Bay, Guanjing Yang and Xiamen Harbour are the main spawning areas of Japanese Spanish mackerel. The various embankments for sea enclosures have transformed harbours and beaches into land and changed the coastal hydrology and sea bottom, all of which damages spawning, fishing and nursery areas and leads to a decline of fishery resources[1].

(4) The loss of habitats and feeding areas for birds. High productivity of the coastal wetlands provides ideal habitats for the migratory birds. Sea enclosing and reclamation will often have severe impact on such productivity, resulting in the sharp drop of the migratory birds. Since 1988, the reclamation activities in Shenzhen have destroyed large areas of mangrove forests, including 1.47 $km^2$ of mangroves in the Futian nature reserve, with a resulting decrease in the number of bird species from 87 (1992) to 47 (1998), a decline of 46%[2]. From 1956 to 1998, Chongming Dongtan in Shanghai has experienced many phases of reclamation resulting in a total of 552 $km^2$ of reclaimed land. The reclamation activities have shrunk coastal wetlands and destroyed salt marshes. The living habitats of wetland birds have been destroyed and food sources have been removed. The winter populations of Eastern Curlew, Spotted Redshank and Mongolian Plover shrank obviously between 1990 and 2001. From the winter of 1986 to the winter of 1989, the population of Tundra Swans remained at a level of 3,000-3,500 but has steadily decreased in recent years. Only 51 were found during the winter of 2000/2001 in Dongtan[3].

(5) Coastal landscape diversity damaged. After sea enclosing and reclamation is completed, artificial landscapes replace natural landscapes, and valuable coastal and island landscape scenery and resources are damaged during the process. Currently, studies in Liaoning Province, Laizhou Bay in Shandong Province and other areas have gathered evidence of coastal wetland shrinkage, loss of wetland patches, decrease in wetland scenic diversity and evenness, and high rates of fragmentation and human disturbance. The loss of coastal landscape diversity has led to an increase in the

---

1 Zhou Y H. Study on Fujian's tidal flatland reclamation using RS and GIS[D]. Fuzhou: Fujian Normal University, 2004.

2 Xu Y G, Li S. The impact of urban construction and protective measures on the mangrove ecology and resources in Futian, Shenzhen[J]. Resources Industries, 2002, 3: 32-35.

3 Ma Z J, Jing K, Tang S M, et al.. Shorebirds in the eastern intertidal areas of Chongming Island during the 2001 northward migration[J]. The Stilt, 2002 (41): 6-10.

vulnerability of ecological environments[1].

(6) Decline in water purification services, exacerbating coastal pollution. Large-scale sea enclosing and reclamation projects directly cause marine pollution through industrial wastes. The modification of coastlines and changes in the coastal hydrodynamic system weaken the resilience of the marine environment. In recent years, the increase in the occurrence of HABs in the western harbour of Xiamen can be correlated with the large-scale reclamation work around Xiamen Island. The reclamation activities around Hong Kong's Victoria Harbour caused the accumulation of pollutants, exacerbating marine environmental pollution.

(7) Increased risk of marine disaster. Sea enclosing and land reclamation increases the risk of coastal land subsidence and coastal erosion, and weakens the ability of protection services for marine hazards.

(8) The weakening of the carbon sequestration functions of the ocean and coastal wetlands influences. Oceans and coastal wetlands play important roles in the global carbon cycle. Sea reclamation affects large areas of the coasts and seas. The conversion of coastal wetlands into agricultural lands, urban areas and industrial lands will lead to the loss of areas for carbon sequestration and transform these places into carbon sources instead.

#### 1.3.2.4 Overexploitation of Fisheries Causing a Decrease in the Reproduction of Resource Population

The Fishery industry has contributed significantly to food safety and to the economic development of China. However, since bottom trawl is the principal fishing method and since exploitation of fisheries has surpassed stock-recovery ability, not only has the biomass of the fishery resource decreased dramatically, but also have habitats been destroyed, resulting in the extinction of some commercially important species.

Overfishing has also caused biomass reduction of high-valued species and a decrease in body size (e.g. the average length of small yellow croaker decreased from 20 cm in the 1970s to 10 cm today). As well, scientists are concerned by observations of early maturation, and lowered trophic level. The catch of juveniles has increased, and the quality of catches decreased [2]. Also, species extinction has meant that naturally dominant

1 Han Z H, Li J D, Yan H, et al.. Ecological safety analysis of the wetland of Liao River Delta based on landscape patterns[J]. Ecology and Environment, 2010, 19 (3): 701-705.

2 Zhang B, Tang Q S. Study on trophic level of important resource species at high trophic levels in the Bohai Sea, Yellow Sea and East China Sea[J]. Advances in Marine Science, 2004, 22 (4): 393-404.

species are gone, biodiversity has decreased, and there has been a change of ecosystem structure and function that poses great difficulties for the restoration and sustainable development of marine fisheries [1, 2]. In addition, the discards and wastewater from fishing activity are harmful to the marine environment.

The development of mariculture has also had a significant impact on coastal and inshore marine ecosystems. Although the production of fed species, such as fish and shrimp, takes only 10% of the total mariculture production in China[3], they are the major source of pollution from mariculture. The feed for these species is composed mainly of trash fish or fishmeal, and its wide use may result in significant increase in N, P and organic wastes in the seawater[4]. Large-scale mariculture has posed severe stress on tidal and coastal ecosystems, resulting in the shift of habitats including wetland, seaweed bed and coral reefs, all of which has destroyed the spawning ground and habitat of some fishery species, and has had a negative effect on the recovery of these fishery resources.

#### 1.3.2.5 The Proliferation of Hydraulic Engineering Projects – Impacts on Estuarine Environments

China has the largest number of large-scale hydro-projects in the world. More than half of the world's large reservoirs (>15 m in height) are found in China and these are mainly distributed around the Changjiang and Yellow River Basins. The construction of these projects has led to a dramatic decrease in river runoff and sediment load into the sea. The transported sediment from rivers decreased from 2 billion tonnes per year in the 1950-1970 period to 3 to 4 million tonnes in the most recent decade, and that poses a serious threat to coastal environments. The Yellow River, being one of the most important rivers historically in China, has decreased its sediment load by 87%. The Liaohe, Haihe and Luan Rivers have zero sediment transport into the sea and have

1 Jin X S, Deng J Y. Variation in community structure of fishery resources and biodiversity in Laizhou Bay, Shangdong Province[J]. Biodiversity, 2000, 8 (1): 65-72.

2 Tang Q S. Marine biological resources and habitats in China's exclusive economic zone[M]. Beijing: Science Press, 2006.

3 The Ministry of Agriculture, Bureau of Fisheries. China's Fishery Yearbook (1998, 2009)[R]. Beijing: Chinese Agricultural Press.

4 Cui Y, Chen B J, Chen J F. Evaluation of pollution caused by mariculture in the Yellow and Bohai Seas[J]. Chinese Journal of Applied Ecology, 2005, 16 (1): 180-185.

experienced a 90% decline in runoff[1, 2, 3]. Although the rivers south of Huaihe River have not experienced such significant change in sediment load, the amount of sediment flux into the sea decreased dramatically, for instance, a 53% decline has been experienced in the Changjiang River[1, 2].

The decrease in river sediment leads to the erosion and retreat of deltas and coastal wetlands, and the decline in resources produces a dramatic change to the riverine ecological habitats. The Yellow River Delta experienced an annual increase of 23 $km^2$ during the 1980s, compared to an annual erosion of 1.5 $km^2$ since the end of the $20^{th}$ century. This erosion phenomenon is also evident in the Changjiang River Delta[4, 5]. There are a number of estuarine and coastal habitat ecological problems that are associated with the construction of large-scale hydraulic engineering projects, including changes in structure and population of planktonic communities, a decline in biodiversity and primary production, and increase in HABs, and the degradation and disappearance of fish spawning and nursery grounds. As these hydraulic projects continue to develop, the negative impacts on the ecological environment will be more pronounced.

However, there are key questions that remain unresolved concerning how the impacts on estuaries and coastal habitats caused by major hydraulic engineering projects interact with other influencing factors, such as climate change and human disturbances.

#### 1.3.2.6 Sea Level, Temperature Rise and Ocean Acidification as Potential New Threats

Climate change influences many aspects of the marine environment, including sea level, sea temperature and ocean acidification[6]. It is projected that changes to these will influence the health of the marine ecosystems and also the sustainable development of

---

1 Dai S B, Yang S L, Gao A, et al.. Trend of sediment flux of main rivers in China in the past 50 years[J]. Journal of Sediment Research, 2007, 2: 49-58.

2 Liu C, Wang J Y, Sui J Y. Analysis on variation of seagoing water and sediment load in main rivers of China[J]. Journal of Hydraulic Engineering, 2007, 12: 1444-1452.

3 Yang Z S, Li G G, Wang H J, et al.. Variation of daily water and sediment discharge in the Yellow River lower reaches in the past 55 years and its response to the dam operation on its main stream[J]. Marine Geology & Quaternary Geology, 2008, 28 (6): 9-17.

4 Yang S L, Li M, Dai S B, et al.. Drastic decrease in sediment supply from the Yangtze River and its challenge to coastal wetland management[J]. Geophysical Research Letters, 2006, 33: L06408, doi:10.1029/2005GL02550.

5 Li P, Yang S L, Dai S B, et al.. Accretion/erosion of the Subaqueous Delta at the Yangtze Estuary in Recent 10 Years[J]. Acta Geographica Sinica, 2007, 62 (7): 707-716.

6 IPCC. Climate Change: 2007 Integrated Report[R]. 2007.

Chinese society. Due to the geography of coastal regions and the level of human activity there, the impacts of climate change will be more pronounced in these areas. In the past decades, changes to sea levels have already been observed, and it is anticipated that future climate change will bring even more serious impacts.

In the past 30 years, China's sea level has risen at an average of 2.6 mm/year, higher than the global average[1, 2]. According to predictions, China's coastal sea level may increase 80-130 mm in the next 30 years[3]. Areas that are particularly vulnerable include the Changjiang River Delta, Zhujiang River Delta, Yellow River Delta and coasts around the Beijing/Tianjin area. Sea level rise is a slow-occurring marine hazard, but the long-term accumulated effects may include increased flooding, coastal erosion, seawater intrusion, soil salinization and other marine hazards[4]. These represent a threat to the living environment of humans, and the most direct impact of sea level change will be losses of coastal wetland, tropical coral reef and mangrove forest. There will also be valuable coastland lost within the most economically developed areas.

Monitoring results from the past few decades have shown an upward trend in sea surface temperatures of China's coastal waters, and the sea surface salinity levels are also changing. For example, the Yellow Sea's temperature rise of 1.4℃, makes it one of the regional seas with the highest increase globally[5]. Changes in sea surface temperatures have important impacts on Chinese marine ecosystem, such as resource distributional modifications, restoration of mangroves extended to the north, and the calcification of tropical coral reefs. Chinese marine fishes have clear geographical characteristics, which means that rising sea temperatures will lead to changes in their geographical distribution and community structure. At the same time, warmer sea waters will affect human society in many ways, including through the socio-economic relationships and the food chain as changes to habitats of marine organisms impact the fisheries and aquaculture industries. Sea temperature change will also modify patterns of marine biological resource exploitation and lead to a loss of marine ecosystem functions

---

1 Lin Y. The rate of sea level rise in China is higher than the global average rate[J]. Guangming Daily. http://www.gmw.cn/content/2010-01/28/content_1045930.htm. 2010.

2 According to 2007 China Sea Level Bulletin, the world average sea level rise at the same time was 1.7±0.5 mm/per year. http://www.soa.gov.cn/soa/hygbml/hpmgb/seven/webinfo/2008/01/1271382651226473.htm.

3 SOA. Bulletin of China's Sea Level, 2009[R]. 2010.

4 See Footnote 68.

5 In the recent 20 years, the world average SST has been in an upward trend, with temperature increase at about 0.13℃/10 year period. Cited from IPCC AR4 report.

and services.

As atmospheric $CO_2$ concentrations increase, the impacts of ocean acidification are also more significant. Ocean acidification will affect the bone formation, metabolism and life histories of calcified organisms, leading them to fail at interspecific and community competition. These effects, passed down the food chain, will affect the entire ecosystem community, functions and services. Ocean acidification poses an especially serious threat to tropical coral reefs already facing pressures from human population expansion and human activities associated with economic development. For example, ocean acidification has led to the degradation and decline of Chinese coral ecosystems and a corresponding decline in coral reef marine tourism opportunities. In addition, China, as the worlds number one provider of global fisheries production, including shellfish, shrimps and crabs, needs to be mindful that these organisms are easily affected by ocean acidification.

Coastal areas are generally the world's most highly populated and economically developed areas. In China, the Changjiang Delta, the Zhujiang River Delta and the Bohai Sea area are the three most important economic zones. Coastal areas are China's principal locations for key industries and economic development projects along the coast have become the driving force for China's economy. A point to note is that these coastal areas are particularly vulnerable to climate change, as sea level rise will lead to marine hazards, coastal erosion, seawater intrusion, and has led to serious impacts to the coastal economic and societal development. It is foreseen that sea level and temperature rise and ocean acidification are leading to an increased occurrence and degree of a variety of marine hazards in the future.

### Atmospheric $CO_2$ Absorption

Seaweeds can transform dissolved inorganic carbon into organic carbon by photosynthesis. Filter-feeding mollusks can also clear out particulate organic carbon by feeding activity, and through the process of calcification, a lot of carbon can be imbedded in their shells. In this way, a significant amount of carbon is removed from the seawater by the harvesting of mariculture products.

The need to adapt to the impacts of climate change is closely linked to China's economic development and the interests of the Chinese people. Currently, China's marine capacity to respond and adapt to climate change is inadequate to meet the forseeable challenges. In order to effectively mitigate the impacts of climate change and to assure the sustainable development of the coastal economic zones, it is vital to understand the role and function of oceans in climate change adaptation. As we move forward, China needs to establish integrated management and coordination mechanisms with which to handle the challenges of climate change; it needs to increase the capacity of coastal areas to adapt; it needs to strengthen basic research on air-sea interactions; it needs to establish a comprehensive monitoring network of the marine environment; and finally, it needs to put in place measures to increase the nation's resilience to marine hazards.

### 1.3.3 The Bohai Sea - the Hotspot of Chinese Marine Environmental Problems

The Bohai Sea, China's only inland sea, has an area of 77,000 km$^2$. It is surrounded by an area which is already China's most important economic zone and is expected to continue growing at a higher rate than other zones. In recent years, the Bohai Sea's ecological services and functions have deteriorated so badly that it has become the nation's most talked-about marine environmental problem region. Unlike other polluted sea-spaces in China, the Bohai Sea is a semi-enclosed shallow body whose natural flushing processes are weak.

The Bohai Sea is bordered by four of China's most populous coastal administrative regions and in addition to receiving the outflow of seven regional water systems, it is also the recipient of waters from distant catchment areas and therefore sees the effects of their land-based point and non-point sources of pollution. Domestic and international experts and scholars agree that the Bohai Sea is likely to become a "Dead-Sea" if effective remediation measures are not adopted soon.

(1) Environmental pollution is still the main focus of the Bohai Sea's environmental problems and the area of polluted coastal water is increasing. The major marine pollutants include inorganic nitrogen, active phosphate and oil, all originating from land-based sources. Pollution in the Bohai Sea had historically resulted from petroleum or heavy metal industries, but others have joined these sources such as light industry, domestic waste, agriculture, and air pollution.

The principal river systems around the Bohai Sea include the Yellow River, Haihe, Liaohe, Luanhe, Shuangtaizihe Rivers, the Liaodong Peninsula Rivers and Shandong Peninsula Rivers. These river systems bring in large amounts of inorganic nitrogen and active phosphate, leading to increasingly serious eutrophication in the Bohai Sea and resulting in changes to the community structure of phytoplankton and the subsequent occurrence of HABs.

The shellfish in Bohai Bay have higher organic pollutants, oil and heavy metal residues than anywhere else in the area. DDT, petroleum products, lead, cadmium, and arsenic pollute the coastal sediment, and these have exceeded the Grade I Quality Standard for Marine Sediment. Hexachlorocyclohexane and polychlorinated biphenyls have exceeded the Grade III Quality Standard for Marine Sediment. The monitoring stations south of Bohai Bay have shown levels above the Grade I Quality Standard for Marine Sediment in cadmium and arsenic, and levels of lead have also exceeded Grade II Quality Standards. The monitoring stations north of Bohai Bay show that petroleum products, cadmium and arsenic have also exceeded Grade I Quality Standards.

(2) The Bohai Sea's ecosystem has been significantly compromised by pollution. There are major threats to the health of marine ecosystems; fisheries resources are depleted, and ecosystem support to marine economic development is declining. Monitoring results have indicated that ecosystems in the Bohai Sea have all been classified as sub-healthy or unhealthy in recent years. The rapid development of the Bohai region's economy and people's rising standard of living have contributed to an increased dependence on coastal wetland resources, but the leading coastal wetlands and associated biodiversity are damaged. Reclamation, pollution, and the high level of sedimentation and over-exploitation have also damaged important natural wetlands. The coastal wetland area is shrinking and there is a loss or weakening of ecological functions. These problems in turn cause the acceleration of coastal pollution. Coastal reclamation and damming prevents the migration of aquatic organisms to their spawning, nursery and feeding grounds and threatens the survival of species. Fish farms with open systems also increase the risk of the invasion of exotic species. Marine pollution, habitat destruction, overfishing and inshore ecosystem structural changes are causing the decline of traditional fishing industries and biodiversity reduction in the Bohai Sea. Currently, certain species of the Bohai's traditional commercial fishes, such as hair tails, sea bream and herring, are locally extinct.

As the pace of economic development in the coastal areas around the Bohai Sea increases, so does the scale of sea enclosing and reclamation. In 2009 alone, approved land reclamation in the Bohai region was about 60 $km^2$ and the real reclamation was far larger than this number. Due to exploitational activities such as sea reclamation projects, road works, salt fields and aquaculture ponds, the coastal wetlands of the Bohai Sea are being lost permanently, or have become artificial wetlands providing weakened ecosystem services.

Degradation of so many wetland ecosystems means a loss of ecosystem services, and there is a close connection between the loss of wetland ecosystems and increasing coastal pollution on the one hand, and the decline of fisheries resources and biodiversity on the other.

40 rivers feed the Bohai Sea and these are the main source of water for marine ecosystems. In recent years, with the intensification of land development and construction, various activities have begun using increasing amounts of the available water, and this combined with declining rainfall has led to the drying up of some rivers and a resulting decline in the amount of water discharged into the sea. Along with a decrease in quantity, water quality has also become poorer. Salinity in river mouths has risen, as has the salinity of the whole of the Bohai Sea. This effect is particularly pronounced in the estuaries where an increase in salinity means the loss or degradation of spawning and nursery grounds. The incidence of saltwater intrusion has also increased and the Bohai Sea area now accounts for more than 90% of the nation's total saltwater intrusion.

(3) The increase in marine hazards in the Bohai Sea area in turn increases the risk of oil spill incidents and these must become a top priority for mitigation amongst the various marine environmental problems.

The Bohai Sea contains many ports, and at the same time is the strategic base of the nation's oil reserves. Currently, the Bohai Bay is the largest marine oil field in China. Up until 2009, a total of 23 marine gas fields, 1,932 oil wells and 175 oil platforms had been built/operated in the Bohai Sea. It is forecast that the infrastructure for the oil, gas and chemical industries will be increasing in this area. Oil transportation in the Bohai Sea will reach 210 million tonnes annually by 2020 [1]. Such intensive oil transportation in the area and oil exploration activities mean that the risk of oil spillage will increase significantly.

The environmental problems in the Bohai Sea were formed from long-term accumulation and involve a wide range of government and user conflicts, and there is a need for the implementation of an efficient and integrated method as a solution. First of all, the sources of environmental problems are widely dispersed, from the upstream end of the Yellow River down to the coastal zones at the river mouth, these areas all share economic and environmental benefits, making this a typical shared open resource. For example, a study showed that 60% of the Bohai Sea's pollution does not come from the 13 coastal counties, and fully 40% came from provinces that are not surrounding the

1 National Development and Reform Commission. The Environmental Action Plan on the Bohai Sea 2008-2020[R]. 2009. http://www.pc.dl.gov.cn/qiye/ShuiWuFile%5C%B2%B3%BA%A3%BB%B7%BE%B3%B1%A3%BB%A4%D7%DC%CC%E5%B9%E6%BB%AE.pdf.

Bohai Sea (only 3 provinces surround this area). So clearly the control of marine pollution has to consider the difficulties of working across administrative boundaries. Secondly, each of the four coastal jurisdictions surrounding the Bohai Sea has its own economic development plan, and these tend to favour the further development of heavy chemical industries in coastal areas. Such ambition is feasible judging from the perspective of individual projects, however, the cumulative impact of all these industries must also be considered. Thirdly, oversight of marine resources and implementation of environmental management are carried out through divisional management. Various departments such as marine, transportation, agriculture, oil and gas, and tourism have equal functions, and there is a lack of coordination of joint law enforcement systems or mechanisms. The lack of coordination between different departments has become an obstacle to the implementation of integrated marine management, causing difficulty in solving marine environmental protection issues that cross regions and departments. Finally, the national government's marine and basin management of the Bohai Sea area on the one hand, and local government management on the other, cannot be well incorporated. The result is that relevant plans and standards or statistics cannot be correlated, and in some cases, conflicts may also arise.

### Ecosystem-Based Management (EBM)

There are many explanatory definitions for EBM – Lackey (1998) [1] illustrates it as follows:

Seven core principles, or pillars, of ecosystem management define and bound the concept and provide operational meaning:

(1) Ecosystem management reflects a stage in the continuing evolution of social values and priorities; it is neither a beginning nor an end;

(2) Ecosystem management is place-based and the boundaries of the place must be clearly and formally defined;

(3) Ecosystem management should maintain ecosystems in the appropriate condition to achieve the desired social benefits;

(4) Ecosystem management should take advantage of the ability of ecosystems to respond to a variety of stressors, both natural and man-made, but all ecosystems have limited ability to accommodate stressors and maintain a desired state;

1 Lackey R. Seven Pillars of Ecosystem Management[J]. Landscape and Urban Planning, 1998, 40: 21-30.

(5) Ecosystem management may or may not result in emphasis on biological diversity;

(6) The term sustainability, if used in ecosystem management, should be clearly defined — specifically, the time frame of concern, the benefits and costs of concern, and the relative priority of the benefits and costs; and

(7) Scientific information is important for effective ecosystem management, but is only one element in a decision-making process that is fundamentally one of public and private choice.

A definition of ecosystem management based on the seven pillars is:

"The application of ecological and social information, options, and constraints to achieve desired social benefits within a defined geographic area and over a specified period."

As with all management paradigms, there is no "right" decision but rather those decisions that appear to best respond to society's current and future needs as expressed through a decision-making process.

## 1.4 Lessons Learned and Trends in International Marine Management

### 1.4.1 Practicing Ecosystem-Based Marine Management and Marine Spatial Planning

Ecosystem-based management (EBM) is one of the new tools being used in international strategic marine management. The use of EBM as the basis for integrated marine management has consensus from the national agencies of many countries (including China), specialists and scholars. In July 2010, for example, the USA Interagency Oceans Policy Task Force[1] released their final report proposal for a national marine policy for the USA, and listed the implementation of EBM as one of its first priorities. Subsequently, President Obama signed an Executive Order to implement the proposal[2]. Canada, Australia, the UK and others have also taken similar steps to implement EBM. International bodies have also proposed a concept of dividing the global oceans into pan-ocean ecosystems known as "large marine ecosystems", as a means of integrating, for example, fisheries management in the open oceans, coastal seas, estuaries, and river basins. The technique is viewed as a way to encourage the collaboration of national,

1 http://www.whitehouse.gov/administration/eop/ceq/initiatives/oceans.

2 http://www.whitehouse.gov/the-press-office/executive-order-stewardship-ocean-our-coasts-and-great-lake.

multi-national, and international agencies for the protection of these resources.

Recently, Marine Spatial Planning (MSP) has also evolved as a favoured new tool under integrated ocean management on the international scene. MSP uses ecosystem protection as a basis for strategically allocating space, and for regulating, managing and protecting multiple, cumulative and potentially conflicting uses of the oceans and coasts. At the moment, the UK, Germany and Australia have implemented marine spatial planning, whereas the European Union (EU) is about to start MSP in the North Sea. The IOC Manual and Guides No.53 published by the Intergovernmental Oceanographical Commission in September 2009[1] states that MSP is an effective tool to advance EBM in ocean policy.

> **Marine Spatial Planning (MSP)**
>
> Similar to land use planning, MSP is a relatively new process which identifies sea areas most suitable for various types or classes of human activities in order to reduce conflicts among uses, reduce environmental impacts, facilitate compatible uses, and preserve critical ecosystem services to meet economic, environmental, security, and social objectives that have been prioritized by government. To coordinate its increasing coastal development activities, China introduced a MSP-like marine function zoning in 2002.

### 1.4.2 Implementing Regional Specific Environmental Management

To protect and restore the ecological environment of the Baltic Sea, the Baltic Nations signed The Convention for the Protection of the Marine Environment of the Baltic Sea Area (Helsinki Convention - HELCOM) in 1974. The Helsinki Convention is a good example of member nations agreeing to regulate their individual domestic behaviours in order to collectively improve the levels of pollution entering their shared waters. Other relevant experience includes: Laws Concerning Special Measures for Conservation of the Seta Inland Sea of Japan; the Barcelona Convention for the Mediterranean Sea; the Convention on the Protection of the Black Sea against Pollution; and the 1983-2000 Chesapeake Bay Agreement of the USA, all of which are

1 Ehler, Charles, and Fanny Douvere. Marine Spatial Planning: a step-by-step approach toward ecosystem-based management. Intergovernmental Oceanographic Commission and Man and Biosphere Programme. IOC Manual and Guides No.53, ICAM Dossier No.6. Paris: UNESCO. 2009.

region-specific management agreements.

Experience has shown that setting up regional governance committees can ensure the effectiveness of regional multi-governmental agreements. The Baltic Sea experience indicated that strong political will and support from top government officials is necessary for successful environmental protection and management.

### 1.4.3 Initiating an Ecological Compensation Scheme and Sustainable Financing System for Environmental Protection

The key to the successful implementation of an ocean or coastal management project is to have an effective and sustainable financing system. Since the issue of pollution management normally requires management across different administrative boundaries, areas to be managed have different financial capabilities and different economic development priorities, as well as varying levels of participation will in environmental governance. However, downstream areas are the beneficiaries of environmental governance in upstream areas; hence, many nations and international organizations are attempting to establish financial mechanisms that are suitable for whole-of-basin environmental governance.

#### No Net Loss

In Canada and some other nations, a "No Net Loss Policy" is one of the most important decision points within environmental impact assessments when considering approvals for marine and coastal works. The object of the policy is to achieve no net loss of habitat productive capacity by primarily avoiding any loss at the site of the proposed activity. In cases where this cannot be achieved, various levels of mitigation or compensation are invoked. In all cases, the proponent will fund whatever measures are agreed to, into the future.

In addition to government-coordinated financial mechanisms for environmental protection, another important policy method for coastal jurisdictions, such as those in the USA and EU nations, is regulating the use of economic leverage to control the interests of environmental stakeholders and to establish compensation and restoration systems for ecological damage. Ecological compensation is an important content of environmental economics policy, and its core element is to internalize the external cost of potential ecological damage and ecological protection when undertaking marine works.

Internationally, this system has two forms of compensation: the first is monetary compensation, where monetary values of the damage to ecosystem services are used to gauge the compensation. The other is in-kind compensation, which includes re-creation of the impacted ecosystem or mitigation and restoration of damaged ecosystems. One of the main aims of ecological compensation is that human activities will not cause a net loss of naturally-occurring resources. For example, the Habitats Directive of the EU specifies that damage caused by reclamation projects, must be compensated, and the compensation plan must be completed before the proposed reclamation project is approved. Canada has had a compensation scheme attached to its no-net-loss policy for fisheries habitat since the 1980s.

### 1.4.4 Coordination of Marine Environmental Protection and River Basin Integrated Management

Since the late 1990s, in order to prevent marine pollution caused by land-based activities, the international community has promoted a "Hilltop-to-oceans" strategy for marine pollution prevention. This approach emphasizes the coupling of integrated marine management and river basin management, to facilitate coastal area and ocean space planning, and to develop mechanisms for resolving inter-regional and national marine pollution issues. At the same time, the international community has also paid more attention to new marine pollution issues, such as eutrophication and hypoxia in estuaries, floating garbage collection, noise pollution affecting marine mammal behaviour, coastal pathogens, and the prevention of environmental issues caused by aquaculture and so forth.

#### Hilltops to Oceans

Water in streams, rivers, reservoirs and groundwater serves as a vector to transport pathogens, nutrients, sediments, heavy metals, persistent organic pollutants, and litter for a large distances, from the Hilltops to Oceans. Globally sewage remains the largest source of contamination by volume, although industrial and agricultural pollution, and increased sedimentation also threaten the health and productivity of ocean and coastal resources. Through improvements made to China's sewage management in recent years, agricultural pollution is now the most significant source. For the most part, in China, transported sediment is at its lowest volume since measurement records began.

## 1.5 Conclusion

The ocean is an extremely important basis for the sustainable development of China's overall economy and the well being of its people. It is one form of the nation's valuable capital. The sustainable development of China's ocean and coasts faces a variety of ecological and environmental challenges. First, the complex nature of pollution in the offshore environment is worsening. Secondly, marine coastal habitats are degraded and ecosystems have undergone drastic changes, which makes this a critical moment to undertake protection and restoration. Thirdly, there is a high frequency of marine hazards, which represent ongoing threats to marine development. Lastly, the primary economic coastal zones are linked with many environmental problems, and represent a potential source of new challenges and threats to the upcoming and developing secondary economic coastal zones.

The environmental problems faced by coastal and marine ecosystems are fundamentally socio-economic problems and the solutions to these problems require integrative policies and strategies. The basic principle is to integrate marine development and environmental protection in accordance with the country's socio-economic development strategies, in order to achieve a balance between marine socio-economic developments and the utilization and preservation of environmental resources. Employing advanced international concepts, the entire ecosystems should be viewed as the basis for research, decision-making and action, so that land, ocean and freshwater are treated as a whole, and so that socio-economic development of coastal and watershed regions is conducted to encourage protection of marine/riverine ecosystems and sustainable land use. These concepts also support sustainable, safe and healthy marine usage. They encourage the development of new strategic industries to facilitate changes in marine economic growth. These concepts also suggest innovative management structures and systems that might include an authority that can oversee inter-departmental conflicts and interests, and that can support various linkages between governmental administrations at different levels so as to encourage the involvement and commitment of different interested bodies.

## 1.6 Policy Recommendations

### Recommendation 1: Develop a National Strategy for the Sustainable Development of the Ocean and Coasts

The next 10-20 years is the key period during which China accelerates and fully develops into a moderately well off society, and reaches the peak number of its population, as well as the height of its industrialization and urbanization. Rapid development of the coastal areas, coupled with a lack of national planning or even a general development strategy, will make sustainable development of the ocean and coasts extremely challenging. We recommend the National Development and Reform Commission and other relevant government administrations, based on the evaluation of China's Ocean Agenda 21, study and formulate a new path for the sustainable development of China's ocean and coasts, and that they lay out the basic principles, policy directions, and strategic goals for the sustainable development of China's seas for the next 20 years. This macroscopic guideline should include listing priorities for the various aspects of the coastal regions' overall economic development, maritime economy development, marine environmental protection, and the care of resources. For guidance, one may wish to consult the Marine Policy Statement[1] approach currently being advanced by the UK Government and its Devolved Administrations, and the Obama Administration's recent Executive Order to implement the USA's National Oceans Policy.

Particular priority should be given in the Strategy to the following issues that need immediate and urgent attention:

(1) Land reclamation from the sea.

(2) Eutrophication caused by land sources including agriculture.

(3) Fisheries and aquaculture practices that damage ecosystems.

### Recommendation 2: Create A National Oceans Council

Sustainable marine development requires integrated management of ocean and coastal activities. However, no single government administration can manage the

---

1 See the "Governance" report located in Annex Two of the Final Report for further details on the UK's Marine Policy Statement.

complex and comprehensive nature of the associated problems. In the short term, it is not possible for China to centralize ocean management, thus it is likely that multiple agencies (and multiple jurisdictions) will continue to manage ocean and coastal affairs Jointly. Setting up an overall planning committee and a coordination mechanism between agencies will strengthen the existing system by ensuring the enforcement of agreements in policies, and will guarantee the effective execution of existing maritime laws and policies.

It is therefore recommended that a National Ocean Council be set up, led by a Vice-Premier of the State Council, with committee members selected from leaders of the relevant government administrations with marine-related responsibilities.

Due to the urgency of China's marine ecological issues, the Council's initial tasks are to:

(1) Develop the National Strategy;

(2) Strengthen communications between various government administrations;

(3) Coordinate and direct multi-departmental, multi-industrial and multi-regional projects in ocean development.

At an early date, the Council should also focus on the unique and pressing problems encountered in the Bohai Sea by:

(1) Coordinating major marine and coastal area development projects;

(2) Managing and monitoring the implementation of the various plans;

(3) Shepherding the development of a Bohai Sea Area Environmental Management Law;

(4) Coordinating all development projects that may impact the Bohai Sea ecosystem.

**Recommendation 3: Develop an Integrated Ocean Management Legal Framework**

To resolve the ecological issues related to the sustainable development of China's ocean and coasts, the legal system, the administrative and economic policies have to be integrated. In the past, there was more emphasis on administrative measures, whereas in the future the implementation of legislation should be used as a foundation that can serve, for example, to strengthen law enforcement capabilities and to facilitate the greater use of economic instruments.

It is recommended that the National People's Congress and the State Council start studying and drafting a PRC Ocean Basic Law, which should govern the development of the ocean and coastal economy, protection of marine ecosystems, and the promotion of sustainable development. This law should embody the principles of ecosystem-based management. To further improve the marine legal system and realistically push toward improved marine ecological protection, we recommend the relevant government administrations start drafting a PRC Coastal Area Management Law and a PRC Bohai Sea Area Environmental Management Law.

## Recommendation 4: Implement Ecosystem-based Integrated Ocean and Coastal Management

Ecosystem-based management and the integrated management approach emphasize using natural ecosystems as the unit of management, and scholars and oceans management experts globally view this as the most effective solution to resolve environmental and ecological issues. We therefore recommend the following actions be undertaken:

### Action 1: Review Marine Spatial Planning using Ecosystem Functional Units as a Basis for Decision Making

China is a world leader in setting up and implementing marine spatial planning. However, the country's early mapping work emphasized economic development opportunities as the basis for making decisions. Along with the influence of the national coastal area development strategy, this gave rise to new conflicts regarding marine space, resource use and ecological damage. Therefore China must now objectively evaluate marine space, resource availability, and capacity, and must revise the existing mapping based on protecting ecosystem functioning. We recommend that, in a newly revised marine spatial plan, attention be paid to international ocean zonation theories and methods. We further recommend implementing ecosystem functioning as the basic principle for decision making so as to prioritize and manage marine economic activities and reclamation undertakings in a manner that meets the goals of sustainable development.

### Action 2: Set up a Red Line System for Coastal Reclamation

In the context of a new marine spatial plan, China needs to fully consider the multiple applications and ecological value of marine resources and the ecological impact of reclamation in setting up an operational red line system. We recommend the use of scientific information to rank potential areas for reclamation, and to locate sensitive and vulnerable areas and ecological checkpoints as a way of prioritizing areas of protection within the red line for reclamation. As a priority, establish a red line system for bays, estuaries, islands and shallow beaches.

### Action 3: Set up a Compensation System for Marine Ecosystem Services

Using integrated environmental and economic measures, the government should require the identification of costs for marine development works, including the costs of potential damage to coastal ecosystems. Due to the uniqueness of marine ecosystems, there is a need for a specialized compensation scheme to be developed. Such compensation is especially important with regard to large development projects, but should also address coastal reclamation, oil spills, damage to marine protected areas, and river basin-estuary-bay areas. There will also be a need to initiate ecological compensation research and to build a few case studies for evaluation and learning. The focus in the short-term should be on coastal reclamation projects, where every proposal for the use of ocean space should be accompanied by a compensation proposal to ensure that project approvals are not provided until adequate ecosystem compensation is included. Options include the use of in-kind compensation, economic compensation and other methods to compensate the loss of ecosystem services. The aim of the exercise is to practice a policy of "No Net Loss" of productive habitat.

### Action 4: Set up Marine Protected Area (MPA) Networks

MPAs are an effective means to protect marine ecosystems and biodiversity. The Task Force recommends that China further strengthen its current set of MPAs and, by 2020, designate 5% of the area of China's ocean and coasts as MPAs. Also, identify new candidate MPAs that complement the existing MPAs and help to build towards having a representative network of MPAs for the protection of various types of ecosystems and rare and endangered species.

### Action 5: Augment Restoration and Re-creation of Damaged Marine Ecosystems

In the past decades, many Chinese marine ecosystems have been damaged. It is recommended that China set up marine ecological restoration/re-creation pilot projects at biodiversity hotspots, sites impacted by exotic species, islands, and climate-sensitive areas to carry out typical ecological restoration work, so as to sustain marine biodiversity and increase resilience to natural disasters and climate change.

### Action 6: Encourage Conservation and Enhancement of Marine Biological Resources

Set up management systems for the conservation of marine biological resources in the context of ecosystem-based management by: developing sustainable capture fisheries to promote effective resource stewardship; increasing the regulation of coastal and inshore fisheries; setting up species-specific marine protected areas; protecting, restorating and conserving critical fisheries habitats and biodiversity; optimizing artificial reef and sea ranching activities; and improving the efficiency of wild stock enhancement.

#### Action 7: Develop New Methods of Fisheries with Lower Carbon Footprints

Improve aquatic ecosystems and encourage the development of environmentally friendly marine algae aquaculture. Also, promote polyculture systems and initiate shellfish-dominated aquaculture to lessen the carbon footprint of the fisheries industries.

### Recommendation 5: Implement an Optimal Plan to Minimize the Negative Impacts of River Basins on the Ocean and Coasts

Land-based pollution and major hydraulic engineering projects have severe negative impacts on estuaries and coastal areas. To minimize these impacts, we recommend the following actions:

#### Action 1: Establish Best Practices for Controlling River-Basin-to-Estuarine Pollution

Pollution reduction involves massive costs. Different tributaries impact the estuaries and coasts in different ways. It is necessary to formulate well-devised plans that are adapted to different types of river basins and agricultural pollution pathways. The objective should be to minimize the cost incurred while balancing the scale and effectiveness of pollution reduction measures.

In the light of escalating eutrophication problems along China's coasts, priority should be given to controlling the nutrient concentrations of nitrogen, phosphates and COD in river systems. We recommend using total nitrogen concentration as a controlling factor, and using a mass-balance approach, based on the carrying capacity of the receiving estuaries, to set the guideline levels for land-based pollution. We also recommend a fair distribution of nitrogen release quotas in the regions along the river system, and recommend increasing the monitoring of total nitrogen and air quality to cut down eutrophication in coastal areas.

#### Action 2: Reinforce the Regulating of Flow and Sediment Discharges due to Hydraulic Engineering Projects

It is suggested that — under the coordination of the National Ocean Council — the Ministry of Water Resources, River Basin Management Committees and Sea Area Management Administrations should implement a plan to regulate river water and sediment discharges, taking into consideration the amount of sediment needed to sustain deltas, the minimum water requirement by cities along the delta coasts, and the minimum water level required to sustain estuarine and coastal ecosystems.

**Recommendation 6: Strengthen the Long-term Monitoring and Forecasting for Terrestrial and Aquatic Ecosystems, and the related Fields of Science**

Long-term and constant monitoring of the marine environment, together with in-depth studies of marine science, are the foundations for effective resolution of problems existing in marine ecosystems. It is suggested that:

Action 1:

Under the coordination and guidance of the National Ocean Council, government administrations that are involved with the marine environment should work together to monitor the watershed, estuary and the sea as a unit, standardize monitoring indices and technology, and establish a unified monitoring system for the atmosphere, watershed, and oceanic/coastal areas. A platform for information exchange should be launched to promote data sharing.

Action 2:

To prevent eutrophication in the coastal environment, it is suggested that the Ministry of Environmental Protection and the State Oceanic Administration collaborate in strengthening the utilization of $NO_x$ as a monitoring and control index for the atmosphere in the near future, and that nutritional salts (total nitrogen and total phosphorus) be used as the corresponding index for river basins. To control the volume and quality of freshwater entering the sea and to protect the estuarine ecosystems, various governmental administrations such as the Ministry of Environmental Protection, the Ministry of Water Resources and the State Oceanic Administration should work together to monitor the watershed, estuary and sea as a single unit.

Action 3:

In the near future, emphasis should be placed on developing integrated research for addressing scientific questions concerning river basin and marine ecosystems. Management of ecosystems can be supported by scientific knowledge, i.e., a deeper understanding of the mechanisms behind marine ecology and coastal ecosystem services. As an example, research should be conducted on the effects of large-scale coastal reclamation and climate change on marine ecosystems. Close attention should be paid to coastal areas that are densely populated and have thriving economic activities. A coordinating body for monitoring the marine environment should be established, and should be responsible for an environmental monitoring network that conducts laboratory studies and field observations and carries out demonstrations on regional ecosystem recovery.

### Recommendation 7: Enhance the Early Warning and Emergency Response System for Major Marine Pollution Incidents

There are increasing risks associated with marine development since many heavy industries in China are clustered around the coasts, and the scale of petroleum transport and oil extraction has grown. For example, painful lessons are learnt from accidents such as the Gulf of Mexico oil spill in 2010 and the explosion of oil pipelines in Dalian also in 2010. Therefore there is a need to follow the international framework for protection of marine ecological systems through prevention and early warning signals, and to establish a system of early warning and emergency response for severe marine pollution incidents. A subcommittee should be formed under the National Ocean Council to deal with emergency response for severe marine pollution cases, and to lead and coordinate the efforts of different government administrations. In addition, there is a need to build a reporting system for severe marine pollution events; to conduct environmental risk assessments evaluating potential risks; to organize a scheme to facilitate early warning and information exchange; to improve the regional emergency response system; to strengthen the supervision of organizations responsible for potential environmental risks; and to ensure the implementation of various emergency response measures.

### Recommendation 8: Establish a Campaign to Promote Ocean Awareness and Public Participation

Various media should be employed to provide wide publicity and to educate the public about the importance of the ocean and coasts, and thus to induce them to be actively involved in safeguarding the marine environment. In the face of massive coastal developments, this will help to create an atmosphere of marine ecological systems protection in society. A platform to support and enhance public participation in decision-making processes concerning important ocean development projects should be established. This will permit and encourage more stakeholders to take part in policy decisions.

# 2 Coastal Eutrophication and its Associated Ecological and Environmental Problems in China

## 2.1 Introduction

Excessive enrichment of nutrients or organic compounds in coastal waters caused by human activities will lead to coastal eutrophication, which can result in changes of marine ecosystems and degradation of their services and values. Coastal eutrophication has been considered as one of the major threats to the health of the marine ecosystems. Issues on coastal eutrophication have been intensively studied over the last 40 years, and knowledge of its causes, processes and impacts have significantly improved[1, 2, 3]. However, less progress has been achieved in reducing the many land-based and atmospheric inputs of nutrients that generate eutrophic conditions.

Despite the common understanding of its causes and impacts, there is yet no common definition of coastal eutrophication[4]. However, a proper definition of coastal eutrophication is critical for the design and implementation of monitoring, assessment and control activities. For the purpose of developing policy options concerning coastal eutrophication, we propose to define coastal eutrophication as follows: a process of changing nutrient concentration and profile in seawater resulting from the over-enrichment of nutrients caused by anthropogenic activities, leading to further changes of the structure and function of marine ecosystems, and the degradation of their services and values.

---

1 Jickells T. External inputs as a contributor to eutrophication problems[J]. Journal of Sea Research, 2005, 54: 58-69.

2 Smith V H, Joye S B, Howarth R W. Eutrophication of freshwater and marine ecosystems[J]. Limnology and Oceanography, 2006, 51(1, part 2): 351-355.

3 Nixon S W. Eutrophication and the macroscope[J]. Hydrobiologia, 2009, 629: 5-19.

4 Anderson J H, Schlüter L, AErtebjerg G. Coastal eutrophication: recent developments in definitions and implications for monitoring strategies[J]. Journal of Plankton Research, 2006, 28(7): 621-628.

The main cause of coastal eutrophication is nutrient pollution from the over-enrichment of nitrogen (N) and/or phosphorus (P) in coastal waters. In the last 100 years, human activities significantly accelerated the biogeochemical cycles of N, P and other elements[1, 2]. Large amounts of N and P entered the sea from industrial, urban, agricultural, and fossil fuel activities. Coastal eutrophication is directly driven by energy consumption, fertilizer application, and land-use conversion. It is also indirectly driven by population growth, economic development and agricultural intensification, etc.[3] N enters the ocean through various pathways, including surface water, groundwater, and the atmosphere, while P mainly enters through the rivers. The prevention and control of coastal eutrophication should not simply rely on the reduction of P or N concentrations, but by reducing inputs of both nutrients[4, 5].

Coastal eutrophication is a complex process[6]. The transport of nutrients into the sea, for example, can be modulated by site-specific physical and chemical factors that stimulate responses from the specific receiving marine ecosystems. These responses not only include changes in aquatic primary production – the production of organic materials from carbon dioxide through photosynthesis, but also a complex suite of interrelated changes of the marine ecosystems. In addition, many other factors, such as climate changes, overfishing, chemical pollution, invasive species, land reclamation, habitat losses, etc., will also influence the marine ecosystems. It is the combined effects of multiple stressors that lead to the changes of marine ecosystems and their services and values. Therefore, the response of marine ecosystems to nutrient enrichment is non-linear, and the adoption of ecological approaches is necessary to prevent and remediate coastal eutrophication.

Scientific research has shown that coastal eutrophication can negatively impact the health of the marine ecosystems, their products such as fisheries catch, and socioeconomic

---

1 Filippelli G M. The global phosphorus cycle: past, present, and future[J]. Elements, 2008, 4: 89-95.

2 Gruber N, Galloway J N. An earth-system perspective of the global nitrogen cycle[J]. Nature, 2009, 451 (17): 293-296.

3 Selman M, Greenhalgh S. Eutrophcation: sources and drives of nutrient pollution[R]. WRI Policy Note, Water quality: eutrophication and hypoxia, No. 2, 2009.

4 Howarth R W, Marino R. Nitrogen as the limiting nutrient for eutrophication in coastal marine ecosystems: evolving views over three decades[J]. Limnology and Oceanography, 2006, 51 (1, part 2): 364-376.

5 Conley D J, Paerl H W, Howarth R W, et al.. Controlling eutrophication: nitrogen and phosphorus[J]. Science, 2009, 323: 1014-1015.

6 Cloern J E. Our evolving conceptual model of the coastal eutrophication problem[J]. Marine Ecology Progress Series, 2001, 210: 223-253.

development that depends on a healthy marine environment. Nutrient input to coastal region will directly affect primary producers such as the phytoplankton, leading to changes in phytoplankton communities, biomass and primary productivity. These changes will subsequently impact other pelagic and benthic communities in the marine food web, and degrade water and sediment quality. Harmful algal bloom (HAB) and hypoxia, both of which have become more common in China's coastal areas, are the most significant ecological consequences of coastal eutrophication. Both HABs and hypoxia occurrences have extensive impacts on many marine biological resources, such as the mass mortality of wild and cultured animals, seafood contamination, etc., causing further distress on the sustainable development of the marine economy and the health of seafood consumers.

Studies on eutrophication suggested that aquatic ecosystems affected by eutrophication can gradually recover if and when nutrient-reduction measures are effectively implemented. However, it is difficult to restore the ecosystem in a short term once costal eutrophication has been detected. Thus, early implementation of nutrient reduction activities is essential in managing coastal eutrophication.

## 2.2 Characteristics, Sources and Succession Pattern of Nutrient Pollution in Coastal Waters of China

Worldwide, the rapid expansion of population and the burgeoning of industries in the coastal regions have greatly and continuously increased the nutrients transported from the land and the atmosphere to the sea. Nutrient pollution in coastal waters has become a global marine environmental issue[1]. Recent surveys in the USA and Europe found that about 78 percent of the assessed USA coast and 65 percent of Europe's Atlantic coast exhibit symptoms of eutrophication [2, 3]. Although nutrient pollution does not receive the same attention as acute industrial pollution issues such as oil spills, their effects are arguably more pervasive and persistent, and more

1 Millennium Ecosystem Assessment Board. Ecosystem and human well-being: synthesis[M]. Washington D.C.: Island Press, 2005.

2 OSPAR Commission. Ecological quality objectives for the Greater North Sea with regard to nutrients and eutrophication effects[R]. Publication Number: 2005/229, 2005.

3 Bricker S, Longstaff B, Dennison W, et al.. Effects of nutrient enrichment in the nation's estuaries: a decade of change. NOAA Coastal Ocean Program Decision Analysis Series No. 26[EB/OL]. Silver Spring: MD: National Centers for Coastal Ocean Science, 2007. http://ccma.nos.noaa.gov/publications/ eutroupdate/.

difficult to deal with.

China now is also facing a serious problem of coastal eutrophication. Sea areas that do not meet the clean water standard exceed 130,000 $km^2$ each year since the year 2000, accounting for nearly half of the near shore sea area of China. Dissolved inorganic nitrogen (DIN) and phosphate are the major pollutants influencing coastal water quality. In 2009, sea areas that did not meet the clean water standard were about 147,000 $km^2$ [1]. Estuaries and bays along the China coast are the most severely polluted sea areas. The Liaodong Bay, Bohai Bay and Laizhou Bay in the Bohai Sea, the Changjiang (Yangtze) River estuary and Hangzhou Bay in the East China Sea, and the Zhujiang (Pearl) River in the South China Sea are the most seriously polluted sea areas in China. DIN pollution is more severe than phosphate pollution in China's coastal waters. The average concentration of DIN in seawater exceeds the Grade I level (seawater for fishery and natural preservation zone) in most coastal provinces. In Shanghai and Zhejiang province, the DIN concentration has exceeded the Grade IV level (seawater for harbor and other marine operations) for many years. In 2008, all seriously polluted sea areas were caused by DIN except for the Liaodong Bay, where phosphate was the most significant pollutant[2].

The status of coastal areas with respect to eutrophication has deteriorated over the last several decades, which is reflected in expanding eutrophic areas, increasing nutrient concentrations and changing profiles of nutrients in seawater. Areas where DIN concentration exceeded the Grade III level (seawater for general industrial purpose and coastal tourism zone) appear not only in sea areas adjacent to the Changjiang River and Zhujiang River estuaries, but also in the Bohai Bay, Liaodong Bay, Laizhou Bay, Xiamen and the coastal waters of the Jiangsu Province. Nutrient concentrations and profiles changed significantly with excess nutrient input. The DIN concentration in seawater has been increasing since the 1980s, resulting in the notable rise of the N/P and N/Si ratios[3, 4, 5]. Changes of nutrient concentrations and profiles in the Changjiang River

---

1 SOA. Bulletin of Marine Environmental Quality[EB/OL]. 2009. http://www.soa.gov.cn/hyjww/hygb/A0207index_1.htm (in Chinese).

2 SOA. Bulletin of Marine Environmental Quality[EB/OL]. 2009. http://www.soa.gov.cn/hyjww/hygb/A0207index_1.htm (in Chinese).

3 Shan Z X, Zheng Z H, Xing H Y, et al.. Study on eutrophication in Laizhou Bay of Bohai[J]. Transactions of Oceanology and Liminology, 2000, 2: 41-46 (in Chinese).

4 Zhang J, Su J L. Nutrient dynamics of the Chinese seas: the Bohai Sea ,Yellow Sea, East China Sea and South China Sea[J].//Robinson A R and Brink K H, The Sea, 2004, 14: 637-671.

5 Lin C, Ning X R, Su J L. Environmental changes and the responses of the ecosystems of the Yellow Sea during 1976-2000[J]. Journal of Marine Systems, 2005, 55(3-4): 223-234.

estuary are the most significant. Specifically, nitrate concentration increased from 11 μmol/L in the early 1960s to 97 μmol/L by the beginning of the $21^{st}$ century, while the phosphate concentration increased from 0.4 μmol/L in the mid-80s to 0.95 μmol/L by the $21^{st}$ century[1, 2].

Nutrients closely related to anthropogenic activities are transported into the sea mainly through the rivers, wastewater and sewage outlets, atmospheric deposition, and mariculture activities. Nutrients transported through the rivers contribute to a large portion of the overall nutrients entering the sea[3]. In China, cities and factories are mainly located along rivers. Consequently, large amounts of industrial wastewater and sewage are discharged into the rivers, while fertilizers used in the surrounding farmlands are also flushed into the rivers and finally transported into the sea. During 2006 and 2008, the total amount of ammonium-N input to the sea via rivers was 0.8-1 million tonnes each year, while the total amount of P was 0.25-0.30 million tonnes. The Changjiang River is the largest nutrient-transporting river among all of the Chinese rivers, followed by the Zhujiang River, the Qiantang River and the Yellow River. In the four China seas, the total nutrient flux of rivers is the highest in the East China Sea.

Wastewater and sewage directly discharged into the sea is an important source of nutrients entering the coastal waters. However, the amount of nutrients discharged from wastewater and sewage outlets is relatively small compared to the riverine nutrient flux. Decreasing amounts of ammonium-N and total P were detected in the discharged wastewater from 2006 to 2008, and this trend is particularly strong for total P. Specially, the amount of ammonium-N exported to the sea decreased from 46.6 thousand tonnes in 2006 to 41.5 thousand tonnes in 2008, while total P decreased from 12.0 thousand tonnes to 3.2 thousand tonnes during the same years.

Furthermore, atmospheric deposition is another pathway bringing nutrients into the sea through wet or dry deposition in different forms, such as gas or aerosol. According to the studies on QianliYan Island of the Yellow Sea and Shengsi of the East China Sea, wet deposition contributes much more to the nutrient inputs from the atmosphere than dry deposition. Flux of DIN and phosphate from atmospheric deposition in the Yellow

---

1 Wang B D. Cultural eutrophication in the Changjiang (Yangtze River) plume: history and perspective[J]. Estuarine Coastal and Shelf Science, 2006, 69(3-4): 471-477.

2 Zhou M J, Shen Z L, Yu R C. Responses of a coastal phytoplankton community to increased nutrient input from the Changjiang (Yangtze) River[J]. Continental Shelf Research, 2008, 28(12): 1483-1489.

3 Ministry of Environmental Protection. Report of the Environmental Quality in China[R]. Beijing: China Environmental Science Press, 2009 (in Chinese).

Sea is almost equivalent to that of the riverine input. In the East China Sea, the DIN flux from the atmospheric deposition is comparable to the riverine input, but the phosphate flux is only about 13 percent of the total riverine input[1].

In the world, China ranks first in mariculture production, accounting for more than 70% of the total production. The effects of mariculture on coastal eutrophication has drawn much attention from scientists and governments. The exogenous feed and excrement of cultured animals, and other related activities and byproducts of mariculture are considered to be the reasons for this industry's influence on coastal eutrophication. The pollution caused by the mariculture industry becomes more evident as the marine mariculture industry in China rapidly develops.

Population increases, agricultural and industrial developments, and urbanization suggest that coastal eutrophication will continue to be a serious problem in the coming years:

(1) Effects of agriculture and food production

Food production through agriculture, which is the foundation to safeguarding food security in China, is heavily dependent on the use of fertilizers. The amount of fertilizers used increased notably in the last 30 years. In 2008, the total quantity of fertilizers used in China reached 52.39 million tonnes[2]. Fertilizers improve crop production significantly during the early stages. However, its effects on promoting crop production decreases with further and more extensive uses[3]. The eutrophication effects of fertilizers lost from agriculture, particularly nitrogen, are becoming more evident. Balancing a stable increase of food production and the effects of coastal eutrophication is an important issue that needs to be resolved. Meanwhile, waste produced by the animal husbandry industry has become another important source for nutrient pollution, and its effects on coastal eutrophication should be paid more attention.

(2) Rapid increases of population and urbanization in coastal regions

With the rapid increases of coastal population and urbanization, the amount of sewage discharged also increases. Between the years of 1998 to 2008, the amount of sewage increased by an average of 6 percent per year. In 2008, the total amount of sewage discharged was 17.8 billion tonnes, which is about 72 percent higher than that of

---

1 Zhang G S, Zhang J, Liu S M. Characterization of nutrients in the atmospheric wet and dry deposition observed at the two monitoring sites over Yellow Sea and East China Sea[J]. Journal of Atmosphere Chemistry, 2007, 57: 41-57.

2 http://www.stats.gov.cn/tjfx/ztfx/qzxzgcl60zn/.

3 Zhu Z L, Norse D, Sun B. Policy for reducing non-point pollution from crop production in China[M]. Beijing, China: Environmental Science Press, 2006 (in Chinese).

1998. In the near future, further increases of population and urbanization are expected as coastal provinces' economy rapidly develops. Activities by coastal populations will generate increasing amounts of industrial and domestic wastewater and significantly degrade coastal waters and further increase the eutrophication problem.

(3) Growing fossil fuel consumption

The burning of fossil fuel produces large amounts of pollutants, including nitrogen oxides ($NO_x$). Parts of the $NO_x$ discharged into the atmosphere will enter the ocean through dry and wet deposition. In China, the number of automobiles increased dramatically throughout the last 30 years. Between 1985 and 2008, the number of automobiles increased at an average rate of 15.6 percent each year. Such rapid growth and its potential impacts on the coastal eutrophication process deserve close attention.

## 2.3 Impacts of Eutrophication on Marine Ecosystems in China

Harmful algal blooms and hypoxia are the most important ecological consequences of eutrophication[1]. Previous studies indicated that eutrophication is one of the major reasons for the increasing frequency and changing causative species of HABs around the world[2, 3, 4]. On the other hand, hypoxia also affects 169 of the 415 coastal areas identified as experiencing some form of eutrophication around the world[5]. Serious hypoxic conditions will result in the collapse of the marine ecosystem and fisheries resources, leading to the appearance of "dead zones"[6]. In addition to HABs and hypoxia, other ecological and environmental problems, such as jellyfish blooms or fisheries resources reduction, are also influenced by coastal eutrophication to some extent.

---

1 GEOHAB. Global Ecology and Oceanography of Harmful Algal Blooms, Science Plan. Glibert P. and Pitcher G[R]. Baltimore and Paris: SCOR and IOC. 2001: 87.

2 Schramm W. Factors influencing seaweed responses to eutrophication: some results from EU-project EUMAC[J]. Journal of Applied Phycology, 1999, 11(1): 69-78.

3 Glibert P M, Harrison J, Heil C, et al. Escalating worldwide use of urea - a global change contributing to coastal eutrophication[J]. Biogeochemistry, 2006, 77(3): 441-463.

4 Glibert P M, Mayorga E, Seitzinger S. Prorocentrum minimum tracks anthropogenic nitrogen and phosphorus inputs on a global basis: application of spatially explicit nutrient export models[J]. Harmful Algae, 2008, 8(1): 33-38.

5 Selman M, Greenhalgh S, Diaz R, et al. Eutrophication and hypoxia in coastal areas: a global assessment of the state of knowledge[R]. WRI Police Note, Water quality: eutrophication and hypoxia. No. 1, 2008.

6 Diaz R J, Rosenberg R. Spreading dead zones and consequences for marine ecosystems[J]. Science, 2008, 321 (5891): 926-929.

As coastal eutrophication becomes increasingly serious in China, hypoxia and other ecosystem changes have also become increasingly prominent.

Along China's coasts, monitoring and investigation data suggest that HABs have become a serious marine environmental problem in China as their frequency, scale, and impacts rapidly increase. Since the 1970s, the frequency of HAB occurrences tripled every 10 years[1]. The number of HAB causative species also increased significantly, and more toxic species were recorded. In the late $20^{th}$ century, most of the HABs causative species were non-toxic diatoms, such as Skeletonema sp. Since 2000, however, blooms of toxic and noxious species, such as Alexandrium spp., Karenia mikimotoi, Gymnodinium sp. and Prorocentrum donghaiense, have often been recorded. The scale and affected areas of HABs also expanded and caused extensive impacts on the mariculture industry and the health of marine ecosystems. Prior to the 1980s, the scope of HABs was generally confined in hundreds of square kilometres. From the late 1990s, however, the scope of HABs reached thousands of square kilometres, and the duration of a HAB event could last for a month or even longer. In 1999, a HAB event in the Bohai Sea affected a sea area of 6,000 $km^2$. Since 2000, large-scale dinoflagellate blooms affecting areas up to 10,000 $km^2$ occur in the East China Sea every year. In 2008, the large-scale green tide of Ulva (Enteromorpha) prolifera in the Yellow Sea affected nearly 30,000 $km^2$, and the total biomass may have been up to several million tonnes. The occurrence of HABs along China's coast is closely related to coastal eutrophication. The number of HAB events recorded is highest in sea areas adjacent to the Changjiang River estuary, where the eutrophication status is also the most serious. Changes of nutrient concentration and composition like N:P ratio in seawater can lead to the changes of phytoplankton community and dominant algal species, and subsequent HABs occurrences[2].

Hypoxia events have been reported in the estuaries of some rivers in China, such as the Changjiang River and the Zhujiang River[3, 4, 5]. Intensive hypoxia phenomenon in

---

1 Zhou M J, Zhu MY, Zhang J. Status of harmful algal blooms and related research activities in China[J]. Chinese Bulletin of Life Sciences, 2001, 13 (2):54-59 (in Chinese).

2 Zhou M J, Zhu M Y. Progress of the project "Ecology and Oceanography of Harmful Algal Blooms in China"[J]. Advances in Earth Science, 2006, 21 (7): 673-679 (in Chinese).

3 Li D J, Zhang J, Huang D J, et al.. Oxygen depletion of the Changjiang (Yangtze River) estuary[J]. Science in China (Series D), 2002, 32 (8): 686-694 (in Chinese).

4 Wei H, He Y, Li Q, et al.. Summer hypoxia adjacent to the Changjiang Estuary[J]. Journal of Marine Systems, 2007, 69: 292-303.

5 Wang B D. Hydromorphological mechanisms leading to hypoxia off the Changjiang estuary[J]. Marine Environmental Research, 2009, 67: 53-58.

bottom water has been observed recently. Since the late 1990s, the likelihood of summer hypoxia increased to 90 percent, and many cases of large-scale hypoxic zones (with an area more than 5,000 square kilometres) were observed. Bottom water hypoxia should have a direct relationship with the organic matters both transported into this area via the Changjiang River and produced by the biological process. However, the relationship between the formation of hypoxic zones and nutrient-driven biological production is still not clear.

Massive blooms of unwanted or low-value jellyfishes have been reported in China seas since 2000[1]. The biomass of jellyfish in recent years is far greater than that prior to the 1990s. The dominant species of jellyfish blooms are Cyanea spp. and Nemopilema spp. According to investigations, the biomass of jellyfish in the East China Sea increased several hundred times in the 6 years from 1999 to 2004[2]. Previous studies indicated that the occurrence of jellyfish blooms could be influenced by factors such as overfishing, climate change, and eutrophication[3]. The change of phytoplankton communities in eutrophic sea areas, especially the increasing biomass of dinoflagellates, may promote jellyfish growth.

Changes of marine ecosystems closely related to eutrophication in coastal waters pose potent threats to socioeconomic development and the health and productivity of marine ecosystems.

(1) Impacts on the development of marine economy

HABs in eutrophic waters can lead to mass mortality of wild and cultured marine animals, posing a threat on the fishery resources and the development of the mariculture industry. In 1998, the large-scale HAB caused a direct lost of 500 million RMB in Guangdong and Hong Kong. In 2005, the green tide of Ulva (Enteromorpha) prolifera in the Yellow Sea caused a direct economic lost of 1.3 billion RMB, and project a negative image of the China's coastal environment and its amenity. Besides the direct impacts on the mariculture industry, eutrophication in coastal waters of China may indirectly affect the biological resource. The Changjiang River estuary and its adjacent sea area is an important spawning and nursery site for economically important marine

1 Jiang H G, Cheng H Q, Xu H G, et al. Trophic controls of jellyfish blooms and links with fisheries in the East China Sea[J]. Ecological Modelling, 2008, 212 (3-4): 492-503.

2 Ding F Y, Cheng J H. The analysis on fish stock characteristics in the distribution areas of large jellyfish during summer and autumn in the East China Sea region[J]. Marine Fisheries, 2005, 27 (2): 120-128 (in Chinese).

3 Purcell J E, Uye S I, Lo W T. Anthropogenic causes of jellyfish blooms and their direct consequences for humans: a review[J]. Marine Ecology Progress Series, 2007, 350: 153-174.

species in China. However, the egg fertilization and larvae development processes could be threatened by eutrophication and associated ecosystem changes, such as HABs and hypoxia.

(2) Impacts on the health of human beings

Coastal eutrophication is accompanied with increasing occurrences to toxic algal blooms, which will directly threaten the health of human beings. Paralytic Shellfish Poison (PSP) and Diarrhetic Shellfish Poison (DSP) are widely distributed along the coast of China, and toxin-contaminated seafood has been detected.

(3) Impacts on the services and functions of the marine ecosystems

Since the beginning of the 1990s, eutrophication of coastal waters in China has led to significant changes of marine ecosystems, including the increasing frequency and intensity of HABs. This is more evident in sea areas adjacent to the Changijang River estuary. Other ecosystem changes, like hypoxia, jellyfish blooms, and reduced fishery resources, are also potentially related to the eutrophication process to some extent. All of these changes degrade the services and values of the marine ecosystem. However, our understanding in the causal-effects and relationship between coastal eutrophication and these ecosystem changes is still limited, making it difficult to give a quantitative assessment on potential impacts of eutrophication on the marine ecosystem services and values.

## 2.4 Management Status on Coastal Eutrophication and its Associated Ecological Consequences

The policy framework and environmental protection regulations have been well developed in China. Various aspects of the current laws, regulations and standards in China, such as the standards on effluent discharge and seawater quality, are related to the coastal eutrophication issue. Nonetheless, coastal eutrophication is not a simple marine environmental problem. The status and succession of coastal eutrophication are caused by anthropogenic activities on the land, and mediated by conditions in the water. Therefore, it is difficult to manage and prevent coastal eutrophication simply based on a single law or regulation currently available and pertaining mainly to coastal waters.

Effective management of coastal eutrophication requires an understanding of the main causes of nutrient pollution for a particular coastal water body, the nutrient control of land-based sources and the assessment and monitoring of eutrophication status in coastal waters. Currently, the agencies involved in management of coastal eutrophication and their responsibilities are listed as followed:

(1) The Ministry of Environmental Protection (MEP)

The mandate of MEP includes: formulating and implementing environmental planning, policy and standards; organizing the functional zoning of environment; supervising the prevention and control of environment pollution; and coordinating to solve major environmental problems. The responsibilities of MEP related to coastal eutrophication include the control of land-based nutrient pollution, monitoring water and air quality, nature preservation and wetland protection, etc.

(2) The State Oceanographic Administration (SOA)

SOA is the national marine administrative department under the Ministry of Land and Resources, with a mandate for the management of China seas, marine environmental protection, safeguard of maritime rights and interests, and marine science and technology development, etc. Its responsibilities related to coastal eutrophication include the management of marine pollution sources and monitoring of seawater quality, marine ecological status, and ecological disasters (such as red tides).

(3) The Ministry of Agriculture (MoA)

The MoA is a department of the State Council in charge of farming, stock breeding, aquaculture, land reclamation, township enterprises and the feed industry. The MoA also coordinates the macroscopic management of the rural economy. Its responsibilities related to coastal eutrophication include the guidance on fertilizer use in agricultural production, and the development and illustration of new environment-friendly mariculture techniques.

(4) The Ministry of Water Resources (MWR)

One of the functions of MWR is "to draft water resource protection plans, to organize the functional zoning of waters, to control sewage discharge to drinking water zones, to monitor the quality and volume of rivers, lakes and reservoirs and to determine the environmental capacity of waters, and to formulate advice on total quantity control of pollutants, in accordance with laws on protection of resources and environment". It can be seen that the MWR and the MEP share responsibilities on water pollution management. Responsibilities related to coastal eutrophication include the monitoring of the volume and the quality of rivers and the formulation of options on the total quantities control of nutrients in rivers, etc..

The following problems have been identified in surveying the current management system on coastal eutrophication:

(1) Problems related to policies and regulations concerning coastal eutrophication

Although many laws, regulations and standards currently available have some relationship to the eutrophication of coastal waters, the purpose for the development of these laws, regulations and standards are not focused on the coastal eutrophication issue. There is a critical need to develop a policy framework that specifically focuses on coastal eutrophication and its causes to coordinate monitoring, research and control activities.

The standard of seawater quality concerning nutrients is formulated mainly based on the individual functions of seawater, but there is little concern for the health of the whole marine ecosystem.

The current standard of seawater quality is the same for all the coastal waters in China, taking no consideration of the conditions of each specific region.

(2) Problems related to agencies involved in the management of coastal eutrophication

There is a lack of coordination and communication among the agencies involved in the management of coastal eutrophication.

The parameters monitored on nutrients among different agencies are different and sometimes misleading.

The capability of the MEP in treating non-point sources of nutrient pollution is still limited.

(3) Problems related to the scientific understanding of the coastal eutrophication

The marine ecosystem responses to nutrient inputs are complex and our current understanding of the coastal eutrophication issue is still insufficient. In-depth research is needed on sources of nutrient inputs to eutrophic sea areas, the relationship between nutrient inputs and ecosystem changes, eutrophication assessment methods, and ecological objectives for management, etc., to support the knowledge-based management on coastal eutrophication.

## 2.5 Policy Recommendations

The ocean is the treasure of all human beings. Marine environmental protection and sustainable development is always an important component of various international conventions and declarations. Coastal eutrophication is a regional marine environmental problem; therefore, no international convention, declaration, or action is specifically made on the issue. However, this issue has been involved in many current conventions and declarations to various extents.

In 1972, the VII article of the "Stockholm Declaration" states that it is the duty of states "to take all possible steps to prevent pollution of the seas". In 1992, the "Agenda 21" was adopted at the Rio Summit. The "marine environment protection" section specifically pointed out various pollutants that threaten the marine environment, including sewage, nutrients, synthetic organic compounds, sediments, litter and plastics, metals, radionuclides, oil/hydrocarbons and polycyclic aromatic hydrocarbons (PAHs). In 1995, the United Nations Environmental Program (UNEP) launched the "Global Program of Action for the Protection of the Marine Environment from Land-Based Sources (GPA)", which China participated in, and adopted the "Washington Declaration". In 2001, the first intergovernmental review meeting was held in Montreal, Canada, and the "Declaration of Montreal" was issued. In 2005, the second Intergovernmental Review Meeting was held in Beijing, and the "Beijing Declaration" was issued. In the "Beijing Declaration", it is emphasized that coastal eutrophication was an important factor leading to marine ecosystem changes, and the importance of ecological approaches and regional cooperation were addressed. Under the GPA framework, a program called "Global Partnership on Nutrient Management (GPNM)" was put into effect in May of 2009 to advance the management of nutrient pollution. The GPA program stresses that the management of coastal eutrophication should emphasize: (1) The ecosystem approach; (2) Linking of coastal and watershed management, and (3) Strong regional cooperation.

The coastal eutrophication problem was first raised and intensively studied in Europe and North America. European and American countries also take the lead in the design and development of management policies of coastal eutrophication. The key points in the EU management policies of water eutrophication have changed gradually from inland waters eutrophication to coastal waters eutrophication, from water quality monitoring to ecosystem-based management, and from point source control to non-point source control. A series of policies targeted on water eutrophication have been implemented in the EU, including the Common Agricultural Policy[1], the Water Directive,

1 Zhuo M B, Hu Y C, Schmidhalter U. Impact of agricultural and environmental policy on fertilizer consumption and production in the European Union[J]. Phosphate and compound fertilizer, 2004, 19 (2): 11-14 (in Chinese).

the Nitrate Directive, and the Urban Waste-Water Treatment Directive, etc.[1, 2, 3], which effectively mitigate the water eutrophication status. Coastal eutrophication, which is a major driver for marine ecosystem changes, is now an important consideration in the formulation of both environmental and marine policies in the EU. Based on the background of the European Environmental Policy (the sixth "Environment Action Programme") and the "Integrated Maritime Policy", the EC formulated a "Marine Strategy Framework Directive" in June 2008 as the marine environmental component of the Integrated Maritime Policy. According to the "Marine Strategy Framework Directive", Europe's sea should achieve good environmental status by 2020[4]. Coastal eutrophication is identified as one of the threats to the marine environment of European oceans and seas. Both OSPAR and HELCOM address the need to implement the EU measures to effectively manage the coastal eutrophication issue. OSPAR has developed a strategy in response to the eutrophication problem along the north-eastern coast of the Atlantic Ocean. It has adopted both a "target-oriented approach" and a "source-oriented approach" to mitigate the eutrophication status of the sea[5]. The Convention implemented a 50% nutrient (nitrogen and phosphorus) reduction target based on the PARCOM Recommendation 88/2 to meet the general goal of "achieving by the year 2010 a healthy marine environment where eutrophication does not occur". OSPAR also established a Common Procedure to assess the status of eutrophication in coastal waters. A set of Ecological Quality Objectives (EcoQOs) related to eutrophication were developed in parallel with the assessment parameters in the Common Procedure, including those of nutrient budgets and production, phytoplankton communities, oxygen consumption and benthic communities.

Nutrient pollution is the most pervasive and troubling pollution problem currently facing the U.S. coastal waters. To effectively manage coastal eutrophication, the USA

1 Anonymous. Council Directive of 21 May 1991 concerning urban waste water treatment (91/271/EEC)[J]. Official Journal, 1991a, L 135.

2 Anonymous. Council Directive 91/676/EEC of 12 December 1991 concerning the protection of waters against pollution caused by nitrates from agricultural sources[J]. Official Journal , 1991, L 375.

3 Anonymous. Directive 2000/60/EC of the European Parliament and of the Council of 23 October 2000 establishing a framework for Community action in the field of water policy[J]. Official Journal, 2000, L 327.

4 Anonymous. Directive 2008/56/EC of the European Parliament and of the Council of 17 June 2008 establishing a framework for community action in the field of marine environmental policy (Marine Strategy Framework Directive)[J]. Official Journal, 2008, L 164.

5 OSPAR Commission. OSPAR integrated report 2003 on the eutrophication status[R]. London, U.K.: OSPAR, 2003.

adopted a series of policies, including the Clean Water Act and the Coastal Zone Management Act enacted in 1972, the Harmful Algal Blooms and Hypoxia amendment in 1998 (revised in 2004), etc. In 2004, a new ocean policy report named "An Ocean Blueprint for the 21st Century" was released in USA. In the 5th part of the policy report, the nutrient pollution problem was emphasized and a series of policy recommendations were proposed. It stressed that pollution from point sources should be continuously reduced, the pollution from non-point sources should be further focused on, and the control of atmospheric pollution should be improved[1]. The USA also supported a series of research projects focusing on coastal eutrophication. In 1993, the USA implemented the "marine biotoxins and harmful algae" National Research Plan. In 1997, the Environmental Protection Agency (EPA) identified HAB as an important problem in coastal waters, and emphasized that the microalgal and macroalgal blooms and their potential impacts should be studied in greater detail. In 2005, A national project called the "Harmful algal research and response: a national environmental science strategy (HARNESS)" was implemented.

From a global perspective, nutrient inputs to the ocean through rivers and the atmosphere will continue to increase. This trend is more evident in Asia, especially in its largest country, China. With the economy of China maintaining a high growth rate of about 8 percent in recent years, this increasing trend is expected to remain into the foreseeable future. There is a stable increase of population, with the average increase at about 10 million per year. Food production continues to rise with population increases, and the average annual increase of crop production is about 5 percent since the 1960s. Additionally, the level of urbanization keeps increasing, and the urban residents account for nearly half of the total population. China's rapid socio-economical development signals a continuing and deteriorating coastal eutrophication issue into the future. It can be predicted that:

(1) Nutrient pollution status in coastal waters of China will become more serious.

Based on the Global Nutrient Export from Watersheds (Global NEWS) model developed by an UNESCO's working group, the nutrients exported to the sea from the rivers of China were predicted under four scenarios adopted by the Millennium Ecosystem Assessment. The results show that riverine input of both N and P will continue to increase under all four scenarios.

---

1 U.S. Commission on Ocean Policy. An Ocean Blueprint for the 21st Century, Final Report[R]. Washington, D.C., 2004.

(2) The scale, frequency and impacts of HABs are expected to increase continuously.

Many studies found that HABs occurred along the coast of China have a close relationship with the status of eutrophication in coastal waters. In sea areas near the Changjiang River estuary, the N pollution status is directly linked to the scale of dinoflagellate blooms. It can be predicted that the scale, frequency and impacts of HABs will continue to increase with the intensification of nutrient pollution in coastal waters.

(3) The ecological security problems will become more prominent in eutrophic coastal waters.

The responses of marine ecosystem to nutrient pollution are not limited to the changes of primary producers, but a series of linked ecosystem changes. Expansion of hypoxic zone, jellyfish blooms, decrease of biodiversity and declination of biological resources are apt to appear in the eutrophic coastal waters, which will affect the health of marine ecosystems and lead to more ecological security problems.

The following recommendations focusing on mitigating coastal eutrophication in China and addressing the issues in the current management system are:

**Recommendation 1:** Reduce nutrient inputs from land, atmospheric and aquatic (marine and freshwater) sources to mitigate the nutrient pollution status in China's seas through:

(1) Land-based nutrients are important sources for nutrient pollution in coastal waters. The wastewater treatment system employed now could effectively remove N and P from domestic waste water. But the capacity in dealing with non-point sources of nutrients is still quite limited. It's recommended to focus on the prevention and control of nutrient pollution from non-point sources, and implement "wise-use" measures of fertilizers for the purpose of controlling coastal eutrophication.

(2) Nitrogen oxide produced by the burning of fossil fuels could enter the coastal waters through dry and wet deposition. In company with the rapid development of industry and transportation, N deposited from the air into the sea will increase significantly. It's recommended to control waste gas emissions from the burning of fossil fuels to reduce the nutrient input from the atmospheric deposition to the sea.

(3) Wetlands will trap nutrient from the surface runoff and decrease the nutrient loading to the sea. However, the scope and function of coastal wetlands shrunk due to the land-use conversion in coastal region. It's recommended to strengthen the preservation, protection and restoration of wetlands and other natural ecosystems to capture and recycle nutrients.

(4) The influence of mariculture industry to coastal eutrophication can not be ignored. Meanwhile, coastal eutrophication itself poses a potent threat on the sustainable development of the mariculture industry. It's recommended to develop environment-friendly cultivation methods to reduce the nutrients discharged by the mariculture industry.

**Recommendation 2:** Different from the eutrophication problem in lakes and reservoirs, which is mainly caused by P pollution, N over-enrichment is more critical for coastal eutrophication issues. Reducing P discharge from point source is effective in controlling eutrophication problems in freshwater, but has little effects in mitigating coastal eutrophication problems. It's recommended to focus more on "N reduction" in implementing measures for the prevention and control of coastal eutrophication due to its significance in the coastal waters of China and the difficulty in reducing N pollution.

**Recommendation 3:** The coastal eutrophication problems are as serious as the freshwater eutrophication problems. More efforts should be given to control the coastal eutrophication problems. It's recommended to link the coasts and watersheds together when implementing a total quantity control of N and P. The capacity of coastal waters, particular the estuaries and bays, should be taken into consideration in determining the targets on N and P control on the land.

**Recommendation 4:** The current system is insufficient to control the complex coastal eutrophication problems. It's recommended to develop a specific policy framework under which the monitoring, prevention and control activities are supervised and coordinated. To improve the current monitoring system on coastal eutrophication, particularly on the nutrient input from the air to the sea, it's also suggested that a management regime be set up to coordinate inter-agency activities with the purposes of improving information exchange and enhancing capacities for the prevention and control of coastal eutrophication.

**Recommendation 5:** Coastal eutrophication is a complex process, and the current understanding on coastal eutrophication is not enough to support the effective management. It's recommended to establish a mechanism to continuously support coastal eutrophication research in order to improve knowledge on the sources of nutrients, the relationships between nutrient input and ecosystem changes, and the potential impacts of eutrophication.

**Recommendation 6:** Coastal ecosystems are now facing multiple stresses including global warming, overfishing, invasive species, as well as eutrophication. It's recommended to design comprehensive policies to address coastal eutrophication and other marine environmental problems like climate change and overfishing to seek to maximize environmental benefits.

# 3 Impact of Large-scale Hydro-projects on Estuaries and Adjacent Seas

## 3.1 Introduction

Hydro-projects and water conservancy projects are prominent around the world. However, they often cause detrimental impacts on the ecosystems of estuaries and adjacent seas and, hence deserve greater attention. This report will discuss the environmental impacts of large-scale hydro-projects (LSHPs) and water conservation development in China.

The most obvious and direct impact of LSHPs and conservancy projects is the significant alteration of the mass flux of substances entering the sea. Each basin consists of a network of rivers that transport runoffs, which consists of water, sand, biogenic elements, nutrients, pollutants and other substances, to the coastal area. Since the flux and transport are crucial to the health and functionality of coastal zone ecosystems, LSHPs often cause further impacts on the estuarine ecosystems and adjacent seas. Evaluating the change of the mass fluxes from a river to its associated estuary and identifying the specific flux changes caused by LSHP are required to understand the full impacts of LSHPs on estuaries and adjacent seas.

This report will begin with a general description of the hydro-dam industry in China and its capacity in several key basins. This introduction will be followed by a discussion of important themes, which are as follows: (1) changes of water, sediment and nutrient fluxes; (2) impact of LSHPs on salt water intrusion; (3) changes of sediment flux and the impact on delta geomorphology; (4) environmental effects of changes to nutrient and material flux; and (5) impacts on the environment and ecology of coastal zone areas. The aforementioned themes will be discussed in relation to key basins and coastal zones in China. The report will conclude with a review of the current environmental law and management shortcomings, followed by a list of policy recommendations.

### 3.1.1 Large-scale hydro-projects and domestic water conservancy projects in China

The World Commission on Dams (WCD) describes a dam (or hydro-project, in general) as large-scale if its height is more than 15 m or its storage capacity is more than $100 \times 10^6$ $m^3$. In China, there are 4,697 dams with a height of 30 m or more up to 2003. China is ranked first in the world for large-scale dam construction and operation, with more than 50 percent of the world's dams equal to or greater than 15 meters and 37 percent of the world's dams with a height of 30 meters or more up to 2003. These numbers are expected to increase as numerous large-scale dams are currently planned and under construction in China.

There are three main basins in China, including the Changjiang River, the Yellow River) and the Pearl River basins. This report will focus on the Changjiang and the Yellow River basins. The Changjiang River Basin includes three large-scale dams, including the world's largest dam, the Three Gorges Dam (TGD). The Yellow River Basin includes four large dams. The South-to-North Water Diversion Project (SNWD) across the Changjiang River and Yellow River basins as one of the LSHPs in China is under construction.

### 3.1.2 Future large-scale hydro-projects and their operation in China

More LSHPs are being constructed in the Changjiang River, the Yellow River and the Zhujiang River basins. Four cascading LSHPs are under construction in the upper reaches of the Changjiang River, and two more LSHPs are under construction in the tributaries of its upper reaches. Three LSHPs are being constructed in the upper reaches of the Yellow River. Additionally, two LSHPs are expected to be constructed in the upper reaches of the Zhujiang River. The aggregate water-regulating storage capacity of the LSHPs in the upper Changjiang River reaches will approach approximately 70 billion $m^3$ by the year 2020, thus causing greater impacts to the Changjiang River estuary. By the year 2030, water consumption in the Changjiang River basin is expected to increase by 21 percent, and the COD and nitrogen concentrations entering the Changjiang River are expected to grow by 37.5 percent and 79.5 percent, respectively. The mass fluxes from the Changjiang River to the estuary are also expected to fluctuate in the future.

Moreover, these LSHPs are/will be jointly operated to regulate river runoff, resulting in much stronger human control of the river mass fluxes to the estuary. An existing example is the Yellow River Joint Water and Sediment Regulation Project. Based on current operating practices and expected changes, the impacts of LSHPs on the ecosystems of the associated estuaries and adjacent seas will be even stronger in the future.

The South-to-North Water Diversion Project across the Changjiang and Yellow River basins consists of 3 routes, namely, the east, middle and west ones to transfer water from the Changjiang basin northward to the dry North China. The east route of 1,156 km and the middle route of 1,277 km are expected to deliver water in 2013 and 2014, respectively. Totally 27.8 billion $m^3$ of water will be transferred from the Changjiang basin to the north annually after completion of the two routes, resulting in decreasing the Changjiang water discharge to the estuary. The third route is still under survey.

### 3.1.3 Overview of the environmental impacts from large-scale hydro-projects and water conservancy projects on estuaries and coastal waters

Research indicates that about 40 percent of global fresh water and 25 percent of river sediment are intercepted by dams (Vörösmarty et al., 2003). In addition, large reservoirs intercept 20-30 percent of the total sediment flow of rivers (Syvitski et al., 2005). Sediment transport from the major Chinese rivers, such as the Liaohe, Haihe, Yellow River, Huaihe, Changjiang, Qiantang, Minjiang and Zhujiang (Pearl River) rivers, to the sea has declined from the 1960s' level of 1.4 billion t/a to 0.4 billion t/a in the 2000s.

The corresponding impacts of LSHPs and water conservancy projects on seasonal and temporal runoffs result in higher salt-water intrusion rates that disrupt seasonal norms. The adaptive capabilities of the various species and the ecosystem are not yet understood.

Nutrients transported by river runoffs are also susceptible to effects from LSHPs and water conservancy projects. The concentrations of two key nutrients, silicate and nitrogen, are greatly disrupted in the coastal waters of China. Other factors, such as the increasing use of fertilizer on farmlands also raises the nitrogen levels in various basins. The construction of water conservancy facilities lead to significant changes in the rivers, such as on runoff distribution and sediment transport, and consequent changes to the biogeochemical cycle of the nutrients carried by the rivers and the transport flux. Further consequences include changes in the nutrient structure of the waters, which in turn impinges upon species in the ecosystem.

The major alteration of mass flux and its composition being transported into the estuaries poses a direct threat to coastal ecosystems (Ding et al., 2009). Such alteration can make dominant species susceptible to invasive species, and cause a complete transformation in biodiversity and the ecosystem. About 80 percent of the world's fish captures are from estuaries and adjacent seas, which are mainly supported by the nutrients and fresh water inputs from various rivers. Research shows that construction projects (such as large-scale dam constructions) in upstream water basins are the main cause for the fishery resource declines of some estuaries and adjacent seas.

The aforementioned themes describe a significant challenge to the ecosystem and sustainable management. This report will continue to discuss these themes further and, in turn, offer solutions.

## 3.2 Impact of Large-scale Hydro-projects in the Changjiang River Basin on its Estuary and Adjacent Seas

### 3.2.1 Change of water and sediment fluxes from the Changjiang River to the estuary

In recent years, the Changjiang River sediment load that is transported to the sea has drastically decreased in response to human activities and, in particular, dam construction. This reduction has triggered morphological changes in the delta area.

Water discharge from the Changjiang River to the sea has significantly decreased by 8.2 percent from 1865 to 2004 (Yang et al., 2005a). This trend is mainly attributed to increased water consumption and dam constructions. The total storage capacity of reservoirs in the Changjiang River basin has increased to 200 km$^3$, or 7 percent of the cumulative decreases in water discharge (Yang et al., 2005a). Climate change is not responsible for the decrease in water discharge because precipitation levels have remained constant in the basin. However, climate change is responsible for the inter-annual fluctuations of discharge based on changes in the precipitation patterns (Yang et al., 2005a).

Since the 1970s, deposition in reservoirs has exceeded deforestation and became the dominant factor influencing river sediment load, while sediment load has shown a decreasing trend (Yang et al., 2002). Specifically, the TGD and its reservoir have decreased the sediment load of the Changjiang River to its lowest level in recorded history (Yang et al., 2007b). The Three Gorges reservoir is one of more than 50,000 reservoirs in the Changjiang River basin. Sediment transported to the sea was reduced by 67 percent in 2003-2007 versus that in 1953-1968. The TGD and the Danjiangkou Dam contributed to 28 percent and 16 percent, respectively, of the total sediment load reduction. More than 140 of these reservoirs have a storage capacity greater than 100 million $m^3$, and about 80 percent of the sediment load reduction in the Changjiang River can be attributed to dam construction (Dai et al., 2008).

### 3.2.2 Impact of the Three Gorges Dam on estuarine salt water intrusion and the extension of Changjiang-diluted water

(1) Impact of engineering projects on the Changjiang runoff

Runoff in the Changjiang drainage basin is subject to seasonal variation and to the effects of a series of large-scale hydro-projects and water conservancy projects. Among these projects is the world's largest, the Three Gorges Dam, and the proposed South to North Water Diversion (SNWD). The monthly mean runoff is the lowest in January at 10,900 $m^3/s$ and highest in July at 50,800 $m^3/s$. However, several significant projects, such as the TGD, have resulted in changes to the runoffs. The TGD was built to generate electricity and prevent floods in the basin. Hence, the dam closes (retains water) during the rainy season (October - November), which reduces downstream runoff. In the dry season (January to April), the dam is opened to allow retained water to flow downstream. The TGD has not affected the total annual runoff quantity, but it has changed the seasonal distribution (Shen et al., 2003). Runoff from the Changjiang River will be further decreased by 800-1000 $m^3/s$ once the planned SNWD water transfer project is built. The SNWD is designed to direct water from the Changjiang River to dry, northern cities of China.

(2) Saltwater intrusion in the Changjiang River estuary

The Changjiang runoff affects salt water intrusion and diluted water in the estuary. Once operational, the TGD will reduce the Changjiang runoff in a drought year of 5,450 $m^3/s$ and 2,970 $m^3/s$ during October and November, respectively, and increase 1,540 $m^3/s$, 1,980 $m^3/s$, and 1,750 $m^3/s$ during January, February, and March, respectively. The runoff will stay unchanged during December (Shen et al., 2003). The following paragraphs present analysis of the TGD's impacts on salt water intrusion and diluted water in the Changjiang River estuary.

The runoff data from September 1978 to May 1979 were selected for this analysis. During this period, the Changjiang runoff was extremely low and the salt water intrusion in the estuary was severe. After considerations on the seasonal adjustment from the TGD, the Changjiang runoff would reduce during October and November and increase between January and April. This trend is contrary to the traditional seasonal pattern. Consequently, salt water intrusion under an average tide will be intensified during October and November after the construction of the TGD. This effect will result in undrinkable water conditions in the Chenghang and Qingcaosha Sandbank reservoirs.

For comparison, the effect of the TGD on the dry season between December 1978 and February 1979 is reviewed. During this period, the Changjiang runoff was extremely low at less than 10,000 $m^3$/s. Consequently, the Changjiang estuary is subjected to serious salt water intrusion problems. Accounting for the effects of the TGD, the runoff discharge will increase by another 2,000 $m^3$/s (the TGD releases water during the dry season). Although the salinity may become weaker, the Changjiang runoff would still remain low and the estuary would still be occupied by high salinity water mass. Changing the discharge rates of the TGD may improve salt water spillover to a level that does not cause serious impacts on freshwater usage. In conclusion, the TGD will alter the traditional seasonal salt water intrusion rates in the estuary and adjacent seas.

### 3.2.3 Morphological response of the Changjiang River delta to declines in river sediment supply

A representative area of 6,000 $km^2$ in the Changjiang River subaqueous delta (the seaward area just past the river mouth) was reviewed for accretion and erosion rates analysis. The data showed that net accretion rates decreased from 3.8 cm/a in 1958-1978 to 0.8 cm/a in 1978-1997 (Yang et al., 2003). Furthermore, in a specific area of 1,825 $km^2$ within the study zone, the accretion rate decreased from 6.4 cm/a in 1995-2000 to -3.8 cm/a in 2000-2004. The decrease in river sediment supply is the cause of the reduction in accretion rate and corresponding changes to erosion.

The reduction of river sediment supply is a result of the LSHPs and water conservancy projects and, in particular, the TGD. This incidence has resulted in erosion in a large portion of the Changjiang River subaqueous delta in recent years. The reduced sediment load has also significantly slowed the encroachment rate of the intertidal wetlands.

### 3.2.4 Changes in nutrient fluxes at the Changjiang River estuary and the environmental effect on the estuary and the adjacent seas

A review of survey data showed that the concentration of dissolved inorganic nitrogen (DIN) in the waters of the Changjiang River estuary and adjacent seas has been fluctuating since 1996. The DIN concentration increased from 1996 to 2000 and was followed by a subsequent decrease. The increase observed is likely the result of chemical fertilizer applications on agricultural lands in the basin, whereas the decrease of DIN relates to the TGD operations. In addition, the decrease of DIN also suggests better management and control of the sources of contamination, water loss, soil erosion and agricultural pollution.

The trend of dissolved inorganic phosphate (DIP) concentration was similar to that of dissolved silicate (DSi), which increased between1996 and 2003 and decreased when the TGD came into operation. This decreasing trend of DIP will be continued in the future.

The concentration of DSi is dependent on the runoff flow of the Changjiang River. The construction of various hydropower projects in the Changjiang River Basin since the 1960s has resulted in a decrease of the annual sand transport flux. The flux of DSi has decreased since the operation of TGD. This trend is expected to continue as additional hydro-projects are constructed in the basin. The imbalance of DIN, DIP and DSi will intensify the growth of phytoplankton in coastal waters.

Global climate change is expected to increase the frequency of certain weather patterns such as El Nino, and to result in increasing precipitation. Such changes may further alter the nutrient levels in the estuary and the adjacent seas.

### 3.2.5 Material flux change-related environmental effects on the Changjiang River estuary and adjacent seas

(1) Influence of the reduction in sediment on the Changjiang River estuary on the ecological system

As discussed, projects such as the TGD have reduced the sediment discharge to the Changjiang River estuary. Such trends can cause stress and create unfavorable conditions on the ecological system of the estuary and adjacent seas.

For example, the ongoing sediment reduction in the Changjiang River can lower the self-decontamination capability of the water and produce chemical changes that will impact the spawning and feeding grounds of fish, reduce their survival rates, and adversely affect the fishery resources of the estuary. Specifically, the development of some species may be confined, whereas others may flourish. The potential occurrence of a permanent change in the nutrient structure will alter the species population and biodiversity of the estuary and adjacent seas.

Specifically, nitrogen and silicon are very important to the ecological health of the estuary and coastal area. As mentioned, chemical fertilizer application has increased the DIN concentration in runoffs. Such trend can cause phytoplankton to propagate rapidly and even bloom in dam reservoirs. A phytoplankton bloom will consume a large amount of nutrients in the area and cause harmful impacts on various species habituating the area. Analysis show that the TGD can hold up to 50 percent of the inorganic nitrogen contained in runoffs. However, due to the increasing abundance of inorganic nitrogen in the lower reaches (downstream of the dam), the impact of the TGD is still unclear. Nonetheless, nitrogen levels continue to rise and silicon concentrations decrease throughout the past 40 years. Although the impact of these changes on the ecosystem is not completely understood, this trend is expected to continue into the foreseeable future.

(2) Influence of the reduction in sediment to the Changjiang River estuary on economically important species

The Changjiang River estuary and its adjacent seas are the spawning and feeding grounds, as well as the migration route, for some of China's economically important species, such as anchovy, Sepiella inermis, hairtail, silver pomfret, large yellow croaker, little yellow croaker, whitebait, herring, Chinese sturgeon, Exopalaemon annandalei, Eriocheir sinensis, and Japanese freshwater eel. These species' propagation cycles and migratory habits are significantly impacted by the runoff and its patterns. Therefore, the reduction of runoffs into the sea and the temporal and spatial diversion of water will inevitably affect the estuary and adjacent sea ecosystem habitats.

(3) Influence of the reduction in sediment to the Changjiang River estuary on the phytoplankton and zooplankton populations

A review of the phytoplankton community reveals evidence of a change in the ecosystem. The phytoplankton population has been growing within the Changjiang River estuary and adjacent seas, and its structure has begun to change. Currently, Skeletonema costatum is the most abundant phytoplankton species in the surveyed waters of the

Changjiang River estuary. However, the population is in decline in favor of phytoplankton species in the dinoflagellata. The increase of dinoflagellata may be a result of the increased of nitrogen coupled with the decreased of silicon.

As with phytoplankton, the community structure of the zooplankton population is also changing. Since 1996, population increases of zooplankton have occurred in the Changjiang River estuary. However, the structure of the zooplankton population is shifting to include more small and medium-sized species, such as medusas. The result has been an alteration in the fishery resources of the Changjiang River estuary and Zhoushan fishing ground.

### 3.2.6 Impact of the large-scale hydro-projects of the Changjiang River on the environment and ecology of its estuary and adjacent seas

Further data analysis indicates that the TGD operations will inevitably cause a negative impact on the total phytoplankton biomass and its function in primary production. Consequences include a growth of warm-water zooplankton populations and subsequent changes to the estuarine ecosystem community.

Phytoplankton provides a primary productivity role (at the base of the food chain), hence its change can cause significant impacts on the ecosystem of the region. An example of such impacts is the occurrence of red tides. In recent decades, the frequency of red ties in the East China Sea has increased significantly. Meanwhile, the occurrence of toxic and harmful red tide species has also increased since 2003. The significant increase in the zooplankton species in the Changjiang River Estuary since the mid-1990s is mainly due to population increases of small and medium zooplankton species and medusa species. The original dominant zooplankton species have declined in favor of small and medium copepods and jellyfish. Such trends have resulted in an increase in the biological diversity of the estuary.

Furthermore, the Changjiang River estuary will also be impacted by salt water intrusion increases, which occurs if and when discharge flowing into the estuary continues to decrease. Increases of salt water intrusion levels will jeopardize the health of valuable wetlands and ecosystems in the estuary.

The potential adaptive capacity of the ecosystem to various structural changes and possible damages to the associated evolutionary processes have yet to be learned. Currently, it is a common understanding that the condition of the Changjiang River basin is closely related to the construction and operations of dams and water conservancy projects. Nonetheless, the aggregate impacts of such human operations are not currently understood.

### 3.2.7 Policy recommendations for maintaining the health of ecosystem in the Changjiang estuary

(1) To establish an eco-healthy zone around the Changjiang River near shore wetland;

(2) To take engineered actions to protect the delta coast from erosion;

(3) To establish reasonable water supply regulations in the LSHP groups in response to seasonal changes for the purposes of maintaining the health of the estuary ecosystem and the safety of waters in the Shanghai metropolitan areas;

(4) To strengthen scientific research on environment impacts of the growing numbers of LSHP operations along the estuary;

(5) To assess environment impacts of the joint operation of the LSHP group on the Changjiang estuary and create legal regulations for the reduction of such impacts.

## 3.3 Impact of Large-scale Hydro-projects in the Yellow River Basin on its Estuary and Adjacent Seas

### 3.3.1 Change of water and sediment fluxes of the Yellow River to the estuary

Data collected from the Lijin gauge have shown a drastic decrease in the water (by 72 percent) and sediment (by 87 percent) fluxes from the Yellow River to the sea between 2000 and 2007 in comparison to the data from 1950 to 1968. The Yellow River was once considered one of the largest water and sediment discharge points in the world, but a large-scale dam construction has affected its conditions and status (Yang et al., 1998; Wang et al., 2007).

Many factors affect the water and sediment flux in the Yellow River basin, including climate change (variance in precipitation levels), water consumption, soil conservation and large-scale dam operations. Numerous studies completed by Xu (2002, 2005) and Wang et al. (2006) suggest that climate change and human activities, such as water consumption and dam construction, are responsible for 40% to 50% of the observed reductions, the climate factor and soil conservation for 30%-40% and 10%-20%, respectively. Subsequent sections of this report will discuss the process of various impacts on the nutrient fluxes due to a decrease in discharge levels in an estuary and the adjacent seas.

### 3.3.2 Morphological response of the Yellow River Delta to the decline in river sediment supply

The Yellow River Delta was the world's most rapidly encroaching delta with a land accretion rate of 22.4 $km^2/a$ before 1984. Delta expansion eventually stopped as river sediment supply decreased and erosion begun at a retreatment rate of 1.5 $km^2$ per year since 1998. The coastal line in the northeastern of the delta has retreated by 12 km since 1976, and such occurrence in the Yellow River Delta is similar to that of the Nile Delta. The Yellow River presents an illustrative example of the interactions of a river basin/coastal ocean disturbed by human activities at upstream locations. An integrative management system of the river basin is urgently needed for the sustainable development of the coastal environment.

### 3.3.3 Change of the Yellow River nutrient fluxes at the estuary

The nutrient concentrations in the Yellow River estuary and the adjacent sea (the Bohai Sea) have shown a pattern similar to that of the Changjiang River. The DIN level has seen an increasing trend, while the DIP and DSi level seen a decreasing trend at steady rates during the 1950-1980s, and kept constant since 1992. The DSi has been slightly increased in 2005.

Nutrient ratios serve important roles in the growth and structure of phytoplankton in the Sea. Based on the data collected in 2005, the water in the Bohai Sea lacked phosphorus and silicon and had a high nitrogen concentration. The ratio observed in the Bohai Sea will certainly affect phytoplankton growth. More research is required to better understand the potential impacts of these nutrient fluxes.

The sharp decrease of the Yellow River runoff to the sea reduced the nutrients flux to the sea. Before 2000, DIN concentration in the Bohai Sea has been increasing lineally due to the increase of the DIN input from the small rivers and other land-based sources even the input from the Yellow River was decreasing. The ratio between the nutrients is an important index for assessing the nutrient structure, which would effect the structure of the plankton community. The N/P ratio in the central Bohai Sea has increased significantly. It increased from 1-3 in the 1980s to 40 in the early 2000s. On the contrary, the Si/N ratio decreased from 10 in 1980s to 0.55 in 2005.

The structure of the plankton community will be changed and the frequency of the red tides will be increased as the phosphorous and silicon limitation is dominated in the central Bohai Sea.

### 3.3.4 Effect of the Yellow River Water and Sediment Regulation Project on mass fluxes

A significant consequence of the Yellow River Water and Sediment Regulation Project (HWSRP) is the occurrence of pulsatile transport of the Yellow River water, sediment and nutrients to the sea within a short period (15-22 days). The monthly mass fluxes were notably higher with the administration of the HWSRP than the numbers before the project. The impact of such concentrated nutrient transport to the sea on the ecosystem can be quite significant. However, the actual impact remains unknown and further investigation is needed.

### 3.3.5 Impact of the large-scale water conservancy projects of the Yellow River on the environment and ecology of its estuary and adjacent seas

The Yellow River is the most sediment-filled river in the world. The average annual amount of sediment transported was 100 million tons, and the mean annual discharge of the Yellow River accounted for 75 percent of the total discharge into the Bohai Sea in early 1950s. The Yellow River provided optimal waters for primary production, with high oxygen and organic matter content, as well as a low salinity. These inputs establish the productive spawning, breeding and feeding grounds for the Bohai Sea fishery. However, rapid economic development and human activities in the recent years have resulted in significant impacts on the aquatic estuary system.

Numerous large-scale reservoirs have been constructed along the main stream of the Yellow River. Water consumption increased from 15 billion $km^3$ in 1950 to more than 30 billion $km^3$ in the 1990s, and has far exceeded the amount of water storage. The lack of water resource management has resulted in distribution imbalance among the population, the resources, and the environmental systems. No flow days in the Yellow River began in 1972, with an average of 45 zero flow days per year. Water and corresponding sediment reductions have changed the aquatic biological output of the marine ecosystem.

With the gradual decrease of runoff from the Yellow River, the sea surface salinity in the Yellow River estuary has increased by 25 percent over the past 40 years. This increase has resulted in a loss of marine species that are incapable of adapting to high salinity environments.

Variation of the Yellow River runoff has also affected the composition and distribution of nutrients in the estuary waters. The concentrations of vital nutrients such as silicate, phosphate and nitrogen have undergone changes in the past 20 years. These flux modifications impact the ecosystem of the estuary and adjacent seas.

The reduction of the water and sediment discharges, coastal erosion and salt water intrusion have caused the decrease of the delta wetland, its buffer function and biodiversity. The habitats of the Yellow River Delta are decreasing due to the delta erosion, resulting in lose of the biodiversity and biological resources. The frequency of the red tides is increasing. The blossom of the red tides in June-August has caused deaths of the fishes and shrimps and caused a notable economical loss.

The environment quality in the Yellow River estuary and adjacent areas is decreasing, resulting in the disappearing of the spawning grounds of the economical marine organisms and degradation of the fishery resources. The fish species and quantity are decreasing. The fish resources in spring and autumn have been sharply decreased since 1992. Many economical fish species have been degraded significantly.

### 3.3.6 Policy recommendations for maintaining the health of ecosystem in the Yellow River estuary

(1) Provide the minimum water supply required to maintain the eco-health of the Yellow River Delta, the nearshore wetland, and its estuary through joint regulation of the LSHPs; provide the fresh water needed for the shrimp spawning and hatching periods in April and May through joint regulation of the LSHPs;

(2) Provide the critical sediment supply (0.26 billion t/a) for delta erosion/accumulation balance through joint regulation of the LSHPs, and

(3) Immediately study and evaluate the impacts of the Yellow River water and Sediment Regulation (HWSR) project on the estuarine ecosystem, and to propose and establish appropriate policies and coordination mechanisms to address the problems from the HWSR project and improve the Yellow River estuarine ecosystem.

## 3.4 Impact of Hydro-projects in the Major River Basins on Their Estuary and Adjacent Seas with Special Reference to Water and Sediment Fluxes

### 3.4.1 Hydro-projects in the 8 major river basins in China

There are 8 major rivers in China, namely, the Liaohe River, Haihe River, Yellow River, Huaihe River, Changjiang River, Qiantang River, Minjiang River and Zhujiang (Pearl River). Numerous dams are built on these major river basins.

By 2006, 1 218, 1 868, 2 752, and 8 538 dams were built on the Liaohe, Haihe, Yellow River and Huaihe rivers (which are the 4 northern major rivers), respectively. These include 190, 33, 22 and 75 large and medium dams in the respective basins. The total storage capacity of the dams in the Liaohe, Haihe and Yellow River Basins has already exceeded the total water runoff of the rivers. The storage capacity of the large and medium dams consists of 88-99 percent of the total storage capacity of all the dams, indicating that the river runoff to the sea is controlled by the dam operations in northern China.

For the four southern major rivers, namely, the Changjiang River, Qiantang River, Minjiang River and Zhujiang River, 50 000, 10 000, 1 560 and 14 112 dams were built by the year 2006. These include 1 264, 200, 43 and 678 large and medium dams in the basins, respectively. The storage capacity of the large and medium dams contributes to 16%~86% of the total storage capacity of all the dams, which indicates that the river runoff to the sea is strongly affected by the dams in southern China.

### 3.4.2 Change of water and sediment fluxes of 8 major Chinese rivers to their estuaries and related dam impact

The sediment flux from the 8 major Chinese rivers to the sea has drastically declined from the 1960s level of 1.9 billion tons per year to 0.4 billion tons per year by the 21st century, which is only 21% of the average level between 1954 and 1968. However, the water discharge since the 1950s remains relatively consistent (1,264 billion $m^3/a$) with some notable fluctuations.

There are two types of water and sediment flux changes in the eight rivers. In the 4 major northern rivers, the water and sediment discharges experience synchronize declines. On the other hand, the water flux remains steady while the sediment flux decreases in the 4 major southern rivers.

Up to 2006, the water flux from the Liaohe, Haihe, Yellow River and Huaihe Rivers in northern China decreased by 60%, 94%, 72% and 50%, respectively. The reductions of the sediment flux from these four rivers were 99%, 99%, 87% and 66%, respectively. The sediment reduction from the rivers to the sea is extremely severe in the major northern river basins. The sediment flux from the Liaohe and Haihe Rivers to the sea is practically zero. Such sharp reduction of sediment flux was primarily caused by dam effects (50%～60%), decrease of precipitation due to climate change (20%～30%), and other human activities (20%～30%).

The sediment flux from the Changjiang, Qiantang, Minjiang and Zhujiang Rivers in southern China declined by 67%, 42%, 41% and 65%, respectively, with steady or increasing water discharge. Such trend is quite different from the northern rivers. Dams account for approximately 80% of the sediment reduction in the Changjiang River. Situations in the Qiantang River area are similar to the Changjiang River area, where approximately 45% and 67% of the sediment reduction in the Minjiang and Zhujiang Rivers are caused by dams with the rest caused by sand excavation in the river deltaic channels, respectively.

### 3.4.3 Impact of sediment reduction on estuaries and coasts

The direct and notable result of sharp sediment reduction that is mostly caused by dams is erosion in the deltas and the coastal zone. It is reported that 70% of the Chinese coast is currently experiencing severe erosion due to a sediment supply shortage (Hong, 2010). The erosion rates range from 0.5～14 m/a, depending on the location of the coast areas. The most severe coastal erosion occurs in the northern China coast along the Bohai Sea. The eroding rates around the Liaohe and Luanhe estuaries in the Bohai Sea reach rates of 2.5～5 m/a and 15～300 m/a, respectively. Significant coastal erosion is also occurring along the coasts of the Yellow Sea and East China Sea. Furthermore, the coasts around Haikou City in the Hainan Island of the South China Sea is also experiencing a serious coastal erosion problem at a rate of 5 m/a. Severe coastal erosions in the Yellow River and Changjiang River deltas were discussed in Section 3.2 and 3.3.

## 3.5 Major Challenges for Realizing the Health of Ecosystems in Estuaries and Adjacent Seas

### 3.5.1 Impact of the LSHP on ecosystem in estuary and adjacent seas is significant and will be strengthened in the future

China is ranked first in the world in large dam operations. The impact of the LSHP has changed the mass fluxes from rivers to estuary drastically, resulting in significant degradation of the ecosystem in the estuary and adjacent seas. Besides the large-scale dams, expected constructions of more LSHPs and other water transfer project, such as the South to North Water Diversion, will likely cause significant impacts on the Changjiang River estuary as well. As the number of LSHP increases, joint operations are currently undertaken and will likely be used to manage the LSHPs. Such management system will likely result in stronger LSHP impacts on the ecosystem of estuaries and adjacent seas in the future.

### 3.5.2 Lack of knowledge-based national policy or guidelines

Currently, there is a knowledge gap with respect to the environmental impacts of LSHPs and water conservancy projects on estuaries and adjacent seas. Therefore, there is a lack of effective examples and knowledge-based policy or frameworks available to guide authorities and relevant bodies.

### 3.5.3 Deficit in laws and administrative structures

"Zero management" is the major structural deficits in the current legal and administrative structure of China. The negative impacts of LSHPs on estuaries and adjacent sea ecosystems occur in areas managed by marine-related governmental agencies. However, the sources of the problems, the LSHPs, are located inland and are managed by other agencies. These conflicts can only be solved through the coordination of the two (or more) government bodies. However, such coordinated management frameworks are yet to be established in China. On the other hand, "multi-management" of the impacts creates additional challenges. An estuary and its adjacent sea are frequently managed by more than one government agencies, thus resulting in the creation of different laws, rules and regulations by multiple authorities and subsequent conflicts. The coordination of governing bodies must be improved to facilitate the sustainable management of China's estuaries and adjacent sea areas.

### 3.5.4 Lack of scientific support for the basin-management of LSHPs to achieve ecological health in estuaries and adjacent seas

The main objectives of LSHPs are to protect the basins from floods, obtain electricity, and provide irrigation and transportation. In other words, the goal is to meet the social and economical development needs of society. However, research on the environmental impacts of LSHPs and water conservancy projects on China's coastal zone regions has been neglected.

This report will address several of the environmental impacts detected on China's coastal zones. Nonetheless, many scientific questions regarding these environmental impacts are yet to be answered. A review of the current situation suggests that China is facing a large scientific data gap, which hinders the ability of government agencies to manage and remediate the negative impacts. Further attention, research, and specific financial investments must be allocated to prevent further degradation of China's coastal zones.

### 3.5.5 Lack of public awareness, consciousness and participation

In addition to the scientific data gap, the roles of the general public and civil society in related environmental matters have been ignored. A role for the general public and civil society during the planning process of LSHPs and water conservancy projects must be generated. Their concerns, ideas and knowledge must be considered by governing authorities and agencies. Furthermore, public knowledge of the environmental impacts to the coastal zone caused by LSHPs operations must be improved. Governing agencies in China must foster capacity building through workshops and media campaigns.

## 3.6 Policy Options and Recommendations for Improving the Health of Ecosystems in Estuaries and Adjacent Seas

### 3.6.1 Establish a coordinating mechanism (committee) for ecosystem-based management and sustainable development in estuaries and adjacent sea areas

China should establish a coordinating mechanism (e.g., a coordinating committee) to oversee the ecological health, ecosystem-based management, and sustainable development of estuaries and their adjacent coastal and marine areas. The Coordinating Committee must operate at a sub-national level and be made up of members from LSHP administrative agencies, marine-management agencies, local governments, and other stakeholder agencies. The main functions of the Coordinating Committee would include, among others, information sharing, coordination, and joint and integrated management. A sub-committee of scientific experts should also be established to assist the Coordinating Committee's decision-making.

### 3.6.2 Establish and improve related laws, regulations and law enforcement systems

The current legal system, laws, and regulations, should be developed and improved to specifically address issues related to the environmental management of river basins, estuaries and their adjacent coastal areas with the purpose of reducing impacts from LSHPs. The improved legal system should be based on science and objective knowledge. Recent Chinese laws and international experiences should also be reviewed. Additionally, the current law enforcement and compliance systems should be strengthened to increase the effectiveness of new laws and regulations. The concepts of government accountability, "polluter pays" principles, eco-compensation, assessment of environmental performance of officers, and the environmental responsibility of officers must be integrated into these recommended legal and law enforcement frameworks to strengthen the implementation and enforcement processes. Furthermore, the environmental responsibility of the officers must be investigated legally. Finally, specific regulatory systems addressing LSHPs' impacts on estuaries should be established using an ecosystem-based management approach. It is highly recommended that the Changjiang and Yellow River basins serve as testing areas for new law and management system implementations.

### 3.6.3 Strengthen scientific support for the management of river basins, including their estuaries and adjacent coastal and marine ecosystems

China must establish a systematic assessment and evaluation process to improve the understanding of the environmental impacts of LSHPs and water conservancy projects on the ecosystems of the associated estuaries and the adjacent coastal and marine areas. Such environmental assessment should also be included in the river basin development plans as a major and integral part of the plan. Scientific data, information, and knowledge must be gathered and improved to foster greater understanding of the true social, economic and environmental costs of an LSHP and water conservancy projects. It is important to distinguish between the environmental impacts on estuaries and coastal areas of climate change-induced processes and human activities. At the same time, the impacts caused directly by an LSHP should not be isolated from other processes and activities in the river basin during the management process.

Long-term monitoring stations along rivers, estuaries and coastal waters should also be established to assess the LSHPs' environmental impacts. Proper information sharing systems on long-term monitoring data should be established.

Finally, scientific research studies and impact assessment processes for joint LSHPs management processes should be strengthened and encouraged.

### 3.6.4 Promote public education, awareness, consciousness, and participation

Education and media campaigns must be developed and implemented to improve the public's understanding on the environmental impacts caused by LSHPs and water conservancy projects on the ecological systems of estuaries and adjacent coasts and seas. Such implementation should include, among other things, the establishment of a public monitoring and participation mechanism to assess the eco-health of the estuary and adjacent seas.

## 3.7 Conclusion

China currently ranks first in the world in large dam operations, owning 50 percent of the global dams with a height of 15 meters and 37 percent of those with a height of 30 meters. The construction of these large dam projects along rivers and throughout basins has significantly altered runoff mass fluxes into the associated estuaries and adjacent seas. The impacts of LSHPs and water conservancy projects on the ecosystems of estuaries and adjacent coastal and marine environments warrant further research, investigation, and knowledge-based management. As more LSHPs are constructed and operated jointly, greater changes of the mass fluxes to the estuary are expected. The sharp decrease of sediment flux due to LSHP operations occurs in all major rivers, resulting in near-shore wetland loss, delta erosion and shrinking, and habitat loss. The negative impacts of sediment reduction on the coastal ecosystem, such as effects on biodiversity, are persistent and long lasting.

Sediment flux from China's 8 major rivers into the sea has declined from the 1960s' level of 1.4 billion t/a to 0.4 billion t/a in the $21^{st}$ century, or 21 percent of the average rate during 1954-1968. Consequent coastal erosion occurred in 70 percent of China coastal areas. The Yellow River water and sediment discharges to its estuary decreased by 72 percent and 87 percent, respectively, at which LSHPs are estimated to contribute 50 percent of the change. The Changjiang sediment discharged to its estuary decreased by 67 percent, with 45 percent of which are contributed by LSHP operations. Nutrients and pollutants to estuary changed significantly. The level of the nutrients in the Changjiang River estuary has increased by 7-8 times, while the seasonal patterns of the mass fluxes to estuary have deviated from the traditional pattern. The Changjiang River delta and the nearshore wetland are experiencing erosion problems. The Yellow River delta land accretion rate dropped from 23 $km^2/a$ to -1.5 $km^2/a$, resulting in significant loss of the delta land and habitats.

Runoff decrease results in several consequences to the ecosystem of an estuary and the adjacent sea, and caused changes to the seasonal and permanent fluxes of the nutrient content and salinity levels of the estuary and adjacent seas. The estuarine water is eutrophied and its quality has deteriorated significantly. The composition and structure of plankton have also changed, and their diversity has reduced. Primary productivity also decreased, leading to further declines and losses of spawning, breeding and feeding grounds for fishes and shrimps in China. Consequently, the traditional harmony of the ecosystem is disrupted and native species are being pressured to adapt to the new environmental conditions. There is a lack of understanding in the adaptive capabilities of native species to these new conditions. Furthermore, changing environmental conditions have resulted in an increase of invasive species and harmful phenomena such as red tides, which are occurring more frequently. The severe degradation of the estuarine ecosystem mentioned above is closely related to the mass fluxes changes to the sea caused by the LSHPs.

Given that the estuary and adjacent seas play a vital social and economic role (such as fisheries) in the Chinese society, any negative impacts to the coastal zone should be identified and remediated.

In recent years, China has developed several environmental regulations aimed at addressing the concerns related to LSHPs and water conservancy projects. However, there is a lack of regulations focused on managing the ecosystems in estuaries and adjacent seas. China is still lacking in several areas compared to current international standards, and is encouraged to adopt an integrated management approach that incorporates various levels of government and administrative agencies. These approaches must address knowledge gaps and provide adequate funding for further scientific research programs in coastal zones. Finally, China must also provide a framework to improve public awareness and knowledge capacity and allow for public participation in the development of environmental protection and prevention of environmental destruction to China's coastal zone.

# 4 The Impact of Sea Enclosing and Land Reclamation on the Coastal Environment

The coastal zone not only provides spaces and resources for human habitation, fishing and aquaculture, port transportation, leisure and tourism, energy and chemical industries, but also plays a key role in pollutants purification, climate regulation, physical circulation and the balanced maintenance of the global environment. In the 21st century, the marine economy has become an important motivation for China's economic and social development. There is tremendous pressure on marine ecosystems from the ever-increasing extraction of resources in the ocean environment. The issues of inshore water pollution and decreased resources and eco-services are currently taking a heavy toll on the environment. It seems that any coastal development would contradict efforts to protect the environment.

China has 18,000 km of coastline and 3.0 million $km^2$ of marine area. According to statistics, China's eastern coastal area is 1.25 million $km^2$, accounting for 13% of the total land area. It hosts a population of nearly 500 million, accounting for 40% of the national population, and generating a GDP accounting that is nearly 58% of the national GDP ( Yu et al., 2009). The "National Marine Development Plan Outline" was approved by the State Council in 2008, which proposed a higher goal for the marine economy. In order to achieve this goal, the governments at all levels along the coast are collaborating in an effort to implement their individual marine economic development plans. Liaoning makes the strategic plan of "Coastal 5 Points along 1 Line", Hebei proposes the construction of "Caofeidian and Cangzhou New District along Bohai Sea", Tianjin speeds up the implementation of "Binhai New District", Shandong diligently advances development model of "blue economic development zone". Besides, Jiangsu, Fujian, Guangxi, Zhejiang, Guangdong and Hainan provinces have also made their strategic plan of construction marine economy strong province.

Rapid economic development furthers the needs of land for urban and industrial expansions and makes the land resource shortage an even more prominent challenge. Land reclamation from the sea is an effective means to expand spaces and has become a common choice for all levels of coastal governments. Up until 2008, the total reclamation area in China has reached 13,380 km$^2$. Moreover, current incomplete statistics shows a demand of over 5,780 km$^2$ of coastal reclamation in the next 10 years. It is necessary to gain an understanding of all the adverse effects on the environment due to the accelerated growth of the economy and the expansion of the coastal regions. It is also important to familiarize oneself with the management and regulations surrounding such land reclamation. These are all needed to help achieve a balance between the development of the marine economy and the protection of the marine environment. This will ensure a more sustainable development for China's marine economy as a whole.

## 4.1 The Development and Characteristics of Land Reclamation in China

### 4.1.1 Conception of sea enclosing and land reclamation

According to the definition in "The Classification System On Sea Using" issued by State Oceanic Administration on July of 2008, land reclamation is the sea uses that embank the water and inundate land to form an effective coastline. Some of these sea uses include: urban construction, agriculture, waste disposal, the construction of piers, bridges, industrial plant, and ancillary facilities. Sea enclosure refers to the sea uses that enclose the waters totally or partially for marine development by dikes or other means, including the sea use for harbor basins, water storage, salt production, and marine aquaculture.

### 4.1.2 History and trends of sea enclosing and land reclamation in China

Since 1949, there have been 4 major surges of sea enclosing and land reclamation in China. The first surge was sea enclosing for solar salt in the early days of New China. The second one was beach reclamation for the expansion of agricultural land from the mid-1960s to the 1970s. The third one was the large-scale beach reclamation for aquaculture from the late 1980s to the early 1990s. In the 21$^{st}$ century, China sets off a new round of large-scale reclamation, mainly for urban and port construction, and industrial development.

According to SOA's statistics, the total approved reclaimed area in China was 2,225.04 km$^2$ in 2007. However, the latest results gathered by the National Dynamic Monitoring and Management System show an actual reclaimed area of 8,241 km$^2$ in 1990 and 13,380 km$^2$ in 2008, with an average annual reclamation of 285 km$^2$ (Fu et al., 2010). These actual numbers are far larger than the SOA statistics.

At present, the coastal provinces and cities have made their reclamation plan based on the local needs (Table 4.1). The incomplete statistics show that by 2020, the overall reclamation demand is predicted to be greater than 5,780 km$^2$, almost equal to half of the total area reclaimed over the past 50 years. If not properly managed and controlled, such a large demand for sea reclamation will harm China's coastal ecosystem integrity significantly.

Table 4.1 The future reclamation plans of coastal provinces and cities

| Coastal provinces and cities | Time scale | Reclamation plan/km$^2$ | Data source |
|---|---|---|---|
| Liaoning | — | unknown | — |
| Hebei | To 2020 | 452 | Qinghuangdao Harbor Master Plan<br>Tangshan Harbor Master Plan<br>Huanghua Harbor Master Plan<br>Caofeidian Industrial Park Master Plan |
| Tianjin | To 2020 | 215 | Tianjin Coastal Leisure Tourism Area Master Plan<br>Tianjin Harbor Industrial Area Master Plan |
| Shandong | 2009—2020 | 420 | Special Plans of Concentrated and Intensive Sea Use in Shandong Peninsula Blue Sea Economic Zone (2009—2020) |
| Jiangsu | 2009—2020 | 1 800 | Jiangsu Coastal Development Plan (2009—2020) |
| Shanghai | 2011—2020 | 400 | Shanghai Municipal Development and Protection of Beach Resources Planning |
| Zhejiang | 2005—2020 | 1 746.67 | Zhejiang Beach Reclamation Master Plan (2005—2020) |
| Fujian | 2005—2020 | 551.07 | Fujian Province Beach Reclamation Plan (2001—2020) |
| Hainan | — | unknown | — |
| Guangxi | 2008—2025 | 49.8 | Guangxi Beihai City Master Plan (2008—2025) |
| Guangdong | 2005—2010 | 146.10 | Guangdong Province Marine Function Zoning |
| Total | | >5 780 | |

### 4.1.3 Characteristics and root causes of sea enclosing and land reclamation in China

Sea enclosing and land reclamation in China show the following characteristics:

(1) The use of reclamation transitioned to the construction for ports, inshore industry, and urban expansion from previous uses on sea salt production, agriculture, and marine aquaculture. The new uses of reclaimed area produced higher social and economic contribution.

(2) Reclamation is done in large-scale and at a relatively fast pace. From 1990 to 2008, the average annual reclamation area was 285 $km^2$, and it is expected to exceed 500 $km^2$ in the next 10 years. This is representative of the scale and speed at which reclamation is occurring.

(3) Reclamation projects are often located in bays and estuaries adjacent to coastal cities, exerting great impacts on the ecological environment.

(4) Many reclamation projects are insufficiently planned and demonstrated; the approval period is short, implementation is quick, and there is a lack of sufficient public consultation.

(5) Management is difficult. Before 2002, reclamation was in a situation of "disorder, excessive and unpaid". Since the implementation of the "Sea Area Use Law" on January of 2002, the management was strengthened gradually, but many problems still exist.

Root causes of sea enclosing and land reclamation in China include:

(1) The contradiction between large demand of land stimulated by rapid economic development and strict control of land use.

(2) The relative low cost of land reclamation.

(3) A lack of awareness on oceans and environmental protection and coastal zone eco-services renders the reclamation approval and implementation process inadequate.

## 4.2 Impacts of Sea Enclosing and Land Reclamation on China's Coastal Ecosystems

The coastal zone generally refers to the connection and transition zone between land and sea. In 1993, the "International Geosphere-Biosphere Program" (IGBP) proposed that the coastal zone is the area "extending from the coastal plains to the outer edge of the continental shelves, approximately matching that region that has been alternatively flooded and exposed during sea-level fluctuations of the late Quaternary period" (Holligan, 1993). In the survey of the coastal zone in China since 1981, the limitations of the coastal zone have been defined seaward as the 10 to 15 meter isobath and landward to the 10 kilometer mark.

The coastal zone has a variety of key environmental functions and services. They include fish and other seafood, materials and fuel supply; the regulating services include maintaining hydrological balances and flood control, preventing erosion, providing nursery areas for fish species, nutrient cycling and waste processing, and providing grow-out areas for aquaculture/farmed species; the cultural services include the cultural, recreational, and spiritual services. The "Millennium Ecosystem Assessment" in 2005 has pointed out that the coastal zone accounts for only 5% of the world's land mass, yet it provides a disproportionate amount of the ecosystem services that support nearly 40% of the global population. The coastal ecosystem services are especially crucial to human well being. However, almost two-thirds (66 percent) of the ecosystem services assessed are threatened by human activity and climate change. Regulating and supporting services are particularly at risk, in part because they are undervalued.

China has 18,000 km of coastline. The rich coastal resources supply a diverse array of functions including material supply, living accommodation, environmental purification, culture, and entertainment for about half of the inhabitants in the coastal areas.

However, the large-scale reclamation activities that were carried out in China's coastal areas have far exceeded the carrying capacity of the natural environment and thus, brought about a series of severe environmental problems. A final analysis of the impacts of sea enclosure and land reclamation on China's ocean and coastal ecosystems concludes that large scale reclamation has exceeded the carrying capacity of coastal areas, leading to the reduction in biodiversity, and ultimately causing a significant decrease in coastal ecosystem functions and services. The decrease of resources and services adversely affects the sustainable development of the marine economy.

### 4.2.1 Reduction of coastal wetlands and decline of wetland ecosystem services

Coastal wetlands supply a variety of important ecological services including water conservation, environmental purification, material production, living accommodation, atmospheric regulation, leisure and tourism, and other functions. The study on global ecosystem services by the U.S. ecologist Costanza et al. shows that the global value of ecosystem services per year is 33.2 trillion, of which the coastal ecosystem is 14.2 trillion dollars, accounting for 43% of the total value, mainly contributed by the coastal wetlands ecosystems including the tidal flats and mangrove (Costanza et al., 1997). It has been estimated that the value of China's wetlands is 2.67 trillion RMB (US$ 0.39 trillion). The value of China's coastal zone has been estimated as 1.22 trillion RMB (US$ 1.14 trillion) (Chen & Zhang, 2000).

At present, reclamation is the dominant activity surrounding the development of the coastal zone. This is causing a sharp drop in the area and eco-service value of China's coastal wetlands. According to a report, the cumulative loss of the coastal wetland area is about 21 900 $km^2$ since 1949, accounting for 40% of the total area of coastal wetlands. The mangrove areas have dropped from 420 $km^2$ to the current 146 $km^2$; and the coral reefs have declined by about 80 percent in total area (Zhang et al., 2005).

For example, the Xinghua Bay of the Fujian Province plans to reclaim 170 $km^2$ of tidal lands in the period of 2000—2020. These tidal lands will be converted to farmlands, ponds or salt pans. If the conversion is to be made, the annual total service value will be expected to decline from 4.45 billion RMB (US$ 0.65 billion) in 2000 to 3.48 billion RMB (US$ 0.51 billion) in 2020; the rate of loss will be approximately 21.77% (Yu, 2008). According to the "Qingdao Port Master Plan", 6.41 $km^2$ of tidal land in the former bay of Shandong Province will be reclaimed in the period of 2006—2010. This will cause a loss of marine eco-services valued at around 28.14 million RMB/a (US$ 4.14 million). According to preliminary estimate on reclamation projects in Xiamen, the loss of eco-service value of reclaimed sea area is approximately 13.71 million RMB (US$ 2.02 million)/$km^2 \cdot a$, the loss of sedimentation accumulation is approximately 350,000 RMB (US$ 51,470)/$km^2 \cdot a$, the environmental capacity loss is approximately 50,000 RMB (US$ 7,353)/$km^2 \cdot a$. By this estimate, the total eco-service loss of Chinese coastal zone caused by sea enclosing and land reclamation amounts to 188.8 billion RMB (US$ 27.76 billion )/$km^2 \cdot a$, which equals to 6% of the national marine GDP in 2009.

### 4.2.2 Decline of carbon storage in wetlands and its effects on global climate change

The ocean water and coastal wetlands play key roles in the global carbon cycle. The reclamation occupies a large sea area and turns the wetlands into agricultural land, urban space, industries, and other uses. It will result in the loss of carbon storage, hence changing the wetlands from being a carbon sink to a carbon source. The reclamation of *Carex lasiocarpa* marsh and *Calamagrostis angustifolia* meadow in Sanjiang Plain are prime examples of this change. These two areas were essentially turned into paddies and dry lands, which led to the sharp increase in $N_2O$ emissions. The conversion of wetlands into dry lands is even worse for stabilizing carbon sink compared to paddy lands. The conversion of wetlands for urban and industrial uses will completely impair the function of the carbon sink effect (Hao, 2007).

### 4.2.3 The disappearance of bird habitats and feeding grounds, affecting bird species in wetland environments

Coastal wetlands are habitats and feeding grounds for a variety of birds. Reclamation causes the reduction of wetlands and renders many bird species homeless. For example, reclamation in Shenzhen since 1988 had occupied a large area of mangroves, including 1.47 $km^2$ of land in the Futian nature reserve. This had caused a decrease of birds from 87 species in 1992 to 47 species in 1998 (Xu and Li, 2002).

The Chongming Dongtan wetlands in Shanghai had experienced several times of reclamation during the period of 1956 to 1998, amounting to a total reclamation area of 552 $km^2$. The habitats and feeding grounds of wetland bird species were virtually destroyed and occupied by reclamation activities. The number of East Curlew, Spotted Redshank, and Lesser Sand Plover decreased significantly in the winter of 2001 compared with that of 1990. In the winter from 1986 to 1989, the number of Tundra Swan at Dongtan was between 3 000 to 3 500, but decreased gradually in recent years where only 51 were found in the winter of 2000/2001 (Ma et al., 2002).

### 4.2.4 The decline in the diversity of benthic organisms

Reclamation projects impose a huge impact on the marine benthic organisms. Sand extraction causes dramatic changes in benthos' survival conditions, resulting in the reduction of benthos biodiversity and changes in community structures.

The Changjiang River Estuary Deepwater Channel Regulation Project was started in 1998, which caused benthic species to decrease 87.6% from May to June of 2002 compared with that in 1982-1983. The average density decreased by 65.9% and biomass decreased by 76.5%. In a restoration experiment from 2002 to 2004, 15 tons of benthos was added into the water around the new dike of the Changjiang River Estuary. The results show that although the number of species, total biomass, and density of benthos improved, the community structure had been changed from a crustacean dominant one to a Mollusks dominant one (Shen et al., 2006). Another example in Jiaozhou Bay shows that the species of intertidal organisms around Jiaozhou estuary have declined from 154 in the 1960s, to 33 in the 1970s, and 17 in the 1980s. At the end, only one dominant species remained out of the fourteen species that originally existed. The shellfish population on the East coast is at the brink of extinction. (Liu et al., 2008).

### 4.2.5 Destruction of coastal landscape diversity

After reclamation, the natural landscape is replaced by artificial landscape; many valuable coastal resources are destroyed. The study of landscape change in the coastal wetlands of Liaoning and Shandong Province shows that the area of the wetland, the number of wetland patches, landscape diversity index, and evenness index have all decreased. Human activities exert a strong influence on the landscape leading to heavier environmental vulnerability (Ding, 2008; Wu, 2009).

### 4.2.6 Destruction of fish habitats and exhaustion of fisheries resources

Fish spawning and feeding grounds are usually located in shallow coastal waters or estuaries. Unfortunately, most of the reclamation works in China also take place in such areas. The high concentrations of suspended particles generated through the reclamation projects will damage fish eggs and larvae in a large area, and destroy the spawning grounds of many fish species. Meanwhile, large-scale reclamation projects change the hydrological characteristics of inshore waters and affect the migratory patterns of fish. All of these are extremely detrimental for the sustainable development of fisheries resources.

For example, the Sandu'ao, Guanjingyang in Eastern Fujian and Wuyu, Qingyu and Jiangjun'ao in Southern Fujian are spawning grounds for large yellow croaker; the Min River and the Jiulong River are migration routes of sweet fish. Xinghua Bay, Muzhou Bay, Guanjing Bay, and Xiamen Harbor are main spawning grounds for Blue Point Mackerel. Reclamation turned many of the tidal flats in these bays into land and altered the hydrology and sediment, destroying the spawning grounds and fishing grounds severely (Zhou, 2004).

### 4.2.7 Water purification ability reduced, leading to increased water pollution

Large-scale reclamation projects not only produce a large amount of debris to directly pollute the waters, but also modify the shoreline and waterpower systems, and dramatically reduce the ocean's environmental carrying capacity. The high frequency of red tides in Western Xiamen Harbor waters in recent years closely relates to the large-scale reclamation and embankment around Xiamen Island. Reclamation activities in Hong Kong's Victoria Harbor have caused an increase in marine pollution and damage to the natural environment.

### 4.2.8 Changes in hydrodynamic conditions, leading to siltation or erosion of the coastal zone

The implementation of sea enclosure and land reclamation projects will change the flow field, flow direction, flow rate, and other hydrodynamic conditions of the surrounding waters, leading to the reconstruction of the dynamic equilibrium of the beach through erosion and deposition. For example, land reclamation activities in the Qinhuangdao Port altered the flow field, sediment loads, the flow of the tide at near shore waters, and the flow velocity. All of these lead to considerable erosion and the shrinking of Qinhuangdao beach, Dongshan beach and the beach surrounding the Aquaculture Vocational School. The rapid reclamation in the western Shenzhen Port changed the characteristics of deposition and erosion at the eastern groove in Lingdingyang Estuary and directly leading to excess deposition and narrowing, threatening the existence of this maritime transport route (Wen, 2003).

### 4.2.9 The narrowing and even the disappearance of the gulf would cause a reduction in ecosystem services

Many coastal cities of China are built by the gulf. The gulf not only accommodates an array of beautiful cities, but also provides critical habitats for marine life. However, the reclamation activities are encroaching on the important coastal resources. As the result of reclamation, the water body of Jiaozhou Bay decreased sharply. About 30 percent (207 $km^2$) of the water body has disappeared in the recent 80 years (Wu et al., 2008). The reclamation has occupied about 2,000 $km^2$ of the southern bank of Hangzhou Bay in the last decade. The upstream river channel had been narrowed to half or quarter of its original width (Pan, 2006). From 1955 to 1972, the construction of a 35 km artificial coastline in Quanzhou Bay had caused the Quanzhou Bay area to reduce from 163 $km^2$ in 1955 to 132 $km^2$ in 1990 (Chen et al., 2004).

### 4.2.10 Increased risk of coastal diaster

Sea enclosing and land reclamation increased the risk of coastal land subsidence and coastal erosion, and weaken the capacity of preventing and mitigating coastal disaster. Coastal beaches need hundreds years to form a solid ground. At present, since all the reclaimed lands in China are less than 100 years old, there is high potential for risks at the community level. Many buildings constructed on reclaimed land in Shenzhen and Guangzhou cities subsided seriously (Wang et al., 2010). Coastal systems, especially coastal wetlands, play crucial roles in the tidal prevention and flood drainage. Large-scale reclamation projects modify the original beach topography and destroy the coastal wetland system, impairing its ability to regulate runoff and increasing the damage caused by marine disasters.

## 4.3 Major Problems in Sea Enclosing and Land Reclamation Management

### 4.3.1 Policy and legal frameworks on sea enclosing & land reclamation

In the last 20 years, China has been making great efforts to improve the development and management of the sea environment. At present, 7 management systems including the marine function zoning system, sea tenure management system, system of paid use of sea areas, sea area use demonstration systems, environmental impact assessment system, and regional marine planning system have been established. In addition, an annual plan for the reclamation management was implemented in 2010.

Since the 1980s, China pays high attention to the establishment of policy and legal frameworks on marine environment, resources and management, a series of marine laws, marine administrative regulations and normative documents has been issued. The laws and regulations related to sea enclosing and reclamation are mainly included in the sea-use management law system and marine environmental management system. "The Sea Area Use Management Law" and "Notice on Issues including the

Approval of Sea Use Projects in Coastal Provinces, Autonomous Regions and Municipalities" clearly states: "China strictly manages the sea enclosing, land reclamation, and other sea use activities contributed to changes in the natural properties of waters", "the sea enclosing and land reclamation works are banned in the natural spawning, breeding, and feeding grounds of economically valued organisms, as well as in the bird habitats".

### 4.3.2 Current problems in sea enclosure & land reclamation management

With the implementation of the "Sea Area Use Management Law" in 2002, the management of sea use entered a new stage. The approval right for reclamation work was controlled and the sea use demonstration and EIA were promoted. The licensing, resource compensation, and the paid use system have been constantly improved. This gradually reversed the "disorderly, excessive, gratuitous" situation of sea use. But as the time scale of the strengthened management is still less than 10 years, there still exists some defects in the supporting law, regulations, and law enforcement. For example:

(1) The scientific level of marine functional zoning is low and the implementation is not strictly

At present, due to that the basic research material of marine environment is insufficient, the forecasting of sea use for industries development is inaccurate, the method of marine functional zoning is simple and the integration is insufficient, the marine functional zoning is at low scientific level. In the second revising of marine functional zoning, many districts plan the sea use based mainly on their needs of local eco-social development instead of the nature of waters. In the approval process, in order to "expand the area for land reclamation", some districts revise their plan frequently. In the process of implementation, some places use the sea area without according to the marine functional zoning.

(2) The lack of a national reclamation plan

At present, China's reclamation plan is scattered in all types of planning in the coastal provinces and cities, often to serve the local economy and industrial development, and paid less attention to the environmental capacity. It focuses more on local benefits and less on integration with the national socio-economic development plan, industrial plan, and regional development plan.

(3) The administrative management boundaries between land and sea have not been identified

The management of beach reclamation for example is complicated. At present, both SOA and water administrative departments can actually manage the beach reclamation, making management more difficult. The ambiguous boundaries between land and sea also hamper maritime law enforcement.

(4) Contradictions still exist in State laws and regulations, and in State and local polices

On the one hand, the "Sea Use Management Law" has some conflicts with other laws including the "Land Management Law", the "Marine Environmental Protection Law", the "Fisheries Law", and the "Maritime Traffic Safety Law". On the other hand, there are also contradictions between local and national policies. For example, the "Zhejiang Beach Reclamation Regulations" and the "Fujian Province Beach Reclamation Measures" provide for free use of the beach and encourage beach reclamation of tidal lands. This is contrary to the principle of "strict control of the sea enclosing and land reclamation activities" stipulated by "Sea Use Management Law".

(5) Weak in the comprehensive evaluation system of reclamation

The evaluation system for reclamation is still quite weak in China and EIA still needs improvement.

(6) The lack of marine eco-compensation mechanisms

There is almost no actual compensation for damage on the coastal environment caused by reclamation.

(7) Lack of an after-effect assessment system

The lack of regular monitoring on reclamation projects during and after the construction can neither test whether the actual change of the environment is within the scope of prediction, nor test the quality of an EIA. The uncertainty in predicting real time damages on the ecosystem might lead to improper treatment on possible accidents and misjudgments on the project's success or failure.

(8) There are significant weaknesses in basic research

We need more detailed research data including marine ecology, marine dynamics, and fisheries ecology to support the reclamation plan, and more advanced environmental, engineering, and economic profit and loss analysis techniques to form a comprehensive reclamation evaluation system. The establishment of marine eco-compensation modalities also needs the quantitative assessment techniques on coastal eco-services/functions value and the ecosystem restoration techniques. Although relevant research developed rapidly in China during the recent decades, the research data are still not thorough and especially inadequate in long-term historical data.

(9) Public participation is low

Though China has already established the legal platform for public participation, the actual participation of the public is low and the current effect of public participation is not satisfactory. The reason includes the ignorance of laws and regulations from some local officers; some projects were approved without any publicity, depriving the rights and opportunities for public participation. For example, the Dengta Hotel reclamation project in Haikou Bay of Hainan Province was approved without public engagement, causing severe impacts in local places. In addition, the large population, uneven educational quality of the public, and weak ecological knowledge also affect the magnitude of public participation.

## 4.4 Global Comparison

For safety or for expanding the living and developing space, many coastal countries place an important priority on the development and management of sea enclosing and land reclamation. The famous Dutch land reclamation processes have a history of nearly 800 years. Almost 20% of their current land area (approximately 7,000 $km^2$) is formed by land reclamation. Recently, the largest reclamation project in Europe-the "Maasvlakte 2" project aimed at expanding the Rotterdam Port into the largest port in Europe. The statistic in Korea in 2006 shows that 38% of coastal wetlands (approximately 590 $km^2$ ) has been or was being reclaimed into land.

Also, sea reclamation is highly related to the economic demand in Japan. It has reclaimed about 900 $km^2$ from the Meiji period to 1986, established "Four industrial zones" in Tokyo Bay, Osaka Bay, Ise Bay and the Kitakyushu City, and a 1,000 km-long coastal industrial zone along the Pacific coast. Since the 1990s, due to the slowdown in the Japanese economic growth and dwindling population growth, reclamation in Japan showed a declining trend. At present, Japan's annual land reclamation area is about 5 $km^2$.

Large-scale reclamation also caused serious problems in the inshore environments of the coastal countries including the Netherlands and Japan. As a result, the Netherlands began to exercise strict controls over land reclamation since the 1980s;

and implemented a Wadden Sea protection plan with Germany and Denmark. The Japanese government has also recognized the damage on the marine environment and ecosystem caused by large-scale reclamation. Measures have been taken to strictly control the approval, the scale, and the scope of reclamation. Japan's marine environmental research institutions are investigating ways to restore the ecological environment.

In the past 20 years, with the increase of knowledge of marine ecosystems, developed countries are developing a strong awareness of marine space resource management and reclamation activities and are now placing such activities under strict surveillance. Since the United Nations Conference on Environment and Development (UNCED) in 1992, EIA of reclamation projects has attracted the attention of governments, academia and civil society. Reclamation is included in the category of "Integrated coastal zone management" (ICM). With the clear understanding of the relationship between resource exploitation and ecosystem services, an "Ecosystem Based Management" (EBM) concept was formed after the World Summit on Sustainable Development (WSSD) in 2002. At present, "Marine Spatial Planning" (MSP) has become a common international approach to implement EBM; reclamation projects are planned and implemented around this framework.

For example, in the Netherlands, the Maasvlakte 2 Project with a total area of 20 $km^2$ has experienced long-term planning, research, and decision-making since the initial proposal in the 1990s. On the premise in accordance with the Europe nature laws and the marine spatial planning of Rotterdam, the project did EIA on sand extraction, land reclamation and port construction. The 6,000-page report consists of information for the decision-making authorities. Additionally, they have communicated a lot between governmental authorities, Harbor Company Rotterdam, ENGO's, and the general public, and have coordinated the interests of all stakeholders. The project started in 2008 and plans to be executed in 2013. Before the start of reclamation, they have provided nature compensation according to the EU Habitat Directive. An area of 250 $km^2$ of seabed reserve has been set aside for compensation including a new 35 hectare sand dune was created to the north of Rotterdam Port. These approaches effectively compensated the eco-services/functions loss caused by reclamation.

## 4.5 Policy Options with Respect to Sea Enclosing and Land Reclamation in China for the Future

China's current policies and management measures on reclamation are scattered at all levels and do not form an integrated system, leading to contradictions and problems in management. Though there is a lot of research on reclamation management and a variety of recommendations, they are also quite scattered and difficult to improve. After analyzing the status and management of China's reclamation and learning from the advanced foreign management approaches, our Task Group performed deep-level thinking on our reclamation policy and management. In our view, it is necessary to establish a comprehensive management system for reclamation and improve the management from three levels: the planning and legislation level, the project approval and implementation supervision level, and the supporting system level. The details are listed in Table 4.2. Among these recommendations, the following three are most urgent and important:

Revise the marine functional zoning on the basis of the ecological ecosystem.

Establish a red line system of land reclamation and sea enclosing.

Promote the development of a coastal zone management law and eco-compensation regulations and modalities.

Table 4.2 The recommendations for establishing the integrated management system for reclamation

| Management levels | Measures | Illustration |
|---|---|---|
| Planning and legislation | Revise the marine functional zoning on the basis of the ecological ecosystem | Take the ecosystem based management as the basic principle in revising the Chinese marine functional zoning. Propose the guideline and methods at national and provincial level to revise the marine functional zoning<br>On the basis of diverse marine eco-services, optimize the marine economic activities, plan and manage sea enclosing and land reclamation properly and coordinate the relationship between different sea uses for the sustainable use of sea |

| Management levels | Measures | Illustration |
|---|---|---|
| Planning and legislation | Establish a red line system of land reclamation and sea enclosing | Based on evaluation on sea area ecological capacity, marine ecological security and environment supporting capacity, etc., classify the ecological area of Chinese coastal zone and inshore waters, delimit the sea area reclamation potential and establish the reclamation red line system<br>Determine the ecological sensitive and fragile area of coastal zone and sea, propose the region that must be first protected as the red line, forbid the reclamation |
| | Release a Coastal Zone Management Law as soon as possible | Clearly define the administrative management boundaries between sea and land, and between sea and river, in particular to strengthen the management of beach reclamation |
| | Strengthen the eco-compensation regulations and mechanisms | Establish the eco-compensation regulations and the eco-compensation mechanism, formulate standards and norms of eco-compensation<br>Submit the eco-compensation programs in the application, using field compensation, financial compensation, and other forms to compensate the ecosystem value loss |
| Project approval and implementation supervision | Set up an Expert Advisory Committee | Help plan and design reclamation project to improve the quality of project planning |
| | Construction of a comprehensive system of reclamation evaluation technology | Basic environmental assessment technical system<br>Engineering environment assessment technical system<br>Consolidated profit and loss analysis of project |
| | Strengthen the management on routine after-effect evaluation | Regularly monitor the long-term effects on the ecosystem during and after the construction of project |
| | Strengthen supervision and marine law enforcement | Strengthen supervision, thoroughly investigate the illegal reclamation including the start of construction before being approved, reclamation beyond the approved area and unauthorized change in the use of the sea |
| Supporting system | Establish a public database platform | Establish an open public database to include all research data and all monitoring data that are compiled by the state and local government except for confidential data |
| | Enhance quantitative assessment of the eco-services value | In addition to wetlands, strengthen the study on eco-service value assessment of dunes, bare land, coral reefs, factories, and other habitats<br>Draw areas for spawning grounds, feeding grounds, and migration channels of fish, shrimp, and other economically important organisms. Reclamation activities must be prohibited in these areas |

| Management levels | Measures | Illustration |
| --- | --- | --- |
| Supporting system | Enhance study on ecosystem-based management of marine | Enhance the study of the marine sustainable development theory and methods<br>Strengthen the research on intensive sea area use |
| | Strengthen the construction of marine ecology civilization | Advocacy and education on knowledge of sustainable development of marine ecosystem to improve the ecological awareness of policy makers and the general public |

# 5 Impacts of Climate Change (including Sea Level Rise, Warming and Ocean Acidification) on the Marine Environment

## 5.1 Introduction

Over the last one hundred years of human history, the coastal zone, including land-mass and adjacent marine waters, is the most rapidly developing areas in China and other parts of the world. The acceleration in the growth of the economy and urbanization has added more stress to the coastal environment and is further disturbed by the ever increasing demand for natural resources. This has a profound consequence on the sustainability of the coastal environment. Therefore, compared to other parts of the Earth's surface, impacts from climate change (e.g., sea level rise and ocean acidification) and anthropogenic forcings might be amplified in the coastal environment.

The impact of climate change on the marine environment involves many aspects, such as global surface water warming, sea level rise, and ocean acidification. These have been recognized, among other factors, as important syndromes in terms of climate change impacts and consequences in marine ecosystems[1]. The health of the marine ecosystems and economic and societal development will be affected by the above mentioned forcing in global change. The coastal and inshore regions will be affected more severely because of their geographical location and close linkages with human activities.

In this section, we assessed the major aspects of sea level rise and ocean acidification, and their potential impacts on the coastal environment of China. We then examined the sensitivity and response of coastal ecosystems subject to the stress of

1 IPCC. Climate Change 2007: the Physical Science Basis. Summary for Policymakers. Contribution of working group i to the fourth assessment report of the intergovernmental panel on climate change[R]. 2007. http://www.ipcc.ch.

climate change, based on the field observations and data from the literature. Based on the scenario analysis, suggestions and proposed actions of adaptation and mitigation for predicted climate change impacts were put forward in order to protect the coastal ecosystems of China, and to promote capacity building.

## 5.2 Analysis of China's Coastal Sea Level Rise and Ocean Acidification

### 5.2.1 Characteristics of sea level change

In the past 30 years, the coastal sea level of China is, as a whole, on a rising trend, at an average speed of 2.6 mm/a, higher than the average speed of the global sea level rise. Data from the State Oceanic Administration indicate that average sea level rise speed of Bohai, the Yellow Sea, the East China Sea, and the South China Sea was 2.3 mm/a, 2.6 mm/a, 2.9 mm/a and 2.7 mm/a, respectively[1]. Compared with the multi-year average of sea level change[2], the sea level of Bohai, the Yellow Sea, the East China Sea and the South China Sea rose 53, 65, 62 and 88 mm, respectively (Table 5.1)[1].

Table 5.1 Variations of the sea level in China seas

| Region | Rise rate/ (mm/a) | Compared with multi-year average sea level/mm | Predicted Rise for the next 30 years①/mm |
|---|---|---|---|
| Bohai | 2.3 | 53 | 68-118 |
| Yellow Sea | 2.6 | 65 | 82-126 |
| East China Sea | 2.9 | 62 | 86-138 |
| South China Sea | 2.7 | 88 | 73-127 |

① Relative to the sea level of 2009.

Results from observing and statistics indicate that, in the next 30 years, the coastal sea level of China will continue to rise 80-130 mm relative to 2009[3]. The Changjiang (Yangtze River) Delta, Zhujiang (Pearl River) Delta, Yellow River (Yellow River) Delta, and coastal areas of Tianjin will be particularly sensitive to sea level rise. By 2050,

1 State Oceanic Administration. Bulletin of Chinese sea-level in 2009[R]. 2010. Beijing. (in Chinese)

2 According to the Agreement of Global Sea Level Observing System (GLOSS), the average sea level from 1975 to1993 is defined as multi-year average of sea level.

3 State Oceanic Administration. Bulletin of Chinese sea-level in 2009[R]. 2010. Beijing. (in Chinese)

several important coastal economic zones of China, such as the Zhujiang Delta, Changjiang Delta, and Bohai Bay will experience a sea level rise of about 120-360 mm[1].

Other than global climate change, the rapid development of coastal areas of China and ground subsidence will intensify the influence of sea level rise. This problem is also exacerbated by the intensive construction of buildings and excessive extraction of underground water resources in urban areas.

### 5.2.2 Change in temperature/salinity and stratification

The analysis of observing data shows that sea surface temperature has been rising in the past couple of decades in China's Seas. The sea surface temperature had increased by 0.48 °C from 1965 to 1997 in the Bohai[2]. The sea surface temperature showed a clear increase in the coastal and central area of the East China Sea, especially in the winter from 1960 to 1999[3]. The sea surface temperature (SST) was also rising in the South China Sea from 1971 to 2003; and it was rising significantly at a rate of 0.019-0.034℃/a in the northern part of the South China Sea and the Zhujiang Estuary. From 1950 to 2006, SST has increased by 0.92℃ in the central South China Sea[4], and 0.6℃ in Nansha Islands from 1934 to 1989 [5]. Also, the warming in the upper layer of the South China Sea contributed to the sea level rise[6].

Because of the variability of the East Asian monsoon, precipitation, river runoff, and other climatic factors, the sea surface salinity in the China seas has also varied significantly. The coastal sea surface salinity has increased by 1.4 in the Bohai from 1965 to 1997[7]; average sea surface salinity has increased by 0.4 in the Yellow Sea from 1960 to 2000. The average salinity at the G section (128°15'E, 27°30'N - 124°30'E,

---

1 Chinese Academy of Sciences. Impacts and strategy of sea-level rise on the delta region in China, Consultation Report of Chinese Academy of Sciences[R]. Beijing: Science Press, 1994. (in Chinese)

2 Fang Y, Fang G H, Zhang Q H. Numerical simulation and dynamic study of the wintertime circulation of the Bohai sea[J]. Chinese Journal of Oceanology and Limnology, 2002, 18 (1): 1-9.

3 Yan J Y, Li J L. Temperature changes in East China Sea and adjacent regions for hundreds of years[J]. Acta Oceanologica Sinica, 1997, 19 (6): 121-126. (in Chinese)

4 Cai R S, Chen J L, Huang R H.The response of marine environment in the offshore area of china and its adjacent ocean to recent global climate change[J]. Chinese Journal of Atmospheric sciences, 2006, 30 (5): 1019-1033.

5 Xie Q. Long-period variations and coupling oscillations of SST over the Nansha and warmpool. Oceanologia et Limnologia Sinica, 1999, 30 (1): 88-96.

6 Li L, Xu J D, Cai R S. Rising sea level of the South China Sea in the 90s of 20th century: observations of satellite altimeter[J]. Chinese Science Bulletin, 2002, 47 (1): 59-62.

7 Wu D X, Mo L, Li Q, et al.. Analysis of long term variation characteristic and potential domain factors of the salinity in Bohai sea[J]. Nature Science Progress, 2004, 14 (2): 191-195.

30°00'N) in the East China Sea in the El Nino year or the following summer is higher than the multi-year average variation[1]. In the northern part of the South China Sea, the salinity has an inter-annual variation with a cycle of 2-5 years, the salinity in the Luzon Strait is low as long as the Kuroshio transport is large, while it is high when the Kuroshio transport is small[2].

The thermocline in the Yellow Sea Cold Water Mass (i.e., YSCWM) in summer was weaker in the 1950s, 1970s and 1990s; while it was stronger in the 1960s and 1980s. The inter-decadal variation of thermocline varies from 0.15℃/m to 0.2℃/m. There was an obvious anti-phase variation for the summer thermocline strength in the Cold Eddy of the East China Sea around 1976. The thermocline strength was weak before 1976, but became stronger after 1976. In addition, in most of the El Nino years, such as 1954, 1957/58, 1972, 1976, 1979, 1982/83, 1986/87, 1993 and 1998, the thermocline strength of the Cold Eddy of the East China Sea in the summer was obviously stronger than the multi-year average[3].

### 5.2.3 $CO_2$ exchange at interface between air and sea

As a whole, the ocean is an important atmospheric $CO_2$ sink although many local areas are the source of atmospheric $CO_2$. However, the ocean carbon sink/source pattern reveals temporal and spatial variability. Currently, a number of important international global change programs have research focus on the importance of the role of sink/source pattern of global ocean for green house gases. However, the flux of $CO_2$ in the coastal ocean and its variation are still in debate[4].

China has a broad coastal region, representing 12.5% of the global shelf sea. Though many related studies have been carried out, there is still a need to emphasize the carbon source/sink pattern and carbon cycle of the China seas relative to other world regions. Previous studies have shown that the Bohai, Yellow Sea, and East China Sea are in general, a sink of atmospheric $CO_2$ while the South China Sea can be the source. Meanwhile there exists a significant seasonal variability in air-sea $CO_2$ flux. It should be

1 Xing C J, Zhang Q L. A preliminary analysis on relation between variations of mean temperature and mean salinity on section G and El Nino[J]. Marine Science, 1991, (2): 67-69.

2 Qiu C H, Jia Y L. Seasonal and inter-annual variations of temperature and salinity in the northern south china sea[J]. Periodical of Ocean University of China, 2009, 39 (3): 375-380.

3 Hao J J. Analyses, simulation and prediction of the temporal and spatial variation of the thermocline in China seas and the northwest Pacific ocean[D]. Qingdao: Institute of Oceanology, Chinese Academy of Sciences, 2008.

4 Fasham M J R, Balino B M, Bowles M C. A new vision of ocean biogeochemistry after a decade of the Joint Global Ocean Flux Study (JGOFS)[R]. Ambio Special Report, 10 May, Royal Swedish Academy of Sciences, Stockholm, Sweden, 2001, 31.

noted that the previous studies present different results, in part, owing to the different methods used (Table 5.2).

Table 5.2 The comparison of air-sea $CO_2$ flux in China seas

| Region | Exchange rate/ (μmolC/($m^2$·s) ) | Flux/ (×$10^4$ t/a) | Reference |
|---|---|---|---|
| Bohai | -0.097 | -284 | Song et al., 2004 [1] |
| Yellow Sea | -0.063 | -896 | Song et al., 2004 [4] |
| | | -600 - -1 200 | Kim, 1999 [2] |
| | | 45.05(Summer) | Jiang et al., 2006 [3] |
| East China Sea | -0.009 | -188 | Song et al., 2004 [4] |
| | -0.033 | -726 | Zhang, 1997 [5] |
| | | -523 | Zhang et al., 2003 [6] |
| | -0.089 | -3 000 (include the Yellow Sea) | Tsunogai et al., 1999 [7] |
| | | -1 300 - -3 000 (include the Yellow Sea) | Wang et al., 2000 [8] |
| | | -430 | Hu et al., 2001 [9] |
| South China Sea | | -1 665 | Han et al., 1997 [10] |
| | 0.010 - 0.016 | | Zhai et al., 2003 [11] |

Note: "-": indicates absorbing atmospheric $CO_2$, the sink of atmospheric $CO_2$;
"+": indicate releasing $CO_2$ into the atmosphere, the source of atmospheric $CO_2$.

1 Song J M, et al. Biogeochemistry of China Seas[M]. Jinan: Shan Dong Science and Technology press, 2004. (in Chinese)

2 Kim K R. Air-sea exchange of the $CO_2$ in the Yellow Sea. Seoul: The 2nd Korea-China symposium on the Yellow Sea research[C]. 1999.

3 Jiang C B, Zhang L J, Wang F. A study of $pCO_2$ in the surface water of the southern yellow sea in summer ii : the respective contribution of the upwelling and the Yangtze River diluted water to the air-sea of $CO_2$ flux[J]. Periodical of Ocean University of China, 2006, (36): 147-152. (in Chinese).

4 Song J M, et al. Biogeochemistry of China Seas[M]. Jinan: Shan Dong Science and Technology press, 2004. (in Chinese).

5 Zhang Y H, Huang Z Q, Ma L M, et al. Surface water carbon dioxide of the East China Sea[J]. Journal of Oceanography in Taiwan Strait, 1997, 19 (2): 163-169. (in Chinese)

6 Zhang L J. Air-sea fluxes of carbon dioxide in East China Sea[D]. Qingdao: Ocean University of China, 2003. (in Chinese)

7 Tsunogai S, Watanabe S. Role of the continental margins in the absorption of the atmospheric $CO_2$. Continental Shelf Pump[C].//Norjiri Y (ed.). Proceedings of the 2nd International Symposium on $CO_2$ in the Oceans, Center for Global Environmental Research, National Institute for Environmental Studies. Tsukuba, Japan, 1999: 299-308.

8 Wang S L, Chen C T A, Hong G H, et al. Carbon dioxide and related parameters in the East China Sea[J]. Continental Shelf Research, 2000, 20 (4-5): 525-544.

9 Hu D X, Ma L M, Zhang L J. Key process of East China Sea flux[M]. Beijing: China Ocean Press, 2001: 40-149. (in Chinese)

10 Han Y W, Lin H Y, Cai Y Y. Carbon flux in the South China Sea[J]. Acta Oceanologica Sinica, 1997, 19 (1): 50-54. (in Chinese)

11 Zhai W D. Air-sea fluxes of carbon dioxide and upper ocean biogeochemical processes in the northern South China Sea and the Pearl River Estuary[D]. Xiamen: Xiamen University, 2003. (in Chinese)

### 5.2.4 Variations and characteristics of ocean acidification

Table 5.3 pH change trends along China coastal waters

| Sea areas | pH | Year | References |
|---|---|---|---|
| Coast of Cangzhou in Bohai | 8.2 | 2004 | Xin et al., 2005 [1] |
| Coast of the southern Yellow Sea | 8.1 | 2004 | Xu et al., 2006 [2] |
| Changjiang River Estuary | 8.13 | 1998–1999 | Jing et al., 2000 [3] |
| Hangzhou Bay | 8.07 | 1998–1999 | Jing et al., 2000 [3] |
| Main harbors of Fujian Province | 8.01-8.18 | 2000–2001 | Cai et al., 2005 [4] |
| Xiamen Bay and Tongan Bay | 8.17 | 1995 | Zhen et al., 2000 [5] |
| | 8.03 | 1996 | |
| | 8.17 | 1997 | |
| | 8.07 | 1998 | |
| | 8.03 | 1999 | |
| Daya Bay | 8.12-8.24 | 1999–2002 | Wang et al., 2006 [6] |
| Weizhou Island | 8.17 | 1990 | Qiu, 1999 [7] |
| Sanya area (Hainan) | 8.21 | 1996 | He et al., 2001 [8] |
| | 8.17 | 1998 | |
| | 8.12 | 1999 | |
| | 8.09 | 2005 | Che, 2007 [9] |
| | 8.10 | 2006 | |

1 Xin Y L, Yang S E, Wang Y Y, et al. Changzhou coastal water quality status assessment report[J]. Bohai: Hebei Fisheries, 2005, (3): 43-50. (in Chinese)

2 Xu M D, Wei H P, Zhang H P. Analysis on the current situations of sea-water quality in south yellow sea[J]. Journal of North University of China, 2006, 27 (1): 66-70. (in Chinese)

3 Jing W H, Shao X W. Study on the analysis of water quality of offshore and the influence on marine ecological envirnment of its[J]. Journal of Science of Teachers College and University, 2000, 20(1): 20-23. (in Chinese)

4 Cai Q H, Du Q, Lu Z B, et al. Single and synthetic valuations of water quality of main bays in Fujian[J]. Journal of Oceanography in Taiwan Strait, 2005, 24 (1): 63-71. (in Chinese)

5 Zheng A R, Cai M H, Zhang L P, et al. Water quality assessment on Tongan Bay, Xiamen[J]. Marine Environmental Science, 2000, 19 (2): 46-49. (in Chinese)

6 Wang Y S, Luo Z P, Sun C C, et al. Multivariate statistical analysis of water quality and phytoplankton characteristics in Daya Bay, China, from 1999 to 2002[J]. Oceanologia, 2006, 48 (2): 193-211.

7 Qiu S F. Analysis and evaluation of substrate environment and water quality of the sea area around weizhou island[J]. Journal of Guangxi Academy of Sciences, 1999, 15(4): 170-173. (in Chinese)

8 He X Q, Wen W Y, He Q X. Assessment of water quality in sea area of Sanya Bay, Hainan[J]. Journal of Oceanography in Taiwan Strait, 2001, 20 (2): 165-170. (in Chinese)

9 Che Z W. Monitoring and analysis of key water quality parameters in Sanya Bay[J]. Natural Science Journal of Hainan University, 2007, 25 (3): 297-300. (in Chinese)

The chemical characteristics of seawater have been modified as more and more $CO_2$ in the air is being absorbed by the ocean. According to the record of ice cores, seawater pH in the last glacial epoch was 8.3, but it has decreased to 8.1-8.2 after the industrial revolution. The predicted trend of seawater pH in 2100 is shown in Figure 5.1 as a function of $CO_2$ emission under different $CO_2$ emissions scenarios[1].

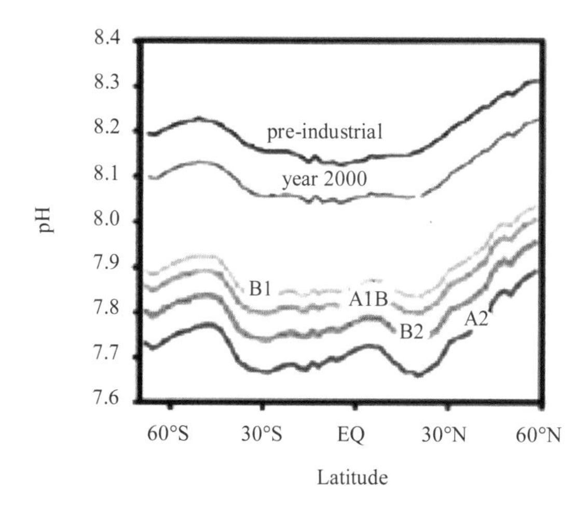


Figure 5.1 Trends of seawater pH under different $CO_2$ emissions.(B1 means pH change at the minimum $CO_2$ emission, A2 and B2 mean pH change at present $CO_2$ emission level.)

At present, few long time series of seawater pH data were reported in China's coastal waters. The spatial pattern of pH values showed little difference between the south and north coastal seawater (about 8.1). However, the pH shows a trend of drop-down, especially in the Sanya Bay according to the long time series observing data. However, the precision, the temporal and spatial coverage of current data are deficient in demonstrating the acidification tendency of related marine areas (Table 5.3).

1 Royal Society. Ocean acidification due to increasing atmospheric carbon dioxide, Policy Document 12/05[R]. The Royal Society, 2005.

## 5.3 Analysis of the Impacts of Climate Change (Including Sea Level Rise, Ocean Warming and Acidification) on the Marine Environment of China

### 5.3.1 The impacts of sea level rise on Chinese marine environment

(1) The impacts of sea level rise on the coastal society and economy

As a consequence of the slow progression of sea level rise, the impacts of marine disasters such as windstorm surges, coast erosions, sea water intrusions, soil salinization, and saline tides (i.e., seawater intrusion), etc. (SOA, 2010), may be amplified in the future[1]. Thus the above disasters will pose a direct threat to the human beings. Examples are as follows:

1) Wind Storm Surges: Typhoon Morakot (Figure 5.2), KOPPU, and PARMA swept across the southeastern coastal areas of China from August to October 2009. They brought catastrophic storm surge disasters, coinciding with astronomical tide and seasonal high sea level. More than one million of people were affected and the economic loss was more than 5 billion Yuan of RMB.

Figure 5.2 Typhoon Morakot struck Wenling, Zhejiang Province

1 State Oceanic Administration. Bulletin of Chinese sea-level in 2009[R]. Beijing. 2010. (in Chinese)

2) Coastal erosion: Sea level rise enlarges the tidal range and wave height strengthening coast erosions. According to the sea level changes surveys in 2009, the coastal area which was located in the east of Hebei Province was severely influenced by erosions. The erosion is almost 5 meters per year there. Some coasts of the Sanya Bay in Hainan Province are also drawn back with the rate of 1.6 m/a by the influences of coastal erosions.

3) Seawater intrusions and soil salinization: Sea level rise and the reduction of the ground water resources cause seawater intrusions. Bohai region is already influenced by seawater intrusions and soil salinization. The use of land resources in affected regions would be restricted.

4) Saline tides: An abnormally high sea level aggravates saline water intrusions, which influence the estuary of the Changjiang River Delta and Zhujiang River Delta every year. In 2009, the waters near the intake of Baoshan steel Co. (i.e., Baoshan of Shanghai) reservoir were polluted by intruded saline tides 12 times in total. The average duration was more than 5 days, the most serious intrusion occurred from 12th to 22th February in 2009. The Zhujiang Delta was also intruded 4 times by saline tides in October 2009; and the water supply had been severely affected in the area of Zhuhai, Zhongshan etc.. It could also result in fresh water pollution and further influence the water supply after intruding into fresh water aquifers.

The rise of sea level will also undermine the capacity of public drainage facilities in coastal cities, and impair the functions of harbors.

(2) The impact of sea level rise on ecosystem in the coastal areas

Wetlands in the coastal areas will be lost, which is the most direct impact of sea level rise. It has been predicted that up to the 2080s, 6%-22% of the coastal wetland areas of the world would disappear due to the rise of the sea level[1]. Additionally, it is estimated that about 36% to 70% of the coastal wetlands are being destroyed by anthropogenic activities. Due to sea level rise and the excessive resources exploitation in the coastal areas, coastal erosion is aggravated, causing movements of sand which deteriorate mangrove swamps. As a consequence, the mangrove communities break up and dwindle in the distributing areas. According to the results from the research of the impacts of the sea level change[2], the mangroves on the Qisha Peninsula of Fangchenggang in

---

1 Nicholls R J, Hoozemansb F M J, Marchandb M.. Increasing flood risk and wetland losses due to global sea-level rise: regional and global analyses[J]. Global Environmental Change, 1999, 9: 69-87.

2 State Oceanic Administration. Bulletin of Chinese sea-level in 2009[R]. Beijing. 2010. (in Chinese)

Guangxi Province are influenced by coastal erosion, and it was shown that, the length of the eroded mangrove shoreline had reached 4 km during the past 30 years. This has resulted in the shrinkage of mangrove areas. It was reported that Daguansha mangrove ecological system was continuously affected by the movement of the sand dam. The species numbers, density and biomass of benthic community decreased 35%, 75% and 90%, respectively. The mangrove ecological system degraded significantly[1].

(3) The impacts of sea level rise to the area and quality of the territory

As the result of the long-term sea level rise, the developed coastal area will gradually shift to low-lying land. Thus the space for further developing will be reduced and the vulnerability of coastal area to disasters will be aggravated. Under the situation that sea level will keep rising in the future, the coastal developed areas, including the Changjiang River Delta, Zhujiang River Delta, the Yellow River Delta, and Tianjin Binhai New Development Area will be gradually subject to the risk of being submerged, and it will cause a severe consequence to the social stabilization and economic development of China. Some of the islands will be submerged in the future due to sea level rise. Consequently, a great deal of national jurisdictional territory and sea areas will be lost. In addition, the continuous rise of the sea level also results in salinization, which deteriorates the soil quality.

### 5.3.2 Influence of temperature and salinity variation on the marine ecosystem of China

(1) Effects on biodiversity caused by the rising of temperature and salinity

In the recent decades, in addition to human factors, global warming and the rise of sea surface temperature have caused many effects on Chinese coastal ecosystems, including the northward migration of fish species, the expansion of cultivated area of mangroves, and coral bleaching in tropical waters.

The factors that drive variations in the ecosystem of the China seas are very complex. However, global climate change plays an important role in most, if not all of these variations. For example, a rise in temperature along with global warming will contribute to the blooming of jellyfish and ephyrula[2]. Further studies are expected to verify whether there is connection between global warming and the occurrence of

---

1 State Oceanic Administration, Bulletin of Chinese sea-level in 2009[R]. Beijing. 2010. (in Chinese)

2 Sun S. Influence of climate change on structure and function of coastal ecosystems[J]. Science Times, 2010. (in Chinese)

ecological disasters in China seas.

(2) Possible effects on biodiversity caused by the rise of temperature in the future

If the air temperature increases by 2℃, the distribution area of mangroves will expand northward, the northern border will extend from the Fuding County of Fujian Province at present to the surrounding area of Chengxian County in Zhejiang Province; and the number of community species will also increase[1]. There is an obvious zonal feature of marine fish in China, the rise of water temperature will have an important effect on the migratory routes, distances, and locations of marine fish in the China Seas. The distribution of warm water and cold water species will also change[2].

(3) The influence of sea temperature variations on the economy and society

The variations of the seawater surface temperature could influence the human beings through complex social and economy correlations, and food chains, etc.. It will result in the change of habitat and therefore result in migration, ultimately affecting the fishery and aquaculture industry. An increase in sea temperature also might change the distribution pattern and proliferation of marine pathogens and biological toxins which might affect the public health.

### 5.3.3 Impact of acidification on marine ecological environment in the China seas

The increase in atmospheric $CO_2$ is making ocean acidification more evident. For example, the synthesis and preservation of carbonate skeletons of marine organisms will become more difficult under ocean acidification; therefore, they will lose their advantages in species competition and community succession. Such changes will influence the structure, function, and services of the marine ecosystem along the food chain.

As to corals, their calcification rate will decrease with the component of carbonic acid decrease because of ocean acidification. In addition, the coral recruitments and recovery of coral ecosystem will be negatively influenced[3, 4]. Other organisms using

1 Chen X Y, Lin P. Responses and roles of mangroves in china to global climate changes[J]. Transaction of Oceanology and Limnology, 1999, (2): 11-17. (in Chinese)

2 Fan W, Chen Y H, Shen X Q. Effects of global environment change and human activity on fishery resources[J]. Journal of Fishery Sciences of China, 2001, 8 (4): 91-94. (in Chinese)

3 Hoegh-Guldberg O, Mumby P J, Hooten A J, et al.. Coral reefs under rapid climate change and ocean acidification[J]. Science, 2007, 318 (5857): 1737-1742.

4 Cohen A L, McCorkle D C, Putron S D, et al.. Morphological and compositional changes in the skeletons of new coral recruits reared in acidified seawater: in sights into the biomineralization response to ocean acidification[J]. Geochemistry Geophysics Geoysytems, 2009. DOI: 10.1029/2009GC002411.

calcium carbonate as skeletons are also very sensitive to ocean acidification such as mollusk (oyster). Their growth will be inhibited significantly with pH decrease, especially for the larvae. Such changes will indirectly influence their primary and secondary consumers along the food chain[1].

In China, more severe impacts on the coral reef ecosystems can be estimated because of the combined effects of ocean acidification and various anthropogenic factors, such as eutrophication, urbanization, marine culture, and overfishing, etc. According to the coral calcification rates monitored in the field, most species grew slowly below the depth of 6 m at Luhuitou and the eastern area of the West Island in Sanya; some even displayed negative growth or death. Only a few species (e.g., Diploastrea heliopora) could grow normally. At the same time, ocean acidification can degrade the view and scenic value of coral ecosystems, consequently influencing the related tourism industry. For example, the tourism in Sanya has become an important industry sector and generated revenues equivalent to 68.5% of the local GDP[2]. The characteristic economy of Sanya is coral reefs tourism. If the pH level continues to decrease, the coral reef ecosystems in Sanya would be severely damaged and this would bring negative consequences to coral reefs tourism and would ultimately affect the tourism market of Hainan Province. Moreover, China is the largest producer of world fisheries, and shellfish, shrimp, and crab are very important aquatic products[3]. These crustacean organisms are also sensitive to ocean acidification. Unfortunately, there are limited data available that could be used to evaluate the effects of acidification on fisheries.

## 5.4 Diagnostic Analysis of Problems

The climate change has posed, and will continue to pose impacts on many aspects of the marine environment, including food supply and other marine services. The sea level rise and its accompanying consequence have posed an adverse effect on coastal ports, shipping routes, and coastal engineering. Meanwhile, seawater warming and the accompanying shifting in species distribution will also have an influence on fishing and

1 Fredriksen M, Furness R W, Wanless S. Regional variation in the role of bottom-up and top-down processes in controlling sandeel abundance in the North Sea[J]. Marine Ecology Progress Series, 2007, (337): 279-286.

2 Xuan G F, Lu L, Wang D G, et al.. Spatial characteristics of tourist flows in coast resorts: a case study of Sanya City[J]. Geophical research, 2004, 23(1), 115-124. (in Chinese)

3 Wu K, Lu B. The systematic analysis of marine industrial structure and the sustainable development of sea fisheries in China[J]. Chinese Agricultural Science, 2007, 23 (1): 367-370. (in Chinese)

aquaculture. Healthy marine ecosystem is of critical importance for sustainable development and food supply. In this sense, the ocean is facing great challenges in the context of global climate change.

China has made some progress in promoting adaptation to climate change in the coastal areas. However, there is no doubt that there will still be uncertainties and challenges.

### 5.4.1 Observing/monitoring system on climate change needs to be improved

The "China National Climate Change Programme" released in June 2007 made a clear assertion that environment monitoring capacity was obviously insufficient. The main function of our existing marine observation networks is to observe near-shore hydrographic parameters of the marine environment. The main purpose of our existing marine environment monitoring system is to monitor the pollution in the coastal marine environment and marine ecosystem health. There remains a huge gap to observing and monitoring climate change. The existing observing & monitoring systems and structure cannot meet the challenges of climate change. The hydrographic stations in coastal areas have limited observing capacity. There is also a lack of three-dimensional observations of marine properties particularly in observing capabilities in the open ocean.

At present, to improve the level of our prediction of the air-sea interaction, which is the key to understand climate change, there is still a lot to be studied[1]. The assessment of the changes in sea level rise, sea surface temperature, and salinity will also rely on statistical models. However, the ocean-atmosphere model still has some technical defects and difficulties to overcome. Therefore, the assessment and prediction capacities of related areas need to be strengthened. It is also important to improve the observation models of sea level rise and to enhance the ability to predict the temperature-salinity changes.

### 5.4.2 Mechanisms of administration of related fields

Effectively addressing the impact of climate change is an endeavor that requires multiple departments and stakeholders to be involved. The scientific research and operational observations are both the essential components to respond and adapt to

1 Yu W D. Service system development plan of air-sea interaction (outline). 2008.

climate change. The cross-sectoral coordination mechanisms and the necessary operational observation systems have not yet been established in China.

The lack of communication between scientific research and operational monitoring is one of the issues restricting the development of ocean observation and monitoring systems. In China, the research and operational observation data are not fully shared and this is another factor that restricts their ability in addressing climate change issues. For example, it hinders the understanding of the characteristics and mechanisms of long-term changes in temperature and salinity in coastal waters due to current limitations in observation data sharing.

### 5.4.3 Uncertainties of existing data

(1) Uncertainty in sea level rise observations

Coastal sea level rise observations depend on water level observations. So far, observations from water level tide gauges still possess some uncertainty. China has not yet carried out the surveys targeted on the impact of sea level rise. The indexes, methods, and means of surveying are lacking in embodying the specific standards and regulations. The data on sea level rise are scarce, and few long-term data exist for coastal hydrograph.

(2) Uncertainties of temperature and salinity data

In terms of time series data for temperature and salinity in the coastal environment of China, there exist two problems. One is the spatial coverage of data, for which most of the available data on temperature and salinity are based on the measurements from land based observations, such as tidal gauge stations, while the offshore water data are from sea-going vessels and a limited number of buoys. Another problem is that the data reliability and validity in hydrographic measurements need to be promoted. Limited coverage and low quality of data have affected and will affect the diagnostic analysis of long-term trends for oceanographic properties (i.e., temperature and salinity) in the coastal environment.

### 5.4.4 Law and regulation at the national and provincial levels

Besides "The Proposals of Marine Area Addressing Climate Change" distributed by the State Oceanic Administration (SOA), China, and the "Marine Environment Protection Law"; China has neither a national law/regulation for climate change, nor any regional management strategies. In order to understand the impact and adapt to the situation of climate change, it is important to develop the law, regulations and policies at national level to regulate activities which contribute to climate change.

### 5.4.5 Research and capacity building of climate change have to be promoted

The Chinese government has put great efforts in improving the research capacity on global change sciences. Consequently, research programs have been issued both at the central and local government levels, and results have contributed to the negotiation and formulation of "United Nations Framework Convention on Climate Change". However, it should be noted that the international scientific community and public society have strongly supported the scientific research on our knowledge of the ocean in global climate change, particularly through international collaborative programs such as TOGA–COARE, WOCE, GOOS, CLIVAR, and GEOSS, etc., which have dramatically improved the infrastructure of oceanic observations and ability of prediction for global change. There is a lag in the scientific support in marine sector in terms of global change science in China relative to developed countries.

### 5.4.6 Public education and advocacy efforts

The Chinese government has attempted to emphasize the importance of national education and on the public awareness of the marine environment and climate change. However, the role of communities and non-governmental organizations (NGOs) has not yet been fully recognized. The participation of civil society in the protection of the marine environment and climate change needs to be encouraged and facilitated.

## 5.5 Policies and Proposals

The vital requirements for adaptation to climate change in the coastal zone and coastal areas of China are prevention and mitigation of marine disasters and protection of ecosystem. It is not only important to prevent and mitigate the damages caused by marine disasters, but also to warn and predict in advance any potential risks in the future that will threat to socio-economic development. It is also important to provide integrated support for sustainable development. The marine ecosystem plays an important role in adapting to climate change. In order to ensure the sustainable development of coastal zones and effectively mitigate the impacts of climate change, the recommendations are provided as follows.

### 5.5.1 Construct laws and regulations at national and local levels, draw up and consummate detailed rules for climate change adaptation

The adaptation to climate change needs to be improved through novel schemes and approaches at the coastal regional level towards establishing effective national policies and laws. Consideration must be given to the marine interests, resources, and environment to guarantee the sustainable use of the seashore by constructing and implying relative guidelines, policies, laws, programs, as well as the corresponding relationships among industries and coastal regions. The deterioration of resources, the environment, and the ecology of the ecosystem are caused by inconsistent exploitation of resources at the seashore. All efforts need to be invested into the protection of biological diversity, maintenance of marine rights, exploration and exploitation of marine resources, and the protection of the marine environment, resulting in the persistence, stabilization, and correspondence of marine economy.

New city development plans must consider the effects of climate change at local and regional scales, especially the impact of sea level rise. Modifying the standard of embankment facilities should be based on scientific research advice on sea level rise issue. The disaster prevention and mitigation systems should fully consider the effects of sea level rise in order to decrease the potential damages caused by storm surges.

In the coastal zone of Tianjin, Changjiang River Delta, and Zhujiang River Delta, mitigation should be taken towards the effects of land subsidence and the relative rise of the sea level by limiting the height and density of building construction, enforcing standards of infrastructure, and strictly regulating the exploitation of underground waters. In the coastal area of Liaoning Province and Caofeidian Industrial Zone of Hebei Province, close attention must be paid on the adverse impacts of coastal erosions and seawater intrusions. The proposed action is to exploit the allocated fresh water resources reasonably, strengthen existing embankment and dike facilities, mitigate the influence of sea water intrusions, build water conserve projects, plant the marine culture area, and mitigate the effects of the sea water intrusions caused by sea level rise.

The Zhujiang Delta and Changjiang Delta are all undergoing serious seawater intrusions. Relevant departments should make full use of water resources over the whole river basins and conserve fresh water resources to guarantee the safety of the water supply especially during the period of high sea level.

### 5.5.2 Uniform plan and strictly control the sea reclamation

The arable land is a rare resource in China. There exists controversy over the protection of arable land and the need for economic development. At this development stage in China, it is a choice to reclaim land from the sea. However, land reclamation will artificially induce the negative effect of sea level rise. On the other hand, artificial shorelines and islands are much more unstable, and the ability to resist sea ice, storms as well as other natural disasters is greatly impaired. Therefore, it is suggested that reclamation must be strictly controlled. The issues of sea level rise, extreme weather conditions, and other global change must be taken into account in order to provide better standards and regulations over these problems.

### 5.5.3 Strengthen the protection of the coastal zone and coastal ecosystem

Sea level rise, sea surface water warming, and ocean acidification will lead to the loss of habitat, the change in the structure and functioning of the ecosystems and the reduction of biodiversity. According to the distributional characteristics of the coastal zone and coastal ecosystems in China, the government needs to take measures to strengthen the development and management of marine protected areas, to establish a national plan for a marine protected areas network, to strengthen the capacity building of adaptive management to address climate change, and to improve the adaptive capacity of offshore and coastal zone ecosystems for climate change.

(1) Selection of marine special protection areas

It is suggested that Chinese government promote the selection of Marine Special Protection Areas (MSPAs); support the development of a research on selection criteria for MSPAs to address climate change, and prepare construction guidelines for MSPA networks. Based on the above steps, the government will establish the Marine Special Protection Areas step by step.

(2) Strengthen the adaptive capacity of Marine Special Protection Area to address climate change

In the existing marine protection areas, the government is supposed to strengthen adaptive capacity building, including the establishment of a master plan and a functional plan, carrying out the construction of basic facilities of management and protection, improving the capacity of planning, management, enforcement, monitoring, public education, research, and other infrastructure, promoting the sustainable uses of resources, and implementing ecosystem management training.

The government takes care the research and promotion efforts for the restoration of the marine ecosystem and construct plans and technical guidelines for the restoration of typical coastal and offshore ecosystems. The government is expected to consider selecting a representative area as the case study and to develop pilot restoration projects to protect coastal wetland and ecosystem.

### 5.5.4 Establish the perfect system of marine calamity contingency planning and response, improves the capability in defending calamity

In order to enhance the response and defense of the coastal zones to potential disasters, it is important to develop better prediction models for disasters, establish an integrated risk assessment approach, provide accurate and reliable data to evaluate the risks of a particular disaster, and strengthen the capacity of the region to respond once a disaster hits.

### 5.5.5 Enhance the monitoring and early warning capacity as well as climate change adaptation capacity

Coastal governments at various levels should reinforce the construction of their monitoring systems, including increase in coastal and island observation stations, construction of modern observation systems, improvement of the monitoring ability of any oceanic characteristics around the offshore regions. Other enhancements may include: the monitoring and forecasting systems of sea level, assessing the features of the observed sea level change and its socio-economic and environmental impacts, and the strengthening of marine disaster (e.g., tsunami) early warning and emergency response systems. Improvements to the marine disasters observational capacity can provide technical support for key areas around coastal regions. Large-scale projects should be established to develop response methods on oceanic disasters. The adaptation to climate change could be improved through better observational systems and service systems at the various marine departments.

### 5.5.6 Improvement of public awareness of the marine environment protection through delivery of sound science

Public awareness on ecosystem sustainability is important in that it helps to increase our understanding on the oceanic response to climate change. Education can be implemented through the information media and training. Moreover, the strategy of sustainable development needs to be implemented through collaborations between different organizations and among government and NGOs, and stakeholders (e.g., industrial and private sectors).This will contribute to the establishment of governmental mechanisms in China to meet the challenge of climate change in the future.

## 5.6 Conclusion

Over the past 30 years, sea level rise, ocean acidification, and other impacts of climate change have altogether posed a serious threat to the sustainable development of human society, and it will be more severe with the continuation of future climate change.

In China, the coastal areas with large populations and the most active economic activities, including the Changjiang River Delta, the Zhujiang (Pearl River) Delta, and the Bohai Economic Zone, are the agglomeration of industrialization in China and the important engines for Chinese economic development. Disasters induced by climate change such as storm surge, coastal erosion, and seawater intrusion, have posed severe threats to coastal economic and social development. It is estimated that the frequency and intensity of such disasters induced by sea level rise, seawater warming, and ocean acidification will increase in the future.

To adapt to and mitigate the impacts of climate change are important issues that are closely related to national economic development and public welfare. At present, the adaptation and mitigation ability to climate change needs to be strengthened to meet the challenge of climate change in China in the future. In order to effectively mitigate the impacts of climate change and ensure the sustainable development of coastal zones, understanding of the important role of the marine environment as a regulating mechanism must be acquired. It is suggested that an integrated and cross-section decision-making and coordination mechanisms be established. The capacity building to adapt to climate change in coastal areas is expected to be strengthened as well. The air-sea exchange study and investigation have to be developed to enhance the knowledge of the interactions between atmosphere and ocean. The national observation network of marine environment needs to be improved to enhance marine disaster forecasting capacity.

# 6 Impacts of Overfishing and Mariculture Development on Marine Ecosystems

## 6.1 Research Background

Fishery resources are the material basis of the fishery industry development and a major food source for humans. As a result, worldwide attention is given to the rational development and utilization of marine fishery resources in the 21st century, and the industry has also became a new and major source of economic growth in many nations. The world production from capture and aquaculture gradually increased from 1950 to 2006. The FAO begun to monitor the exploitation of world fisheries stock since 1974, and the proportions of underexploited and moderately exploited fishery populations declined continuously from 40 percent in 1974 to 20 percent in 2007. Evidence showed that most of the fishery populations are either fully exploited or overexploited. Overfishing became a common problem around the globe, and the captured production in 17 major fishing zones of the world have reached or exceeded the fishing capacity, while the production in 9 fishing zones declined continuously. The capture industry of natural resource in the world has already reached the resource capacity. The situation is more serious for some species, including migrant species, cross-boundary species, and species fully or partially captured in the open sea[1].

Since the implementation of reform and open policy to the outside world, the marine fishery industry in China has gained great achievements and attracted worldwide attention. The fishery industry has achieved rapid development and played an important role in developing the rural economy and increasing farmers' income. However, the fishing industry in the inshore waters has developed recklessly without adequate

1 FAO. The State of World Fisheries and Aquaculture[R]. Rome, 2009.

knowledge on the characteristics of the existing marine fishery resource and the fishery economy, causing the eventual excess utilization of marine fishery resources. The production from inshore capture fisheries was approximately 2 million tons before the 1960s, and fishing targets were mainly composed of large demersal species with high economic value. With the increase of fishing vessels and greater horsepower, combined with the modernization of fishing gear and methods, the fishery resource in coastal and inshore waters greatly declined due to high fishing intensity since the 1960s. By the mid-1970s, the captured production was beyond 3 million tons, the main targeted species in traditional fisheries, such as large/small yellow croaker, cuttlefish and jellyfish, decreased sharply, while low-value species increased. By the mid-1980s, the captured production increased by an average of 20 percent with catches mainly composed of small pelagic species, which accounted for more than 60 percent of the total catch[1]. Evidently, the fisheries stock is far from optimistic and the restoration and protection of fishery resources have become a critical task in the coastal waters of China. These actions will be helpful in maintaining the sustainable utilization of the fishery resource and assure the sustainable economic development in the fishing zones of China.

The Chinese mariculture industry has a long-standing history and superior competitiveness in the global marketplace. In the recent 30 years, the total production from mariculture in China increased by 29 times, and the guideline grown from "both catch and culture considered" to "culture-oriented", which promoted the mariculture industry towards a multi-species, multi-mode, industrialization and intensification development. As a result, China has established significant status in the world's mariculture market. However, some problems that constrain the sustainable development of the mariculture industry have gradually emerged as the industry rapidly develops.

(1) Contradictions among mariculture development, resources and water environment are growing. The most important mariculture areas in China are mainly distributed in coastal bays and estuaries, where waters are the main receptacle of land-sourced pollutants. The frequency of harmful algal blooms and pollution accidents is increasing, which further affect the survival and development of the mariculture industry. On the other hand, the self-pollution problems of mariculture are serious in some culture waters and play adverse roles in the development of mariculture.

(2) Issues relating to aquatic product quality and safety are serious. Currently, there

1 China Fishery Yearbook, 1980-2009[M]. Beijing: China Agriculture Press.

is inadequacy in the aquatic product quality assurance system and the quality awareness of mariculture producers is still slow. Consequently, the abuse of fishery drugs occurs frequently.

(3) Diseases in mariculture animal are numerous, sudden, serious, and permanent. It is estimated that the average annual loss of China's aquaculture products to diseases is close to 100 million RMB. Diseases have become huge barriers for the development of healthy mariculture industry.

(4) The management mechanism is uncertain and there is a lack of overall supervision during production processes. The laws and regulations on mariculture, such as the mariculture license system, the mariculture product quality and safety management system and the management system of aquatic animal epidemic prevention, also need to be improved[1, 2]. The use of fishery inputs, such as fries, diets, fishery drugs, are not regularly assessed and regulated. The key issues are to ensure the sustainable yield and improve the output quality of the mariculture industry, which will contribute to the enhancement of the overall efficiency of mariculture, the improvement of the ecological environment, the reduction of self pollution, and finally, the achievement of an environmentally-friendly, high-quality, sustainable, and ecologically-efficient mariculture system. Additionally, it is necessary to improve the legal system regulating the aquaculture and mariculture industries, the sustainable development can be enhanced by the development and establishment of a sound legal system with strengthened supervision and improved scientific management.

With respect to the problems brought to the marine fisheries and environment by overfishing and the rapid expansion of mariculture development, this report will provide an analysis of the fundamentals of China's current fishing and mariculture industry. Focus will be given to the contributions of marine fisheries development to China's economy and food security, the impacts of overfishing and mariculture development on the marine ecosystem and the relevant environmental problems, the inadequacies and problems of the current production methods and management systems, the layout of the responsible fisheries practices, and finally some policy recommendations on maintaining the equilibrium of marine ecosystem and sustainable development of marine fisheries.

---

1 Cui Y, Chen B J, Chen J F. Evaluation on self-pollution of marine culture in the Yellow Sea and Bohai Sea[J]. Chinese Journal of Applied Ecology, 2005, 16(1): 180-185.

2 FAO. The State of World Fisheries and Aquaculture[R]. Rome, 2009.

## 6.2 Status of Capture and Mariculture Industry in China and Their Impacts on Marine Ecosystems

### 6.2.1 Status of the capture industry and mariculture industry in China

(1) Developmental status of the capture industry in China

The marine biological resource is abundant in China. A total of 20,278 species are found in the surveyed sea areas of China, including fish, shrimp, crab, shellfish, and alga, etc., accounting for 25 percent of the total species existing in the world. Additionally, 150 species in China are of high economic value. China's fisheries have developed a strong status in world markets since the 1970s and it used to be the fourth largest producer in the world in 1978. Since then, China's total fishery production continues to increase, making it the world's largest producer since 1989[1].

The capture industry is an important part of the overall fishery industry in China, and has greatly developed since the reform and opening-up of the traditional industry. The capture industry now plays a major role in ensuring food safety, advocating ecological civilization, promoting social-economic sustainable development, and safeguarding the maritime rights. The marine capture industry is an important part of the capture industry in China, with predominant production, output value, fishing vessels, and fishing labor force of the overall capture industry.

Since the late 1960s, offshore fishery resource in China entered into the period of comprehensive exploitation and utilization. The number of motor fishing vessels from marine capture greatly increased from 10,000 in the late 1960s to 200,000 in the middle 1990s[2, 3]. With gradual increase of fishing vessels and their horsepower, combined with modernization of fishing gears, the offshore fishery resource was overexploited, and further led to the decline of fishery resource. The fishing targets also changed from large-sized, demersal and high valued species in the 1960s to small sized, pelagic and low valued species (*Engraulis japonicus, Setipinna taty*, *Scomber* sp.) in the present. The traditional fishing targets *Larimichthys crocea* resource was exhausted, *Trichiurus*

1 China Fishery Yearbook. Beijing: China Agriculture Press, 2009.

2 China Fishery Yearbook. Beijing: China Agriculture Press, 1998.

3 Fishery statistics data from 1949-1985 in China.

*haumela* and *Larimichthys polyactis* were juveniles and 1-age individuals in the catch, and the economic value greatly decreased[1, 2]. The capture production in the inshore waters gradually increased in recent years, and adversely, the catch per unit effort (CPUE) gradually decreased. Currently, the fishery resource greatly declined in the inshore waters of China, while the frequency of pollution accidents and HAB increased. Consequently, the marine ecological environment is seriously destroyed, bringing great pressure to the livelihood of fishermen and fishing activities, and raising public concerns in the recent years[3].

(2) Developmental status of the mariculture industry

In the past 30 years, the Chinese mariculture industry has focused on "culture-oriented" fisheries development with added Chinese cultural characteristics. Such development not only changed the characteristics of the Chinese mariculture industry, but also affected the developmental patterns of the world fishery industry. China was the first country to have its aquaculture productions (including freshwater culture production) exceed its capture production at 9.04 million tons in 1988, and the Chinese aquaculture industry remained the main fisheries producer ever since and has contributed greatly to the world's mariculture market. Integrated multi-trophic aquaculture both directly and indirectly reduces $CO_2$ concentration and contributes to the purification of the water environment. The large-scale mariculture of shellfish-kelp in the shallow sea has significant benefits on the carbon cycle, and removes a total of approximately 1.2 million tons of carbon per year[4]. China's capability to effectively supply aquatic products is greatly enhanced through the vigorous development of the aquaculture industry. A series of breed improvements accelerated the development of high-quality and efficient fisheries. Aquaculture industrialization and the technology such as the development of current-resistance cages excelled, and provided more job opportunities for fishermen and further mariculture developments. In particular, health, ecological, and efficient culture

---

1 Tang Q S. The effect of long-term physical and biological perturbations of the Yellow Sea ecosystem.//Sherman K, Alexander M A, Gold B O. Large Marine Ecosystem: Stress Mitigation and Sustainability. Washington D.C.: AAAS Press, 1993: 79-93.

2 Jin X S, Zhao X Y, Meng T X, et al.. Biology Resources and Habitat Environment in Yellow and Bohai Sea[M]. Beijing: Science Press, 2005.

3 Tang Q S. Marine Living Resources and Habitat Environments in Exclusive Economic Zone of China[M]. Beijing: Science Press, 2006.

4 Zhang J H, Fang J G, Tang Q S. The contribution of shellfish and seaweed mariculture in China to the carbon cycle of coastal ecosystem[J]. Advance in Earth Science, 2005, 20 (3): 359-365.

technologies are the focus of the development. Initial systems of aquatic animal disease control, prevention, quarantine, and supervision have taken shape, which encouraged many healthy aquaculture models, environmentally friendly and functional diet practices, and pollution-free and green products.

### 6.2.2 Impacts of the capture and mariculture industries on the marine ecosystem

(1) Impacts of the capture industry on the marine ecosystem

1) Fishery resource is overexploited in coastal waters, and the fishing intensity is beyond the natural reproductive ability of fishery resources. The biomass of high valued species reduced and even collapsed in some stocks, which directly led to the decrease of biodiversity. Additionally, sexual maturity became earlier in some species, individual size became smaller (e.g., the body length of *Larimichthys polyactis* decreased from 20 cm in the 1970s to 10 cm in the present)[1, 2].

2) The structure of marine fisheries is unreasonable with dominant fleets of unselective bottom trawls, which greatly destroyed their habitats, caused some migrant species resource exhausted, further led to sharp decline of fishery resource[3].

3) The proportion of juveniles increased and fish quality decreased, while shifts in the trophic level and dominant species were also detected in the catch; these evidence signal significant changes in the structure and function of the ecosystem[1, 4].

4) The wastes and pollution from marine capture directly destroyed the marine ecosystem. Some examples include the pollution of live wastes (e.g., sewage and solid wastes) and production pollution (e.g., residual and waste oils and desertion of broken fishing gear)[5].

(2) Impacts of the mariculture industry on the marine ecosystem

1) Mariculture development also brings a certain influence on offshore waters

---

1 Tang Q S. The effect of long-term physical and biological perturbations of the Yellow Sea ecosystem[M].//Sherman K, Alexander M A, Gold B O. Large Marine Ecosystem: Stress Mitigation and Sustainability. Washington D.C.: AAAS Press, 1993: 79-93.

2 Jin X S, Zhao X Y, Meng T X, et al.. Biology Resources and Habitat Environment in Yellow and Bohai Sea[M]. Beijing: Science Press, 2005.

3 Jin X S, Deng J Y. Variations in community structure of fishery resources and biodiversity in the Laizhou Bay[J]. Chinese Biodiversity, 2000, 8 (1): 65-72.

4 Zhang B, Tang Q S. Study on trophic level of important resources species at high troph levels in the Bohai Sea, Yellow Sea and East China Sea[J]. Advances in Marine Science, 2004, 22 (4): 393-404.

5 Shen G Y, Huang L F, Guo F, et al.. Marine Ecology[M]. Beijing: Science Press, 2010.

environment, though the production from fish and shrimp culture is only 10% of the total production from mariculture, it is the main pollution source of mariculture. Large-scale fish and shrimp culture is mainly fed by enormous amounts of exogenous diets (fishmeals and miscellaneous fish)[1]. As a consequence, large amounts of excrement and residual diets increased the concentrations of nitrogen, phosphor, and organic matters in culture waters[2]. According to the estimation from the first pollution source survey bulletin in China in 2010, COD from mariculture was 0.7% of total COD in China, nitrogen pollution was 0.7% of the total nitrogen pollution, phosphor pollution was 1.4% of the total phosphor pollution.

2) The large-scale mariculture brings great stress on coastal and intertidal ecosystem, causes great changes of beaches, wetlands, seaweed beds and coral reef ecosystems, directly destroyed the spawning grounds and habitats of fishery resources, further influences on the regenerative capacity of fishery resource.

3) The intensive culture models are fed largely on fishmeals and miscellaneous fish, which cause severe influences to the natural fishery resources structure, further influences the regenerative capacity of fishery resource.

## 6.3 Status of the Marine Capture and Mariculture Industry and an Analysis of the Problems Existing in Current Management

The state exercises unified leadership over fishery resource management with decentralized management. The national fishery is managed by the departments of fishery administration of the Ministry of Agriculture. The departments of fishery administration under local governments at or above the county level are responsible for the management of aquatic wildlife in their respective areas.

### 6.3.1 The management measures of the capture industry and their existing problems

(1) Closed area, closed season and summer bans on fishing

Implementing closed area, closed season and summer bans on fishing can

---

1 China Fishery Yearbook[M]. Beijing: China Agriculture Press, 2009.

2 Cui Y, Chen B J, Chen J F. Evaluation on self-pollution of marine culture in the Yellow Sea and Bohai Sea[J]. Chinese Journal of Applied Ecology, 2005, 16 (1): 180-185.

effectively protect spawning stocks and juveniles. These measures can be easy to implement with minimal costs by the administration authorities, even under complicated conditions. However, they can only reduce fishing intensity or cease fishing activities at specific times and in specific areas, and not resolve the problem of the fishery resource declines.

(2) Fishery genetic resource protection area system

Fishery genetic resource protection areas are divided into national and provincial levels. These protection areas effectively protect approximately 300 species, including aquatic plants and animals with high value and rare plants and animals, as well as provide the effective protection for the spawning, feeding, overwintering grounds and migratory routes of these species. In addition, the protected areas can be effectively coordinated with the development and utilization of these resources and strengthen the protection of the biodiversity of aquatic biology and the integrality of the aquatic ecosystem.

(3) Licensing system

Fishing licenses are currently divided into three categories: marine fishing licenses (including offshore and inshore fishing licenses) , inland waters fishing licenses, and special fishing licenses. This system is easily conducted and monitored, and provided the necessary production limits for multiple fisheries.

(4) Limits of catchable size and the proportion of juveniles in the catch

This measure is best for multiple sea areas and useful to protect various species of fisheries resources. However, it is difficult to implement, as mesh sizes are different across multiple fisheries and monitoring can be challenging and costly.

(5) Environmental fee system for stock protection and enhancement activities

An environmental fee system for stock protection and enhancement activities is only implemented in China but it coincides with the developmental trends of world fishery management. Article 28 of "Fisheries Law" states that the departments of fishery administration under the local governments at or above the county level may collect fees from the units and individuals profited by the use of such waters and devote the money collected to the increase and protection of fishery resources.

(6) "Zero" growth system in marine capture

This measure aims to control the total landings and can be easily implemented. However, the measure lacks consideration to particular characteristics of each fisheries, and may result in inaccurate fishery statistics by fishermen's reports leading to overexploitation or under exploitation of various fish stocks.

(7) Fishing vessel buy-back system and "Dual-control" (limit of fishing vessels number and horsepower) system

These measures will reduce and limit the number of fishing vessels and horsepower allowed. The fishing vessel buy-back system implemented relatively late in China and the voluntary principle was adopted. There are more than 200,000 marine fishing vessels in China. It is expected to take a long time to reduce fishing intensity in accordance with fishery catchability.

### 6.3.2 Management situation of mariculture and its existing problems

The implementation of mariculture regulations played a significant role in the development of the mariculture industry, but many problems arose during the implementation process.

(1) The aquaculture legal system initiated slowly and some regulations have only been enacted and implemented in recent years, such as the aquaculture licensing system, the breeding license system, the aquaculture product quality and safety management system. Many of these systems and regulations have received low priority, resulting in severe impacts on their effectiveness.

(2) Lag and lack of coordination between legislation and law enforcement, management and punishment, resulting in implementation difficulty of the aquaculture management system. As a consequence, the laws are not strictly observed and enforced, and law-breakers are rarely prosecuted.

(3) The fishery law enforcement team is weak and slow to adopt new management methods. In addition, it also suffers from a lack of funds and is currently ineffective in enforcing laws and regulations.

(4) The main law enforcement body of issues related to fishery drugs, mariculture diets, and aquatic animal epidemic prevention is the administrative department of animal husbandry. The present management system negatively affects the results of these regulations.

(5) The dispersion of mariculture businesses and challenging management models bring severe impacts on the mariculture industry. There exists serious depravity of fishing zones for aquacultural farmers (e.g., the "lost sea" phenomenon) and frequent disputes on utilization rights in intertidal zones. Additionally, significant degradation in germ plasma, disease, and pollution in mariculture also cause severe impacts to the

mariculture industries.

## 6.4 Policy Options and Recommendations

### 6.4.1 Proposed scientific and policy approaches to the development of conservation-based marine fisheries

(1) Reduce fishing intensity and promote the sustainable use of fishery resources

1) Prolong the period of closed season and restore fishery resources

Summer fishing bans are important measures to protect fishery resources. The individual size of catch and production both greatly increased as a result of the implementation of closed season in the recent years. Evidence shows that the fishing bans are effective in protecting the fishery resources. As a result, we strongly encourage the strengthening of supervision, lengthening of the closed seasons, and the reduction of fishing intensity to more effectively protect the fishery resources.

2) Continue to encourage fishing vessel buy-backs and increase alternative job opportunities for retiring fishermen

We recommend a further reduction of fishing vessels by another 30,000 vessels in China, while strengthening alternative job markets, training, and financial support for retiring fishermen.

3) Strengthen the construction of the deep processing industry of aquatic products and marine infant industry, enhance the added value of aquatic product, and increase job-transfer capacities and opportunities for fishermen.

(2) Continue to establish more marine protected areas for the protection of marine biodiversity and habitats

More than 70 marine protected areas are currently established in China, including 22 national marine protected areas. These marine protected areas play important roles and are very effective methods in the protection of biodiversity, ecosystems, and marine habitats and environments. A growth in marine protected area establishments will introduce new opportunities for the protection of the marine environment and marine fishery resources.

(3) Further encourage fishery resource conservation practices and rebuild fishery stocks

1) Stock enhancement

Stock enhancement is an important method to accelerate the sound development of the fishery economy and effectively enhance fishery production and economic benefits. Presently, there is a lot of room for improvement in the restoration of fishery resources in the coastal sea. Therefore, it is necessary to further increase the stock enhancement programs for multi-trophic species with mindful considerations on the ecosystem balance and security.

2) Artificial reef and sea ranching

Artificial reef and sea ranching are important measures to protect fishery resources and restore marine ecosystem. Funding for the construction of artificial reefs and sea ranching and their relative studies are currently low, and marketing is also inadequate. Therefore, much actions and studies are needed in the future.

(4) Improve the fishery legal and management system and ensure regulated and legal fishery production

A reliable and wholesome legal system is needed to regulate the fisheries industry, its related outputs and management practices. On the one hand, the management system of the industry needs to be given stronger authority through the development of a unified marine law system and enforcement team to effectively eliminate illegal fishing practices. On the other hand, an effective inspection and monitoring system must be established in ports and markets to enforce species, catch size, and quality limitations on landings.

(5) Strengthen the basic research for ecosystem-based fishery management

Long-term systematic monitoring and evaluation of fishery resources in the inshore waters should be conducted, and systems of rational utilization and protection of fishery resources should be created. Studies on the fishery environmental monitoring systems and scientific evaluation and risk assessment systems should also be encouraged. The study on the exploitation and utilization technology of fishery resources in the high sea and polar waters also needs to be strengthened in order to develop new fishery resources and enrich the fishery industry.

(6) Raise the public awareness of fishery resource conservation

It is necessary to enhance the public awareness of fishery resource protection and strongly advocate for the marine culture in China. Citizens need to recognize the significance of fishery resource for the human society. Government should communicate the necessary knowledge and conditions on marine fishery protection to the public and effectively organize public participation in fishery protection. A system should be established to allow for public participation in the development and management of marine environmental resources, and allow co-management of the fishery industry economy between the governments and the fishery associations. Such systems can provide effective public monitoring of government policy and policy implementation. Additionally, a sustainable and conservation-driven atmosphere in the public can be created through heightened marketing activities, such as the creation of "fish releasing festivals", and public marine resource protection awareness programs.

### 6.4.2 Proposed approach of science and policy to the development of environmental-friendly and efficient mariculture

(1) Encourage the development of ecosystem-based mariculture

The activities of shellfish and algae farming in the shallow sea consumes large amounts of ocean carbon, and both directly and indirectly increase the ability of the ecosystems to absorb atmospheric $CO_2$ and nutritive salts. Algae and shellfish-based marine farms can be built in suitable shallow areas. Large commercial farms of algae and shellfish can purify eutrophied waters and improve the health of the surrounding ecosystem. Integrated multi-trophic aquaculture (IMTA) is highly efficient and eco-efficient and plays an important role in reducing $CO_2$ emissions, alleviating eutrophication problems, and improving the marine ecosystem. Therefore, the development of such carbon sinking fisheries based on shellfish-algae culture should be strongly encouraged.

(2) Improve the mariculture legal system, strengthen law enforcement, and ensure the sustainable development of mariculture industry

Due to the current state of development of the mariculture industry in China, improvements to the legislative process and a comprehensive mariculture management system based on a sound aquaculture licensing system is urgently needed to solve some of the administrative problems in the industry. Examples include the establishment of environmental protection of culture waters, the management of aquatic fries, fishery drugs and diets, and the prevention and quarantine methods for aquatic animal epidemics. It is also necessary to strengthen law enforcement and to speed up implementation of the mariculture licensing system to standardize farming activities. At the same time, quality supervision and management needs to be improved to ensure sanitation and safety of aquatic products. Fishery administrative departments should cooperate with environmental protection departments, and ensure that the quality of farming inputs (e.g., diets, feed additives, fishery drugs and culture waters, etc.) meet the national or industrial standards and technical requirements to ensure the healthy development of the mariculture industry.

(3) Promote the development of a management system in grass-roots mariculture

The establishment of a professional cooperative is an effective management measure in the mariculture industry. We should establish specialized economic cooperation organizations for the fisheries industry to fully utilize and unify the collective experience and knowledge of aquaculture farmers. Meanwhile, we should further establish systems for the reasonable and orderly transfer of land contract operation rights, organize the dispersed maricultural industry, and establish a management system to share profits, risks, and losses among the farmers. These measures will benefit the farmers by increasing their aggregate resistance to market fluctuations and help them achieve common prosperity. On the other hand, the mariculture enterprises should cooperate with one another in accordance with the promotion of "company + base + farmer" organizational structures to share resources, strengthen their size and structure, and enhance their core competitiveness.

(4) Strengthen scientific and technological innovation of mariculture

In order to improve the comprehensive capacity of mariculture in China and increase the income of fish farmers, it is necessary to increase the intensity of mariculture science and technological innovation. Research on carrying capacity, bio-geochemical cycles, and integrated multi-trophic level models of mariculture should be conducted, and researchers should be well connected to aquaculture operators so as to fully understand the research issues and help address the common technical problems. The health and sustainable development of the marine system should be a priority, and research should focus on developing environment-friendly and ecological efficiency of mariculture technology and providing the basic information on ecosystem-based mariculture.

## 6.5 Conclusion

In the past 30 years, the development of capture and mariculture industry enhanced the living standards of people and promoted economic development in China. At the same time, it also brought about great pressures on marine ecosystems and the marine resources in coastal and offshore waters. Overfishing led to the depletion and collapse of some commercial species, affected the structure, function, and services of marine ecosystems, and caused a rapid shift of dominant species, low trophic level, simple age structure of populations and low-value catches. These changes brought major difficulties to the ecological cycle and restoration of fishery resources. However, studies on the sustainable utilization of marine resources and its management are currently inadequate, and the relative laws and regulations should be improved. Specific administrative problems, such as the existence of multiple agencies involved in ocean management, needs to be resolved. From our analysis, the following issues need to be addressed:

(1) the complete study on the species distribution, population dynamics, food web, and habitat changes in the coastal waters, particularly for rare and endangered species;

(2) the improvement of marine biodiversity and marine habitats through marine protected areas establishments and the formation of regional and international marine protected area networks;

(3) the vigorous promotion of the integrated multi-trophic aquaculture (IMTA) model, development of carbon sinks mariculture, and improvement to the ecological environment, finally, form healthy mariculture industry zone with environment-friendly and aquatic product quality security;

(4) the improvement of fisheries monitoring, reduction of fishing intensity, the construction of the deep processing industry of aquatic products and marine infant industry, and promotion of job-transfer capacities and opportunities for fishermen;

(5) the improvement to the management system of capture and mariculture industry, with attention given to the aquaculture license system and capture license system, and the rational plan for the marine and intertidal zone culture, form the systems of the conservation of living resources and rational exploitation;

(6) the enhancement of fishery resource conservation, with the promotion to studies on ecological stock enhancement programs, artificial reefs, and sea ranching practices, build sea ranching zone with the conservation of living resources and rational marine capture;

(7) the promotion of the organization in grass-root capture and mariculture, and the improvement and establishments to public participation mechanisms in marine fishery management issues;

(8) the creation of a “fish releasing festival” to enhance societal awareness of fishery resource and environment protection.

# 7 Policy Recommendations to Reduce the Impacts of Land-based and Other Sources of Pollution on Marine Environment and Ecosystems

## 7.1 Status of Pollution and Trends

Pollutants from human activities through direct discharge from land, river influx or atmospheric deposition have seriously affected marine environmental quality. As a consequence, it is important to control land-based sources of pollution to achieve sustainable coastal development. Protecting the marine environment from land-based pollution has become a common priority for more than 160 coastal nations since 1995, when the United Nations Environment Programme adopted the "Global Programme of Action for the Protection of the Marine Environment from Land-based Activities (GPA)". In response, China has invested enormous human and financial resources to control land-based sources of pollution and protect the coastal and estuarine environment. By the early $21^{st}$ Century, China has established the relevant legal frameworks to address issues on the marine environment, fisheries, ports, transportation, biodiversity, and maritime rights. These frameworks have also set the foundation for the establishment of specialized marine management agencies at the national, provincial, municipal and county levels. Nonetheless, the trend analysis of total land-based pollutant loads and variations in marine environmental quality indicate that the effectiveness of these environmental policies and measures is far from satisfactory and they did not resolve the problems of land-based pollution control in China.

Over the past decade, total pollutants discharged from rivers showed an increasing trend and reached 13 670 000 tons in 2009. The Changjiang River and Zhujiang River basins contributed more than 70 percent of the total pollutants. Additionally, chemical oxygen demand (COD) and nutrients were the major pollutants accounting for over 90%

of the total load. For many years, more than three quarters of the effluent outlets could not meet national standards[1]. The level of non-point sources of pollution from agricultural practices and the rural areas has exceeded that from industrial sources. This trend has become a prominent issue of water pollution control in China[2]. Atmospheric deposition is also a major source of marine pollution and should not be overlooked. The level of dissolved inorganic nutrients (DIN) from the atmospheric deposition in the Yellow Sea has exceeded that discharged from the rivers[3]. Analysis showed that land-based pollution (especially N and P) contributed to more than 70% of the pollutant loads in the coastal seas[4], resulting in frequent and widely distributed toxic red tides and green tides in the coastal waters. These consequences have severe impacts on the health of the ecosystem and the socioeconomic development of coastal areas. The control of land-based pollution is now a matter of great urgency.

China's maritime oil transport capacity is currently third in the world behind the USA and Japan. With the increasing quantities of oil importation, the threats of a large-scale oil spill in China will also increase. The Bohai Bay, the Changjiang River Estuary, the Taiwan Strait, and the Zhujiang Estuary are the four major high-risk areas in China prone to oil spills from ships[5]. Furthermore, small-scale oil spills are becoming more frequent due to the increase of oil exploration and exploitation, as well as traffic from oil tankers and the general shipping industry. In 2008 alone, there were more than ten incidences of oil spills in the Bohai Sea. China's coastal waters are major risk areas for future oil spills, and the recent oil spill catastrophe in the Gulf of Mexico provides an important reason for increasing attention by China.

Pollutants discharged into the sea from land-based and other sources have degraded the qualities of seawater and sediments, and the functional integrity of marine ecosystems. Over 50 percent of the sea area in China is still polluted, while the Bohai Sea has become a major pollution hotspot. In general, the deterioration of the health of

---

1 State Oceanic Administration. Marine Environmental Quality Bulletin[R]. 2000-2009.

2 Ministry of Environmental Protection, National Bureau of Statistics, Ministry of Agricultry. First National Census of Pollution Sources of China[R]. 2010.

3 Chung C S, Hong G H, Kim S H. Shore based observation on wet deposition of inorganic nutrients in the Korean Yellow Sea Coast[J]. The Yellow Sea, 1998, 4: 30-39.

4 Chen N W, Hong H S, Zhang L P, et al. Nitrogen sources and exports in an agricultural watershed in Southeast China[J]. Biogeochemistry, 2008, ( 87): 169-179.

5 Ma S P, Li J M, Lin H M. Oil spill emergency response exercises conducted in Bohai Sea of China. Xinhuanet. 2007-06-05, http://finance.qq.com/a/20070706/000458.htm.

near shore ecosystems has not been effectively alleviated. Among the 18 monitored marine ecosystems in 2009, 76 percent were classified as "sub-healthy" and "non-healthy". Land-based pollution was identified as one of the dominant environmental pressures. Likewise, large quantities of toxic persistent organic pollutants (POPs) have gradually entered the marine environment, and are directly threatening ecosystems and human health. The negative impacts of ocean pollution on marine aquaculture, coastal tourism, and human health have led to great economic losses. For instance, the mariculture industry experiences an average of 2.3 percent GDP loss each year due to ocean pollution[1, 2]. More importantly, marine pollution also poses detrimental impacts to important habitats, biodiversity, as well as ecosystem services that are difficult to valuate economically.

By the year 2020, China's GDP is forecasted to be quadrupled from the GDP of year 2000. The per capita GDP is also expected to increase from $856 U.S. dollars in 2000 to $3,150 U.S. dollars in 2020, reaching the level of a moderately developed country. On the other hand, the amount of industrial effluents, domestic sewage, and water pollutants generated in 2020 will likely be more than 200 percent of the 2003 amount. While pollutants generated from the livestock and poultry breeding industry is expected to be nearly three times of the amount in 2003 [3]. Since China's coastal areas will continue to be the centre of a new cycle of economic development, the projected maximum level of wastewater and other sources of water pollution in coastal areas will likely be 2-3 times greater than the projected national average by 2020, thus posing heavy strains on the coastal environment.

The current management issues regarding pollution from land and other sources include, amongst other less major issues, (1) inadequate laws and regulations; (2) legislative conflicts between existing laws and regulations, as well as overlapping responsibilities and conflicts between various government agencies; (3) inappropriate financing mechanism for environmental protection; and (4) information inconsistency and conflicts, and a lack of information sharing mechanism among different departments.

---

1 Ministry of Environmental Protection, Ministry of Agricultry. Piscatorial Zoolog Environmental Bulletin of China[R]. 2000-2008.

2 Ocean Yearbook Compilation Committee. Chinese Ocean Yearbook. Beijing: Ocean Press, 2000-2008.

3 Cao D, et al. Economics and the Environment: China 2020[M]. Beijing: China Environmental Science Press, 2005.

# 7.2 Background Information

## 7.2.1 The status, trends and impacts of land-based pollution

Analysis of the level and seasonal distribution of pollutants entering the sea from monitored rivers in China indicates a fluctuating but increasing trend of high pollutant loads, reaching 13.67 million tons in 2009, of which 70% were contributed from the Changjiang River and the Zhujiang river basins. COD and nutrients are the principal pollutants contributing more than 90 percent of the total pollutants discharged from all of the rivers monitored. On the other hand, the aggregate amount of pollutants discharged from monitored outfalls declined significantly from 14.63 million tons to 8.36 million tons in 2008. Despite the declining trend of pollutant loads from point sources, the conditions of most water bodies in China are still severe with pollutant loads frequently exceeding the desired water quality standards. This situation continues to prevail in the four major sea areas of the Bohai Sea, the Yellow Sea, the East China Sea, and the South China Sea. The annual average occurrence rate of pollutant loads exceeding water quality standards is above 75% in all rivers monitored, with the highest rate at 92% (East China Sea in 2008). The trend of pollution load in the Bohai Sea continues to rise, and the area has become a marine pollution hotspot in China and a stress to environmental protection management.

Statistical results from Ministry of Environmental Protection (former State environmental Protection Administration, SEPA) indicate that the pollution from domestic sources is increasing and is already 2.3 times greater than that from industrial sources[1]. According to the results of the first national census on pollution sources, the agricultural sector discharged 13.24 million tons of COD nationwide in 2007 and contributed most (44%) of the combined COD load from the agricultural, industrial and domestic pollution sources. These discharges from agricultural activities were approximately 2.3 times greater than that from other industrial sources and could be as high as 5 times in some river-systems. According to statistical analysis, agricultural pollution has become the prominent problem in water pollution control in China, and deserves greater attention. As rural areas in China rely on agricultural activities, rural

1 Ministry of Environmental Protection. Marine environmental Quality Bulletin in Nearshore[R]. 2000-2007.

environmental management is desperately needed. Furthermore, contaminants generated from agricultural activities and rural human habitats are discharged through river runoffs and cause negative impacts to the downstream water quality and the adjacent seas.

A case study of the Xiamen Bay-Jiulong River of the Fujian province supports the conclusions given above. 22 percent (30-35 percent in high flow years) of the nitrogen load of the Jiulong River basin is discharged into the Xiamen Bay via river ways. 70 percent of the nitrogen load of the Xiamen Bay is delivered through the Jiulong River input. As Xiamen City has effectively treated its industrial wastes and domestic sewage with an attainment rate of close to 100 percent[1] (from 83 percent in 2008), there is limited potential for further water pollution control improvement in Xiamen City. As a result, improvements to environmental quality in the Xiamen Bay should focus on the comprehensive improvement of pollution reduction in the Jiulong River basin.

(1) Pollution caused by atmospheric deposition in China's coastal and sea areas

A significant amount of research has shown that atmospheric deposition is one of the major pathways for nutrient and heavy metal pollutions entering the ocean. In coastal areas, large amounts of nutrients, especially nitrogen, discharged into the ocean through atmospheric deposition affect the growth and composition of phytoplankton, and can possibly trigger red tides. Research has shown that nitrogen input ($NH_4^+$-N) through atmospheric deposition in the Yellow Sea area is even greater than river input. The State Oceanic Administration (SOA) of China began to monitor marine atmospheric quality in major sea areas (Dalian, Qingdao, the Changjiang River basin and the Zhujiang River basin) since 2002. Up until 2009, continuous monitoring results indicated that atmospheric deposition flux of three-quarters of monitored pollutants increased in the Changjiang River basin and the atmospheric deposition fluxes of copper increased in the Zhujiang River basin. In summary, the assessment and management of marine pollution caused by atmospheric deposition cannot be ignored; currently there are only some routine monitoring stations of atmospheric deposition in part of urban areas of China, more efforts on monitoring and research are needed.

(2) Oil pollution caused by marine exploitation activities

China became a net oil importer in 1993 and its oil imports continue to increase. Currently, China's maritime oil transport capacity is exceeded only by the United States and Japan, and China has the ninth largest registered fleet in the world with over one

1 Xiamen Environmental Protection Bureau. Xiamen Environmental Quality Bulletin[R]. 1999-2009.

million registered ships on the world's oceans. However, the risk of pollution increases with stronger activities on the oceans. According to statistics from the Maritime Bureau of the Ministry of Transportation, there were 2,635 oil spill accidents in China's coastal areas during the years between 1973 and 2006. 69 of these accidents were serious ones each causing more than 50 tons of oil spilled (occurring twice a year on average), with an aggregate volume of approximately 37,077 tons of oil spilt into the marine environment. The Bohai Bay, the Chanjiang River Estuary, the Taiwan Strait, and the Zhujiang River Estuary are all high-risk areas prone to pollution from major oil spill accidents. The risk of large oil spill accidents continues to increase as China's oil imports rise. Finally, offshore oil and gas exploration and exploitation, accompanied by the rapid increase in the number of ships and tankers have resulted in more frequent small-scale oil pollution, largely caused by oil leak incidents from offshore oil and gas platforms and pipelines, leaks from ships, as well as ballast water discharges. The negative impacts of these small and even micro-accidents in the marine environment are not obvious, but their potential cumulative ecological damage must not be ignored.

(3) Litter in the marine environment

The SOA of the People's Republic of China (PRC) began its monitoring program on litter in China's near shore marine areas in 2007, and the results by far indicate that plastic and polyvinyl plastics are the main components of the litter, followed by wood products. Human activities on land and coastal recreational activities contributed more than 57 percent of marine litter, followed by solid wastes from sea transportation and fisheries. Statistical evidence show that the amount of solid waste generated in the rural areas is 1.5 times greater than that from the urban areas and it is also 4.4 times greater than the treated solid wastes in urban centers[1]. Untreated garbage stacked along the river banks are often washed downstream and into near shore areas, and become the main source of marine litter in China.

### 7.2.2 Impacts of land-based sources of pollution in the coastal environment

Pollutants entering the sea from land-based sources directly degrade the quality of seawater and sediments, and affect the functional integrity of the ecosystems. Seawater quality fluctuations are inversely related to the level of pollutant loads entering the sea

1 National Bureau of Statistics. China Statistical Yearbook 2009[M].

(especially from riverine input), meaning that the seawater quality can improve as the pollution load reduces. Amongst the four major sea areas of China (the Yellow Sea, Bohai Sea, South China Sea, and East China Sea), the seawater quality of the Bohai Sea continuously deteriorated since 2002 with signs of improvements in 2008. Other sea areas have also shown some improvements. However, the total pollution loads in the sea areas remain high and the conditions in over 50 percent of the sea areas monitored remain severe. In conclusion, China's general marine environmental quality is still far from being satisfactory. Inorganic nitrogen and active phosphate are the major pollutants in the four sea areas and eutrophication is, thus, a common problem. In addition to nutrient pollution, oil pollution in the Bohai Sea, and lead pollution in the Bohai Sea, the Yellow Sea and the East China Sea also cause serious impacts on the marine environmental quality.

The sediment quality in the seas of China is generally in good and stable condition. However, the oil content in the sediments of the Liaodong Bay, the Laizhou Bay, and the near shore areas of Qingdao, North Jiangsu Province and Guangxi had increased significantly between 1997 and 2009. This trend draws concerns on near shore oil pollution in China. In addition to the key pollutants, there are growing concerns on the high concentrations of persistent organic pollutants (POPs) found in sediments. Research shows that in areas with intensive industrial activities and fast economic development, such as the Bohai Sea, the Zhujiang River Delta and adjacent areas, and the Changjiang and Xiamen Minjiang estuaries, pollution from POPs is rising and becoming more serious than other sea areas. The ecological risks posed by POPs in these areas cannot be ignored[1].

### 7.2.3 Impacts of land-based pollution on the marine ecosystem and human health

The ecosystems in the coastal waters of China are experiencing the following major problems: structural imbalance of the marine ecosystem due to degradation and physical damage in key near-shore marine habitats, reduction in biodiversity and populations of rare and endangered species, frequent occurrences of red and green tides and other marine disasters; and alien species invasions.

Monitoring and evaluation results from the SOA in 2009 indicated that the healthy,

1 Fang Jie. Persistent Organic Pollutants and Heavy Metals in Surface Sediments and Marine Organisms from Coastal Areas[D]. Zhejiang University, 2007.

sub-healthy and non-healthy marine ecosystems accounted for 24 percent, 52 percent and 24 percent, respectively, of the 18 marine ecological areas monitored. In general, the health deterioration of the marine ecosystem of China's near shore area has not been effectively mitigated, and ecological protection and restoration are critically needed. Among the areas monitored, the 5 unhealthy ecological areas are the Jinzhou Bay, the Bohai Bay, the Laizhou Bay, the Hangzhou Bay, and the Zhujiang River Estuary. These areas are located in the Liaoning Coastal Economic Zone, the Tianjin Binhai New Area, the Efficient Ecological Economic Zone of the Yellow River Delta, the Changjiang River Delta Economic Zone, and the Zhujiang River Delta Economic Zone, respectively, which are all relatively developed coastal economic zones in China. This finding indicates that unhealthy marine ecosystems in coastal areas are often closely associated with intensive land-based economic activities. In addition to land-based sources of pollution, there are also the removal of marine habitats by reclamation activities, and the over-exploitation of biological resources included in the main factors affecting the health of China's coastal marine ecosystems.

As reported by SOA, the residual levels of Pb, Sn, Cd, oil carbohydrate, and DDT found in shellfish in some of the monitoring stations during 2009 exceeded the national class 1 biological quality standard. The residual levels of Sn and DDT in shellfish in the northern coastal waters of the Yellow Sea, the Pb content of shellfish in the Bohai Sea, and the total mercury in Yantai were all on the rise. PCB pollution in the Zhujiang River Delta was more serious than any other areas, and was mainly caused by the improper disposal of electronic waste. The PCB concentrations found in mussels and other organisms of the Zhujiang River Estuary also signals serious threats to the health of consumers digesting large amounts of seafood.

### 7.2.4 Economic loss caused by marine pollution

The economic losses caused by marine pollution in China have not been fully investigated. Available information and research methods used for estimating economic losses from marine pollution are mostly related to fisheries. On average, there are about 81 marine fisheries-related pollution incidents in China each year, and the direct annual economic loss is approximately 360 million Yuan (excluding the 2006 economic loss caused by oil pollution in the Long Island). The economic loss of natural fishery resources caused by marine pollution was estimated to be 3.16 billion Yuan per year. The sum of both expected losses accounted to more than 3.5 billion Yuan each year. The economic loss of marine fisheries caused by pollution was 2.3 percent of China's total marine fishery output. Other direct losses caused by marine pollution also include its negative impacts on the seafood processing and exporting industry, stress on human health from seafood and water contamination, and adverse effects on coastal tourism and local real estate values. Consequently, the accounted economic loss from marine fisheries is only a fraction of the total actual economic losses. Furthermore, the adverse effects of pollution on the functional integrity of marine ecosystems and losses of ecosystem functions, services, and biodiversity are yet to be evaluated.

### 7.2.5 National policy and legislation on the prevention and control of marine pollution from land-based sources

China has developed and implemented relevant environmental policies since the 1970s and has made environmental protection a basic national policy in the 1990s. Environmental protection and sustainable development are major national goals and responsibilities in the socioeconomic development plans of the country.

The Chinese government has developed and enacted a series of environmental protection laws, regulations and standards. Over the years, China has established a relatively complete environmental legal system based on its Constitution. The "Environmental Protection Law of "the People's Republic of China" became the basic environmental legislation covering the environmental, resource, economic, and other related aspects in both land and sea areas. Appropriate environment management systems and procedures are also developed to assess and regulate a variety of marine activities. Examples include: environmental impact assessment, the "three simultaneous" system, user regulations (including fees, discharge registrations, and permits), fishing vessels control, fishing moratoriums, sewage treatment fees, marine functional zoning, marine protected areas, ocean dumping management, and sea-area use demonstrations. China has also implemented a series of land-based pollution management and environmental protection programs and projects, including the pollution prevention, control and restoration projects of three rivers (the Huaihe, Haihe and Liaohe Rivers), three lakes (the Taihu, Chaohu and Dianchi Lakes), and the Bohai Sea. Currently, planning is in progress for incorporating issues on water pollution in all major river basins and sea areas into the $12^{th}$ Five Year Plan. The Clean Sea Action Plans are now being developed and implemented in the Changjiang River Delta, the Zhujiang River Estuary, the Yellow River and the Songhua River. In addition, water pollution prevention and treatments are being implemented in various cities and provinces.

China strongly considers international cooperation in the field of environmental protection and actively participates in the implementation of environment related international conventions. China cooperates with the United Nations Technical Agencies (UNEP, UNDP, IMO, FAO, and UNESCO), the World Bank, the Asian Development Bank, and other international organizations (IUCN, WWF, PEMSEA, GEF, etc.) in prevention and control of desertification, biodiversity conservation, protection of ozonosphere, cleaner production, cyclic economic, flood prevention in the upper middle Changjiang River, regional seas action plans and Protection of Marine Environment form Land-based Activities, etc..

In summary, China has made significant efforts in controlling its land-based pollution and protecting its near shore, estuarine, and marine ecosystems. Till the beginning of 21st century, the legislation covering water environment, water resource, marine environment, fishery, port, transportation, biodiversity as well as sea right and benefit have been established; marine administration bodies at various levels have also been established. Many integrated watershed management plans have been implemented at the levels of national, provincial, municipal and watersheds. The implementation of these projects is very important in reducing land-based pollution, preventing further deterioration of the marine environment, and restoring and improving the marine ecosystems.

### 7.2.6 Analysis of the root causes of the ineffectiveness of land-based pollution control in China

The following best reflects the main conflicts between existing policies and laws:

(1) Current legislation is primarily developed through the concerned ministries and is therefore, based on sectoral interests with limited cross-sectoral involvement. On the other hand, there are conflicts between different legal provisions. For instance, the Ministry of Environmental Protection (MEP) is authorized by the "Environmental Protection Law of the People's Republic of China" to be the leading agency for managing the national environment, but the SOA is authorized by the "Marine Environment Protection Law of the People's Republic of China" to be the leading agency for managing the national marine environment. Such inconsistency leads to many difficulties in achieving cooperation between the two concerned agencies. Similarly, there are many other legal inconsistencies, gaps, and overlaps with other laws in China.

(2) Conflicts between the goals of economic development and environmental protection. China has given priority to economic development during the previous 30 years, and such a trend will likely continue in the country's long-term strategies. As a result, precedence is often given to economic development when it is in conflict with any other goals, including environmental protection. Conflicts between economic development and environmental protection is likely inevitable in the future.

(3) The inadequacies and flaws of existing environmental protection laws. For example, the "Marine Environmental Protection Law of the People's Republic of China" has already been in place for more than 10 years, but details on implementation have yet to be set up. Additionally, many of China's environmental protection laws focus on general principles but are ineffective due to the lack of necessary implementation mechanisms and procedures, including monitoring, supervising, reporting, evaluating, and relevant punitive measures.

(4) Conflicts between the control of non-point pollution sources from agriculture practices and compensation for the reduction of chemical fertilizer usage.

Difficulties in the coordination amongst concerned government agencies and between central and local governments are reflected in the following situations:

(1) Sector-oriented legislation has led to unclear rights and responsibilities between sector agencies. In addition, the responsibility and authority of managing China's environment, coasts, and oceans are dispersed between various central agencies and the local governments along the coast. There is no single top-level agency with authority to coordinate the central government agencies and concerned local governments. The duties of each sector are determined by different laws with many overlaps and conflicts, leading to operational conflicts and fragmentation of management interventions. Not only does the current situation increase coordination costs, it also decreases the overall effectiveness of environmental management.

(2) Coordination difficulties between local governments. Presently, environmental management in China is decentralized, and each local government is responsible for the environment within its administrative jurisdiction. However, a lot of resources and environmental problems are cross boundary in nature, making environmental issues even more difficult to manage. Additionally, environmental protection agencies are a part of the local government structures and may be limited by other local governments in management of environmental issues.

(3) Inadequate capacity for effective environmental protection. Despite the rising

status and importance of environmental agencies, there is a lack of human and financial resources for local environment agencies to supervise legislative compliance and address issues related to non-point sources of pollution given the scale of the tasks that the environmental protection sector has to undertake.

Inadequacies in the financial arrangements for environmental protection, including the following issues:

(1) The local environmental protection agency has limited financial resources, which are mainly generated from the collections of pollution fees. Consequently, current environmental policy places considerable emphasis in maximizing pollution fees collection rather than ensuring environmental regulation compliance by industries and corporations.

(2) Local governments lack the financial resources for environmental protection projects and management strategies. The existing tax-sharing system has caused asymmetry of financial power and responsibility, which resulted that the local governments tend to reduce but not increase the investment on environmental monitoring and pollution control.

(3) Most local government officials often focus on economic development as it is a national policy, and because their performance assessment and career promotions are linked to GDP growth. As a result, local governments are more willing to encourage and endorse but not prohibit enterprises with high output and high tax payment (even in polluting industries). That is, local governments have limited motivation and capacity to accomplish their tasks related to environmental protection and management.

A lack of integrated and strategic planning for the river basin to coastal sea management: While there are many integrated watershed management projects in the country, there are also several integrated coastal and ocean management projects being implemented at the national and provincial (city) level. Nonetheless, there are inadequate considerations for incorporating the entire river basin and coastal ecosystems into an integrated and comprehensive management regime. In short, there is a lack of integrated river basin to coastal sea management strategic planning. As a consequence, it is not certain that the environmental quality of the ocean will be improved even if all of the objectives of watershed management projects are achieved.

Information conflicts between agencies and a lack of information sharing mechanism: Many sector agencies for the river basins and the coasts monitor aquatic environmental conditions. However, the monitoring standards are different from sector to sector, and the data collected are inconsistent in terms of frequency and accuracy, and many conflict with each other. This existing situation creates many difficulties for data sharing between the various agencies, and effective policymaking is challenged due to the existence of incompatible data. The overlaps between monitoring institutions and the lack of a common information-sharing platform certainly lead to resource inefficiencies and incorrect or faulty policy decisions in the worst cases.

## 7.3 Lessons Learned from the International Experience

Lessons learned from the international experience, especially from the regional ocean governance in the Rhine, the Chesapeake Bay, and the Baltic Sea includes: (1) a common vision should be formulated based on full consideration of all stakeholders' interests; (2) a coordinating body and cooperation mechanism should be established across administrative jurisdictions; (3) a sustainable financing mechanism must be established; and (4) appropriate cost-efficient pollution reduction schemes should be developed based on sound scientific advice, with considerations on low cost and financial sharing schemes that match the expected environmental benefits and financial investment.

## 7.4 Policy Recommendations

Based on China's issues and challenges, as well as lessons learned from international experiences, the policy recommendations for the control of marine pollution from land and other sources are enumerated below:

### 7.4.1 Implement ecosystem based regional ocean governance, and establish a high-level coordinating organization and operating mechanisms for integrated management from river basins to coastal seas

Under the concept of regional ocean governance, the management boundary covers the entire water basins from the water catchments to the coastal seas. The regional ecosystems are the combination of places with common socioeconomic interests and environmental problems. Regional ocean governance is thought to be an effective approach to resolve environmental and ecological problems across jurisdictional boundaries of administrative units and functions of line agencies[1].

In addressing China's severe marine pollution problems from land-based sources, policy-making must emphasize the concept of integrated management; particularly when integrating policies and legislations, developing institutional and financial arrangements, and coordinating management measures of various national and local government agencies. (1) For regions covering inter-provincial river basins, coastal and marine areas, such as the Yellow River Basin, the Changjiang River Basin and the Zhujiang River Basin, a high-level Regional River Basin to Coastal Sea Commission should be established and be made responsible for organizing, deploying, commanding and coordinating the integrated management of the river-basin to coastal sea. The Commission should be led by a national leader from the State Council and include leaders from central and provincial agencies of concerned river basins, as well as professional experts from appropriate scientific institutions. For river basins and coastal seas in the same provincial jurisdictional boundary, similar high level coordinating mechanism at the provincial level should also be established. (2) Appropriate legal provisions should be developed to clarify the roles and responsibilities of the coordinating commission, including appropriate financial resources, to ensure uncompromised effectiveness. (3) An advisory committee should also be established, with members including government representatives, concerned stakeholders and professional experts, etc..

### 7.4.2 Improve current aquatic environmental protection laws and regulations, and develop related regulatory mechanisms and policies for integrated aquatic environmental management

Specifically, China should:

(1) Develop a regulatory mechanism for integrated management of the aquatic environment from the river basin to the coastal sea. There are many laws, regulations, and standards relating to environmental management covering river basin to the coastal seas; however, most of them are sector-based and lack a unified and coordinated regulatory mechanism. Therefore, there is a need to develop a unified and comprehensive regulatory mechanism for aquatic environmental management from the river basin to the coastal sea. The laws also must clarify and rationalize the functions of relevant governmental agencies, and give particular attention to the functional division between

1 Scientific consensus statement on marine ecosystem-based management[R]. 2005. http://compassonline.org/files/inline/EBM%20Consensus%20Statement_FINAL_July%2012_v12.pdf.

the environmental protection, water resources, ocean, transport, forestry, agriculture, planning, and land resource sectors. The rights and obligations of the local governments in integrated river basin to coastal sea management should be specified, in order to promote interagency collaboration and to put integrated management into practice.

(2) Review, modify and amend existing policy and legislative conflicts, overlaps, and contradictions to increase the coordination and harmonization of policies and laws, particularly those related to economic development and environmental protection (e.g., the "Environmental Protection Law", "Water Law", "Marine Environment Protection Law" and "Water Pollution Control Law").

(3) Enact laws and regulations on non-point sources of pollution from agricultural practices and develop an appropriate environmental economic policy to encourage the use of organic fertilizers and the development of pollution-free agriculture and organic agriculture.

(4) Improve oil spill pollution management policies and regulations to incorporate ecological damage assessment, concerned compensation standards, guidelines, and implementation procedures, as well as transport technology guidelines, industry standards, and oil spill compensation standards pertaining to small oil tankers (less than 2000 tons).

### 7.4.3 Establish effective binding and incentive schemes for regulating regional aquatic environment measures

(1) Establish a river basin to coastal sea performance evaluation mechanism to monitor the implementation of environmental management plans in all relevant departments at all levels, and to keep the public informed.

(2) Develop assessment criteria and standards for establishing pollution management responsibilities, implementing mechanisms to make administrative leaders responsible for regional environmental protection, and linking the effectiveness of environmental management to the performance assessment and career promotion opportunities of local political leaders.

(3) Integrate the pollution abatement and ecological management goals of the river basin to coastal seas with the local socioeconomic development plans in order to increase the effectiveness of mandatory targets.

### 7.4.4 Establish a regional (river basin to coastal sea) financing mechanism that matches environmental responsibility

(1) Establish an ecological compensation mechanism based on upstream and downstream environmental liability. The current ecological compensation between upstream and downstream pollution is not linked to local environmental performance and lacks any scientific foundation. The efficiency and fairness should be considered in the future to determine the environmental liability of different administrative units and to establish ecological compensation criteria based on environmental liability.

(2) Improve fiscal policy by establishing a fiscal system that complements the responsibilities and needs of local governments in addressing environmental protection issues; this may entail necessary reallocation of financial resources.

(3) Broaden the financing mechanism and opportunities for aquatic environmental management. The potential for emissions trading should be experienced in the near future. Policies for pollution-emission charges should be utilized rationally to deter polluting activities and encourage green industries. A variety of financing mechanisms and appropriate financial policies can be established to mobilize social capital, such as the public-private sector partnerships, for environmental improvement to realize market-based environmental management in the long run.

### 7.4.5 Improve the water environmental monitoring system and share information on river basin to coastal sea management

The above policy recommendations are based on the analysis of international experiences in land-based pollution control, the status and causes of land-based pollution in China, and the projected economic and population pressures arising from expected economic development in the next 20 years.

(1) Improve the existing environmental monitoring system by expanding its scope to cover the river basin-estuary-coastal sea ecosystems, and to include land-based and sea-based pollution sources, atmospheric deposition, aquaculture, etc. A common monitoring body should also be established to synchronize monitoring approaches and methods, and to improve the current environmental assessment processes.

(2) Establish a regional river basin to coastal sea information management system and information sharing platform by standardizing data collection, processing and analytical procedures and standards. The currently dispersed information will be integrated

and managed under the new system to maximize the effectiveness and efficiency of aquatic environment information sharing across the regions, and to strengthen management capacity for pollution management and emergency response.

# 参考文献


[1] 阿东．全面推进新一轮海洋功能区划工作[J]．海洋开发与管理，2009，26（5）：3-6.

[2] 陈彬，王金坑，张玉生，等．泉州湾围海工程对海洋环境的影响[J]．台湾海峡，2004，23（2）：192-198.

[3] 陈仲新，张新时．中国生态系统效益的价值[J]．科学通报，2000，45（1）：17-22.

[4] 程家骅，丁峰元，李圣法，等．东海区大型水母数量分布特征及其与温盐度的关系[J]．生态学报，2005，25（3）：440-445.

[5] 崔毅，陈碧鹃，陈聚法，等．黄渤海海水养殖自身污染的评估[J]．应用生态学报，2005，16（1）：180-185.

[6] 丁峰元，程家骅．东海区夏、秋季大型水母分布区渔业资源特征分析[J]．海洋渔业，2005，27（2）：120-128.

[7] 付元宾，曹可，王飞，等．围填海强度与潜力定量评价方法初探[J]．海洋开发与管理，2010，27（1）：27-30.

[8] 顾宏堪．黄海溶解氧垂直分布的最大值[J]．海洋学报，1980，2（2）：70-79.

[9] 国家海洋局发展战略研究所课题组．中国海洋发展报告[M]．北京：海洋出版社，2009.

[10] 国家海洋局发展战略研究所课题组．中国海洋发展报告[M]．北京：海洋出版社，2011.

[11] 金显仕，邓景耀．莱州湾渔业资源群落结构和生物多样性的变化[J]．生物多样性，2000，8（1）：65-72.

[12] 金显仕，赵宪勇，孟田湘，等．黄渤海生物资源与栖息环境[M]．北京：科学出版社，2005.

[13] 考察团．日本围填海管理的启示与思考[J]．海洋开发与管理，2007，24（6）：3-8.

[14] 孔凡洲，徐子钧，李钦亮，等．北海区贝毒和有毒赤潮生物分布状况的研究[C]．广州：第一届中国赤潮研究与防治学术研讨会论文摘要汇编，2004.

[15] 雷昆，张明祥．中国的湿地资源及其保护建议[J]．湿地科学，2005，3（2）：81-86.

[16] 李道季，张经，黄大吉，等．长江口外氧的亏损[J]．中国科学（D 辑），2002，32（8）：686-694.

[17] 李荣军．荷兰围海造地的启示[J]．海洋开发与管理，2006，（3）：31-34.

[18] 李晓靖，陈立华．开发建设河北省曹妃甸深水港口的动因及过程[J]．商场现代化，2007，（3）：232-233.

[19] 刘洪滨，孙丽．胶州湾围垦行为的博弈分析及保护对策研究[J]．海洋开发与管理，2008，25（6）：80-87.

[20] 刘育，龚凤梅，夏北成．关注填海造陆的生态危害[J]．环境科学动态，2003，（4）：25-27.

[21] 沈国英，黄凌风，郭丰，等．海洋生态学[M]．北京：科学出版社，2010.

[22] 沈新强，陈亚瞿，罗民波，等．长江口底栖生物修复的初步研究[J]．农业环境科学学报，2006，（2）：373-376.

[23] 唐启升．中国专属经济区海洋生物资源与栖息环境[M]．北京：科学出版社，2006.

[24] 万军，张惠远，王金南，等．中国生态补偿政策评估与框架初探[M]．环境科学研究，2005，18（2）：1-8.

[25] 吴永森，辛海英，吴隆业，等．2006 年胶州湾现有水域面积与岸线的卫星调查与历史演变分析[J]．海岸工程，2008，27（3）：15-22.

[26] 肖笃宁，胡远满，李秀珍，等．环渤海三角洲湿地的景观生态学研究[M]．北京：科学出版社，2001：368-389.

[27] 熊鹏，陈伟琪，王萱，等．福清湾围填海规划方案的费用效益分析[J]．厦门大学学报，2007，46（sup.1）：214-217.

[28] 张波，唐启升．渤、黄、东海高营养层次重要生物资源种类的营养级研究[J]．海洋科学进展，2004，22（4）：393-404.

[29] 张芳．黄东海胶质浮游动物水母类研究[D]．青岛：中国科学院海洋研究所，2008.

[30] 张慧，孙英兰．青岛前湾填海造地海洋生态系统服务功能价值损失的估算[J]．海洋湖沼通报，2009，（3）：34-38.

[31] 张继红，方建光，唐启升．中国浅海贝藻养殖对海洋碳循环的贡献[J]．地球科学进展，2005，20（3）：359-365.

[32] 张晓龙，李培英，李萍，等．中国滨海湿地研究现状与展望[J]．海洋科学进展，2005，23（1）：87-95.

[33] 张绪良，陈东景，谷东．近 20 年莱州湾南岸滨海湿地退化及其原因分析[J]．科技导报，2009，27（4）：65-70.

[34] 张绪良，陈东景，徐宗军，等．黄河三角洲滨海湿地的生态系统服务价值[J]．科技导报，2009，27（10）：37-42.

[35] 中华人民共和国环保部．中国环境质量报告．北京：中国环境科学出版社，2009：180.

[36] 中国渔业年鉴，1980—2009[M]．北京：中国农业出版社．

[37] 周名江，朱明远．“中国近海有害赤潮发生的生态学、海洋学机制及预测防治”研究进展[J]．地球科学进展，2006，21（7）：673-679.

[38] 朱兆良，诺斯，孙波．中国农业面源污染控制对策[M]．北京：中国环境科学出版社，2006：299.

[39] 卓懋白，胡云才，Schmidhalter U.. 欧盟农业和环境政策对化肥消费和生产的影响[J]. 磷肥与复肥，2004，19（2）：11-14.

[40] Anderson J H, Schlüter L, Ærtebjerg G. Coastal eutrophication: recent developments in definitions and implications for monitoring strategies[J]. Journal of Plankton Research, 2006, 28 (7): 621-628.

[41] Anonymous. Council Directive 91/676/EEC of 12 December 1991 concerning the protection of waters against pollution caused by nitrates from agricultural sources[J]. Official Journal L 375, 1991.

[42] Anonymous. Council Directive of 21 May 1991 concerning urban waste water treatment (91/271/EEC)[J]. Official Journal L 135, 1991a.

[43] Anonymous. Council Directive 91/676/EEC of 12 December 1991 concerning the protection of waters against pollution caused by nitrates from agricultural sources[J]. Official Journal L 375, 1991b.

[44] Anonymous. Directive 2000/60/EC of the European Parliament and of the Council of 23 October 2000 establishing a framework for Community action in the field of water policy[J]. Official Journal L 327, 2000.

[45] Anonymous. Directive 2008/56/EC of the European Parliament and of the Council of 17 June 2008 establishing a framework for community action in the field of marine environmental policy (Marine Strategy Framework Directive)[J]. Official Journal L 164, 2008.

[46] Boesch D F. Challenges and opportunities for science in reducing nutrient over-enrichment of coastal ecosystems[J]. Estuaries, 2002, 25(4b): 886-900.

[47] Bouwman A F, Beusen A H W, Billen G. Human alteration of the global nitrogen and phosphorus soil balances for the period 1970–2050[J]. Global biogeochemical cycles, 2009, 23. GB0A04. doi: 10.1029/2009GB003576.

[48] Bricker S, Longstaff B, Dennison W, et al.. Effects of nutrient enrichment in the nation's estuaries: a decade of change. NOAA Coastal Ocean Program Decision Analysis Series No. 26[R]. Silver Spring, MD: National Centers for Coastal Ocean Science, 2007. http://ccma.nos.noaa.gov/publications/eutroupdate/.

[49] Chen C C, Gong G C, Shiah F K. Hypoxia in the East China Sea: one of the largest coastal low-oxygen areas in the world[J]. Marine Environmental Research, 2007, 64: 399-408.

[50] Cloern J E. Our evolving conceptual model of the coastal eutrophication problem[J]. Marine Ecology Progress Series, 2001, 210: 223-253.

[51] Conley D J, Paerl H W, Howarth R W, et al.. Controlling eutrophication: nitrogen and phosphorus[J]. Science, 2009, 323: 1014-1015.

[52] Costanza R, D'Arge R, Groot RD, et al.. The value of the world's ecosystem services and natural capital[J]. Nature, 1997, (387): 253-260.

[53] Day Jr. J W, Ko J Y, Rybczyk J, et al.. The use of wetlands in the Mississippi Delta for wastewater assimilation: a review[J]. Ocean & Coastal Management, 2004, 47: 671-691.

[54] Diaz R J, Rosenberg R. Spreading dead zones and consequences for marine ecosystems[J]. Science, 2008, 321 (5891): 926-929.

[55] Dong Z J, Liu D Y, Keesing J K. Jellyfish blooms in China: dominant species, causes and consequences[J]. Marine Pollution Bulletin, 2010, 60: 954-963.

[56] Filippelli G M. The global phosphorus cycle: past, present, and future[J]. Elements, 2008, 4: 89-95.

[57] Galloway J N, Dentener F J, Capone D G, et al.. Nitrogen cycles: past, present, and future[J]. Biogeochemistry, 2004, 70(2): 153-226.

[58] GEOHAB. Global Ecology and Oceanography of Harmful Algal Blooms, Science Plan[M]. Glibert P. and Pitcher G. (eds). Baltimore and Paris: SCOR and IOC, 2001: 87.

[59] Glibert P M, Harrison J, Heil C, et al.. Escalating worldwide use of urea - a global change contributing to coastal eutrophication[J]. Biogeochemistry, 2006, 77 (3): 441-463.

[60] Glibert P M, Mayorga E, Seitzinger S. Prorocentrum minimum tracks anthropogenic nitrogen and phosphorus inputs on a global basis: application of spatially explicit nutrient export models[J]. Harmful Algae, 2008, 8 (1): 33-38.

[61] Gruber N, Galloway J N. An earth-system perspective of the global nitrogen cycle[J]. Nature, 2009, 451 (17): 293-296.

[62] HELCOM Ministerial Meeting. Towards a Baltic Sea unaffected by eutrophication. HELCOM Overview 2007, Krakow, Poland[M]. http://www.helcom.fi/stc/files/Krakow2007/Eutrophication_MM2007.pdf.

[63] Hoeksema RJ. Three stages in the history of land reclamation in the Netherlands[J]. Irrigation and Drainage, 2007, 56 (S1): S113-S126.

[64] Howarth R W, Marino R. Nitrogen as the limiting nutrient for eutrophication in coastal marine ecosystems: evolving views over three decades[J]. Limnology and Oceanography, 2006, 51 (1, part 2): 364-376.

[65] Jiang H G, Cheng H Q, Xu H G, et al.. Trophic controls of jellyfish blooms and links with fisheries in the East China Sea[J]. Ecological Modelling, 2008, 212 (3-4): 492-503.

[66] Jickells T. External inputs as a contributor to eutrophication problems[J]. Journal of Sea Research, 2005, 54: 58-69.

[67] Jørgensen B B, Richardson K. Eutrophication in coastal marine ecosystems[J]. Coastal and

estuarine studies 52. American geophysical union, Washington, DC. 1996.
[68] Li M T, Xu K Q, Watanabe M, et al.. Long-term variations in dissolved silicate, nitrogen, and phosphorus flux from the Yangtze River into the East China Sea and impacts on estuarine ecosystem[J]. Estuarine Coastal and Shelf Science, 2007, 71 (1-2): 3-12.
[69] Li X X, Bianchi T S, Yang Z S, et al.. Historical trends of hypoxia in Changjiang River estuary: applications of chemical biomarkers and microfossils[J]. Journal of Marine Systems, 2011, (86): 57-68.
[70] Lin C, Ning X R, Su J L. Environmental changes and the responses of the ecosystems of the Yellow Sea during 1976-2000[J]. Journal of Marine Systems, 2005, 55 (3-4): 223-234.
[71] Lundberg C. Eutrophication in the Baltic Sea: from area-specific biological effects to interdisciplinary consequences[R]. http://www.mare.su.se/document/Cecilia_Lundberg_abstract.pdf.
[72] Ma Z J, Jing K, Tang S M, et al.. Shorebirds in the eastern intertidal areas of Chongming Island during the 2001 northward migration[J]. The Stilt, 2002, (41): 6-10.
[73] Millennium Ecosystem Assessment Board. Ecosystem and human well-being: synthesis[M]. Washington, D.C.: Island Press, 2005.
[74] Mitsch W J, Day Jr. J W, Gilliam J W, et al.. Reducing nitrogen loading to the Gulf of Mexico from the Mississippi River Basin: strategies to counter a persisitant ecological problem[J]. BioScience, 2001, 52: 129-142.
[75] Nagai T. Recovery of fish stocks in the Seto Inland Sea[J]. Marine Pollution Bulletin, 2003, 47: 126-131.
[76] National Research Council (NRC). Clean Coastal Waters: Understanding and Reducing the Effects of Nutrient Pollution[M]. Washington D.C. National Academy Press, 2000.
[77] Ning X, Lin C, Su J, et al.. Long-term changes of dissolved oxygen, hypoxia, and the responses of the ecosystems in the East China Sea from 1975 to 1995[J]. Journal of Oceanography, 2011, 67: 59-75.
[78] Nixon S W. Coastal marine eutrophication: a definition, social causes, and future concerns[J]. Ophelia, 1995, 41: 199-219.
[79] Nixon S W. Eutrophication and the macroscope[J]. Hydrobiologia, 2009, 629: 5-19.
[80] OSPAR Commission. Ecological quality objectives for the Greater North Sea with regard to nutrients and eutrophication effects[R]. Publication Number: 2005/229, 2005.
[81] Purcell J E, Uye S I, Lo W T. Anthropogenic causes of jellyfish blooms and their direct consequences for humans: a review[J]. Marine Ecology Progress Series, 2007, 350: 153-174.
[82] Rabalais N N, Turner R E, Sen Gupta B K, et al.. Sediment tell the history of eutrophication and

hypoxia in the northern Gulf of Mexico[J]. Ecological Applications, 2007, 17 (5) Supplement: 129-143.

[83] Richardson A J, Bakun A, Hays G C, et al.. The jellyfish joyride: causes, consequences and management responses to a more gelatinous future[J]. Trends in Ecology and Evolution, 2007, 24 (6): 312-322.

[84] Scavia D, Bricker S B. Coastal eutrophication assessment in the United States[J]. Biogeochemistry, 2006, DOI 10.1007/s10533-006-9011-0.

[85] Schramm W. Factors influencing seaweed responses to eutrophication: some results from EU-project EUMAC[J]. Journal of Applied Phycology, 1999, 11 (1): 69-78.

[86] Selman M, Greenhalgh S. Eutrophcation: sources and drives of nutrient pollution[R]. WRI Policy Note, Water quality: eutrophication and hypoxia. No. 2, 2009.

[87] Shan Z X, Zheng Z H, Xing H Y, et al.. Study on eutrophication in Laizhou Bay of Bohai[J]. Transactions of Oceanology and Liminology, 2000, 2: 41-46.

[88] Smith V H, Joye S B, Howarth R W. Eutrophication of freshwater and marine ecosystems[J]. Limnology and Oceanography, 2006, 51 (1, part 2): 351-355.

[89] Stolk A, Dijkshoorn C. Sand extraction Maasvlakte 2 Project: License, Environmental Impact Assessment and Monitoring. European Marine Sand and Gravel Group - a wave of opportunities for the marine aggregates industry[C]. EMSAGG Conference, 7-8 May 2009. Frentani Conference Centre, Rome, Italy. 2009.

[90] Tang Q. The effect of long-term physical and biological perturbations of the Yellow Sea ecosystem.//Sherman K, Alexander M A, Gold B O. Large Marine Ecosystem: Stress Mitigation and Sustainability. Washington D.C.: AAAS Press, 1993: 79-93.

[91] Turner R E, Rabalais N N, Justice D. Gulf of Mexico hypoxia: alternate states and a legacy[J]. Environmental Science & Technology, 2008, 42: 2323-2327.

[92] U.S. Commission on Ocean Policy. An Ocean Blueprint for the 21st Century, Final Report[R]. Washington, D.C., 2004.

[93] Uye S. Human forcing of the copepod-fish-jellyfish triangular rophic relationship[J]. Hydrobiologia, 2011, 666: 71-83.

[94] Wang B D. Cultural eutrophication in the Changjiang (Yangtze River) plume: history and perspective[J]. Estuarine Coastal and Shelf Science, 2006, 69 (3-4): 471-477.

[95] Wang B D. Hydromorphological mechanisms leading to hypoxia of the Changjiang estuary[J]. Marine Environmental Research, 2009, 67: 53-58.

[96] Wei H, He Y, Li Q, et al.. Summer hypoxia adjacent to the Changjiang Estuary[J]. Journal of Marine Systems, 2007, 69, 292-303.

[97] Xia B, Zhang X L, Cui Y, et al.. Evaluation of the physicochemical environment and nutrition status in Laizhou Bay and adjacent waters in summer[J]. Progress in Fishery Sciences, 2009, 30 (3): 103-111.

[98] Yin K D, Lin Z F, Ke Z Y. Temporal and spatial distribution of dissolved oxygen in the Pearl River Estuary and adjacent coastal waters[J]. Continental Shelf Research, 2004, 24: 1935-1948.

[99] Yin K D. Monsoonal influence on seasonal variations in nutrients and phytoplankton biomass in coastal waters of Hong Kong in the vicinity of the Pearl River estuary[J]. Marine Ecology Progress Series, 2002, 245: 111-122.

[100] Zhang G S, Zhang J, Liu S M. Characterization of nutrients in the atmospheric wet and dry deposition observed at the two monitoring sites over Yellow Sea and East China Sea[J]. Journal of Atmosphere Chemistry, 2007, 57: 41-57.

[101] Zhang J, Gilbert D, Gooday A J, et al.. Natural and human-induced hypoxia and consequences for coastal areas: synthesis and future development[J]. Biogeosciences, 2010, 7: 1443-1467.

[102] Zhang J, Su J L. Nutrient dynamics of the Chinese seas: the Bohai Sea, Yellow Sea, East China Sea and South China Sea[M].//Robinson A R, Brink K H. The Sea. 2004, 14: 637-671.

[103] Zhang J, Yu Z G., Raabe T, et al.. Dynamics of inorganic nutrient species in the Bohai seawaters. Journal of Marine Systems, 2004, 44: 189-212.

[104] Zhou M J, Shen Z L, Yu R C. Responses of a coastal phytoplankton community to increased nutrient input from the Changjiang (Yangtze) River[J]. Continental Shelf Research, 2008, 28 (12): 1483-1489.